城市照明管理师职业资格系列教材

CHENGSHI

# 城市照明管理师

## 技师

Zhaoming
Guanlishi
Jishi

官国雄 主编

中国建筑工业出版社

**图书在版编目(CIP)数据**

城市照明管理师　技师/官国雄主编. —北京：中国建筑工业出版社，2009

（城市照明管理师职业资格系列教材）

ISBN 978-7-112-11161-9

Ⅰ. 城…　Ⅱ. 官…　Ⅲ. 城市公共设施-照明-管理-资格考核-教材　Ⅳ. TU113.6

中国版本图书馆 CIP 数据核字（2009）第 124671 号

本书围绕城市道路照明和城市景观照明的建设管理工作进行编写，其着重点是提高城市照明从业人员的维护管理工作技能水平，促进城市照明朝着“高效、节能、环保、健康”的方向发展。教材分两大部分，第1篇技师应知部分，第2篇技师应会部分，内容包括：光与照明基础、光源与灯具的维护、照明与环境保护、道路照明、景观照明、眩光评价方法、照明电气、城市步行空间照明、道路特征、照明设计施工图、光的测量、供配电系统的过电流保护、基本设计图及效果图的绘制、道路照明、景观照明、城市照明监控系统、照明节电项目的社会经济及环境效益分析、预算。内容具针对性，实用性强，图文并茂，力求通俗易懂，每章还附有单选题、多选题、判断题作示范，可供读者复习选取用。

本书主要用作从事城市照明维护管理工作人员或院校学生进行技师职业技能学习的教材，也可以作为城市照明行业职工的业务技术考核和业余学习参考书。

**学习提示：**本书章节带※号的内容编写，是为了帮助学员更好地深入学习，加深对照明知识内容的理解，力求全面介绍城市照明知识。这部分知识内容的理论、公式推导难度相对较高，题库命题较轻，参加职业资格考核者可略为学习了解。

*　*　*

责任编辑：马　彦

责任设计：郑秋菊

责任校对：孟　楠　陈晶晶

城市照明管理师职业资格系列教材

**城市照明管理师　技师**

官国雄　主编

*

中国建筑工业出版社出版、发行（北京西郊百万庄）

各地新华书店、建筑书店经销

北京红光制版公司制版

北京云浩印刷有限责任公司印刷

*

开本：787×1092 毫米　1/16　印张：27½　字数：682 千字

2009 年 8 月第一版　2009 年 8 月第一次印刷

定价：**59.00** 元

ISBN 978-7-112-11161-9

（18412）

## 城市照明管理师职业资格系列教材

# 编　委　会

# 序

自1879年爱迪生发明电灯，从此人类在照明上取得了重大突破，植物、蜡烛、油脂照明渐渐被电光源所取代。经历130年时移境迁，人类社会在进步，科技在发展，照明科技含量也越来越高，电光源由白炽灯发展到荧光灯及高强度气体放电灯，激光应用到景观照明。目前，半导体照明的发展又为人类照明史带来新的曙光。在照明控制方面，由人工开关发展到时控、光控、声控、经纬控、遥控及智能控制。电光源给城市夜空带来了无穷无尽、流光溢彩的景象——城市照明。

城市照明是为社会提供公共服务的重要市政设施，与人们日常生活息息相关。目前，我国城市照明已开始由亮的扩充转向质的追求，逐渐朝着加强规划、观念创新、环境和谐、可持续方向发展。因此，现代城市照明不再是过去的简单照明，人们对城市照明的认识和要求得到飞跃提升，不但要求亮好灯，而且注重照明功能、质量和品位，节能和环保意识提高。据了解，目前我国城市照明拥有道路照明和景观照明达9000多万盏灯，从业人员500多万人。常言道“三分建设，七分管理”。如何维护管理好这么庞大的照明设施，城市照明工作者任重而道远。

在深圳市灯光环境管理中心、深圳市城市照明学会的多年精心组织下，率先开发完成“城市照明管理师”职业资格(高级工、技师)考核教材和题库，这是城市照明行业一件大事。教材围绕道路照明、景观照明的维护管理工作进行编写，内容全面，是学习城市照明专业一本好书。长期以来，我国照明教育滞后，专业教科书缺乏，从业人员难以系统学习照明知识和提高职业技能水平，人才队伍得不到发展，这就需要照明界同仁为之努力，迎头赶上，大力培养和造就一大批复合型专业技术人才。

当前，国家正大力推行职业教育，高等院校实行双证书制度，为社会发展和就业打下坚实基础。所以，我国城市照明行业要乘这股东风，携起手来，共同为促进城市照明职业教育，推动城市照明事业发展作出不懈的努力！

王锦燧

中国照明学会理事长

# 前　　言

城市照明是为社会提供公共服务的重要市政设施。它不仅可以美化城市，展现城市风采，增强城市魅力，而且可以优化人们夜间生活，促进旅游业发展和社会治安管理，具有深远的社会意义。因而，越来越引起各级政府领导高度重视和广大民众普遍关注。

随着我国城市建设发展，城市照明事业也得到迅速发展，科技含量越来越高，行业特点突出，它包含了光学、建筑结构学、美学、电气学等知识在城市照明的应用。然而，长期以来城市照明教育滞后，教材缺乏，大专院校没有系统开设城市照明专业，从业人员也难以得到系统学习和提高。

因此，为了提高城市照明从业人员技能水平，加强学习，钻研业务，树立岗位成才的理念，引导城市照明朝着“高效、节能、环保、健康”的方向发展。深圳市灯光环境管理中心、深圳市城市照明学会在深圳市城市管理局、深圳市劳动和社会保障局的大力支持下，于2005年3月开始筹备开发“城市照明管理师”系列(高级工、技师)职业资格考核认证，历时4年多，经过无数次反复修正，在2009年6月完成教材和题库的开发工作。

教材分为两册，《城市照明管理师　高级工》职业资格教材，共16章；《城市照明管理师　技师》职业资格教材，共18章。题库分为高级工应知试题、高级工应会试题，技师应知试题、技师应会试题，分别按基础知识、专业知识、专业相关知识的鉴定比例命题，其中试题类型分单选题、多选题、判断题，并实行电脑标准改卷评分。

城市照明管理师职业资格系列教材的开发工作，得到天津大学沈天行教授的支持和协作，组织力量参与开发，以及得到GE消费及工业产品集团、深圳市杰异照明贸易有限公司的大力支持。在此，向支持和协作开发城市照明管理师职业资格系列教材的单位和学者，致以诚挚的谢意。同时，向《道路照明》、《城市照明设计》、《城市夜景照明技术指南》、《电气照明》、《建筑供配电与照明》、《道路照明与供电》等参考文献的编著作者表示衷心感谢和崇高的敬意。

城市照明是一个多学科知识的应用行业，学科技术不断发展，开发“城市照明管理师”职业资格认证是一项探索性、创新工作。由于教材篇幅较大，加上时间仓促，编写水平有限，书中谬误和不妥之处在所难免，恳请读者批评指正。

编　者

2009年6月8日

# 目　　录

## 第1篇　技师应知部分

# 第2篇 技师应会部分

# 第1篇

# 技 师 应 知 部 分

# 第1章 光与照明基础

在自然界，我们白天可以看到物体颜色千变万化，形状千奇百怪，而在黑暗中我们不仅不能看到物体的颜色，连形状也无法通过视觉来感知，这都是因为光在起作用。

从物理本质上说，光是能产生视觉的辐射能，它是电磁波谱的一部分，波长在380～780nm之间。任何物体发射或是反射足够数量合适波长的辐射能，作用于人眼睛的感受器官，就可以看见该物体。例如，太阳之所以可见，是因为它发射各波长的辐射能，其中包括大量可见光；月亮之所以可见，则是因为它反射了太阳辐射到它表面的可见光。

辐射能（电磁能）以波长或频率排序排列成辐射能（电磁能）波谱，表明了不同波长辐射能之间的关系（图1-1）。辐射能波谱范围遍布在波长为$10^{-16}$～$10^{-5}$m的区域，而人眼所能感受的只是可见辐射部分，波长在$380\times10^{-9}$～$780\times10^{-9}$m（即380～780nm）之间，仅是辐射能中极小的一部分。

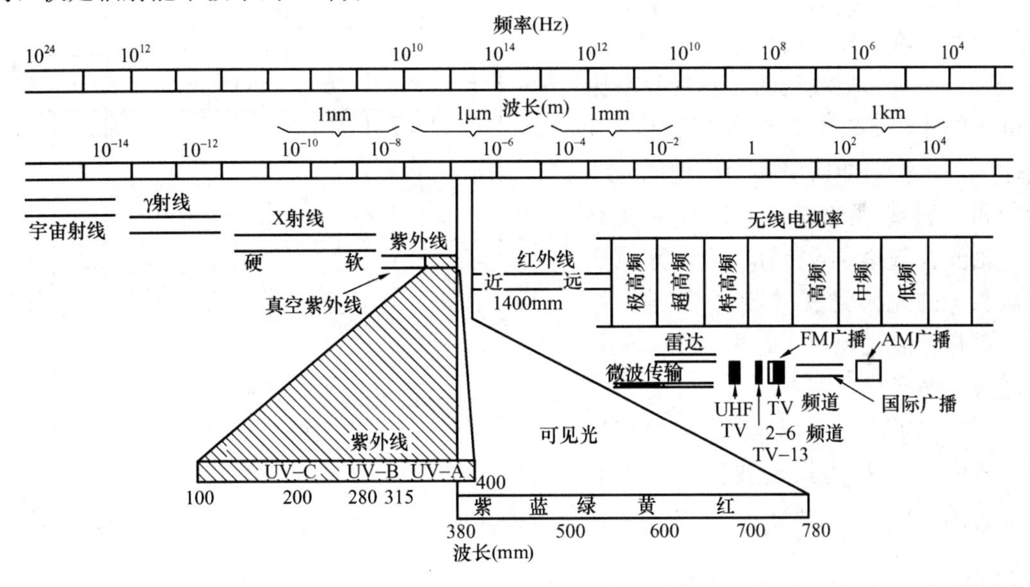


图1-1 辐射能（电磁能）波谱

自然可见光是由连续光谱混合而成，不同光谱代表不同颜色（图1-2）。通过棱镜太阳光会分散成彩虹般的全部颜色。波长从380nm向780nm增加时，颜色以紫、蓝、绿、黄、橙、红的顺序逐渐变化。

紫外线波长在100～380nm之间，人眼不可见，但不同波长紫外线可以杀菌、致红斑效应或激发黑光荧光材料。

红外线波长在780nm～1m之间，也是人眼不可见的，红外线是一种热辐射，可以用于理疗和工业设施。

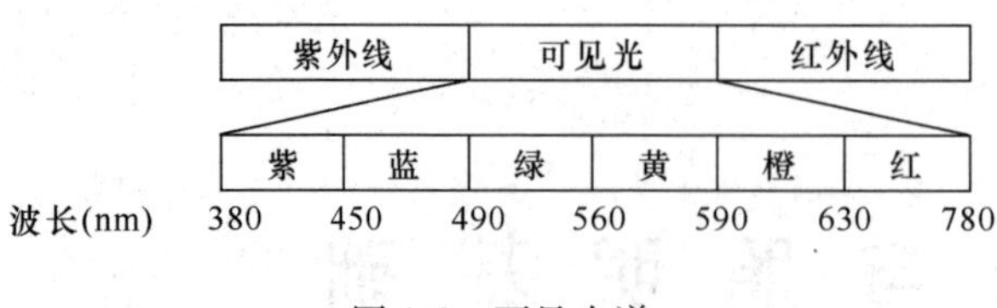

图1-2　可见光谱

紫外线、红外线、可见光统称为光辐射，因为它们具有某些同样的光学特性，如都能用平面镜、透镜或棱镜等光学元件进行反射、成像或色散。

除了专门利用紫外线或红外线的特性而具有针对性的特殊照明（紫外灯、红外灯）外，对普通照明而言，我们利用的都是可见光部分，紫外线和红外线绝大部分时候都是要尽量避免的负面因素。

光与照明基础概念众多，我们在此主要概述光与道路照明的部分概念。

## 1.1　视觉基础

### 1.1.1　光谱光视效率

光谱光视效率（spectral luminous efficiency）是指人眼对不同光谱可见光的灵敏度，其值在0～1之间，如图1-3所示。

人眼对不同波长可见光的灵敏度不同，对波长在555nm的黄绿光感受效率最高，而对其他波长的光感受效率比较低。因此，555nm称为峰值波长$\lambda_m$，而用来表示辐射能所引起的视觉能力的量叫做光谱光视效能$K$，555nm波长的光谱光视效能$K_m=6831W$。其他任意波长$\lambda$的光谱光视效能$K(\lambda)$与$K_m$之比就是光谱光视效率，用$V(\lambda)$表示，它随波长而变化，即

$$V(\lambda)=K(\lambda)/K_m \qquad (1\text{-}1)$$

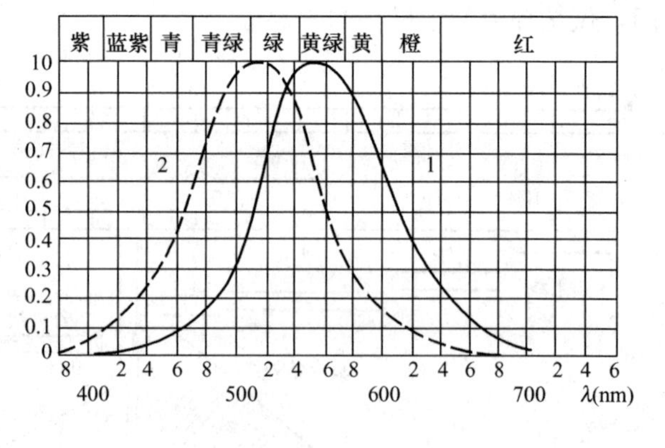

图1-3　光谱光视效率曲线

1——明视觉；2——暗视觉

式中，$K(\lambda)$为给定波长$\lambda$的光谱光视效能；$K_m$为峰值波长$\lambda_m$的光谱光视效能，即6831W，$V(\lambda)$为给定波长的光谱光视效能。

换句话说，波长分别为$\lambda_m$和$\lambda$的两束辐射，在特定光度条件下产生同样亮度的光感觉时，波长为$\lambda_m$的辐射通量与波长为$\lambda$的辐射通量之比，就是该波长$\lambda$的光谱光视效率，当波长在峰值波长$\lambda_m$时，$V(\lambda_m)=1$，在其他波长$\lambda$时，$V(\lambda)<1$，上述为明视觉条件下的光谱光视效率(图1-3)。

在不同视觉亮度条件下，人眼的光谱光视效率不同。当亮度在$10cd \cdot m^{-2}$以上时，人眼为明视觉，只要亮度大于$10cd \cdot m^{-2}$，眼睛的反应都一样，$100cd \cdot m^{-2}$和$1000cd \cdot m^{-2}$下光谱光视效率没什么不同；当亮度在$10^{-6} \sim 10^{-2} cd \cdot m^{-2}$之间时，人眼为暗视觉。在暗视觉条件下，人眼光谱光视效率曲线峰值要向波长较短的方向移动，其最大灵敏度值

一般在波长为507nm处（见图1-1）。普遍认为，明视觉的这种差别与人眼视网膜中两种视觉细胞的工作特性有关。视网膜是人眼感受光的部分，视网膜上分布两种细胞：一种是杆状细胞，主要分布在边缘部位；另一种是锥状细胞，主要分布在视网膜中央。两种细胞对光有不同的感受性，杆状体对光的感受性很高，而锥状体对光的感受性很低。因此，在暗视觉下，只有杆状体工作，锥状体不工作；而在明视觉下，锥状体起主要作用。当亮度在$10^{-2}$～$10cd \cdot m^{-2}$时，杆状体和锥状体同时起作用，这种视觉状态称为中介视觉。

由于杆状体和锥状体光感的光谱灵敏度不同，杆状体的最大灵敏度在波长507nm处，是暗视觉的峰值波长；锥状体的最大灵敏度在波长555nm处，是明视觉的峰值波长。这就是为什么在黄昏亮度较低时，我们感觉较短波长的蓝光和绿光很明亮，而在亮度很高的白天，波长较长的红光显得明亮。在战争时期，人们利用这种特性，使用红光而禁用蓝光来实行灯火管制。

在中介视觉情况下，由于锥状体和杆状体同时工作，而且不同亮度水平下两种细胞参与工作的程度不一样，所以没有一个固定的峰值波长，也无法应用一条线来表示光谱光视效率。道路照明的路面亮度一般不超过$10cd \cdot m^{-2}$，正是在中介视觉的范围里，遵循中介视觉的一般规律。

锥状体虽然对光的感受性低，但只有它才能分辨颜色，所以，在昏暗的暗视觉条件下，由于锥状体不工作，人们感觉所有的东西都是蓝灰色的，而只有在感觉明亮的环境中，人们才能清楚地分辨出物体的五颜六色。

表1-1列举了明视觉和暗视觉两种光谱光视效率曲线的测量值。

**明视觉和暗视觉光谱光视效率**　　　**表1-1**

| 波长λ (nm) | 光谱光视效率 | | 波长λ (nm) | 光谱光视效率 | | 波长λ (nm) | 光谱光视效率 | |
|---|---|---|---|---|---|---|---|---|
| | $V(\lambda)$ | $V'(\lambda)$ | | $V(\lambda)$ | $V'(\lambda)$ | | $V(\lambda)$ | $V'(\lambda)$ |
| 380 | 0.00004 | 0.000589 | 520 | 0.710 | 0.935 | 660 | 0.061 | 0.0003129 |
| 390 | 0.00012 | 0.002209 | 530 | 0.862 | 0.811 | 670 | 0.032 | 0.0001480 |
| 400 | 0.0004 | 0.00929 | 540 | 0.954 | 0.650 | 680 | 0.017 | 0.0000715 |
| 410 | 0.0012 | 0.03484 | 550 | 0.995 | 0.481 | 690 | 0.0082 | 0.00003533 |
| 420 | 0.0040 | 0.0966 | 560 | 0.995 | 0.3288 | 700 | 0.0041 | 0.00001780 |
| 430 | 0.0116 | 0.1998 | 570 | 0.952 | 0.2076 | 710 | 0.0021 | 0.00000914 |
| 440 | 0.023 | 0.3281 | 580 | 0.870 | 0.1212 | 720 | 0.00105 | 0.00000478 |
| 450 | 0.038 | 0.455 | 590 | 0.757 | 0.0655 | 730 | 0.000052 | 0.000002546 |
| 460 | 0.060 | 0.567 | 600 | 0.631 | 0.03315 | 740 | 0.00025 | 0.000001379 |
| 470 | 0.091 | 0.676 | 610 | 0.503 | 0.01593 | 750 | 0.00012 | 0.000000760 |
| 480 | 0.139 | 0.793 | 620 | 0.381 | 0.00737 | 760 | 0.00006 | 0.000000425 |
| 490 | 0.208 | 0.904 | 630 | 0.265 | 0.003335 | 770 | 0.00003 | 0.0000004213 |
| 500 | 0.323 | 0.982 | 640 | 0.175 | 0.001497 | 780 | 0.000015 | 0.0000001390 |
| 510 | 0.503 | 0.997 | 650 | 0.107 | 0.0000677 | | | |

### 1.1.2　视觉适应

在变化的各种亮度、光谱分布、视角的刺激下，视觉系统会相应地做出调整以适应这种改变，这种调整就是视觉适应（visual adaptation），它可分为明适应和暗适应。

视觉系统的适应高于 3.4 坎德拉每平方米亮度的变化过程和最终状态称为明适应；视觉系统的适应低于百分之三点四坎德拉每平方米亮度的变化过程和最终状态称为暗适应。

明视觉和暗视觉是锥状细胞和杆状细胞各为主辅的视觉，视觉系统的适应过程也包含了这两种细胞工作转换过程，除此之外，也包含了眼睛瞳孔大小的变化。

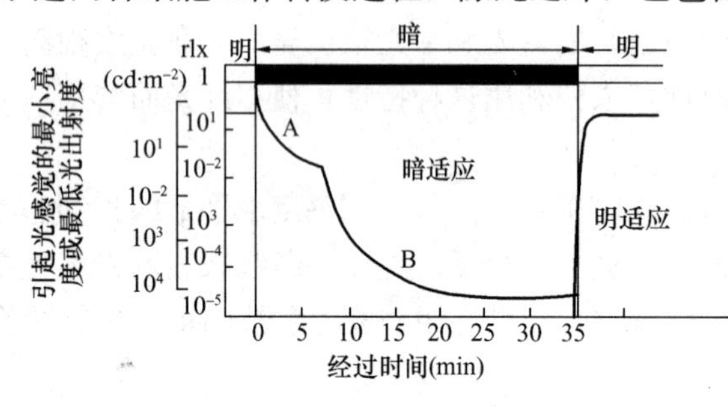


图 1-4　明适应与暗适应

图 1-4 中的曲线表达了一个白色试标在短时间内达到能被看出的程度所需要的最低亮度界限（称为亮度阈值）的变化。所需亮度越低，表示视觉系统感受性越强；所需亮度越高，表示视觉系统的感受性越低。由图 1-4 可见，暗适应所需时间较长，而且在适应过程中视觉系统感受性的增长也不是一成不变的；明适应的速度则要快很多，由于本来在较暗的亮度下，视觉系统工作于感受性较强的状态，突然来到高亮度环境，瞳孔缩小，杆状体退出工作而锥状体开始工作，该过程比相反过程来得更快，视觉系统感受性迅速降低，很快趋于稳定。

如果视场内明暗急剧变化，眼睛不能很快适应，就会造成视力下降。视力也叫视觉敏锐度，表示人眼睛能识别细小物体形状到什么程度。当眼睛能把两个非常接近的点区别开来（处于人眼达到刚能识别与不能识别的临界状态），这两点与人眼之间连线所构成的夹角称为视角 $\theta$，以弧分（1/60 弧度）为单位，视角 $\theta$ 的倒数 $1/\theta$，即称为视觉敏锐度（visual acuity，即视力）。视力随亮度的提高而提高，还与被识别物体周围的环境亮度有关。由于视场亮度急剧变化而造成的视力下降，通常可由减缓亮度变化速度、满足视觉适应所需时间而加以改善。例如，在隧道入口处需作一段由明到暗的过渡照明，以保证一定的视力要求；而由于明适应时间要求短，所以在隧道出口处的照明处理要相对简单得多。

### 1.1.3　可见度与眩光

眼睛能够辨别背景（指与被观察对象直接相邻并被观察的表面）上的被观察对象（背景上的任何细节），必须满足任一条件：要么对象与背景颜色不同，要么对象与背景亮度不同，即要有一定的对比：颜色对比或亮度对比。

背景亮度 $L_b$ 和被观察对象亮度 $L_0$ 之差与背景亮度之比称为亮度对比 $C$，即

$$C=(L_b-L_0)/L_b=\Delta L/L_b \tag{1-2}$$

人眼开始能识别对象与背景最小亮度的差称为亮度差别阈限，又称临界亮度差别阈限，即

$$\Delta L_t=(L_b-L_0)_t \tag{1-3}$$

亮度差别阈限与背景亮度之比称为临界亮度对比 $C_t$，即

$$C_t = \Delta L_t / L_b = (L_b - L_0)_t / L_b \tag{1-4}$$

临界亮度对比 $C_t$ 的倒数称为对比敏感度 $S_c$，或叫对比灵敏度，可以用来评价人眼辨别亮度差别的能力，为

$$S_c = 1/C_t = L_b / \Delta L_t \tag{1-5}$$

对比敏感度愈大的人能辨别愈小的亮度对比，或者说，在一定的亮度对比下辨别对象愈清楚。在理想情况下，视力好的人的临界对比度约为 0.01，即对比敏感度达到 100。由式（1-5）可见，要提高对比敏感度，就要提高背景亮度。

人眼确认物体存在或形状的难易程度称为可见度（ visibility），也叫能见度或视度。在室内应用时，它用对象与背景的实际亮度对比 $C$ 与临界对比 $C_t$ 之比描述，用符号 $V$ 表示，即

$$V = C/C_t = L_b / \Delta L_t \tag{1-6}$$

在室外应用时，以人眼恰可看到标准目标的距离定义。

虽然人眼识别对象要求一定的亮度对比，但是，如果亮度对比过于极端，或视野中的亮度分布或亮度范围不适宜，以至于引起不舒适感觉或降低观察细部或目标的能力，这样的视觉现象统称为眩光（glare），按其评价方法对视觉的影响不同，分为不舒适眩光和失能眩光。

无论是不舒适眩光还是失能眩光，都有直接和间接之分。直接眩光是由观察者视场中的明亮的发光体（如灯具）引起的；而观察者在光泽表面中看到发光体的像时，则会产生间接眩光。

光源的光经光泽面或半光泽面反射进入观察者的眼睛，轻微的会使人心神烦乱，严重的则使人深感不舒服。当这种反射发生在作业物上时，称为光幕反射；而当这种反射发生在作业物周围时，常称为反射眩光。光幕反射除了产生干扰以外，还会降低作业对比度，使眼睛观察的能力减弱。

眩光使视觉功能降低的机理可以这样来理解：由眩光源来的光在视网膜方向上散射，形成一个明亮的光幕，叠加在清晰的场景像上，这个光幕具有一个等价光幕亮度 $L_t$，其作用相当于使背景亮度增加，对比度下降。

在一般照明实践中，不舒适眩光是更常见的问题，而且随着时间的推移，不舒适的感觉还要增强，造成紧张和疲劳。后面我们将简略讨论如何控制不舒适眩光的问题，实际上这些措施对减少失能眩光也同样有用。

## 1.2　光的特性

### ※1.2.1　光的反射、透射和吸收比

光线如果不遇到物体时，总是按直线方向行进，当遇到某种物体时，光线或被反射，或被透射，或被吸收。当光投射到不透明的物体上时，光通量的一部分被吸收，另一部分则被反射；当光投射到透明物体上时，光通量则被透射。

在入射辐射的光谱组成、偏振状态和几何分布给定的条件下，漫射材料对光的反射、透射和吸收介质，在数值上可用相应的系数表示。即

反射比
$$\rho=\frac{\Phi_{\rho}}{\Phi_{t}} \tag{1-7}$$

透射比
$$\tau=\frac{\Phi_{\tau}}{\Phi_{t}} \tag{1-8}$$

吸收比
$$\alpha=\frac{\Phi_{\alpha}}{\Phi_{t}} \tag{1-9}$$

式中，$\Phi_{t}$ 为投射到物体材料表面的光通量；$\Phi_{\rho}$ 为 $\Phi_{t}$ 之中被物体材料反射的光通量；$\Phi_{\tau}$ 为 $\Phi_{t}$ 之中被物体材料透射的光通量；$\Phi_{\alpha}$ 为 $\Phi_{t}$ 之中被物体材料吸收的光通量。

根据能量守恒定律，则有

$$\rho+\tau+\alpha=1 \tag{1-10}$$

表1-2列出各种材料的反射比和吸收比。灯具使用反射材料的目的，是把光源的光反射到需要照明的方向上。这样，反射面就成为二次发光面。为提高效率，一般宜采用反射比较高的材料。

**各种材料的反射比与吸收比** **表1-2**

| 项　目 | 材　料 | 反　射　比 | 吸　收　比 |
|---|---|---|---|
| 规则反射 | 银 | 0.92 | 0.08 |
| | 铬 | 0.65 | 0.35 |
| | 铝（普通） | 0.60～0.73 | 0.27～0.40 |
| | 铝（电解抛光） | 0.75～0.84（光亮）<br>0.62～0.70（亚光） | |
| | 镍 | 0.55 | 0.45 |
| | 玻璃镜 | 0.82～0.88 | 0.12～0.18 |
| 漫反射 | 硫酸钡 | 0.95 | 0.05 |
| | 氧化镁 | 0.975 | 0.025 |
| | 碳酸镁 | 0.94 | 0.06 |
| | 氧化亚铅 | 0.87 | 0.13 |
| | 石　膏 | 0.87 | 0.13 |
| | 无光铝 | 0.62 | 0.38 |
| | 铝喷漆 | 0.35～0.40 | 0.65～0.60 |
| 建筑材料 | 木材（白木） | 0.40～0.60 | 0.60～0.40 |
| | 抹灰、白灰粉刷墙壁 | 0.75 | 0.25 |
| | 红砖墙 | 0.30 | 0.70 |
| | 灰砖墙 | 0.24 | 0.76 |
| | 混凝土 | 0.25 | 0.75 |
| | 白色瓷砖 | 0.65～0.80 | 0.35～0.20 |
| | 透明无色玻璃（1～3mm） | 0.08～0.1 | 0.01～0.03 |

### 1.2.2 光的反射类型

当光线遇到非透明物体表面时，一部分光被反射，一部分光被吸收。光线在镜面和扩散面上的反射有以下几种类型。

1. 规则反射

在研磨很光的镜面上，光的入射角等于反射角，反射光线总是在入射光线和法线所决定的平面内，并与入射光分处在法线两侧，称为反射定律，如图1-5所示。在反射角以外，人眼是看不到反射光的，这种反射称为规则反射（regular reflection），亦称为镜面反射（specular reflection）。它常用来控制光束的方向，灯具的反射罩就是利用这一原理制作的，但一般由比较复杂的曲面构成。

2. 散反射

当光线从某方向入射到经散射处理的铝板、经涂刷处理的金属板或毛面白漆涂层时，反射光向各个不同方向散开，但其总的方向是一致的（图1-6），其光束的轴线方向仍遵守反射定律，这种光的反射称为散反射（spread reflection）。

3. 漫反射

光线从某方向入射到粗糙表面或涂有无光泽镀层的表层时，光线被分散在许多方向，在宏观上不存在规则反射，这种光的反射称为漫反射（diffuse reflection）。当反射遵守朗伯（Lambert）余弦定律，即向任意方向的光强 $I_\theta$ 与所成的角度 $\theta$ 的余弦成正比：$I_\theta=I_0\cos\theta$，而与光的入射方向无关，从反射的各个方向看去，其亮度均相同，这种光的反射称为各向同性漫反射，如图1-7所示。

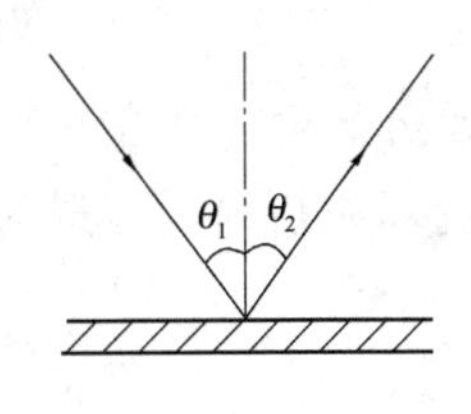

图1-5　规则反射

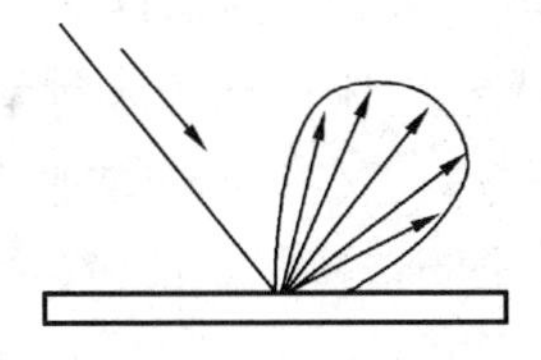
图1-6　散反射

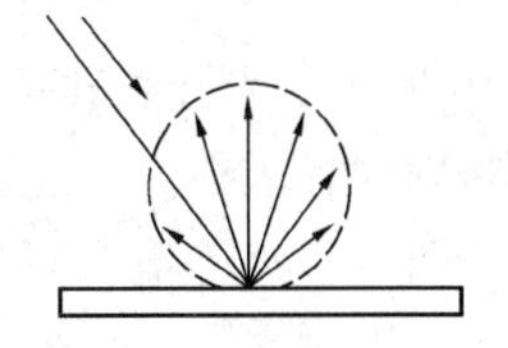
图1-7　各向同性漫反射

4. 混合反射（mixed reflection）

光线从某方向入射到瓷釉或带高度光泽的漆层上时，规则反射和漫反射兼有，如图1-8所示。在定向反射方向上的发光强度比其他方向上的要大得多，且最大亮度，在其他方向上也有一定数量的反射光，而其亮度分布是不均匀的。

### 1.2.3 光的折射、全反射与透射

1. 折射

光在真空中的传播速度为 $3\times10^5\mathrm{km\cdot s^{-1}}$，在空气中约降低 $6\sim7\mathrm{km\cdot s^{-1}}$。在玻璃、水或其他透明物质内传播时，其速度就显著降低了。那些使光速减小的介质称为光密物质，而使光传播速度增大的介质则称为光疏物质。

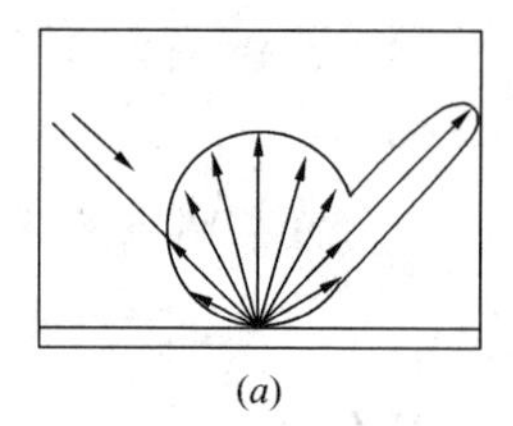
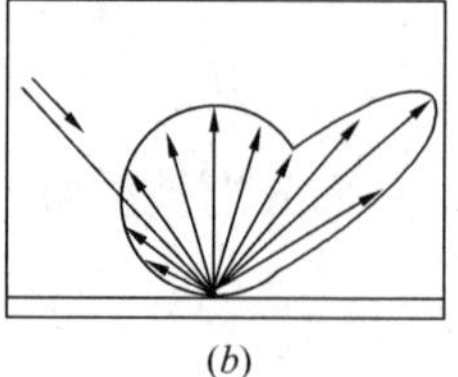
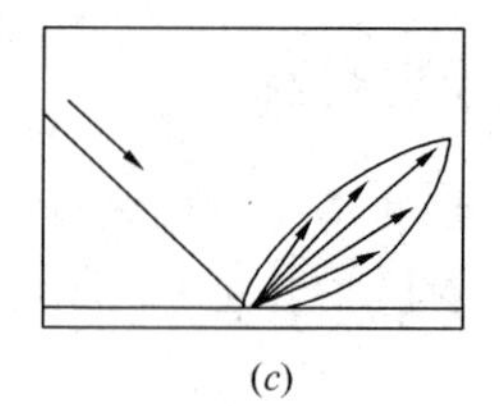

(a)　(b)　(c)

图 1-8　混合反射

(a) 漫反射与镜面反射混合；(b) 漫反射与散反射混合；
(c) 镜面反射与散反射混合

光从第一种介质进入第二种介质时，若倾斜入射，则在入射面上有反射光，而进入第二种介质时有折射光，如图 1-9 所示。在两种介质内，光速不同，入射角 $i$ 与折射角 $r$ 也不等，因而呈现光的折射（refraction）。不论入射角怎样变化，入射角与折射角的正弦之比是一个常数，这个比值称为折射率，即

$$n_{21} = \frac{\sin i}{\sin \gamma} \tag{1-11}$$

光从真空中射入某种介质的折射率称为这种介质的绝对折射率。由于光从真空射到空气中时，光速变化甚小，因此可以认为空气的折射率 $n$ 近似于 1。在其他物质内，光的传播速度变化较大，其绝对折射率均大于 1。为此，一般可近似将由空气中射入某种介质的折射率称为这一介质的折射率。若两种不同介质的折射率分别为 $n_1$ 及 $n_2$，光由第一种介质进入第二种介质时，还有下列关系式，为

$$n_{21} = \frac{\sin i}{\sin \gamma} = \frac{n_2}{n_1}$$

$$\text{或}\ n_1 \sin i = n_2 \sin \gamma \tag{1-12}$$

图 1-10 所示为光透射和折射的情况。图中 $\theta_1$ 为入射角，$\theta_2$ 为折射角。光在平行透射材料内部折射时，入射光与透射光的方向不变；而在非平行透射材料中折射后，透射光出射方向有所改变，这种折射原理常用来制造棱镜或透镜。

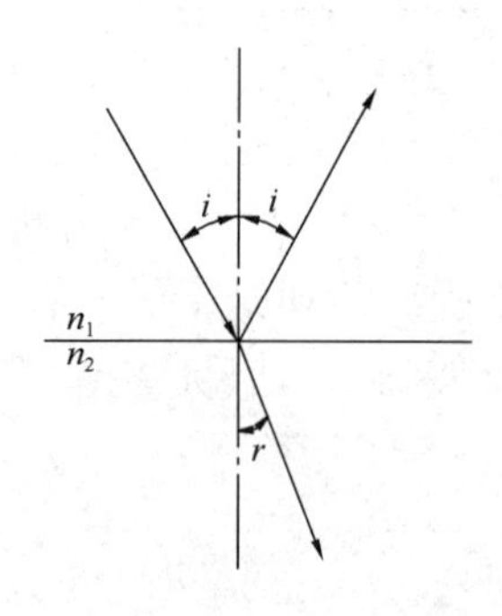


图 1-9　光的折射与反射

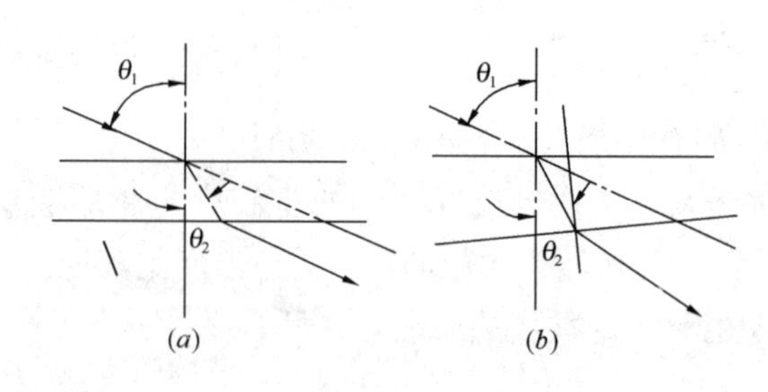


图 1-10　光的折射与透射

(a) 平行透射材料；(b) 非平行透射材料

2. 全反射

在光线由光密物质射向光疏物质时，如图 1-11 所示，$n_1 > n_2$，此时入射角 $i$ 小于折射角 $\gamma$。当入射角未达到 90°时，折射角已达到 90°，继续增大入射角，则光线全部回到光密

物质内，不再有折射光，这种现象称为全反射 (full reflection)。利用它可获得不损失光的反射表面。

光不再进入光疏介质时的入射角称为临界入射角，用 $A$ 表示，由下式计算

$$\sin A = \frac{n_2}{n_1}$$

或

$$A = \arcsin \frac{n_2}{n_1} \tag{1-13}$$

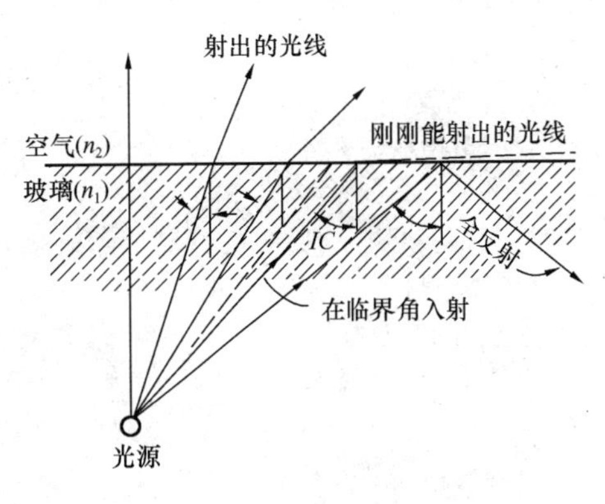


图 1-11　光的全反射

水的临界角为 48.5°，各种玻璃的临界角约为 30°～42°。全反射原理在光导纤维和装饰、广告照明中广泛应用。

光线由光疏介质射向光密介质时，不会发生全反射现象。

3. 光的透射

光入射到透明或半透明材料表面时，一部分被反射，一部分被吸收，大部分可以透射 (transmission) 过去。例如光在玻璃表面垂直入射时，入射光在第一面（入射面）反射 4%，在第二面（透过面）反射 3%～4%，被吸收 2%～8%，透射率为 80%～90%。由于透射材料的品种不同，透射光在空间分布的状态有以下几种：

(1) 规则透射。当光线照射到透明材料上时，透射光是按照几何光学的定律进行透射，这就是规则透射 (regular transmission)，如图 1-12 所示，其中，图 (*a*) 为平行透光材料（图中为平板玻璃），透射光的方向与原入射光方向相同，但有微小偏移；图 (*b*) 为非平行透光材料（图中为三棱镜），透射光的方向由于光折射而改变了原方向。

(2) 散透射。当光线穿过散透射材料（如磨砂玻璃）时，在透射方向上的发光强度较大，在其他方向上发光强度较小，表面亮度也不均匀，透射方向较亮，其他方向较弱，这种情况称为散透射 (spread transmission)，亦称为定向扩散透射，如图 1-13 所示。

(3) 漫透射。当光线照射到散射性好的透光材料上时（如乳白玻璃等），透射光将向所有的方向散开并均匀分布在整个半球空间内，这称为漫透射 (diffuse transmission)。如透射光服从朗伯定律，即发光强度按余弦分布，亮度在各个方向上均相同时，则称为均匀漫透射或完全漫透射，如图 1-14 所示。

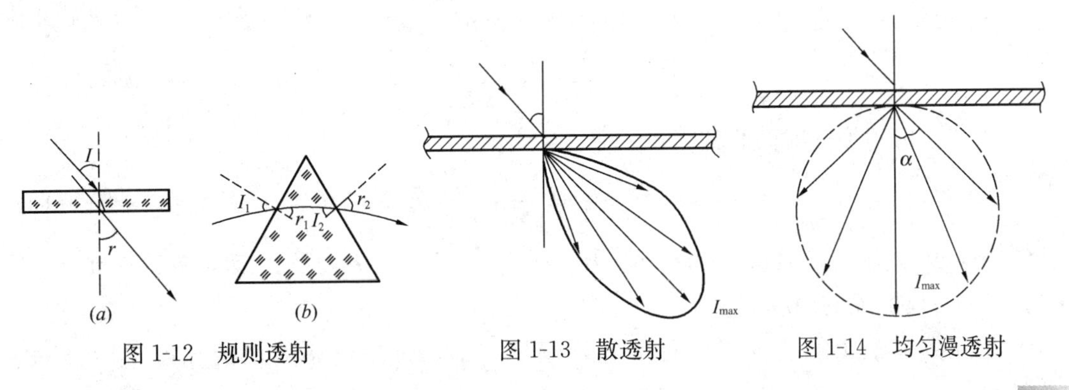


图 1-12　规则透射　　图 1-13　散透射　　图 1-14　均匀漫透射

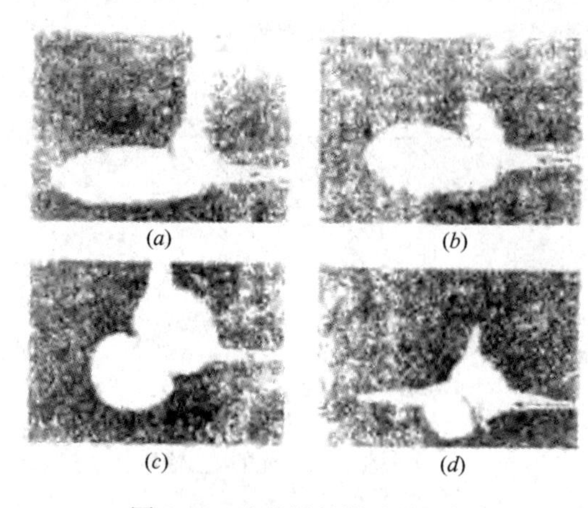


图 1-15　几种材料样品的透射

(a) 在毛玻璃样品的光滑面入射时的散透射；(b) 在毛玻璃样品的粗糙表面入射时的散透射；(c) 光入射于乳白玻璃或白色塑料板所形成的漫透射；(d) 光通过乳白玻璃时的混合透射

(4) 混合透射。当光线照射到透射材料上，其透射特性介于规则透射与漫透射（或散透射）之间的情况，称为混合透射（mixed transmission）。

图 1-15 所示为几种材料样品的透射与反射情况。

### ※1.2.4　亮度系数

研究证明在漫反射的情况下，反射光的光强空间分布是一个圆球，并且在反射面与光线的入射点相切，与反射光的方向无关。发光强度可用下式表达，即

$$I_\alpha = I_{\max}\cos\alpha \tag{1-14}$$

式中，$I_\alpha$ 为与反射面的法线成 $\alpha$ 角的发光强度；$I_{\max}$为沿反射面的入射点法线方向的发光强度，是发光强度的最大值。

在漫反射的条件下，表面的亮度对各个方向均是相同的，现证明如下：

根据亮度的定义，在任意给定方向的亮度为

$$L_\alpha = \frac{I_\alpha}{\mathrm{d}A\cos\alpha} \tag{1-15}$$

将式（1-14）代入式（1-15），则有

$$L_\alpha = \frac{I_{\max}\cos\alpha}{\mathrm{d}A\cos\alpha} = \frac{I_{\max}}{\mathrm{d}A} = L \tag{1-16}$$

由式（1-16）可知，任一方向的亮度 $L_\alpha$ 都是一样的数值。

漫反射时，反射的光通量 $\Phi_\rho$ 应为

$$\Phi_\rho = \int \mathrm{d}\Phi_\rho = \int I_\alpha \mathrm{d}\omega$$

由于在漫反射条件下，反射光的发光强度的空间分布是一个圆球，因此

$$\Phi_\rho = 2\pi\int_0^{\frac{\pi}{2}} I_{\max}\cos\alpha\sin\alpha \mathrm{d}\alpha = \pi I_{\max} \tag{1-17}$$

又根据反射比的定义，漫反射材料的反射比 $\rho$ 可表达为

$$\rho = \frac{\Phi_\rho}{\Phi_\mathrm{t}} = \frac{\pi I_{\max}}{E\mathrm{d}A} = \frac{\pi L\mathrm{d}A}{E\mathrm{d}A} = \frac{\pi L}{E} \tag{1-18}$$

由上式，可得漫反射面的亮度和照度关系式为

$$L = \frac{\rho E}{\pi} \tag{1-19}$$

式中，$\Phi_\rho$ 为反射光通量（lm）；$\Phi_\mathrm{t}$ 为入射光通量（lm）；$L$ 为漫反射面的亮度（$\mathrm{cd/m^2}$）；$E$ 为漫反射面的照度（lx）。

反射系数等于 1 的漫反射面称为理想漫反射面，理想漫反射面的亮度 $L_0$ 可从式

(1-18)得出

$$L_0 = \frac{\rho E}{\pi} = \frac{E}{\pi} \tag{1-20}$$

亮度系数（luminance factor）定义为反射面（或投射光）表面在某一方向的亮度 $L_\alpha$ 与受到同样照度的理想漫反射表面的亮度 $L_0$ 之比，用符号 $\gamma$ 表示为

$$\gamma = \frac{L_\alpha}{L_0} = \frac{I_\alpha}{E/\pi} = \frac{L_\alpha}{E}\pi \tag{1-21}$$

因为，$\pi$ 是个常量，所以

$$L_\alpha = \gamma L_0 = \gamma \frac{E}{\pi} \tag{1-22}$$

式（1-22）在照明工程计算中有其实用价值。

比较式（1-19）和式（1-21）可知，具有漫反射特性的表面，其亮度系数等于反射比。

漫透射与漫反射相似，其透射光的分布特性与照射光的方向无关，其表面的亮度对于各个方向均相同，而亮度系数等于透射比。

### 1.2.5　材料的光谱特征

材料表面具有选择性地反射光线的性能，即对于不同波长的光，其反射性能也不同。这就是在太阳光照射下物体呈现各种颜色的原因。可应用光谱反射比 $\rho_\lambda$ 这一概念来说明材料表面对于一定波长光的反射特性。光谱反射比 $\rho_\lambda$ 是物体反射的单色光通量 $\Phi'_{\lambda\rho}$ 对于入射的单色光通量 $\Phi_{\lambda t}$ 之比，即

$$\rho_\lambda = \frac{\Phi'_{\lambda\rho}}{\Phi_{\lambda t}} \tag{1-23}$$

图 1-16 是几种颜料的光谱反射比 $\rho_\lambda = f(\lambda)$ 的曲线，由此可见，这些有色彩的表面若在和其色彩相同的光谱区域内，则有最大的光谱反射比。

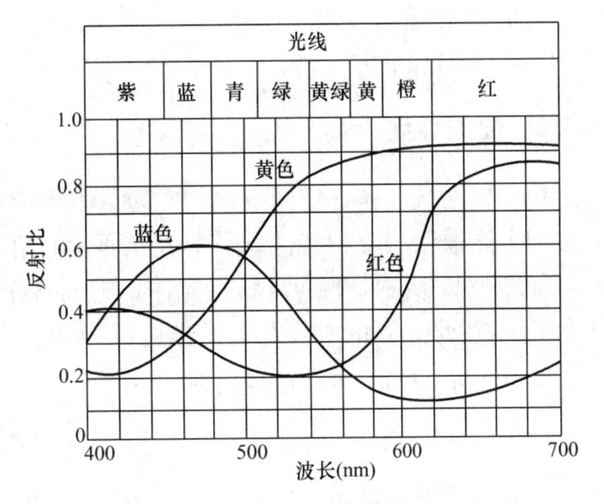

图 1-16　几种颜料的光谱反射比

通常所说的反射比 $\rho$ 是对色温为 5500K 的白光而言。

同样，透射性能也与入射光的波长有关，即材料的透射光也具有光谱选择性，用光谱透射比 $\tau_\lambda$ 表示。光谱透射比是透射的单色光通量 $\Phi_{\lambda\tau}$，对于入射的单色光通量 $\Phi_{\lambda t}$ 之比，即

$$\tau_\lambda = \frac{\Psi_{\lambda\tau}}{\Psi_{\lambda t}} \tag{1-24}$$

而通常所说的透射比 $\tau$ 是对色温为 5500K 的白光而言。

# 1.3　照明的基本概念

## 1.3.1　光通量

光通量（luminous flux）是指单位时间内辐射能量的大小。它是根据人眼对光的感觉来评价的。例如，一只 200W 的白炽灯比一只 100W 的白炽灯要亮得多，也就是说发出光的量多，我们称光源发出光的量为光通量。

光通量一般就视觉而言，即辐射体发出的辐射通量按 $V(\lambda)$ 曲线的效率被人眼所接受，若辐射体的光谱辐射通量为 $\Phi_{\rho\lambda}$，则其光通量 $\Phi$ 的表达式为

$$\Phi = K_m \int_{380}^{780} \Phi_{\rho\lambda} V(\lambda) \mathrm{d}\lambda \tag{1-25}$$

式中，$K_m$ 为最大光谱光效能，683 $\mathrm{lm \cdot W^{-1}}$ ($\lambda$=555nm)，$V(\lambda)$ 为明视觉的光谱光视效率；$\Phi_{\rho\lambda}$ 为光谱辐射通量，即在给定波长为 $\lambda$ 的附近无限小范围内，单位时间内发出辐射能量的平均值，单位为 $\mathrm{W \cdot (nm)^{-1}}$。辐射通量也称辐射功率；$\Phi$ 为光通量（lm）。

光通量的单位是流明（lm）。在国际单位制和我国法定计量单位中，它是一个导出单位。1 lm 是发光强度为 1cd 的均匀点光源在 1sr（球面度）内发出的光通量。

在照明工程中，光通量是说明光源发光能力的基本量。例如，一只 220V 40W 的白炽灯发射的光通量为 350lm，而一只 220V36W 6200K（T8 管）荧光灯发射的光通量为 2500lm，为白炽灯的 7 倍。

## 1.3.2　发光强度

由于辐射发光体在空间发出的光通量不均匀，大小也不相等，故为了表示辐射体在不同方向上光通量的分布特性，需引入光通量的角（空间的）密度概念。

如图 1-17 所示，$S$ 为点状发光体，它向各个方向辐射光通。若在某方向上取微小立体角 $\mathrm{d}\omega$，在此立体角内所发出的光通量为 $\Phi_{\mathrm{d}\omega}$，则两者的比值即为该方向上的发光强度（光强，luminous intensity）$I$，即

$$I = \frac{\Phi_{\mathrm{d}\omega}}{\mathrm{d}\omega} \tag{1-26}$$

若光源辐射的光通量 $\Phi_\omega$ 是均匀的，则在立体角 $\omega$ 内的平均光强 $I$ 为

$$I = \frac{\Phi_\omega}{\omega} \tag{1-27}$$

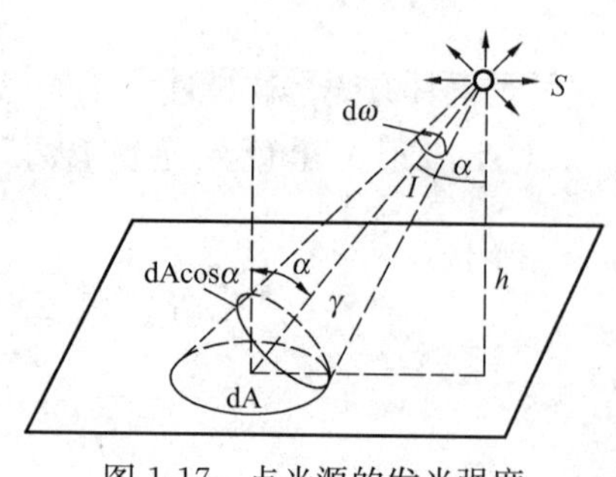


图 1-17　点光源的发光强度

立体角的定义是任意一个封闭的圆锥面内所包含的空间。立体角的单位为球面度（sr），即以锥顶为球心，以 $r$ 为半径作一圆球，若锥面在圆球上截出面积 $A$ 为 $r^2$，则该立体角即为一个单位立体角，称为球面度，其表达式为

$$\omega = \frac{A}{r^2} \tag{1-28}$$

而一个球体度包含 $4\pi$ 球面度。

发光强度的单位是坎德拉（cd），也就是过去的烛光（candle-power）。数量上，1cd $=1\mathrm{lm}\cdot\mathrm{sr}^{-1}$。

坎德拉是国际单位制和我国法定单位制的基本单位之一。其他光度量单位都是由坎德拉导出的。1979 年 10 月第 16 届国际计量大会通过的坎德拉重新定义为：一个光源发出频率为 $540\times10^{12}$ Hz 的单色辐射（对应于空气中波长为 555nm 的单色辐射），若在一定方向上的辐射强度为 $1/683\mathrm{W}\cdot\mathrm{sr}^{-1}$，则光源在该方向上的发光强度为 1cd。

发光强度常用于说明光源或灯具发出的光通量在空间各方向或在选定方向上的分布密度。例如，一只 220V 40W 白炽灯发出 350lm 的光通量，它的平均光强为 $350/4\pi=28$cd。若在该灯泡上面装一盏白色搪瓷平盘灯罩，则灯正下方的发光强度能提高到 70～80cd；如果配上一个聚焦合适的镜面反射罩，则灯下方的发光强度可以高达数百坎德拉。而在后两种情况下，灯泡发出的光通量并没有变化，只是光通量在空间的分布更为集中，相应的发光强度也提高了。

### 1.3.3　照度

照度（illuminance）是用来表示被照面上光的强弱，以被照场所光通的面积密度来表示。表面上一点的照度 $E$ 是入射光通量 $\mathrm{d}\Phi$ 与该面元面积 $\mathrm{d}A$ 之比，即

$$E=\frac{\mathrm{d}\Phi}{\mathrm{d}A} \tag{1-29}$$

对于任意小的表面积 $A$，若入射光光通量为 $\Phi$，则在表面积 $A$ 上的平均照度 $\overline{E}$ 为

$$\overline{E}=\frac{\Phi}{A} \tag{1-30}$$

照度的单位为勒克司（lx）。1lx 即表示在 $1\mathrm{m}^2$ 的面积上均匀分布 1lm 光通量的照度值。或者是一个光强为 1cd 的均匀发光的点光源，以它为中心，在半径为 1m 的球面上，各点所形成的照度值。

照度的单位除了勒克司（1x）外，在北美地区使用烛光英尺（fc），1fc=10.76lx。在工程上还曾经用过辐透（ph）、毫辐透（mph）。

1lx 的照度是比较小的，在此照度下仅能大致地辨认周围物体，要进行区别细小零件的工作则是不可能的。为了对照度有些实际概念，现举几个例子：晴朗的满月夜地面照度约为 0.211x；白天采光良好的室内照度为 100～500lx；晴天室外太阳散射光（非直射）下的地面照度约为 1000lx；中午太阳光照射下的地面照度可达 100000lx。

照度的平方反比定律和余弦定律：点光源在距离光源为 $r$ 的平面上的照度 $E$，可由式（1-26）和式（1-29）消去 $\mathrm{d}\Phi/\mathrm{d}A$ 求得

$$E=\frac{\mathrm{d}\Phi}{\mathrm{d}A}=\frac{I\mathrm{d}\omega}{\mathrm{d}A} \tag{1-31}$$

根据图 1-17 可知 $\mathrm{d}\omega=\mathrm{d}A\cos\alpha/r^2$

将 $\mathrm{d}\omega$ 代入式（1-31），即得

$$E=I\cos/r^2 \tag{1-32}$$

式（1-32）就是点光源照度的平方反比定律和余弦定律。

### 1.3.4　光出射度

具有一定面积的发光体，其表面上不同点的发光强弱可能是不一致的。为表示这个辐射光通量的密度，可在表面上任取一微小的单元面积 $dA$。如果它发出的光通量为 $d\Phi$，则该单元面积的平均光出射度（luminous exitance）$M$ 为

$$M=\frac{d\Phi}{dA} \tag{1-33}$$

对于任意大小的发光表面 $A$，若发射的光通量为 $\Phi$，则表面 $A$ 的平均光出射度（出光度）$M$ 为

$$M=\frac{\Phi}{A} \tag{1-34}$$

可见，光出射度就是单位面积发出的光通量，单位为辐射勒克司（rlx），1rlx 等于 $1\mathrm{rlm}\cdot\mathrm{m}^2$。光出射度和照度具有相同的量纲，其区别在于光出射度是表示发光体发出的光通量表面密度，面照度则表示被照物体所接受的光通量表面密度。

对于因反射或透射而发光的二次发光表面，其出射度是

$$\text{反射发光}\ M=\rho E \tag{1-35}$$

$$\text{透射发光}\ M=\tau E \tag{1-36}$$

式中，$\rho$ 为被照面的反射系数（反射比）；$\tau$ 为被照面的透射系数（透射比）；$E$ 为二次发光面上被照射的照度。

### 1.3.5　亮度

光的出射度只表示单位面积上发出光通量的多少，没有考虑光辐射的方向，不能表征发光面在不同方向上的光学特性。如图 1-18 所示，在一个广光源上取一个单元面积 $dA$，从与表面法线成 $\theta$ 角的方向上观察，在这个方向上的光强与人眼所“见到”的光源面积之比，定义为光源在该方向的亮度（luminance）。由图 1-18 得到的光源面积 $dA'$ 及亮度 $L_\theta$ 为

$$dA'=dA\cos\theta \tag{1-37}$$

$$L_\theta=\frac{d\Phi}{d\omega A\cos\theta}=\frac{I_\theta}{dA\cos\theta} \tag{1-38}$$

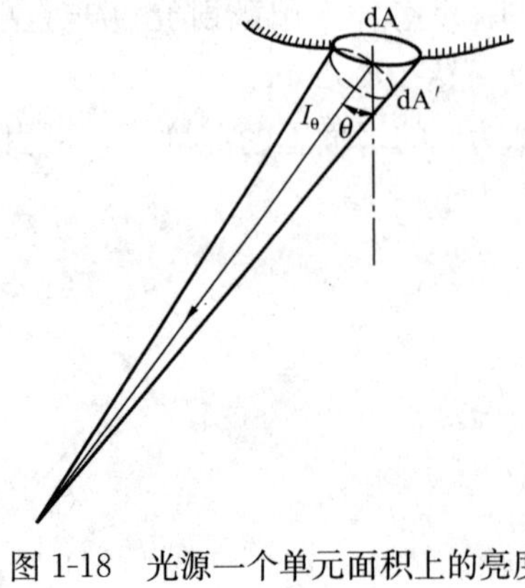

图 1-18　光源一个单元面积上的亮度

式中，$\theta$ 为面积单元 $dA$ 的法线与给定方向之间的夹角。

亮度的单位为坎德拉每平方米(尼特)($\mathrm{cd}\cdot\mathrm{m}^{-2}$)。

如果 $dA$ 是一个理想的漫射发光体或理想漫反射表面的二次发光体，它的光强将按余弦分布（见图1-19）。

将 $I_\theta=I_0\cos\theta$ 代入式（1-38）得

$$L_\theta = \frac{I_0 \cos\theta}{\mathrm{d}A\cos\theta} = \frac{I_0}{\mathrm{d}A} = L_0 \quad (1\text{-}39)$$

则亮度 $L_\theta$ 与方向无关，常数 $L_0$ 表示从任意方向看，亮度都是一样的。对于完全扩散的表面，光出射度 $M$ 与亮度 $L$ 的关系为

$$M = \pi L_0 \quad (1\text{-}40)$$

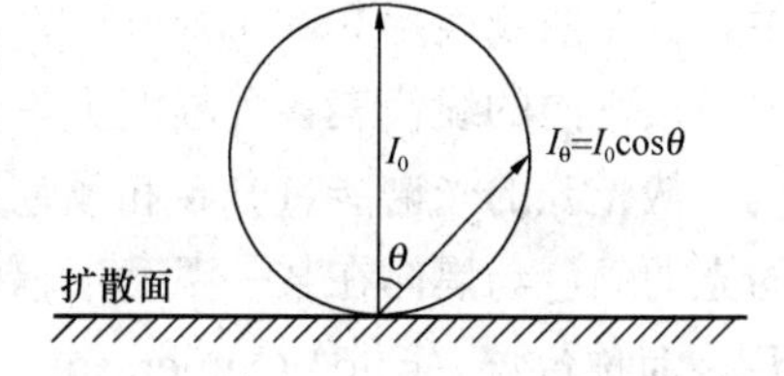

图 1-19　理想漫反射面的光强分布

表 1-3 所示为各种光源的亮度。

**各种光源的亮度**　　**表 1-3**

| 光源 | 亮度（$cd/m^2$） | 荧光灯 | $0.5\times10^4\sim15\times10^4$ |
|---|---|---|---|
| 太阳 | $1.6\times10^9$ | 蜡烛 | $0.5\times10^4\sim1.0\times10^4$ |
| 碳极弧光灯 | $1.8\times10^8\sim12\times10^8$ | 蓝天 | $0.8\times10^4$ |
| 钨丝灯 | $2.0\times10^6\sim20\times10^6$ | 电视屏幕 | $1.7\times10^2\sim3.5\times10^2$ |

### 1.3.6　光效

光效（发光效率的简称）是指一个光源所发出的光通量 $\Phi$ 与光源消耗的电功率 $P_t$ 之比，由于光源的电功率并不全部变成可见光，其中有相当一部分变成其他形式的能量，故光效 $\eta$ 为

$$\eta = \frac{\Phi}{P_t} = \frac{K_m \int_{380}^{780} \Phi_{e\lambda} V(\lambda)\mathrm{d}\lambda}{P_t} \quad (1\text{-}41)$$

式中，$\eta$ 的单位是 $\mathrm{lm \cdot W^{-1}}$（lm/W）。

### 1.3.7　色温

各种光源发出的光，由于光谱功率分布的差异，显现出不同的颜色。人们经过混色试验发现，所有颜色的光都可以由某 3 种单色光按一定比例混合而成，国际照明委员会（CIE）据此建立了色坐标系统，3 种单色光就称为三原色。

1931 年国际照明委员会（CIE）规定，RGB 系统的三原色波长分别为 700.0nm（R）、546.1nm（G）和 435.8nm（B），后来为便于计算，又规定了 $XYZ$ 系统，该系统采用虚拟三原色（$X$）、（$Y$）和（$Z$）分别代表红、绿、蓝原色，任一种颜色的光（$C$）可以表示为

$$C = X(X) + Y(Y) + Z(Z) \quad (1\text{-}42)$$

式中，$X$，$Y$，$Z$ 称为三色刺激值，它们可以计算出来．而色坐标由它们的相对值决定，即

$$x = X/(X+Y+Z)$$
$$y = Y/(X+Y+Z)$$
$$z = Z/(X+Y+Z)$$

且

$$x + y + z = 1 \quad (1\text{-}43)$$

可见，知道 $x$，$y$ 的值，就可以知道 $z$ 的值，所以可以用图 1-20 来表示光的色度。图

中，舌形曲线表示380～780nm的单色光轨迹，连接曲线两端的直线代表标准紫色。图当中一条弯曲的线代表各种温度下黑体辐射的色度坐标（$x$，$y$）的轨迹。

从光源的光谱能量分布和颜色，可以引入色温这个表示光源颜色的量。当光源所发出的光的颜色与黑体在某一温度下辐射的颜色相同时，黑体的温度就称为该光源的颜色温度$T_2$，简称色温（color temperature），用绝对温标表示。

对于某些光源（主要是线光谱较强的气体放电光源），它发射的光的颜色和各种温度下的黑体辐射的颜色都不完全相同（色坐标有差别），这时就不能用一般的色温概念来描述它的颜色，但是为了便于比较，还是用了相关色温的概念。若光源发射的光与黑体在某一温度辐射的光颜色最接近，即在均匀色度图上的色距离最小，则黑体的温度就称为该光源的相关色温（CCT）。显然用相关色温表示颜色是比较粗糙的，但它在一定程度上表达了颜色。

图1-21中也标明了部分光源的色温。

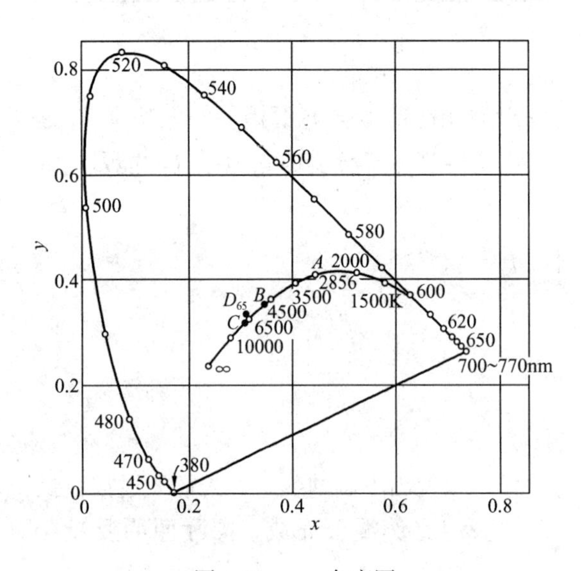


图1-20　$x$ $y$ 色度图

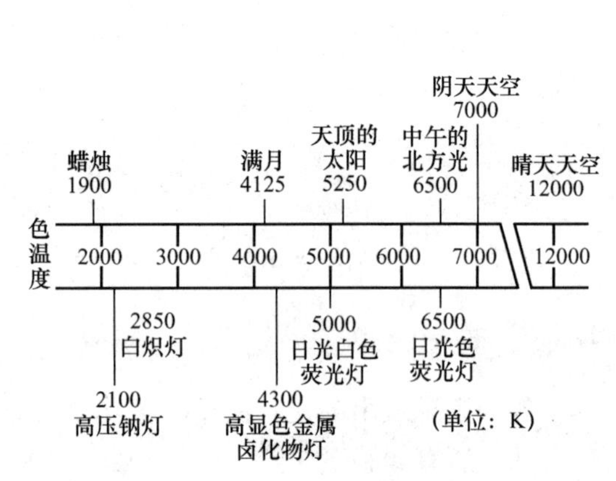


图1-21　各种光的色温值

### 1.3.8　显色性

作为照明光源，除了要求高的光效、合适的色温外，还希望它对颜色的还原性能要好，也就是说各色物体被光照后的颜色效果与它在标准光源下被照时一样，就说明光源的显色性好。

光源的显色性用显色指数$R_a$表示。光源的显色性由其辐射光谱决定，越窄的光谱范围，显色性越差，如单一波长的单色光低压钠灯。日光包含全部可见光谱，其显色性就好。不同物体在日光下之所以呈现不同颜色，是因为它们将不同于自身颜色波长的光全部吸收，而将与自身颜色相同的波长的光反射出来，就呈现该颜色。如果将蓝色的物体放在单一的黄色光下，由于没有蓝色光可反射，物体就会呈现黑色，这就是在低压钠灯下的效果。

# 1.4　照明度量之间的关系

## 1.4.1　光通量与光强

对于均匀辐射的物体来讲，任何方向的光强也就是光分布都是均匀的，光强等于光通量除以 4π，即

$$I = \Phi/4\pi$$

例如，一只 200lm 的白炽灯，安装在球形乳白色玻璃罩内，其透光率为 0.9，四周各个方向的光强均为

$$200 \times 0.9/4\pi = 143cd$$

上面的公式只适用于光源在空中各个方向有同等的光强。

## 1.4.2　光通量与平面照度

对于被照面而言，常用落在其单位面积上的光通量多少来衡量它被照射的程度，称为照度，符号为 $E$，表示被照面上的光通量密度，单位为 lx，1lx 照度等于 1lm 的光通量均匀分布在 $1m^2$ 的被照面上。平均照度的计算式为

$$E_{av} = \phi_{inc}/A$$

如果一个面积为 $12m^2$ 的表面，接受到 10000lm 光通量的照射，那么，平均照度就是

$$10000/12 = 833lx$$

## ※1.4.3　光强与照度

1. 平方反比定律

平面中任意一点的照度等于与这个平面垂直方向上的光强除以光源至被照面距离的平方，即

$$E_p = I/d^2$$

例如，当一个点光源距工作面 3m 远时发出 100cd 的光强，此平面上的垂直点的照度为 $100/3^2=11lx$。如果被照平面距光源 2m 远，其垂直点照度为 $100/2^2=25lx$。

这个关系就是平方反比定律，即点光源对物体入射法线上的照度和距离的平方成反比。严格说来，这个定律只适用于点光源。在工程实践中，只要光源到计算点的距离大于光源尺寸的 3 倍，就可以近似地使用平方反比定律。如果是实验室的灯具测量，光源到计算点的距离要满足大于光源尺寸的 5～10 倍。

2. 余弦定律

平面中任意一点的照度（与光强方向不垂直）与点方向的光源及被照面法线与入射光线的夹角 $\gamma$ 的余弦成正比，与光源至计算点的距离 $d$ 的平方成反比。即

$$E_p = I\cos\gamma/d^2$$

以上就是余弦定律。

例如，一个点光源在距离 3m 的平面一点处的光强为 1200cd，光的入射方向与平面法

线方向成60°，那么计算点的照度则为$1200\times\cos60^\circ/3^2=(1200\times0.5)/3^2=67$lx。

3. 水平照度

将余弦定律公式中的光源到计算点的距离$d$用光源到上述平面的垂直距离$h$替换后，公式计算的结果就是水平照度$E_h$。

$$E_h = I\cos\gamma/h^2$$

4. 垂直照度

将水平照度计算简图旋转90°，就可计算垂直表面的照度。

下面就是计算点的垂直照度计算公式：

$$E_v = I\cos\gamma/d^2$$

为了方便应用，通常用光线入射方向与水平面法线的夹角$\alpha$和光线入射面在水平面上的投影与垂直面法线的夹角$\beta$替换上式中的$\gamma$角，由此可以得到下式：

$$E_v = I\sin\alpha\cos^2\alpha\cos\beta/h^2$$

5. 半球面照度和半柱面照度

在计算点处无限小的半球面上的照度，称为半球面照度。计算公式如下：

$$E_v = I\cos^2\gamma(1+\cos\gamma)/4h^2$$

同理，在计算点处无限小的垂直半圆柱体曲面上的照度称为半圆柱面照度。计算公式如下：

$$E = I\sin\alpha\cos^2\alpha(1+\cos\beta)/\pi h^2$$

在实际工程中，半球面照度和半柱面照度主要用于步道和居住环境照明设计与计算中，因为人脸部的曲面照度要比平面中一点的照度更具有意义。

**示范题**

**1. 单选题**

(1) 用来表示被照面上光强弱的度量单位是哪些？(　　)

A. 发光强度　　B. 照度　　C. 光通量　　D. 亮度

**答案：**B

(2) 距点光源1m处与光线方向垂直的被照面的照度为100lx，则距离为3m处的照度为多少？(　　)

A. 50lx　　B. 100lx　　C. 25lx　　D. 11lx

**答案：**D

**2. 多选题**

下述几种光源请指出光源亮度最亮的三种。(　　)

A. 钨丝灯　　B. 荧光灯　　C. 太阳

D. 碳极弧光灯　　E. 蓝天

**答案：**A、C、D

**3. 判断题**

(1) 红光的色温比蓝光高。(　　)

**答案：**错

(2) 平面中任意点的照度等于与这个平面垂直方向上的光强除以光源至被照面距离的平方。(　　)

**答案：**对

# 第2章　光源与灯具的维护

## 2.1　电光源的维护

### 2.1.1　电光源的安全使用方法

要维护好建筑灯具，必须首先学会安全使用电光源。日本照明学会曾规定了电光源的安全使用方法，这些方法也完全适用于我国情况，现将其主要内容列于表2-1供读者参考。

电光源安全使用方法　　表2-1

| 编号 | 项　目 | 禁止和注意事项 | 一般照明用白炽灯 | 荧光灯 | 高强度气体放电灯（HID灯） | 卤素灯 | 放射型白炽灯 | 启辉器 |
|---|---|---|---|---|---|---|---|---|
| 1 | 禁止（破坏） | 由于是玻璃制品，因而不得落下、碰撞物体、加以强制力或有裂纹 | ○ | ○ | ○ | ○ | ○ | ○ |
| 2 | 禁止（过热） | 不要在玻璃表面上贴布和纸等以及涂刷涂料 | ○ | ○ | ○ | ○ | ○ | — |
| 3 | 禁止（火灾） | 不要把布和纸等接近灯或接近易燃物体点灯 | ○ | — | ○ | ○ | ○ | — |
| 4 | 禁止（烫伤） | 灯亮时或刚刚熄灭后的电灯，由于尚热，绝对不能用手或皮肤触摸 | ○ | — | ○ | ○ | ○ | — |
| 5 | 注意（使用条件） | 在白炽灯上标明的电压下使用 | ○ | — | — | ○ | ○ | — |
| 6 | 注意（使用条件） | 荧光灯，HID灯要求与镇流器组合使用。器具（镇流器）的使用要保证适合于灯的相应种类、额定电压、额定功率 | — | ○ | ○ | — | — | — |
| 7 | 注意（使用条件） | 启辉器的使用要适合于荧光灯和插座 | — | — | — | — | — | ○ |
| 8 | 注意（点灯方向） | 对指定点灯方向的灯要按指定方向使用 | — | — | ○ | ○ | — | — |
| 9 | 注意（灯头温度） | 灯头部分的温度不得在超过指定温度状态下使用（一般照明用白炽灯为160°，卤素灯的密封部分的温度在360°以下） | ○ | — | ○ | ○ | ○ | — |

续表

| 编号 | 项　目 | 禁止和注意事项 | 一般照明用白炽灯 | 荧光灯 | 高强度气体放电灯（HID灯） | 卤素灯 | 放射型白炽灯 | 启辉器 |
|---|---|---|---|---|---|---|---|---|
| 10 | 禁止（更换清扫） | 灯、启辉器更换和器具清扫时必须切断电源 | ○ | ○ | ○ | ○ | ○ | ○ |
| 11 | 禁止（紫外线、亮度） | 开着的灯不得直视（将会眼痛）（杀菌灯开灯时绝对不能直视） | — | ○ | ○ | ○ | — | — |
| 12 | 注意（处理） | 扫除时不要用扫除工具损坏表面（对于环形荧光灯、不要从灯中间强行伸入器具） | ○ | ○ | ○ | ○ | ○ | ○ |
| 13 | 注意（器具） | 在淋雨和水滴及潮气多的场所使用时，必须使用有防水构造的器具 | ○ | ○ | ○ | ○ | ○ | ○ |
| 14 | 注意（器具） | 在有振动和冲击的场所，必须使用有抗振构造的器具（灯）（在有振动和冲击的场所不得使用卤素灯） | ○ | ○ | ○ | ○ | ○ | ○ |
| 15 | 注意（器具） | 在受酸等腐蚀时，必须使用耐酸构造的器具 | ○ | ○ | ○ | ○ | ○ | ○ |
| 16 | 注意（器具） | 在粉尘多的场所，必须使用密封构造的器具 | ○ | ○ | ○ | ○ | ○ | ○ |
| 17 | 注意（开关） | 开关频繁寿命就短 | — | ○ | — | ○ | — | — |
| 18 | 禁止（异状） | 当灯光的外管、球壳偶然有破裂时，绝对不许开灯（否则有紫外线的危害和有破损、掉落等的危险） | — | — | ○ | — | — | — |

## 2.1.2　白炽灯的故障与措施

白炽灯是当前使用数量最多的电光源，已被广泛用于各种建筑灯具中。懂得白炽灯的故障原因、检查方法及其解决方法是十分必要的。表2-2列举了白炽灯的主要故障及措施，对白炽灯具的维护保养很有指导作用。

**白炽灯的故障与措施**　　**表2-2**

| 序　号 | 故　　障 | 原　　因 | 措　　施 |
|---|---|---|---|
| 1 | 一开灯就不亮 | （1）电源不合规格<br>（2）灯头与插座的接触不良<br>①安装不完善<br>②灯头变形<br>（3）灯不良<br>①在运输中受到异常冲击而使灯丝断线<br>②灯在安装时，由于落下撞上坚硬物体等安装事故 | （1）用万用表、电压表检查<br>（2）将电灯充分插进<br><br><br>（3）换灯 |

续表

| 序号 | 故障 | 原因 | 措施 |
|---|---|---|---|
| 2 | 灯一亮后就灭 | (1) 将电源电压弄错<br>(2) 玻璃球破裂，空气完全进入，称作慢漏，在玻璃球内部会有白色附着物<br>(3) 电源的断路器、保险被烧断 | (1) 与灯的额定电压不同，电源不合格，用万用表检查<br>(2) 换灯<br>(3)<br>①插座异常，在能见距离内检查<br>②包括其他电气设备在内，将消耗功率（电流）调节到配线容量以下 |
| 3 | 灯亮后发暗 | (1) 电源电压不适合灯的使用<br>(2) 寿命末期<br>(3) 灯、灯具被污染 | (1) 使电源电压适合灯的使用<br>(2) 更换新灯<br>(3) 经常清扫 |
| 4 | 灯泡的破裂 | (1) 室内使用的灯沾上水滴<br>(2) 器具的一部分接触到玻璃球<br>(3) 与物体碰撞<br>(4) 在灯的外面涂、贴、油漆等<br>(5) 灯不良 | (1) 改变安装场所，做防水处理，不使水沾在灯上<br>(2) 正常安装<br>(3) 安装保护罩，不受碰撞<br>(4) 更换新灯<br>(5) 换灯 |
| 5 | 灯头破裂 | (1) 灯具的尺寸与灯不相配合，灯头部分的温度太高<br>(2) 灯不良 | (1) 换灯<br>(2) 换灯 |

注：摘自日本《照明手册》，有删节。

### 2.1.3　荧光灯的故障与措施

荧光灯由于光效较高、光色较好、使用方便等优点，已被广泛用于住宅、商店、学校、图书馆、办公楼、工厂等场所。关于荧光灯主要故障及解决方法见表2-3。

荧光灯的故障与措施　　　　**表2-3**

| 故障 | | 原因 | 措施 |
|---|---|---|---|
| 灯不亮 | 荧光灯启辉器全都不亮 | 没有供给正常的电压：<br>(1) 电压不标准<br>(2) 电压低<br>镇流器不合规格<br>器具内接线错误，断线或接触不良<br>灯丝断开<br>在快速启动的情况下使用的镇流器弄错，电源连接的极性错误，或没有接地，或接地不良<br>起辉器不良或不合适，或寿命终结 | 谋求电源部分正常化<br>用万用表检查，改正低值<br>换用合适的镇流器<br>矫正接线，修理断线的地方，使接触完全良好<br>用万用表检查，或用其他灯替换，用好灯<br>更换断丝灯<br>将电源极性与镇流器的配线图进行比较，改正成正确极性，或更换成无极性镇流器，安装接地板进行安全接地<br>更换起辉器 |

续表

| 故　障 | | 原　因 | 措　施 |
|---|---|---|---|
| 灯不亮 | 起辉器亮而荧光灯完全不亮 | 电压低或有超负荷状态器具内接线有错误灯不亮 | 使电源正常或配线正规<br>矫正接线<br>换灯 |
| | 只有荧光灯的两端发红，却点不亮 | 器具的接线有错误<br>防止噪声用的电容器短路<br>启辉器不良（双金属片融合，或电容器短路）<br>在快速启动型的情况下，它的启动辅助装置不完善<br>灯不良，或寿命终结 | 矫正接线<br>更换电容器<br>更换起辉器<br>启动辅助装置完善<br>换灯 |
| | 灯点亮，随后变灭（再点不亮） | 镇流器不合规定，或有一部分短路器具内接线有错误 | 更换镇流器矫正接线 |
| | 冬季，起辉器虽亮，而荧光灯闪烁不亮 | 低温 | 换用低温用的荧光灯 |
| | 起辉器不亮，荧光灯两端都亮 | 起辉器或其并联电容短路 | 更换起辉器 |
| 灯亮得不正常 | 灯一半亮，一半灭 | 电压低或器具内接线有错误<br>灯或起辉器不良或寿命末期<br>灯的接触不良<br>电极劣化 | 使电源部分正常，配线正规<br>更换灯或起辉器<br>检查改正灯的安装状态<br>换灯 |
| | 光线起伏（呈蛇形状） | 好灯而暂时有起伏，若始终起伏，则电压过大、器具不适当或灯不好 | 关灯片刻后，再开灯矫正。数次开关或隔数分钟后再开灯，即消除异常，如仍没有改进，就将电压调到正常，或更换灯，或更换器具 |
| | 荧光灯虽点着但不十分明亮或闪烁 | 电压低或有超负荷现象<br>在快速启动型的情况下，其启动辅助装置不完善<br>灯到了寿命末期 | 使电源部分正常配线合理<br>使启动辅助装置完善<br>换灯 |
| | 亮灯时间过长 | 电压低或有超负荷现象<br>在快速启动型的情况下，其启动辅助装置不完善 | 使电源部分正常，配线合理<br>使启动辅助装置完善 |

续表

<table>
<tr><th colspan="2">故　　障</th><th>原　　因</th><th>措　　施</th></tr>
<tr><td rowspan="6">在短时间内发生异常现象</td><td>亮灯时间过长</td><td>启辉器的动作时间过长时，起辉器不良，或寿命终结<br>灯的启动时间过长时，灯不良</td><td>更换启辉器<br>换灯</td></tr>
<tr><td>两灯之中一灯亮得迟缓</td><td>闪烁镇流器的进相一侧，迟缓1～2s不算故障。<br>迟缓严重，是由于电压太低</td><td>更换启辉器<br>换灯<br>使电源正常</td></tr>
<tr><td>灯具发声</td><td>镇流器和变压器的铁芯振动</td><td>放入胶垫，改正器具，严重时就要更换</td></tr>
<tr><td>灯具过热，沥青和油发生恶臭</td><td>电压错误，频率错误，频率低，散热不充分，连续开关，两灯只用一灯，开关不良或灯具不良、周围温度太高等</td><td>检查电源电压和频率，与灯具牌号查对，使之合适，不要过分密闭，更换能够开关的灯，更换不亮的灯，若灯没有异常，就更换器具</td></tr>
<tr><td>在较短时间内，灯的两端发黑黑化），当灯点亮以后就消失</td><td>电压太高（电流过大）<br>镇流器规格不同，或有短路<br>灯具内接线有错误，或接触不良<br>在快速启动型的情况下其启动辅助装置不完善<br>灯不亮</td><td>使电源部分正常<br>更换镇流器<br>矫正接线<br>完善启动辅助装置<br>换灯</td></tr>
<tr><td>灯的正中间有黑色沉淀</td><td>水银粒子</td><td>实际上没有害处</td></tr>
<tr><td rowspan="4">机械事故</td><td>一端或两端变黑</td><td>灯或镇流器不良<br>开关过度<br>在快速启动型的情况下接触器不良<br>没有供给正常的电源电压<br>接线错误</td><td>更换灯或镇流器<br>减少开关次数<br>完善灯的安装<br>使电源部分正常<br>矫正接线</td></tr>
<tr><td>灯头脱落</td><td>在一般情况下，发生这种现象，是由于灯不良</td><td>换灯</td></tr>
<tr><td>灯头栓断了，灯无法安装在灯座中</td><td>在一般情况下，栓的折断，是灯不良<br>插座的间隔与规格不同，无法安装</td><td>换灯<br>改正插座间隔或更换灯具</td></tr>
<tr><td>灯座破损</td><td>灯头错误塞进</td><td>将灯安装在灯座时，要加以注意</td></tr>
<tr><td rowspan="2">亮度</td><td>两灯不一致</td><td>略有不一致，不算故障<br>闪烁镇流器的频率下降</td><td>更换镇流器</td></tr>
<tr><td>用直流电点灯，有一端变暗</td><td>在阳极一侧已无水银<br>气温过低</td><td>更换极性（每隔数小时进行一次）<br>为了保温，使用密闭型灯具</td></tr>
</table>

续表

| 故障 | | 原因 | 措施 |
|---|---|---|---|
| 收音机噪声 | 气温在0℃左右发暗 | 气温过低 | 为了保温，使用密闭型灯具 |
| | 启辉器有咔嗒声 | 发生感应时的冲击电压 | 在启辉器上并联0.006μF的电容器 |
| | 发出喳喳声 | 荧光灯发出的噪声 | 将灯离开收音机3m远或在启辉器上并联0.006μF的电容器<br>更换无噪声的荧光灯<br>线路接入滤波器，以消除更小的噪声 |
| 闪烁 | 观看移动物体时发生闪烁 | 不算不良 | 若影响情绪，就更换成无闪烁型，或采用多相电路开灯 |

注：摘自日本《照明手册》，有删节。

## 2.1.4 高压汞灯的故障与措施

在广场照明、高大建筑照明、道路照明、工厂照明及投光装饰照明中，经常使用高压汞灯。现将高压汞灯的故障现象、检查方法及解决问题的措施列于表2-4中。

**高压汞灯的故障与措施** **表2-4**

| 状态 | 在同一场所内（在相同电源下）另外有灯 | 检查方法 | 检查结果 | 主要原因 | 措施 |
|---|---|---|---|---|---|
| 不开始放电 | 不开灯 | 测量电源电压（交流电压表、交流检验器，量程与下面相同） | 没有电压（0V） | 停电，配线错误、开关切断、保险丝切断等电源不良 | 对电源进行全部检查 |
| | | | 有电压（180～220V）或90～110V） | 镇流器的品种错误，配线或弄错 | 检查配线电源电压，在灯上换上合适镇流器 |
| | | | 电压降低（在额定电压的80%以下） | 电源不良，超负荷 | 检查电源、配线，采用升压变压器，用特殊额定镇流器 |
| | 有开灯的也有不开灯的 | 测量电源电压 | 电压降低（在额定电压的80%～90%） | 电源不良，镇流器连接错误 | 检查电源、配线，镇流器的分接头切换，或采用升压变压器 |
| | 开灯 | 测量电源电压（一次电压）和镇流器二次无负荷电压 | 没有电源电压（一次电压）（0V） | 电源开关断开、电路断线等电源不良 | 检查其他灯的电源电路 |
| | | | 有电源电压（一次电压），二次电压下降（180V以下） | 镇流器的规格弄错，灯的电路配管不良 | 检查配线，更换镇流器 |
| | | | 有二次电压（180～220V） | 灯安装不完善或灯不良 | 灯头没有充分进入，或更换灯 |

续表

| 状态 | 在同一场所内（在相同电源下）另外有灯 | 检查方法 | 检查结果 | 主要原因 | 措　施 |
|---|---|---|---|---|---|
| 开始放电时就不明亮（荧光型时呈桃红色光） | 相同状态 | 测量电源电压 | 有电压（180～220V或90～110V） | 水银蒸气达不到足够的压力 | 在汞灯的一般特性中不算不良，约点5min，则可变明亮 |
| | | | 电压下降（额定电压的80%～90%） | 电源不良，超负荷 | 检查电源、配线。采用升压变压器，变换镇流器电源分接头 |
| | 没有异常 | 换灯观察 | 变明亮（经过5min的状态） | 灯不良或寿命低 | 换灯 |
| | | | 不能明亮 | 镇流器不良或接线错误 | 更换镇流器或修改分接头 |
| 放电开始不久就忽亮忽灭 | 相同状态 | 测量电源电压 | 电压下降（额定电压的90%以下） | 电源不良或超负荷 | 将电源电压提高，变换镇流器电压分接头或检查配线 |
| | | | 有电压（波动大） | 电压波动 | 开灯期间电压下降而熄灭，一旦熄灭，隔数分钟后再点不亮，研究配线电源换成稳压型镇流器 |
| | 没有异常 | 测量灯具插头的电压 | 有电压（额定电压的90%以下） | 镇流器不良或接线错误 | 更换镇流器或修改接线 |
| | 相同状态 | 测量电源电压 | 没有电压（0V） | 电源不良或因开灯初期（数分钟）的大电流而引起电源保险器烧断等 | 检查电源，换用低启动电流型或稳压型镇流器 |
| | 没有异常 | 研究灯的安装（观察是否拧紧） | 没有熄灭 | 灯的安装不良或灯头接触不良 | 将灯头拧紧 |
| | | | 同样熄灭 | 灯或镇流器不良或接线错误 | 换灯，更换镇流器，修正接线 |
| | | 换灯观察 | 没有熄灭 | 灯不良 | 换灯 |
| | | | 同样熄灭 | 镇流器不良或接线错误 | 修正镇流器的接线，更换镇流器 |

续表

| 状态 | 在同一场所内（在相同电源下）另外有灯 | 检查方法 | 检查结果 | 主要原因 | 措　施 |
|---|---|---|---|---|---|
| 灯亮后在短时间内灯亮得不良（早期寿命） | 相同状态 | 测量电源电压 | 有电压（额定电压的 80%以下） | 电源不良，超负荷 | 检查电源、配线管，采用升压变压器 |
| | | | 有电压（180～220V 或 90～110V） | 镇流器的品种弄错或接线错误 | 更换镇流器或修正接线 |
| | | | 有电压（额定电压的 120%以上），镇流器具有异常高的温度 | 由于灯的超电流而使寿命缩短 | 更换镇流器（用高电压）或使电源电压正常 |
| | | | 有电压（变动大） | 电压波动 | 检查电源配线，采用稳压型镇流器 |
| | 没有异常 | 测量二次无负荷电压（灯具插头的电压） | 有电压（180～220V 或 90～110V） | 灯不良 | 换灯 |
| | | 测量电源电压 | 有电压(180～220V) 或 90～110V)镇流器略有异常,高温 | 镇流器不良，配线错误或品种错误 | 更换镇流器或修正接线 |
| | 没有特别显著的倾向 | 镇流器的安装场所 | 照明温度非常高 | 沥青流出，镇流器的绝缘能力降低 | 更换镇流器安装的场所或使镇流器冷却 |
| | | 灯具的安装场所 | 振动非常大 | 由于振动使灯损坏或接触松弛 | 换用抗振型灯具 |
| 一次熄灭后，立即接通开关，而长时间不亮 | 相同状态 | 检查到达亮灯的时间 | 5 ～ 10min 范围 | 汞灯的一般特性，不是不良 | 有碍工作时，可与白炽灯或荧光灯并用 |
| | | 测量电源电压和二次无负荷电压 | 有电压（180～220V 或 90～110V） | 照明器的灯罩过小，或通风不良，或灯不良 | 更换器具（改换大的尺寸），将灯和镇流器换成小功率的或更换灯 |
| | | | 电压下降（额定电压的 90%以下） | 由于电压下降，使其再启动时间变长 | 使用适合电源电压的镇流器，研究对电源的关系 |
| | 没有异常（限于在相同照明器的场所） | 换灯 | 和其他的灯不相同 | 灯不良 | 换灯 |
| | | | 依然相同 | 镇流器不良或接线错误 | 更换镇流器或矫正接线 |

续表

| 状态 | 在同一场所内（在相同电源下）另外有灯 | 检查方法 | 检查结果 | 主要原因 | 措　　施 |
| --- | --- | --- | --- | --- | --- |
| 有闪烁（观看灯时会有感觉） | 相同状态 | 测量电源电压 | 有电压（180～220V）或90～110V） | 镇流器的品种弄错或接线错误 | 更换镇流器或矫正接线 |
| | | | 有电压（额定电压的90%以下） | 电压下降 | 研究电压，使用升压变压器，更换镇流器电源的分接头 |
| | 没有异常 | 更换灯 | 没有闪烁 | 灯不良 | 换灯 |
| | | | 依然相同 | 镇流器的品种弄错，或规格不符或接线错误 | 更换镇流器或矫正接线 |

注：本表内容摘自日本《照明手册》，有删节。

### 2.1.5　金属卤化物灯与高压钠灯的故障与措施

高压钠灯、金属卤化物灯与高压汞灯都是金属原子在高气压状态下放电发光的，它们的性能在许多方面是类同的，特别是在电性能、灯的启动与镇流方面，更有共同之处。因此，关于高压钠灯、金属卤化物灯的故障现象及原因、检查方法与采取的措施都可参阅表2-4。

## 2.2　照明的改善

### 2.2.1　照明改善的意义

照明设计有时会达不到预计效果；也有的照明设备的使用目的与业务内容会发生变更，从而使照明不能适应实际需要；还有一些照明设备由于使用时间长，而产生了配光变形、照明质量下降现象。因此，有必要经常开展照明情况调查，进行照明改善工作，以提高照明质量，保证人们在良好的照明条件下工作。

### 2.2.2　照明调查项目及改善措施

照明调查目的是为了改善照明条件，因此在调查中应该做到：

1. 调查的项目必须紧密围绕着照明条件展开；
2. 调查中，一旦发现问题，就应认真分析主要原因；
3. 要积极采取针对性的切实措施，使调查有结果。

表2-5是日本照明学会关于照明调查的一些项目及改善措施，供参阅。

**照明调查与改善措施**　　　　**表 2-5**

| 调查项目 | 调查结果 | 主要原因 | 改善措施 |
|---|---|---|---|
| 在工作时是否感到发暗<br>阴雨天时，是否会因照明原因而难以工作<br>是否仅工作面亮而周围感觉黑暗<br>在进行精细工作时，是否要凝视才能看清 | 感到暗<br>是<br>是<br>是 | （1）照度不足<br>（2）灯具配置不适当 | （1）增加照度<br>（2）适当配置灯具或更换灯具 |
| 工作时，是否有妨碍工作的阴影存在 | 有 | （1）灯具布置不当<br>（2）灯具配光不适当 | （1）改正灯具布置<br>（2）更换灯具 |
| 工作时，是否常常看到物件摇动 | 是 | （1）照度不足<br>（2）灯具布置不当<br>（3）灯具配光不当 | （1）增加照度<br>（2）改正灯具布置<br>（3）更换灯具 |
| 是否有因机器和部件的反射光而难以看到物体的细节部分的现象<br>从横向观看物体时，是否难以看到<br>对机器和部件是否感到缺少轮廓或立体感等<br>在工作场所是否看到反射罩中的灯泡（40°角） | 有<br>是<br>是<br>是 | （1）灯具的位置不适当<br>（2）灯具的配光不适当 | （1）改正灯具布置<br>（2）更换灯具 |
| 面向窗工作时，从窗外来的光是否妨碍工作<br>是否因闪烁和发生频闪效应而妨碍照明 | 是<br>是 | 工作面安排不当<br>灯不良 | 改变工作面的安排<br>更换灯 |
| 工作时间长了，眼睛是否感到疲劳<br>人的肤色是否与日光下观看时不同 | 是<br>是 | （1）照度不足<br>（2）灯具位置不当<br>（3）灯具配光不当 | （1）增加照度<br>（2）改变灯具位置<br>（3）更换灯具 |
| 是否感到红色彩度特别低<br>是否感到深蓝色与黑色难以区分 | 是<br>是 | 显色性差 | 用白炽灯或高显色荧光灯 |

## 2.3　灯具的维护

### 2.3.1　灯具维护的意义

灯具安装调试和投入使用后，须认真地进行日常维护工作。只有这样，才能做到：

1. 确保照明灯具正常有效地工作，从而使照明设计的目标能长期得到实现。
2. 能及时发现问题，排除隐患，保证安全。
3. 能延长照明灯具使用寿命，提高经济效益。

### 2.3.2　灯具维护的一般要求

使用和维护灯具，应注意以下几点（特殊灯具的使用与维护方法应根据灯具制造厂的有关说明书办）：

1. 必须在额定电压、频率下使用灯具。
2. 灯具内不能装超过指定瓦数的灯泡。
3. 凡接地的灯具须经常检查接地情况。
4. 换灯、拆卸罩子和保险丝时，必须切断电源。

5. 无特别限制规定的灯具一般应在环境温度5～35℃情况下使用。

6. 室内使用的灯具不能拿到室外用。

7. 电气、煤气、煤油炉等取暖器的上面及其附近，或直接遇到蒸汽的场所，不应使用普通灯具。

8. 对安全照明灯具应作定期检查，以确保不发生异常。

9. 事故用灯具在高温气体（140℃）下紧急开灯后，不能再使用，应该更换新的灯具。

10. 吊灯、吸顶灯及发光顶棚，都要定期认真检查安装紧固件的牢度。

11. 不能将纸和布之类物质放在照明灯具附近，或盖住照明灯具。

12. 不能在有煤气、蒸汽等危险场所进行灯具修理，而应在一般场所进行，不得已而进行修理时，要确保不存在煤气。

13. 应用温水擦洗或拧干浸肥皂水的布擦洗灯具。不能用汽油、挥发油等擦洗。

14. 对照明灯具的金属部分不能随便使用擦亮粉。

15. 对灯具背后的灰尘宜用干布或掸子清扫。

16. 在使用中发生异常时，应立即停止使用，切断电源，进行检查。

### 示范题

**1. 单选题**

(1) 荧光灯、HID灯要求与镇流器组合使用。镇流器的使用要保证适合于灯的什么参数？（　　）

A. 额定电压、额定功率　　B. 额定电压、额定电流

C. 额定功率、额定电流　　D. 额定功率

**答：** A

(2) 下列几种灯哪种是要按指定方向使用的？（　　）

A. 荧光灯　　B. 白炽灯　　C. LED灯　　D. HID灯

**答：** D

**2. 多选题**

以下哪些光源或配件是不允许有物体下落撞击的？（　　）

A. 荧光灯　　B. 高强度气体放电灯（HID灯）

C. 镇流器　　D. 放射型白炽灯

E. LED灯

**答：** A、B、D

**3. 判断题**

换灯、拆卸罩子和保险丝时，无须切断电源。（　　）

**答：** 错

# 第 3 章　照明与环境保护

## 3.1　光源与环境

地球上的所有生物都是在适应日夜交替自然规律中进化过来的，“不夜城”的出现扰乱了生物生长、繁育和活动的自然规律，导致一系列严重的生态后果。如：强光灯导致树木存活的时间大大缩短，产生的氧气也大大减少；灯光是昆虫的致命杀手，一只小型广告灯箱一年可以杀死数十万只昆虫；昆虫的减少又威胁到植物的授粉和鸟类的食物来源，影响到一系列动植物的生存；灯光还严重误导动物的行为，例如，新孵出的海龟通常是根据月亮和星星在水中的倒影而游入水中，但岸上的灯光超过了月亮星星的亮度，使刚出生的小海龟误把陆地当海洋，被活活渴死；一群仙鹤因德国马尔堡的灯光广告过亮而在城市上空飞行了一夜，最后精疲力竭而掉落地面，死伤 100 多只；在华盛顿纪念碑下，曾有一次经过强光照射，一个半小时内就找到 500 多只鸟的尸骸；美国鸟类学家统计，每年有 400 万只鸟因撞上高楼上的广告灯而死去，芝加哥的一幢高楼每年要撞死 1500 只候鸟，它们都是误把高楼的灯光当成星星的牺牲品。

研究表明，除极少数在夜间活动的动物外，大多数动物在晚上安静不动，不喜欢强光照射。可是夜间城市照明产生的天空光、溢散光、干扰光和反射光往往把动物生活和休息环境照得很亮，打乱了动物昼夜生活的生物钟的节律，使之不能入睡和休息。

人工灯光的光点可以传到数千公里以外。不少动物虽然远离光源，但也受到光的作用。它们受到人工照明的刺激后，夜间也精神十足，消耗了用于自卫、觅食和繁殖的精力。习惯在黑暗中交配的蟾蜍的某些品种已濒临灭绝。

青蛙在人为灯光的突然照射下，会停止进食、交配，甚至在灯光熄灭以后很长时间里，还一动不动地待在那里。而火蜥蜴在黄红光的照耀下，会失去辨别方向的能力，从而不能从一个池塘爬到另一个池塘。那些完全居住在水里的动物在光污染的环境中也不比两栖动物和陆地动物好过。科学家对生活在水里的小型脊椎动物进行了仔细的观察。结果表明，其夜间活动量与它们接受照射的时间成比例地下降，同时它们捕食水面水藻的数量也在下降，致使水藻繁茂，水质变坏，从而更不利于水生动物的生存。

一个多世纪前，鸟类的观察者就报告说鸟常常被灯塔所吸引。这些鸟成群结队地盘旋在灯塔的周围，在昏暗夜空中或相互碰撞，或撞塔折颈死亡。在鸟迁移的高峰期，这种“死亡之塔”一个晚上在一个地方就能杀死几千只鸟。在 20 世纪 80 年代，鸟类学家赛德对“死亡之塔”导致鸟类死亡的原因进行了研究。

在秋季鸟类迁移的高峰期，赛德的研究发现：带红灯电视塔处对大量的鸟群产生干扰，使其多次发生空中相撞事故。并且在红灯的干扰下，鸟儿仿佛失去了磁导航能力，无法定向。

有资料表明，甚至河流生态系统也会受到夜晚人工光源的影响。科学家发现，有几种爱在河里巡游的鱼，如大麻哈鱼、青鱼等，夜晚喜欢聚集在有人工灯光的水道处。这种鱼的不正常聚集，给熊和别的捕食动物提供了良好的捕食机会，这最终给鱼群的群体数量造成了极其不利的影响，河流生态也可能因此会严重失衡。

光的某些光谱还能影响萤火虫的正常生活行为。我们知道，萤火虫会发出某种类型的光作为它们追求异性的通信工具，而且通信光的光谱和白炽灯的光谱很接近。因此，在有白炽灯光存在的情况下，萤火虫就可能会找不到自己的伴侣。

最近发现，紧靠强光灯的树木存活时间短，产生的氧气也少。奥地利科学家发现，一只小型广告灯箱1年可以杀死35万只昆虫，而这又会导致大量鸟类因失去食物而死亡，同时还破坏了植物的授粉。

研究人员在日前于美国华盛顿哥伦比亚特区召开的一次会议上报告说（[58]），即便是白炽灯、荧光灯或其他人造光源发出的微弱光亮，也能够让那些在黑夜中活动的生物不知所措。这一发现提供了新的证据，表明无论何种人工照明，都将对生物的发育、繁殖甚至生存产生不利影响。

从单细胞生物到人类的所有动物都能够分泌褪黑激素，这种激素能够控制细胞的新陈代谢，在大型动物体内防止肿瘤形成，以及帮助包括人类在内的大多数哺乳动物享受夜晚宁静的睡眠。但是这种激素只有在反复或完全黑暗的环境中才能够最有效地积聚，例如正常的日夜循环。然而如果这种循环被打破，褪黑激素的分泌便受到影响。就行为模式而言，夜晚的人造光源——例如街灯或窗口的灯光——会使许多动物的觅食和迁徙行为产生混乱。

为了搞清明亮的夜晚究竟如何改变动物的新陈代谢与繁殖模式，美国纽约州尤蒂卡大学的爬虫学家 Bryant Buchanan 和同事，在两个月的时间里，将蜗牛和幼蛙暴露在不同亮度的人造光下。与在自然光条件下生活的对照组相比，即便是在最微弱的人造光下，幼蛙的正常发育率也仅为10%，而前者达到了40%。蜗牛实验则取得了类似的结果。Buchanan 表示，人造光源似乎能够形成“一种辐射响应，而非简单的开关效应”。研究人员发现，夜晚持续的光照同时还会抑制蛙类正常的鸣叫，并且使蜗牛隐藏在枝叶下不敢外出觅食。

美国加利福尼亚州洛杉矶市城市荒地组织的生态学家 Travis Longcore 表示，Buchanan 的发现与针对其他动物的研究结果是一致的。他说：“夜晚的光线——即便是我们认为很昏暗的灯光——也会影响动物甚至包括人类正常的体内循环。”Longcore 强调，一个被忽视的问题就是室外的灯光会妨碍那些试图保护生活在城市附近的濒危野生动物的行动。据他所知，由于人工照明的长期存在，一种生活在城市边缘的蛇的捕食模式受到了严重影响——不是暴露在猎物面前就是暴露在天敌面前，最终导致了这种蛇的消失。Longcore 指出：“如果我们不充分考虑城市的灯光效应，我们所制定的那些最有效的动物保护计划都将难以奏效。”

### 3.1.1　人工照明对植物的影响

对植物的影响主要有以下三方面：

（1）破坏了植物生物钟的节律；

（2）对植物花芽形成影响；

（3）对植物休眠和冬芽形成影响。

万物生长靠太阳，但过于强烈的阳光也会对植物造成伤害，因而植物对此拥有一种天然的自我保护机制。美国科学家新近发现了这种机制的作用原理。

植物通过叶绿素和胡萝卜素吸收阳光中的能量。如果阳光过强，这些分子吸收的能量过多，就会产生有害的活性氧自由基。人们早在 20 多年前就知道，植物有一种避免此类伤害的机制，但该机制的具体原理一直是个谜。

美国劳伦斯伯克利国家实验室的科学家在新一期《科学》杂志上报告说，他们对菠菜和十字花科植物拟南芥进行研究，发现了植物用于防止强光伤害的“安全阀”。

一些专家认为，根据这一发现可以设计效率更高的人工光合作用系统，或者培育能够适应不同光照环境的转基因农作物，提高粮食产量。

虽然，科学家还没有就光对植物的影响进行严格的科学研究，但有些现象已经反映出它们正在受到危害。例如，有些落叶植物冬天不再落叶了。当然，一些植物秋天不再变色以及更多一些蛾子被蝙蝠吃掉，并不能说明光污染就是罪魁祸首。但人们已经认识到改变生态系统中某一因素就能导致生物体向很多不可预料的方向发展。植物生长与光照强度的关系如图 3-2 所示。

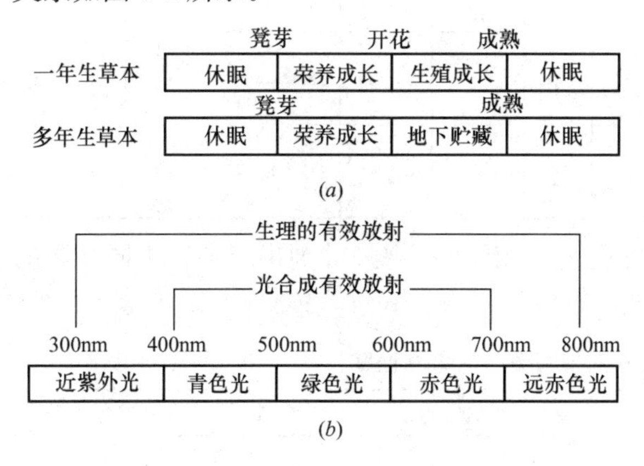


图 3-1 植物生长的周期性和光的波长区域

(a) 植物生长的周期性；(b) 对植物有效光辐射的波长区域

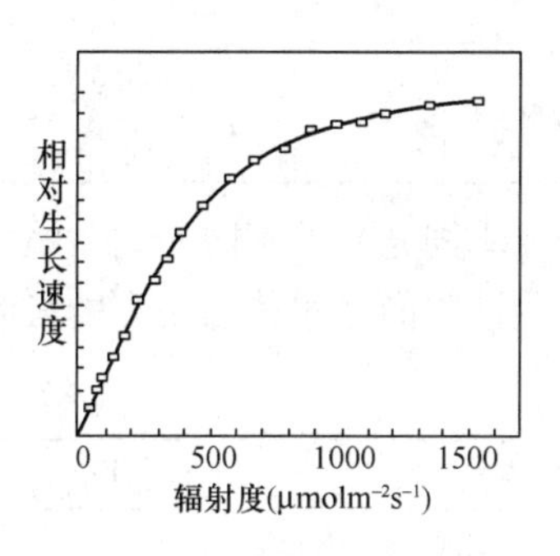


图 3-2 植物生长与光照强度的关系

众所周知，光合作用是植物生长的源泉，充足的光照是植物正常生长的前提。但越来越多的城市照明延长了白天的时间，这种“延长的白昼”使市区的植物成为阳光和人工照明共同的“宠儿”，比起乡村的植物它们仿佛得到了额外的“关照”，但所有的植物只能在适宜的环境条件下才能保持在体积和数量两个方面的成长，尤其是适宜的光环境。过多的照明所引起的光污染对植物的生长繁殖反而可能会是一种威胁。比如，有研究表明，过多的红光照射使植物变得细小，如果每天接受光源照射的时间超过确定的临界值，有些植物不会开花，如菊花；有些植物则只会开花不会结果，如风铃草。另外，一般的灯具正常运行时温度很高，尤其是用于建筑物立面照明和照亮树木的大功率泛光灯，这些灯具往往离受光体很近，因此可以想象，在这种灼热的温度下植物很难茁壮成长。

此外，应当尽量选用对植物光合作用影响较小的光源照射，因为植物的光合作用主要是吸收红光到红外线这一波段的光谱，所以应当尽量少用这种光源照明，以减少对植物生长周期的影响。尤其是在寒冷的冬天，年幼的树木抵抗严寒的能力明显低于已经成年的树木，所以更加应该避免使用这方面的光源照明，以利于植物的健康生长。而且对于植物的照明时间不能持续过长，以便能让植物本身有一个适应和自我调节的过程。在灯光的照射之下，植物的叶片进行光合作用的气孔会长期打开，在进行光合作用的同时，也吸进了大量空气中的污染物质。当超过植物本身能进化的限度时，会导致植物的枯竭乃至死亡。表3-1为根据某照明公司提供的数据，给出照明导致的植物死亡情况。

**照明对树木的损害程度　　表3-1**

| 树种 | 地点 | 灯具（泛光灯） | 安装位置 | 被照树木数量 | 死亡数量 | 死亡率 | 时间 | 照射时间 | 照射频度 |
|---|---|---|---|---|---|---|---|---|---|
| 白杨 | 哈尔滨 | 250～400W 高压钠灯 | 3～5m | 17 | 12 | 70.5% | 7个月 | 18：00～21：00 | 每天 |
| 槐树 | 上海 | 250～400W 高压钠灯 | 3～5m | 6 | 2 | 33.3% | 1年 | 18：30～21：30 | 每天 |
| 榕树 | 江西鹰潭、南昌 | 250～400W 高压钠灯 | 3～5m | 38 | 1 | 2.6% | 9个月 | 18：30～21：30 | 每周六周日 |
| 樟树 | 江西鹰潭、南昌 | 250～400W 高压钠灯 | 3～5m | 40 | 2 | 5% | 9个月 | 18：30～21：30 | 每周六周日 |
| 松树 | 北京 | 250～400W 高压钠灯 | 3～5m | 4 | 3 | 75% | — | 18：00～21：00 | 每天 |

不同光源的不同光谱对植物的影响大小是各不相同的，表3-2列出了各种不同光源的不同波长的光对植物潜在的影响程度。

**不同光源的不同波长对植物潜在的影响程度　　表3-2**

| 光　源 | 波　长 | 潜在影响 | 光　源 | 波　长 | 潜在影响 |
|---|---|---|---|---|---|
| 荧光灯 | 蓝、红 | 低 | 金属卤化物灯 | 绿—橙 | 低 |
| 白炽灯 | 红、红外线 | 高 | 高压钠灯 | 高红—红外线 | 高 |
| 汞　灯 | 紫—蓝 | 低 | | | |

## 3.1.2　植物对光照的敏感程度

植物的叶绿素主要吸收红光和蓝光，因此，波长为620～780nm的红光和波长为435～490nm的蓝光对光合作用最为重要。黄化现象就是光照因子对植物生长及形态建成发生明显影响的例子，黄化是植物对光照不足的黑暗生境的特殊适应，在种子植物、裸子植物、蕨类植物和苔藓植物中都可发生。光照强度对植物繁殖影响很大，植物花芽分化形成时，若光照不足，会导致芽数减少或发育不良，甚至早期死亡。

植物的生长发育是在日光的全光谱照射下进行的，但不同的光谱成分对植物的光合作用、色素形成、向光性及形态建成的诱导等影响是不同的。可见光能被绿色植物吸收用于光合作用。其中红、橙光被叶绿素吸收最多，且具有最大光合活性，红光还能促进叶绿素的形成；绿光则很少被吸收利用；蓝紫光和青光能抑制植物的伸长而致矮化，高山植物茎干粗短、叶面缩小、毛绒发达，也由短波光较多所致。青蓝紫光还能引起植物向光的敏感性，并能促进花青素等的形成。高山植物的茎叶富含花青素，这是生境短波光较多造成的缘故，也是避免紫外线伤害的一种保护性适应。不可见光中的紫外线能抑制植物体内某些生长激素的形成，从而抑制茎的伸长；紫外线也能引起植物向光敏感性，并促进花青素的形成。紫外光有致死作用，波长 360nm 即开始有杀菌作用，在 240～340nm 辐射下，杀菌能力强，能杀灭空气中、水面和各种物体表面的微生物，因而可减少病虫害的传播。此外，红外线和可见光中的红光部分能增加植物体的温度，影响新陈代谢的速率。

植物种间对光强度表现出的适应性差异，是已经进化了的两类植物间的差异，即生长在阳光充足、开阔栖息地为特征的阳地种植物和遮荫栖息地为特征的阴地种植物。阴地种植物比阳地种植物能更有效地利用低强度的辐射光，但其光合作用效率在较低的光强度上达到稳定。阳地种植物和阴地种植物间的差异，是由于叶子生理上的和植物形态上的差异造成的。

植物对光照要求有一个下限即光补偿点，在光补偿点上植物可以积累干物质。因此，光补偿点是衡量耐阴程度的重要指标。一般阳性植物光补偿点通常在全光照的 3%～5%；阴性植物的光补偿点通常在全光照的 0～1%左右。在一定范围内，光合作用的效率与光照强度成正比，但是到达一定强度，倘若继续增加光强，光合作用的效率不仅不会提高，反而会下降，这点称之为光饱和点。另外，植物在进行光合作用的同时也在进行呼吸作用，当影响光合作用和呼吸作用的其他生态因子都保持恒定时，生成和呼吸这两个过程之间的平衡就主要决定于光照强度了，各类植物的光补偿点和饱和点如表 3-3 所示。

**各类植物光补偿点和饱和点** **表 3-3**

| 植物种类 | 补偿光强度 (klx) | 光饱和点 (klx) | 植物种类 | 补偿光强度 (klx) | 光饱和点 (klx) |
|---|---|---|---|---|---|
| 草本阳性植物 | 1～2 | 50～80 | 落叶木本阴性植物 | 0.3～0.6 | 10～15 |
| 草本阴性植物 | 0.2～0.5 | 5～10 | 常绿木本阳性植物 | 0.5～1.5 | 20～50 |
| 落叶木本阳性植物 | 1～1.5 | 25～50 | 常绿木本阴性植物 | 0.1～1.3 | 5～10 |

常见的耐阴性植物有：棕榈类植物、蕨类植物、天南星科植物、凤梨科植物、秋海棠类植物、龙舌兰科植物（龙血树类）、竹芋类等。其对非适宜光照的耐受能力表现出种或品种间的差异。通过对 100 余种耐阴植物的观察测定，结果表明大部分耐阴植物生长适宜的光照是 3000lx 左右，在 3000lx 以下的弱光照条件下，生长质量下降。而有一部分植物如蕨类、天南星及竹芋科等植物的适宜光照是 1000lx 左右，这类植物在 3000lx 以上的较强光照下，反而生长质量下降。一般的夜景照明大多在 200lx 以下。因此耐阴植物对非适宜光照的观察主要考虑在 200lx 以下弱光条件的耐受能力，可将其分为 4 个等级：

1 级：耐阴性差。需要充足光照，大于 3000lx 以上，才能正常生长。夜景照明对其无影响。

2 级：耐阴性中等。需要散射光照，光照条件 1500～3000lx 之间，才能正常生长。

夜景照明对其也无影响。

3级：耐阴性较强。在半阴处生长，光照条件300～1500lx之间，才能正常生长。夜景照明可能对其产生影响。

4级：耐阴性极强。忌直射光，需长期在光照条件300lx以下的庇荫处才能正常生长。夜景照明对其有一定的影响。常见观赏性植物适宜光照及其夜景灯光对其影响见表3-4。

**常见观赏性植物适宜光照及其夜景灯光对其影响表　　表3-4**

| 植物名称 | 科　别 | 耐阴性（级） | 适宜光照（lx） | 夜景照明对其影响程度 |
|---|---|---|---|---|
| 仙人球 | 仙人掌科 | 1～2 | 3000以上 | 无 |
| 腊　梅 | 腊梅科 | 1～2 | 3000以上 | 无 |
| 梅　花 | 蔷薇科 | 1 | 3000以上 | 无 |
| 月　季 | 蔷薇科 | 1 | 3000以上 | 无 |
| 观叶秋海棠 | 秋海棠科 | 2～3 | 300～1500 | 轻微 |
| 棕　竹 | 棕榈科 | 3～4 | 300以下 | 少量 |
| 广东万年青 | 天南星科 | 4 | 300以下 | 少量 |

有些观叶植物耐阴性较强，正常生长所需光照强度很低。例如竹芋属植物，光照较强时，叶子会折叠或关闭。如果更强时，叶片就会被灼伤。一些较耐阴的、具有艳丽色彩的植物，如彩虹铁树、红边铁树等，光照过强时，颜色变浅、变淡，叶片干燥，影响其生长。

因此，应按照植物的耐阴程度，合理选择光照强度，避免植物由于过高的光照强度而使其生长条件受到破坏，进而导致植物的死亡。

喜光性树种，大多数为落叶树及具有针状叶的常绿树。其枝叶较疏，天然整枝性好，叶片中栅栏组织较海绵组织发达，光补偿点高，生长速率快。如：马尾松、油松、黑松、雪松、华山松、五针松、落叶松、金钱松、翠柏、桧柏、花柏、侧柏、龙柏、油棕、银杏、泡桐、垂柳、海棠、刺槐、月季、玫瑰、龙爪槐、木芙蓉、紫薇等。

常绿阔叶树种及具有扁平、鳞状叶片的常绿针叶树种，则多为耐阴树种。枝叶一般较密，天然整枝性差，叶片中海绵组织较栅栏组织发达，光补偿点低，生长速率较慢。如：冷杉、云杉、红豆杉、铁杉、紫杉、罗汉松、罗汉柏、南天竹、锦熟黄杨、小叶黄杨、山茶、桃叶珊瑚、常春藤、波缘冬青、海桐、珠兰、棕竹、棕榈、杜鹃、紫金牛、天目琼花、接骨木等。

如果夜景照明中使用的灯光过亮，且大面积地使用人工补充光源，则会扰乱了园林树种在自然环境条件下的光周期生长规律。特别是到了夏末转秋的季节，黑夜一天天见长，温度一天天降低，树木尤其是落叶树种，因受人工补充光源的影响，光周期节律被打断，树体不能及时进入休眠状态，树体组织的发育不够充实，有时甚至萌发、抽生幼嫩的晚秋梢，在第一次寒流来临时，往往容易遭受低温的袭击而出现伤害。因此，在园林夜景照明工程中，如果灯光照度较大、延续时间较长，应尽可能地选择那些对光周期现象不甚敏感的园林树种，如大多数常绿树种。

### 3.1.3　动物对光照的敏感程度

光对动物生长和发育的影响是复杂的，不同动物对光的反应很不相同。根据动物繁殖与日照长短的关系，也可将动物分成长日照动物（long day animal）和短日照动物（short day animal）。在温带和高纬度地区的许多鸟兽，随着春季到来，白昼逐渐延长，其生殖腺迅速发育到最大时，繁殖开始，这些动物为长日照动物，如鼬、水貂、刺猬、田鼠、雉等。与此相反，有些动物在白昼逐渐缩短的秋季，生殖腺发育到最大，动物开始交配，这些动物为短日照动物，如羊、鹿、麝等。还有些动物如珍珠鸡，不论日照长短条件，只要食物充足、温度适宜，便能繁殖。

人们还进行实验研究，进一步观察光周期与繁殖的关系。例如有人在十二月初将原在北半球瑞士生活的银灰狐“搬移”到南半球的阿根廷饲养，该动物未能按时在翌年一、二月份交配，直到八月南半球白昼逐渐延长的季节才有繁殖征兆。类似实验还有很多，利用人工光照额外延长“白昼”或光照期，能使动物在非自然繁殖期中性腺增大，出现繁殖活动。这些成果已广泛应用于经济鸟兽的饲养和繁育。

光照对许多昆虫的发育有加速作用，但是过强的光照又会使昆虫发育迟缓甚至停止。很多昆虫在它们生命周期的正常活动中，能插入一个休眠期，即滞育(diapause)，这经常是由光周期决定的。例如，梨小食心虫幼虫全部进入滞育是在光照时间为每天 13～14h 时（图 3-3）。这种休眠状态为耐受秋天和冬天的严寒做好了准备。正常生活在有光条件下的动物，在无光的条件下发育缓慢，如蛙卵在有光情况下孵化快、发育也快，反之则慢；而正常生活在暗处的动物如土壤动物蚯蚓，被暴露在强光照射下则很快死亡。

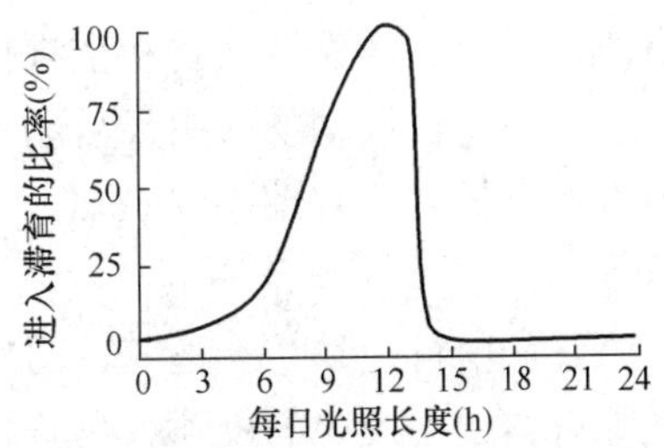

图 3-3　梨小食心虫幼虫滞育随光照变化

光对动物的重要性可从动物视觉器官的进化来加以说明。动物视觉器官的结构和视觉特征是动物长期生活在某一光照条件下的反应。终生地下掘土生活的哺乳动物长期生活在黑暗中，一般眼睛退化，有的眼表面为皮肤所覆盖，如鼹鼠、鼢鼠等。许多夜出活动的动物长期生活在弱光的环境，眼睛都比较大，如懒猴、飞鼠等。有些夜出活动的啮齿类动物如褐家鼠，眼球突出于眼眶外，可从各个方面感受微弱的光线，而且在视网膜上的任何一部分都能成像。

在温带和寒带地区，大部分哺乳动物一年中换毛两次，即春季和秋季各一次。许多鸟类每年换羽一次，少数鸟类换两次或三次。实验证明，哺乳类的换毛和鸟类的换羽与光的季节周期有关，它使动物能够更好地适应于环境的温度变化。Horst 曾用改变光照周期的实验来控制柳雷鸟换羽及羽色的变化。

光在许多方面影响动物的行为。不同动物对光的反应各异，有的适应弱光，有的适应

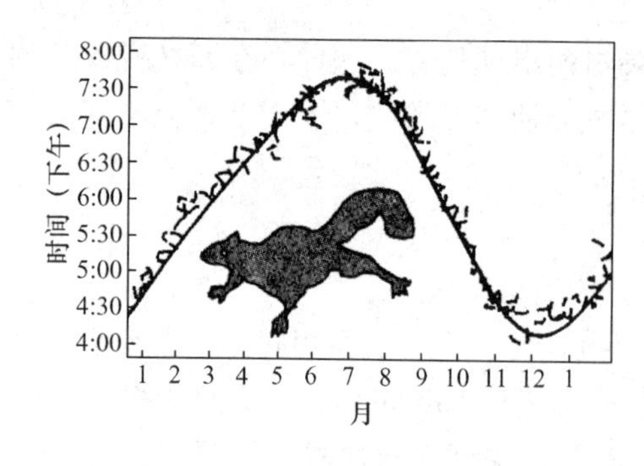


图 3-4　美洲飞鼠活动时间图

强光，有的全天都能活动，有的则生活在无光的环境里。美洲飞鼠的日常活动和日照时间的长短有密切的关系（图 3-4）。鸟类早晨开始鸣啭与光照强度也有直接关系。

据黄文几研究，通常麻雀在早晨光照强度为 5～15lx 时开始鸣叫，大山雀则在 2～10lx 时开始鸣唱。很多鸟类的迁徙是由日照长度变化所引起，一些候鸟在不同年份迁离和到达某地的日期很是接近，如此严格的迁飞节律是任何其他因素（如温度、食物等）所不能解释的。鱼类的迁移活动与光也有着密切的关系，日照长度的变化通过影响内分泌系统而影响鱼类的迁移。例如，光周期决定鳗鲡体内激素的变化，从而影响着该种鱼对水体含盐量的选择，这是促使它们的幼鱼从海洋迁入淡水和成长后又从淡水迁回海洋的原因。昆虫冬季蛰眠与光周期的变化有关。研究得知，秋季的短日照是诱发马铃薯甲虫在土壤中蛰眠的主要原因。许多海洋和湖泊的浮游动物表现有周期性垂直移栖现象。因多数浮游动物趋向弱光，故白天移至较深层，夜间移至水表层活动，在不同季节也会因光照条件的不同而引起垂直移栖。

依据动物对光的不同反应，可把动物区分为昼行性动物（喜光动物）、夜行性动物（喜暗动物）、晨昏性动物和全昼夜性动物四个生态类型：

（1）昼行性动物。白天活动，夜间休息，能适应较高光照强度，如大多数鸟类、哺乳类中的灵长类、有蹄类、黄鼠、旱獭、松鼠，爬行动物蜥蜴和昆虫类的蝶类、蝗虫、蝇类等。

（2）夜行性动物。适应较弱的光照强度，夜间活动，白天休息，如夜猴、褐家鼠、姬鼠等兽类，鸟类中的夜莺、夜鹰、夜鹭等；爬行类的壁虎，以及等足类、蜚蠊、昆虫中的蟋蟀和夜蛾等。应当指出，夜行性动物要求较弱的光照强度是相对而言的，并不是光照强度越弱越好，光照过弱会影响该类动物的正常生活。

（3）晨昏性动物。指喜欢在夜幕降临或破晓之前朦胧光状况下进行活动的动物，如某些蝙蝠、刺猬等。

（4）全昼夜性动物。指全天 24 小时都能活动，既能适应强光也能耐受弱光的动物，如田鼠、紫貂、柞蚕等。

全昼夜活动和昼行性动物能经受较广范围光照质量的变化，属于广光性类群；夜行性和晨昏性活动动物只能适应较为狭小范围光照质量的变化，属于狭光性类群。土壤生物和内寄生生物几乎都是避光生活的。

从 20 世纪 90 年代开始，城市照明走向景观化，继建筑、桥梁、广场等大尺度景观要素相继被照亮后，城市园林、绿地、公园等自然景观要素也相继被“亮化”。21 世纪初，景观照明由经济、政治、文化等多元素联合驱动，开始向城郊型园林（公园）、生态型园林甚至生态保护区渐进。随着石林照亮、黄果树照亮、杭州西湖照亮、漓江山水照亮，北海、景山公园要进一步全面提亮，武夷山九溪、辽宁千山等又要启动夜景亮化。光正随着人类的脚步向人赖以生存又岌岌可危的深处走来，光触及生态。

## 3.2 废弃光源灯具的处理措施

对于用过的照明灯具或零件的处理，首先涉及既有的PCB镇流器的处理，其次是与再利用有关的防灾照明灯具用镍镉电池的回收、容器包装的再利用及减少废弃物实行的3R（减少、再利用、再循环）措施。这里以日本为例。

1. PCB镇流器的处理措施

PCB是多氯化联二苯的缩写，对电的绝缘性、热分解很好，是化学上比较稳定的物质，自从1955年被广泛用作电气变压器的绝缘油以来，广泛用于电气设备用电容器的绝缘油，以及各种化学工业、食品加工业的制造工艺中的热媒介。

日本照明行业为了追求电气的绝缘性以及设备小型化，1957年采用PCB绝缘油的电容器（PCB电容器）改善荧光灯、汞灯等放电灯的镇流器功率。主要与快速启动荧光灯、高效HID灯具一起销售。但由于1968年发生了“重油症事件”后，经过调查，PCB对人体、环境有害，1972年颁布了终止生产的行政命令，1974年通过《有关化学物质的审查与制造法》，因而禁止生产、进口。

照明行业也接受了对外贸易和工业部（当时）的指示，于1972年8月终止了自1957年到1972年间一直生产的PCB镇流器、照明灯具。同年9月以后制造销售的产品中不再使用PCB。

终止使用后至今已过了30多年，在此期间更换、取下的PCB镇流器（电容器），由于没有处理设备，要求“生产（所有）单位”有义务自行保管。

其间，由于长期使用或长期保管，PCB镇流器经常发生老化事故、保管品丢失等问题。所以各界希望能够确立对PCB进行早期处理的体制，2001年6月，国会表决通过了《有关推行适当处理聚氯乙烯树脂废弃物的特别措施法》简称《处理PCB废弃物的特别措施法》。配备了估计能够处理5年左右的PCB废弃物的处理设备，对保管10年左右的PCB废弃物进行处理。

日本照明灯具工业协会自从1972年停止生产销售后，几次到全国各地的城市村镇检查、更换还在使用的PCB照明灯具，由于制定了这个处理PCB废弃物特别措施法，更加促进了PCB照明灯具的检查、更换速度。

根据环境部的调查，2001年7月15日，PCB镇流器在全国的保管状况是，现有保管所8736个，保管量4170839台。

2. 镍镉电池的回收措施

应急照明灯及诱导灯使用镍镉电池作为应急灯的电源。以前的《有关促进利用再生资源法律》（《再生资源利用促进法》，统称《循环法》）规定，使用二次电池的设备，要采用容易装卸再生电池的构造，在使用二次电池的产品上要有标识。根据2000年6月的修订（2001年4月施行），将法律名称也改为《有关促进资源有效利用的法律》（《有效利用资源促进法》，统称《循环法》），对于二次电池的处理也进行了修改。

有效利用资源促进法中将应急照明灯及诱导灯作为使用二次电池的设备，指定为“指定再利用促进产品”，照明灯具厂家有义务回收用过的镍镉电池或提供回收的信息。二次电池厂家有义务将回收的电池再资源化（循环）。电池工业协会为了促进电池及各种设备厂家共同进行回收、再利用，于1991年设立了“小型二次电池再利用促进中心”。

以前在维护检查应急照明灯及诱导灯时，将判断已到寿命的镍镉电池进行回收，送往指定的电池处理地方，而现在新的回收、处理方案是照明灯具厂家要加盟“小型二次电池再利用促进中心”，推进镍镉电池的回收。

3. 容器包装再利用措施

鉴于一般废弃物产生量的增大，最终处理场所的日趋匮乏，以减少占一般废弃物60%（与容积相比）的容器、包装废弃物为目标，以再产品化为目的，1995年制定了《促进有关分别收集容器包装或再产品化的法律》（《容器包装再利用法》）。从1997年4月开始，在以玻璃容器与饮料瓶为对象的厂家进行了大规模的实施。2000年4月开始，又增加了纸类及塑料类的容器包装的回收，也以中小规模的厂家为对象全部进行了实施。

照明灯具行业要承担将产生的一般废弃物住宅用照明灯具等特定容器包装再商品化的义务。

日本照明灯具工业协会针对照明灯具制造者编写《以容器包装再利用法为基础的照明灯具制造者指南》以及《有关识别照明灯具的容器包装指南》，提出在照明灯具使用的包装中，对于纸包装、塑料包装等特定包装的判断标准，还指定了识别表示方法。

容器包装的再利用法是由分别收集容器的制造者、利用者以及消费者三者分别承担责任，照明灯具的厂家要加入指定法人的日本容器包装再利用协会，委托协会进行再产品化，从而实现再利用。

4. 3R（减少、再利用、再循环）措施

2000年制定的《有效利用资源促进法》，以构筑可持续发展的循环型社会为目标，作为减少废弃物产生的措施，不仅要再利用，还要积极地推进控制废弃物的产生、对零部件等的再使用、原材料的再利用即所谓的3R（减少、再利用、再循环）。日本照明灯具工业会为了促进照明灯具的3R，制定了行业标准《照明灯具产品评价手册（第3版）》，以新设计、制造的所有照明灯具为对象，包括减少材料、零件的使用量，再生零件的使用，通过提高产品零件的耐用性，促进长期使用，以及使用可循环的材料、零件等。

照明灯具的年废弃量，1990年为29.1万吨，1994年为27.1万吨，2000年为23.8万吨（日本照明灯具工业会的调查），约占日本总废弃物4.5亿吨的0.05%。

示范题

**1. 单选题**

最近发现，紧靠强光灯的树木存活时间有什么变化？（　　）

A. 短　　B. 长　　C. 没有影响　　D. 影响不大

**答：A**

**2. 多选题**

照明容器包装再利用的责任人应是以下哪三者。（　　）

A. 容器的制造者　　B. 废弃物处理中心负责人　　C. 容器管理者

D. 容器销售者　　　　E. 容器使用者

**答：**A、B、E

**3. 判断题**

作为减少废弃物产生的措施，不仅要再利用，还要积极地推进控制废弃物的产生。(　　)

**答：**对

# 第4章 道 路 照 明

## 4.1 道路照明光源的选择

### 4.1.1 白炽灯和卤钨灯

白炽灯和卤钨灯都是热辐射光源。

热辐射总是与一定的温度相对应，而不同温度下物体的辐射特性会有所变化，可见光在总的辐射中所占比例也不同。如果一个物体能在任何温度下将辐射在它表面的任何波长的能量迅速增加，则这个物体就叫黑体。黑体加热时，随着温度上升，它的辐射能量迅速增加，最大辐射功率会从红外线向可见光区域移动，因而光效增加。

钨丝具有与黑体类似的特性，图 4-1 所示为钨丝与黑体在同样温度下（3000K）的辐射曲线。由该图可知，钨丝的最大辐射峰值比黑体更近于可见光区域，因此其光效比黑体高。然而，该图也清楚表明，可见光部分只占有辐射的很小比例，绝大部分是红外线，因此钨丝辐射的光效是很低的。不过，随着温度上升，可见光的增加比红外线的增加速度更快，因此光效会有所上升，卤钨灯就是根据这一原理制造的。

1. 白炽灯

图 4-2 为普通白炽灯的结构示意图。白炽灯的主要部件为灯丝、支架、泡壳、填充气体和灯头。

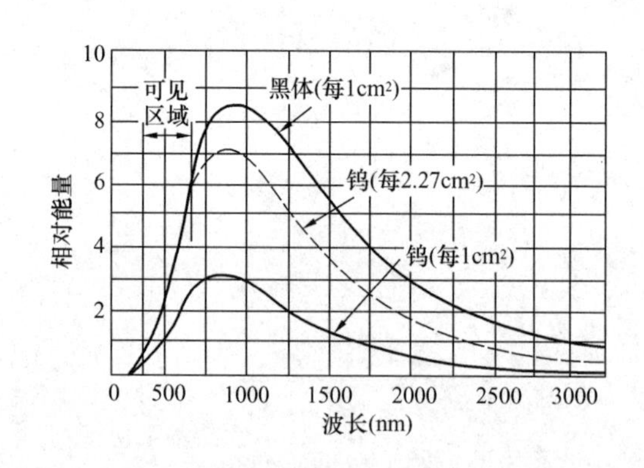


图 4-1 3000K 黑体和钨丝的辐射曲线

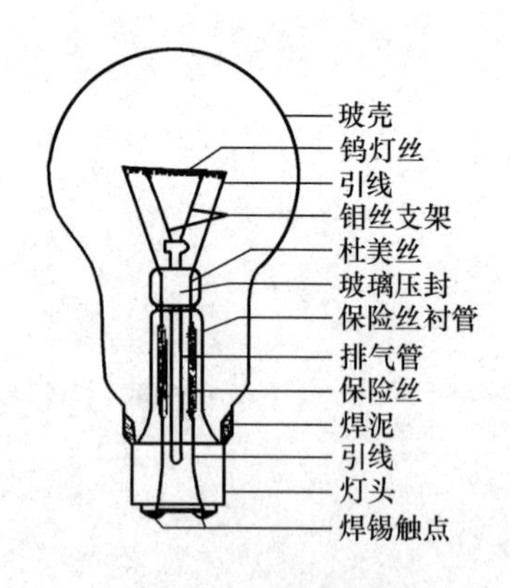


图 4-2 白炽灯的结构

灯丝是白炽灯的发光部件，由钨丝制成。为减少钨丝与灯中填充气体的接触面积，从而减少由于热传导所引起的热损失，常将直线状钨丝绕成螺旋状。采用双重螺旋灯丝的白炽灯，光效更高。

芯柱是由铅玻璃制成。这不仅出于铅玻璃具有很好的绝缘性，还由于它能很好地与电导丝进行真空气密封接。电导丝由3部分组成：上面的部分即内导丝，用来与灯丝焊接（或夹接）；中间的部分为杜美丝，与铅玻璃进行气密封接；电导丝的外部，即外导丝，熔点较低，可起保险丝的作用。也可以用铜或镀铜铁作为外导丝，在其上串接镍系合金保险丝。压封在芯柱上部的支架是由铝丝做成的，用于固定灯丝。

白炽灯的灯丝被包围在一个密封的泡壳中，从而与外界的空气隔绝，避免因氧化而烧毁。泡壳通常采用钠钙玻璃，大功率灯用耐热性能好的硼硅酸盐玻璃涂普通明泡以外，还根据不同的应用情况，对泡壳进行一些处理。可以用氢氟酸对泡壳内表面进行磨砂处理，以减少眩光。用彩色玻璃，或采用内除、外涂的方法使泡壳着色，可以做成彩色白炽灯。

为了减少灯丝的蒸发，从而提高灯丝的工作温度和光效，必须在灯泡中充入惰性气体。在普通白炽灯中，充氩一氮混合气。氮的主要作用是防止灯泡产生放电，混合气的比例根据工作电压、灯丝温度和导入线之间的距离而定。对220 V的灯，氩的百分比为84%～88%，氮的百分比为16%～12%；对100V的灯，氩的比例可上升到88%～95%，而氮的比例下降到12%～5%，充气气压为80～87kPa。灯工作时的气压约为152kPa，希望提高灯的光效或延长灯的寿命时，可充氪气或氮气，以代替氩气。

灯头是白炽灯电连接和机械连接部分，按形式和用途主要可分为螺口式灯头、插口式灯头、聚焦灯头及各种特种灯头。

工作在钨的熔点（3653K）的白炽灯，如果没有热导和对流的损失，则理论上的光效可达到53 lm/W，实际白炽灯的光效远比此值低。以现今额定寿命1000h的普通照明白炽灯为例，其光效为8～21.5lm/W。白炽灯的光效之所以这样低，主要是由于它的大部分能量都变成红外辐射，可见辐射所占的比例很小，一般不到10%。

普通白炽灯，色温较低，约为2800K。有很好的色表。与6000K的太阳光相比，白炽灯的光线带黄色，显得温暖。白炽灯的辐射覆盖了整个可见光区，在人造光源中它的显色性是首屈一指的，一般显色指数$R_a$=100。

在正常情况下，灯的开关并不影响灯的寿命。只有当点燃后灯丝变得相当细时，由于开关造成快速温度变化而产生的机械应力，才会使灯丝损坏。但开关灯时有一点要注意，即在灯启动的瞬间灯的电流很大。这是由于钨有正的电阻特性，工作温度时的电阻远大于冷态（20℃）时的电阻，一般白炽灯灯丝的热电阻是冷电阻的12～16倍。因此，当使用大批量白炽灯时，灯要分批启动。

普通白炽灯可以进行调光，没有限制调光灯的灯丝工作温度降低，从而使光的色温度降低，灯的光效降低，但寿命延长。当白炽灯工作在标称电压的50%以下时，灯几乎不发光。然而，此时的能量损耗依然是不小的。因此，我们建议当调光到这一深度时，不如干脆将灯瞬间关熄。

当电源电压变化时，白炽灯的工作特性要发生变化。例如，当电源电压升高时，灯的工作电流和功率增大，灯丝工作温度升高，发光效率和光通量增加，寿命缩短。

白炽灯的寿命一般是指平均寿命，即足够数量的同一批寿命试验灯的全寿命的算术平均值。

2. 卤钨灯

在普通白炽灯中，灯丝的高温造成钨的蒸发。蒸发出来的钨沉积在泡壳上，产生灯泡泡壳发黑的现象。1959 年时，发明了碘钨灯，利用卤钨循环的原理消除了这一发黑的现象。而且，由于钨丝工作在更高的温度，灯的光效得到很大的提高。

卤钨循环指当泡壳温度适当时，从灯丝挥发的钨与卤素在泡壳附近反应形成挥发性卤化钨，卤化钨回到灯丝附近受高温分解成钨和卤素气体，钨沉积回灯丝，卤素回到泡壳附近再参与化合作用，这样的循环过程使灯丝可以工作在更高的温度。同时，由于要保证泡壳处的温度使卤化钨成气态，灯的体积可以做得很小。从耐高温和强度的要求出发，卤钨灯均采用石英玻璃或硬质玻璃，泡壳内可以填充更高气压的卤素，以抑制钨的蒸发。

填充的卤素可以是氟、氯、溴、碘 4 种元素，其中溴和腆应用最为广泛。两者比较，碘钨灯寿命相对长些，而溴钨灯的光效相对高些。

卤钨灯分为单端和双端两种（图 4-3），两者都可以用红外反射膜来提高光效，光效可提高 15%～20%。

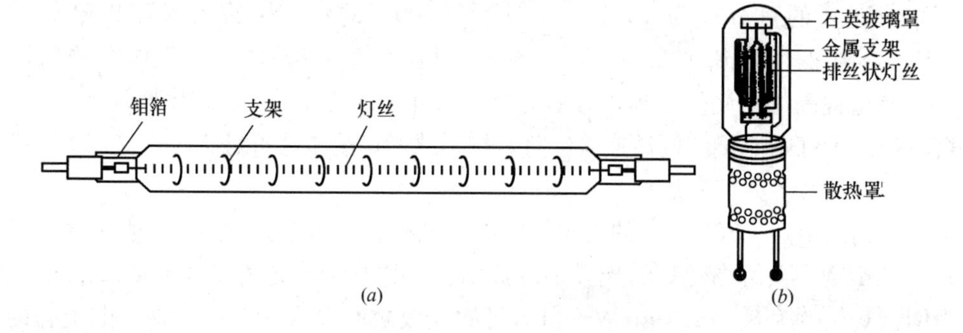


图 4-3　卤钨灯外形

（a）两端引出；（b）单端引出

卤钨灯由于其工作特性，使用时要注意：为了维持正常的卤钨循环，避免出现冷端，管形卤钨灯必须水平燃点，倾角不能大于±4°，以免缩短寿命。管形卤钨灯工作时，管壁温度高达 600℃，不能与易燃物接近，且灯角引入线应采用耐高温导线；卤钨灯丝细长而脆，应避免震动。

一般照明用卤钨灯色温为 2800～3200K，比普通白炽灯稍白，色调稍冷；卤钨灯显色性极好，一般显色性 $R_a$＝100。

### 4.1.2　低压放电灯

1. 荧光灯

荧光灯是低压放电灯的典型代表。

图 4-4 是荧光灯的工作原理。低气压的汞原子放电辐射出大量紫外线，紫外线激发管壁上的荧光粉将紫外线的能量转化为可见光射出来。

普通荧光灯的灯壳是加入氧化铁的钠钙玻璃，直径 11～38mm，功率 4～125W。

荧光粉将紫外线辐射转化为可见光，它决定了可见光的线谱组成，因而决定了灯的色温和显色性，很大程度上也决定了灯的光效。随着稀土荧光粉的使用，荧光灯的光效大为提高，显色和色温也形成了全系列，以满足不同的照明要求。

电极是气体放电灯的核心部件，是决定灯的寿命的主要因素。电极由钨丝制成，涂以

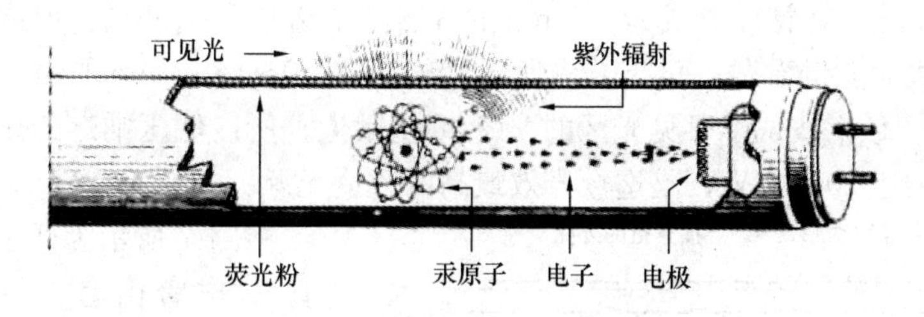


图 4-4 荧光灯工作原理

电子发射材料，产生热电子发射维持放电。当电极烧坏或电子材料消耗完，不能维持放电，灯的寿命也就结束了。

荧光灯的寿命认定是根据 IEC81.1984 规定进行测试的，即足够数量的一批荧光灯用特制的镇流器点燃，每 3 小时开关一次，每天开关 8 次，直到 50%的灯管损坏的时间就是该批荧光灯的寿命。

汞是荧光灯的工作气体，正常工作时，灯内汞蒸汽处于饱和气压状态，即既有汞蒸汽又有液态汞，因此灯管温度最低的地方的温度（冷端温度）就决定了汞蒸汽压大小。不同管径的荧光灯有不同的最佳汞蒸气压，也就有不同的冷端温度，如 38mm（T12）、26mm（T8）和 16mm（T15）管径的荧光灯的冷端温度为 40℃、42℃和 45℃。除了汞以外，为了帮助荧光灯的启动和维持灯正常工作，灯内还充入气压约 2500Pa（0.025atm）的惰性气体，同时起到调整荧光灯电参数的作用。

荧光灯的光效主要由荧光粉决定，也与环境温度和电源频率有关。

图 4-5 显示荧光灯光输出与环境温度变化曲线，可见，在静止空气中，25℃是最佳温度，温度降低和上升都会引起光通量的减少。研究发现，温度上升时，灯的功率也会一定程度的降低，其幅度比光通量的降低幅度要稍小。图 4-6 显示荧光灯光效与电源频率的关系，可见，采用高频电子镇流器也是节能的一个措施。

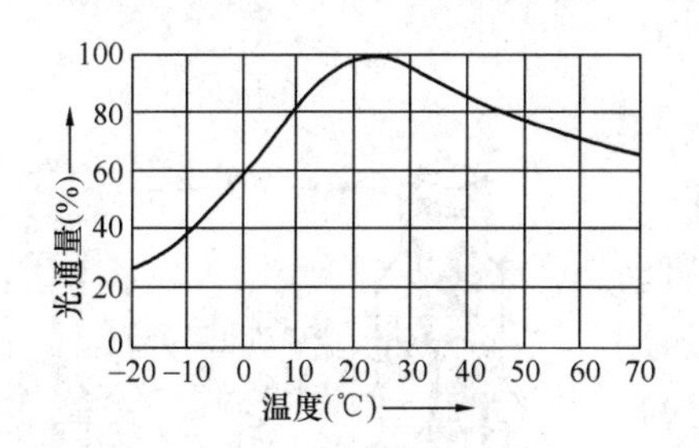


图 4-5 荧光灯输出随环境温度变化

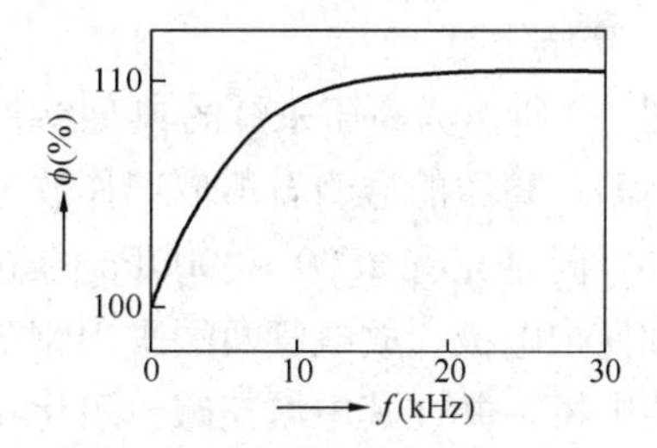


图 4-6 荧光灯光效与电源频率的关系

除了普通的直管荧光灯外，紧凑型荧光灯发展很快。紧凑型荧光灯尺寸小、光色好、光效高、寿命长（8000h），可以大面积替代白炽灯，在民用照明和绿化、庭院、城市生活区小马路和住宅小区道路等公共区域照明中，得到广泛使用。

2. 低压钠灯

低压钠灯是另一种低压放电光源，与荧光灯的汞蒸气放电不同，它是钠蒸气放电。

虽然低压汞蒸气在特征谱线 253.7mm 的辐射效率达 60%～65%，但通过荧光粉转化为可见光会有很大能量损失；而低压钠蒸气放电在 589.0～589.6nm 的辐射效率只有 35% ～ 40%，但由于该谱线位于可见光区的 $V(\lambda)$峰值附近，所以低压钠灯的光效仍然比荧光灯要高，其光效达 200lm/W，是迄今光效最高的人造光源。

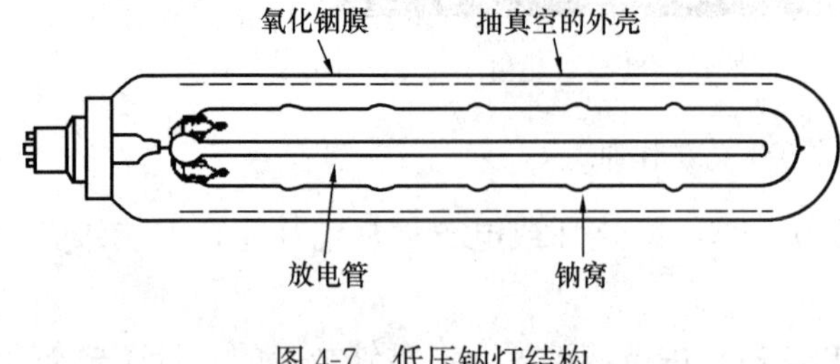


图 4-7　低压钠灯结构

图 4-7 所示为低压钠灯的典型结构。放电管由套料抗钠玻璃制成，弯成 U 形，一方面节约空间，另一方面也为了保温。外壳内抽成高真空，减少气体对流和热传导引起的热损失。外壳内壁涂以氧化铜红外反射涂层，以便将热辐射反射回放电管。所有的保温措施都是为了将放电管维持在最佳温度 260℃。

放电管上每隔一定的距离有一个隆起的小窝，是放电管的冷端，可以储存钠，使放电管内钠蒸气浓度均匀。低压钠灯的两个电极是三螺旋结构，能储存大量氧化物电子反射材料。低压钠灯的填充气体是氩－氖混合气，是启动气体。灯刚亮时，钠处于固态，只有启动气体工作，放电呈氖气的红光，随着放电的进行，放电管温度上升，钠蒸气压升高，参与放电，颜色逐渐变黄，这一过程需要约 10min。由于低压钠灯 99%的可见辐射集中在双黄线上，所以灯的显色性极差，主要用于郊区道路、高速道路和隧道等对显色性没有要求的地方，或用于特效摄影等一些特殊用途。

### 4.1.3　高气压高强度放电灯

高气压放电的放电管管壁负荷超过 $3W \cdot cm^{-2}$，如高压汞灯、高压钠灯和金属卤化物灯等。几种高气压高强度放电灯（HID 灯）的结构类似，都包括放电管、外泡壳和电极，但所填充的气体和采用的材料不同。

1. 高压汞灯

图 4-8 所示为高压汞灯的典型结构。高压汞灯采用耐高温、高压的透明石英玻璃作放电管，管内除充有汞外，同时充有 2500～3000Pa 的氩气以降低启动电压和保护电极。放电管两端采用钼箔封接电极。用钨作主电极，并在其中填充碱土氧化物作电子反射物质，一端有辅助电极（启动电极）帮助启动。外泡壳有保持放电管温度、防止金属部件氧化、阻碍紫外线等作用，外泡壳内填充 16kPa 的氩－氮混合气体，有的还在外泡壳内壁涂上荧光粉，将紫外线转化为可见光，从而成为荧光高压汞灯。

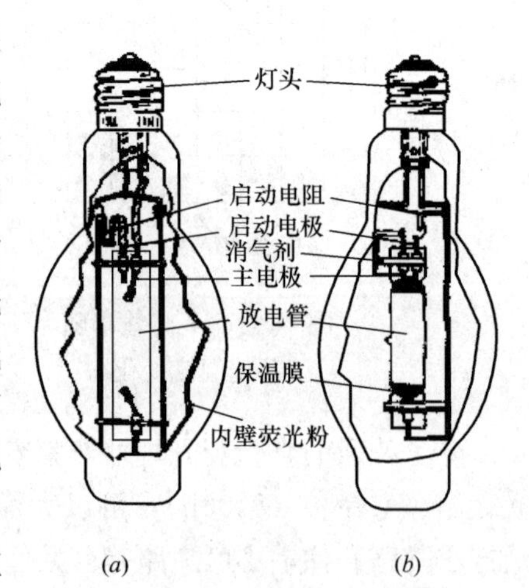


图 4-8　高压汞灯和金属卤化物灯结构
（a）荧光高压汞灯；（b）金属卤化物灯

高压汞灯开始工作时，电压加在两个主电极和主电极与辅助电极之间。由于辅助电极与同端主电极距离很近，两者之间就产生辉光放电，并向主电极之间的弧光放电过渡。随着放电产生的热量使管壁温度上升，汞逐渐气化使蒸气压上升，开始时蓝色的低气压放电逐渐过渡到高气压放电，长波长的辐射增多，而且产生些连续辐射，光色逐渐变白；当汞全部蒸发后，放电管电压稳定，就成为稳定的高压汞蒸气放电，这一过程需要4～10min，期间的光电参数变化见图4-9（*a*）。稳定工作时，汞蒸气压达200～1500kPa（2～15atm），远比氩气气压高，因此灯的电参数（如管压）是由汞决定的。

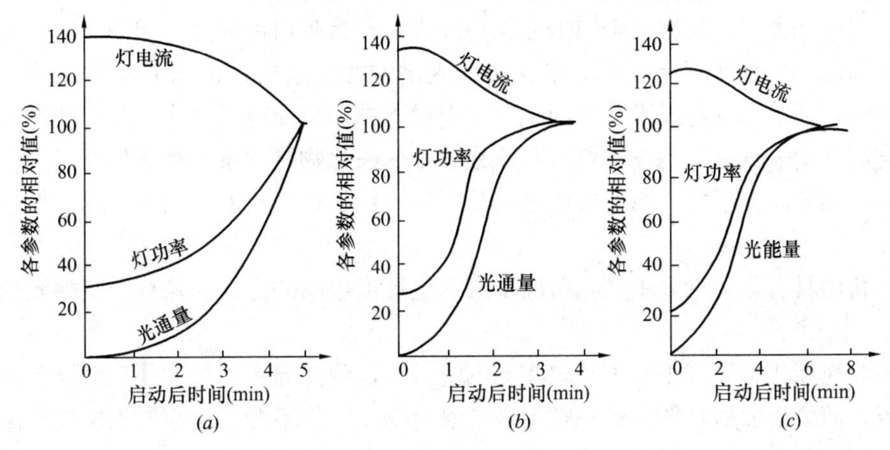


图4-9　HID的启动特性

（*a*）荧光高压汞灯；（*b*）金属卤化物灯；（*c*）高压钠灯

透明泡壳的高压汞灯完全是靠汞蒸气放电发射可见光，主要集中在蓝绿区域，完全没有红光，因此色温高，显色性很差；但放电电弧清晰可见且尺寸小，很容易实现光输出控制，可以精确配光，所以常用于道路照明和泛光照明。

荧光高压汞灯由于采用荧光粉，从而利用了紫外辐射，色表和显色性可因采用荧光粉的不同而得到不同程度的改善。高级光色型的荧光高压汞灯的相关色温为3300～3500K。显色指数$R_a$为50～58。

自镇流汞灯利用与放电管串联的钨丝起镇流作用，因此可以直接接入电路。同时钨丝也能发光，并与电弧发出的光混合在一起，使光色有所改善。为了防止钨丝的蒸发和放电，外泡壳中会充入8万Pa的氩—氮混合气体。

高压汞灯一旦熄灭，由于灯内汞蒸气压很高，不能马上再启动，必须等其充分冷却，管内气压下降到足以被激发才能再次启动工作。

与荧光灯不同，环境温度对高压汞灯的光输出、灯电压和灯寿命影响很小，只是温度过低时可能会使灯启动困难；电源电压的变化对高压汞灯的特性影响也比较小。工作方位也没有什么限制，所以高压汞灯对使用条件的要求并不高。

高压汞灯的寿命取决于管壁黑化而引起的光通量衰减和电子电极损耗，导致启动电压上升直至不能启动，这与灯的点灭次数、放电管设计和电流波形等因素密切相关。

2. 金属卤化物灯

为了改善高压汞灯的光色，除了涂荧光粉外，还有一种办法是在放电管内添加金属元素，用它们的蒸气放电发出的光线来平衡汞的光谱。研究发现，采用金属卤化物形式，可以达到较高的蒸气压，从而满足放电要求，同时防止活泼金属对石英电弧管的侵蚀。当金属卤化物的蒸气扩散到电弧弧心时，在高温作用下分解成金属原子和卤素原子，金属原子被激发辐射出所需光谱；当金属原子和卤素原子扩散到管壁区域，相对较低的温度使它们复合成金属卤化物。这一过程与卤钨灯的卤钨循环类似，这就是金属卤化物灯。

金属卤化物灯的光谱主要由添加的金属的辐射光谱决定，汞的辐射谱线贡献很小（汞量比高压汞灯小）。根据辐射光谱的特性，金属卤化物灯可以分为4大类：

（1）选择几种强线光谱的金属的卤化物加在一起得到白色的光，如钠—铊—铟灯；

（2）利用在可见光区能发射大量密集线光谱的稀土金属，得到类似日光的白光，如镝、钬、钪、铥等，这些元素的不同组合又形成不同类型的金属卤化物灯，如高显色性金属卤化物灯（镝—钬灯，钠—铊灯）和高光效金属卤化物灯（钪—钠系列）；

（3）利用超高气压的金属蒸气放电或分子发光产生连续辐射，获得白光，如超高压铟灯和锡灯；

（4）利用具有很强近乎单色辐射的金属产生纯度很高的光，如铊灯产生绿光、铟灯产生蓝光。

一般金属卤化物灯采用石英玻璃作放电管，可以耐高温高压透紫外；电极形状与高压汞灯类似，但电子发射材料是钍和稀土金属氧化物，它们不会与卤素发生反应。由于它们的逸出功比碱土金属高，所以金属卤化物灯的启动电压比高压汞灯要高。为了改善启动性能，放电管中充入较容易电离的氩－氖混合气或氦－氩混合气等。为了保证一定的蒸气压，放电管必须保持足够的温度，所以放电管要做得较小，而且在电极周围的区域涂上氧化锆红外反射层以保温。

外泡壳涂荧光粉可以将放电产生的紫外辐射转化成可见光，但金属卤化物灯的紫外辐射量小且集中在长波紫外区，向可见光的转化率低，所以光效并不能大幅提高，荧光粉涂层的主要作用是使灯光变得柔和。

不同的金属卤化物灯有不同的启动电压，大部分需要外加启动器帮助启动。镇流器也因灯的种类不同而不同。钪—钠灯必须采用特殊设计的恒功率镇流器；钠－铊－铟灯可以用汞灯镇流器，而稀土金属卤化物灯可以用高压钠灯镇流器。

灯熄灭后，由于灯内气压太高，在原来的启动电压（0.5～5kV）的作用下不能立即再启动，必须等其经过5～20min的冷却。如果某些特别场合需要灯立即启动，就需要能产生30～60kV的启动器。

与高压汞灯相比，金属卤化物灯对电压波动更敏感，大于10%的上下变化就会引起灯光色的变化，电压太高还会缩短灯的寿命。由于灯的光色与放电管冷端温度密切相关，所以很多金属卤化物灯都有燃点位置的要求，以免影响灯的光色和寿命。光源公司在产品样本上对灯的燃点位置都会有说明。

由于活泼金属钠可以透过石英玻璃发生迁移，所以在寿命期内，金属卤化物灯的光色也会发生变化，或不同灯由于迁移速度不同而光色不一致。为了克服这一问题，20世纪末，飞利浦公司推出了用陶瓷管作放电管的陶瓷金属卤化物灯，不仅没有钠的迁移从而保证了寿命期内灯的光色的稳定性，而且陶瓷管可以精确控制尺寸从而确保所有灯的性能一致，更由于陶瓷的耐高温性能，使放电管可以工作在更高的温度，能得到更高的光效，以及非常好的显色性。

金属卤化物灯由于管壁温度高于高压汞灯，影响其寿命的因素除了与汞灯类似的原因以外，还会由于金属与石英的缓慢反应、游离的卤素分子使管压上升、高温释放出石英中的水分等不纯气体这些原因，使灯无法正常工作。

3. 高压钠灯

图 4-10 所示为典型高压钠灯的结构图。

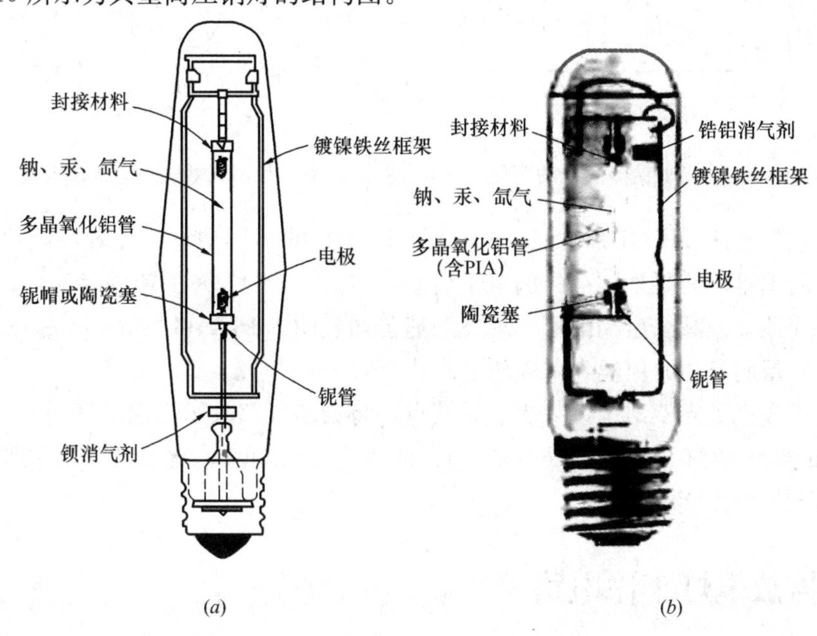


图 4-10 高压钠灯结构图

(*a*) 普通高压钠灯结构图；(*b*) 飞利浦加强高压钠灯结构图

与高压钠汞灯和普通金属卤化物灯不同，高压钠灯的放电管是多晶氧化铝（PAC）陶瓷管，因为它能抗高温钠的腐蚀；放电管的形状明显呈细长形，这是为了减少光辐射的自吸收损失，而获得更高的光效。

高压钠灯的电极也是钨，电子发射材料储存于钨的螺旋中。电极与陶瓷之间通过与陶瓷膨胀系数接近的铌帽用玻璃态焊料封接。由于铌在高温下易与氧气或氢气发生化学反应变硬变脆，所以外泡壳要抽真空，而且还要采用消气剂吸收工作中零部件释放的杂质气体，以维持真空度。

在高压钠灯放电管中，充入氩气或氙气作为启动气体。充氙气时，光效稍高但启动困难。除钠外，管内还需充入汞提高灯的电场强度，减少热导损失以提高光效。钠和汞通常以钠汞的形式充入。

高压钠灯的发光特性与灯内钠蒸气压有关，光效最高时灯内的钠蒸气压约 10kPa，标准型高压钠灯就工作在这一气压下，通过增加钠蒸气压，可以提高钠灯的色温并改善灯的显色性（图 4-11），但光效会下降。通过这种办法开发出一种显色性改善型高压钠灯，显色指数 $R_a=60$，此时灯内钠蒸气压为 40kPa；另一种白光高压灯，显色指数 $R_a=85$，色温约 2500K，此时灯内钠蒸气压达 95kPa，但它们的光效都比标准型下降很多（图 4-12）。

色温升到 2500K，显色性很好，$R_a=85$，但与标准高压钠灯相比，它们的光效明显下降。

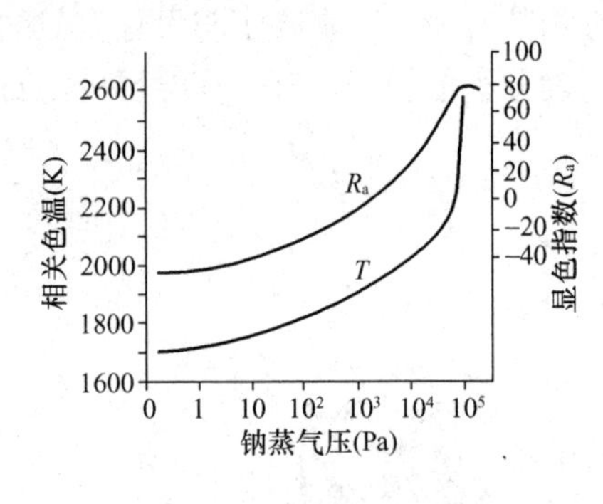

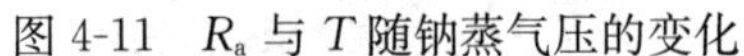
图 4-11　$R_a$ 与 $T$ 随钠蒸气压的变化

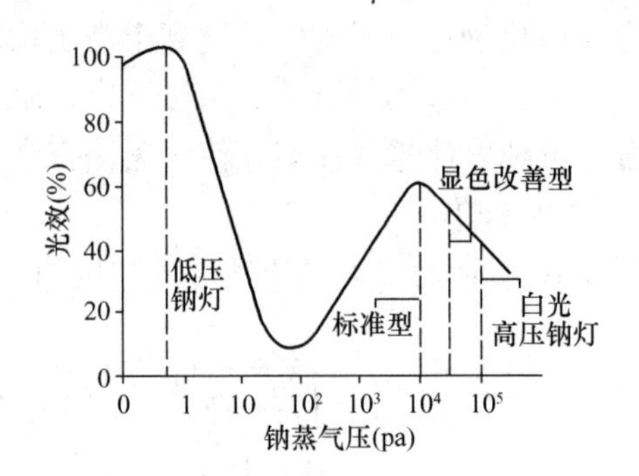

图 4-12　光效随钠蒸气压变化

充氙气且气压达 27～47kPa（标准型为 2.7kPa）的高压钠灯，光效可以提高 10%～15%，但启动困难，需要采用可靠的电子启动器（触发器）。为了帮助启动，以前是在放电管上绕以线圈，以减少启动电压。现飞利浦公司发明了 PIA（Philips Integrated Antenna）技术，将帮助启动的钨丝与陶瓷放电管烧结在一起［图 4-10（*b*）］，启动和工作更可靠；同时，还改进了支架结构，减少了焊接点，将钡消气剂改用锆铝消气剂。一系列措施使得这种加强型钠灯寿命达 32000h（标准型为 24000h），光效也提高到 140lm/W（400W，标准型为 120lm/W）。

## 4.2　气体放电灯工作电路

由于气体放电灯的负电流特性，要使其正常稳定工作必须要有限电流装置，有些还需高压启动装置帮助其触发工作。这就是气体放电灯的工作电路。

### 4.2.1　普通镇流器

镇流器的基本功能是防止电流失控和使灯在它的正常的电特性下进行工作。镇流器必须效率高、结构简单、有利于灯的启动，对寿命无损害并保证灯能稳定启动和正常工作。

1. 电阻镇流器

一个简单的串联电阻有时可用作灯的镇流器，但是会引起功率损耗（$I^2R$），使灯的总效率降低。在用交流供电时，采用电阻镇流器，会使电流波形产生严重的畸变，这是因为灯重新点燃的延迟，使电流在每个半周期的起始段近于零［图 4-13（*a*）］。由于灯需要的再启动电压很高，导致了灯的工作稳定性很差。对于自镇流的汞灯，是利用白炽灯的灯丝来作为它的镇流器。

2. 扼流圈或电感镇流器

与灯串联的扼流电感镇流器，会使电源电压和灯的工作电流之间产生 55°～65°的相位差，它在每半周再启动时，有更高的维持电压，而使灯顺利地启动，从而保证灯能更稳定地工作，而且工作电流波形的畸变更小［图 4-13（*b*）］。

灯的工作电压和额定电压必须很好地保持一致，以确保灯稳定工作。对电压在 100～200V 范围内的电源，串联使用的扼流电感镇流器限制使用的放电灯的额定电弧电压约为

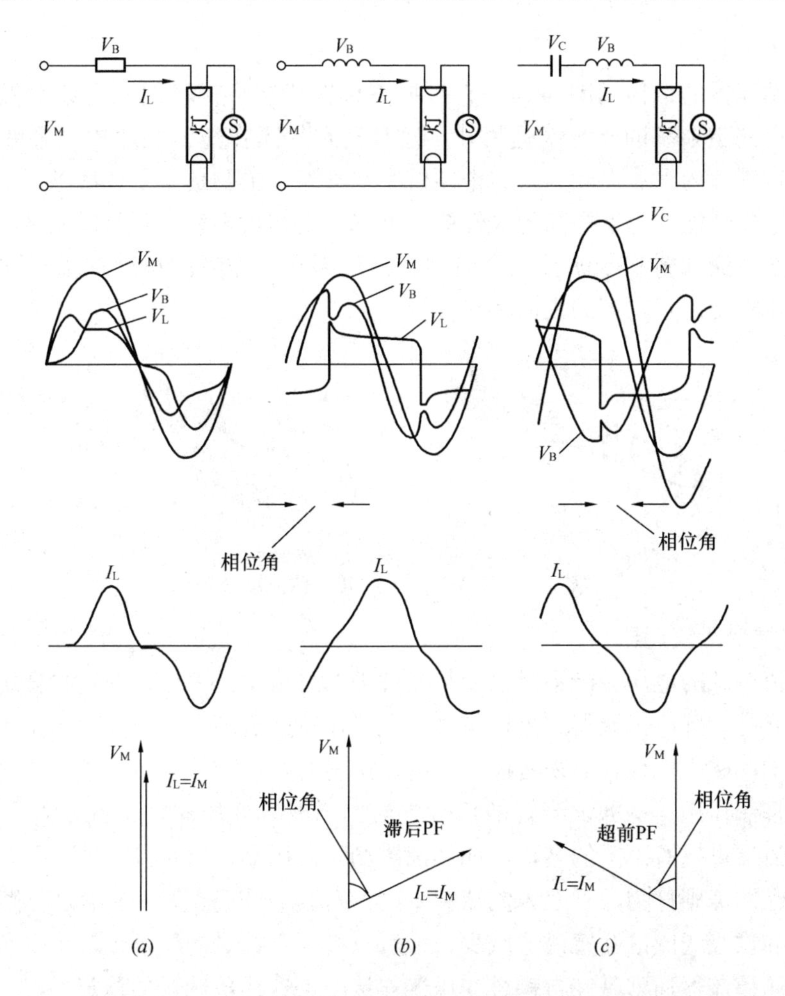


图 4-13 当电源工作频率为 50Hz、60Hz 时，配用不同镇流器的荧光灯的工作电路

(a) 电阻镇流器；(b) 扼流圈镇流器；(c) 扼流圈—电容镇流器

55V；对于 220～240V 的电源，可以使灯管的额定电压在 70～145V 范围内，通常能使灯令人满意地工作。值得注意的是，灯重新点燃需要的峰值电压是灯稳定工作的决定性因素，这比它对灯的有效电压的影响还大，且电压波幅因数（峰值：有效电压）随灯的种类的不同而明显地变化；在电压范围为 380～480V 的电源下工作，可以使用灯管电压在 230～250V 之间的灯，并导致灯电流很低，而低电流不但导致系统功率损失减少且明显节约了安装电线、保险丝和开关这些设备的费用。

扼流圈的功率消耗是很低的，通常整个电路效率可达 80%～90%。由于铜绕组中存在线圈电阻，它引起的功率消耗将随镇流器温度升高而增加。而铁芯中的功率消耗则是有磁带、涡流及间隙边缘漏磁损耗所引起的。扼流圈的设计和其他工程产品一样，须综合考虑其尺寸、形状、性能和价格。扼流圈的尺寸和重量主要取决于其额定的电流值，工作电流较大的高功率灯，要求扼流圈也较大。大多数情况下，扼流圈的尺寸从一开始就受到灯具的大小和形状的限制。譬如，当扼流圈必须安装在狭窄的发射器或凹槽内时，扼流圈的形状就受到了限制。

扼流圈镇流器的结构见图4-14，它是把漆包铜线绕在塑料线圈框架上做成线圈，然后再套到具有高磁导率的硅—铁叠片外，通常把它封闭在薄钢壳盒内。叠片之间相互绝缘，以减少铁芯片内涡流损耗。铁芯中须留有空气隙，主要是为了降低磁通饱和，以及取得较满意的电气性能。为了提高绝缘性能、电气强度和热导率，并降低噪声程度，必须把扼流圈浸渍在清漆和树脂或沥青混合液中。扼流圈在工作时的温度取决于铁芯的磁通密度、铜的电流密度以及它们的表面和热传导。

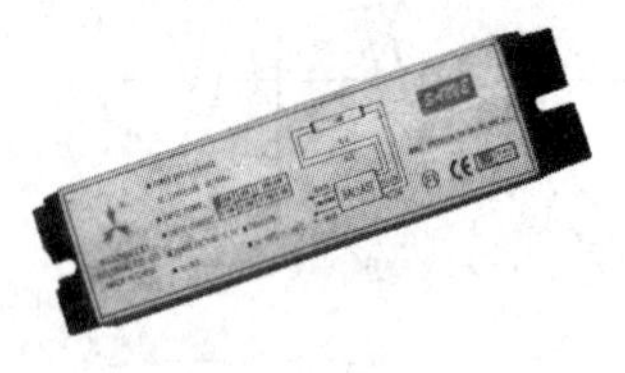

图4-14　36W/40W荧光灯扼流圈结构

3. 漏电抗变压镇流器

正常交流电源的电压可能不足以使某些种类的灯启动并工作，在这种情况下需要用变压器将电压升高，感应镇流器的阻抗是灯稳定工作所必需的。在设计时通常可以和变压器中有意引入的漏磁阻抗综合起来考虑。它的作用是有意使变压器对电源电压的变化反应不明显，起到抑制作用。例如，当灯的负载电流升高时，变压器输出到电灯上的电压就下降。这类镇流器可以有不同的名称，如“漏磁场”变压器、“高抗压”变压器或“漏抗电”变压器，而在北美则称为“延迟镇流器”。这类镇流器通过建立一个漏磁分路，有意将耦合初级线圈和次级线圈的互感磁通减少，最后只有一定数量的能量传输到灯负载上。

这种变压镇流器通常是和自耦合变压器连接的，这样虽然灯的稳定性好，但同时能量损失却相对较高，功率因数很低，而且还伴有滞后因数。这可以用并联电容的方法，使电源电流减少并使功率因数提高。由于这类镇流器的尺寸相对较大，重量大且价格较贵，因而在电源电压为230V或240V的国家很少使用。光源设计者要设法使灯的启动和工作要求符合这种电压，必要的时候用电子触发器来达到要求。

4. 恒功率稳定器（CW）、恒功率自耦变压器（CWA）、峰值超前镇流器和饱和稳流镇流器

在北美，漏磁变压镇流器的原理得到了极大的发展，并适合不同放电灯的不同的电气特性。为了使变压器的尺寸缩小、重量减轻和成本降低，在灯启动时开路电压采用一个电压峰值因子很高的非正弦波形，由于这些因素减低了电压的有效值。为了得到很高的电压波幅因数，可以用在磁芯上开狭缝的方法。另外，还可以在次级线圈和灯之间串联一个电容，对灯亦起到部分镇流作用。电容产生的超前功率因数被初级线圈逐渐增大的感应磁化电流所修正。和简单的扼流圈电路相比，变压器电路的功率损失比较大，因而电路的效率比较低。虽然变压器电路内灯的电流波幅因数（1.6～2）比用扼流镇流器的灯（1.4）要高很多，但这个差别还不至于造成电极性能的损害。

这类在北美使用的变压镇流器可以适用于电源电压波动范围很大的情况，而且和扼流

镇流器相比，在电源电压波动情况下，它能更好地控制灯的功率。电流在灯预启动、预热和正常工作过程中，几乎保持不变。预热阶段的稳定性和抗电源电压突然下降的能力要比扼流圈电路好很多。在灯作为部分整流器的情况下，使用串联的电容不但可以减少灯的闪烁，还可以降低镇流器过热的危险。

将脉冲峰化的电容和次级线圈并联，可以提高启动时的峰值电压。这个技术可用来进一步缩小汞灯使用的镇流器的尺寸，但不能用于金属卤化物灯镇流器中，因为这将会导致金属卤化物灯在预热阶段不稳定。

下面是几种镇流器的设计思路。对汞灯配用的恒功率变压器（CW）或稳定器而言，它们将初级线圈和次级线圈隔离，因而有良好的绝缘性和安全性，并且可以在灯电压和电源电压强烈波动的情况下出色地控制灯的功率。

恒功率自耦变压器（CWA）或自耦稳定器由于其体积小、重量轻、价格低和功率小，比隔离式的恒功率变压器使用更普遍。尽管自动变压器在灯抗电压下降的稳定性及灯功率控制方面优于扼流镇流器和高阻抗镇流器，但对灯功率偏大情况的控制不如恒功率变压器。

高压钠灯在寿命期间的工作电压和随电源电压的变动有一个范围，在这个范围内要求对灯的功率有很好的控制。由于在标准的汞灯自动稳定器设计时没有给出控制功率的精确程度，因而产生了一种特别磁路设计的自动稳定器。另一类型变压器称为磁饱和稳定器，它有3个独立的线圈：初级线圈、与灯相连的次级线圈和与电容相连的次级线圈。这种镇流器仍然可以精确地控制灯的功率，并且有灯电流波幅因数低的优点，但它的缺点是价格高、功率损失大、外形尺寸大及重量大。所有高压钠灯的高压镇流器在设计时，为了产生启动时灯所需要的高电压，可与一个电子触发器一起连在次级线圈上。

用于金属卤化物灯的峰值超前镇流器和用于汞灯的自耦稳定器相类似。但由于金属卤化物灯的启动和预热的需要，因此需要一个开路电压波幅因数很高的高电压峰值，这需要在次级线圈的磁芯上开一道或多道狭缝。

5. 电容镇流器

在50Hz/60Hz的电源中，电容器是不合适的镇流器，这是因为在每半周开始时，对电容器充电的启动能量在灯中会产生持续时间虽然很短，但很有害的强峰值脉冲电流。在高频率的电源下工作时，不会发生快速的电流起伏，从而就可用简单的电容镇流器。

6. 扼流圈—电容镇流器

将电容器与扼流圈串联，就提供了一个具有若干有用性质的镇流器装置，如果容抗取为感抗的两倍，则能获得具有很好的电流波形的高维持电压。这种电路能使灯以很高的工作电压工作。另外，它还有一个近乎恒定的电流特性，因此，对电源电压的变动不很敏感，适应性较强。

7. 镇流器的寿命

当线圈和绕组绝缘材料的温度上升时，它们的性能也以一定的速度逐步降低。镇流器线圈允许的额定工作温度（$t_w$）是根据它保证正常工作10年来考虑的，实际上是由加速疲劳试验（IEC 922（1989））30～60天的实验数据确定的。镇流器的工作温度与寿命之间的关系可由以下经验公式来计算，即

$$L = K_e^{D/T} \tag{4-1}$$

式中，$L$ 为绝缘系统的寿命；$T$ 为绝缘材料的绝对温度；$D$ 为取决于绝缘材料的常数；$K$ 为取决于所选择的单位和材料的常数。

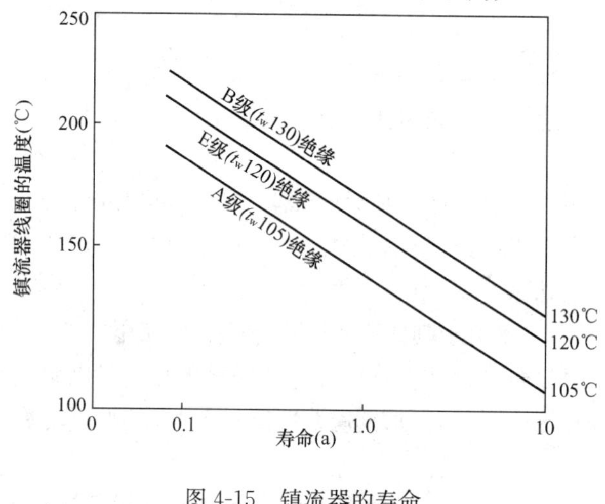


图 4-15　镇流器的寿命

如果以 $1/T$ 对 $\log T$ 为坐标作图，我们就可画出镇流器的寿命和工作温度之间的直线关系。图 4-15 示意了 3 种不同绝缘类型的镇流器寿命曲线。从图中直线斜率可发现，线圈温度每超过 $t_w$10℃时，镇流器的寿命就缩短一半，如果超过 20℃、其寿命将只有额定值的1/4。

镇流器另一个重要的参数是 $\Delta T$，$\Delta T$ 表示镇流器工作时线圈的温度上升值，如 $\Delta T$55℃，就是镇流器工作时线圈温度上升 55℃。为了保证镇流器线圈温度不超过 $t_w$，要求工作的环境温度不能超过（$t_w-\Delta T$），才能保证镇流器的寿命。可见，在同样的 $\Delta T$ 情况下，$t_w$ 越高的镇流器可以在更高的环境温度下正常工作，具体到路灯灯具而言，$t_w$ 越低，对灯具的散热性能要求就越苛刻，否则，线圈温度（灯具、电器、室温度加上线圈温升 $\Delta T$）很容易超过 $t_w$，而引起镇流器寿命大幅缩短。

8. 噪声

任何电磁器件，如变压器或扼流圈，当它们在交流电源下工作时，总会存在内在的噪声。噪声的程度取决于它们的尺寸和设计，镇流器波形包含了 100～3000Hz 甚至更大范围的谐波成分，因此，噪声可以从低音调的嗡嗡声变化到高音调的沙沙声。噪声可以以多种方式产生，如通过周期性的磁致伸缩使铁芯尺寸变化，或通过铁芯的振动，或通过杂散的磁场引起镇流器外壳或灯具外壳的振动。如果要使噪声限制到最低限度，所有这些方面都应该加以考虑。

### 4.2.2　功率因素的校正

1. 功率因素

对于任何波形，功率因数的定义为功率与（电压有效值×电流有效值）的比值。低的功率因数有如下弊病：

（1）不必要地增加了供电的 kV·A 需要量；

（2）对一定规格的电缆、配线零件，以及配电设备来说，减少了它们的有效负载；

（3）电力负载具有过低的滞后功率因数，会让用户增加额外的财政支出。

所有使用扼流圈的漏电抗变压镇流器的电路都有一个低的滞后功率因数，通常在 0.3～0.5 之间。把一个合适的电容器并联跨接在交流电源上，就能方便地使功率因数得到校正。电容器取得了相位超前的电流，就部分抵消了灯电路中的滞后电流。

图 4-16 显示了一个校正了的扼流镇流器电路的相位图。从图 4-16 中的三角关系可以

看出，一盏 WW 的灯，在 WW、$f$Hz 的交流电源下工作时，为将电流的相位角 $A$ 修正为 $B$，就需要一个 $C\mu$F 的电容，这里

$$C=\frac{W(\tan A-\tan B)\times10^{6}}{2\pi fV^{2}} \tag{4-2}$$

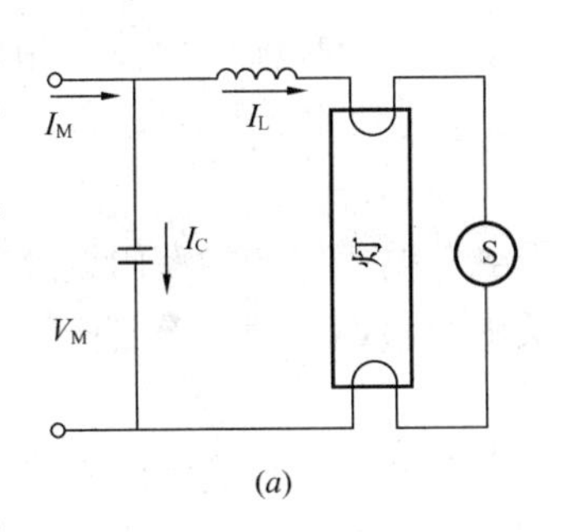


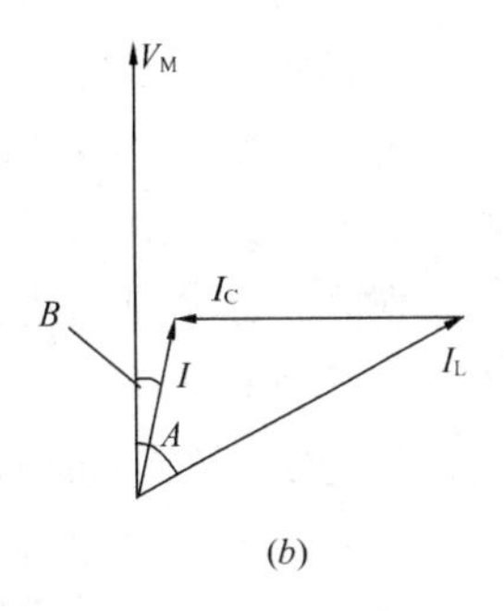


图 4-16 功率因素的校正

(a) 扼流镇流器的校正电路；(b) 相位图

通常，商用照明的工作电路的功率因数要校正到 0.9。作为一个典型的例子，当功率因数从 0.5 校正到 0.9 时，其供电电源电流要下降 45%。

电源电压和灯的电路电流与波形畸变，对功率因数有很大的影响。校正功率因数的电容器只能降低畸变负载电路中电流波形的基波成分，而不能降低谐波成分。实际上，由于基波的降低，电源电流谐波含量的相对百分比反而增加了。

2. 电容器

电容器主要由两块导电板，或两个电极组成，电极间用一层具有高介电常数的薄绝缘材料隔开。为了形成紧凑的电容器，电极和绝缘材料被卷成圆柱形，而且通常被封闭在具有两个接点的金属壳或塑料壳内。电容器具有多种结构形式，有些以合适的材料浸渍，以提高它的绝缘强度和介电常数。保证电容器工作时的温度和电压不超过额定值是很重要的，否则会缩短电容器的寿命。电容器在电源中的功率损耗是很小的，其变化范围也较有限，一般纸质电容器，其功耗为 0.2W/$\mu$f；塑料薄膜电容，其功耗为 0.05W/$\mu$f。为了减少电击的危险，电容器两端并接一个放电电阻，该电阻必须保证在固定接线设备关闭电路 1min 内电容器两端电压下降到小于 50V，而手提设备必须使电容器在电路关闭 2s 内下降到小于 34V。

### 4.2.3 高压钠灯电路

常用的高压钠灯工作时，灯内填充的钠汞气部分被蒸发，部分仍以液态形式留在电弧管内部或外置容器的最冷端。电弧管内的钠蒸气压取决于冷端的温度，并且它又控制了灯的电弧电压。可以通过灯周围光学系统的热辐射来提高灯的电弧电压，也可以通过在寿命期间钠的逐渐损失而使灯的电弧电压升高。当高压钠灯每隔几分钟循环开关时，就出现了一种正常的寿命终止失效模式，这是出于灯电压超过了电路在每半个周期内提供给灯重新启动的瞬时电压的缘故。在这种情况下，由于灯的电流和功率全都取决于镇流器的参数，如果要使灯稳定和理想地工作，就必须规定镇流器的参数，将其限定在很小的公差范围内。无汞和不饱和蒸气的高压钠灯可以通过使用一个高的气压来得到理想的灯电压值，因而也不会出现常用的充钠汞气的高压钠灯灯电压上升的现象。

在许多地方，高压钠灯工作时是和扼流圈镇流器简单串联在一起的，与汞灯的电路相类似，因而在设计时应该使电弧电压小于电源电压的 1/2。由于灯电压制造上的公差及电源电压的波动，因而造成高压钠灯的功率变化比汞灯大得多。在北美发展了利用漏磁特性

的磁饱和稳流器和自耦式稳流镇流器，与扼流圈镇流器相比，在电弧电压和电源电压变化的情况下，能够更为精确地控制灯的功率。目前，普通高压钠灯使用电子镇流器还不普遍。

对光色改善型高压钠灯使用触发模式工作的专门设计的电子镇流器是非常重要的，因为它使灯有独特的可调包温。某些光色改善型高压钠灯（*Ra* 约为 85），还需要一个电子器件来稳定灯电压和功率。

所有高压钠灯都需要特殊的启动电路，最通常的方法是用电子触发器产生一个高频高压脉冲。好的启动取决于脉冲的幅度、上升时间、宽度、极性、重复率和镇流器开路电压波形的相对位相（IEC 662，1980）。对于光输出大的高压钠灯，可以在陶瓷电弧背上连接一根辅助启动的导线，在气体击穿瞬间经触发器进入高压钠灯的放电能量对灯的启动性能尤为重要。高压钠灯在－40℃的环境温度下可以十分可靠地启动，但必须注意触发器的选择，看它内部的控制元件是否适合这个温度，因为很多电子元件在低于－30℃时就很不稳定。在触发器中，使用军用级元器件就可以解决这个问题。

图 4-17（*b*）表示了一种可控硅的启动电路，通过可控硅的导通将贮存在小电容中的能量转换到部分扼流圈线圈上。这种启动器被称为脉冲触发器，必须和相应的镇流器配套

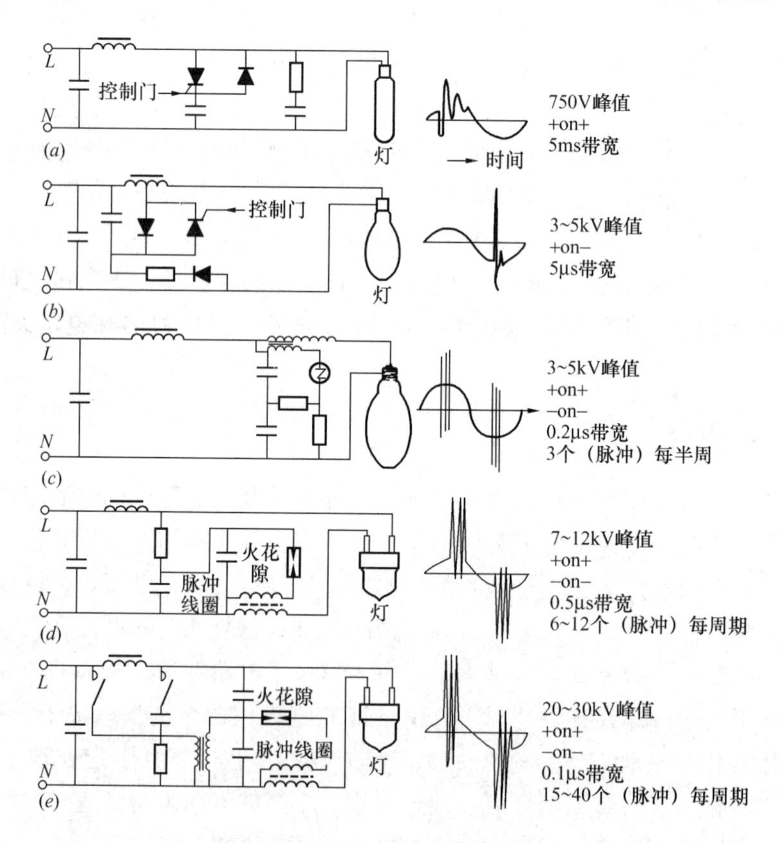


图 4-17　气体放电灯的启动电路

（*a*）低压钠灯触发器；（*b*）高压钠灯和金属卤化物灯的脉冲触发器（镇流器脉冲触发器）；（*c*）高压钠灯和金属卤化物灯的超强触发器（串联脉冲线圈触发器）；（*d*）金属卤化物的高脉冲电压的冷触发器；（*e*）高压钠灯和金属卤化物灯的瞬时热触发器（手动操作）

使用，才能产生符合要求的脉冲特性。可以通过调节扼流圈匝数比来控制脉冲电压的幅值，通常可以得到的脉冲峰值为3～5kV，它的持续时间比较短。这种电路可以每半个周期重复产生脉冲，也可以在每半个周期内就重复产生脉冲，还可以每隔几秒钟产生脉冲。图4-17（*c*）表示了一个分离脉冲变压器电路，脉冲变压器串联在扼流圈和灯之间，这种触发器又称为超强触发器，通常使用交流用硅二极管（SIDAC）电子开关，使小电容放电。这种触发器平均每半个周期产生3次峰值为3～5kV的脉冲。由于触发器相对扼流圈和变压器是分离的，因而它可以和制造商的任意一种镇流器配合使用。

在电子触发器内部可以安装电子限时装置和防止反复启动的控制装置。当灯损坏时，使用电子限时电路关闭触发器，可以使镇流器、灯座及有关电线减少承受触发脉冲引起的电击。一般高压钠灯在热状态下重复启动大约需要1min，因此启动电路可以设计成工作1～2min后自动关闭，大功率的高压钠灯通常用双金属片辅助启动。为了保证在热和温的两种状态下很好地启动，应该允许触发器工作10min左右。当高压钠灯每隔几分钟就熄灭一次时，防止反复启动或截止的电路，应该判断这是高压钠灯的正常寿命终结的模式而关闭触发器。但电路在关闭触发器之前，至少应该允许触发器重复启动2次，目的是避免偶然的事故和电源断路造成的熄灭。

由于连接高压钠灯和触发器的导线的电容性负载的作用，触发器发出的脉冲峰值电压会被衰减［图4-18（*a*）］。导线间的分布电容是和长度成正比的，因而，为了更好地保证高压钠灯的启动，有必要限制导线的最大长度。脉冲触发器产生的脉冲频率低于超强触发器，所以和它连接的导线所限制的最大长度比超强触发器长一些［图4-18（*b*）］。实际操作中可以将超强触发器和镇流器分开单独装在灯具里，这样就能使它和高压钠灯十分靠近，理论上镇流器安装的位置与灯的距离没有限制。

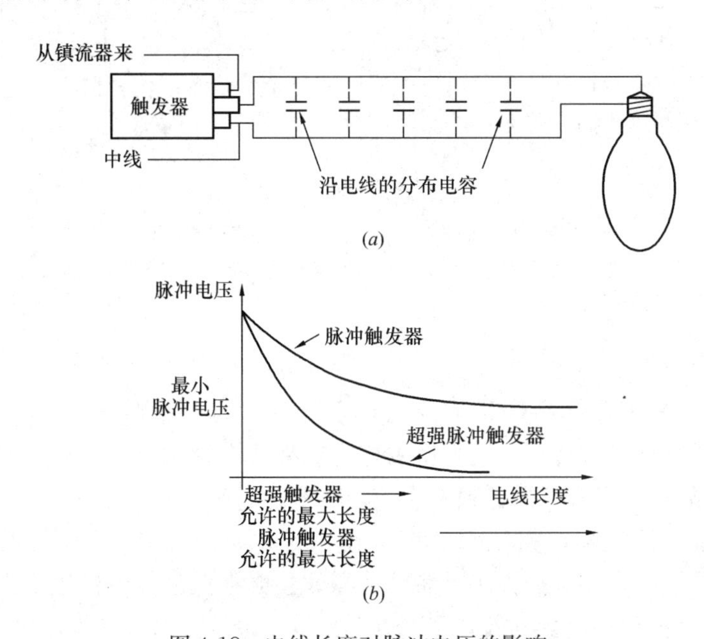


图4-18 电线长度对脉冲电压的影响

（*a*）电线上“分布”的电容和长度成正比，电容的阻抗和频率成反比；（*b*）在相同长度电线上，高频脉冲（超强触发器）比低频脉冲（脉冲触发器）减少更多

小功率高压钠灯可以使用辉光触发器，触发器安装在高压钠灯的外泡壳内［图4-19（$a$）］。使用内置式触发器可以降低灯具的制造成本。另外，由于触发器装在外泡壳内，因此，可以保证每次换灯的同时也更换了新的触发器。国际电工委员会文件（IEC 662）规定了这类内置式触发器的性能要求。

高压钠灯热启动需要的时间随使用脉冲电压的不同而不同。当使用脉冲电压为3～5kV时，通常热启动的时间在15～60s之间。如果触发器产生的脉冲电压特别高，那么双端高压钠灯有可能立即热启动，通常这个热启动的脉冲电压要20kV。

根据触发器的连接方式，高压钠灯的工作电路有串联触发器电路、并联触发器电路和半并联触发器电路（图4-19）。在半并联电路中，电子触发器接到镇流器线圈的一个抽头上，电感镇流器还起到自耦升压变压器的作用，一旦灯启动后，管压下降，触发器就自动关闭。

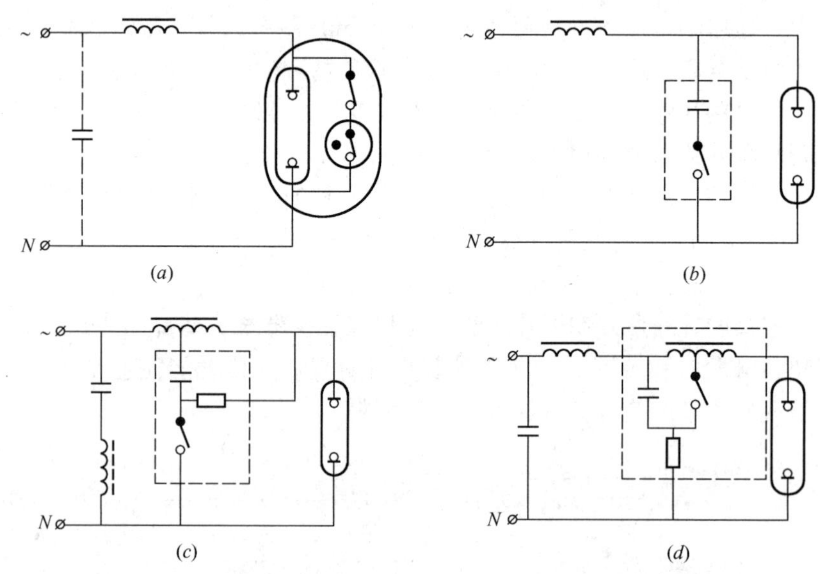


图4-19 高压钠灯的工作电路

（$a$）内接触发器的并联电路；（$b$）外接触发器的并联电路；

（$c$）带功率因子校正的并联电路；（$d$）带功率因子校正的串联电路

### 4.2.4 汞灯电路

最常见的汞灯是工作在高气压下的高压汞灯，它的工作电压均方根值通常在95～145V之间（IEC 188，1974）。一般高压汞灯内部都装有辅助启动电极，它的位置和其中一个主电极非常靠近，通常在电源频率为50/60Hz、电源电压大于200V时，只要求使用一个简单的扼流圈镇流器，高压汞灯就能正常地启动和工作（IEC：262，1969；IEC 923，1988）。图4-20（$b$）所示为一个简单、高效、成本低的扼流圈镇流器电路。当电源打开时，在启动电极和邻近主电极几个毫米（mm）的间隙内，发生小电流的辉光放电。串联在启动电极上的高温电阻限制电流，这个高温电阻安装在电弧管的外部和外泡壳的内部。启动电极的电离使两个主电极之间的电流导通，随后启动电极对灯的工作不再起作用。在温度很低的情况下，灯的启动电压就会有所升高，但可以通过在电弧管两端都装一个辅助电极的办法，使高压汞灯在－20℃也能很好地启动。

在北美，已经出现了特殊磁场设计的变压镇流器，它的开路电压的输出波形是非正弦的，将它和电容串联可以适应电源电压变化范围很大的情况。其中使用最普遍的类型是自耦稳定镇流器、也称为恒功率自耦变压器（CWA）［图 4-20（*c*）］。在许多应用场合，如路灯照明，唯一可提供的电源电压为 120V，而高压汞灯的启动至少需要 280V 的峰值电压，因此只能使用升压变压器。在北美专为照明用的自耦稳定镇流器已得到很大的发展，使用一个镇流器可适用不同的电源电压：120V、208V、240V、277V 和 480V，输入头可以是只有一个电压的，也可以设计成有多个电压接口的通用镇流器，这种变压镇流器的电压波幅因数很大，确保了灯启动时有足够的峰值电压，并且相对较低的均方根电压可以使镇流器体积缩小且价格降低。自耦稳定电路中串联的电容变压镇流器的效率没有扼流圈镇流器高，但在电源电压变化时，它和电容串联能够比扼流圈镇流器更好地控制灯的功率。

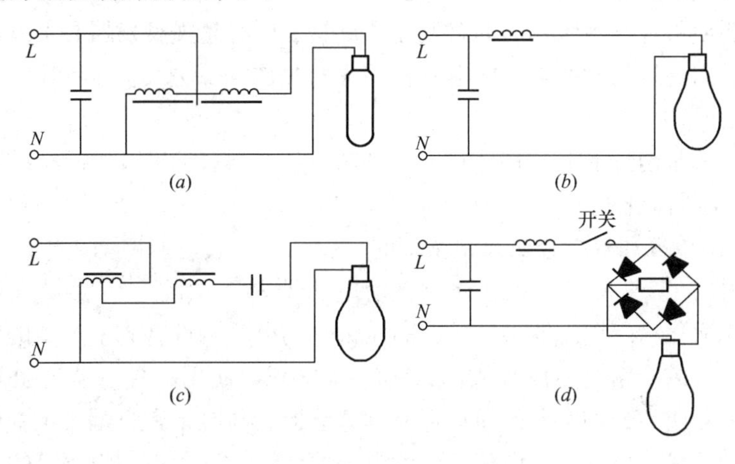


图 4-20　气体放电灯电路

（*a*）带有漏抗自耦合变压器的低压钠灯工作电路；（*b*）带有扼流镇流器的高压汞灯的工作电路；（*c*）带有恒功率自耦稳流器的北美的灯的电路；（*d*）带有桥式镇流和扼流镇流器的高压钠灯工作电路

### 4.2.5　金属卤化物灯电路

用石英电弧管的金属卤化物灯和高压汞灯在结构和电气特性方面相类似。陶瓷金属卤化物灯的设计是以高压钠灯的结构为基础的，但控制器件可以与现有的高压钠灯和金属卤化物灯兼容。

由于灯内填充的是金属卤化物和稀土卤化物的混合物，因而造成金属卤化物灯的启动电压比汞灯高。在一些金属卤化物灯中，常使用辅助启动电极来帮助启动。绝大多数金属卤化物灯的电路，或者使用电子触发器来产生高频脉冲，其电压峰值在 1～4kV 之间［图 4-17（*b*）和（*c*）］，或者使用北美的峰值超前镇流器来得到一个很高的峰值电压，和相应的汞灯镇流器相比，金属卤化物灯的自耦稳定镇流器产生的峰值电压要高很多。

在高压钠灯电路中所述的能产生3～5kV电压脉冲的超强触发器，逐渐成为欧洲使用最为普遍的金属卤化物灯触发器。灯具制造商可以只用这种触发器来点燃高压钠灯和金属卤化物灯。当金属卤化物灯失效时，在只使用一个定时控件来关闭触发器的地方，必须仔细考虑不同种类金属卤化物灯的热再启动时间，对不同类型的非立即重新启动的金属卤化物灯，冷却和重新启动所需要的时间在1～20min之间，使用超强触发器通常可以有效地启动，直到环境温度为－30℃。

一些紧凑型金属卤化物灯有很高的充气压力，需要超高电压来启动图4-17（*d*）中的触发器，与上述的超强触发器相类似，但它利用了一个火花隙发生器装置来控制电流，产生很高的变化率（$d_i/d_t$），电流通过这种高变化率可以产生高达12kV的高频脉冲，以满足灯的启动需要。图4-17（*e*）的触发器与之类似，设计用来产生30kV的突发式脉冲，使特殊的绝缘良好的双端金属卤化物灯热再启动。图示的电路是用偏置截止开关手动操作的，也可以用电子时间控制装置和熄火检测装置的方法，在电源中断以后自动使触发器重新工作。为了防止电路元件过热和减少射频干扰的产生，必须限定触发器的工作时间。热再启动系统需要使用特殊绝缘隔离的触发器和灯具。所有超强触发器必须靠近灯安装，以减少由于导线原因导致的脉冲电压的电容性损失（见图4-18）。这一点对热再触发器特别重要。

汞灯及高、低压钠灯的电气特性和启动要求在各个国家标准及国际标准上有明确的规定，但大部分金属卤化物灯还没有这方面的规定。国际电工委员会规定（IEC1167，1992）35～150W单端和双端金属卤化物灯的一些电气参数，但启动要求目前还在考虑之中。实际生产中，已将35kV作为最低启动电压要求。国际电工委员会的规定（IEC 1167）中，金属卤化物灯镇流器参数是在高压钠灯的电气特性基础上产生的（IEC 662）。

金属卤化物灯的功率范围比较大，为32～3500W，使用的控制装置也多种多样，其中包括了带触发器或不带触发器的简单扼流圈镇流器、高电抗和自耦稳定变压器，以及利用方波，或高频正弦波，或直流电流工作的电子镇流器，这些控制设备有的可以接单相电（如230V），有的可以按相间电（如400V），后者允许使用电压很高的金属卤化物灯，这样可以减小灯电流，也就可以降低灯的导线及控制设备的费用。还有一种小型金属卤化物灯，它的电子镇流器用电池工作，其用途非常广泛，如用于电视新闻采访等。

在先前的金属卤化物灯的电气特性设计时，足以使用高压汞灯镇流器为基础，而最近更多的设计是以使用高压钠灯镇流器为基础的，还有一些金属卤化物灯在设计时，需要用非标准镇流器的特性，这给工业生产带来很大的困惑。因为不同厂家（甚至很多时候是同一厂家）生产的额定功率相同的金属卤化物灯，其电气特性经常不一致这个问题同样存在于金属卤化物灯的启动要求中，主要是由金属卤化物灯的设计方法不同造成的。

由于目前在金属卤化物灯领域缺乏各种标准规定，用户必须非常注意替换灯泡时，确保替换上去的灯泡，其电气特性和原来使用的一致。为了防止金属卤化物灯过早地损坏和性能不佳，必须注意金属卤化物灯在启动、预热时的稳定性和在合适的电流电压下工作。

### 4.2.6　高强度气体放电灯电子镇流器

尽管荧光灯电于镇流器的使用已经超过了10年，但高强度气体放电灯电子镇流器只在少数特殊的场合使用，原因之一是当频率超过1kHz时，高强度气体放电就会变得不稳定，这种不稳定性被称为声共振。超过这个频率时，灯功率的瞬时变化会导致等离子体温度波动。因为气体温度和压强有直接关系，温度的波动会促使压强变化，结果压力波动使电弧变形。由于电弧放电是束缚在两电极之间的，因此可以产生驻波（和管风琴类似）。声共振的影响十分强烈且不可预测。在适当频率时，一个或两个周期足以使电弧熄灭。另外，电弧形状的变化会改变放电的化学平衡，可以导致灯光色、光强和电气特性的改变。

高频下高强度气体放电灯工作的关键是避免产生强烈的声共振。目前已经有3种克服声共振的技术得到应用，即频率跳断、用升降很快的方波来点灯和用频率非常高的正弦波来工作。频率跳断是利用普通的半桥式换流器来实现的，换流器的开关频率可以在形成的驻波能量足够破坏电弧之前改变。最好是找到声共振谱上安静区域，这个区域应该有足够的带宽，允许建立一个频率跳断窗口。这种技术的主要困难取决于这个安静窗口的状况。不同厂家生产气体放电灯的几何形状、尺寸和填充剂成分都不同，因此相同的无声共振窗口要把这些变化都考虑在内是不可能的。

高强度气体放电灯在非常高的频率下工作，一般为350kHz以上，通常可以避免声共振现象，这时如使用半桥式换流器来驱动放电灯工作，由于在如此高的频率下有功率损失，特别是在三极管开关上的损失太大，因此利用半桥式换流器电路工作是不切实际的。不过，利用共振模式开关技术工作可以克服这些问题。

用方波驱动高强度气体放电灯，由于方波电压加在放电灯上具有像电源加在电阻性负载上一样，具有线性好的功能的作用，可以避免声共振的产生。由于方波信号的不变性，因此不会产生声共振。实际上，方波波形的上下转换会使功率波动，但它的转换速率很快(总的上升/下降的时间大于1$\mu$s)，所有这些功率波动的电网效应，不会以任何有效的方式干扰电弧，方波上开可以用全桥式换流器来实现（图4-21）。在这个电路中，灯和镇流器电感串联在桥路中央；另外，附加的LC滤波器并联在灯的两头，每组方向相反的三极管完全同时开关，可以使电流通过灯反向，但顶部的一组三极管比底部的三极管的开关频率明显高很多，产生一个截止波形镇流器的电感具有限流阻抗且LC滤波器滤去了高频成分，使灯在限流低频的方波下工作。灯启动是通过变压器耦合电路产生的超强高电压峰值作用在滤波器电感上来实现的。

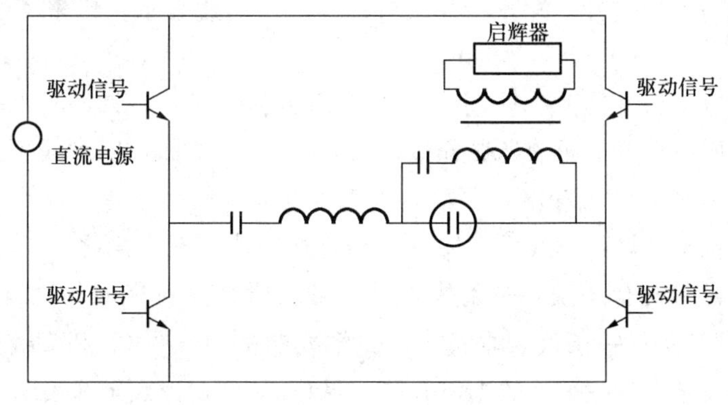


图4-21 高强气体放电灯的方波镇流器

## 4.3　道路照明灯具的选择

在选择什么样的灯具以适合所要设计的道路时，也有很多因素需要考虑。首先要考虑的是灯具的光学性能；其次要考虑灯具的安装和维修性能，以及灯具的材料和成本；另外，灯具的外观造型也是经常要考虑的要素。以下对灯具的各种因素进行简要说明。

### 4.3.1　灯具的光学性能

每一种道路照明灯具都有其独特的光学性能，包括其光学效率、光的分布（即配光曲线）、光的衰减（利用系数）等。

在评价灯具的光学性能时，首先要对灯具的几条光学曲线作全面了解，包括光强分布图（配光曲线）、等照度曲线和利用系数曲线。

图 4-22 所示是一款顶装式庭园灯具的光学曲线。配光曲线表示的是灯具在垂直平面（$C$ 平面，见图 4-23）上的光强分布，一般选择有代表性的几个平面来代表灯具在整个空间的光学性能，并且均基于假设；灯具轴线（无明显轴线的取光源轴线）垂直于道路纵向轴，灯具仰角为 0°。

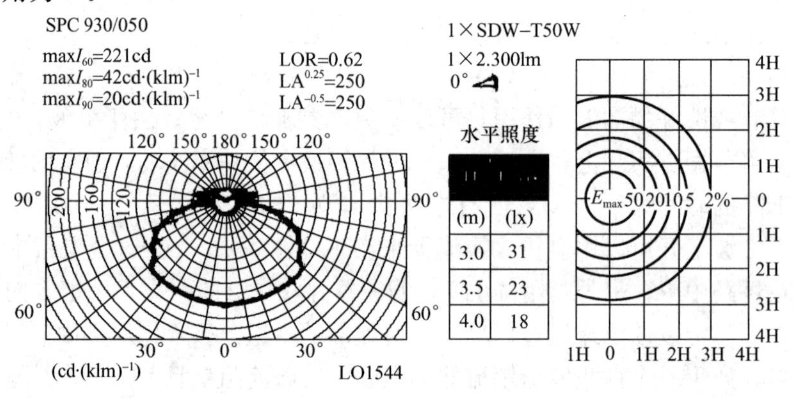


图 4-22　某款庭院灯的光学曲线

对 Z 轴轴向对称的灯具，配光曲线只有一条，以实线表示，代表了所有 $C$ 平面的光强分布。

对最大光强位于与灯具轴线垂直的 $C$ 平面的非对称配光灯具，配光曲线有两条，一条代表灯具轴线所在垂直平面的光强分布，叫 $C_{90}$ 和 $C_{270}$ 平面，以虚线表示；一条代表垂直于灯具轴线的平面，叫 $C_0$ 和 $C_{180}$ 平面，以实线表示。

对最大光强位于与灯具轴线垂直的平面和灯具轴线所在平面之间的 $C$ 平面内的非对称配光灯具，配光曲线有 3 条，一条代表灯具轴线所在垂直平面的光强分布，叫 $C_{90}$ 和 $C_{270}$ 平面，以虚线表示；一条代表垂直于灯具轴线的平面，叫 $C_0$ 和 $C_{180}$ 平面，以实线表示；一条代表最大光强速在平面的光强分布，叫 $C_m$ 平面，以点画线表示。

下面介绍图 4-22 中的几个特别参数：

$\max I_{60}$：所有 $C$ 平面中 $\gamma$ 角为 60°方向的最大光强，以绝对数值表示，单位为 cd；

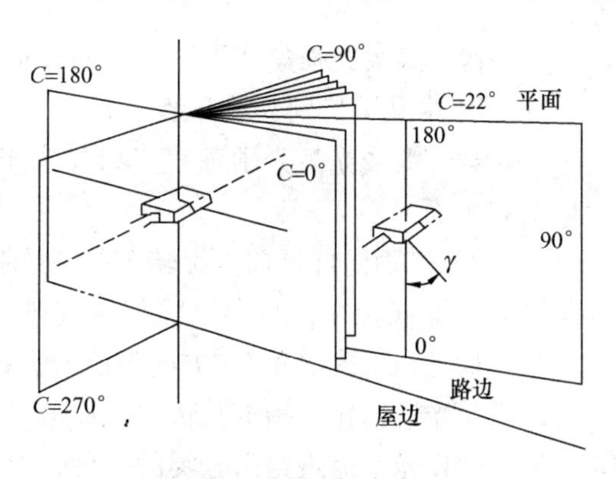


图 4-23 路灯配光 C 平面

$\max I_{80}$：所有 C 平面中 γ 角为 80°方向的最大光强，以相对数值表示，单位为 cd · $(klm)^{-1}$；

$\max I_{90}$：所有 C 平面中 γ 角为 90°方向的最大光强，以相对数值表示，单位为 cd · $(klm)^{-1}$；

*LOR*：光输出比，指灯具输出光通量与光源光通量之比，它反映灯具的光输出效率；

$LA^{-0.5}$：L 为灯具在 85°～90°范围内 γ 角方向上的最大（平均）亮度（cd · $m^{-2}$），A 为灯具在 90°方向的出光面积（$m^2$）；该指标用于衡量庭院灯具的不舒适眩光；

$IA^{-0.5}$：I 为灯具在所有 C 平面中在 85°～ 90°范围内 γ 角方向上的最大光强，单位为 cd；A 为灯具在该方向上的出光面积（$m^2$）。该指标也用于衡量不舒适眩光；

∠仰角：路灯和顶装庭园灯光出射平面与水平面（路面）的夹角；

等照度曲线：平面上照度相同的点组成的曲线，平面上点坐标为灯具安装高度的倍数，曲线值以最大照度（$E_{max}$）的百分比表示。$E_{max}$ 会给定 3 个不同安装高度下一定仰角时的值；

高度 *H*：灯具的安装高度。

图 4-24 所示为一个典型路灯的光学曲线。

SGP 338/250 T B POS 11X

| | I80 | I90 |
|---|---|---|
| $C_0$ | 67.0 | 7.0 |
| $C_{15}$ | 106.0 | 11.0 |

L.O.R=0.84

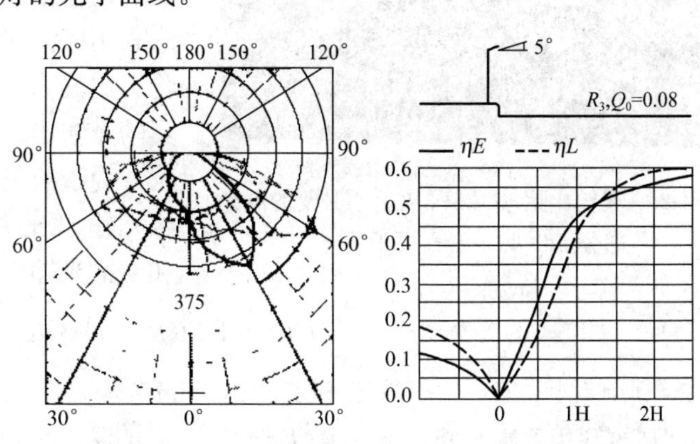


图 4-24 某款路灯的光学曲线

与庭园灯具类似，对 Z 轴轴向对称的灯具，配光曲线只有一条，以实线表示，代表了所有 C 平面的光强分布。

对最大光强位于与灯具轴线垂直的 C 平面的非对称配光灯具，配光曲线有两条：一条代表灯具轴线所在垂直平面的光强分布，叫 $C_{90}$ 和 $C_{270}$ 平面，以虚线表示；一条代表垂直于灯具轴线的平面，叫 $C_0$ 和 $C_{180}$ 平面，以实线表示。

对最大光强位于与灯具轴线垂直的平面和灯具轴线所在平面之间的 C 平面内的非对称配光灯具，配光曲线有 3 条：一条代表灯具轴线所在垂直平面的光强分布，叫 $C_{90}$ 和 $C_{270}$ 平面，以虚线表示；一条代表垂直于灯具轴线的平面，叫 $C_0$ 和 $C_{180}$ 平面，以实线表示；一条代表最大光强速在平面的光强分布，叫 $C_m$ 平面，以点画线表示。

图 4-24 中几个特别参数介绍如下：

$C_0$：与灯具或光源光轴垂直，如果位于灯具前方观察且面向灯具时，处于灯具左面的半个 $C$ 平面（图 4-23）；

$C_{15}$：$C_0$ 平面向灯具前方旋转 15°所处的平面；

$I_{80}$：$C_0$ 和 $C_{15}$ 内 $\gamma$ 角 80°方向上的光强；

$I_{90}$：$C_0$ 和 $C_{15}$ 内 $\gamma$ 角 90°方向上的光强；

$LOR$：光输出比，指灯具输出光通量与光源光通量之比；

$R_3$：CIE 光于道路路面分类的一种；

$Q_0$：驾驶员观察方向上路面的平均反射系数；

$\eta_E$：利用系数，代表光源光通量中到达路面的比例，在利用系数图中，利用系数与路宽有关，路宽以灯具安装高度的倍数表示；

$\eta_L$：亮度产生系数，代表路面路灯产生死亡效率，决定于灯具光分布，路面反射特性和观察点位置。

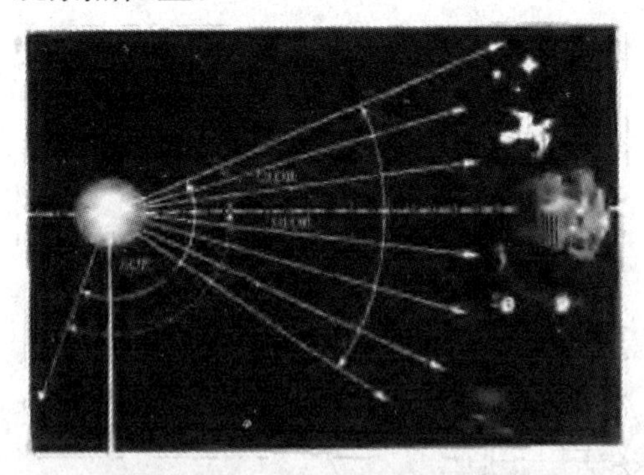

图 4-25　光输出比（*ULOR* 表示不必要的溢光，部分 *DLOR* 也会造成干扰光）

下面对几个指标作特别说明。

1. 光输出比 *LOR*（Light Output Ratio）

光输出比是效率指标，它定义为从灯具射出的光通量和灯具所配光源的光通量的比值。光输出比直接反映了灯具对光源光通量的利用率。一般比较高效的路灯灯具，其光输出比均大于 0.7，而适配管型高压钠灯灯具的光输出效率可超过 0.8。

为了衡量路灯灯具的不必要的溢光，可将光输出比 *LOR* 分为上射光输出比 *ULOR* 和下射光输出比 *DLOR*，如图 4-25 所示，即

$$LOR = ULOR + DLOR \tag{4-3}$$

2. 利用系数 *CU*（Coefficient of Utilization）

灯具的利用系数是指落在一条无限长平直道路上的光通量和灯具中光源光通量的比值。它与灯具效率和道路宽度有关系。利用系数曲线是一系列不同宽度道路的利用系数构成的曲线，它以路宽和灯具安装高度的比为横坐标。

路灯利用系数 *CU* 由道路内侧利用系数 $CU_{路边}$ 和道路外侧利用系数 $CU_{屋边}$ 构成，即

$$CU = CU_{路边} + CU_{屋边} \tag{4-4}$$

路灯利用系数 *CU* 和路宽 *W* 与路灯安装高度 *H* 之比的关系见图 4-26 和图 4-27。

3. 维护系数 *K*（maintenance factor）

灯具的维护系数 *K* 是指灯具在工作了一段时间后，其产生的光输出与刚开始工作时光输出的比值，又称为光衰减系数 *LLF*（Light Loss Factor）。路灯的维护系数首先与光源的光衰减 *LLD*（Lamp Lumen Depreciation）有关；其次与灯具上由于灰尘的进入和堆

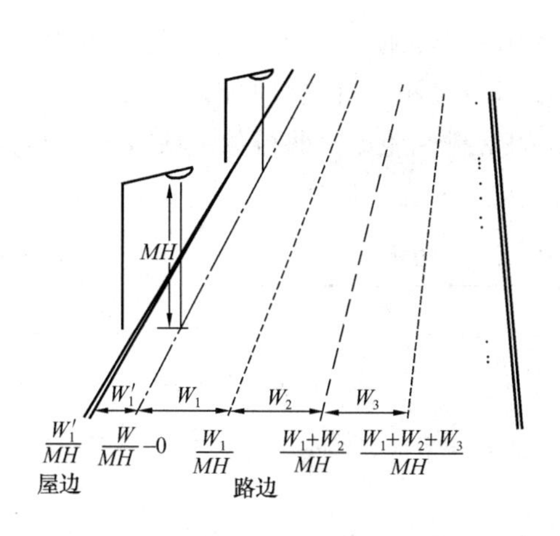


图 4-26　路灯利用系数 $CU$ 和 $W/H$

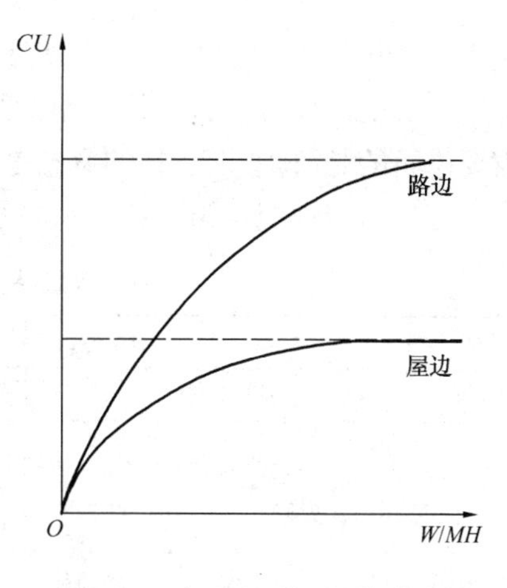


图 4-27　灯具的利用系数曲线

积造成的光衰减 $LDD$（Luminaire Dirt Depreciation）有关，并与灯具的环境温度、工作电压等因素都有关系。简化处理，可用光源的衰减系数 $LLD$ 乘以灯具的肮脏光衰系数 $LDD$ 得出 $LLF$，即

$$LLF = LLD \times LDD \tag{4-5}$$

式中，$LLD$ 可由表 4-1 查出，$LDD$ 可由灯具的防尘等级 IP 值和环境的污染情况，以及灯具的清洁频率等因素得出经验值，见表 4-2。

**光源衰减系数**　　　　**表 4-1**

| 光源类型 | 工作时间（kh） | | | | |
|---|---|---|---|---|---|
| | 4 | 6 | 8 | 10 | 12 |
| 高压钠灯 | 0.98 | 0.97 | 0.94 | 0.91 | 0.90 |
| 金属卤化物灯 | 0.82 | 0.78 | 0.76 | 0.74 | 0.73 |
| 高压汞灯 | 0.87 | 0.83 | 0.80 | 0.78 | 0.76 |
| 低压钠灯 | 0.98 | 0.96 | 0.93 | 0.90 | 0.87 |
| 三基色直管荧光灯 | 0.95 | 0.94 | 0.93 | 0.92 | 0.91 |
| 卤粉直管荧光灯 | 0.82 | 0.78 | 0.74 | 0.72 | 0.71 |
| 紧凑型荧光灯 | 0.91 | 0.88 | 0.86 | 0.85 | 0.84 |

注：在针对某具体光源进行计算时，要向生产厂家索取准确数据

**灯具肮脏光衰系数和 IP 的关系**　　　　**表 4-2**

| 清洁间隔（月） | 不同防尘和污染情况下的光衰减系数 | | | | | | | | |
|---|---|---|---|---|---|---|---|---|---|
| | 最低 IP2- | | | 最低 IP5- | | | 最低 IP6- | | |
| | 污染状况 | | | 污染状况 | | | 污染状况 | | |
| | 高 | 中 | 低 | 高 | 中 | 低 | 高 | 中 | 低 |
| 12 | 0.53 | 0.62 | 0.82 | 0.89 | 0.90 | 0.92 | 0.91 | 0.92 | 0.93 |
| 18 | 0.48 | 0.58 | 0.80 | 0.87 | 0.88 | 0.91 | 0.90 | 0.91 | 0.92 |
| 24 | 0.45 | 0.56 | 0.79 | 0.84 | 0.86 | 0.90 | 0.88 | 0.89 | 0.91 |
| 36 | 0.42 | 0.53 | 0.78 | 0.76 | 0.82 | 0.88 | 0.83 | 0.87 | 0.90 |

从表 4-2 可看出，防尘等级高的灯具，其使用中光的损失很小，尤其是相对于污染较严重且很少清洁的场合。这也是为什么路灯都要求较高防尘等级灯具的原因。

需要说明的是防护等级 IP 的概念是指灯具的密封性能，由两位数组成（IP××），第一位表示灯具防尘性能，第二位表示防水性能。具体如表 4-3 所示。

**防护等级特征字母 IP 后数字的意义** **表 4-3**

| 第一位特征数字 | 说　明 | 含　义 | 标　记 |
|---|---|---|---|
| 0 | 无防护 | 没有特别的防护 | |
| 1 | 防护大于 50mm 的固体异物 | 人体某一大面积部分，如手（但不防护有意识的接近），直径大于 50mm 的固体异物 | |
| 2 | 防护大于 12mm 的固体异物 | 手指或类似物，长度不超过 80mm、直径大于 12mm 的固体异物 | |
| 3 | 防护大于 2.5mm 的固体异物 | 直径或厚度大于 2.5mm 的工具、电线等，直径大于 2.5mm 的固体异物 | |
| 4 | 防护大于 1mm 的固体异物 | 厚度大于 1mm 的线材或条片，直径大于 1mm 的固体异物 | |
| 5 | 防尘 | 不能完全防止灰尘进入，但进入量不能达到防碍设备正常工作的程度 | [symbol] |
| 6 | 尘密 | 无尘埃进入 | [symbol] |
| 第二位特征数字 | 说明 | 含义 | 标记 |
| 0 | 无防护 | 没有特别的防护 | |
| 1 | 防滴 | 滴水（垂直滴水）应没有影响 | [symbol] |
| 2 | 15°防滴 | 当外壳从正常位置倾斜不大于 15°以内时，垂直滴水无有害影响 | |
| 3 | 防淋水 | 与垂直线成 60°范围内的淋水无影响 | [symbol] |
| 4 | 防溅水 | 任何方向上的溅水无有害影响 | [symbol] |
| 5 | 防喷水 | 任何方向上的喷水无有害影响 | [symbol] |
| 6 | 防猛烈海浪 | 经猛烈海浪或猛烈喷水后、进入外壳的水量不致达到有害程度 | |
| 7 | 防浸水 | 浸入规定水压的水中，经过规定时间后，进入外壳的水量不会达到有害程度 | [symbol] |
| 8 | 防潜水 | 能按制造厂规定的要求长期潜水 | [symbol] ···m |

4. 灯具的配光

1965年，CIE根据路灯灯具配光的不同将道路照明灯具分为截光、半截光和非截光3种（表4-4）但后来CIE基于以下灯具的3个基本特性，引入新的分类方法：

（1）根据灯具发出的光沿着道路能投射的长度，引入灯具的“投射长度”；

（2）根据灯具发出的光沿着道路的宽度能覆盖的长度，引入灯具“延展宽度”；

（3）根据灯具对眩光的控制情况，引入灯具的“控制”。

**1965年CIE对道路照明灯具的分类方法** **表4-4**

| 灯具分类 | 在以下高度角允许的最大光强值 | | 最大光强方向小于 |
|---|---|---|---|
| | 80° | 90° | |
| 截　光 | $30cd\cdot(klm)^{-1}$ | $10cd\cdot(klm)^{-1}$ | 65° |
| 半截光 | $100cd\cdot(klm)^{-1}$ | $50cd\cdot(klm)^{-1}$ | 76° |
| 非截光 | 任意 | 任意 | |

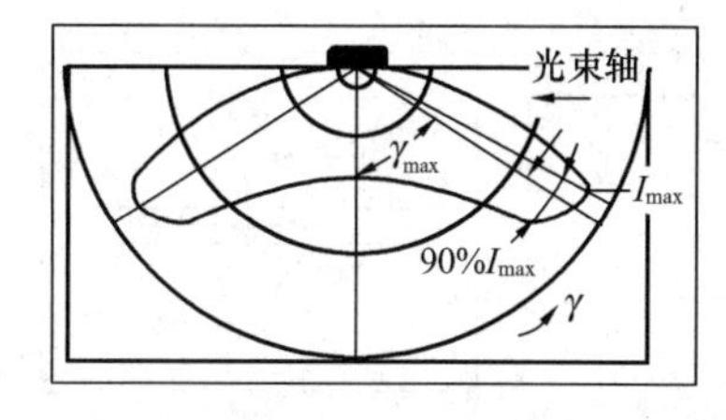

图4-28　$\gamma_{max}$的定义

投射长度由光束轴与垂直线的夹角$\gamma_{max}$来定义（图4-28）。光束轴定义为在两个$90\%I_{max}$的中点方向。3种投射定义如下：

$\gamma_{max}<60°$为短投射；

$60°\leqslant\gamma_{max}\leqslant70°$为中投射；

$\gamma_{max}>70°$为长投射。

延展宽度为与道路轴线平行的线，刚刚碰到远端的$90\%I_{max}$等光强线时的位置。此线的位置由$\gamma_{90}$来定义。3种延展宽度定义如下：

$\gamma_{90}<45°$为窄延展；

$45°\leqslant\gamma_{90}\leqslant55°$为平均延展；

$\gamma_{90}>55°$为宽延展。

灯具的3种投射和延展可在道路的平面上表示，见图4-29。

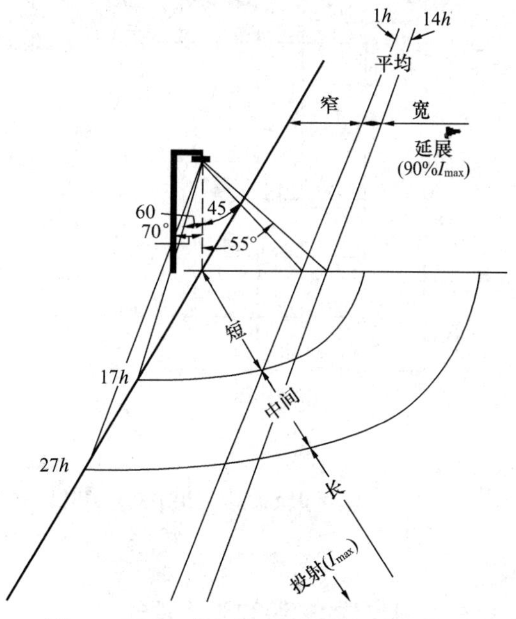

图4-29　CIE定义的3种投射和延展在道路平面图上的表示

灯具的眩光控制定义为$SLI$，它是眩光指数$G$中与灯具有关的部分，表示为

$$SLI=13.84-3.31\lg I_{80}+1.3(\lg I_{80}/I_{88})^{0.5}-0.08\lg I_{80}/I_{88}+1.29\lg F+C \quad (4\text{-}6)$$

式中，$I_{80}$是与道路轴线方向平行80°高度角上的光强（cd）；$I_{80}/I_{88}$是80°与88°高度角方向上光强的比值；$F$是在76°高度角方向灯具的闪烁（发光）面积（$m^2$）；$C$是颜色系数，取决于光源的类型，其中低压钠灯（$SOX$）取为+0.4，其他光源取为0。

对灯具的眩光控制而言，有3种情况（表4-5），即

$SLI<2$ 为有限控制；

$2 \leqslant SLI \leqslant 4$ 为中度控制；

$SLI>4$ 为严格控制。

**CIE 对道路照明灯具光学特性的分类方法**　　**表 4-5**

| 投　射 | | 延　展 | | 控　制 | |
|---|---|---|---|---|---|
| 短 | $\gamma_{max}<60°$ | 窄 | $\gamma_{90}<45°$ | 有限 | $SLI<2$ |
| 中 | $60° \leqslant \gamma_{max} \leqslant 70°$ | 平均 | $45° \leqslant \gamma_{90} \leqslant 55°$ | 中度 | $2 \leqslant SLI \leqslant 4$ |
| 长 | $\gamma_{max}>70°$ | 宽 | $\gamma_{90}>55°$ | 严格 | $SLI>4$ |

在实际应用中，有些灯具设计有可调节的光学系统，或者是光源相对于反射器平行的方向前后可调，以改变灯具的延展；或者是光源相对于反射器垂直的方向上下可调，以改变灯具的投射和眩光控制，从而达到一款灯具可满足不同情况道路的照明要求。

图 4-30 是对不同配光灯具的补充说明，从图中可看出不同类型灯具使用时安装高度与灯杆间距的关系。

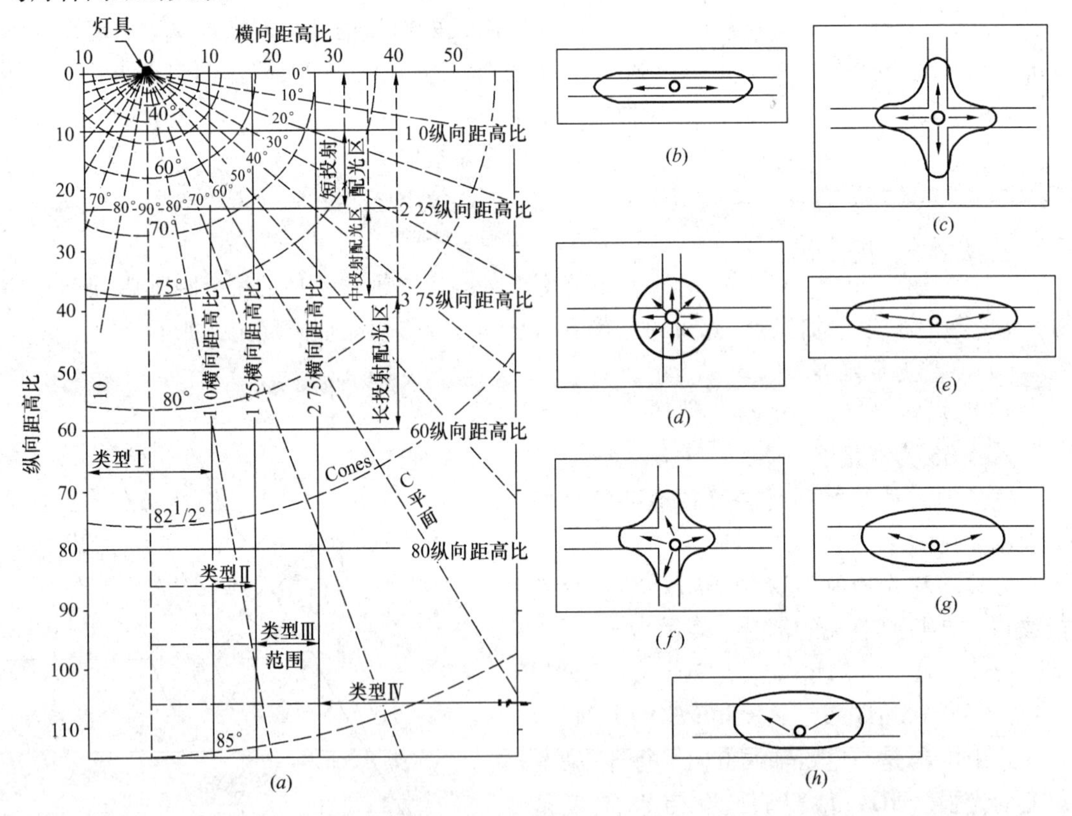


图 4-30　配光类型与应用

(*a*) 配光类型与应用；(*b*) 类型Ⅰ；(*c*) 类型Ⅰ（4 路）；(*d*) 类型Ⅴ；(*e*) 类型Ⅱ；(*f*) 类型Ⅱ（4 路）；(*g*) 类型Ⅲ；(*h*) 类型Ⅳ

## 4.3.2　灯具的安装和维修性能

路灯灯具一般都安装在约 6m 以上、14m 以下的灯杆上，不管是初次安装还是后期维修，都有一定的工作难度及危险性，因此选择安装和维修比较安全简易的灯具也是必须考虑的因素。

对道路照明灯具而言，安装部分尽量要坚固地与灯杆相结合，使灯具不容易从灯臂上脱出或翻转，电线的连接必须安全可靠，不易脱落；可能的话，应尽量采用插拔式接线端子，以节省空中作业时间。光源的更换必须简易，而且更换光源后应当保持其原有相对于反射器的位置，不改变灯具的配光。镇流器等电气附件最好安装在灯具内部，且能容易地拆卸和安装，以方便维修。比较好的设计是将所有的电气部件安装在一整块可拆卸的底板上，当需要维修时可将整块电气底板拆下，在地面进行检修。灯具、光源更换，或电气腔的开启及维护最好能从上往下进行，以方便空中作业。

### 4.3.3 灯具的材料和成本

灯具使用什么材料主要从所要实现的功能和成本两方面来考虑。灯具使用的材料和成本是紧密关联的，使用的材料越好，成本就越高。

灯具的壳体主要是为光源及其光学系统提供一个支持的空间，必须要有一定的坚固性、耐热性和良好的散热性，还必须能耐受太阳光中的紫外照射和雨水的腐蚀。目前使用最普遍的是铝和工程塑料材料，而以铝经高压压铸成形作灯体的最多。目前欧洲越来越多地采用可循环使用的增强型聚酯玻璃纤维 GRP 作灯体材料。在满足强度的前提下，灯体越轻越好，以方便安装。

由于铝具有良好的反射率及易加工性能，反射器多采用铝加工而成，并经阳极氧化处理，以便固定铝的化学性能，使其不再氧化，降低反射率。为降低成本，也有采用工程塑料加工成形的反射器，然后在其内表面电镀铝作反射器的。反射器表面处理除常用的阳极氧化，还有采用真空镀一层极高纯度的铝来提高反射率的。

由于玻璃具有较高的透射率，一般路灯灯具的透光罩多采用平面或曲面强化玻璃（toughened glass）和透光罩有些透明的工程塑料，如聚碳酸酯 PC，聚甲基丙烯酸酯 PMMA 等，由于有良好的透光性，也经常用作透光罩材料。但一般工程塑料材料的耐热和耐紫外线性能较差。

灯具的外观设计主要服务于其内在功能，即满足光源和整个光学系统的空间需求，并需考虑足够的空间容纳电气系统（电气一体化灯具），散热也是必须考虑的因素。此外，灯具的外形必须考虑最小的迎风面积，以降低对灯杆的强度要求。在满足内在功能的基础上，像所有的产品设计一样，要考虑外形的美观性。一般而言，具有流线型外观的灯具比较受大多数人的喜爱，且容易和灯杆的造型相配合。

以上是一般的原则，下面就道路照明灯具中使用较多的材料及其特性作进一步的介绍，有助于对灯具的正确选择。

1. 铝合金铸件

铝合金铸件大量用作泛光照明灯、街道照明灯、小型室内聚光灯的灯具壳体。

具有易熔组分的 LM6 铝硅合金（含 Si 12%），是最通常使用的合金材料，因为它凝固时间短、流动性良好及收缩性低，很适合于重力铸造和压力铸造。此外，它还具有良好的抗腐蚀性能，在室外使用时不需要涂保护层（除非有美观要求）。含稍微少一点硅的铜铝合金 LM2 和 LM24 也经济实用。它们具有高强度、较好的铸造性能，但相对 LM6 而言，抗腐蚀性能差。在某些地方，例如机场照明，需要更高强度和抗腐蚀的合金，如 LM25。这些合金都经过高温煅烧以确保能得到足够的强度。在大多数应用中用到铝是因为它具有一些重要特性，即它的耐温性能和散热性能。某些高功率泛光灯的工作温度为 300℃以上，这个温度下大多数塑料将软化。

由于铝是一种相对低级的金属，当它与其他金属，如钢、不锈钢和铜接触使用时，将产生电解作用，因此，对这些金属的外面很有必要镀上中间性能的金属材料（锌或镉），也可用油脂或一个塑料垫片，起阻挡隔层作用。

铝合金铸件制造的两种主要工艺是相同的，都是将熔融的金属注入开孔的模具中。在重力铸造中的压力来自空腔上方熔融金属自身，而在压力铸造中，熔融金属是被猛力挤压进钢型模中的，后者可生产更薄的器件，且更少出现空隙等铸造缺陷。

有时出于美观和防腐蚀（低等级铝）的需要，要对铝铸件外表涂装处理。在涂装以前，铝铸件要经过修整或打磨，以除去表面闪屑或碎片。这样，它们就能和钢一样进行喷涂，预处理层通常为一铬酸盐转换层，而钢表面是磷化层。某种合金，如 LM25 适用阳极氧化工艺，在这种工艺中，当铝暴露到空气中的时候，人为地在其表面瞬时形成一层薄而坚韧的氧化层，约为 10μm 厚，增加了抗腐蚀效能。在氧化层永久封闭以前，把它浸入染料中就可以得到表层颜色。

2. 铝合金片材

铝合金片材主要用作反射器和格栅。

为了获得满意的反射效果，反射器中铝的含量至少为 99.80%，当使用 99.99%的超纯材料时可获得最佳效果。虽然高纯铝很软且很贵，但它们能覆盖到一般商业等级的材料上。大多数反射器通过阳极氧化过程形成一层薄氧化膜，氧化膜是脆性的，所以在小角度折弯时氧化膜表面会产生许多细的纹理；加热超过 100℃后，由于膨胀情况不同也能产生同样的效果。氧化膜的另一特性是能产生彩虹效果，在三基色灯下尤其明显，改变底膜且在工艺过程中控制氧化膜，能降低这种效果到最小值。通过阳极氧化增加氧化膜厚度的主要目的是产生抗磨损及抗腐蚀表层。

对于反射器而言，涂层工艺主要为阳极氧化作用，使氧化层增厚几个微米，成为自然氧化层，以使铝具有较好的抗腐蚀性。在电化学工艺中，氧化层能在基金属上生长，但此前必须有一个手工或化学抛光过程。氧化层是疏松多孔的，必须马上浸入沸水或用其他专门的溶液使之封闭，从而形成最终涂层。大多数预氧化材料是把大口卷的轧制的木加工过的铝材通过连续生产过程得到的，这种材料通常有厚度约为 1.5～3μm 的氧化层，膜层越厚反射率越低，典型反射率可参阅表 4-6。最近增强反射表面效能的方法有了最新发展：薄的氧化层（如 Ti）被蒸发到阳极氧化表面，它的反射效能与镀铝玻璃的反射效能一致。这种材料比较贵但无彩虹现象且减少产生细微裂纹的可能性。

室外用压强材料通常需要更厚的氧化层，约为 5μm 厚，以提高抗腐蚀特性。由于采用劳动密集型工艺，从而容易导致质量上的不稳定。一些要求不严的反射器材料为低等级铝。通常刷以白色使其产生一漫反射表面。

3. 塑料材料

塑料技术已经达到了这样一个阶段：通过化学方法或分子工程，大多数塑料材料都已经生产出来了。现今最主要的技术发展是混合和改进现存的构料，使能产生稳定的材料，以适应今天市场的需求。这样塑料材料在很多方面已经替代了钢和铝，而作为灯具本体的结构。塑料的优点在于它的多用性以及设计的灵活性，不利之处在于降低了抗高温性、抗化学腐蚀性，强度以及紫外线的稳定性都不理想。

**材料的光学特性** **表4-6**

| 材　　料 | 表面处理 | 漫反射率（%） | 镜面反射率（%）（垂直入射） | 透射率（%）（垂直入射） | 折射率 | 临界角（°） |
|---|---|---|---|---|---|---|
| 薄膜增强反射的铝 | 阳极氧化加薄氧化膜 | 4 | 95 | | | |
| 高纯度的铝 | 阳极氧化和抛光 | 6 | 88 | | | |
| 商用等级的铝 | 阳极氧化和抛光 | 0 | 80 | | | |
| 镀铝玻璃或塑料 | 镜面 | 0 | 94 | | | |
| 铬 | 平面 | 6 | 65 | | | |
| 不锈钢 | 抛光 | 0 | 60 | | | |
| 钢 | 光泽白漆 | ≤75 | 5 | | | |
| 隧面玻璃 3mm | 抛光 | 0 | 8 | 92 | 1.62 | 38 |
| 钢钙玻璃 3mm | 抛光 | 0 | 8 | 92 | 1.52 | 41 |
| 透明丙烯酸 3mm | 抛光 | 0 | 8 | 92 | 1.49 | 42 |
| 乳白丙烯酸 3mm | 抛光 | 10～15 | 4 | 50～80 | | |
| 聚苯乙烯 3mm | 抛光 | 0 | 8 | 90 | 1.60 | 39 |
| 聚氯乙烯（PVC）3mm | 抛光 | 0 | 8 | 80 | 1.52 | 41 |
| 聚碳酸酯 3mm（光稳定性） | 抛光 | 0 | 8 | 88 | 1.58 | 39 |

塑料的两种主要类型是热塑性塑料（可重新熔融及循环使用）和热固性塑料（在工艺过程中不可逆）。虽然许多传统使用热固性塑料的附件，如灯座，已被热塑性材料特别是聚碳酸酯所取代，但这两种类型仍用于制作灯具。塑料可以耐约200℃的高温，但在更高温度下，材料将硬化、脆化且发生颜色的变化。另外，它们的价格也较贵，然而阻燃性很好。

塑料材料在灯具中有许多应用：包括灯具本体、漫射器、折射器、端盖、灯座、衬套、接线板和松紧螺旋扣。下面将材料按承受温度的能力分类。

（1）超高温塑料（160～200℃）

超高温塑料如聚苯硫醚（polyhenylene sulfide），这是一种填充玻璃的不透射材料，具有高弹性模量，约为20000MPa。因为在其表层能镀铝，所以它通常被用于小灯具主体和反射器。这种材料有近似于玻璃的感觉，并有特征性的环纹。其较好的阻燃性与它的化学特性相关，因为在其分子结构中缺乏活性物的作用。

聚醚胺（polytherimide），通常用在高达180℃的环境中，为半透明材料。在其表面能涂以冷光膜，从而能透射红外线与反射可见光（也称冷光束）。

在这个温度范围内，还有一些其他塑料可应用，如聚醚砜（polythersulfone）。它们都具有固有的阻燃性，但随着温度升高，硬度会下降。因为它们有淡黄颜色，所以不能用于折射器及反射器。

（2）高温塑料（130～160℃）

应用于大部分街道照明灯具及泛光照明灯具的一种非常重要的热固性塑料是玻璃增强聚酯（GRP），它可与铝相媲美，并可组成片状模塑组合物（SMC）或团状模塑组合物（DMC）。这类材料的主要优点在于价格低、化学稳定性和强度高，但易磨损且抗紫外线辐射较差。将其应用于热带环境下，表面在短时间内变得无光泽，但大部分的光泽减退并不构成问题，这类材料无固有的阻燃性，但使用添加剂可获得此性能。

聚苯并噻唑（polybutylene terephthalate）（PBT）是热塑性塑料，相当于SMC和DMC，有几乎相同的耐温性能。大部分紧凑型荧光灯已经采用这种材料做灯帽以及灯的护套。它通常用于制作聚光灯和室内装饰灯的灯具。在其中加入10%～30%的玻璃纤维成分，将得到满意的防热变形功能，其阻燃性好，防紫外辐射也令人满意。PBT相对SMC和DMC的主要优点在于它的加工性能更好。

透明折射材料的最高工作温度在140～160℃之间。过去，抗紫外线辐射的稳定性是一个问题，但现在聚酯碳酸酯（polyestercarbonate）的应用，在街道照明的碗形灯罩上提供了一个令人满意的性能。

（3）中温塑料（100～130℃）

在这个温度范围内，聚碳酸酯（polycarbonate）是主要品种。由于它的抗冲击能力很强，通常以透明或有彩色的形式做成灯具本体、漫射器、折射器、反射器和以阻燃性为先决条件的附件，如灯座。应用于反射器时，这种材料将被镀铝。相对于冲压反射器和袖旋压反射器而言，这类反射器更为节约。这种材料的另一重要优点在于可生产更为复杂的反射器。在热气候的紫外辐射下，聚碳酸酪变黄的趋势仍旧是一个问题，并且这种情况通常在高功率汞放电灯中牵涉到。聚碳酸酯已经成功地和丙烯腈—丁二烯—苯乙烯三元共聚物（ABS）混合形成一种有光泽的合成材料，这种合成材料可使用于装饰性灯罩和灯具本体，因为这些地方的温度接近于这一温度区域的底部。

因为硬度低、易蠕变及紫外稳定性较差等特性，聚丙烯（polypropylene）长久以来被当作是“劣质”的工程材料，尽管它有较好的不易损坏的特性。现在这种材料的紫外稳定性已经有了很大提高，能用于街道照明灯的伞罩，带来了很大的经济性。这种材料的韧性一般适用于受力不超强的物件，如松紧螺旋扣、紧固板等。

在此温度范围内的其他工程材料还有聚酰胺（尼龙，polyamide），聚甲醛（acetal）和聚苯醚（polyhenylene oxide，PPO），它们适用于管索钉、夹子和松紧螺旋扣，其阻燃能力较好，但紫外稳定性比较差，如果尼龙用在不适合的环境下，它将发生褪色现象且脆化。

（4）低温塑料（<100℃）

这一温度范围内，在荧光灯照明中考虑到高的透明性，折射器和漫射器主要使用聚甲基丙烯酸甲酯（PMMA）和聚苯乙烯（polysyrene）材料。聚甲基丙烯酸甲酯较聚苯乙烯贵，但有较好的抗紫外特性和耐高温特性（前者为90℃，后者为70℃）。然而最新建筑法规的变化涉及材料的易燃性和火焰的扩散性，从而限制了它们作为漫射板应用于室内，阻燃等级的聚苯乙烯可用但其价格较贵。而聚甲基丙烯酸甲酯不利的一点是一旦被点燃，它将持续燃烧，因此也就无阻燃等级可言。对于铸造工艺制造可以有阻燃性能，但非常贵，而注塑成形工艺制造，在生产过程中阻燃性将逐渐消失。在这方面有竞争力的材料是聚氯乙烯（polyvinylchloride，PVC），但它的透射系数非常低。聚碳酸酯也能在这一范围使用，但它的耐高温性质没有被利用，相对来讲这也是一种浪费。

对于室外用途和用于其他不受建筑法规制约的地方，硬化的聚甲基丙烯酸甲酯和聚苯乙烯仍旧通用，在这种地方阻燃性不是本质要求。

丙烯腈—丁二烯—苯乙烯三元共聚物、聚氯乙烯和不透光聚苯乙烯经常应用于装饰物，如灯库、盖和低温灯具本体，聚氯乙烯还用于压制导轨系统。除了聚氯乙烯材料外，其他材料的阻燃特性都较差。

4. 填料与封接材料

用于灯具的填料或封接材料包括传统材料，像腚类（nitrile）、氯丁橡胶（polychloroprene）和 EPDM 泡沫橡胶，以及注塑时反应的聚氯酯泡沫。这些材料用于常规的低温（最高 140℃）区域，在高温区域（高于 200℃）使用挤压或模压或切割的硅树脂。最新的革新是使用注塑时反应的方法，这样就能得到无接缝的高质量的密封。硅树脂是以它们的抗压缩性质而闻名的，因而它们通常应用于低温场合，这样，用这种特性就可以提高密封率。

5. 玻璃

玻璃的应用很广泛，可用于高温的泛光灯、路灯，也可用铸模做成装饰性漫射体。对泛光灯和路灯，最初用钢化钠钙玻璃，它能承受大约 300℃的高温，具有良好的抗机械冲击性能，破碎时通常碎成小块，对人相对较为安全。硼硅玻璃和化学钠化玻璃也应用于更高温的条件下，但当它们破碎时不形成小块，故在应用时存在一定的危险。陶瓷玻璃的温度可超过 400℃，具有较好的抗热冲击性能，但价格非常昂贵。装饰玻璃工作在非常低的温度下，它们通常不钢化，不能用于路灯和泛光灯。

6. 控光材料

控光材料包括反射器和折射器（透光罩），表 4-6 上面部分所列的是灯具中最常用的反射器材料。有两种类型的反射：①规则反射或镜面反射，它只包括反射角等于入射角的反射光；②漫反射，包括所有反射的光。

表 4-6 下面部分给出了折射器和漫射器材料的光学特性。表中的透过率数值是对一束平行光束正入射而言；对于漫射入射（如从多云天空来的光）条件，透过率数值稍微降低，如透明丙烯酸是 85%，而不是表中的 92%。计量材料中光损失的量是吸收率，它等于 1 减去反射率和折射率。在选择光控制材料时，不仅要考虑其光学特性，而且要注意该材料的强度、韧性、抗热性和抗紫外线辐射以及最终产品生产难易等。

总之，现在灯具的品种很多，各生产厂选用的材料不尽相同，设计师选用时应考虑到材料的不同特性，选择最合适的产品，以充分满足工程需要。

## 4.4 道路照明质量指标

道路照明的根本目的在于为驾驶者（包括机动车和非机动车）和行人提供良好的视觉

条件，以便提高交通效率，降低夜间交通事故；或帮助道路使用者看清周围环境，辨别方位；或照亮环境，吓阻犯罪发生。随着社会经济的发展，人们在夜晚到户外的公共空间休闲、购物、观光等活动越来越多，良好的道路照明也起到丰富生活、繁荣经济，以及提升城市形象的作用。

在道路照明的诸多目的中，为机动车驾驶者提供安全舒适的视觉条件始终是第一位的。因此评价一条道路（机动车道路）的所有质量指标，都是从机动车驾驶者的角度来衡量，考虑其视觉的功能和舒适性两个方面。概括而言，主要指路面的平均亮度、亮度的均匀性，对使用者产生的眩光控制水平，道路周边的环境照明系数，以及视觉引导性等。

### 4.4.1 路面的平均亮度

路面平均亮度是全路面所有计算点亮度的算术平均值，表示为

$$L_{av} = \sum_{i=1}^{n} L_i / n \tag{4-7}$$

式中，$L_{av}$是路面平均亮度；$L_i$ 是第 $i$ 个计算点的亮度；$n$ 是计算点总数。

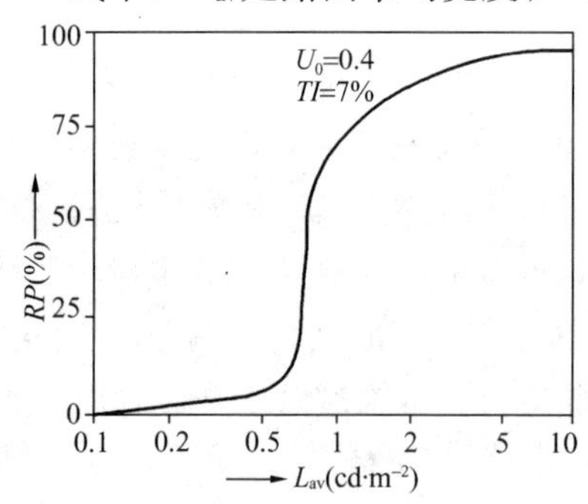


图 4-31 平均亮度 $L_{av}$ 与显示能力 $RP$ 的关系

从机动车驾驶员的视觉功能角度考虑，路面的亮度影响着驾驶员视觉的对比灵敏度和路面上物体相对于路面的亮度对比度（夜晚的道路照明相对于人眼在白天的一般视觉状态而言是比较低的，这时人眼处于中间视觉状态，对物体颜色的差异不敏感，而主要依靠物体和背景之间的亮度差异来辨别）。为了研究平均亮度对视觉功能的影响，提出了显示能力 $RP$（Revealing Power）的概念。显示能力是指路面上设置的一组目标物被看到的百分比。研究表明，随着路面平均亮度的上升，显示能力随之上升，如图 4-31 所示，图中平均亮度和显示能力关系曲线的条件是，路面整体均匀度 $U_0$ 为 0.4，阈值增量为 7%，两者保持不变。

从图中可看出，当路面平均亮度从 0.5cd·m$^{-2}$上升到 1cd·m$^{-2}$时，显示能力迅速上升；而当路面平均亮度达到 2cd·m$^{-2}$时，显示能力达到 80%；在超过 2cd·m$^{-2}$后，显示能力随亮度的上升逐渐趋于平缓。

在道路照明实践中，同时考虑到显示能力和经济性，路面平均亮度应在 0.5～2.0cd·m$^{-2}$之间。

亮度与照度成正比，并与路面材料有关，因此在给定路面材料下，要提高亮度，只能提高路面照度。

### 4.4.2 路面的亮度均匀度

不论对视觉功能还是对视觉舒适性而言，合适的亮度均匀度都是重要的。如果路面

的亮度均匀性不好，视线区域中太亮的路面可能会产生眩光，而太暗的区域则可能出现视觉暗区，人眼无法辨别其中的障碍物。

从视觉的功能性角度考虑，希望路面有良好的整体均匀度。整体均匀度 $U_0$ 定义为路面上最小亮度和平均亮度的比值，即

$$U_0 = L_{\min}/L_{av} \tag{4-8}$$

式中，$L_{av}$ 和 $L_{\min}$ 分别为路面亮度和最小亮度。

一般说来，路面的亮度均匀度不得低于 0.4。从图 4-32 可看出，在相同的阈值增量下，即使路面的平均亮度相同，但若路面均匀度越低，则显示能力越小。

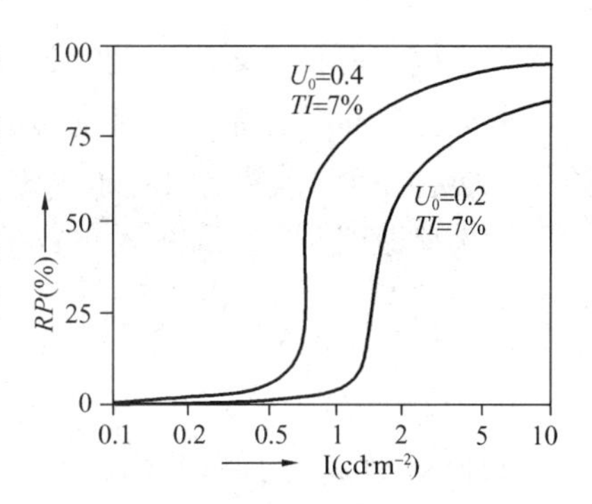


图 4-32　显示能力 $RP$ 与亮度均匀度 $U_0$ 的关系

考虑到视觉舒适性，即使道路照明达到良好的整体均匀度，如果道路上连续出现明显的亮带和暗带，即俗称的“斑马线效应”（图 4-33），也会使驾驶员的眼睛不停地调节适应，从而容易造成视觉疲劳。CIE 引入了纵向均匀度概念，是指对车道中间轴线上面对交通车流方向观察对观察者而言的最小亮度与最大亮度的比值，为

$$U_l = L_{\min}/L_{\max} \tag{4-9}$$

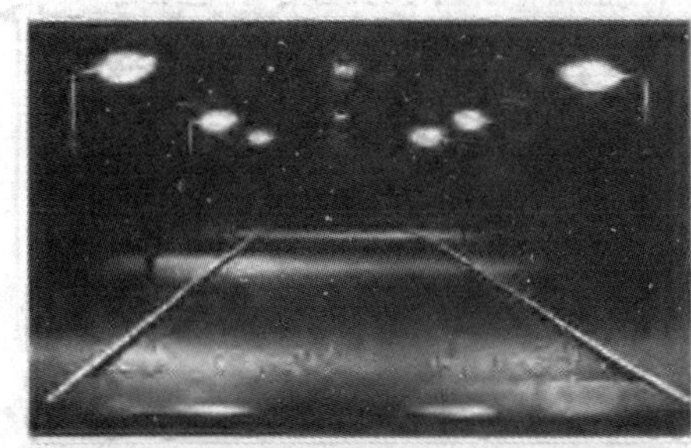

图 4-33　纵向均匀度效果

### 4.4.3　眩光控制水平

眩光的形成是由于视觉范围内有极高的亮度或亮度对比存在，从而使视觉功能下降或使眼睛感觉不舒适。极亮的部分形成眩光源。与眩光对应的有两个指标。一个是“生理性眩光”，或称为“失能眩光”，对应于视觉功能；一个是“心理性眩光”，或称为“不舒适眩光”，对应于视觉舒适性。

1. 失能眩光

眩光导致视觉功能下降的机理可理解为：当眩光源的光射入人眼，会产生一个明亮的“光幕”，叠加在视网膜上清晰的视像前，从而导致视像的可见度降低。

这个光幕有一定的亮度，可用如下的经验公式进行计算，即

$$L_v = k\sum_{i=1}^{n}\frac{E_{eyei}}{\Theta_i^2} \tag{4-10}$$

式中，$L_v$ 为等效光幕亮度（cd・m$^{-2}$）；$E_{eyei}$ 为由第 $i$ 个眩光源在垂直于视线方向上的人眼视网膜上的照度（lx）；$\Theta_i$ 为视线方向与第 $i$ 个眩光源的光射入观察者眼睛方向的夹角（°）；$k$ 为年龄系数（为计算目的取为 10）；$n$ 为眩光源总数。

对等效光幕亮度而言，$\Theta_i$ 必须大于 1.5°而小于 60°，否则计算结果将会不可靠。与路

面亮度不同，等效光幕亮度唯一的计算点是观察者所在位置。

眩光源产生的光幕亮度和眼睛的调节状态（在道路照明情况下，主要由路面的平均亮度 $L_{av}$ 决定）一起，共同决定了由眩光造成的视觉功能散失。

而失能眩光指标，即所谓的阈值增量 $TI$，取决于相应的光幕亮度和路面的平均亮度，其计算公式为

$$TI = \frac{65L_v}{L_{av}^{0.8}} \tag{4-11}$$

阈值增量 $TI$ 的物理含义为：为了弥补由于眩光源造成的观察者视觉分辨能力的降低，应当相应地提高多少百分比的亮度水平。

在行驶过程中，由于驾驶员（观察者）与路灯灯具的相对位置是不断变化，阈值增量 $TI$ 也随着 L1 的变化而不断变化。当变化不是特别大时，不会有影响，故只需定义一个最大阈值增量。

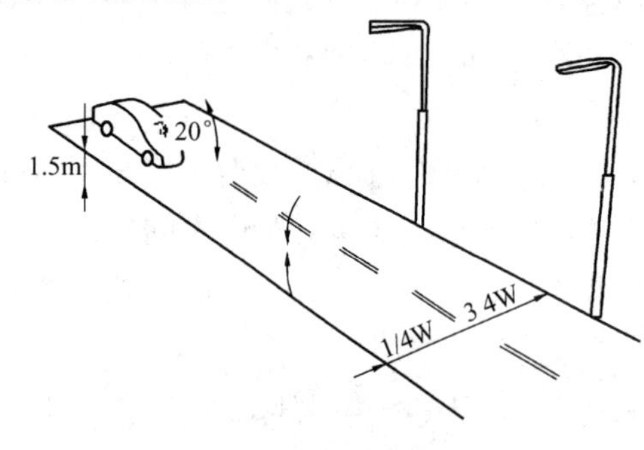


图 4-34　最大阈值增量角度

驾驶员所在车道方向最大阀值增量 $TI$ 所在的位置，取决于汽车挡风玻璃顶的屏蔽角。这个角度已由 CIE 出于道路照明设计的需要而标准化为水平向上 20°，如图 4-34 所示。

一般来说，阈值增量最大的观察点是一个灯具正好从这个角度出现。阈值增量越大，可视度越差，对道路照明而言，希望 $TI$ 小于 10。

2. 不舒适眩光

不舒适眩光用指数 $G$ 来衡量，是一个主观感受值，其定标依据如表 4-7 所示。

**不舒适眩光指数的定标和主观评价的关系　　表 4-7**

| 眩光指数 $G$ | 眩光描述 | 主观评价 |
|---|---|---|
| 1 | 无法忍受的 | 感觉很坏 |
| 3 | 有干扰的 | 感觉不好 |
| 5 | 刚好允许的 | 感觉一般 |
| 7 | 令人满意的 | 感觉好 |
| 9 | 感觉不到的 | 感觉非常好 |

研究发现，道路照明产生的不舒适眩光与道路照明器和道路照明的布置均有关系，具体影响眩光指数 $G$ 的因素如下。

（1）和灯具有关的因素：

①$C-\gamma$ 系统中，在平面 $C=0$ 上，从灯具最下点起与垂直方向成 80°夹角方向的光强 $I_{80}$；

②在平面 $C=0$ 上，从灯具最下点起与垂直方向成 88°夹角方向的光强 $I_{88}$；

③从灯具垂直平面上 76°高度角方向上所看到的灯具的发光面积 F；

④所采用光源的颜色修正系数 $C$，对低压钠灯 $C=0.4$，对其他光源 $C=0$。

(2) 和道路照明布置有关的因素：

①平均路面亮度 $L_{av}$；

②从眼睛水平线到灯具的垂直距离 $h$；

③每千米的灯具数量 $p$。

对灯具安装高度在6.5～20m之间的道路照明布置，如下经验公式可有效计算眩光指数，即

$$G=13.84-3.31\lg I_{80}+1.3(\lg I_{80}/I_{88})^{1/2}-0.081\lg I_{80}/I_{88} \\ +1.29\lg F+0.97\lg L_{av}+4.41\lg h-1.46\lg p \tag{4-12}$$

式中，$SLI=13.84-3.31\lg I_{80}+1.3(\lg I_{80}/I_{88})^{1/2}-0.08\lg I_{80}/I_{88}+1.29\lg F+C$ 表示灯具控制指数，仅仅与灯具本身有关。

一般说来，越来越多的照明标准都只对失能眩光提出要求，而非不舒适眩光。因为如果失能眩光是可以接受的，则不舒适眩光也多半可以接受。

### 4.4.4 环境照明系数

对机动车驾驶员而言，其眼睛的一般视觉状态主要取决于路面的平均亮度。但道路周边环境的亮暗会干扰眼睛的一般适应状态。当环境较亮时，眼睛的对比灵敏度会降低，为弥补此损失，就需要提高路面的平均亮度；而在相反的情况下，即暗的环境和亮的路面时，驾驶员的眼睛适应了亮的路面，则周边黑暗区域的物体就难以被驾驶员的视觉所接收。因此，在道路周边很暗的情况下，照明需兼顾路边的相邻区域并降低眩光。

环境照明系数 $SR$，即定义为相邻两根灯杆之间路边5m宽区域内的平均照度和道路内由路边算起5m宽区域的平均照度的比值。如果路宽小于10m，则取道路的一半宽度值来计算。一般要求环境照明系数不小于0.5。

### 4.4.5 视觉引导性

视觉引导包括所有为使道路使用者在其最大允许速度下，在一定距离内快速认知前方道路走向而采取的措施。

在夜晚未被照亮的道路，视觉引导被局限于汽车前照灯所照射的范围内。而紧密跟随道路走向布置的道路照明则可提高视觉引导性，从而有助于道路使用者的安全和便利。对有很多弯道和交叉的道路而言，良好的视觉引导更是如此（图4-35）

在进行道路照明设计时，必须特别注意道路照明布置要提供良好的视觉引导，或更重要的，防止错误引导，以下几点需特别注意：

(1) 在开放的有中央隔离带和分隔的车道的道路上，将灯杆布置于中央隔离带上，有助于良好的视觉引导。

(2) 在弯道处，灯杆布置在弯道外侧比布置在弯道内侧有助于清楚显示道路走向（图4-36）。

(3) 在不同道路上采用颜色特性不同的光源进行照明，可清楚地指示不同的道路，从而提高引导性。

(4) 中央悬索照明可取得良好的视觉引导性。

图 4-35　一条有良好视觉引导的道路

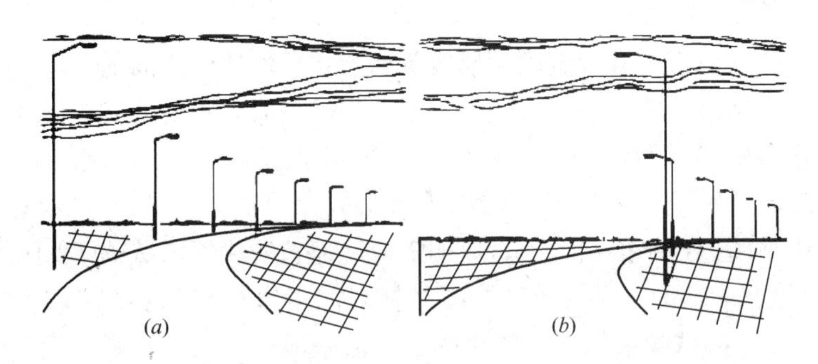


图 4-36　灯杆布置于弯道外侧比布置在内侧有更好的引导性

(a) 灯杆布置在弯道外侧；(b) 灯杆布置在弯道内侧

### 4.4.6　半柱面照度

在人行横道上，有足够的水平照度可以帮助识别地面的目标。但如果只有水平照度，要识别垂直面上的目标，如面部特征，就会有很大困难，这在目标背向光源时极为明显。为了表征照明对识别垂直面上目标的能力效果，引入了半柱面照度的概念。

如图 4-37 所示，某位置点的半柱面照度可以通过下式计算，即

$$E_{sc} = \Sigma \frac{I(C,\gamma) \cdot (1+\cos\alpha_{sc}) \cdot \cos^2 \cdot \varepsilon \cdot \sin\varepsilon \cdot \Phi \cdot MF}{\pi(H-1.5)^2} \tag{4-13}$$

式中，$E_{sc}$是计算点的维护半柱面照度，单位为 lx；Σ 表示计算所有灯具的贡献；$I(C,\gamma)$ 为灯具在计算点方向上的光强，单位为 cd·$(\text{klm})^{-1}$；$\alpha_{sc}$为入射光线所在垂直 (C) 平面和与半柱面底面垂直的平面所形成的夹角；$\gamma$ 为入射光线的垂直角；$\varepsilon$ 是光线入射方向与计算点所在水平向法线的夹角；$H$ 是灯具的安装高度（m）；$\varphi$ 是光源的初始光通量（klm）；$MF$ 是灯具和光源的综合维护系数。计算点距地面高度为 1.5m。

半柱面照度可以使用与照度计连接的特殊光电池直接测量。

半柱面照度最低的点通常在灯具正下方，但在运动的情况下，一个人在此处的时间会很短。如果要计算最低半柱面照度，也可以选择离灯具下方 0.5m 的位置点。

半柱面照度通常用于衡量人行道和自行车道的照明效果。

综上所述，从道路使用者的视觉功能和视觉舒适性两方面考虑，高效道路照明的设计需满足表 4-8 所列的质量指标，并需达到良好的视觉引导。

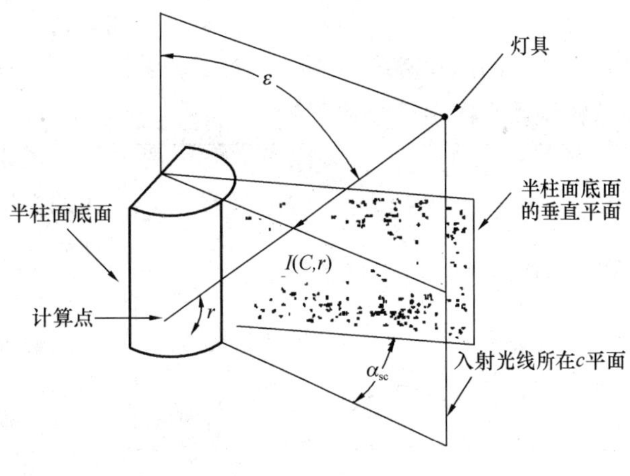


图 4-37　半柱面照度

**道路照明的质量指标**　　**表 4-8**

| | 照明指标 | | | |
|---|---|---|---|---|
| | 亮度水平 | 亮度均匀度 | 眩光控制水平 | 环境照明系数 |
| 视觉功能性 | 路面平均亮度 $L_{av}$ | 路面整体均匀度 $U_0$ | 阈值增量 $TI$ | $SR$ |
| 视觉舒适性 | 路面平均亮度 $L_{av}$ | 车道纵向均匀度 $U_t$ | 眩光指数 $G$ | $SR$ |

### 4.4.7　光污染控制

我们对各类型道路的照明水平提出了最低的要求，却并没有对上限规定强制性的标准。随着人们生活水平的提高，对照明研究的深入，不科学照明所产生的光污染问题日益受到人们的关注。

璀璨的夜景在带给人们安全和丰富夜间生活的同时，照明设施产生的杂散光或溢出光也会对良好的夜间环境产生干扰或其他消极影响，如天空过亮影响天文观察、眩光影响路人的视觉等。路灯作为城市最大量使用的室外照明，也是重要的光污染源。

光污染的负面影响和危害是多方面的。

首先，最重要的是对人的影响。对人的影响包括对周围居民的影响和对行人的影响、对交通系统的影响和对天文观测的影响。

1984 年德国在调查人们对晚上照明环境的反应时发现，当朝向人脸面的照度达 1 lx 时，对房间内的明亮程度和感到对健康有影响，持“强烈”或“中等”意见的人数增加很快；又如德国巴伐利亚市通过对 200 位市民的调查，其少有 1/3 的人抱怨夜间睡眠受到室外灯光的干扰，有 2/5 的人反映不能入睡，而且感到头昏、眼花、耳鸣、咳嗽，乃至引起哮喘。在我国石家庄，还有居民因深受光污染困扰而上诉法院，至于投诉抱怨则在我国许多城市普遍存在。

道路照明选择灯具不合理或安装不合适时，引起眩光会使人不舒适，甚至引起视觉功能降低，一方面影响行人对周围环境的认知，同时也增加了发生犯罪或交通事故的危险性。

眩光影响驾驶员的判断，延长反应时间；背景亮度过高使交通信号的可见度降低；灯具布置产生的闪烁频率不当时，对驾驶员产生不舒适感，甚至有催眠作用等，都会造成驾驶员错误操作而引发交通事故。

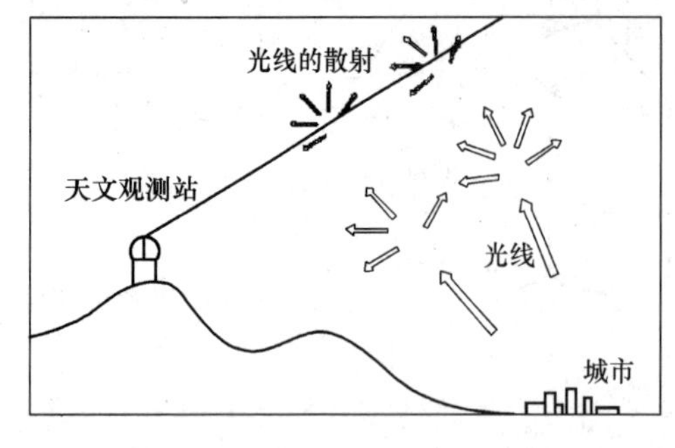


图 4-38　散射光线影响天文观测

天文观测依赖于夜间天空的亮度和被测星体的亮度对比，天空亮度越低，就越利于天文观测。如图 4-38 所示，照明设备发出的光线（特别是上射光线）由于空气和大气悬浮尘埃的散射使天空亮度增加，从而对天文观测产生影响。如在夜间天空不受污染的情况下，天空中星星的可见度为 7 级，可以看到 7000 颗星星；而在大城市的市中心，光污染特别严重时，星星可见度为 2 级，只能看见 25 颗星星。严重的光污染迫使许多天文台多次搬迁或面临搬迁，如日本东京天文台历经 4 次搬迁，最后不得不搬到夏威夷；而我国南京紫金山天文台、上海佘山天文台都被迫面临搬迁。

光污染的危害还表现在对动植物的影响上。种植在街道两侧的花草树木受到路灯的影响，生命周期被破坏，不能正常生长或推迟落叶期；动物中的马和羊等会因人工光线的照射导致生殖周期紊乱，城市中鸟类的习性受到影响，昆虫趋光甚至会破坏局部生态平衡。

光污染造成直接的光线浪费相对应的是电能的浪费，不仅制约了我国的经济发展，同时造成环境的极大损害。

## 4.5　道路照明标准

为使道路照明设施能满足道路使用者对照明的基本功能要求，CIE（国际照明委员会）针对每一项质量指标确定了最低的要求值。针对机动车道、交叉道路，以及人行道均有不同的标准。

### 4.5.1　机动车照明标准

CIE 首先对不同的机动车道路按道路的性质、道路交通密度，以及道路的交通控制或分隔好坏不同进行了分类。一般说来，道路车速越快，交通密度越大，交通控制或分隔越不好，道路的等级就越高。道路等级从低到高分别为 M5 到 M1，具体等级划分如表 4-9 所示。

**CIE 道路分类**　　**表 4-9**

| 道路说明 | 交通密度或交通复杂程度 | 道路照明等级 |
|---|---|---|
| 有分隔带的高速公路，无交叉路口，如高速路、快速干道 | 交通密度或道路复杂性<br>——高<br>——中<br>——低 | <br>M1<br>M2<br>M3 |

续表

| 道路说明 | 交通密度或交通复杂程度 | 道路照明等级 |
|---|---|---|
| 高速公路，双向干道 | 交通控制或分隔<br>——不好<br>——好 | M1<br>M2 |
| 重要的城市交通干道<br>地区辐射道路 | 交通控制或分隔<br>——不好<br>——好 | M2<br>M3 |
| 次要道路，社区道路连接<br>主要道路的社区道路 | 交通控制或分隔<br>——不好<br>——好 | M4<br>M5 |

针对不同等级的道路，相应要求的照明指标如表4-10所示。

**机动车道路照明推荐标准　　表4-10**

| 道路照明等级 | 所有道路 | | | 较少有交叉口道路 | 带人行道道路 |
|---|---|---|---|---|---|
| | 平均路面亮度 $I_{av}$（cd・m$^{-2}$） | 整体均匀度 $U_0$ | 阈值增量 $TI$ | 车道均匀度 $U_i$ | 环境照明系数 $SR$ |
| M1 | 2 | 0.4 | 10 | 0.7 | 0.5 |
| M2 | 1.5 | 0.4 | 10 | 0.7 | 0.5 |
| M3 | 1 | 0.4 | 10 | 0.5 | 0.5 |
| M4 | 0.75 | 0.4 | 15 | — | — |
| M5 | 0.5 | 0.4 | 15 | — | — |

需要指出的是，以前中国的国家标准与CIE标准相比，相应的照明要求偏低。最近修订的国家标准，最高平均亮度（M1）已提高到2.0cd・m$^{-2}$。具体道路分类及照明指标如表4-11所示。表中，Ⅰ～Ⅴ分别对应CIE的M1～M5分类。

**CJJ 45-2006 我国城市道路照明设计标准　　表4-11**

| 级别 | 道路类型 | 亮度 | | 照度 | | 眩光控制 | 诱导性 |
|---|---|---|---|---|---|---|---|
| | | 平均路面亮度 $I_{av}$（cd・m$^{-2}$） | 均匀度 $L_{min}/L_{av}$ | 平均照度 $E_{av}$（lx） | 均匀度 $E_{min}/E_{av}$ | | |
| Ⅰ | 快速路 | 1.5～2.0 | 0.4 | 20～30 | 0.4 | 严禁采用非截光型灯具 | 很好 |
| Ⅱ | 主干路及迎宾路，通向政府机关和大型公共建筑的主要道路，市中心或商业中心的道路，大型交通枢纽等 | 1.5～2.0 | 0.4 | 20～30 | 0.4 | 严禁采用非截光型灯具 | 很好 |
| Ⅲ | 次干路 | 0.75～1.0 | 0.4 | 10～15 | 0.35 | 不得采用非截光型灯具 | 好 |

续表

| 级别 | 道路类型 | 亮度 | | 照度 | | 眩光控制 | 诱导性 |
|---|---|---|---|---|---|---|---|
| | | 平均路面亮度 $L_{av}$（$cd \cdot m^{-2}$） | 均匀度 $L_{min}/L_{av}$ | 平均照度 $E_{av}$（lx） | 均匀度 $E_{min}/E_{av}$ | | |
| Ⅳ | 支路 | 0.5～0.75 | 0.4 | 8～10 | 0.3 | 不宜采用非截光型灯具 | 好 |
| Ⅴ | 主要供行人和非机动车通行的居住区道路和人行道 | — | — | 5～7.5 | — | 采用的灯具不受限制 | — |

注：1. 表中所列的平均照度仅适用于沥青路面，若系水泥混凝土路面，其平均照度值可相应降低20%～30%；
2. 表中各项数值仅适用于干燥路面。

近年来，由于各地大力推行城市亮化，我国城市许多新建道路的照明水平大大提高，往往超过CIE标准和国家标准许多，造成严重的光污染和能源浪费，而实际上对道路使用者，如驾驶员、行人并没有意义，这样的现象也应注意避免。

世界上许多道路照明工作者对人类视觉感官原理、驾驶员视觉作业的特点及所需的视觉信息进行了系统分析研究，在实验室和现场进行大量试验后发现，驾驶员评价为“好”的路面的亮度在1.5～2.0$cd \cdot m^{-2}$左右。

### 4.5.2　道路冲突区域的照明标准

道路冲突区域主要是指不同道路交叉口、十字路口、道路与铁路、人行道等交叉区域。有的冲突区连接较低等级的路，如车道减少或路宽变窄。由于在道路冲突区域交通复杂度提高，交通事故发生的可能性也相应较高，车辆之间、车辆与行人之间、车辆与非机动车之间、车辆与建筑之间都存在更高的事故可能。为达到降低交通事故率的目的，提高道路冲突区域的照明标准是有必要的。

对道路冲突区域而言，不论是对机动车驾驶员，还是非机动车驾驶者，或者是行人，整个区域的照度是很重要的。这时，亮度是推荐指标，照度是标准要求。

对道路冲突区域的照明从高到低分为C0到C5这6个等级。在此区域的照明相对与其交接的主要道路提高一个等级，即$C(N-1)=M(N)$。如果连接道路是M2，冲突区就是C1的标准。具体的道路冲突区域照明等级划分见表4-12。

**道路冲突区域照明等级划分**　　**表4-12**

| 冲突区域 | 照明等级 |
|---|---|
| 地下过道 | $C(N)=M(N)$ |
| 十字路口，坡道，迂回道路，严格限制车道宽度区域 | $C(N-1)=M(N)$ |
| 铁路交叉口<br>简单<br>复杂 | <br>$C(N)=M(N)$<br>$C(N-1)=M(N)$ |
| 无信号指示环导<br>复杂<br>中度复杂<br>简单 | <br>C1<br>C2<br>C3 |
| 排队等候区<br>复杂<br>中度复杂<br>简单 | <br>C1<br>C2<br>C3 |

针对以上不同等级的道路冲突区域，相应的照度要求也不一样，具体标准如表4-13所示。

**道路冲突区域照明标准　　　　表4-13**

| 照明等级 | 整个区域的平均照度 $E_{av}$（lx） | 整体照度均匀度 $E_{min}/E_{av}$ |
|---|---|---|
| C0 | 50 | 0.4 |
| C1 | 30 | 0.4 |
| C2 | 20 | 0.4 |
| C3 | 15 | 0.4 |
| C4 | 10 | 0.4 |
| C5 | 7.5 | 0.4 |

表中的标准，应该在冲突区连接道路5秒驾驶距离上都得到满足。

特别值得注意的是，道路冲突区域由于灯杆布置的限制，普通路灯往往无法满足该区域较大面积的照明要求，如果没有补充照明，该区域照度一般都比其他路段低，偏离标准很多。所以，十字路口最好有中杆灯（泛光照明灯具）特别补充照明，将照度提高且超出普通路段照度。要注意的是，由于冲突区布灯的多样性，往往无法计算失能眩光阈值增量$TI$，但对灯具的配光和布置提出了要求：80°方向光强不大于$30cd \cdot m^{-2}$，90°方向光强不大于$10cd \cdot m^{-2}$。

应该留意的是一些区域的过渡性照明，它是为满足驾驶员视觉适用的技术措施。当车辆从一个照明标准的道路驶向另一个照明标准的道路时，应该让亮度是渐变的而不是突变的，如以下一些情况：

（1）交叉路口照明标准突然下降；

（2）水平或垂直方向道路走向突变，如急转弯、连续上下坡等；

（3）从高照度区驶向低照度区。

比如在一条对称布置的主要道路连接无照明的支路情况下，可以在连接支路上，根据车速和照度水平继续布灯1～6杆。是否采取过渡性照明，由设计师现场勘察后决定。

除此之外，一些特殊区域的照明也应特别加以考虑，如高速公路服务区。

对驾驶员来说，在封闭式的公路上，服务区是必不可少的，而且大家的共识是，为保证短时间休息，服务区在24小时内都应让人感觉安全。所以，晚上充足的照明不能缺失。图4-39所示为一个高速公路服务区示意图。

设计高速公路服务区的照明时，必须综合考虑其地理位置、地形、驾驶员的舒适和安全、房屋建筑的处理，以及步道的形式。合适照明的一个重要作用是方便该区域夜间的治安防范，所以照明质量必须考虑颜色识别、阴影、直接眩光、监控探测、脸部及物体识别、兴趣点（如服务点）、空间和灯具的外形，以及水平及垂直照度。

一个首要的设计因素是驾驶员从无照明的高速公路进入服务区，或在服务区内行驶时的视野，他不能被服务区内灯具的眩光或溢光所影响。整个照明可分为以下部分：出入口、区内道路、停车场、活动区。这些区域有不同的作用，应分别予以考虑。表4-14为

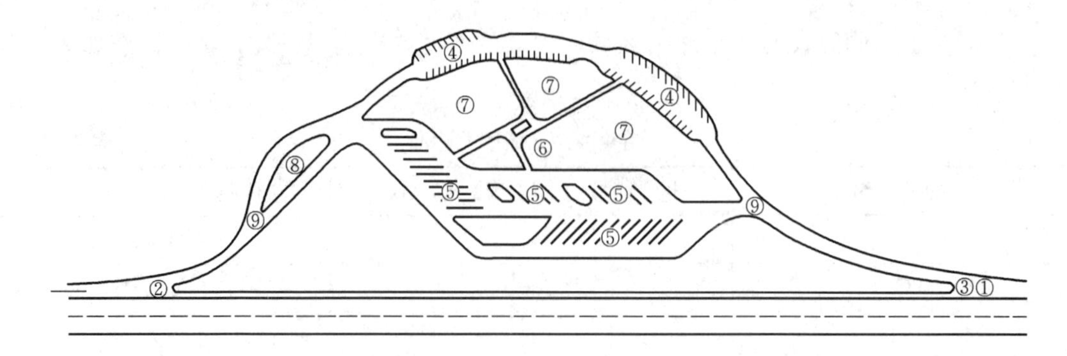


图4-39　典型高速公路服务区示意图

①—入口；②—出口；③—分叉区；④—小车停车场；⑤—卡车停车场；⑥—放松站；
⑦—餐饮住宿区；⑧—垃圾站；⑨—区内道路

各区域的最低照明水平。

服务区照度水平（美国标准）　　表4-14

| 服务区 | 照度（lx） | 均匀度 |
|---|---|---|
| 出入口 | 3～6 | 0.2～0.3 |
| 区内道路 | 6 | 0.3 |
| 停车场 | 11 | 0.3 |
| 主活动区 | 11 | 0.3 |
| 次活动区 | 5 | 0.2 |

出入口包括连接服务区与高速公路的两段路，它们的照明要满足驾驶员安全驶离或驶入主路、进入或离开服务区，同时，也要满足主路上的驾驶员不受灯光影响判断其他车辆的行驶。出入口的照度水平可以变动，但最大照度应该在与服务区内部道路的连接处，一方面，通道上的驾驶员可以看见出来的车以作反应，另一方面，离开服务区的驾驶员可以逐渐适应回到没有照明的高速公路。出入口照明的灯具应该限制大角度方向的亮度，以免影响主路行车。

内部道路是停车场和出入口之间的路，灯具选择没有上述限制。

无论小车停车场或卡车停车场，都应该有充足的照明以便驾驶员判断指示牌等。

主活动区包括放松站、咨询点，以及连接这些地方与停车场的道路；次活动区包括使用人群较少的一些地方。

当然，在建筑内部，如餐饮住宿，应提供另外的内部照明。

### 4.5.3　人行道照明标准

人行道照明主要是为行人提供一个安全的照明环境，使得行人在夜晚行走时至少能感觉到安全，或者说能辨别路面存在的障碍物，或觉察可能逼近的危险。

对行人而言，视觉目标和视觉需要在很多方面都与驾驶员不同。移动速度低了，人行道上近的东西比远的东西更重要，路面状况和物体的材质对行人比对驾驶员更重要。道路照明必须使行人能避开障碍和其他危险，识别其他行人的运动，判断对方友善与否。所以，垂直面上的照度也应和水平照度一样予以考虑。具体要求可参见CIE 92，1992和

CIE 115号出版物。

人行道照明标准并不要求良好的均匀性，但对最低照度有要求。具体的人行道等级划分和照明标准如表4-15所示。

**人行道照明标准** **表4-15**

| 人行道描述 | 等级 | 最低半柱面照度（lx） | 整个人行道区域的水平照度（lx） | |
|---|---|---|---|---|
| | | | 平均照度 $E_{av}$ | 最小照度 $E_{min}$ |
| 非常重要的人行道 | P1 | | 20 | |
| 夜间很多行人和骑自行车者的人行道 | P2 | 5 | 10 | 7.5 |
| 夜间中度行人和骑自行车者的人行道 | P3 | 2 | 7.5 | 3 |
| 只与相邻住宅相连，夜间较少行人和骑自行车者的人行道 | P4 | 1.5 | 5 | 1.5 |
| 只与相邻住宅相连，夜间较少行人和骑自行车者的人行道，对保持乡村或建筑特点或环境而言重要 | P5 | 1 | 3 | 1 |
| 只与相邻住宅相连，夜间极少行人和骑自行车者的人行道，对保持乡村或建筑特点或环境而言重要 | P6 | 0.75 | 1.5 | 0.6 |
| 夜间需有从灯具发出的直射光作为引导的人行道 | P7 | 0.5 | 无要求 | 0.2 |

### 4.5.4 光污染控制规定

为了减少或避免光污染，国际上一些国家制定了防治办法和有关规定，对我国推行光污染的防治有一定借鉴作用。

（1）居住区和公共绿地的光污染的防治，其指导思想就是减少居民住宅的窗户侵入光线。办法包括：控制居住区环境照明和道路照明灯具的光线出射方向，使之不能直接照射到居民住宅的窗户上（如图4-40所示）；设计时，尽量避免将灯具安装在居民住宅附近；在满足照明要求的前提下，尽量降低光源功率；采取照明控制，在不需要的时候关闭照明设备。对居民区的照明，CIE规定非常严格，如表4-16所示，其中宵禁（强制关灯时间）前的照度为住宅周边的垂直照度，宵禁后的照度为住宅窗户上的垂直照度。与此相对应，CIE还对灯具的光强作了规定，如表4-17所示。对光污染研究较早的澳大利亚和英国，也有对住宅区照度的规定（见表4-18，表4-19）。

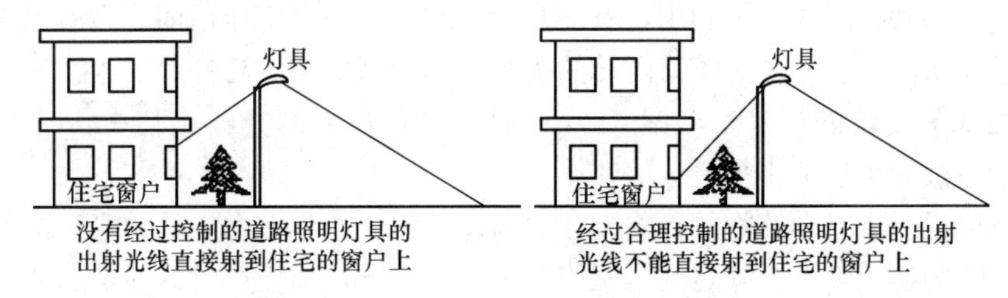


图4-40 居住区路灯对住宅的影响及解决办法

**CIE对住宅干扰光照度的规定**　　**表4-16**

| 区　域　类　型 | 宵禁前（lx） | 宵禁后（lx） | *ULOR*（%）② |
|---|---|---|---|
| E1（国家公园、自然景区、国际天文观测区域等） | 2 | 0① | 0 |
| E2（低亮度区域，如农村住宅区，城市远郊等） | 5 | 1 | 0～5 |
| E3（中亮度区域，如城区住宅区） | 10 | 5 | 0～15 |
| E4（高亮度区域，如城区的住宅和商业混合区、夜间活动频繁场所） | 25 | 10 | 0～25 |

① 当为了提供必要的公共照明时，可以提高到1 lx；

② *ULOR* 为灯具安装使用时的上射光比例（Upward Light Output Ratio）。

**CIE对住宅干扰光光强的限定**　　**表4-17**

| 区　域　类　型 | 宵禁前①（cd） | 宵禁后（cd） |
|---|---|---|
| E1（国家公园、自然景区、国际天文观测区域等） | 0 | 0② |
| E2（低亮度区域，如农村住宅区，城市远郊等） | 15000 | 500 |
| E3（中亮度区域，如城区住宅区） | 30000 | 1000 |
| E4（高亮度区域，如城区的住宅和商业混合区、夜间活动频繁场所） | 30000 | 2500 |

① 适用于在被照场地外观测方向上的光强。安装高度有限的中型至大型体育照明设施很难达到这一要求；

② 当为了提供必要的公共照明时，可以提高到500cd。

（2）影响行人的光污染的防止，其主要办法是限制灯具的最大发光强度或亮度。CIE出版物NO. 92中光于住宅区不舒适眩光的推荐值如表4-18所示（此时人的主观评价为“打扰的”），而CIE 136—2000号出版物对安装在住宅区和步行区的灯具作了如表4-19所示的规定。

**CIE NO. 92出版物**　　**表4-18**

| 灯具安装高度（m） | *LA*0.25 |
|---|---|
| $h \leqslant 4.5$ | ≤6000 |
| $4.5 \leqslant h \leqslant 6$ | ≤8000 |
| $h > 6$ | ≤10000 |

**CIE163—2000号出版物**　**表4-19**

| 灯具安装高度（m） | *LA*0.5 |
|---|---|
| $h \leqslant 4.5$ | ≤4000 |
| $4.5 \leqslant h \leqslant 6$ | ≤5500 |
| $h > 6$ | ≤7000 |

（3）减少光污染对交通的影响。对路灯而言，一方面是减少对驾驶员的影响；另一方面是减少对道路周围其他设施使用者，如航运的影响。

（4）控制上射光线。不同的灯具由于材料和结构设计的不同，会有不同的配光。灯具出射的光线有的到了工作面被利用，有的则无法对被照面产生作用而成为溢出光。道路照明灯具应尽量限制上射光。对路口区域的投光灯和大型立交的高杆灯而言，最好采用非对称配光接近水平安装的灯具。由图4-25可以看到，灯具的光输出比中，*ULOR* 和部分 *DLOR* 都会造成溢出光或干扰光。

（5）减少光污染对动植物的影响。在照明设计时，充分考虑灯具的安装位置，使之远离可能受影响的动植物；在满足基本照明要求的前提下，降低灯具的额定功率；使用对周围动植物影响最小的光源。

# 4.6 隧道照明

隧道作为道路的一部分，无论在明亮的白天或是漆黑的夜晚，不论是何种天气，都应给驾驶员以安全感和舒适感。也就是说，驾驶员能得到充分的路况信息，如及时发现路面障碍物、其他车辆和行人的举动等，由于隧道本身的特殊性，隧道内的照明是非常重要和必需的。

## 4.6.1 隧道的分段和相应的视觉问题

出于照明设计的需要，长隧道一般分为5个区段（图4-41），每个区段均有相应的视觉问题。

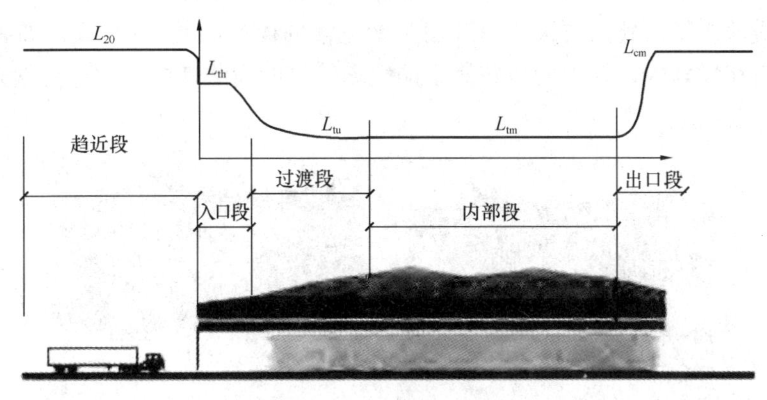


图4-41 隧道的分段

1. 趋近段

趋近段指隧道口外的一段道路，在此处行车的驾驶员必须看清隧道内物体。这段道路是驾驶员视觉调节的阶段，也决定了隧道口和隧道入口段的亮度要求。在白天，由于入口外环境的高亮度和隧道内低亮度的强烈对比，也由于驾驶员的眼睛对明亮环境的视觉暂留影响，一个照明不够的隧道口会使人产生"黑洞效应"（图4-42），看不见洞内任何细节；而在晚上，由于人眼适应了隧道外的黑暗，同一隧道却可能会令人感觉照明良好。

2. 入口段

入口段是隧道内4个区段的第一段，在进入段行驶的驾驶员进入隧道前必须能看见入口段的路面情况。入口段的长度取决于隧道设计的最高时速，与最高速度时的安全刹车距离（SSD）相等。这是因为，在此段最远端的路面应当使在安全刹车距离外准备进入隧道的驾驶员能看清障碍物。

图4-42 隧道入口的"黑洞现象"

3. 过渡段

经过照明水平相对高的入口段，隧道内的照明可以逐步降低到很低的水平，这段渐降的区域就是过渡段。过渡段的长度取决于设计最高时速，以及入口段尾部与内部段的照明水平的差别。

4. 内部段

内部段即如其名，是隧道内远离外部自然光照影响的区域，此时驾驶员的视觉只受隧道内照明的影响。内部段的特点是全段具有均匀的照明水平。因为在该段内照明水平完全不需变化。所以在该段内只需提供合适的亮度水平，具体数值由交通流量和车辆时速决定。

5. 出口段

出口段是单向隧道的最后区段，由于接近出口时驾驶员的视觉会受到隧道外亮度的影响，因此可能造成驾驶员不能及时发现前面行驶在大卡车阴影里的小车。

### 4.6.2　隧道的白天照明

一般来说，如果从入口前的安全刹车距离外看过去，出口占有视野的很大部分，则隧道或地下通道就无需额外的白天照明（相对于正常的夜晚照明）。相反，如果从相同位置看过去，出口在黑框内，其中的障碍物，如汽车等可能隐藏其中，则这时就必须提供白天照明，如图4-43所示。

(*a*)　　(*b*)

图4-43　白天的隧道照明

(*a*) 所示隧道不需白天照明，因为可看清明亮的出口；(*b*) 所示隧道必需白天照明，因为在进入隧道前看不见出口

CIE有一个不同长度隧道的白天照明要求（图4-44）。要注意的是，对长度小于75m的隧道，即使白天不推荐照明，但至少在日落前1h和日出后1h内，必须提供相当于长隧道内部段所要求的照明水平。

1. 趋近段

驾驶员驶向隧道时，在趋近段眼睛调适的亮度决定了隧道内过渡段的亮度要求，在此应该考虑两种调适亮度：趋近段的亮度和等效天幕亮度。

(1) 趋近段亮度。对于离隧道口安全刹车距离处的驾驶员而言，其感受的趋近段亮度等于以隧道1/4高度为底部圆心、以眼睛为顶点的2×10°圆锥视野范围内的平均亮度（如图4-45所示）。

此亮度称为趋近段亮度 $L_{20}$，在无法进行可靠的亮度测量的情况下，可从表4-20读出，或根据表4-20用以下公式算出，即

$$L_{20} = \gamma L_{SK} + \rho L_R + \varepsilon L_{SU} \qquad (4\text{-}14)$$

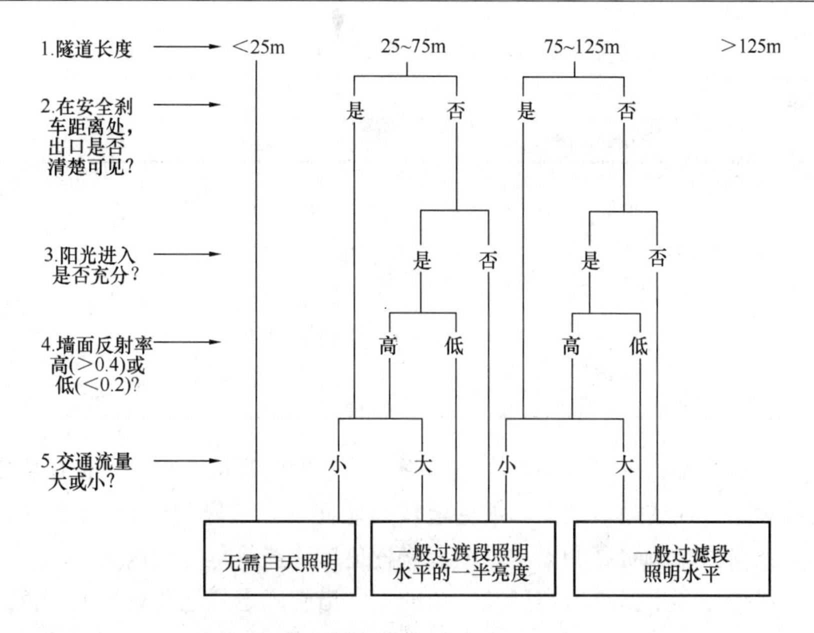


图 4-44 不同长度隧道白天所需的照明要求

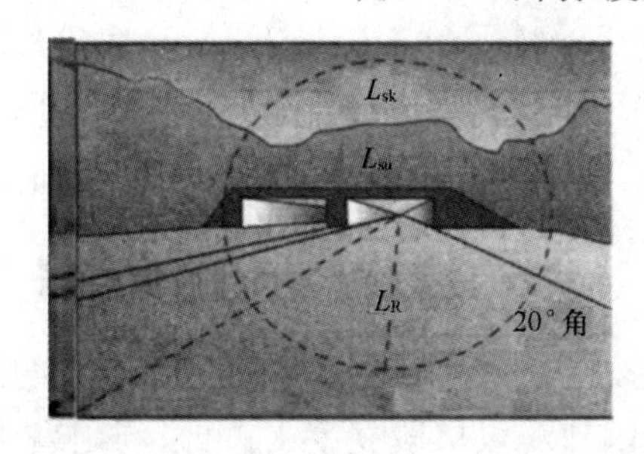


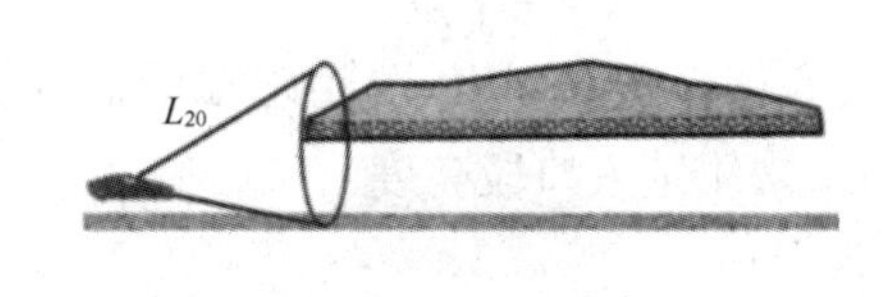


图 4-45 趋近段亮度 $L_{20}$

式中，$\gamma$，$\rho$ 和 $\varepsilon$ 分别表示各部分在 20°角视野中所占的比例；$L_{SK}$ 代表天空亮度；$L_R$ 代表路面亮度；$L_{SU}$ 代表周围环境亮度。趋近段亮度（缺省值）构成见表 4-21。

**趋近段亮度**（kcd · m$^{-2}$） **表 4-20**

| 刹车距离（m） | 在20°圆锥视野内天空所占百分比 | | | | | | | |
|---|---|---|---|---|---|---|---|---|
| | 35% | | 25% | | 10% | | 0% | |
| | 平常 | 有雪 | 平常 | 有雪 | 平常 | 有雪 | 平常 | 有雪 |
| 60 | — | — | 4～5 | 4～5 | 2.5～3.5 | 3～3.5 | 1.5～3 | 1.5～4 |
| 100～160 | 5～7.5 | 5～7 | 4.5～6 | 3～4.5 | 3～4.5 | 3～5 | 2～4 | 2～5 |

综合影响趋近段亮度的外部亮度因素在不同的隧道有很大不同。比如，对穿山隧道，隧道口周围山体的亮度基本决定了趋近段的亮度；对水底隧道，隧道入口上方天空的亮度对隧道趋近段的亮度起决定作用；对高架道路地面通道和地下通道而言，趋近段亮度部分取决于建筑的结构形状，部分取决于上部天空的亮度；而在建筑林立之处，天空的影响很小。

**趋近段亮度（缺省值）—构成元素（kcd・m⁻²）**　　**表 4-21**

| 行驶方向（北半球） | | | $L_{su}$ | | | |
|---|---|---|---|---|---|---|
| | $L_{SR}$ | $L_{R}$ | $L_{岩石}$ | $L_{建筑}$ | $L_{雪}$ | $L_{草地}$ |
| 北 | 8 | 3 | 3 | 8 | 15（垂直）<br>15（水平） | 2 |
| 东—西 | 12 | 4 | 2 | 6 | 10（垂直）<br>15（水平） | 2 |
| 南 | 16 | 5 | 1 | 4 | 5（垂直）<br>15（水平） | 2 |

对大多数隧道类型，可采取各种措施来降低趋近段的亮度。例如，使用粗糙的深色材料来处理趋近段路面、隧道口立面和近隧道口的墙面（如水底隧道）；在和入口相邻的地方或入口上方植树以遮蔽明亮的天空，或者将隧道口建造得尽可能高大。

在实际操作中，可根据隧道类型及采取的不同措施确定隧道趋近段的亮度，其最高亮度在3000～8000cd・$m^{-2}$之间（对应于水平照度约为100000lx）。

（2）等效光幕亮度。等效光幕亮度在前面的失能眩光中已有定义，它是决定驾驶员视觉适应所必须考虑的一个重要因素。应当说，采用等效光幕亮度作为确定入口段所需亮度的直接依据是符合逻辑的。但由于缺乏足够的资料，为方便操作，目前CIE还是用趋近段亮度$L_{20}$来决定入口段亮度。

2. 入口段

（1）亮度要求。为使驾驶员维持良好的视觉状态，确保安全，在隧道入口段的开头需要相对较高的亮度，此亮度是趋近段亮度$L_{20}$的函数。入口段亮度$L_{th}$可以利用表4-28给出的$L_{th}/L_{20}$值计算出来。

**$L_{th}$与$L_{20}$的比值**　　**表 4-22**

| 刹车距离（m） | 对称配光照明系统 $L_{th}/L_{20}$（$L/E_V \leqslant 0.2$） | 逆光照明系统 $L_{th}/L_{20}$（$L/E_V \geqslant 0.6$） |
|---|---|---|
| 60 | 0.05 | 0.04 |
| 100 | 0.06 | 0.05 |
| 160 | 0.10 | 0.07 |

表4-22中$E_v$是垂直照度值。需注意的是，隧道墙壁2m以下部分的平均亮度不得低于路面的平均亮度。

（2）入口段长度。入口段的长度至少等于安全刹车距离。从刹车距离的一半开始，照明水平可以线性渐降直至末端约为$0.4L_{th}$。亮度的降低也可以逐级进行，但前一级亮度和后一级亮度的比值不得超过3∶1。

（3）遮阳棚。入口段的照明可以是隧道内的灯光，也可以在隧道口通过建造遮阳棚来达到目的。遮阳棚的结构经过合理设计可以控制自然光到达路面的多少，从而得到合适的亮度，但需注意不要在路面上产生干扰性阴影或光闪烁。

3. 过渡段

驾驶员进入长隧道后需要一定时间将眼睛调节到能适应内部段较低亮度水平，过渡段照明从最高到最低的变化必须逐步进行，这也是过渡段照明的目的。过渡段沿隧道轴向的亮度分布由以下公式决定（图4-46），即

$$L_{tr}=L_{th}(1.9+t)^{1.4} \quad (4\text{-}15)$$

式中，$L_{th}$为入口段亮度；$t$为时间（s）。

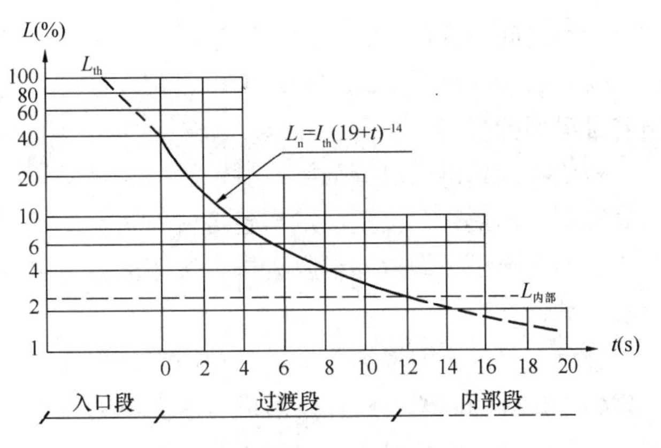


图4-46 CIE规定的隧道中亮度的降低曲线（过渡段亮度为进入后时间的函数）

在知道交通速度的情况下，采用图4-46的亮度下降曲线，可计算出隧道内理想的亮度梯次分布。图中的亮度变化也可逐级进行，但前一级亮度和后一级亮度的比值不得超过3∶1，且绝不能低于图示虚线限额。同入口段一样，2m以下墙面的亮度不能低于相应平均路面的亮度。

4. 内部段

内部段的照明无需任何变化，只要提供均一的稍高于普通开放式道路照明水平的亮度即可。除了高亮度使驾驶员感到更安全外，需要相对较高的亮度主要是因为隧道内的污染降低了能见度。这也是为什么推荐的亮度与刹车距离和交通密度有关系的原因。具体要求见表4-23。

**推荐的内部段亮度**（$cd\cdot m^{-2}$） **表4-23**

| 刹车距离（m） | 交通密度（车/小时） | | |
|---|---|---|---|
| | 车流量<100 | 100<车流量<1000 | 车流量>1000 |
| 60 | 1 | 2 | 3 |
| 100 | 2 | 4 | 6 |
| 160 | 5 | 10 | 15 |

5. 出口段

由于人眼从暗视觉向明视觉的调节速度极快。所以，隧道出口并不需要为视觉适应增设照明。但是，为使驾驶员在明亮出口的视觉背景下可清晰地看见前面大车阴影中的小车，以及离开出口时有良好的后向视觉，或为应急时和维护时可双向运行，可以使出口照明和入口照明保持对称布置。出口段照明只需要将隧道最后的60m区域的亮度提高到内部段亮度水平的5倍即可。

## 4.7 桥梁与立交桥照明

一根树干架在河两岸就形成了一座最早、最简单的单孔独木桥；如果木头的长度小于两岸的距离，则可在两岸之间设立一个至数个木的或砖、石砌筑的支承物，然后在支承物

与支承物之间及支承物与河岸之间架设由若干根木梁组成的承重结构，便形成了多孔桥；近代桥梁由于所承受的载重和跨度都比较大，结构就比上面所说的桥梁要复杂一点，发展出各种类型的桥梁。

桥梁按承重结构可分为梁式桥、拱桥、悬索桥、刚架桥、斜拉桥和组合体系桥，其中前3种是基本形式；按上部结构建筑材料可分为木桥、石桥、混凝土桥、钢筋混凝土桥、预应力混凝土桥、钢桥和组合梁桥；按用途分为公路桥、铁路桥、公路/铁路两用桥和城市桥。

城市人口的急剧增加使车辆日益增多，平面立交的道口造成车辆堵塞和拥挤，需要通过修建立交桥和高架道路，以形成多层立体的布局，从而提高车速和通过能力。城市环线和高速公路网的联结也必须通过大型互通式立交桥进行分流和引导，保证交通的畅通。此外，在城市间的高速公路或铁路，为避免和其他线路平面交叉、节省用地、减少路基沉陷，也可不用路堤，而采用这种立交桥。这种桥因受建筑物限制和线路要求，有多弯桥和坡桥。

从20世纪60年代起，我国就开始建造最初的立交桥。1970年，北京市在原城墙的基础上修筑了第一条快速二环路，并相继建造了与长安街相交的复兴门立交桥和建国门立交桥，采用机动车和非机动车分行的3层苜蓿叶形布置，是我国修筑城市立交桥的先声。

改革开放以后，广东省于1983年率先修建了城市高架路，以缓解日益拥挤的交通，如广州市人民路高架及区庄4层立交桥。20世纪80年代中期，北京二元桥、天津中心门桥、广州大道桥、沈阳灯塔桥和北京四环路安慧桥相继建成，形成了全国兴建立交桥的第一次高潮。

20世纪80年代末的上海，迎来了开发浦东的机遇。内环线高架、成都路南北高架和延安路东西高架形成了上海市的“申”字形城市高架路，极大地改善了市区的交通，其中位于延安路和成都路交点的5层立交，以及沿内环线结点的几座立交（漕溪路立交、共和新路立交、延安四路立交、龙阳路立交和罗山路立交）都各有特点，初步展现了上海大都市的现代化风貌。

20世纪90年代后朗，上海开始修建外环线西段和南段，通过曹安路立交和莘庄立交把外环线和沪宁、沪杭两条高速公路联结起来，在20世纪末实现了上海和江浙两省交通干线的通畅。

随着各类桥梁的涌现，桥梁的照明已成为道路照明的一个必不可少的重要部分，因其结构特点，它们的照明与普通道路照明相比有一定的特殊性。

归根结底，桥梁是道路交通的一个组成部分，交通功能是其最基本、最重要的功能。从整条道路的延续性出发，桥梁照明的基本出发点是保证其具有与整条道路同样的通行能力，其照明风格是在体现桥梁特点的同时，考虑与连接道路有一定的连续性。

1. 桥梁与立交桥照明的标准

根据《城市道路照明设计标准》CJJ 45—91，关于桥梁的照明标准如下：

(1) 中小型桥梁照明应与其连接的桥梁的功能性照明道路一致。若桥面的宽度小于与其连接的路面宽度，则桥梁的栏杆、缘石应有足够的垂直照度，在桥梁的入口处应设灯；

(2) 大型桥梁和具有艺术、历史价值的中小型桥梁的照明应进行专门设计，既满足功能要求，又顾及艺术效果、并与桥梁的风格相协调；

(3) 桥梁照明应防止眩光，必要时应采用严格控光灯具；

(4) 不宜采用栏杆照明方式。

由于桥梁往往会比连接道路窄，据此，可以参考桥梁连接道路的照明分级（M1～M5），适当提高一个级别进行照明设计，以确保其通行能力。

较高的照明水平，也是对驾驶员接近和驶入一个特殊路段的必要提醒。

对于桥梁上坡坡道，由于驾驶员视线水平向上，很容易看到灯具的出光面，设计应该非常小心地选择和布置灯具，避免造成大的眩光。同时，有可能存在的水面反光和桥体上部结构明亮装饰的反射，也可能对驾驶员造成影响。所以，眩光值是桥梁照明的一个计算重点。

立交桥的照明标准要满足：

(1) 为驾驶员提供良好的诱导性；

(2) 不但应照明道路本身，而且应提供不产生干扰眩光的环境照明；

(3) 在交叉口、出入口、曲线路段、坡道等交通复杂路段的照明应适当加强。因而，立交桥的照明标准也可以在连接道路的基础上提高一个等级。

立交照明要注意的是，每层桥面或地面的照度均匀度不能因为上层桥面的遮挡而降低。

2. 桥梁和立交桥照明的布置方式

桥梁由于结构的原因，可能会对路灯的安装位置提出一些限制，因而限制了灯具布置的灵活性。例如，有的梁式桥可能会限制灯杆的间距（图 4-47），灯杆位置基本跟着桥墩走。

图 4-47 梁式桥的照明

同时，桥梁的震动又对灯杆高度、照明系统的防震性能提出要求。

在各种限制条件下，照明系统的布置其实并没有很大的选择余地。更大的重点在于照明系统的选择，以及考虑光源的种类、功率，灯具的款式、配光性能，要在给定的条件下经过对不同照明系统的计算和其他因素的评估，选择最合适的。

桥梁照明布置的最基本方式是对称布置，或两侧对称，或中央对称，或中央及两侧对称，这是符合桥梁结构对称美观的需要。但在一些大型桥梁的引桥部分，也会根据情况采用单侧布置方式。

桥梁照明灯具的选择除了应满足照明计算的要求，从款式上也应考虑与桥梁和周围景观协调。与普通道路不同，桥梁形式千变万化，风格多种多样，很多桥梁还是当地的历史人文景观，如卢沟桥、赵州桥、南京长江大桥等，路灯及灯杆的安装就不能不考虑风格的一致。古典风格的石桥如果采用现代风格的路灯就可能会破坏整桥的视觉效果。

图 4-48 所示为一座古代桥梁的路灯照明。

图4-48　桥梁照明的风格协调

立交桥的形式取决于车流控制的需要和地理环境的限制，简单的有双层立交，复杂的有五层互通式立交。

对立交桥的照明布置，最重要的是在达到照明水平的同时，特别考虑对驾驶员的视觉诱导性。立交车流方向纷繁复杂（图4-49），如果灯杆设置不科学，就很容易误导驾驶员。

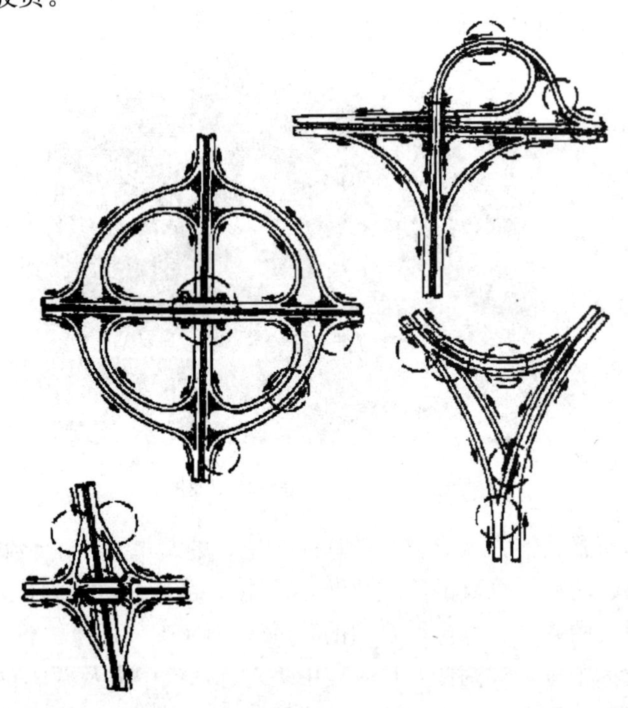

图4-49　各种立交桥

照明必须充分揭示整个视野的特征，让驾驶员任何时候都知道自己的位置和自己要去的方向。如果对整个立交区域不能提供连续的路灯照明，起码也要保证在交叉口、进出匝道点、弯道、坡道和其他类似的地理和交通复杂的地方的照明（图4-49中画圆圈处）。即使如此，这些典型区域的照明还需要一些延续。因为一方面驾驶员需要视觉适应的时间；另一方面从匝道驶入主干道时车速较慢，照明的延续可以便于加速和会入车流的操作。

对小型立交桥，可以采用常规照明方式，光源和灯具不宜过多，并且在平面交叉口，曲线路段、坡道、上跨道路和下穿地道等处的照明要符合相应道路特点的照明标准要求，如交叉口应较亮，上坡道和下穿地道等处的照明要符合相应道路特点的照明标准要求，上坡道灯具的横向对称面要垂直于路面等。灯杆的布置必须仔细斟酌，以便减少对驾驶员的眩光，特别要对路牌提供照明，且避免挡住路牌。

对大型立交桥，建议使用高杆照明，并符合高杆照明的标准要求，灯杆位置不能设置在危险地点和在维护时会影响交通的地方；灯具是对称布置还是非对称布置，取决于灯杆的位置与被照平面的形状，在提供路面照明的同时，应产生适宜的环境路亮度。

灯杆的布置和灯具的排布还应保证路面不因上层桥面的影响而产生阴影，必要时另设补充照明，如安装在上层桥体的吸顶路灯或在阴影处补充低杆路灯照明。

## 4.8 道路照明基本视觉特征

交通道路、隧道和桥梁是城市中每天担负运输的命脉，他们的照明是城市照明中最重要、最关键的部分，也是最具专业性的内容。

说起道路照明，首先人们会提起机动车道照明。其实，它的范围从城市交通的主干道一直延续到城市居住区人车混行的区间道路。毫无疑问，最重要的问题就是功能性照明。道路照明的功能主要有保证交通安全、加强交通引导性、降低犯罪率、提高道路环境的舒适性、美化城市、促进商业区经济繁荣等方面。道路照明在城市照明中扮演着城市“形象大使”的作用，人们对城市的感受往往也始于此。

### 4.8.1 照明与行车

关于照明与车行的问题主要是针对机动车道的照明而言。机动车道的照明应该研究驾驶员的视觉条件和要求，提出照明的原则和标准。

1. 驾驶员的视觉特性（图 4-50）

驾驶员的眼睛是保证安全行车的重要感觉器官，眼睛的视觉特性与交通安全密切相关。如果驾驶员的双眼视野过窄，则不利于行车安全。当驾驶员驾驶汽车高速行驶时，车外的树木、房屋等固定物体的映像在人眼视网膜上停留的时间太短，人眼来不及仔细分辨物体的细节。因此，随着车速的提高，驾驶员眼睛的有效视野会越来越狭窄。研究结果表明，驾驶员的动视力随着车速的变化而变化，一般来说动视力比静视力低 10%～20%。例如，以 60km/h 的速度行驶的车辆，驾驶员可看清前方 240m 处的交通标识；可当车速提高到 80km/h 时，则连 160m 处的交通标识都看不清楚。夜间视力与环境亮度有关，亮度加大可以增强视力。由于夜晚的低照度所引起的视力下降叫做夜近视。通过研究发现，夜间的交通事故往往与夜间光线不足、视力下降有直接关系。对于驾驶员来说，在一天中最危险的时刻是黄昏。因为在黄昏时，光线较暗，不开灯看不清楚；而当打开前照灯时，其亮度与周围环境亮

图 4-50 驾驶员的有效视野

度相差不大，因而不易看清周围的车辆和行人，往往会因观察事物发生事故。相向行驶车辆的远光灯、道路前方或周边出现的高亮度的反射光容易引起驾驶员的视觉不舒服和视看错觉。

2. 机动车道照明原则

机动车驾驶员在所看到的距离内紧急停车，在最短时间内作出超车的决断，能够看清道路的走向，能够在很远距离之外发觉障碍物，判断交叉路口及其所在位置，对行人穿越作出反应，辨认和阅读道路交通标识，所有这些均来自充分的视觉信息及安全感。需要注意，司机不应承受过高的视觉不舒适，另外，单调的环境容易降低司机的视觉灵敏度。机动车道的照明是要提供一个足够明亮、路面亮度相对均匀并能够呈现物体轮廓的照明环境。技术方面需要重点解决以下问题：

（1）可见度：可见度是道路照明评价中最为重要的指标，它与路面亮度和环境亮度直接相关。

（2）路面反射：路面反射的大小直接决定了司机对路面的亮度知觉。道路照明除了对晴天常规气象条件的研究之外，还需要对特殊气候条件进行专项研究，如雨天和冰雪的湿滑路面。

（3）灯具的光分布：道路照明的灯具设计尤其对光分布的要求较高，期望能够将绝大部分的有效光照抛向路面。为了减少眩光，还需要对灯具的截光角进行设计。

### 4.8.2　照明与行人

照明是衡量街道品质的基本标准之一，也是影响人们日常生活质量的主要因素。道路的照明除了机动车之外，行人的步道也应给予关注。世界各国进行了许多针对犯罪与照明关系方面的研究，其中一些研究成果表明，提供高质量的步道照明可以降低犯罪率。照明的不足往往会导致人们部分或完全没有视觉的认识，同时产生不安全感。夜间行人不安全感的体验和实际存在的危险与步行道的照度水平和照明质量密切相关。在空旷或比较空旷的公共区域，如果夜间照明条件良好，其不安全感就可以消失。当然，夜间广告橱窗照明继续开启也将有助于保持街道的活力，减少潜在的不利因素。

人脸的面部认识与照明条件的关系我们可以从表4-24中看出。鉴于距离和照度成反比的关系，为了使相向行走的人有足够的视觉信息，必须提供适当的垂直照度。

**面部认知与照明条件**（数据摘自日本照明学会）　　**表4-24**

| 人的面部特征辨认 | 图　例 | 距　离（m） | 必要的照度（垂直照度） |
| --- | --- | --- | --- |
| 面部方向 | | 4 | 0.5 |
| | | 10 | 1.5 |

续表

| 人的面部特征辨认 | 图　例 | 距　离（m） | 必要的照度（垂直照度） |
|---|---|---|---|
| 眼睛、嘴、鼻的位置 | | 4 | 1.0 |
| | | 10 | 2.1 |
| 五官清楚 | | 4 | 1.8 |
| | | 10 | 5.0 |

## 4.9 城市道路分类与照明要求

根据城市道路的性质、断面形式、路幅宽度、机动车和非机动车流量，城市中的道路一般分为高速路、主干道、次干道和支路。

1. 高速路（城市环线、高架）

高速路是为较高车速的长距离行驶而设置的，路幅宽度一般为40m左右。对向车道之间设有中间带以分隔对向交通。照明应保证驾驶者在整个途中的安全性和视觉的舒适性。

2. 主干道

主干道是城市道路网的骨架，主要连接城市各主要分区，以交通功能为主，路幅宽度一般为50～60m。城市主干道是城市的繁忙地段，包括各种混合的交通条件。照明面临的挑战是既要保证道路车流的安全通行，又要保证行人的交通安全。因此，足够和均匀的照明是理想可见度的保证。

3. 次干道

次干道的照明设计与主干道相比，要求会低一些。但是由于次干道大部分仍然是混合型的交通，充分的照明均匀度才能保证安全性和安全感。

一般来说，次干道的宽度比主干道要窄，所以灯杆的高度也会低些。这就要求灯具的反射器必须有精确的设计，产生良好的光照分布。

4. 支路

支路是指通向城市居住区的各种道路，主要的使用者是城市居民，同时也会有各种机动车和非机动车行驶，但速度会降低很多，所以驾驶员观察障碍的时间也大大增加。夜间照明的技术要求不单是道路表面的亮度，还要满足以下行人的视觉要求：

（1）环境中的视觉定向；

（2）察觉障碍物；

（3）识别其他人的步行方向和目的；

（4）看清街道标识和门牌号码；

（5）注意站牌、垃圾桶、消火栓、路边石等。

5. 交叉口与城市立交

在当今现代化城市，由于城市车辆的数目激增和道路的拥堵，各种交叉口与城市立交几乎成为城市发展的普遍设施。比起其他形式的道路，交叉口与城市立交的交通流量大、密度高，因此照明在夜间尤为重要。

交叉口及城市立交的照明方案没有定律。城市立交通常为曲线交错，又有多个出口，灯杆的间距应该小一些，以满足高照度的要求。立交的照明常常采用高杆照明的方式，为了达到照明设计标准，应注意灯位的选择和合适的光束（应选用场地照明和泛光照明的灯具）。灯杆的高度设计主要依据立交的高度。

表4-25、表4-26是国际照明委员会CIE道路照明的指南。

表4-27、表4-28是国际照明委员会CIE推荐的道路与交叉口的照明等级与相应照明标准。

**CIE不同类型道路的照明等级** **表4-25**

| 道路的特征 | 照明级别 |
|---|---|
| 带有分隔车道，无平面交叉口和出入口完全控制的高速行驶公路的机动车道、快车道 | M1，M2或M3 |
| 高速公路、复式车道 | M1或M2 |
| 重要的城市交通道路、辐射式道路、区域间分布道路 | M2或M3 |
| 连接不太重要的道路、近郊的分布道路、住宅区主要道路、提供直接到达房屋并通向连接公路的道路 | M4或M5 |

**CIE对道路照明的推荐值** **表4-26**

| 照明等级 | $L_{ave}$ | $U_O$ | $U_L$ | $TI$ | $SR$ |
|---|---|---|---|---|---|
| M1 | 2.0 | 0.4 | 0.7 | 10 | 0.5 |
| M2 | 1.5 | 0.4 | 0.7 | 10 | 0.5 |
| M3 | 1.0 | 0.4 | 0.5 | 10 | 0.5 |
| M4 | 0.75 | 0.4 | — | 15 | — |
| M5 | 0.5 | 0.4 | — | 15 | — |

注：$L_{ave}$——平均亮度（Average Lumen）；

$U_O$——整体均匀度（Overall Uniformity）；

$U_L$——径向均匀度（Longitudinal Uniformity）；

$TI$——阈值增量（Threshold Increment）；

$SR$——环境系数（Surround Ratio）；

CIE 115—1995 推荐的道路与交叉口照明等级 表 4-27

| 照明等级—道路 | 照明等级—交叉口 | 照明等级—道路 | 照明等级—交叉口 |
|---|---|---|---|
| M1 | C0 | M4 | C3 |
| M2 | C1 | M5 | C4 |
| M3 | C2 | * | C5 |

CIE 115—1995 推荐的道路交叉口照明标准 表 4-28

| 照明等级 | 路面整体照度 E (lx) | 照度均匀度 | 照明等级 | 路面整体照度 E (lx) | 照度均匀度 |
|---|---|---|---|---|---|
| C0 | 50 | 0.4 | C3 | 15 | 0.4 |
| C1 | 30 | 0.4 | C4 | 10 | 0.4 |
| C2 | 20 | 0.4 | C5 | 7.5 | 0.4 |

## 4.10 道路照明维护与管理

照明设施的维护与管理人员主要包括：照明设备的管理负责人员、照明的维护管理人员、维护和检修的主要人员。

### 4.10.1 维护管理人员的职责

照明设备管理负责人员的职责：

(1) 收集上级部门的安全卫生、电力运行等方面的管理及规定，并负责贯彻执行；

(2) 负责照明维护管理计划的制订；

(3) 收集并了解相关行业的照明标准；

(4) 收集并了解照明产品的技术资料及新的照明技术信息；

(5) 保证电力的合理运用；

(6) 保证良好照明工作环境的有效性；

(7) 收集整理下属各照明设施的运行情况。

照明维护管理人员的职责：

(1) 负责照明维护管理计划的实施；

(2) 负责详细记录照明设备的运行情况；

(3) 分析照明产品运行过程中出现的问题，并制订解决方案；

(4) 提出改善和提高照明工作环境的方案；

(5) 根据使用情况制订照明产品的购买计划。

维护和检修的主要人员的职责：

(1) 负责检查及处理照明运行过程中出现的问题；

（2）负责光源、灯具及其附件的更换；

（3）负责光源、灯具及其附件的清扫；

（4）负责照明设施运行过程中各产品技术参数的检测；

（5）负责照明工作环境的照明情况的检测。

### 4.10.2　维护参数

引起光损失主要有四个因素：光源光通量衰减、光源及镇流器损坏、灯具污垢积累、房间表面的污染。光源的光通量随着时间及使用程度而衰减，但耗电却始终不变。由于人眼对于照明条件的变化适应力极强，大多数人不会注意到照明水平在逐渐下降。但是最后照度会降到影响场所的照明环境、工作人员的工作及安全的程度。过去，一些非照明专业人员通过增加灯数补偿未来出现的光损失这个问题。这种办法简化了维护，但又增大了投资成本、电费以及与之相关的污染。

1. 光源光通量衰减

光源在使用过程中，随着时间的推移，发出的光通量逐渐降低。这种变化称为光源光通量衰减（也称光通量维持率），用初始光源光通量的百分比表示。一般以光源点燃100h的光通量为基准，与经过一定时间以后的光通量之比，称作这时的光通量维持率 $f(t)$，其计算公式如下：

$$f(t)=F(t)/F(100)\times 100 \tag{4-16}$$

式中，$F(t)$ 为光源点燃 $t$ 小时灯的光通量（lm）；$F(100)$ 为光源点燃100h灯的光通量（lm）。

不同光源的光衰速度是不一样的，同一类型的光源光衰速度也是不同的。影响光源光通量衰减的主要因素是光源内壁上的积炭或灯管发光涂层的老化，这些又受到光源自身的质量、镇流器及附属设备的质量、照明装置的运行条件（如环境温度、电源电压、光源的点燃位置等）的影响。白炽灯及高压钠的光源光通量衰减最小（即在其整个使用寿命中能保持光输出接近初始光通量）。荧光灯、金属卤化物灯、高压汞灯光通量衰减较快。各种光源都有自己的光衰曲线和寿命曲线，有了这两条曲线，就可以确定该光源光通量的衰减系数。

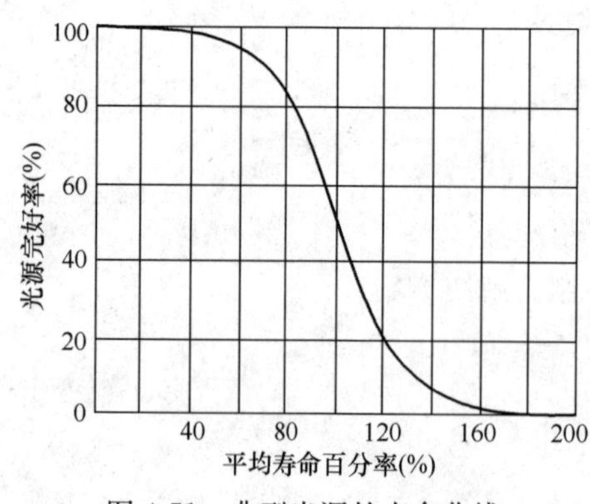

图4-51　典型光源的寿命曲线

图4-51所示为某典型光源的寿命曲线。可以看出，当光源用至平均寿命的80%时，已有20%损坏了，这样就不能达到场所作业所要求的照度值。我们可以在光源用至平均寿命的70%时来确定其光衰系数，此时仅有10%的光源损坏不亮，达到的照度值与场所作业所要求的照度值相差不大。根据实验和调查，各种光源光衰系数为：白炽灯0.92、荧光灯0.8、高压钠灯0.88、金属卤化物灯0.85。考虑到我国光源的实际产品质量，我国照明标准确定的光源

光通量的衰减系数如表 4-29。

**光源光通量的衰减系数**　　**表 4-29**

| 光源种类 | 白炽灯 | 荧光灯 | 汞灯 | 高压钠灯 | 金属卤化物灯 |
|---|---|---|---|---|---|
| 光衰系数 | 0.92 | 0.8 | 0.78 | 0.88 | 0.85 |

光源光通量维持率越高，经过一定时间的光通量变化越小，初期设备费和电力费的投入就越少。通常当出现下列情况时，则认为气体放电灯已达到了其使用寿命极限：

①光的颜色明显改变；

②光亮度显著降低；

③不能启动。

此时标志着光源达到其终了寿命。为了达到一定的照度水平，通过提前更换光源，用更少的灯泡和更低的耗电达到同样的照度水平。

2. 光源及镇流器损坏

光源及镇流器一旦损坏即不再发光。有时损坏的灯泡及镇流器数月后才被换掉，严重影响了照明工作场所的照明条件。

（1）光源损坏

光源生产厂家一般在产品使用说明书中列出了产品“平均额定寿命”。这是累积损坏光源达到一半时的点燃时间。有些灯泡安装后很快便坏了，随着使用时间增加损坏率也增加。影响光源寿命的因素如下：

①镇流器电路类型不同；

②安装失当；

③产品自身因素；

④光源的开启次数。

根据所用光源类型及工作条件，可以准确计算光源损坏率或光源的亮灯率。光源使用后，随着时间的推移，光源就逐个不亮。这时以开始时的灯数为基准，与经过一定时间后还保留点亮的灯数之比，称作这时的亮灯率 $n(t)$，其计算式如下所示：

$$n(t) = N(c)/N(0) \times 100 \tag{4-17}$$

式中，$N(c)$ 为点燃 $t$ 时间后亮灯的数量；$N(0)$ 为初期点灯时的数量。

将点灯时间与亮灯率之间的关系在坐标图上表示出来，称作亮灯率曲线（图 4-52）。亮灯率曲线对于确定光源的更换时间和维修供应计划提供出有效信息。通过计算可以预先安排好在严重损坏刚要出现之前成批换灯。在 70%额定寿命时，成批换灯可降低光源损坏造成的光损失，以及降低零散换灯带来的费时费力等。另外，灯具中使用过期的光源会让镇流器提前损坏。在成批换灯间隔期内损坏的个别光源是容许的，必要时可个别更换。

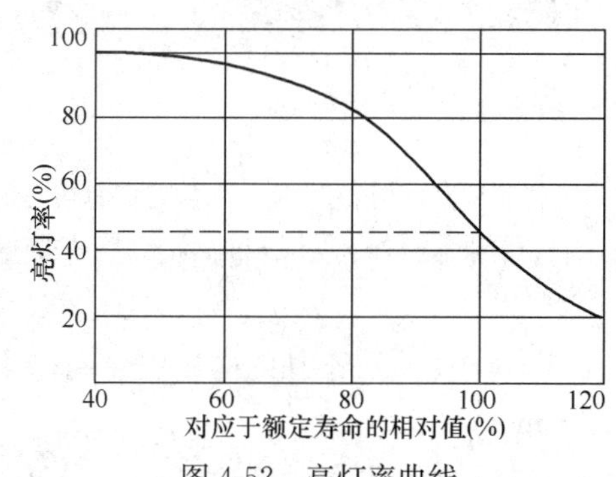


图 4-52　亮灯率曲线

通常当出现下列情况时，则认为气体放电

灯已达到了其寿命极限：

①自行重复启动熄灭过程；

②已达到规定的使用寿命，即当光源光通量低于其额定光通量的80%时所燃点的时间。

(2) 镇流器损坏

镇流器一般比光源寿命长，其寿命主要由其工作温度决定。工作温度随镇流器类型、灯具外壳散热特性及灯具安装方法而变，这些因素使镇流器寿命更难计算。因为电子镇流器发热小，电子镇流器预期寿命长于电感镇流器。

## ※4.11　道路照明新理论的应用

随着照明科技的发展，从事照明应用研究的产品开发的专家、学者一直没有停止对道路照明理论和应用的探索。实际上，对于道路照明这一可能是地球上消耗最多能源的照明应用领域，人们一直在追求更加合理的照明，以使得道路照明的质量更高，交通更加安全和高效，而能源消耗更少。

### 4.11.1　小物体的可视度和逆光照明系统

1. 小物体的可视度（STV）

对于道路照明而言，道路上的小物体的可视度理论是非常重要的。因为正是基于小物体的可视度（Small Target Visibility），才能确定道路照明质量的好坏，如图4-53及图4-54所示。

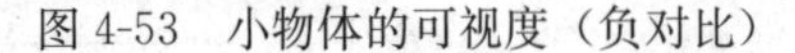

图4-53　小物体的可视度（负对比）

图4-54　小物体的可视度（正对比）

小物体的可视度主要取决于路面上的小物体的亮度和其背景亮度。利用一个小的正方体或球体来做实验，对目标物和其背景的亮度进行测量，并定义小物体的可视度为

$$C=(L_b-L_a)/L_b=\Delta L/L_b \tag{4-18}$$

式中，$C$为观察到的对比度；$L_a$为目标亮度（$cd\cdot m^{-2}$）；$L_b$为物体周围背景的亮度（$cd\cdot m^{-2}$）。

只要观察的时间超过0.2s，人眼就会适应物体周围环境的亮度水平，这时，观察到的对比度就和背景亮度有关，一般将周围环境的面积取成和目标物体一样大。一个物体能否被道路使用者看清楚，主要取决于阈值对比度 $C_{th}$。阈值对比度 $C_{th}$ 是指刚刚被观察者所能察觉到的对比度。这个值并非常数，和下列因素有关：物体所处背景亮度、观察者的年龄、物体的视角大小、光幕亮度，以及观察时间等。将观察对比除以阈值对比度，便可得到可视水平 $VL$（Visibility Level），为

$$VL = C/C_{th} \tag{4-19}$$

当 $VL$ 值大于 1 时，表明物体恰好能被看到。但实际上在道路上行驶，远比仅仅看到障碍物复杂，故一般都要求提高 $VL$ 的最小值在反射系数为 0.2 时，采用 Adrain 在 1989 年的文章中提出的 10 作为最小值。而阈值对比度得出的条件为：观察者年龄为 25 岁，正方体被观察物的边长为 0.18m，观察者和目标的距离为 83m，观察时间为 0.2s。

2. 逆光照明系统

逆光照明系统是典型的非对称配光照明系统。其特点是最大光强方向（光束透射方向）和交通车流方向相反，而在交通车流方向没有投射光，如图 4-55 和图 4-56 所示。

图 4-55 逆光照明系统

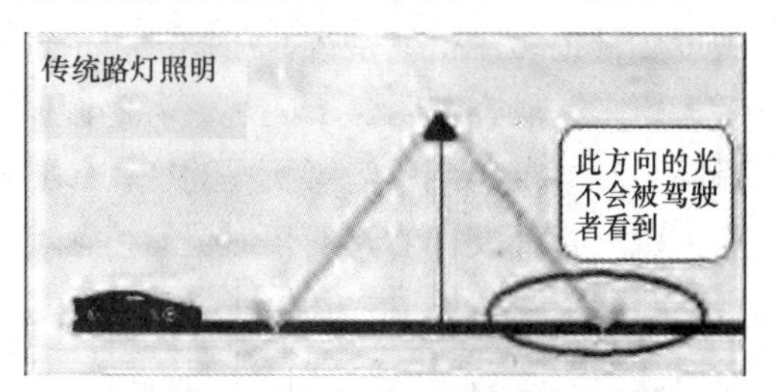


图 4-56 传统路灯照明系统

正是由于逆光照明系统在和交通车流相同的方向上没有投射光，则放置在路面上的物体朝向驾驶者的一侧几乎不受光，如图 4-57 和图 4-58 所示。

图 4-57 逆光照明系统物体的可视性

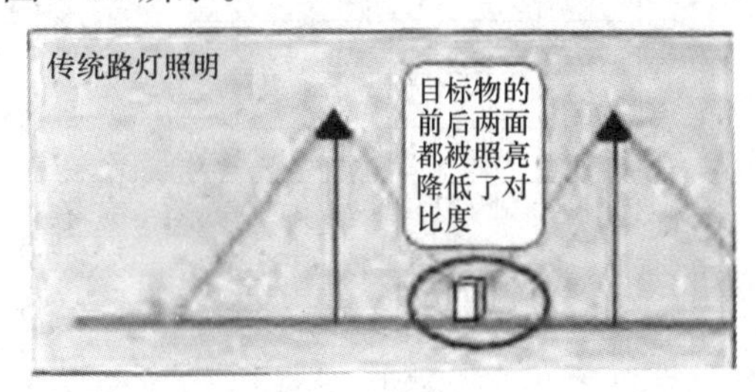


图 4-58 传统路灯照明系统的可视性

根据公式（4-15）可知，在目标物所在路面亮度 $L_b$ 相同的情况下，物体朝向驾驶者表面的亮度 $L_a$ 越低，则 $|L_a - L_b|$ 越大。因为一般情况下 $L_b$ 都大于 $L_a$，相应的目标物的可视度就越高。

根据逆光照明原理，一些照明公司已开始着手逆光照明灯具的开发（图 4-59），逆

图 4-59 逆光照明灯具

光照明系统的应用可降低路面所需亮度，而路面上障碍物的可视度却不受影响，从而节约大量能源的消耗。

### 4.11.2 光谱光视效率和高显色性光源在道路照明中的应用

1. 不同视觉状态下的光谱光视效率

（1）光谱光视效率V（λ）

在光辐射中只有波长处于380～780nm之间的辐射是可见的，即一般所称的可见光。人眼之所以能感受到可见光，主要由于视网膜上布满的大量感光细胞的作用。感光细胞主要有两种：杆状细胞和锥状细胞。杆状细胞灵敏度高，主要在低照度水平起作用，并主要分布在视觉区域的周边；锥状细胞灵敏度较低，主要在高照度水平起作用，但能很好地区分颜色，并主要分布在视觉区域的中间部分。在两种细胞中都有感光物质，当光辐射照到视网膜上，感光物质发生化学变化，刺激神经细胞，最后由视神经传到大脑，产生视觉。

人眼对不同颜色（波长）的灵敏度是不一样的，对绿光的灵敏度最高，而对红光的灵敏度则低很多。也就是说，相同能量的绿色光和红色光，前者在人眼中的视觉强度要比后者大得多。研究表明，不同观察者的眼睛对各种波长的光的灵敏度稍有不同，而且还随着时间、观察者年龄和健康状况而变。CIE将各种情况的人眼对视觉的反应取平均，得出平均人眼对各种波长的光的相对灵敏度函数，即光谱光视效率$V(\lambda)$。

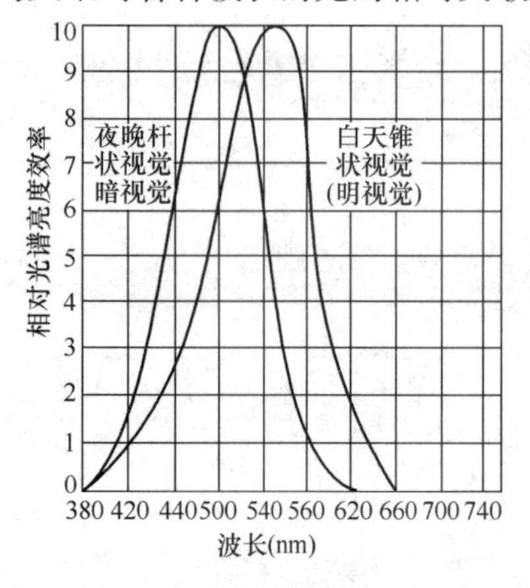


图4-60 明视觉和暗视觉的光谱光视效率

（2）视觉状态

在不同的视觉状态下，人眼的光谱光视效率是不完全一样的。在高照度水平情况下，亮度超过3cd·$m^{-2}$，一般定义为“明视觉”；但当照明水平非常低时，如低于0.01cd·$m^{-2}$，则为“暗视觉”状态；而介于两者之间则为“中间视觉”状态。明视觉和暗视觉相应的光谱光视效率函数如图4-60。

在暗视觉状态下，人眼对黄色光和红色光的敏感度极大地降低，而对短波长的蓝色光和绿色光的反应灵敏度极大地提高。

在夜间有照明的道路上，人眼的视觉处于中间视觉状态。人眼中的杆状细胞和锥状细胞同时起作用。锥状细胞对视线直接所及的物体起反应，而杆状细胞则对不在视线轴线上的大物体产生感应。

2. 有效光通量

光源光通量的确定与光源的光谱能量分布（spectral power distribution）和人眼的视觉反应有关。光被定义为由人眼感应到的光谱能量。在过去的照明理论和实践中，一般光源的光通量由下列公式算出，即

$$\Phi = K_m \int_{880}^{780} P(\lambda) V(\lambda) d\lambda \qquad (4\text{-}20)$$

式中，$P(\lambda)$为辐射体的光谱功率分布函数。一般说来，光源的光通量均以明视觉状

态的光谱光视效率曲线进行计算，$K_m$ 也是以 $1cm^2$ 表面黑体，使其在白金凝固温度下工作得出的一个常数：$K_m=683$。但在暗视觉状态，由于光谱光视效率曲线发生变化，光源所标称的光通量实际上不再反映真实的人眼感受到的光的多少，所以有必要引入有效光通量的概念。其定义为

$$\Phi' = K_m\int_{380}^{780} P(\lambda)V'(\lambda)\mathrm{d}\lambda \tag{4-21}$$

式中，$\Phi'$为光源的有效光通量；$V'(\lambda)$ 为暗视觉的光谱光效率。在暗视觉时 $K'_m=1700$。可以理解，有效光通量不同于传统的明视觉光通量。

3. 金属卤化物灯在暗视觉下的有效性

(1) 钠灯

从高压钠灯的光谱能量分布图（图 4-61）上可看出，钠的最大能量输出分布在黄色区域，而人的眼睛在明视觉状态下对此区域的反应灵敏度也是最高的。这就是为什么在同样的功率下，高压钠灯有高的流明输出的原因。

但在暗视觉状态下，由于光谱光视效率曲线向蓝光、绿光区域偏移，而高压钠灯在此区域的光谱能量分布较少，造成高压钠灯的有效光通量降低很多。

对低压钠灯而言，这种现象更明显。实际上，由于低压钠灯所有的能量输出都集中在黄色区域，使得低压钠灯有极高的明视觉流明输出。而在低照明水平下（暗视觉），低压钠灯在视觉敏感的波长范围几乎没有能量分布，这使得低压钠灯在低照明水平下的有效性（有效光通量）极大降低。

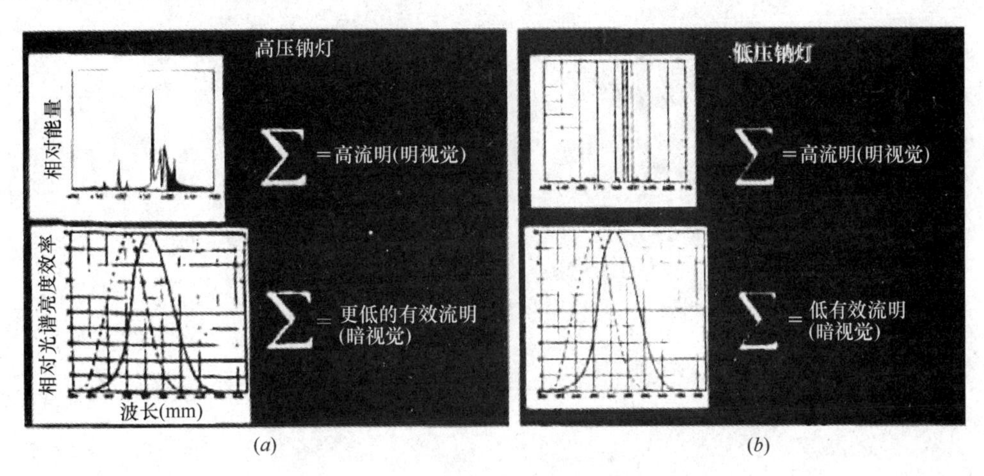


图 4-61 高压钠灯和低压钠灯的光谱能量分布
(a) 高压钠灯；(b) 低压钠灯

(2) 金属卤化物灯

从金属卤化物灯的光谱能量分布图（图 4-62）上可看出，金属卤化物灯在蓝色、绿色和黄色区域都有高峰值。同时，在几乎所有波长都有相当连续的能量输出。

在低照度水平下，由于光谱光视效率曲线向金属卤化物灯含量较多的蓝色、绿色区域偏移，一次金属卤化物灯的有效光通量反而提高。

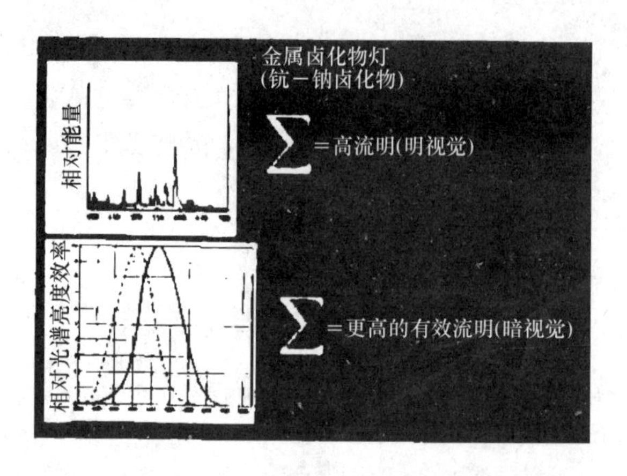


图4-62　金属卤化物灯的光谱能量分析

示范题

**1. 单选题**

(1) 道路照明设计时影响节能的光源指标是？(　　)

A. 光源的光效　　B. 光源的光通量　　C. 光源的光谱　　D. 光源的光衰

**答案：** A

(2) 荧光灯的光效主要由什么决定？(　　)

A. 环境温度　　B. 电源频率　　C. 荧光粉　　D. 电源电压

**答案：** C

(3) 在下列哪些材料表面涂以冷光膜，从而能透射红外线与反射可见光。(　　)

A. 聚醚胺　　B. 聚醚砜　　C. 聚苯硫醚　　D. 聚酰胺

**答案：** A

**2. 多选题**

根据触发器的连接方式，高压钠灯的工作电路有哪些？(　　)

A. 串联触发器电路　B. 并联触发器电路　C. 半串联触发器电路

D. 半并联触发器电路　E. 串并联触发器电路

**答案：** A、B、D

**3. 判断题**

纵向均匀度是指对在车道中间轴线上面对交通车流方向的观察者而言的最大亮度与最小亮度的比值。(　　)

**答案：** 错

# 第5章　景　观　照　明

## 5.1　城市景观照明的基本原则和要求

### 5.1.1　概述

城市夜景照明用灯光重塑城市景观的夜间形象，是一个城市社会的进步、经济发展和风貌特征的重要体现。

目前世界上发达国家中不少城市的夜景有如灯的海洋，照明的要求、艺术水平、文化品位较高；发展中国家的夜景工程建设从无到有，发展也十分迅速。

自新中国成立以来，我国城市夜景照明建设在不断发展，但是比较集中的大规模的建设城市夜景照明工程还是从1989年上海启动外滩和南京路夜景照明建设开始的。20年来，北京、天津、重庆、广州、深圳、大连、南京、青岛、昆明、成都、西安、银川、兰州、乌鲁木齐等许多城市，都进行了规模不一的夜景照明工程建设。建设城市夜景引起了国内外社会各界，特别是城建和照明工作者的高度重视。通过对部分代表性城市夜景照明的调查和近年多次城市夜景照明学术会议交流的经验，以及国际城市夜景照明发展的趋势三个方面总结分析，普遍认为在进行城市夜景照明建设和设计时，应遵循以下10条基本原则：

(1) 按统一规划进行建设的原则；

(2) 按标准和法规进行设计的原则；

(3) 突出特色和少而精的原则；

(4) 慎用彩色光的原则；

(5) 节能环保，实施绿色照明的原则；

(6) 适用、安全、经济和美观的原则；

(7) 积极应用高新照明技术的原则；

(8) 切忌简单模仿，坚持创新的原则；

(9) 从源头防治光污染的原则；

(10) 管理的科学化和法制化原则。

### 5.1.2　基本原则和要求

1. 按统一规划进行建设的原则

随着城市夜景照明的发展，人们逐步认识到城市夜景照明是一项系统工程，它包括城市的建筑物、构筑物、街道、道路、桥梁、广场、公园、绿地，市内河道及水面，室外广告和城市附属设施，如公汽站台、电话亭、书报亭和公用标志等的照明，只有把这些构景元素的夜景照明协调、有机地组合在一起，进行统一的规划，才能形成一幅和谐优美的夜景画面。也就是说，城市夜景照明总体规划是对一个城市的地区、景区、景点和景物照明的功能和艺术性的总体考虑或筹划。根据城市景观元素的地位、作用、特征等因素，从宏观上规定构景元素照明的艺术风格、照明水平及照明的色调等，组合成一个完整的照明体系，作为城市夜景建设的依据。

调查近年国内外部分城市夜景照明，发现不少城市在开始进行夜景照明建设时，城市夜景照明总体规划普遍滞后，夜景照明单位自发行事，各自为之，从而出现顾此失彼，该亮的不亮，不该亮的反而很亮的现象；或满足于用灯把建筑照亮或加点彩灯，缺少艺术水平和文化品位，这样整个城市的夜景景观零乱，没有主次和特色，夜景照明的总体效果较差；有的则为迎接节日庆典或其他重大政治活动，匆匆上马搞的夜景照明工程，可谓粗制滥造，活动过后无人问津，造成人力、物力和财力的浪费。

规划是建设有自己特色的城市夜景照明的基础。只有坚持按规划进行建设的原则，也就是在体现本城市市容形象特征的夜景照明规划的指导下进行建设，方能防止自发行事，避免浪费，以求城市夜景照明获得较好的总体效果，并使城市夜景照明步入健康有序的发展轨道。

为了落实按规划进行建设的原则，应做到：

（1）要在本城市总体规划基础上，制定好城市夜景照明专项规划，并严格执行规划。在制定和执行规划时，要求规划定位必须准确，不能一般化。应按目前流行的地区形象设计（DIS）规划模式，使规划真正反映本城市的形象特征和它的政治、经济、文化、历史、地理及人文景观的内涵。例如北京城市夜景照明规划定位是历史文化名城和现代化国际大都市并重，把保持古都历史文化传统和整体格局，体现民族传统、地方特色、时代精神融为一体，用灯光塑造首都北京雄伟、壮观的伟大形象。

（2）规划要目标明确，突出建设重点。一般说反映本城市特征的景区或景点并不多，以北京为例，规划时以天安门地区和北京城的南北中轴线及长安街东西轴线上的标志性夜景工程作为重点进行建设。又如上海以外滩、南京路和陆家嘴地区的夜景工程为重点进行建设均收到了较好的效果。

（3）规划应提出夜景照明建设的组织管理模式、实施方案和相应的政策措施。这是落实规划的必要条件。

（4）经政府批准的夜景照明规划具有法律效力，应严肃执行。执行过程中对规划中的重点工程或项目要多加关心、支持，对不按规划建设，破坏整个城市夜景总体效果的应有相应的处理规定，并令其改正，使建设夜景规划落到实处。

2. 按标准和法规进行设计的原则

夜景照明标准和法规是进行夜景工程设计和建设的依据，也是评价夜景工程设计方案和照明效果好坏的准绳。因此，必须按标准规范办事的原则应引起设计、建设和管理人员的高度重视。调查发现，不少已完工的夜景工程，有的过亮，有的照度不够，光的彩色和建筑风格不一，或是照明设备的防护等级不合规范要求，照明的质量指标严重偏离标准或规范的规定数据，甚至有少数设计人员对夜景照明标准知之甚少或不了解，从而严重影响夜景照明设计和建设水平的提高，或造成能源、设备和资金的浪费。

落实坚持按标准和法规设计和建设夜景工程的原则，要求设计和管理人员认真学习有关标准、规范和文件，深刻理解其内容，并贯彻到夜景工程的设计和建设中去。与夜景工程设计和建设相关的标准规范很多，而重点了解的有以下两个方面：

（1）设计标准和规范方面：

1）JGJ/T 16—1992《民用建筑电气设计规范》中的景观照明标准；

2）CJJ 45—1991《城市道路照明设计标准》；

3）JGJ/T 119—2008《建筑照明术语标准》；

4）GB 7000.1—1996《灯具的一般安全要求和试验》中的室外灯具部分；

5）GB 7000.3—1996《庭院用的可移动式灯具安全要求》；

6）GB 7000.5—1996《道路和街路照明灯具的安全要求》；

7）GB 7000.7—1996《投光灯具安全要求》；

8）GB 7000.9—1996《串灯安全要求》；

9）GB 7000.8—1996《游泳池和类似场所用灯具安全要求》；

10）GB 50054.4—1995《低压配电设计规范》；

11）GB 50057—1994《建筑物防雷设计规范》；

12）CJJ 89—2001《城市道路照明工程施工及验收规程》；

13）GB 50217—1994《电力工程电缆设计规范》；

14）JG/T 3050—1998《建筑用绝缘电工套管及配件》；

15）JTJ 026.1—1999《公路遂道通风照明设计规范》。

（2）法规方面：

1）本城市的建设总体规划，如北京城市建设总体规划；

2）本城市的夜景照明总体规划，如北京城市夜景照明建设纲要；

3）本城市市容环境工程规定，如北京市市容环境卫生条例；

4）《北京城市夜景照明管理办法》（京政办发［1999］72号）。

（3）由于城市夜景照明在我国起步较晚，有关标准法规不健全，甚至还未制定。因此，一方面建议有关部门尽快制定这方面的标准法规，另一方面需参考国际上，特别是国际照明委员会（CIE）的有关标准和规定进行设计和建设。CIE有关夜景照明的技术文件：

1）《泛光照明指南》CIE第94号出版物，1993年；

2）《城区照明指南》CIE136-2000号出版物；

3）《机动车及步行者交通照明的建议》CIE115出版物，1995年；

4）《机动车交通道路照明建议》CIE第12.2号出版物；

5）《室外工作区照明指南》CIE第68号出版物，1986年。

此外，要求设计和管理人员了解北美照明协会，英国、德国、日本、俄罗斯、法国、澳大利亚等国家的夜景照明标准和法规对落实这一原则也是有益的。

3. 突出特色和少而精的原则

所谓突出特色和少而精的原则就是指一个城市的夜景照明要有自己的特色。夜景工程数量不一定要多，关键是创建夜景精品，不要一般化。但调查发现，不论是夜景建设启动较早的城市，还是近年新搞夜景照明的城市，夜景工程很多，但夜景“精品”甚少。我们应在现有的基础上，按突出特色和少而精的原则，以反映城市特色的工程或景点为重点，以创建精品为目标，把城市夜景照明推上一个新的台阶。

（1）突出特色

一个城市的夜景照明是否有特色，关键是要准确把握该城市市容形象的基本特征。我们知道，城市是一定地域中社会、经济和科学文化的统一体。一般说构成城市市容形象有自然和人文两个因素。自然因素是指城市的自然条件、地理环境，特定的自然条件形成特定的自然特色，这是构成城市市容形象的本底。人文因素是指人为的建设活动，是形成城市市容形象最活跃的因素。

如何从实际出发，把握各自城市形象的基本特征，著名的建筑大师张锦秋院士说得好：“城市性质定品味，城市规模定尺度，历史文化见文野，自然环境凝风格”。这就是说应从四个方面把握城市形象的基本特征。具体做法是从了解城市的自然与人文景观，调研城市历史发展，确定城市标志性建筑（含城市雕塑）三个主要方面入手，通过社会调研，提出能反映城市形象特征的研究报告，作为规划与设计城市夜景照明的依据。这样就能创造有各具特色、个性鲜明的城市夜景照明，避免千城一面、彼此雷同的现象产生。

（2）抓住重点，创建精品

对夜景精品的要求是多方面的，如设计的艺术构思是否有新意？用光方法是否合理？照明技术是否先进？使用的照明器材的性价比是否好？是否节能？等等。而最主要的是照明是否准确地塑造出被照对象的形象特征和文化内涵。如何利用灯光突出形象特征，创建精品呢？

1）从塑造形象入手

光具有很强的艺术表现力，被誉为艺术之灵魂。世界上万物的形象只有在光的作用下才能被人们感知识别。正确地利用光，包括用光的数量、光的色彩和照射方向等塑造被照对象的艺术形象，提升它的艺术效果和品位，否则就会导致形象的平庸和一般化。

用灯光塑造形象时，应注意以下几点：

①紧扣形象主题，被照对象的性质和地位决定了它的主题。这是进行照明构思和创意的出发点。用灯光塑造形象的关键是不要离题。文不对题的用光不仅不能准确表现被照对象的形象，甚至还会歪曲形象。比如天安门地区作为全国政治文化中心，它的形象主题是雄伟、庄重和大方。如果用商业或娱乐场所的灯光塑造它的形象，结果是适得其反，导致破坏或歪曲了它的景观形象。

②抓住重点，画龙点睛。人们说没有重点就没有艺术而落入平庸。抓住被照对象的重点部位，强化光的明暗对比，画龙点睛，把要塑造的形象或细节突现出来，形成引人入胜的视觉中心，从而在观赏者的心目中产生流连忘返的深刻印象。

③提倡使用多元的空间立体照明方法。从调查资料看，许多夜景工程不考虑照明对象的具体情况，采用单一的泛光照明方式，虽然照得很亮，但是照明缺少层次，立体感差，照明总体效果甚差，而且耗电量大，光污染的问题突出，达不到塑造形象、美化夜景的要求。因此用灯光塑造形象一般不宜用单一的照明方式，提倡使用多元的空间立体照明方法。所谓多元的空间立体照明方法，就是综合使用泛光照明、轮廓灯照明、内透光照明或

其他照明方法表现照明对象的形象特征及它的文化和艺术内涵。

2）更新照明设计思想或观念

精品佳作之所以出现，重要的一条是源于设计人员的设计思想（理念）的更新和设计水平的提高。把夜景照明作为一种文化，以人为本，强调照明的艺术性、科学性和视觉上的舒适性，注重照明对象景观形象的塑造，这是这几年夜景照明设计思想的重大更新。设计人员按新的设计思想，应用照明科技的新技术、新产品、新工艺，对夜景照明方案进行精心设计，从而创造出一个又一个精品佳作。

4. 慎用彩色光的原则

彩色光在建筑夜景照明中的应用问题，国际照明委员会（CIE）第94号技术文件《泛光照明指南》一再强调应持慎重态度。其原因：①彩色光具有很强的感情色彩。②使用彩色光涉及的技术问题和影响因素较多。若使用不当，往往会歪曲建筑形象，降低甚至破坏建筑夜景照明效果。在我国夜景照明正在兴起的时候，强调这个问题，把它作为一条原则是有益的。然而调查发现，在我国部分建筑的夜景照明中已使用了彩色光，而且较为混乱，特别是一些中小城市的建筑夜景照明，大红大绿，与建筑的风格、功能、墙面色彩和环境特征很不协调的照明实例也不少。这种情况应引起重视和注意。

造成随意使用彩色光的原因：一是有的业主或设计人员在观念上总认为夜景照明就是花花绿绿，在使用彩色光上带有很大的主观随意性。特别是个别业主违背自身建筑的特性，要求设计人员使用彩色光，要求自己的建筑跟商业或娱乐建筑的夜景照明一样流光溢彩，最后的效果是适得其反。二是设计人员对彩色光的基本特性和应用规律了解不够，加上设计时，对建筑的功能、艺术风格、墙面和周围环境的彩色状况考虑欠周密，以致无法把握使用彩色光的规律，留下许多遗憾。

落实这一原则的措施：一是强调在夜景照明中慎用彩色光的原则的重要性，防止彩色光使用的主观随意性；二是宣传普及彩色光特性和彩色光使用规律的基本知识；三是把握住彩色光使用的基本原则和选用彩色光的方法步骤。

彩色光使用的基本原则：

(1) 彩色光和建筑功能相协调的原则。比如一些大型公共建筑，如政府办公大楼、重要的纪念性建筑、交通枢纽、高档写字楼和图书馆等，在功能上和商业建筑、文化娱乐建筑及园林建筑等差别甚大。这些建筑夜景照明的色调应庄重、简洁、和谐、明快，一般应使用无色光照明，必要时也只能局部使用小面积的彩色光，而且彩色光的彩度不宜过大。对商业或文化娱乐建筑可采用彩度较高的多色光进行照明，以造成繁华、兴奋、活跃的彩色气氛。

(2) 彩色光的颜色和建筑物表面的颜色相协调的原则。一般地说，暖色调的建筑表面宜用暖色光照明，冷色调的建筑表面宜用自发光照明，对色彩丰富和鲜艳的建筑表面宜用显色性好、显色指数高的光源照明。彩色光的获得，一是选用彩色光源；二是使用彩色滤光片。由于彩色光源的寿命较短，光效低，如蓝色400W的金属卤化物灯的光效只有普通金属卤化物灯的25%，因此往往使用彩色滤光片获得彩色光。

(3) 彩色光与建筑周围环境的色调和特征相协调的原则，不要出现过大的色差。选用彩色光最基本的方法步骤：一是掌握条件，如建筑功能、风格特征、被照面原色及质地、周围环境条件等；二是选好基调色，再按色彩协调原则确定辅助或点缀色，对公共建筑尽量减少色相数目，以防色彩紊乱；三是确定用色的明度和彩度；四是选用相应的光源和配色材料，如滤色或彩色薄膜等。

5. 节约能源，保护环境，实施绿色照明的原则

节能和环保是我国建设事业持续发展的国策。我国正在实施的绿色照明计划的目的就是节约能源，保护环境。据统计，全国各地建设的夜景工程，所消耗的电能是该工程室内照明用电的5%～10%，这是一个十分可观的数字。因此，城市夜景照明成为实施绿色照明的一个不可忽视的重要方面。

调查发现，我国不少城市的许多夜景工程的立面照明的照度或亮度越来越高，出现相互比亮的现象，而且这种现象大有发展上升之势，结果是既浪费了电能，又无照明效果，反而把室内照得很亮，严重影响室内人员的工作或休息。由此看出，在我国夜景照明迅猛发展的形势下，坚持节约能源，保护环境，实施绿色照明原则具有重要的意义和影响。为了落实这一原则，除了使用光效高的光源、灯具和相关电气设备外，还要从以下几方面挖掘夜景照明的节能潜力：

（1）严格按照明标准设计夜景照明。在我国目前还没有夜景照明标准的情况下，建议按国际照明委员会（CIE）推荐的照度和亮度水平进行设计，不得随意提高照明标准。

（2）合理选用夜景照明的方式或方法。比如反射比低于0.2的建筑立面和玻璃幕墙建筑立面不要使用投光（泛光）照明方式，可用内透光照明或用自发光照明器材在立面作灯光装饰。

（3）应用照明节能的高新技术。

（4）充分利用太阳能和天然光。用光伏发电技术为夜景照明提供电能是节约常规用电的重要措施。由太阳能供电的路灯、庭院灯和室外装饰照明灯的节能与环保潜效显著。

（5）加强夜景照明管理，合理控制夜景照明系统，对减少能源浪费，节约用电均具有重要作用。

6. 适用、安全、经济和美观的原则

城市夜景照明目的：一是用灯光塑造城市形象，装饰美化城市夜景；二是在功能上为人们夜生活或夜间活动提供一个安全舒适、优美宜人的光照环境。因此对夜景照明设施的要求，不仅是美观，还要适用、安全和经济。通过现有夜景工程的调查，发现重美观，轻适用、安全和经济的现象较为普遍；重视夜间景观，忽视白天景观现象也时有发生；有的夜景工程则是顾此失彼，不能全面按适用、安全、经济和美观的原则进行设计。准确把握适用、安全、经济和美观诸因素的内涵和它们相互之间的辩证关系，是坚持和落实本原则的关键。

适用：在功能上，夜景照明设施应具有良好的适用性。它的光度、色彩和电气性能应符合照明标准要求，控制灵活，使用及维修管理方便，切忌华而不实。

安全：夜景照明设施的所有产品或配件均要求坚固、质优可靠，并具有防漏电、防雷接地、防破坏和防盗等相应措施，以确保安全。

经济：所用设施的造价要合理，以较少工程造价获得较好的效果，节约开支。

美观：不仅要注意照明效果的艺术性和文化内涵，而且还要注意不管是晚上还是白

天，城市夜景照明设施（含光源、灯具、支架、电器箱及接线等）的外形、尺度、色彩及用料要美观，要与使用环境协调一致，还要力争做到藏灯照景，见光不见灯，特别是不要让人直接看到光源灯具而引起眩光。

设计人员应综合考虑上述因素，对不同夜景设施的性价比进行分析比较，最后将适用、安全、经济和美观的原则落到实处。

7. 积极应用高新照明技术的原则

一个城市的夜景照明除前面提到的作用和意义之外，还是一个城市或地区的现代化和科技水平，特别是照明科技水平的具体体现。我国目前进行夜景工程建设的北京、上海、天津、重庆以及广州、深圳等许多城市都是当今著名的国际化大都市。对这些城市夜景照明的调查发现，虽然在夜景工程中也应用了光纤、激光、发光二极管、导光管、硫灯、电脑灯以及远程智能监控系统等高新照明技术，但是在整个夜景工程中高新技术的含量还很低，和这些城市的现代化水平及国际大都市的地位很不相称。因此，在建设夜景工程时将积极应用高新照明技术作为一条原则是必要的，也很有意义和影响。

8. 切忌简单模仿，坚持创新的原则

随着国内外夜景照明的迅速发展，不少城市或地区的夜景照明都创造了许多夜景精品工程，比如北京天安门、长安街和王府井大街的夜景照明，上海外滩、南京路和陆家嘴现代建筑群的夜景照明，天津天塔和海河的夜景照明，重庆山城的夜景照明，香港特区维多利亚港两岸的夜景照明，法国巴黎和里昂的夜景照明，美国华盛顿广场和拉斯韦加斯娱乐城的夜景照明，日本东京银座的夜景照明，澳大利亚悉尼歌剧院和悉尼港的夜景照明以及新加坡圣淘沙的夜景照明等。这些夜景精品工程无不给观光者或前去考察的人员留下极为深刻的印象和美好的回忆。

上述城市或地区的夜景照明经验具有重要参考或借鉴意义。但是对夜景照明的调查发现，我国少数城市的夜景照明工程简单模仿现象较为严重，如上海淮海路和北京长安街的灯光隧道，北京建国门和复兴门的彩虹门灯饰景观，大连的槐花灯，香港弥尔敦道和拉斯韦加斯的灯饰造型等被原封不动照搬照抄，这种简单模仿值得业主和同行们重视。

创新是一个民族进步的灵魂，是国家兴旺发达的不竭动力。对待国内外其他城市夜景照明的经验和优秀作品，应以借鉴经验和教训的态度，从本城市的实际情况出发，紧紧抓住所设计工程的特征，坚持创新的原则，进行精心设计，创作出特征鲜明、富有创造性的夜景照明精品工程，切忌简单模仿或照搬照抄！

9. 从源头防治光污染的原则

随着城市夜景照明的迅速发展，特别是大功率高强度气体放电灯在建筑夜景照明和道路照明中的广泛采用，建筑和道路表面亮度不断提高，商业街的霓虹灯、灯箱广告和灯光标志越来越多，规模也越来越大。然而夜景照明所产生的光污染也严重干扰和影响着人们的工作和休息，并引起社会各界和照明工作者的关注和重视。从20世纪70年代开始，国际上对这方面进行了大量研究工作，召开了多次国际会议，发表了不少有关防止光污染的技术文件，并采取措施，以减少光污染，保护环境。

我国城市夜景照明虽然起步较晚，但是夜景照明产生的光干扰和光污染问题已开始暴露，如部分地区夜景照明的溢散光、眩光或反射光不仅干扰人们的休息，使汽车司机开车紧张，而且使宁静的夜空笼罩上一层光雾，天上不少星星看不见了，给天文观察造成了严重影响。我国照明界，照明管理和天文部门对此开始引起重视，并利用照明刊物宣传其危害，普及相关知识，以防治光污染及其影响。

在城市夜景工程建设中，将从源头防治光污染的原则，目的是以防为主，防治结合，在开始规划和建设城市夜景照明时就应考虑防止光污染问题，从源头控制住光污染，实现建设夜景、保护夜空双达标的要求，做到未雨绸缪，防患于未然。

10. 管理的科学化和法制化原则

加强城市照明建设和设施的管理，对提高夜景工程建设水平，确保工程质量和设施的正常运转等具有重要意义。由于我国进行大规划的城市夜景照明建设时间很短，管理机构和机制不健全，管理人员短缺，管理法规是个空白，整个管理工作可以说从头开始。经过多年实践，人们开始认识到管理工作的重要性，开始加强这项工作，并取得了显著成效。

北京、上海、天津、重庆、深圳、广州、大连等不少城市组建了夜景照明管理机构，并有专人从事管理工作。上述城市制定了“城市夜景照明管理办法”，天津、重庆和上海还制定了夜景照明地方法规。上海、深圳、广州、南京和大连等城市建立了远程集中监控中心，对本城市夜景照明进行监控管理。

北京、上海、深圳等部分城市对新建重大工程，特别是一些带标志性的工程，从工程规划到设计施工及竣工验收全过程同时考虑夜景照明，改变了以往竣工后考虑夜景照明的现象。

通过以上工作和措施，使城市夜景照明管理开始走上科学化和法制化轨道。坚持夜景照明管理的科学化和法制化原则，对我国城市夜景照明建设，特别是一些刚开始夜景照明建设的城市的工作将产生深远影响。

## 5.2　建筑物与构筑物的夜景照明

### 5.2.1　概述

众所周知，灯光不仅引起人们的视觉，而且还具有很强的艺术表现力。建筑物的夜景照明就是利用灯光的表现力重塑建筑物夜间景观形象，并揭示其建筑风格和文化艺术内涵。一般说，从城市夜景的构景元素分析，与广场、道路、园林及城市市政设施，如广告、标志、市内桥梁和小品等夜景元素相比，建筑物夜景是城市夜景的主景（或称主体），总是处于优先或重点的建设地位。

一栋成功的建筑物的夜景照明，特别是那些带标志性的古建筑或现代化建筑物的夜景照明，往往由于它们的悠久历史、丰富的文化艺术内涵以及突出显目的地理位置而成为一个城市夜景的标志。北京天安门（含天安门城楼、人民大会堂、中国国家博物馆、人民英雄纪念碑、毛主席纪念堂、正阳门城楼和箭楼等）和长安街、上海外滩的欧式建筑群和浦东陆家嘴的现代化建筑群、香港特区和深圳的建筑群等的夜景，如图5-1～图5-8所示。这些建筑物的夜景照明不但令国人骄傲和自豪，而且也备受中外宾客的高度赞扬！这对树立城市夜间形象，宣传城市历史与建设成就，提高其知名度和美誉度的作用是十分显著的。

对城市的商业建筑、旅游建筑及休闲场所的建筑或构筑物的夜景照明，不仅可延长和扩大市民和游客夜间活动的时间与空间，使人们的夜生活更加丰富多彩，同时还可拉动经济，促进商业、服务和旅游等行业的发展。

回顾过去，我国建筑物的夜景照明，长期以来只有过节时才有所考虑，而且被照明的建筑物数量甚少，照明方法基本上都是用轮廓灯勾边，方法单一简单，缺乏特色。

从我国改革开放后，随着现代化建设，特别是城市建设的飞速发展，人们的物质和精神生活水平的提高，人们夜生活日趋丰富，1989 年上海率先在外滩的建筑群和南京路商业街进行了大规模的夜景照明工程建设。此后在北京、天津、广州、深圳、昆明等许多城市进行了夜景照明工程建设，使建筑物的夜景照明出现了一派蓬勃发展的大好局面。

在发展过程中也出现了诸如无规划或规划滞后、盲目发展、相互比亮，甚至有的玻璃墙建筑也用大功率投光灯照射，以致浪费能源，造成光污染；照明方法单一，相互雷同，缺乏特色以及夜景精品甚少等问题。总结经验，吸取教训，及时解决发展过程中出现的问题，将我国建筑物夜景照明建设的技术和艺术水平提升到一个新高度是本部分内容的基本出发点。

### 5.2.2　建筑物日景照明和夜景照明的差别与特征

建筑物在灯光照射下的夜间景观和白天在阳光照射下的建筑景观有什么差别，各自有何特征？这是建筑夜景照明工作者需首先了解的。

表 5-1 所示建筑物在不同光源（日光和人工光）照射下的景观是有差别的。然而在建筑物夜景照明的规划或设计过程中，有的业主或设计人员认为建筑物的夜景照明就是在夜晚再现白天的建筑景观，要求晶莹剔透、亮如白昼。老实说，再高明的设计师也无能为力实现这一要求，反而会造成建筑物表面亮度过高，浪费能源，引起眩光与光污染，甚至扭曲建筑物的文化艺术形象，事与愿违，得不偿失。因此，只有正确地了解日景和夜景照明的差别及特征，掌握灯光夜景照明规律，才能设计出与日光照明不同，且独具魅力的建筑

图 5-1　雄伟、壮观、亮丽的北京天安门城楼及金水河中彩色喷泉的夜景照明与景观

图 5-2　从北京饭店楼顶观景台远眺雄伟、壮观的天安门广场和长安街的夜景

图 5-3　上海外滩原海关钟楼等欧式建筑群的夜景照明与景观

图 5-4　上海外滩原沙逊大厦、汇中饭店、渣打银行等欧式建筑群的夜景照明与景观

图 5-5 令世人瞩目，并誉称“世界建筑博览会”的上海外滩（中段）欧式建筑群的夜景，与黄浦江辉映，形成一条雄伟、壮观、亮丽迷人的独特的夜间风景线

图 5-6 以东方明珠电视塔、国际会议中心和金茂大厦等标志性现代化建筑群组成的浦东陆家嘴金融区的夜景与浦西外滩夜景遥相呼应，成为上海十大夜景景区中的重点和中心，令申城人骄傲、让世人瞩目

图 5-7 世界著名的不夜城之一的香港夜景，将山、水、城的夜色融为一体，显得格外优美和雄伟壮观。图为从太平山远眺香港中心区的夜景

物夜景照明作品。切忌简单模仿白天自然光照射下的建筑物的景观效果！台湾著名夜景照明设计师姚仁恭先生说：“建筑物的泛光照明越亮越‘土’气，照明效果和白天相似的作品是失败的！”值得深思！

日景和夜景照明的主要差别是照明的光源不同。日景靠自然光，准确说是靠阳光和天

图5-8　深圳市的节日夜景

空光照明；夜景靠人工光源，或称灯光照明。自然光和灯光使人们在白天或夜晚对物体产生视觉。由于地球的自转和公转，照射到地球的自然光有早中晚和四季之分，一般情况下地球只有一半是自然光，另一半是黑夜，全靠灯光照明。

**不同建筑在阳光和灯光照射下的景观对比**　　　**表5-1**

| 建　筑 | 阳光照射下 | 灯光照射下 |
| --- | --- | --- |
| 中国古典建筑 | 天安门日景 | 天安门夜景 |
| 西方建筑 | 王府井天主教堂日景 | 王府井天主教堂夜景 |
| 现代建筑 | 北京饭店日景 | 北京饭店夜景 |

### 5.2.3 建筑物夜景照明的基本要求

对建筑物夜景照明的总的要求是科学合理、技术先进和特色鲜明、美观、文化性及艺术性强，也就是把照明的科学技术和文化艺术或把功能照明与装饰景观照明有机地结合于一体，创造出各具特色的建筑物的夜景照明，如图5-9所示。

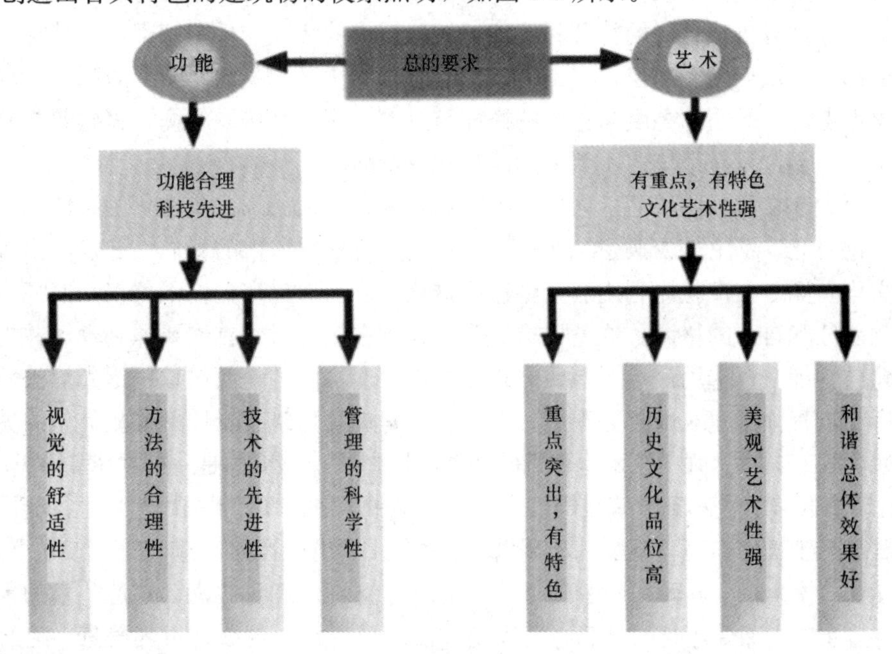


图5-9 建筑夜景照明的要求

1. 在功能方面，要求功能合理，科技先进

（1）视觉的舒适性。说到底，欣赏建筑夜景的对象是人，因此建筑夜景要让人看起来舒服。这就需要按人的视觉特性，科学地用光、配色。建筑夜景并非越亮越好，最亮的并非是最好的。

人们观看建筑物夜景时，眼睛处于夜间视觉工作状态。试验表明，这与白天视觉感受特性差别甚大。亮度相等的物体，夜间观看时要比白天显得明亮。国际照明委员会提出一般环境亮度下，白色或浅色建筑物墙面的夜景照明照度为30～50lx。这说明，太亮了，不仅浪费能源，而且在视觉上会感到不舒服，甚至产生眩光。

（2）照明方法的合理性。表现建筑物夜间景观效果的用光方法很多（详见本章第5节），设计时，要根据建筑物的具体情况、特征和周围的环境，选择最佳的照明方法，有时往往同时使用多种照明方法来表现建筑物特征和文化内涵。目前那种认为建筑物夜景照明只有泛光照明，即往往在建筑物前面立杆安装投光灯照明，不考虑其他照明方法的倾向值得注意。

（3）技术的先进性。随着照明科技事业的飞速发展，建筑物夜景照明出现了许多新方法、新器材和新技术。在设计上，树立以人为本，综合考虑视觉的舒适性、照明功能的合理性、景观效果的艺术性以及建筑的文化性的设计理念，采用技术先进的光源、灯具和监控设备，如高光效、长寿命的高压钠灯，金属卤化物灯，陶瓷金属卤化物灯，微波硫灯，光纤照明系统，LED（发光二极管灯）和变色电脑灯等新技术、新器材，不仅照明效果显著，而且对节能和照明管理也很有帮助。

（4）设施管理的科学性。详见“5.1城市景观照明的基本原则和要求”。

2. 在艺术方面，要求重点突出，有特色，文化艺术性强

（1）重点突出，有特色。建筑物夜景照明并非把整个建筑物都照得很亮就是好。没有重点的照明，将是效果平淡，无特色的作品。突出重点，有特色，首先要了解建筑师的构思与意图，仔细分析建筑物的特征和重点，如建筑物的装饰构件与细部，大楼标志和入口等，一般都属于重点用光部位。突出重点部位照明的用光配色的同时，兼顾一般部位的照明。突出重点部位照明的亮度与色彩的搭配与过渡，应相互协调平衡，将建筑物最精彩部分展现出来，创造具有最佳照明效果的建筑物夜景精品。

（2）历史和文化品位要高。人们称建筑物是社会、地域和民族文化的载体，具有丰富的历史文化内涵。不论是古典建筑还是现代建筑，特别是城市的标志性建筑，都有自己的主题和文化内涵。在夜晚需利用灯光将这些文化内涵展现出来，而不仅仅是照亮，更要照得有文化品位和自己的格调。这就要求照明工程师在设计时，首先要深刻理解并把握好建筑的主题与特征，再选用最佳的照明方式去加以表现，而不是简单地用泛光灯去照射。在这方面照明工程师和建筑师相互沟通、密切合作是提高建筑夜景照明文化品位的关键。

（3）美观、艺术性强。艺术是建筑的基本属性之一。建筑也是一门艺术。从建筑造型、构图、比例、尺度、色彩到建筑装饰、彩画、花纹和雕刻等都有很强的艺术性。德国著名的文学家歌德把建筑比喻为“凝固的音乐”，能激发人的情感，如创造出雄伟、庄严、幽深、开朗的气氛，使人产生自豪、崇敬、压抑、欢快等情绪。人们常说，光是艺术的灵魂。白天，是自然光使人感受建筑的美感。到夜晚，是灯光启开夜幕欣赏世界美景。建筑夜景的“景”也就是在灯光照射下，使建筑艺术通过视觉给人以美的感受。因此，建筑物夜景照明，只照亮是不够的，更要美观，要富有艺术魅力。这也就要求设计人员认真地按照城市建筑艺术规律和建筑的美学法则，巧妙地利用光线的亮暗、光影的强弱和色彩搭配，即光、影和色的艺术手段将建筑特征和美感表现出来，以满足人们的审美要求并从中获得难忘的艺术享受。

（4）和谐协调、总体效果好。夜景照明不仅要求建筑物本身各部分的照明应相互配合，而且和周围的环境也应和谐协调。原因之一是建筑物不是孤立的，通常都是以建筑群的形式出现；原因之二是夜景的观景点有远近高低不同位置，特别是不少城市观景台的视点很高，如在北京饭店楼顶、上海金茂大厦88层或在巴黎埃菲尔铁塔顶观景，看到的不是一幢建筑，而是万家灯火尽收眼底。因此，建筑物的夜景照明应相互配合，统一协调。如果由于建筑功能或风格相差太大，难以统一，则应相互协商或让步，对照明方法或亮度作适当调整，提倡顾全整体，以总体效果为重的精神，防止出现建筑物相互之间照明效果反差太大，风格不协调，甚至相互冲突的现象出现。

3. 应遵循的艺术规律和美学法则

人们说，夜景照明不仅是一门科学，同时也是一门艺术。那么，建筑夜景照明这门艺术应遵循什么规律和美学法则呢？这不仅是广大设计人员关心的问题，也是提高建筑物夜景照明的文化艺术水平的一个重要环节。在建筑夜景照明设计中，为了将照明方法和建筑设计的构图技巧融为一体，作出具有建筑个性的艺术处理，使设计方案既满足建筑功能要求，又具有很强的艺术性。这就要求设计人员既要熟知照明技术，又要具备一定的建筑知

识和艺术审美能力，遵循城市建筑艺术规律和建筑形态的美学法则，紧紧抓住建筑物的特征和它的历史文化内涵，巧妙地利用灯光、阴影和色彩等艺术手段，精心设计，方能使建筑夜景具有迷人的艺术魅力和美感。

（1）应遵循城市建筑艺术的规律

建筑物是城市夜景照明的主要对象，建筑夜景是城市夜景的主体（或称主景）。建筑夜景是建筑艺术的升华，因此首先应遵循城市建筑艺术的规律。城市建筑艺术是一门具有很强综合性的造型艺术。它和其他艺术一样，具有共同的美学规律，即统一、变化和协调的六字律。

①统一。体现在城市建筑艺术上是整体美，它要求一座城市的空间是有秩序的，城市面貌是完整的。按照这一规律，城市夜景照明必须强调总体规划，并按夜景总体规划进行建设，方能达到城市夜景在艺术上整体美的效果。

②变化。体现在城市建筑艺术上是特色美，每座城市都应有自己的特色，而且同一座城市内不同地区也应有不同的特色。变化的规律还体现在城市是一个动态体系。它在空间和时间上都处于不停的发展变化之中。在此基础上人们提出了城市建筑艺术是一个四维空间艺术体系（三维空间加时间）。按照这一艺术规律，建筑物的夜景照明切忌一般化，强调要有自己的特色。另外，按此规律，在照明领域引申出“光线与照明也是建筑的第四维空间”。

③协调。各个时代都会在城市面貌上留下痕迹，如新与旧、继承与发展、传统与创新，相互之间要协调，体现出和谐美。按此规律，在建筑夜景照明设计时，应充分考虑城市的空间和时间的变化所引起建筑物的差异照明效果应和谐协调，不能出现强烈的反差，尽可能使两者做到辩证统一，有机地协调起来。

（2）应遵循的建筑美学法则

广义说，建筑是一种人造空间环境。这种空间环境既要满足人们的功能要求，又要满足人们的精神感觉上的要求，具有实用和美的双重属性。人们要创出一个优美的空间环境，就必须遵循美的法则来构思设想，直到把它变为现实。因此，设计建筑夜景照明时，用什么样的照明方式，如何投光，怎样用色，所有这些都离不开建筑物的特征和建筑形式美法则（基本规律），不然，则难以用灯光揭示出建筑物所特有的艺术魅力和美感。什么是建筑形式美法则？著名的建筑理论家彭一刚教授说，建筑形式美法则就是建筑物的点、线、面、体以及色彩和质感的普遍组合规律的表述。古今中外，凡属优秀的建筑作品，都是遵循形式美法则（规律）的范例。建筑形式美法则可归纳为以下几个方面：

①建筑体形的几何关系法则，即利用以简单的几何形体求统一的法则；

②建筑形态美的主从法则，即处理好主从关系，统一建筑构图的法则；

③对比和微差法则，含不同度量、形状、方向的对比，直和曲对比、虚和实对比、色和质感对比等；

④均衡和稳定法则，含对称与不对称均衡、动态均衡和稳定；

⑤韵律和节奏法则，含连续、渐变、起伏和交错韵律；

⑥比例和尺度法则，含模数、相同和理性比例、模度体系和尺度；

⑦空间的渗透和层次法则，即各空间互相连通、贯穿、渗透，呈现出丰富的层次变化的法则；

⑧建筑群的空间序列法则，含高潮和收束、过渡和衔接法则。

在建筑夜景照明设计过程中都应用这些法则，也就是说按这些法则，用灯光将建筑艺术魅力与美感表现出来。建筑形式美法则和其他艺术法则一样，是随着时代，特别建筑科技的进步而不断发展的。传统的建筑构图原理一般只限于从形式的本身探索美的规律，显然是有局限性的。现在许多建筑师和艺术工作者从人的生理机制、行为、心理、美学、语言、符号学等方面来研究建筑形式美法则，尽管这些研究都还处在探索阶段，但无疑将对建筑形式美学的发展产生重大影响。这也要求照明工作者不断学习新的建筑美学知识，并深刻理解和运用这些知识，把建筑夜景照明水平提升到一个新高度，创造更多优秀的建筑夜景照明工程。

### 5.2.4　建筑物夜景照明的标准

1. 照明的照度或亮度标准

选择的标准是否合理对保证建筑夜景照明的效果和质量至关重要。泛光照明所需照度的大小应视建筑物墙面材料的反射率和周围的亮度条件而定。相同光通量的照明灯光投射到不同反射比的墙面上所产生的亮度是不同的。如果被照建筑物的背景较亮，则需要更多的灯光才能获得所要求的对比效果；如果背景较暗，仅需较少的灯光便能使建筑物的亮度超过背景。如果被照建筑物附近的其他建筑物室内照明是明亮的则需要更多的灯光投射到建筑物的立面上，否则就难以得到所需的效果。

关于建筑夜景照明所需照度或亮度值，国内外现有标准不一，各有特色，详见表5-2和表5-3。从权威性和便于跟国际接轨考虑，建议在我国建筑立面夜景照明标准尚未制定的情况下，采用如表5-4所示国际照明委员会（CIE）推荐的照度标准，作为设计或评价的依据。

（1）天津市城市夜景照明技术规范规定

①建筑物立面夜景照明亮度（cd/m²）推荐值，见表5-2。

**建筑物立面夜景照明亮度（cd/m²）**　　**表5-2**

| 环境亮度 | 暗 | 一般 | 明亮 |
|---|---|---|---|
| 立面亮度推荐 | 4～6 | 8～12 | 18～30 |

②高大建筑顶部亮度，不小于3cd/m²。

（2）《中国民用建筑电气设计规范》（JGJ/T 16—1992）规定景观照明的照度值表5-3。

**景观照明的照度值**　　**表5-3**

| 建筑物构筑物表面特征 | | 周围环境特征 | |
|---|---|---|---|
| | | 明 | 暗 |
| 外观颜色 | 反射率（%） | 照度值（lx） | |
| 白色（如白色、乳白色等） | 70～80 | 75～100～150 | 30～50～75 |
| 浅色（如黄色等） | 45～70 | 100～150～200 | 50～75～100 |
| 中间色（如浅灰色等） | 20～45 | 150～200～300 | 75～100～150 |

（3）国际照明委员会（CIE）第94号文《泛光照明指南》推荐的照度标准（表5-4）。

国际照明委员会（CIE）推荐的照度标准值 **表 5-4**

| 被照面材料 | 推荐照度(lx) | | | 修正系数 | | | | |
|---|---|---|---|---|---|---|---|---|
| | 背景亮度 | | | 光源种类修正 | | 表面状况修正 | | |
| | 低 | 中 | 高 | 汞灯、金属卤化物灯 | 高、低压钠灯 | 较清洁 | 脏 | 很脏 |
| 浅色石材、白色大理石 | 20 | 30 | 60 | 1 | 0.9 | 3 | 5 | 10 |
| 中色石材、水泥、浅色大理石 | 40 | 60 | 120 | 1.1 | 1 | 2.5 | 5 | 8 |
| 深色石材、灰色花岗石、深色大理石 | 100 | 150 | 300 | 1 | 1.1 | 2 | 3 | 5 |
| 浅黄色砖材 | 30 | 50 | 100 | 1.2 | 0.9 | 2.5 | 5 | 8 |
| 浅棕色砖材 | 40 | 60 | 120 | 1.2 | 0.9 | 2 | 4 | 7 |
| 深棕色砖材、粉红花岗石 | 55 | 80 | 160 | 1.3 | 1 | 2 | 4 | 6 |
| 红砖 | 100 | 150 | 300 | 1.3 | 1 | 2 | 4 | 5 |
| 深色砖 | 120 | 180 | 360 | 1.3 | 1.2 | 1.5 | 2 | 3 |
| 建筑混凝土 | 60 | 100 | 200 | 1.3 | 1.2 | 1.5 | 2 | 3 |
| 天然铝材(表面烘漆处理) | 200 | 300 | 600 | 1.2 | 1 | 1.5 | 2 | 2.5 |
| 反射率10%的深色面材 | 120 | 180 | 360 | — | — | 1.5 | 2 | 2.5 |
| 红—棕—黄色 | — | — | — | 1.3 | 1 | — | — | — |
| 蓝—绿色 | — | — | — | 1 | 1.3 | — | — | — |
| 反射率30%～40%的中色面材 | 40 | 60 | 120 | — | — | 2 | 4 | 7 |
| 红—棕—黄色 | — | — | — | 1.2 | 1 | — | — | — |
| 蓝—绿色 | — | — | — | 1 | 1.2 | — | — | — |
| 反射率60%～70%的粉色面材 | 20 | 30 | 60 | — | — | 3 | 5 | lo |
| 红—棕—黄色 | — | — | — | 1.1 | 1 | — | — | — |
| 蓝—绿色 | — | — | — | 1 | 1.1 | — | — | — |

注：1. 对远处被照物，表中所有数据提高30%；
2. 设计照度为使用照度，即维护周期内平均照度的中值；
3. 表中背景亮度的低、中、高分别为4、6、12cd/m²；
4. 漫反射被照面的照度可按 $L = E\rho/\tau$ 式换算成亮度。式中，$E$ 为照度(lx)，$\rho$ 为反射比，$L$ 为亮度(cd/m²)；
5. 当被照面的漫反射比低于0.2时，不宜使用投光照明；
6. 不同种类的光源和被照面的清洁程度的不同，按表中修正系数修正。

2. 建筑夜景照明单位面积功率限值标准

为了在建筑夜景照明中推广和实施绿色照明，节约用电，解决目前普遍存在的比亮、不按照明标准建设夜景照明的问题，本书在强调按照明标准设计夜景照明的同时，建议还要按建筑被照面的单位面积功率限值，限制夜景照明的用电量。

通过国内外大量建筑夜景照明工程的调查，国内北京、上海、深圳、天津和香港特区部分建筑夜景照明的单位面积安装功率平均在3.1～11W/m² 之间；巴黎和里昂的部分建筑夜景照明的单位面积安装功率在2.6～3.7W/m² 之间；悉尼和堪培拉的部分建筑（含桥梁）的夜景照明工程的单位面积安装功率在1.8～3.1W/m² 之间；美国拉斯韦加斯6栋建筑的泛光照明工程的单位面积安装功率达到18W/m² 之多，可是美国华盛顿的4幢建筑的夜景照明的单位面积安装功率的平均值才 2.4W/m²。不考虑拉斯韦加斯的单位面积安装功率最大值，计算其他城市的平均单位面积安装功率为 3.3W/m²；美国规定为 2.67W/m²，加拿大为 2.4W/m²，我国北京市《绿色照明工程技术规程》规定为 3～5W/m²。

从以上调查数据看出：一是目前不少泛光照明工程用电超标严重；二是单位面积功率限值使用单一值，难与泛光照明的照度或亮度标准统一。实际上，建筑立面夜景照明的表面照度或亮度与表面的反射比及洁净程度有关，同时随背景即环境亮度的高低发生变化。因此，建筑立面夜景照明单位面积安装功率也同样受立面反射比、洁净度和环境亮度这三个因素的影响。使用单一的单位面积功率指标反映不出以上因素的影响；而且和照度或亮度标准不一致。据以上情况，本书建议将表 5-5 的规定作为建筑立面单位面积安装功率标准。

**建筑立面夜景照明单位面积安装功率　　表 5-5**

| 立面反射比（%） | 暗背景 | | 一般背景 | | 亮背景 | |
|---|---|---|---|---|---|---|
| | 照　度（lx） | 安装功率（W/m²） | 照　度（lx） | 安装功率（W/m²） | 照　度（lx） | 安装功率（W/m²） |
| 60～80 | 20 | 0.87 | 35 | 1.53 | 50 | 2.17 |
| 30～50 | 35 | 1.53 | 65 | 2.89 | 85 | 3.78 |
| 20～30 | 50 | 2.21 | 100 | 4.42 | 150 | 6.63 |

注：1. 假设美国现有的单位面积安装功率（W/m²）为一般背景和立面反射比为 30%～50%（中等反射比）情况下的数据；

2. 表中暗和亮背景的照度引自 2000 年 IESNA《照明手册》第 9 版，而一般背景亮度栏的照度为暗和亮背景照度的中值。

### 5.2.5　建筑物夜景照明的方法

建筑夜景照明的方法主要有投光（泛光）照明法、轮廓灯照明法、内透光照明法和其他照明法四种。

1. 投光（泛光）照明法

投光照明法就是用投光灯直接照射建筑立面，在夜间重塑建筑物形象的照明方法，是目前建筑物夜景照明中使用最多的一种基本照明方法。其照明效果不仅能显现建筑物的全貌，而且将建筑造型、立体感、饰面颜色和材料质感，乃至装饰细部处理都能有效地表现出来。比如，北京的八达岭长城、天安门城楼、人民大会堂、中国国家博物馆、人民英雄纪念碑等许多建筑的夜景照明均采用了这种方法，并获得了较好的照明效果。

（1）投光灯的照射方向和布灯原则

1）灯的照射方向

投光灯的照射方向和布灯是否合理，直接影响到建筑夜景照明的效果。如图 5-10（*a*）所示，对凹凸不平的建筑立面，为获得良好的光影造型立体感，投光灯的照射方向和主视线的夹角在 45°～90°之间为宜，同时主投光 A 和辅投光 B 的夹角一般为 90°，主投光光亮是辅投光光亮的 2～3 倍较为合适。

图 5-10（*b*）和图 5-10（*c*）则表示不同高度凸出物的投光灯的照射角度是不一样的。

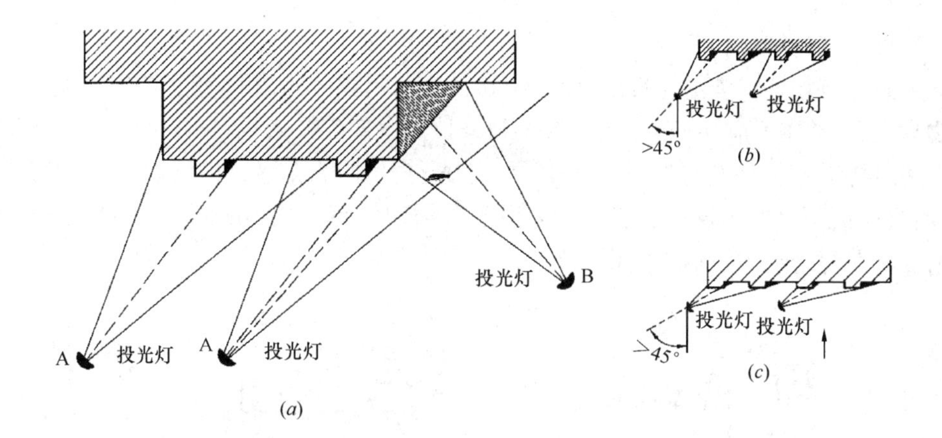


图 5-10　不同高度凸出物的投光角度

(a) 凹凸面的投光方向（A 为主投光，B 为辅投光）；(b) 较高凸出物的投光角；

(c) 较低凸出物的投光角

2）布灯的原则

①投光方向和角度合理。投光灯具位置的选择参照表 5-6 设计。

在市区内，往往由于受场地约束，不可能在最佳的位置安装投光灯，因此，只能从现场实际情况出发，对预先的规划进行修改，选择尽可能满意的折中方案。

②照明设施（灯具、灯架和电器附件等）尽量隐蔽，不影响白天景观。布灯尽量隐蔽，力求见光不见灯。根据晚上观看所决定的灯具安装点，必须确保照明设备的外形美观大方，力求和环境协调一致，切记不能有损于白天的景观。

③将眩光降至最低。在大多数投光照明方案中，投光灯具的位置和投光方向、灯具的光度特性都存在产生眩光的可能性。因此计算检查眩光（直接或反射眩光），将眩光降至最低点，都是很有必要的。

④维护和调试方便。在投光照明工程投入使用前，为了达到最佳的照明效果，必须进行认真调试。同时为了方便校准和调整设备、更换灯泡、维护灯具和定期检查，投光灯布置位置必须有进行维护和调试的通道。如果进入安装点困难的话，必将导致灯具维护质量下降，甚至还会影响整个工程的照明质量。

**常用的布灯位置　　表 5-6**

| 示意图 | 2<br>1 | 灯柱 | 光源 | 1 |
| --- | --- | --- | --- | --- |
| 灯位 | 从地面投光 | 立杆投光 | 附着建筑投光 | 从对面建筑投光 |
| 条件 | 楼前有灯位又不会引起眩光时使用 | 商店或车站前，人多时使用 | 楼前无灯位或照明效果要求时使用 | 左面三种方案均无条件时的布灯方案 |

（2）投光灯的灯位和间距

在远离建筑物处安装泛光灯时（图 5-11），为了得到较均匀的立面亮度，其距离 $D$ 与建筑物高度 $H$ 之比不应小于 1/10，即 $D/H>1/10$。

在建筑物上安装泛光灯时（图 5-12），泛光灯凸出建筑物的长度取 0.7～1m。低于 0.7m 时会使被照射的建筑物的照明亮度出现不均匀，而超过 1m 时将会在投光灯的附近出现暗区，在建筑物周边形成阴影。

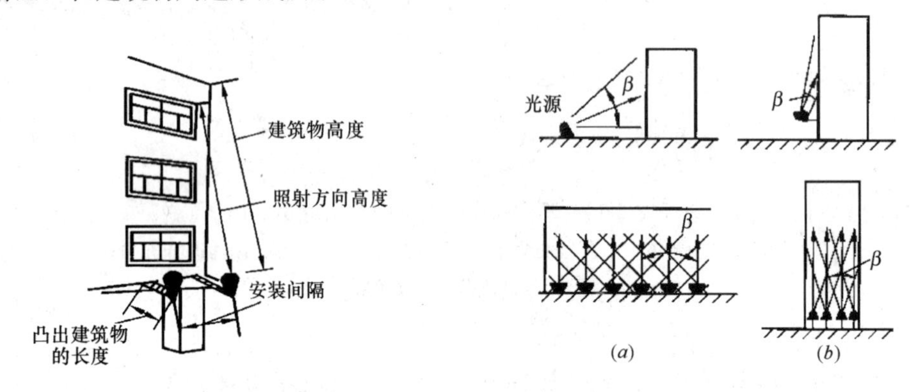


图 5-11 在建筑上装灯的位置　　图5-12 泛光灯按光束角的配置举例

在建筑物本体上安装投光灯的间隔，可参照表 5-7 推荐的数值选取。间隔的大小与泛光灯的光束类型、建筑物的高度有关，同时要考虑被照射建筑物立面的颜色和材质、所需照度的大小以及周围环境亮度等因素。当灯具光束角为窄光束并且立面照度要求较高，而立面反射比低，周围环境又较亮时，可以采取较密的布灯方案，反之便可将灯与灯的间隔加大。

**在建筑物本体上安装泛光灯的间隔（推荐值）　表 5-7**

| 建筑物高度（m） | 灯具的光束类型 | 灯具伸出建筑物 1m 时的安装间隔（m） | 灯具伸出建筑物 0.7m 时的安装间隔（m） |
|---|---|---|---|
| 30 | 窄光束 | 0.6～0.7 | 0.5～0.6 |
| 25 | 窄光束或中光束 | 0.6～0.9 | 0.6～0.7 |
| 15 | 窄光束或中光束 | 0.7～1.2 | 0.6～0.9 |
| 10 | 窄、中、宽光束均可 | 0.7～1.2 | 0.7～1.2 |

注：窄光束——30°以下；中光束——30°～70°；宽光束——70°～90°及以上。

（3）不同形状建筑物的投光照明

不同建筑物的投光照明方法各异，也就是按建筑物功能、特征、立面的建筑风格、艺术构思、夜景观赏的主要视点，确定照明部位、照射方向、角度和用光数量，而不是简单地把建筑照亮。尽管投光照明的建筑物种类很多，而且形状千姿百态，仔细分析，不难看出任何建筑构造都是由一些简单的几何形体组合而成的。因此，掌握不同形状的建筑物的投光照明规律、用光方法，则成为搞好建筑夜景照明的基础。

图 5-13～图 5-18 介绍了方形、多面体、圆形以及不同立面和屋顶特征形状建筑物的

投光照明方法及照明效果，供参考。

(4) 不同建筑环境、背景、立面材料和颜色对投光照明的影响

建筑环境、背景、立面材料和颜色不仅影响投光照明的用光数量，而且直接影响照明的景观效果。

①背景对投光照明的影响

由图 5-19 (*a*) 可看出，暗背景的建筑投光照明，只需少量的灯光照射即可获得满意效果；图 5-19 (*b*) 所示亮背景的建筑投光照明则情况相反，需要较多的灯光照射才能突出建筑物的夜景效果，否则建筑和背景失去层次感。

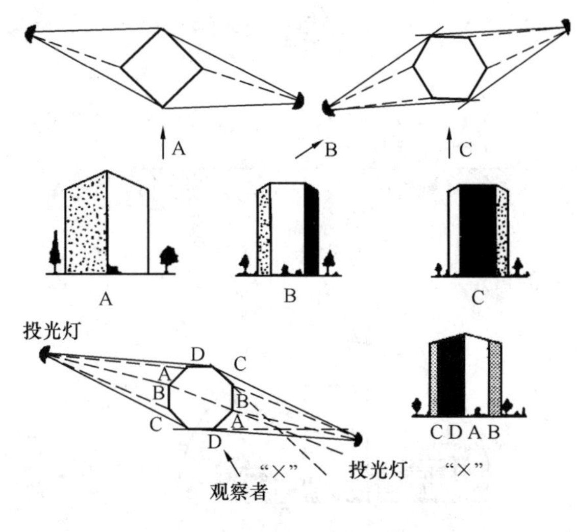


图 5-13 对多边形塔投光照射示意图

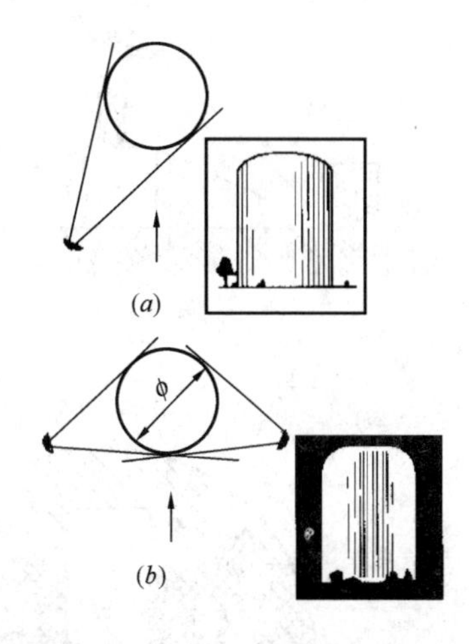


图 5-14 大直径圆柱体建筑的投光方向

(*a*) 亮背景情况；(*b*) 暗背景情况

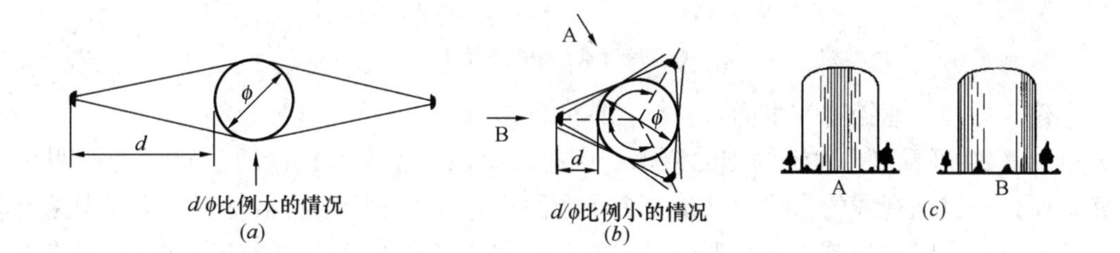


图 5-15 一般圆柱体建筑的投光方向

(*a*) 远距离投光；(*b*) 近距离投光；(*c*) 照明的阴影效果

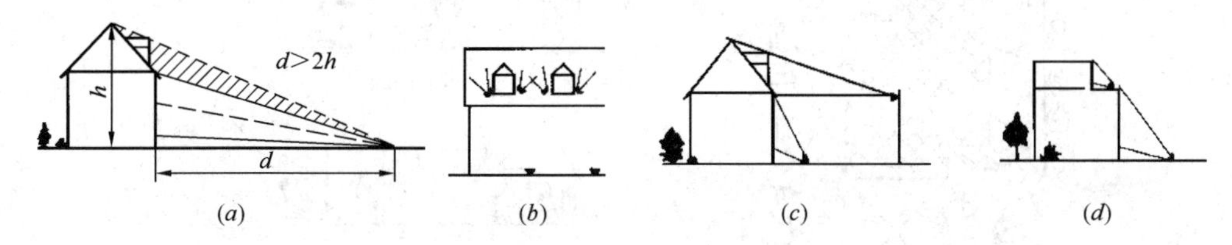


图 5-16 屋顶的投光方法

(*a*) 坡屋顶及远距离投光；(*b*) 坡屋顶近距离投光；

(*c*) 灯安装在立柱上的照明；(*d*) 平屋顶的照明

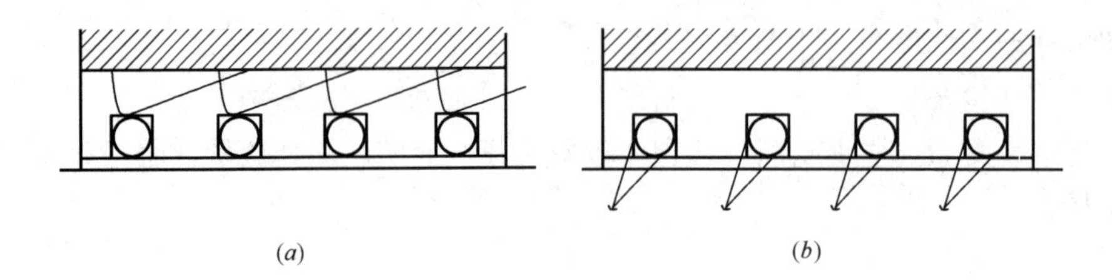


图 5-17　柱廊的投光方法

（a）照亮背景的方法；（b）照柱廊的方法

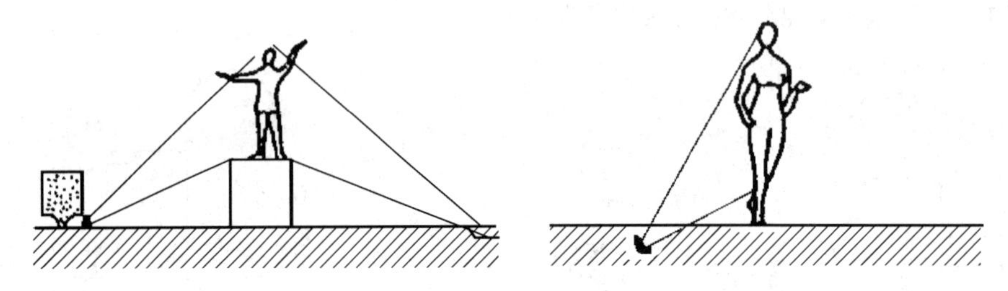

图 5-18　雕塑的投光方法

图 5-19　背景亮度对投光照明的影响

（a）暗背景；（b）亮背景

②建筑环境（遮挡物或水面）对投光照明的影响

由图 5-20 可看出，建筑周围的树木、围栏、附属设施及水面既对建筑投光照明存在挡光、反光和遮挡视线的影响，又是一个有利因素，如利用围栏隐蔽灯具，可实现见光不见灯的要求，同时在建筑立面前形成树木的剪影和建筑在水面形成的灯光倒影，使夜景效果更加丰富和具有特色。在水面附近布灯时，应注意光线不能接触水面，灯具位置越低越

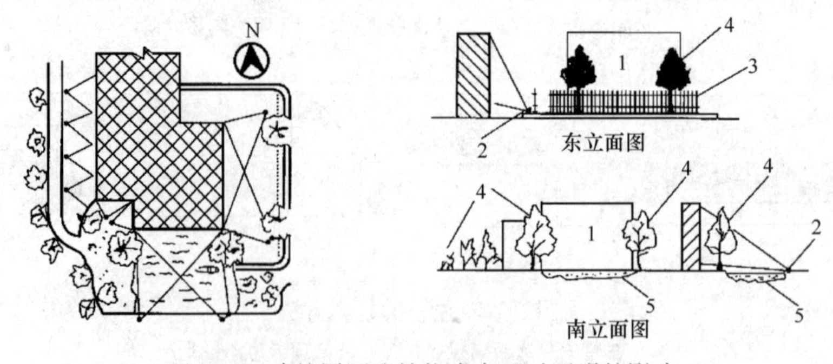


图 5-20　建筑周围遮挡物或水面对照明的影响

1—建筑物；2—投光灯；3—围栏；4—树木；5—水面

好，同时还应保持水面清洁。

③建筑立面材料对投光照明的影响

建筑立面材料对投光照明的影响主要表现在材料的反射特性上。如表5-8所示，材料的反射特性可分为三类：镜面定向反射（或称规则反射）、混合反射（含定向扩散反射）和均匀漫反射。对采用镜面定向反射材料的建筑立面不适合使用泛光照明；而采用真正的均匀漫反射材料的立面又为数甚少，多数立面材料属于混合反射一类，也就是一般漫反射和定向反射材料。表5-8说明了由立面上的照度计算亮度的公式 $L=\rho E/\pi$ 可看出，反射比 $\rho$ 越高，亮度 $L$ 则越大。也就是说，立面材料的反射比越低，立面的亮度也越低。从照明效果和节能考虑，立面材料反射比低于20％时，不宜使用投光照明。其他常用立面材料的反射比数据，详见表5-9。

**常用建筑立面材料的反射特性　　表5-8**

| 类别 | 材料名称 | 反射比(％) | 反射特性 |
|---|---|---|---|
| 镜面定向反射 | 镜面和光学镀膜玻璃 | 80～99 | 镜面定向反射(简称镜面反射)又称规则反射，特性是入射光和反射光及反射面的法线同处一平面内，而且光的入射角等于反射角，如图所示 |
| | 金属和光学镀膜塑料 | | |
| | 阳极化和光学镀膜铝 | 75～95 | |
| | 抛光铝 | 60～70 | |
| | 铬 | 60～65 | |
| | 不锈钢 | 55～65 | |
| | 透明无色玻璃 | 2～8 | |
| | 白铁* | 65 | |
| 混合反射 | 抛光铝(漫射) | 70～80 | 混合(含定向扩散)反射，反射面同时有定向反射和漫反射的部分特性。这类反射的反射方向上的光强最大，但光束又被"扩散"到较宽范围，如图所示 |
| | 腐蚀铝 | 70—85 | |
| | 抛光铅 | 50～55 | |
| | 刷光(Brushed)铝 | 55～58 | |
| | 喷铝 | 60～70 | |
| | 磨砂玻璃* | | |
| | 乳白色玻璃* | | |
| | 白色瓷砖* | | |
| 均匀漫反射 | 白色塑料 | 90～92 | 漫反射的反射光的光强分布和入射光的方向无关，而且是形成相切于入射光和反射面交点的一个球体，这是均匀漫反射。这种均匀漫反射材料的光强和亮度分布如图所示 |
| | 白色喷涂 | 75～90 | |
| | 法琅质搪瓷 | 65～90 | |
| | 白土(white terracotta) | 65～80 | |
| | 白色建筑玻璃 | 75～80 | |
| | 石灰石(Limestone) | 35～65 | |
| | 硫酸坝，氧化镁* | 95 | |
| | 白色粉刷面* | 76 | |
| | 水泥砂浆粉刷面* | 45 | |

注：本表数据，除*号外，均来自《2000年北美照明手册》。

常用建筑立面材料的反射比　　表 5-9

| 序号 | 材料名称 | 颜色 | 反射比(%) | 序号 | 材料名称 | 颜色 | 反射比(%) |
|---|---|---|---|---|---|---|---|
| 1 | 白色大理石 | 白色 | 62 | 17 | 深灰花岗石 | 本色 | 25～45 |
| 2 | 红色大理石 | 红色 | 32 | 18 | 铝挂板 | 本色 | 62 |
| 3 | 白色水磨石 | 白色 | 70 | 19 | 白色涂料 | 白色 | 84 |
| 4 | 白间绿色水磨石 | 白绿 | 66 | 20 | 灰色涂料 | 浅灰色 | 70 |
| 5 | 石膏板 | 白色 | 91 | 21 | 中黄涂料 | 中黄色 | 57 |
| 6 | 白水泥 | 白色 | 75 | 22 | 红色涂料 | 红色 | 33 |
| 7 | 白粉刷 | 白色 | 75 | 23 | 蓝色涂料 | 蓝色 | 55 |
| 8 | 水泥砂浆抹面 | 灰色 | 32 | 24 | 白马赛克面 | 白色 | 59 |
| 9 | 红砖 | 红色 | 33 | 25 | 朱红无釉砖 | 深红 | 19 |
| 10 | 灰砖 | 灰色 | 23 | 26 | 土黄无釉砖 | 土黄 | 53 |
| 11 | 混凝土面 | 深灰 | 20 | 27 | 天蓝釉面砖 | 天蓝 | 35 |
| 12 | 水磨石面(1) | 自灰 | 66 | 28 | 浅蓝色面砖 | 浅蓝 | 42 |
| 13 | 水磨石面(2) | 自深灰 | 52 | 29 | 绿色面砖 | 绿色 | 25 |
| 14 | 胶合板 | 本色 | 58 | 30 | 深咖啡色砖 | 咖啡色 | 20 |
| 15 | 黄绿色面砖 | 黄绿色 | 62 | 31 | 浅钙塑板 | 本色 | 75 |
| 16 | 浅灰花岗石 | 灰色 | 57 | 32 | 白瓷砖 | 白色 | 65～80 |

注：本表数据来自中国建筑科学研究院物理所的建材检测资料和近期新出版的书刊及样本。

（5）建筑夜景投光照明的用光技巧

正如前面所述，建筑种类繁多，造型千变万化，夜景照明的方法也不少，怎样才能做到夜景照明不仅把建筑照亮，而且要照得美，要富有艺术性，给人以美的感受。为此，设计者必须根据建筑艺术的一般规律和美学法则针对建筑物的具体情况认真研究用光技巧。夜景照明用光方法很多，常见的几种用光技巧有：

①突出主光，兼顾辅助光。目前国际上突出建筑重点部位，兼顾一般的夜景照明实例越来越多。也就是说夜景照明并不是要求把建筑物的各个部位照得一样亮，而是按突出重点，兼顾一般的原则，用主光突出建筑的重点部位，用辅助光照明一般部位，使照明富有层次感。主光和辅助光的比例一般为 3∶1，这样既能显现出建筑物的注视中心，又能把建筑物的整体形象表现出来。

②掌握好用光方向。一般说照明的光束不能垂直（90°）照射被照面，而是倾斜入射在被照面上，以便表现饰面材料的特征和质感。被照面为平面时，入射角一般取 60°～85°；如被照面有较大凸凹部分，入射角取 0°～60°，才能形成适度阴影和良好的立体感；若要重点显示被照面的细部特征，入射角取 80°～85°为宜，并尽量使用漫射光。

③通过光影的韵律和节奏激发人的美感。在建筑的水平或垂直方向有规律地重复用光，使照明富有韵律和节奏感。如大桥和长廊的夜景照明，可利用这种手法创造出透视感强，富有韵律和节奏的照明效果，营造出“入胜”或“通幽”的意境。

④巧妙地应用逆光和背景光。所谓逆光是从被照物背面照射的光线，逆光可将被照物和背景面分开，形成轮廓清晰的三维立体剪影效果。如：柱廊和墙前绿树的夜景照明，在

柱廊内侧装灯或绿树后面装灯将背景照亮，把柱廊和绿树跟背景分开，形成剪影，其夜景照明效果比一般投光照射柱廊或绿树更好，更富有特色。

⑤充分利用好光影和颜色的退晕效果。以往设计建筑立面投光照明时，一般要求立面照度或亮度分布越均匀越好，可是实际上难以达到，因为立面上的照度和被照点到灯具的距离成平方反比变化，很难均匀。因此，立面上的光影和颜色由下向上或由前向后逐渐减弱或增强，这就是所说的退晕，它可使建筑立面的夜间景观效果更加生动和富有魅力。

⑥建筑动态与静态照明效果的用光技巧。对流线形或弯曲造型的建筑立面，运用灯光在空间和时间上产生的明暗起伏，形成动态照明效果，使观赏者产生一种生动、活泼、富有活力和追求的艺术感受；反之，对构图简洁，以直线条为主的建筑立面，一般不宜用动态照明，而应使用简洁明快、庄重大方的静态照明。

⑦合理地使用色光。前面提到色光使用要谨慎，若使用合理，则可收到无色光照明所难以达到的照明效果。由于色光使用涉及的问题很多，难以简而言之。一般说对于带纪念性公共建筑、办公大楼或风格独特的建筑物的夜景照明以庄重、简明、朴素为主调，一般不宜使用色光，必要时也只能局部使用彩度低的色光照射。对商业和文化娱乐建筑可适当使用色光照明，彩度可提高一点，有利于创造其轻松、活泼、明快的彩色气氛。

⑧画龙点睛地使用重点光。对政府机关大楼上的国徽、天安门城楼上的毛主席像，一般大楼的标志、楼名或特征极醒目部分，在最佳方向使用好局部照明的重点光，可起到画龙点睛的效果。如用远射程追光灯重点照明天安门城楼上的毛主席画像，收到了显目、突出重点的照明效果。

⑨在特定条件下，用模拟阳光，在晚上重现建筑物的白日景观。因白天阳光多变，另有天空光，严格说完全重现建筑物的白日景观是不可能的，但在特定条件下，重现建筑物白天的光影特征是可能的。如北京国贸中心的主楼东侧向就设置了1800W窄光束的射灯，照明中国大饭店前的屋顶花园，人们身临其境，好比白天阳光高照，光影特征类似午后3～4点钟，效果较好。

⑩对于大型建筑物，综合使用几种投光和照明方法是营造好建筑夜景的有效办法。

(6) 投光照明方案的设计

建筑物投光照明方案设计内容包括以下10个部分：

①设计依据及要求；

②建筑特征的分析和主要观景视点或方向的确定；

③夜景照明方案的总体构思；

④照明的照度或亮度标准的确定；

⑤照明方式、照明光源、灯具及光源颜色的选择；

⑥照明用灯数量及照度的计算；

⑦布灯方案和灯位的选定；

⑧照明控制系统及维护管理措施设计；

⑨工程概算；

⑩预期的照明效果图。

投光照明方案的设计有两点值得注意：

第一，投光照明只是夜景照明方式中的一种。设计时，若投光照明不能完整地表现建筑的夜景形象时，应考虑同时使用其他的照明方式，如轮廓灯或内透光照明方式等。

第二，绘制预期照明效果图时，应做到效果图和设计方案一致，不能随意渲染或艺术夸张照明效果。

2. 轮廓灯照明方法

投光照明主要突出建筑的立体形象和立面质感，而轮廓灯则表现建筑物的轮廓和主要线条。我国改革开放前的建筑夜景照明几乎都是使用这种照明方式。轮廓照明的做法是用点光源每隔 30～50cm 连续安装形成光带，或用串灯、霓虹灯、美耐灯、导光管、通体发光光纤等线性灯饰器材直接勾画建筑轮廓。对一些构图优美的建筑物轮廓使用这种照明方式的效果是不错的。但是应注意，单独使用这种照明方式时，建筑物墙面发黑，因此，一般做法是同时使用投光照明和轮廓照明，效果会较好。如天安门城楼在轮廓灯照明的基础上增加投光照明，其夜景照明的总体效果更好。另外，对一些轮廓简单的方盒式建筑不宜使用这种照明方式，要和其他照明方式结合起来才能形成较好的照明效果。

（1）常用轮廓灯照明的做法、特征和照明效果

几种常用轮廓灯的做法、性能和特征、照明效果如表 5-10 所示。在选用轮廓灯时应根据建筑物的轮廓造型、饰面材料、维修难易程度、能源消耗及造价等具体情况，综合分析后确定。

**常用轮廓灯的做法、性能和特征、照明效果　　表 5-10**

| 灯的名称 | 做　法 | 性能和特征 | 照明效果 | 应用场所和实例 |
|---|---|---|---|---|
| 普通白炽灯或紧凑型节能灯 | 用 30～60W 白炽灯或 5～9W 紧凑型节能灯按一定间距（30～50cm）连续安装成发光带 | 白炽灯光效低，约 10～15lm/W，寿命约 1000h，色温低，约 3200K，瞬时启动；紧凑型节能灯光效高，约 35lm/W，寿命约 3000h，色温可选，也可瞬时启动。建议使用紧凑型节能灯 | 总体效果较好，技术简单，投资少，一般维修方便，但高大建筑轮廓灯维修困难，能形成显目轮廓，并可组成各种文字、图案，通过开关，造成动感，但颜色不能变 | 我国 20 世纪 50 年代以来，大量使用这种照明方式，全国各大城市应用实例很多。用紧凑型节能灯的实例较少，其中匈牙利布达佩斯链桥、北京毛主席纪念堂、彩电中心和重庆的轮廓照明工程较成功 |
| 霓虹灯管 | 用不同直径和颜色的霓虹灯管沿建筑物的轮廓连续安装，勾绘建筑轮廓 | 光效较低，但灯管的亮度高，显目性好，灯的寿命长，颜色丰富，可重复瞬时启动，灯的启动电压高，变压器重量较大，安全保护要求高 | 照明效果好，特别是照明的颜色效果和动态照明效果较好，维修工作量较大，照明的夜间效果好，而白天的外观效果较差 | 作为建筑轮廓照明，在一般建筑中，特别是商业和娱乐建筑上应用的实例很多 |
| 美耐灯（彩虹管、塑料霓虹灯） | 用不同管径和颜色的美耐灯管沿建筑轮廓连续安装，形成发光带 | 可塑性好，寿命长（号称 1 万 h），灯的表面亮度较低，电耗在 15～20W/m 左右，技术简单，投资少（约 10～25 元/m） | 夜间照明效果较好，白天外观效果一般，但灯的颜色和光线可变，动态照明效果较好 | 各类建筑均可使用，我国南方不少城市如深圳、广州、珠海、海口等应用较多 |
| 通体发光光纤管（彩虹光纤） | 用不同管径光纤管沿建筑轮廓连续安装，形成发光带 | 可塑性好，可自由曲折，不怕水，不易破损，不带电只传光，灯的表面温度很低，颜色多变，省电，安全，检修方便 | 照明效果好，特别是一管可呈现多种颜色，动态照明效果好，目前灯管表面亮度较低，一次投资大 | 适合使用在检修不便的高大建筑或有防水要求或安全要求很高的建筑轮廓照明 |

续表

| 灯的名称 | 做 法 | 性能和特征 | 照明效果 | 应用场所和实例 |
|---|---|---|---|---|
| 通体发光的导光管或发光管 | 将通体发光的导光管或发光管沿建筑轮廓连续安装形成明亮的光带 | 导光管或发光管的管径远比光纤、美耐灯或霓虹灯大，表面亮度高，安全，省电，寿命长，检修方便 | 照明的显目性好，颜色可变，设备技术较复杂，一次投资大 | 适合高大建筑的轮廓照明，目前在美国、英国、德国等国家应用较多，上海高架桥开始应用 |
| 镭射管（曝光灯） | 将镭射管沿建筑轮廓连续安装，形成动感很强的闪光轮廓 | 一般管径 49mm，长 1500mm，管内安装多只脉冲氙灯，程序闪光，亮度很高，动感强，节能，光型可变，安装方便 | 动态轮廓照明效果好，可组成各种闪光图案，表现各种造型的建筑轮廓 | 不仅室外轮廓照明可用，室内场所的装饰照明实例也不少 |
| 贴纸电灯（名词待统一） | 将发光纸电灯沿建筑轮廓粘贴安装形成发光带 | 启动电压 AC35V，最大电压 AC135V，尺寸长 600m，宽 35cm，节电，轻薄，不易碎，颜色丰富，可自选，寿命 3～5 年 | 发光均匀柔和，色彩鲜艳，照明效果好 | 适合中等高度的光滑饰面材料的建筑，如玻璃幕墙、金属挂板、瓷砖饰面建筑等均可选用 |

（2）白炽灯或紧凑型节能灯作光源的轮廓灯的安装方法及安装图，分别见图 5-21 和图 5-22。

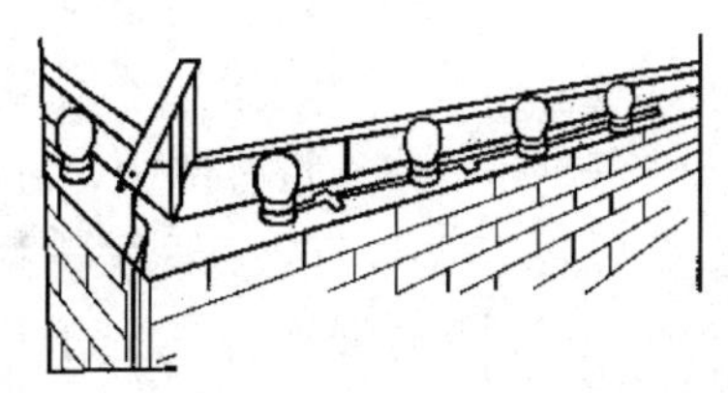

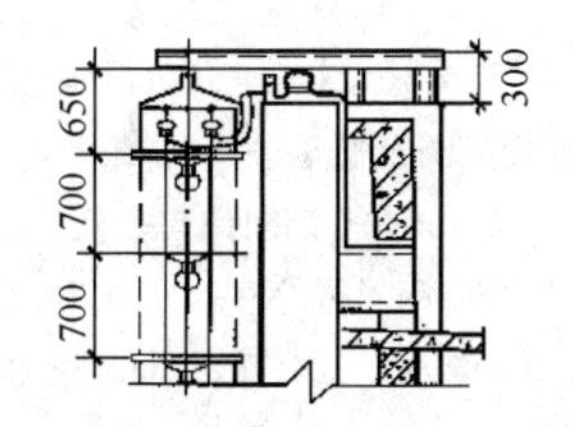


图 5-21　水平方向轮廓灯做法

（3）用美耐灯作光源的轮廓灯照明

1）照明效果和问题

用美耐灯作光源的轮廓灯照明的场所很多，如表 5-10 所示。美耐灯可塑性好，使用方便、简单，而且寿命长，一次投资低，照明的效果较好，特别是彩色美耐灯的动态照明，使人耳目一新，具有较好艺术装饰效果，因此在商业和娱乐建筑中应用很多。如澳门著名的葡京娱乐城的立体建筑用美耐灯装饰一新，照明的效果比原照明的视觉冲击力更强。但美耐灯照明的能耗大，且白天的景观效果较差，设计时应加以注意。如果使用 LED 美耐灯，不仅耗能很低，而且寿命可达 50000h 以上，可谓经久耐用。

2）美耐灯的种类和特点

美耐灯的种类很多，据不完全统计，多达 2000 个规格品种，但归纳起来主要有以下 12 个系列美耐灯。

①二线小美耐灯，线径小，微型灯泡成串地平卧或竖立于灯体中，与电子控制器连接，能产生一明一暗闪烁的效果。由于它的线径小，可以装饰于办公桌、会议桌、橱窗等室内小巧的用具上，也可方便地、随心所欲地弯制成各种几何形状、图案、字体悬挂于室

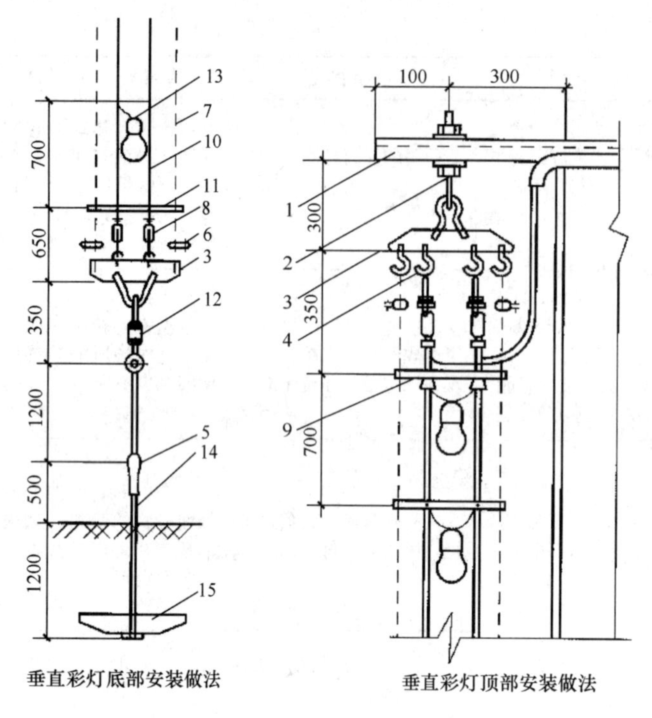


垂直彩灯底部安装做法　　垂直彩灯顶部安装做法

图5-22　垂直方向轮廓灯做法

1—垂直彩灯悬挂挑臂10号槽钢；2—开口吊钩螺栓$\phi$10mm圆钢制作上、下均附垫圈、弹簧垫圈及螺母；3—梯形拉板300mm×150mm×5mm镀锌钢板；4—开口吊钩$\phi$6钢制作与拉板焊接；5—心形环；6—钢丝绳卡子Y1-6型；7—钢丝绳X-t型，直径4.5mm，7×7=49；8—瓷拉线绝缘子；9—绑线；10—RV6mm$^2$铜芯聚氯乙烯绝缘线；11—硬塑料管VG15×300；12—花篮螺栓CO型；13—防水吊线灯；14—底把$\phi$16mm圆钢；15—底盘做法

内、室外。

②二线大美耐灯，线径适中，具有二线小美耐灯同样的效果。由于它的线径加粗，其抗振、抗压性能增强，运输安全，实用性更强。

③二线粗美耐灯，与二线大美耐灯比较，线径更粗，灯泡可以更密，光线强度加倍，散热表面积增大，耗电也增多。

④二线小方美耐灯，截面方形，宽度较小，在平面上或方形槽中安装更加平稳。

⑤二线大方美耐灯，截面方形，宽度加大，外观豪华，适合安装于高台楼宇、大型建筑物，勾勒轮廓更加醒目、清晰。

⑥裙边小美耐灯，在圆形灯体上带有侧边，方便安装使用。

⑦三线大美耐灯，有三条主电线平行地嵌于灯体中，灯泡在其中构成两个电子回路，每个回路可采用不同颜色的灯泡。与电子控制器配套使用，它能产生梦幻、朦胧、追逐、闪烁等迷人的视觉效果；如果改变灯泡的连接方式，可以产生每三颗灯、每四颗灯互相追逐、跳跃的生动景象。

⑧三线粗美耐灯，光线更鲜明，实用性能更强，轮廓勾勒更耀眼，效果更生动、壮观。

⑨三线小方美耐灯，截面方形，有三线大美耐灯同样的效果，实用性强。

⑩三线大方美耐灯，截面方形，兼顾三线大美耐灯的视觉效果及二线大方美耐灯的豪华。

⑪四线美耐灯，线径适中，有四条主电线平行地嵌于灯体中，可形成三个电子回路，配以电子控制器，其色彩纷呈，奔流变幻。

⑫五线美耐灯，线径粗大，有五条主电线，可形成四个电子回路，加上程控、声控等多功能控制器及选配各种彩色灯泡或灯体颜色，能产生光、声、色多方位变幻的感觉效果。

上述品种长度有100、90、45、9m等，使用电压有220、110、24、12V等，灯体颜色有红、绿、黄、蓝、紫、粉红、橘色、透明、黄绿、荧光橘、荧光绿、乳白、浅蓝，灯泡颜色有红、绿、黄、蓝、清光。上述美耐灯都有相应的配件，以达到不同的安装效果，有各种规格的电子控制器可供选择使用，不仅能控制一条灯的变幻，而且能控制几条单回路灯间的变幻。

3）使用美耐灯的安装方法和注意事项

美耐灯的安装方法，详见表5-11。

**美耐灯常用安装方法** **表5-11**

| 图示 | 简要说明 | 图示 | 简要说明 |
| --- | --- | --- | --- |
| 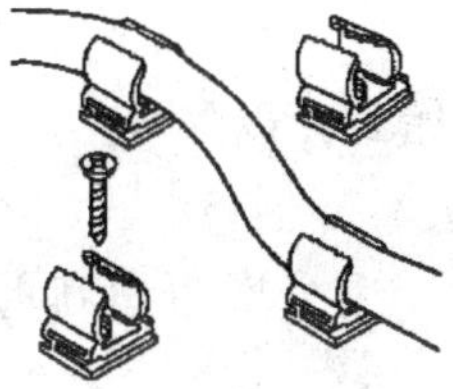  | 用塑料固定夹固定法<br>（1）根据造型，用钉或自攻螺钉或木螺钉将固定夹固定在安装表面<br>（2）将美耐灯按入固定夹中（方形美耐灯则按相反的顺序操作） |   | 用硬塑料轨道固定法<br>（1）当直接安装时，在轨道上钻孔，用自攻螺钉或双面胶将轨道固定在安装表面<br>（2）将美耐灯按入轨道中 |
| 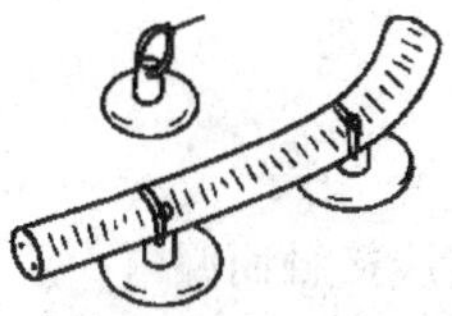  | 用塑料吸盘固定法<br>（1）用玻璃胶涂于吸盘底部，将美耐灯吸附在玻璃瓷砖表面或用胶水涂于吸盘底部，将美耐灯吸附在金属表面<br>（2）用结束带把美耐灯固定在吸盘上 | 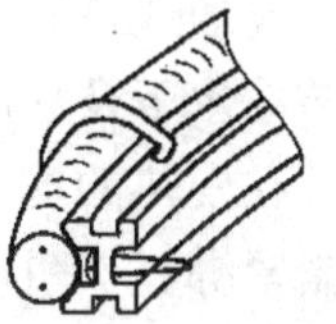  | 用软塑料轨道固定法<br>（1）当曲线安装时，在软轨道上钻孔，用自攻螺钉将软轨道沿安装曲面表面固定<br>（2）用固定夹将美耐灯固定在软轨道上 |
| 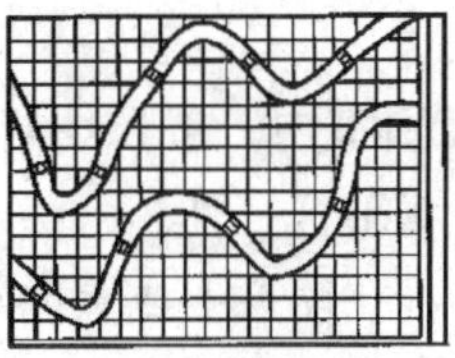  | 用钢丝网固定法<br>（1）根据造型，用结束带把美耐灯绑扎于钢丝网上<br>（2）将钢丝网框悬挂于建筑物的立面上<br>（3）也可先在建筑立面安装钢丝，再把美耐灯固定在钢丝上 |   | 用金属反光轨道固定法<br>（1）在金属轨道上钻孔，用自攻螺钉或双面胶将轨道固定在安装表面<br>（2）将固定夹或塑料轨道从端面插入金属轨道槽中，将美耐灯按入固定夹或塑料轨道中 |
| 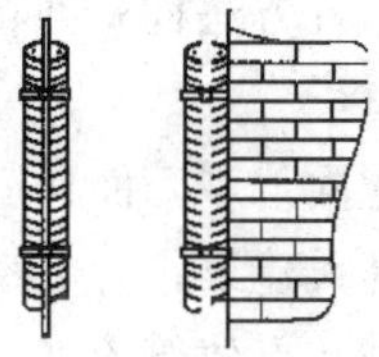  | 用钢丝或铝型材固定法<br>（1）根据造型，弯制钢丝或铝型材，达到所需的形状<br>（2）用结束带或专用固定夹将美耐灯固定于钢丝或铝型材上（此方法可用于勾勒建筑物轮廓） | 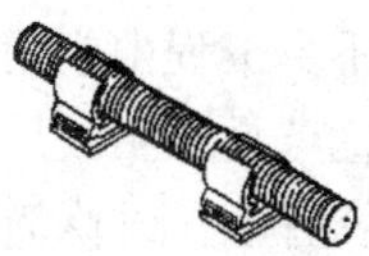  | 用鳄鱼夹固定法<br>（1）根据造型，用自攻螺钉或木螺钉将鳄鱼夹固定在安装表面<br>（2）将美耐灯压入鳄鱼夹中，使其更直 |

安装时应注意的问题：

①当美耐灯还未拆离包装箱或美耐灯还在包装卷轴上时，不要插接电源，以免由于局部受热而损坏美耐灯。

②只能在美耐灯灯体上印有剪刀标记之处剪切。

③请勿在美耐灯安装及装配过程中插接电源。

④在使用过程中，不能用任何东西覆盖或重压美耐灯。

⑤不能猛摔、猛振、用硬物敲击美耐灯。

⑥美耐灯在弯曲造型之前，可先接通电源几分钟，使美耐灯热起来，以便弯曲固定。

⑦把美耐灯接在相同电压的电源上。

⑧在美耐灯组合装配过程中，保证其连接处安全、牢固。

⑨尾塞套入美耐灯端部时，必须到位，可用胶水或水管箍使其密封，以防水。

⑩若错误地剪断了美耐灯，则只能丢弃一个单元段。

⑪在装配时，要把美耐灯向一侧弯曲，露出 2～3mm 铜绞线，用金属钳把其剪掉，不留毛刺，避免短路。

⑫只能使用专门的电子控制器。

⑬当美耐灯外面的绝缘层被损坏时，请勿使用，以免危害人身安全及引起火灾。

⑭只能将两段电压相同的美耐灯连接。

⑮保证安装及使用环境通风良好。

⑯不能将美耐灯安装在水下及易燃、易爆、腐蚀性的环境中。

⑰不能将美耐灯安装在发热的支承物上，以免烫伤其绝缘层。

⑱不能用金属丝线紧紧绑扎美耐灯，以免其嵌入灯体中与铜绞线接触而漏电。用霓虹灯、通体发光光纤、导光管、发光管、荧光灯管、镭光管或贴纸电灯作光源的轮廓灯照明将分别在广告夜景照明、夜景照明新技术等相应章节中介绍。

3. 内透光照明法

内透光照明法是利用室内光线向外透射形成夜景照明效果的方法。做法很多，归纳起来主要有三类：

①随机内透光照明法，它不专门安装内透光照明设备，而是利用室内一般照明灯光，在晚上不关灯，让光线向外照射。目前国外大多数内透光夜景照明属于这一种。

②建筑化内透光照明法，将内透光照明设备与建筑结合为一体，在窗户上或室内靠窗或需要重点表现其夜景的部位，如玻璃幕墙、柱廊、透空结构或艺术阳台等部位专门设置内透光透明设施，形成透光发光面或发光体来表现建筑物的夜景。

③演示性内透光照明法，在窗户上或室内利用内透光发光元素组成不同的图案，在电脑控制下，进行灯光艺术表演，又称为动态演示式内透光照明法。这种方法构思独特，主题鲜明，艺术性强，在不少工程中应用，效果较好。

内透光照明的最大优点是照明效果独特，照明设备不影响建筑立面景观，而且溢散光少，基本上无眩光，节资省电，维修简便。国际上许多城市的不少高大建筑，晚上室内一般照明不关灯，室内光线向外照射，大量的窗户形成明亮的发光面来装点建筑夜景，景观独特，富有生气，对营造整个城市的夜景气氛很有帮助。由于内透光照明方法与建筑的窗户造型、材料及结构，特别是建筑立面特征，与使用的光源灯具的性能等诸多因素有关，因此设计使用内透光照明方法时，照明设计师和建筑师应密切合作，充分论证，认真考虑上述因素的影响，不要简单地采用在窗户上檐安灯的做法，以防破坏内透光照明效果，或造成光污染的现象。

内透光照明的分类、特征、做法和照明效果见表5-12。

**内透光照明方式的分类、特征、做法和效果** **表5-12**

| 类名 | 分类 | 特征 | 做法 | 照明效果 |
|---|---|---|---|---|
| 用室内光作内透光照明 | （1）利用室内灯光使立面所有窗户全亮的内透光照明 | 立面形状清晰，照明管理工作量和耗电量都比较大 | （1）在控制室统一控制建筑物各房间照明<br>（2）管理上明确规定下班后不关灯 | 由于所有窗户都内透光，使人在视觉上感到立面光斑整齐、建筑立面形状清晰，照明效果较好 |
| | （2）利用室内灯光，窗户随机透光发亮的内透光照明 | （1）内透光的窗户是随机的，有亮有暗，夜景自然<br>（2）管理方便<br>（3）耗电量较低，可节约能源 | （1）根据各房间的使用功能，确定是否使用内透光<br>（2）有内透光房间的灯光固定由控制室管理<br>（3）内透光窗户不要少于立面总窗户的60% | 60%以上窗户的随机内透光照明，既能显示建筑物外形特征，又有自然生动的视觉和景观效果 |
| 在窗户上设计内透照明 | （1）在窗的上缘作内透光照明（在建筑设计时或现有建筑上将内透光灯具安装在窗上缘的内侧） | （1）灯一般安装在窗帘盒部位，照明的隐蔽性好，基本上做到见光不见灯<br>（2）用灯较少，节约能源<br>（3）便于维修和管理<br>（4）属于建筑化夜景照明的一种，照明可与建筑结合起来 | （1）在建筑设计时，将内透光照明设备和窗户结构一并考虑<br>（2）在现有建筑物的窗户上增设内透光时，将内透光照明灯具固定在窗的内侧上缘或靠窗的顶棚上，做法不一，视现场情况定<br>（3）注意不要影响室内外景观 | （1）第一种做法，能均匀地照亮窗户，而且照明设备和建筑结合为一体，白天、晚上，室内、室外的景观效果都较好<br>（2）第二种做法，如果内透光灯具的构造和安装部位合理，照明效果和第一种做法相似 |
| | （2）窗的侧向内透光照明（将内透光灯具安装在窗一侧或两侧） | （1）内透光从一侧或两侧照射，在垂直方向形成光影，光斑韵律强，而且独特新颖<br>（2）灯具和垂直遮阳百叶一个方式，和谐统一<br>（3）照明设备检查方便 | 将内透光灯具安装在窗户的侧面，将窗户照亮，设计时注意灯的隐蔽，光线不要照射到室内 | 内透光光斑形成垂直光带，照明方式独特、新颖，效果较好 |
| 动态可演示的内透光照明 | （1）用彩色荧光灯或冷阴极管灯作光源的动态可演示的内透光照明 | （1）色彩丰富，可变，具有动感<br>（2）内透光图案可根据设计构思和主题确定，图形多样<br>（3）用电脑控制照明，自动化程度高 | （1）直接将荧光灯固定在窗户上<br>（2）将灯安装在特制的灯具内，再将灯具安装在窗户上<br>（3）在窗户设计了自动只反光不透光窗帘，防止灯光照到室内 | 内透光图案构思巧妙，内涵丰富，艺术性强，照明效果独特、新颖 |

续表

| 类名 | 分　类 | 特　征 | 做　法 | 照明效果 |
| --- | --- | --- | --- | --- |
| 动态可演示的内透光照明 | （2）使用荧光灯、管形卤钨灯、氙灯和闪光灯等多种光源的动态可演示的内透光照明 | （1）艺术图案的色彩丰富，亮度变化范围广<br>（2）内透光照明完全由电脑控制，自动化的程度高，画面变化速度快<br>（3）建筑物四个方向的立面都有图案，实现了全方位照明 | （1）使用光源有 3337 只卤钨灯、1350 根荧光灯管、435 只闪光灯和 12 个 2kW 的氙灯。按设计构思，分别安装在四个立面的窗户和楼顶上<br>（2）照明系统由电脑控制，自动开启、关闭和切换照明画面，变化程序事先在电脑程序中设定，管理方便 | 这是著名的夜景照明专家 P. Hylaxd 先生一件成功作品，并成为亚特兰大的一景。照明效果好<br>（1）构思好，景观效果是全方位的，从四个方向都能得到满意效果<br>（2）体现了远、中、近景都好的原则 |
|  | （3）用 QL 灯、LED 灯和金属卤化物灯作光源的动态演示式内透光照 | （1）灯的寿命长，光效也高，可节约能源<br>（2）内透光和外投光结合使用，照明效果好<br>（3）照明控制系统考虑了当地自然条件，天黑和天亮的时间<br>（4）夜景画面多达 200 多个 | （1）用自动升降的窗帘挡住室内光线的影响<br>（2）将 QL 灯、LED 灯交替装在窗户上<br>（3）集科技和艺术于一体，具有很强的知识性和趣味性<br>（4）夜景演示由电脑程序控制 | 这种内透光照明技术先进，艺术效果好。这方面的实例不少，比较典型的是东京丰田汽车展示大楼的内透光夜景 |

4. 其他夜景照明法

随着建筑、照明和环境艺术的发展，近年来在建筑夜景照明中推出了不少新的照明方法，概括起来主要有六个：建筑化夜景照明法、多元空间立体照明法、剪影照明法、层叠照明法、“月光”照明法和特种照明法等。现分别概述如下：

（1）建筑化夜景照明法（structual nightscape lighting）

这是新发展起来的夜景照明方法。

（2）多元空间立体照明法（multiple space solid lighting）

图 5-23　林肯纪念堂的夜景照明

图 5-24　毛主席纪念堂的夜景照明

图 5-25　正大光明殿侧面的剪影照明

图 5-26　墙和竹子的剪影照明

从景点或景物的空间立体环境出发，综合使用多元（或称多种）照明方法来表现景点或景物的艺术特征和历史文化内涵的照明方法。比如天安门城楼的夜景照明，开始只采用一元或称单一的轮廓灯照明法，只显现其轮廓，而屋顶、墙面，特别是柱廊、斗栱、建筑彩画和博风板的山花这些精彩部分都是暗的。到20世纪90年代，特别是1997年迎接香港回归和1999年国庆50周年时，在原有轮廓灯的基础上，利用多种照明方法对城楼夜景照明进行了全面的改进和提高，既用轮廓灯表现建筑轮廓，又从不同角度用一般投光照明法照明主立面和东西侧面，用局部投光照明方法照明屋顶、山花、斗栱和国徽等，用内透光照明方法照明城楼上的灯笼和两侧标语的字形，用长焦效果灯照明毛主席像，再用城楼室内灯光和城台门洞内的灯光消除门窗和门洞的暗区等，使整个城楼的夜景照明的总体效果得到明显提高。

## 5.3　夜景照明的供电及控制系统

### 5.3.1　供电方式

1. 负荷等级

在设计规范中负荷等级是根据中断供电可能造成的影响及损失来确定的。用电负荷等级分为三级。一级负荷指：

（1）中断供电将造成人身伤亡者；

（2）中断供电将造成重大政治影响者；

（3）中断供电将造成重大经济损失者；

（4）中断供电将造成公共场所秩序严重混乱者。

二级负荷指：

（1）中断供电将造成较大政治影响者；

（2）中断供电将造成较大经济损失者；

（3）中断供电将造成公共场所秩序混乱者。

三级负荷指不属于一级和二级的负荷。

在夜景照明中，照明的负荷等级同样是按这样的标准确定的，应根据建筑物的性质、位置及管理要求确定负荷的等级。在城市规划中，重点地区、重点部位的夜景照明对城市的形象起着重要的作用，因此，这些地点的夜景照明负荷等级可按二级负荷设计；其余一般按三级负荷设计。二级负荷的供电系统应做到当发生电力变压器故障或线路故障时不致中断供电（或中断后能迅速恢复）；三级负荷对供电无特殊要求。

2. 供电质量

供电电压：照明系统一般采用220/380V三相四线制中性点直接接地系统，照明灯具的电源电压一般为220V（高压气体放电灯中的镝灯和高压钠灯也有用380V的），在易触电场所，则宜采用安全电压，安全电压按国家标准规定为42、36、24、12、6V五级。

供电质量将直接影响到照明质量及光源寿命。在设计规范中，照明设备端子处的电压偏差允许值在一般工作场所为±5%，在视觉要求不高的室外场所为+5%～－10%；电源稳态频率偏移不大于±1Hz；电压波形畸变不大于±10%。

在夜景照明中，大量使用的灯具主要是高强气体放电灯（HID），包括高压汞灯、金属卤化物灯和高压钠灯，在这类灯具中大都使用镇流器启动和稳定放电电弧，控制外部电源以满足光源特定的电气要求，而镇流器类型的选择应根据光源种类的应用特性而定。汞灯和金属卤化物灯光源的工作特性在整个寿命期内变化不大，镇流器的工作相当恒定。但是，高压钠灯光源（HPS）在整个寿命期内工作特性变化很大，因此，灯具性能良好的关键在于镇流器的工作特性参数。忽视这些性能特性的变化有可能造成更多的能量消耗，增加运行成本；严重缩短光源寿命；显著增加维护费用；光输出降低；增加接线和线路断路器的安装成本；电压急降时造成光源自熄。

三种基本电感式HPS的镇流器类型为：非稳压型、超前稳压型和滞后稳压型。在正常光源寿命期这三种镇流器的性能变化见表5-13。

**镇流器的性能**　　**表5-13**

| 镇流器类型 | 非稳压型 | 超前稳压型 | 滞后稳压型 |
|---|---|---|---|
| 允许线电压波动 | ±5% | ±10% | ±10% |
| 镇流器功耗 | 比滞后稳压型小20%～50% | 比滞后稳压型小10%～40% | |
| 功率因数 | 0.9～0.65 | 0.9～0.65 | 0.9 |
| 允许瞬时压降 | 15%～7% | 50%～10% | 55%～25% |
| 光源功率变化 | 线路电压每变化1%时，为2.5% | 线路电压每变化1%时，为1.5% | 线路电压每变化1%时，为0.8% |

所有镇流器在光源寿命末期自熄的状态下能工作6个月。由此可见，电压质量对光源及照明质量有着很大的影响。

当电压偏差或波动不能保证照明质量或光源寿命时，应采用如下几种改善电压质量的办法：

（1）照明负荷宜与带有冲击性负荷（如大功率接触焊机、大型吊车的电动机等）的变压器分开供电；

（2）在技术经济合理的条件下，可采用有载自动调压电力变压器、调压器或照明专用变压器供电；

（3）采用公用变压器的场所，正常照明线路宜与电力线路分开；

（4）合理减少系统阻抗，如尽量缩短线路长度，适当加大导线或电缆的截面等。

3. 负荷计算

民用建筑照明负荷计算宜采用需要系数法。在夜景照明计算中，一般情况下需要系数可取1，特殊情况下如具有动态照明、局部照明等可根据实际情况选取适当的需要系数。照明负荷的计算功率因数可采用表5-14中的数值：

**不同类型光源的功率因素取值**　　**表5-14**

| 光源类型 | 功率因数取值 |
|---|---|
| 普通白炽灯、卤钨灯 | 1 |
| 荧光灯（带有无功功率补偿装置时） | 0.95 |
| 荧光灯（不带无功功率补偿装置时） | 0.5 |
| 高光强气体放电灯（带有无功功率补偿装置时） | 0.9 |
| 高光强气体放电灯（不带无功功率补偿装置时） | 0.5 |

4. 供电方式

（1）配电干线常用供电方式

① 放射式供电方式可靠性高，故障时影响面小，维修方便，但低压柜出线回路多，线路敷设量大。如图 5-27 所示。

② 树干式供电方式见图 5-28。树干式供电方式较放射式供电方式的有色金属消耗量以及低压柜出线较少，但线路故障时影响面较大。

③ 混合式供电方式见图 5-29。当有两路以上树干式供电线路时，采用混合式供电方式较为合理，可以减少树干式线路的总长度。

④ 双路供电方式见图 5-30。当有二级负荷时，可采用双路电源供电系统，末端互投，可提高供电的可靠性。

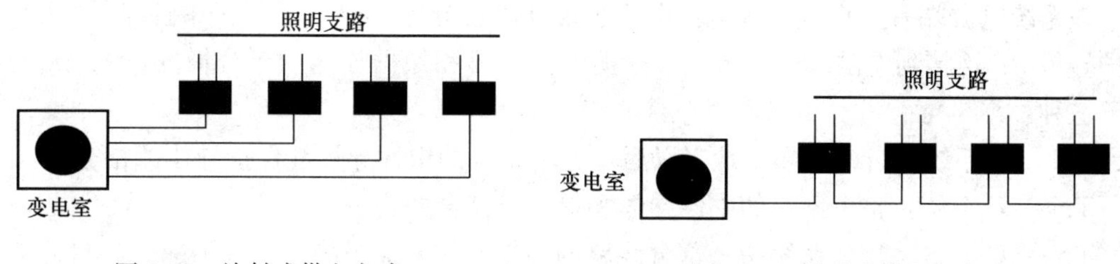


图 5-27 放射式供电方式

图 5-28 树干式供电方式

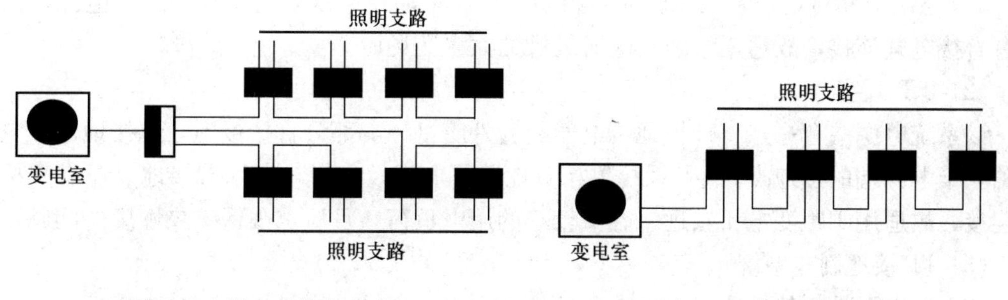


图 5-29 混合式供电方式

图 5-30 双路供电方式

（2）照明回路配电设计原则

①由公共低压供电系统供电的单相 220V 照明线路的电流不应超过 30A，否则应采用 220/380V 三相四线制供电系统。

②考虑到导线截面、导线长度、灯数和电压降的分配，室内分支线路每一单相回路电流不应超过 15A，室外分支线路每一单相回路电流不应超过 25A。

③室内单相 220V 支路导线长度一般不超过 35m，220/380V 三相四线制线路长度一般不超过 100m；室外单相 220V 支路导线长度一般不超过 100m，220/380V 三相四线制线路长度一般不超过 300m。

④高强气体放电灯或混光照明，每一单相回路不超过 30A。由于此类灯具启动时间长，启动电流大，在选择开关和保护电器和导线时应核算及校验。

⑤每一单相回路上的灯头总数一般不应超过 25 个，但花灯、彩灯和多管荧光灯除外。

⑥对于仅在水中才能安全工作的灯具，其配电回路应加设低水位断点措施。

### 5.3.2　接地与防雷

1. 低压配电系统的接地系统形式

我国低压配电系统接地制式，等效采用国际电工委员会（IEC）标准，有 TN、TT、IT 三种系统接地制式。其中，第一个字母表示电源端与地的关系：T 表示电源端有一点直接接地，I 表示电源端所有带电部分不接地或有一点通过阻抗接地；第二个字母表示电气装置的外露可导电部分与地的关系：T 表示电气装置外露可导电部分直接接地，此接地点在电气上独立于电源端的接地点，N 表示电气装置外露可导电部分与电源端接地点有直接电气连接。

（1）TN 系统

该系统电源端有一点直接接地，电气装置外露可导电部分通过保护中性导体 PEN 或保护导体 PE 连接到电源端的接地点，根据中性导体和保护导体的组合情况，TN 系统有以下三种：

TN—S 系统：自电源端接地点以后，整个系统的中性导体和保护导体严格分开。

TN—C 系统：整个系统的中性导体和保护导体合并为一组。

TN—C—S 系统：系统中一部分线路的中性导体和保护导体合并为一组，自此以后中性导体和保护导体严格分开。

TN 系统单相对地短路电流较大，容易满足保护动作灵敏度的要求，并与电源端接地点有直接电气连接，故适用于距变电所较近的大多数场所。

（2）TT 系统

该系统电源端有一点直接接地，电气装置外露可导电部分直接接地，此接地点在电气上独立于电源端的接地点。TT 系统单相对地短路电流较小，与电源端接地点没有直接电气连接，故适用于距变电所较远、容量较小的用电负荷，且应重视保护灵敏度的问题。

（3）IT 接地制式系统

该系统电源端不接地或经过大电阻接地，而电气装置外露可导电部分直接接地，当发生单相对地短路故障时，其短路电流为该相对地的电容电流，不会造成保护动作而停电，故适用于有不间断供电要求的场所。

2. 适合景观照明的接地形式

安装于建筑内的景观照明的接地应与该建筑配电系统的接地形式相一致。安装于室外的景观照明中距建筑外墙 3m 以内的设施的接地仍应与室内系统的接地形式相一致，而远离建筑物的部分建议采用 TT 系统，将全部外露可导电部分连接后就地直接接地，以最大程度地减小接触过电压，保障人身安全。

3. 采用 TT 系统后的补充措施

（1）由于 TT 系统单相对地短路电流受接地电阻影响远小于 TN 系统，且线路较长时随导线电阻的增加进一步减小，当线路末端发生单相对地短路故障时常常不能满足保护灵敏度的要求，而导致故障长期存在，故应加设剩余电流保护（RCD）。

（2）当电源侧为 TN 系统而引出室外的供电线路为 TT 系统时，为避免 TT 系统发生单相对地短路且故障未消除时造成 TN 系统的中性线电位升高，也应加设剩余电流保护

（RCD）以迅速切除故障。

（3）在TT系统中装设剩余电流保护（RCD）时，其接地电阻值可参考表5-15。

**电气设备装设剩余电流保护时的接地电阻（Ω）** **表5-15**

| 额定剩余电流动作值（mA） | 设备最大接地电阻（Ω） | | 额定剩余电流动作值（mA） | 设备最大接地电阻（Ω） | |
|---|---|---|---|---|---|
| | 允许接触电压25V | 允许接触电压50V | | 允许接触电压25V | 允许接触电压50V |
| 30 | 500 | 500 | 300 | 80 | 150 |
| 50 | 500 | 500 | 500 | 50 | 100 |
| 100 | 250 | 500 | 1000 | 25 | 50 |
| 200 | 125 | 250 | | | |

4. 潮湿场所的防触电措施

安装景观照明的潮湿场所包括娱乐性游泳池、涉水池、喷水池和喷泉广场等。一般可划分为四个防护区域，即0区、1区、2区和3区，其区域划分参见图5-31。

各防护区内电气设备的选择和装设应符合表5-16的规定。

**各防护区域内装设电气设备的规定** **表5-16**

| 场所区域 | 0 区 | 1 区 | 2 区 |
|---|---|---|---|
| 电气设备的防护等级（不低于） | IPX8 | IPX4 | IPX2（室内游泳池）<br>IPX4（室外游泳池） |
| 允许装设的电气设备 | 只允许采用标称电压不超过12V的安全超低压供电的灯具和用电器具（如水下灯，水泵等） | （1）采用安全超低压供电<br>（2）采用Ⅱ类的用电器具<br>（3）可装设地面内的加热器件，但应用金属网栅（与等电位接地相连的）或接地的金属网罩罩住 | （1）可装设插座，但应符合下列条件之一：<br>1）由隔离变压器供电；<br>2）由安全超低压供电；<br>3）采用动作电流不大于30mA，动作时间不超过0.1s的漏电保护电器。<br>（2）用电器具应符合：<br>1）由隔离变压器供电；<br>2）Ⅱ类用电器具；<br>3）采用动作电流不大于30mA，动作时间不超过0.1s的漏电保护电器。<br>（3）可装设地面内的加热器件，但应用金属网栅（与等电位接地相连的）或接地的金属网罩罩住 |
| 不允许装设的电气设备 | （1）不允许装设接线盒，开关设备及辅助设备<br>（2）不允许非本区的配电线路通过 | （1）不允许装设接线盒，开关设备及辅助设备<br>（2）不允许非本区的配电线路通过 | |

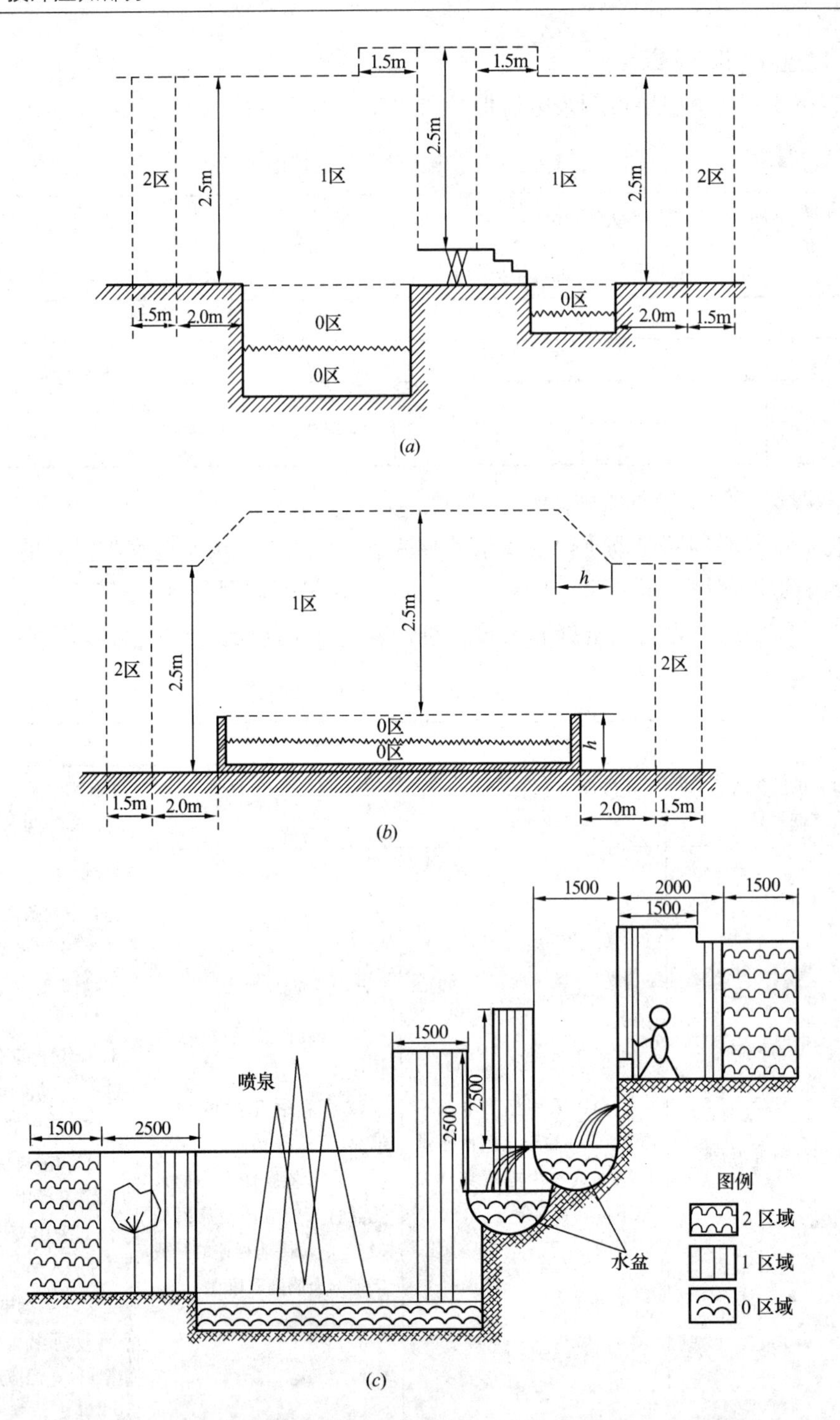


图5-31　区域划分示意图（所定尺寸已记入墙壁及固定隔墙的厚度）
(a) 游泳池和涉水池的区域尺寸；(b) 地上水池的区域尺寸；
(c) 喷水池的区域划分

当照明回路未装设漏电保护电器时，照明灯具和照明接线盒不应装在游泳池上方或距池内壁水平距离小于1.5m的上部空间。但灯具和接线盒在距离游泳池最高水面4m以上装设时，则不受上述规定限制。当选用全封闭型灯具或适用于潮湿场所使用的灯具并在照明回路上装设有漏电保护电器时，则灯具底部距最高水面的距离可不低于2.4m。对于浸在水中才能安全工作的灯具，应采取低水位断电措施。

5. 景观照明系统的防直接雷击伤害措施

（1）照明设施安装在已设置防雷系统的建筑顶部或上部时，应将全部外露可导电部分与该建筑防雷系统可靠连接。

（2）照明设施安装在未设置防雷系统的建筑顶部或上部时，应根据实际情况重新确定该建筑的防雷等级及相应的措施。

（3）在平均雷暴日大于15d/年的地区，高度在15m及以上的独立灯杆、灯架等，宜设置防直击雷措施。

（4）凡由室内引出之配电线路均应按规范要求设置防雷击电磁脉冲侵害的相应措施。

### 5.3.3　照明控制

1. 传统的照明控制类型

（1）直接开关控制

1）安装在现场的翘板式、拉线式、触摸式、感应式或者其他操作形式的开关，进行就地分散或集中控制，如图5-32所示。

①单点控制：最常用的控制方式，由一个开关控制一支或一组灯具电源的通断；

②多点控制：由设于不同地点的两支或两支以上的开关共同控制一支或一组灯具电源的通断，常用于楼梯间、走廊等区域；

2）电箱中的微型断路器直接作为控制照明开关，按配电支路控制现场或某特定区域的照明。

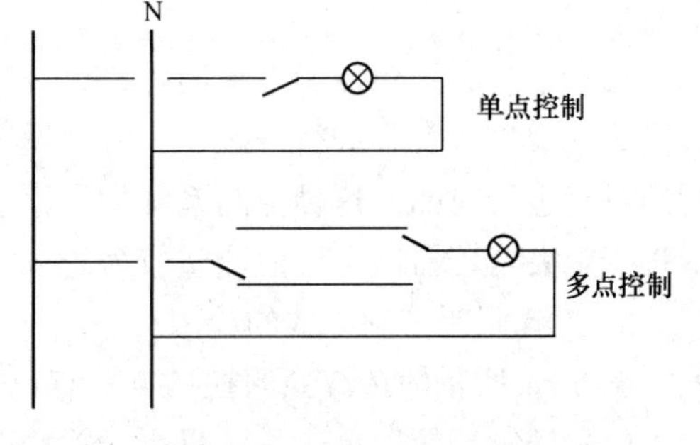


图5-32　直接开关控制中的单点控制和多点控制

直接开关控制方式的主要优点是成本低、维护方便，缺点是需要人工开启关闭，如使用人责任心不强，易造成电能的浪费。

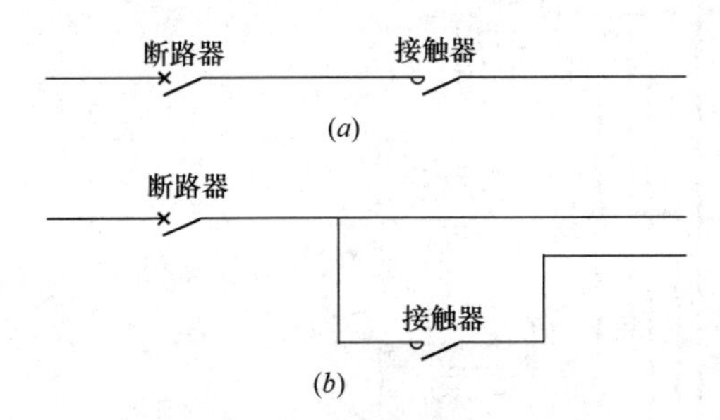


图5-33　间接开关控制线路

（a）间接开关控制线路，用于普通照明；

（b）间接开关控制线路，用于应急照明

（2）间接开关控制

通过在照明回路中引入接触器等控制器件实施照明控制功能（线路示意如图5-33所示）。其主要应用在下列场合：

①由于现场安装的灯开关容量无法控制大容量照明灯具或整组灯具时，在现场安装控制按钮，通过控制接触器的通断来控制；

②设有灯光控制台、控制柜等设备的大型照明控制系统；

③用于远程控制的场所，比如停车场、广

场、庭院照明等；

④用于特殊用途的照明，如应急照明等。

(3) 传统的调光控制

在夜景照明控制系统中，还有一类对照明效果的变化进行控制的方式，即采用调光装置。调光控制可丰富照明效果，但传统的调光装置成本高、效率低、体积大、操作也不方便。故除了极特殊的场所，调光控制应用并不广泛。

(4) 初步的自动控制

光控：由光电转换感应器、中间继电器、时间继电器、接触器等组成。主要应用于路灯控制，也常用于夜景照明，其设定值通常只能手动调整。

声控：主要是功能性应用，在夜景照明中只作为动态效果的应用。在夜景照明、庭院、楼梯间以及非消防疏散用走道等某些有特殊照明控制要求的应用场所，引入光控、声控，实现初步的自动控制。这类自动控制只是初级的、局部的应用。

(5) 改良的自动控制

由光传感器及其他传感器、数模转换、中央处理器、电动执行器等组成的较为完整的自控系统，除完成上述功能外，还可通过编程，设定长期的运行状态控制，如晚间模式与午夜模式等。

对一个夜景照明控制系统而言，可按照普通模式、双休日模式、节假日模式、重大庆典模式等预先分类来进行分区、分时的设定。在启动时按环境亮度启动，兼顾冬、夏季不同的系统运行时间。这种控制系统的设计已具备了自动控制系统的特征。但这种系统运行依赖于中央处理器，设定值调整较为复杂，操作维护工作对人员要求较高。

2. 传统照明控制方式的局限

图5-34所示的传统照明控制方式有以下几点局限：

(1) 控制功能简单，一般只有开关功能。若要实现遥控与集中控制，系统布线会变得较为复杂，可靠性较差。

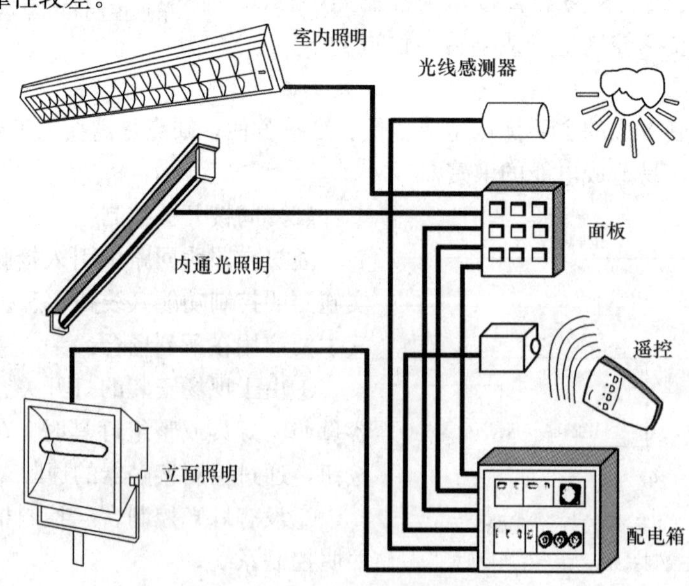


图5-34　传统的照明控制技术

（2）大多依赖人工操作，特别在控制大区域、大空间的照明时操作烦琐，失误遗漏难以避免。

（3）用于非专业场合的调光装置及相应控制装置一般单独设置，影响其效能的发挥。若要实现场景设置、亮度连续调节等复杂功能难度较大。

（4）在改良的间接开关控制方式中，如中央处理器出现故障，受它影响，照明控制系统也会随即瘫痪。

（5）施工布线工作量很大。庞大的线缆数量不利于维护、改造。

## 5.4　夜景照明高新技术的应用

随着整个科学技术的飞速发展，高新技术的不断出现，照明领域的新光源、新灯具、新材料、新方法和新技术层出不穷，有力地促进了城市夜景照明的发展，使夜景照明的技术和艺术水平越来越高，照明效果越来越好。用一般传统的照明方法或技术难以解决的问题，如远离光源的照明问题，变光变色的动态照明问题，重大庆典活动或节日的特殊夜景照明问题，超高层建筑照明的维修问题及边远缺电地区的照明问题等，通过光纤、导光管、LED灯、激光、太空灯球、变色电脑灯、光电转换技术等的应用均可得到解决，不仅收到了令人叹为观止、魅力无穷的景观效果，而且社会和技术经济效益也十分显著。在本书的有关章节中虽然也提到一些照明高新技术，但只是点到为止，未能细述。为了便于设计和有关照明工程及管理人员参考使用推广这些照明的新技术，在本节集中对以下高新技术的简况和应用需注意的问题分别介绍：

（1）光导纤维（简称光纤）照明技术；

（2）导光管和微波硫灯照明技术；

（3）激光在夜景工程中的应用技术；

（4）发光二极管（简称LED灯）照明技术；

（5）其他照明新技术（含太空灯球、电致发光带、电脑灯、远程监控、虚拟技术和全息图技术等）。

### ※5.4.1　光纤照明技术

光在透明体中经多次反射传播光线的现象很早就为人们所发现，但“光导纤维”则是1956年首次由Kapany提出。所谓光导纤维，简称光纤，顾名思义是一种传导光的纤维材料。这种传光的纤维材料线径细（一般只有几十微米，一微米等于百万分之一米，比人的发丝还细）、重量轻、寿命长、可挠性好、抗电磁干扰、不怕水、耐化学腐蚀，加上原料丰富、生产能耗低、经光纤传出的光基本上无紫外和红外辐射等一系列优点，很快在通信、医疗器械、交通运输、建筑物的采光照明及城市夜景装饰照明等许多领域得到推广应用。

就光纤照明而言，它与传统照明方式相比，除了具有上述优点外，还有照明光源远离照明地点，照明设施安装检修方便，特别是一些窄小或有防水、防尘和防爆等要求的空间，用光纤照明十分安全可靠，照明效果也比较理想。因此从光纤问世以来，在短短的

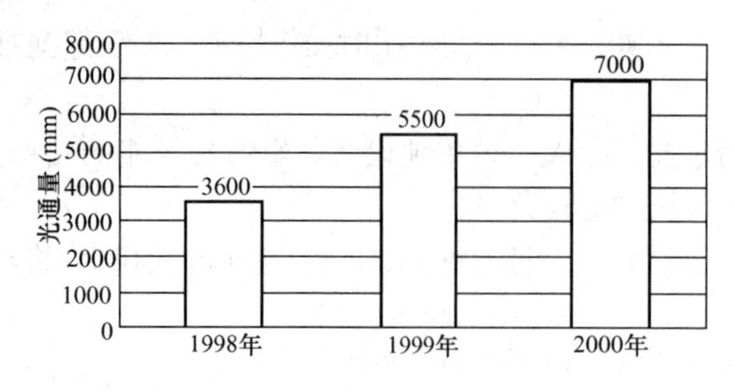

图5-35　3m600芯，$\phi$20mm光纤与250W金属卤化物灯发光器的光输出

50年里，特别是最近几年光纤在照明中的应用技术发展迅速、成效显著，见图5-35和图5-36。由图5-35看出，3m600芯$\phi$20mm的光纤和250W金属卤化物灯发光器的光输出从1998～2000年，只有3年时间就翻了一翻。由图5-36（$a$）可看出，30m1500芯$\phi$35mm的光纤和400W金属卤化物灯发光器的光输出，在4年里提高了2.4倍。由图5-36（$b$）可看出，30m长侧向发光光纤的亮度从1993年500cd/m$^2$到2001年增至3000cd/m$^2$，8年提高了6倍。由图5-36（$c$），可看出，光纤照明设备提供流明数的价格，从1993年每流明68便士（英币）到2000年降至19便士。英国业内人士预测10年后将降至7便士。影响光纤照明技术推广的价格贵和侧向发光光纤表面亮度低的问题已基本解决。正如图5-36（$d$）所示，最近10年（1998～2008年）照明光纤产量将大幅度上升，照明系统的使用量将增长10倍。

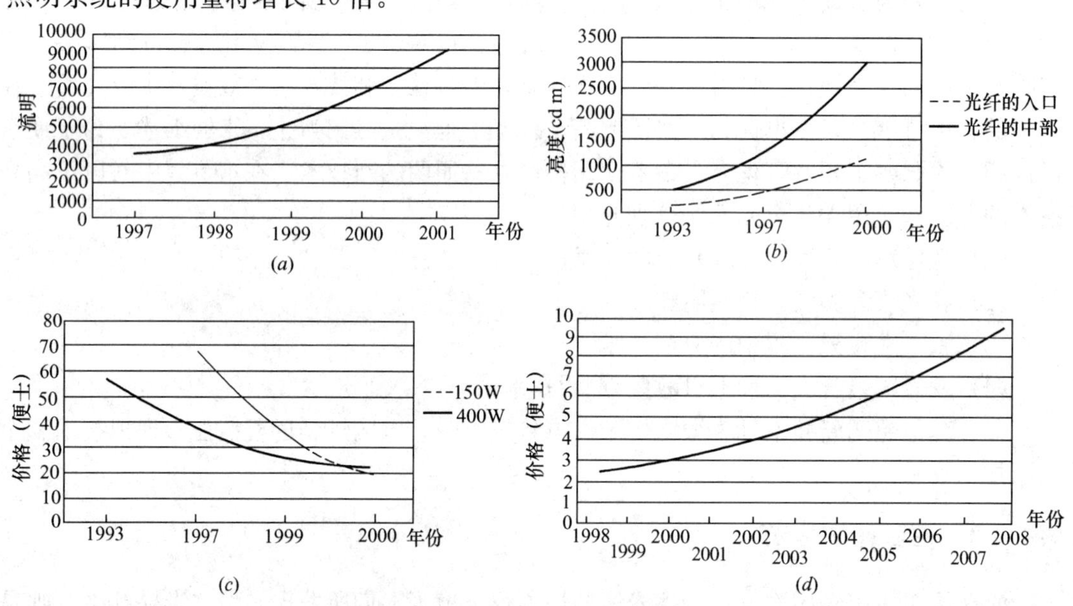

图5-36　今后10年光纤照明产品的发展情况的预测

（$a$）30m长光纤和400W金属卤化物灯的光输出；（$b$）30m长侧向发光光纤的亮度；（$c$）每流明数的价格；（$d$）今后10年光纤的价格预测

1. 光纤照明系统的组成、特性和产品概况

图5-37所示的光纤照明系统由三部分组成，即发光器（或称光源）、光纤（分端面发光和侧面发光两种光纤）和光纤末端灯具。

（1）光纤的导光原理

光纤导光是利用光在两种均匀、各向同性和折射率不同的透明介质中传播时所产生的全反射原理而实现的。如图 5-38（$a$）所示，当光在玻璃和空气两种介质中传播，光源的光线垂直照射时，光线垂直通过玻璃射向空气。随着照射的光线的入射角 $\theta_i$ 逐渐增大，透过玻璃的折射角 $\theta_t$ 也逐渐加大，在入射角 $\theta_i$ 增大到超过临界角 $\theta_{ic}$ 时，光线就不发生折射，而全部被反射。这也就是上面提到的全反射。

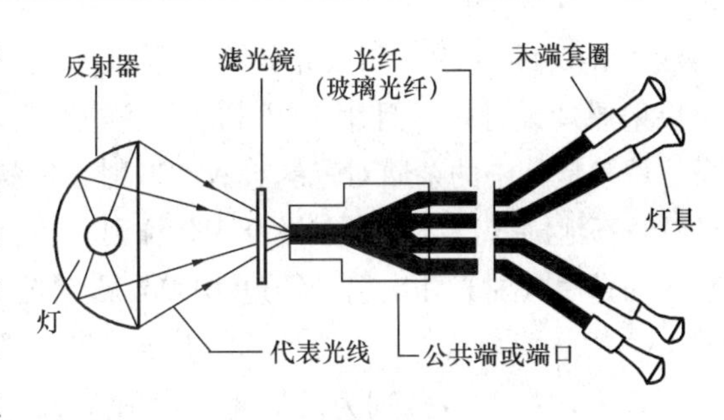


图 5-37 光纤照明系统的组成

如果把玻璃板改为折射率 $n_1$ 的玻璃棒，在外面包一层折射率为 $n_2$，且 $n_2 < n_1$ 的介质，当光线的入射角超过临界角 $\theta_{ic}$ 时，光线在玻璃棒中发生多次全反射，将光线导向另一端，如图 5-38（$b$）所示。把玻璃棒的直径减小到纤维状的细丝时，这就是我们说的光导纤维。若再把若干细丝组合在一起就形成导光纤维束。一般光纤材料的 $n_2/n_1$ 值为 0.82 左右，$\theta_{ic}=35°$，也就是说入射光和光纤轴的夹角小于 35°时，才能形成全反射导光现象，如图 5-38（$c$）～（$e$）。

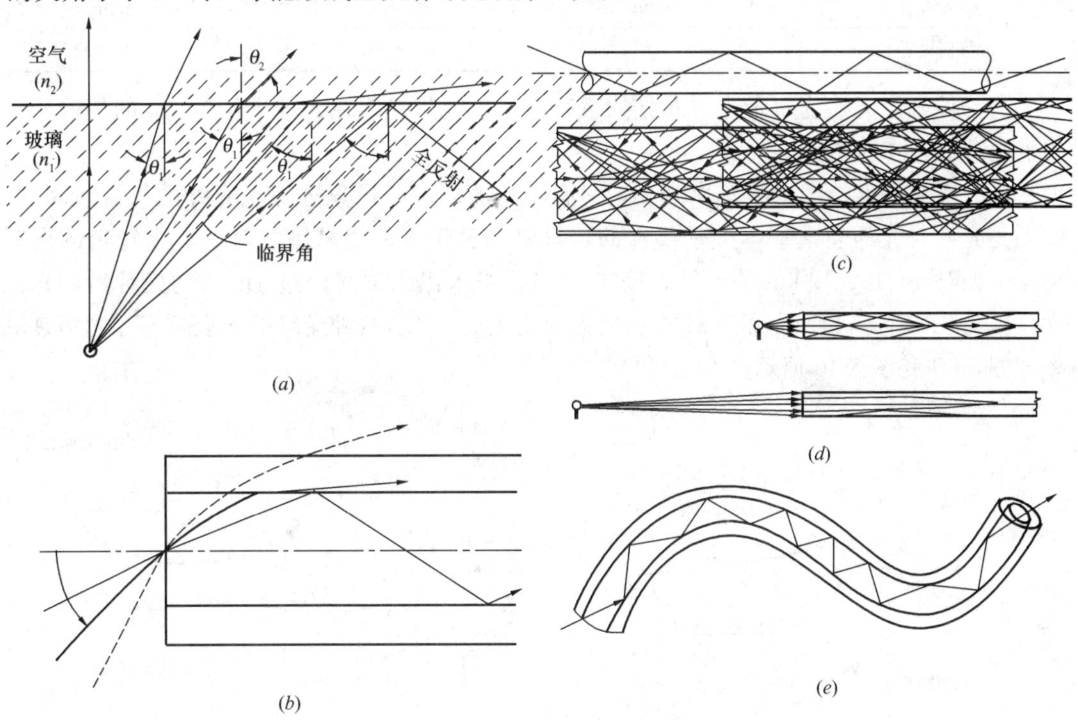


图 5-38 光纤导光的原理和过程

（$a$）全反射原理的形成；（$b$）光线在玻璃棒中的全反射；（$c$）多次全反射情况；（$d$）光源和光纤关系；（$e$）弯曲光纤的导光

（2）光纤的种类和特性

①按材料分类

光纤的种类很多，按制作的材料分类，在采光照明工程中使用的光纤主要有石英玻璃光纤（简称石英光纤）、多组分玻璃光纤和塑料光纤三种。这三种光纤的基本特性与技术参数如表5-17所示。与采光效率关系最密切的因素是光纤对光的衰减率。尽管光纤是按全反射原理设计，而且用光学性能良好的石英、多组份玻璃或塑料制成，但是由于材料本身，特别是其中的杂质对光的吸收和散射，材料在微观上的不均匀性造成的散射，以及光波导的功率泄漏等原因，光在光纤中传输时，均会造成损失。光纤对光的衰减率有两种表示方法：一是用入射光和出射光经过1000m后，光衰减了多少分贝，单位为dB/km。计算式为

$$D = 10\log(I_0/I)(\text{dB}) \tag{5-1}$$

式中，$I_0$ 和 $I$ 分别为入射光和出射光的发光强度。

**光纤束的种类和特性**　　**表5-17**

| | 塑　料 | 多组份玻璃 | 石　英 |
|---|---|---|---|
| 光纤直径 | 200～2000μm | 30～50μm | 100～1000μm |
| 包层厚度 | 1～2μm | 1～2μm | 1/4D |
| N.A. 数值孔径 | 0.5mm | 0.63mm | 0.2～0.4mm |
| 衰减率 | 1000dB/km | >450dB/km | 20dB/km |
| 允许弯曲半径 | <9mm | <20mm | 20～500mm |
| 允许温度范围 | −40～70℃ | −20～180℃ | −20～180℃ |

另一种表示方法为每米光纤对光的衰减率，也就是光线在光纤中经过1m的传输所损失的百分数，单位为%。

光纤产品一般给出的衰减率为 $D$，只有用户要求时，厂家才提供光纤的每米衰减率。原因是光纤对光的衰减基本上是线性的，只要知道千米的衰减率，就可求出每米的衰减率。例如对 $\alpha=120\text{dB/km}$ 的光纤，按式（5-1）可求出入射光经过1m长的光纤后，光强度衰减为97.3%，也就是说光纤的衰减率为2.7%。以上两种光纤的光衰减率和光谱衰减率如图5-39和图5-40所示。

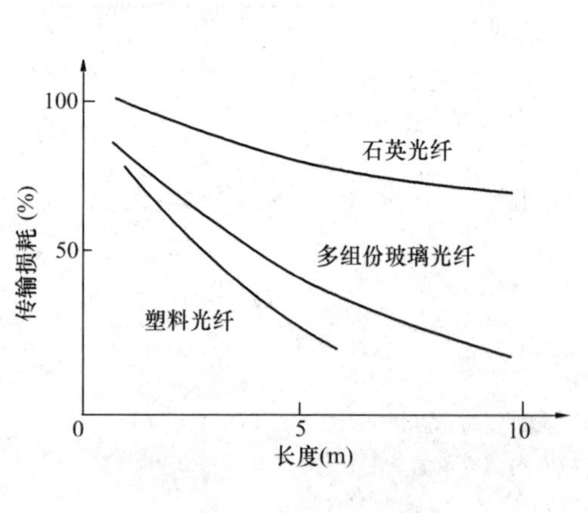

图5-39　光纤的光衰减率

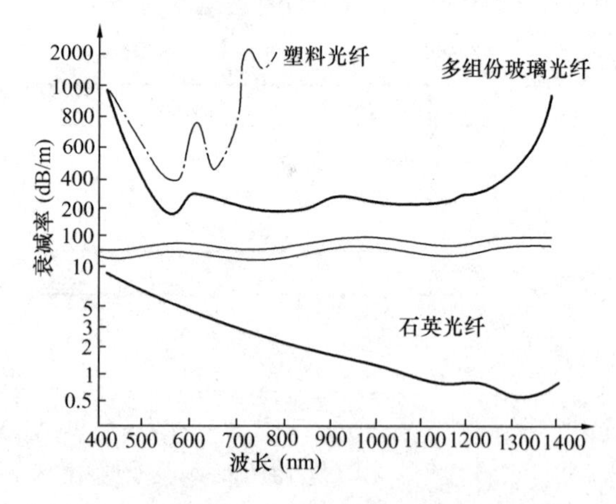

图5-40　光纤的光谱衰减率

由图5-39看出，石英光纤的光衰减率最低，多组份玻璃光纤次之，塑料光纤最大。这也就是说，石英光纤的传光效率最高，多组份玻璃光纤次之，而塑料光纤最低。但是石英光纤的价格较昂贵，多组份玻璃光纤次之，塑料光纤较便宜。比如，光谱衰减率低于

1dB/km 的石英光纤的造价很贵，它主要应用于通信工程，照明工程一般选用 100dB/km 左右的光纤，以装饰为目的的光纤工艺品（如光纤花、光纤树，或室内光纤装饰图案等）可选用造价较低，光衰减率为 800dB/km 左右的光纤产品。

光纤束的断面形状及应用范围见表 5-18。光纤外套管的种类与材料见表 5-19。

**光纤束断面种类** **表 5-18**

| 端面结构 | 应用范围 | 端面结构 | 应用范围 |
| --- | --- | --- | --- |
|  | 随机型、属于变通型端面，也是使用最多的一种端面格式 |  | 同心型或空心型，用于博展馆采光照明或其他装饰照明 |
|  | 半圆型，一般用于有特殊要求的照明工程或科学仪器 |  | 其他（实例），装饰照明、位移测量仪、震动位移探头 |

**光纤外套管的种类** **表 5-19**

| | |
| --- | --- |
| SUS 柔软型 | 柔软不锈钢套管 |
| SUS 内塘型 | “弯和直”不锈钢管 |
| SUS 蛇型管包覆硅橡胶包层形式 | 不锈钢管外套硅橡胶套管 |
| PVD 外套 | 柔软 PVC 护套 |

②按发光形式分类

光纤按发光形式分类，主要有如图 5-41 所示的端头发光和侧向发光两种。照明工程大量使用的这两类光纤都是由高品质的聚甲基丙烯酸甲脂或丙烯酸酯制造，这类光纤就是前面提到的塑料光纤。关于这两种不同形式发光光纤的特性对照详见表 5-20。

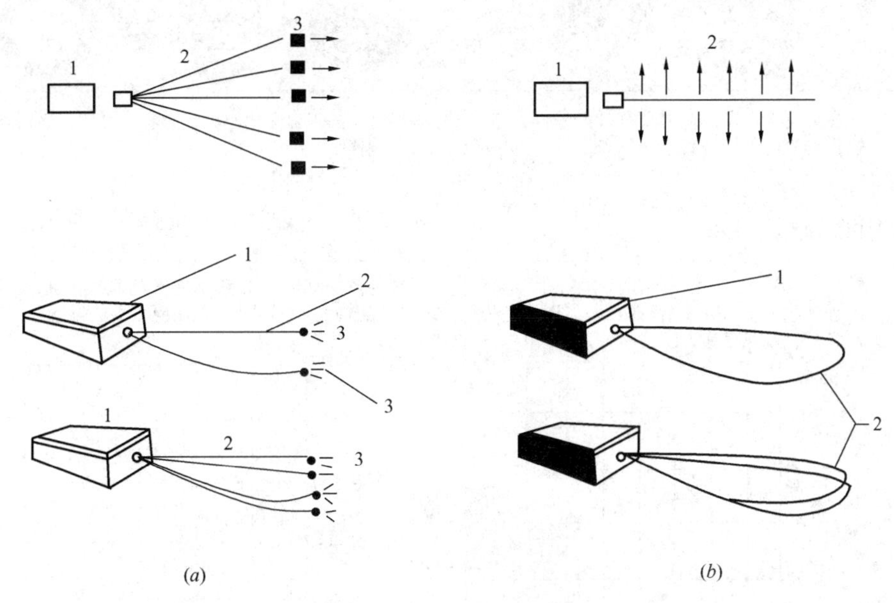

(a) (b)

图 5-41 照明光纤的种类

(a) 端头发光光纤；(b) 侧面发光光纤

1—发光器；2—光纤；3—光纤末端灯具

**端头发光光纤和侧面发光光纤特性对照表　　表 5-20**

| 比较项目 | 端头发光光纤 | 侧面发光光纤 |
|---|---|---|
| 外观形态 | 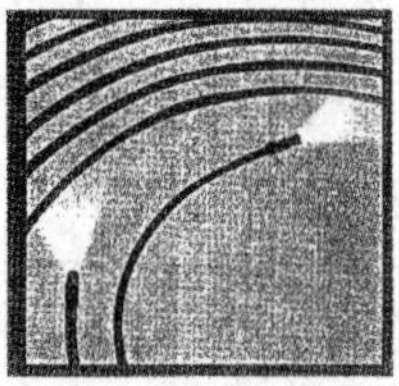 | 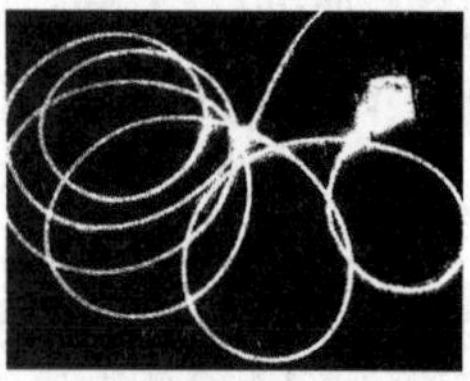 |
| 导光原理 | 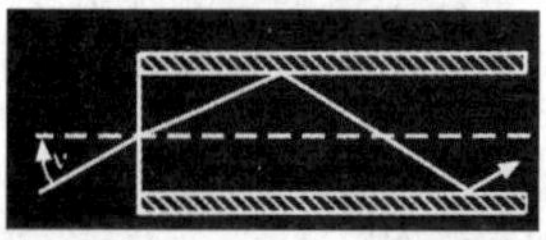 | 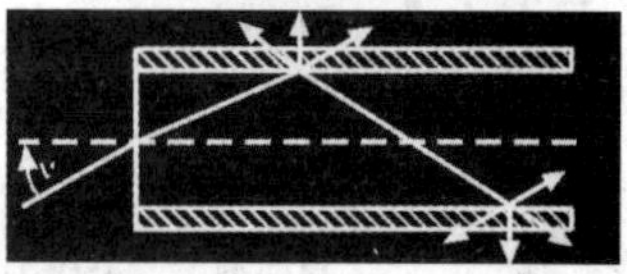 |
| 光纤材料 | 高品质的聚甲基丙烯酸甲脂(有机玻璃,简称 PMMA 料)作芯料,包皮为氟化 PVC 材料 | 高纯,不掺杂质的丙烯酸酯或共聚合物 PMMA 作芯料,透明的氟化 PVC 材料或碳化树脂作包皮 |
| 光纤线径 | 线径一般为 0.1～5mm,视发光器型号而定 | 线径一般为 8～15mm,有时也为 $\phi$20mm,所谓大口径 LCPOF 光纤 |
| 弯曲弧度 | 光纤柔软、弯曲弧度一般为 25°～30°,易于安装 | 光纤弯曲弧度一般为 50°左右,较端头发光光纤安装困难些 |
| 数值孔径 | $NA=0.5$,入射光的入射角 $\alpha$ 为 60°[$\alpha=2\arcsin(NA)=60°$] | $NA$ 为 0.66,光线入射角约为 80° |
| 光纤长度 | 一般为 8～30m,有资料介绍最长为 50～60m | 单端进光光纤为 15m 左右,双端进光光纤为 30～40m,最长可到 120m |
| 断面形式 | 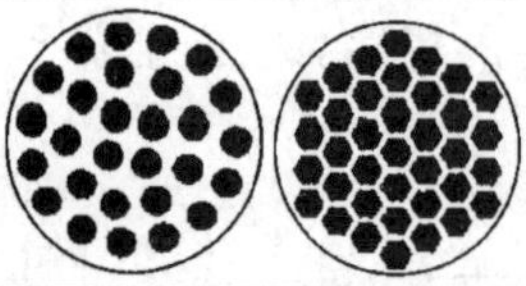 | 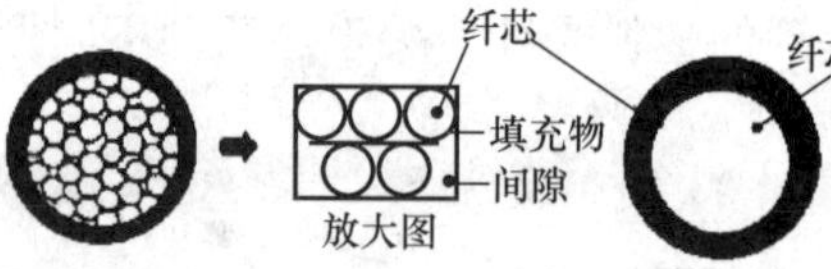 纤芯 填充物 间隙 放大图 纤芯 |
| 光谱特性 | 在可见光全光谱范围具有较好的导光率,输出光线的色度偏移小 | 入射光线的入射角恰当时,整根光纤输出光线均匀,而光谱色偏移小 |
| 耐热湿度 | 70℃,光纤进光端因温度高,一般在端面前加隔红外线片 | 85～120℃,在进光端面前加隔红外线辐射片 |
| 光纤的衰减率 | 衰减率为 130db/km,即每米损耗率约为 2.25%。衰减率和光纤长度关系如图 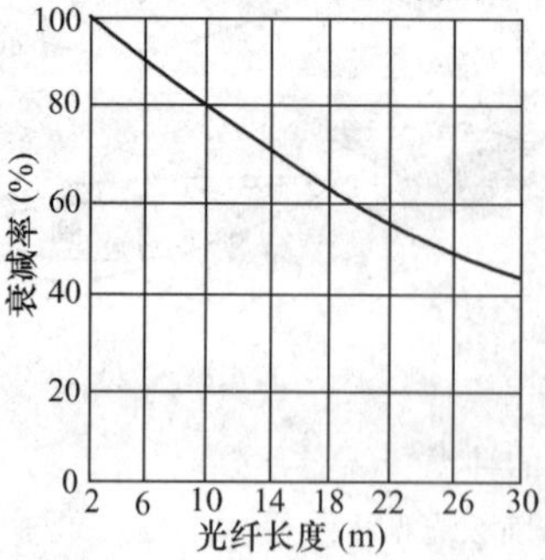<br>衰减率 (%)；100 80 60 40 20 0；2 6 10 14 18 22 26 30；光纤长度 (m) | 侧向发光光纤的光衰减用光纤的表面亮度表示,使用 200W 金属卤化物灯发光器的光纤亮度随长度变化曲线如图 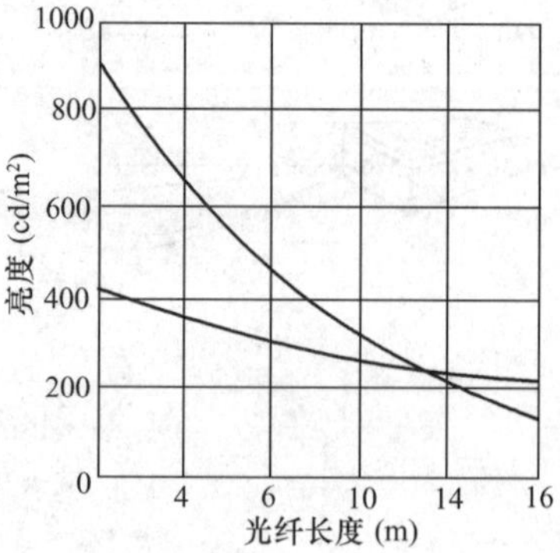<br>亮度 (cd/m²)；1000 800 600 400 200 0；4 6 10 14 16；光纤长度 (m) |

续表

| 比较项目 | 端头发光光纤 | 侧面发光光纤 |
|---|---|---|
| 耐久性与寿命 | 试验表明，环境温度65℃时，10年内，对青绿光衰减10%，对其他光无衰减，耐久性好；塑料光纤由于长时间使用，会变黄发脆，影响其寿命。因此，一般厂家标称寿命为15～20年 | 耐久性和端头发光光纤相同，端头发光光纤寿命较短，厂家标称寿命一般为10～15年 |

2. 存在问题

尽管近年来光纤照明技术进步较快，产品质量明显提高，价格也在下降，但是毕竟推广使用时间较短，在应用中出现的问题不少，归纳起来主要有如下八个方面的问题：

(1) 使用的光纤照明器材不配套。光纤照明系统中的发光器、光纤和末端灯具的耦合不佳的问题时有发生，导致照明系统的光通量输出效率低。

(2) 侧向发光光纤的表面亮度低，在环境亮度较高的工程中使用，照明的景观装饰效果不好，甚至没有效果。

(3) 使用多台发光器时，由于发光器之间的变光和变色系统不同步，打乱了有规律变化的动态照明的变光变色的节律。

(4) 一般长度在30m以上使用侧向发光光纤，由于光纤接头耦合不好，或光纤包皮损伤面漏光，导致勾勒的建筑轮廓中出现明亮的光点。

(5) 在水下或喷泉的光纤照明系统中，由于光纤末端的投光照明灯具的投光角度选择不当，或安装不对，以致漏光，造成水柱或水面不亮。

(6) 发光器安装位置过于狭小，通风又不良，当环境温度高时，降低了光源的使用寿命，并带来检修更换光源不便的问题。

(7) 光纤照明产品质量、标准和数据问题。由于缺少发光器、光纤和光纤末端灯具的标准及相应的光、电和颜色等技术参数，设计人员无法进行科学的照明方案设计，以致工程照明效果很难达到设计预期的要求。

(8) 光纤照明器材价格问题。尽管近年光纤照明器材价格有所下降，但与一般照明器材相比，价格还是过高，一般用户难以承受。

3. 注意事项

(1) 立项时应注意做好充分的论证工作

从实际出发，权衡利弊，充分论证，光纤照明工程的立项应谨慎从事。

光纤照明技术的优点甚多，但它的不足和使用存在的问题也不能忽视。目前有些光纤照明工程的照明效果不好，甚至报废，不仅经济损失重大，而且影响也不好。分析原因之一是立项时，业主往往轻信只介绍优点，不讲问题的误导宣传，片面追求高新技术的应用。因此，在推广这一技术时，必须权衡利弊，充分论证，既要看优点，又要重视不足的一面，进行充分论证，必要时还可做局部试验，观其实效，切忌盲目追求使用高新技术，严防立项时失误。

(2) 深入了解用户要求和工程情况，注意掌握第一手资料

由于光纤照明和一般电气照明的方法，使用的器材特征差别较大，设计人员在设计前必须深入了解用户（业主）和工程情况，主要有：

①用户采用光纤照明的意图和要求，设计投入的经费；

②使用光纤照明的工程特征、环境亮度、照明的部位、发光器设置的位置；

③征求工程设计人员，特别是建筑师和电气工程师对光纤照明和其他照明方式配合的意见和建议，因为光纤照明往往和其他照明方式配合使用效果更好；

④收集工程资料或拍摄相关照片。

（3）在设计光纤照明方案时，应注意考虑和一般电气照明相结合

由于光纤照明系统的光通量输出比一般电气照明要小，而且设备较昂贵。不少工程不是大面积使用光纤照明，而是在关键部位，画龙点睛地使用光纤照明技术。这样既省钱，照明效果也不错。当然财力充足的用户，也可大面积使用。

（4）注意了解光纤照明产品情况

由于光纤照明使用发光器、光纤和末端灯具等产品的技术含量高，特别是初次使用这一技术的设计人员，必须深入了解产品的以下情况：

1）发光器

对发光器除了解光源的功率、光效、颜色及寿命等情况外，还要重点了解：

①光纤进光端的光照是否均匀？

②光纤进光端的温度和温度控制器在一个周期（12h）内是否正常？

③发光器是否有电磁兼容（EMC）和射频干扰（RFI）的抑制功能？

④发光器是否内置同步器？

2）光纤方面

光纤方面除了解其直径、长度、光损耗、数值孔径、温度范围及弯曲半径等情况外，还应了解：

①光纤进光端的耐温寿命试验是否在特定照明工程的环境温度下进行的？

②光纤在出厂前是否都进行过光传输性能的检验？端头发光光纤的光损耗，侧向发光光纤的表面亮度随光纤长度的衰减率，使用相应发光器的型号。

③末端灯具的配光情况，光束角大小及防水防尘性能是否经检验？相关参数资料等。

④发光＋光纤＋末端灯具是否进行过整体试验。

（5）确定光纤数量与长度时，应注意对光衰减的影响

①端头发光光纤长度的确定

尽管光纤长度可达到30，50和60m，但光的衰减损耗较大，设计时，使发光器尽量靠近光纤出光口，以减小光纤长度。建议光纤长度控制在10m以内，最长不要超过30m。

②侧向发光光纤长度的确定

考虑到侧向发光光纤的表面亮度随光纤长度衰减较快，为提高光纤表面亮度的均匀性，最好按表5-21所示配置，采用从两端进光方案；对单端进光光纤，一定要利用好末端反光塞，以提高亮度均匀性。

（6）选择发光器，应注意综合考虑诸因素的影响

光纤照明效果的好坏，发光器的选择十分重要。一般情况下，根据光纤照明系统的光通量输出数、照明色彩要求、使用光纤数量以及发光安装部位的环境条件选用相应的发光器。表5-22给出了不同类别光纤照明工程所用发光器的选择。

**侧向发光光纤长度等参数的确定举例** 表5-21

| 光纤的配置方式示意图 | 配置 | 光纤直径（mm） | 光纤束数量 | | 最大长度（m） | |
|---|---|---|---|---|---|---|
| | | | Octous发光器 | Focus发光器 | Octous发光器 | Focus发光器 |
| | 单发光器单端配置进光 | φ8 | 4 | 4 | 10 | 15 |
| | | φ11 | 4 | 2 | 10 | 15 |
| | | φ15 | 4 | 1 | 10 | 15 |
| | 单发光器双端配置进光 | φ8 | 2环 | 2环 | 30 | 40 |
| | | φ11 | 2环 | 1环 | 30 | 40 |
| | | φ15 | 2环 | — | 30 | — |
| | 双发光器双端配置进光 | φ8 | 4 | 4 | 30 | 40 |
| | | φ11 | 4 | 2 | 30 | 40 |
| | | φ15 | 4 | — | 30 | — |
| | 多发光器双端配置进光 | φ8 | 4 | 4 | 30 | 40 |
| | | φ11 | 4 | 2 | 30 | 40 |
| | | φ15 | 4 | — | 30 | — |

注：以飞利浦公司的Octopus发光器和Focus发光器为例，若用其他发光器，光纤长度等参数会略有变化。

**不同类别光纤照明工程所用发光器的选择** 表5-22

| 序号 | 照明工程类别 | 背景亮度 | 光通输出量 | 光纤数 | 色彩 | 发光器种类 |
|---|---|---|---|---|---|---|
| 1 | 建筑立面重点照明 | 较低 | 大 | 多 | 冷色 | 150W以上金属卤化物灯发光器 |
| | | 低 | 中等 | 多 | 暖色 | 100W以上卤钨灯或150W陶瓷、金属卤化物灯发光器 |
| 2 | 建筑物轮廓照明 | 较低 | 大 | 单根大芯 | 可变 | 150W以上带色盘和同步器的发光器 |
| 3 | 小喷泉照明 | 较低 | 较大 | 较多 | 冷色 | 200W金属卤化物灯发光器 |
| | | 较低 | 较大 | 较多 | 暖色 | 150W陶瓷金属卤化物灯发光器 |
| 4 | 大喷泉照明 | 不限 | 大 | 多 | 变色 | 带色盘200W以上金属卤化物灯发光器 |
| 5 | 引人导向照明 | 低 | 中等 | 较少 | 冷色 | 200W金属卤化物灯发光器 |
| | | 低 | 中等 | 较少 | 暖色 | 150W陶瓷金属卤化物灯或100W卤鸽灯发光器 |
| | | 低 | 中等 | 多 | 变色 | 带色盘200W以上金属卤化物灯发光器 |
| 6 | 广告或标志照明 | 中等 | 大 | 多 | 变色 | 带色盘200W以上金属卤化物灯发光器 |

（7）选择末端灯具，应注意配光的合理性和外观的装饰性

具体要求：

①注意灯具的配光和光束角不要弄错；

②灯具造型和颜色跟环境协调一致；

③安装时尽量隐蔽，力求见光不见灯。

（8）注意防止产生各发光器变光变色不同步的现象

由于发光器所照射光纤长度或提供的端头发光的光点有限，在大面积光纤照明工程中使用的发光器数量较多，有的多至数十台或数百台。如果各发光器的变光变色不同步，将直接影响照明效果。尽管解决同步问题不难，但不同步现象时有发生，千万不能大意。解决办法：

①仔细阅读产品说明，严格按规定接线；

②在发光器使用数量超过20台时，应在中间设置控信放大器，以保证从总控制发生器发出的信号毫无衰减地达到每台发光器，使其变光变色的同步性控制在规定时间内（通常为0.015s）；

③注意采取同步控制系统的抗干扰措施和相应的保护措施。

（9）施工安装使用中应注意事项

①光纤和发光器连接时，耦合头安装一定要准确到位，丝毫不能错位。

②光纤剪切一定要用专业工具，确保端面平整光滑、对接准确。为此，每次剪切均需更换新的刀片。

③多股光纤束剪切，端面应做抛光磨平处理。

④侧向发光光纤安装时，不要破损外包皮，以免漏光，特别光纤转弯时更要细心。

⑤光纤未端灯具安装的角度要准确，特别是水下和喷泉的光纤照明系统更应细心。

⑥发光器的排风散热孔不能水平向上，以免灰尘侵入；同时还应注意发光器环境的通风，使环境温度控制在说明书规定的范围内。

⑦光纤照明系统使用过程中应特别注意定期维修、清扫，及时排除系统故障。

### ※5.4.2　导光管和微波硫灯照明技术

1. 概况

导光管顾名思义就是光线沿着管道通过镜面反射或经棱镜面进入全内反射或是散射（漫反射），从管道一端导向另一端的导光器具。国际照明委员会将导光管统称为Hollow Light Guides（简称HLG照明系统）。由于导光管的导光方法有镜面反射、棱镜的全内反射和漫反射之分，导光管又分成图5-42所示的镜面反射型、棱镜型、漫反射型和复合型四种。微波硫灯（简称硫灯）是一种发光体小、光效高、使用寿命长的新光源。导光管和硫灯（含灯具）组成导光管照明系统。

从1874年B.H.契柯列夫首次提出导光管照明，并在圣·彼得堡奥赫金火药厂付诸实施后，已有100多年的历史。20世纪80年代之前主要研究开发有缝镜面反射型导光管照明。在这方面前苏联的照明工作者研究最多，并积累了许多宝贵经验。到1981年加拿大怀特赫德教授（LA. Whitehead）发明棱镜型导光管（Prismatic LightTube）后，近20年各国照明工作者较集中地研究开发这一照明系统，到1995年在怀特赫德教授指导下，组装了二套棱镜型导光管并配套使用了美国 Fusion Lightting 公司生产的微波硫灯，灯的光效高达 130～140lm/W，寿命长达 6 万 h。

如今，世界上有 12 个国家的 15 家公司生产导光管照明系统，并组装了数万套导光管装置。这些装置在建筑、街道、广场、桥梁、隧道、机场、地铁、工厂车间和过街天桥等许多工程中使用，成效显著，社会反响强烈，显示出这一照明系统的强大生命力。

2. 导光管照明系统的特点和问题

(1) 特点

概括起来有以下特点：

①用灯少。照明系统可使用大功率高强度气体放电灯，如金属卤化物灯、高压钠灯和微波硫灯等，改变了以往在室内照明中不宜使用大功率气体放电灯的局面。由于这些灯的光效高、寿命长，有利于照明节能和维修。

②照明均匀、无眩光。一般情况下，光线在导光管内经过多次反射形成亮度均匀的发光带照明，所以室内照明均匀性好，眩光较低。

③维修简便。由于照明用灯的数量少，光源使用寿命长，而且光源箱远离照明部位，并设置在检修方便的地方，因此照明系统维护管理工作量小，费用低。

④不积尘、抗污染。密封的导光管系统比普通照明灯具的积尘和污染要少，加上 HLG 照明系统具有的气动自洁特性，空气中原始粒子不会落在灯具的出光面上，减少了灰尘污染对系统减光的影响。

⑤安全可靠。由于光源远离照明地点，甚至放在室外，从而大大降低或排除了室内照明场所的雷击、爆炸和火灾的危险，特别适合于有防爆和防尘要求的特殊场所，如兵器厂(库)、化工厂和洁净车间（室）等工程的照明。

⑥能隔热、防紫外线和变色。在光源箱室的出光口通过采取隔热、防紫外线和变色变光措施，HLG 照明系统为照明工程师进行室内外景观或功能照明设计创造了十分有利的条件。

(2) 问题

尽管导光管照明系统的特点突出，有不少优点，但也不能忽视它的问题和不足之处。其中最突出的问题是系统的光利用率低和设备造价比一般照明贵得多。如目前国外普通棱镜导光管（TLP-6 型直径约 20cm）造价高达 5000 元/m。光效和造价成为目前制约导光管照明发展的两个主要因素。

3. 导光管和微波硫灯的基本特性

(1) 系统的分类

导光管照明系统由光源箱、导光管和出光部件组成，按导光方式，可分为以下四类(详见图 5-42)：

①有缝镜面反射型导光管照明系统。它是利用镜面反射进行导光的系统。

②棱镜型导光管照明系统。它是利用光在棱镜中产生的全反射原理进行导光的系统。

③漫反射型导光管照明系统。它是通过漫反射率高的管壁进行导光的照明系统。由于这种系统较简单，导光效率低，一般为 20%～25%，而且相对长度（管长和管径之比）只有 10～15。因此该系统除个别场所使用外，使用较少。

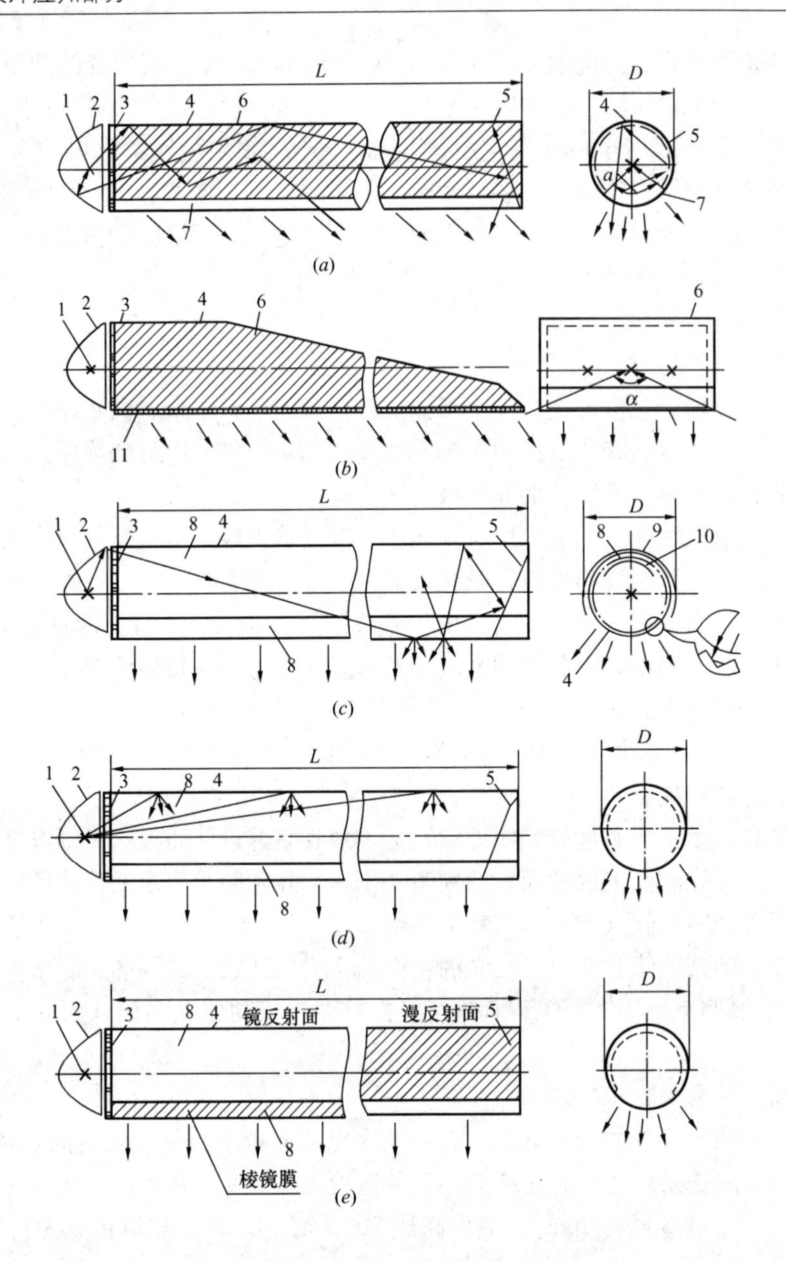


图 5-42　几种导光管的结构示意图

(*a*) 有缝镜面反射型导光管；(*b*) 有缝棱型镜面反射型导光管；
(*c*) 棱镜型导光管；(*d*) 漫反射型导光管；(*e*) 复合型导光管
1—光源；2—灯具反光器；3—隔红或紫外线板；4—导光管外壳；5—导光管反光层；6—导光管反光层；7—导光管出光口；8—导光管棱镜层；9—导光管外壳；10—导光管外保护层；11—出光面

④复合型导光管照明系统，由前三类照明系统复合而成，只有特定场所使用。

(2) 导光原理和管型种类

为了对比有缝镜面反射型导光管和棱镜型导光管的原理和管型种类，用列表形式加以介绍，详见表 5-23。

（3）不同导光管的性能比较

几种主要导光管性能比较详见表 5-24。

（4）导光管的配套光源

导光管照明系统配套使用的光源，主要有金属卤化物灯、微波硫灯，有时也使用高显色高压钠灯或氙灯。

**有缝镜面反射型导光管与棱镜型导光管的导光原理和管型种类　　表 5-23**

| 比较项目 | 有缝镜面反射型导光管 | 棱镜型导光管 |
| --- | --- | --- |
| 导光原理 | 在假设导光管内壁表面为镜面反射与管缝为无吸收的透明的基础上按镜面反射定律，利用光在管内多次反射原理，使光线在管内从一端向另一端传导，当表面反射比为 $p$ 时，经 $n$ 次反射后，光的强度减弱为 $p^n$ 倍，另外部分光线通过管缝射入室内，光路如图 | 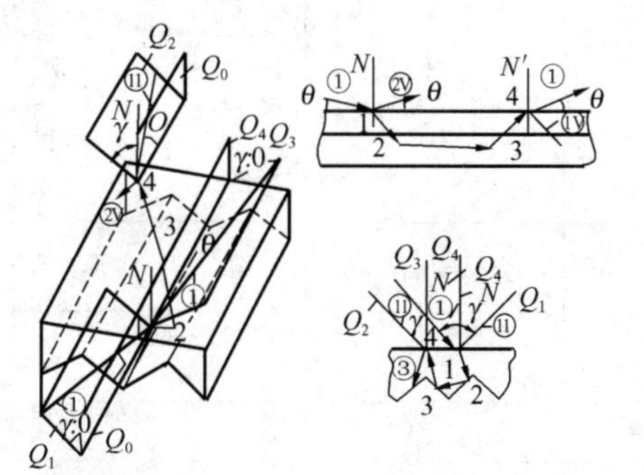 棱镜型导光管的导光是利用棱镜的全反射原理实现，如图所示。入射光 I 经反射点 1 进入透明棱镜，至 2、3 两点产生全反射光 E，并从点 4 射出。产生全反射的条件是入射光的入射角应小于棱镜的折射率 $\theta$，在角 $\theta$ 内的入射光均可产生全反射，而且光线从入射侧射出。这样光线在管内经多次全反射后，实现向前导光的目的 |
| 管型与种类 | 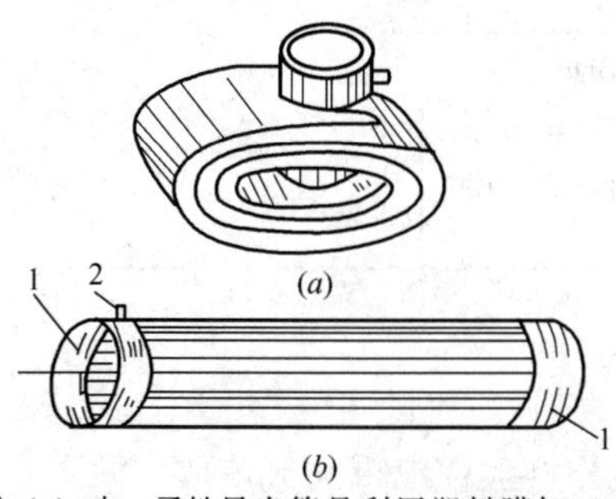  图（$a$）中，柔性导光管是利用塑料膜加工成形，管的重量轻，可成卷运输，使用时安装方便，特别是使用芳香族聚酯膜比普通 PET 聚酯膜的强度大，而且耐高温，管内反射层用真空镀膜方法完成<br>图（$b$）中，刚性导光管采用 PVC 挤压成形，外观整齐，表面光滑，比较美观，但重量较大，导管长度有限，运输安装不如柔性导光管；管内壁反射层可用镀膜和吸附反射膜方法完成 | 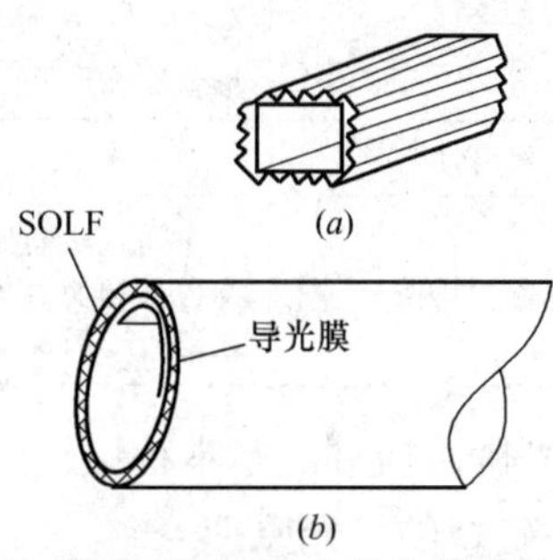  图（$a$）所示 Whitehead 导光管是由发明人 Whitehead 利用折射率为 1.5 的透明聚丙烯塑料加工成形，棱镜外侧顶角为 90°，呈等腰三棱形，只要入射光与管的轴线的夹角小于 27°，光线即可在棱镜内产生全反射，每次反射的吸收率为 0.2%，传导光的效率较高<br>图（$b$）所示 3M 公司的导光管是根据该公司的专利用 PMMD 塑料制成的微细棱镜薄板，板厚 0.5mm，幅宽 960mm，长度不限，使用时将板卷起，放入透明管中，在出光部分另外加一层引光膜，使一定量光线外射 |

几种主要导光管性能比较　　表5-24

| 序号 | 性　能 | 导光管种类 | | | |
|---|---|---|---|---|---|
| | | 镜面反射型 | 棱镜型 | 漫反射型 | 复合型 |
| 1 | 导光管结构复杂程度 | 较简单<br>(1)管材只有外壳与反射层<br>(2)灯具 | 复杂<br>(1)管材有棱镜膜、防透光层和固定管及出光面<br>(2)灯具 | 最简单<br>(1)只有一漫反射管<br>(2)灯具 | 最复杂<br>(1)镜反射+棱镜+漫反射<br>(2)光源灯具 |
| 2 | 反光材料性能与加工难易程度 | 纯化学镀铝($\rho$=0.92),Minf自卷材($\rho$=0.96),镀银反射面($\rho$=0.95),制作工艺简单 | 聚碳酸醋卷材制作,工艺复杂,棱尖不易保证,3M公司生产卷材宽为1m | 一般漫反射管材,制作工艺简单 | 几种材料复合制作,工艺复杂,正在研制过程中 |
| 3 | 管材断面形状 | 圆、方、棱形 | 主要是圆形 | 圆形与方形 | 圆形与方形 |
| 4 | 相对管长($L$:$\phi$) | 30~40(30最佳) | 40~100(40最佳) | 10~15(15最佳) | 50~110(50最佳) |
| 5 | 系统光效(%) | 30~42 | 35~50 | 20~25 | 40~55 |
| 6 | 亮度均匀性(单端进光时)$L_{始}/L_{末}$ | 4~6(管长30m) | 2(管长40m) | 2~3(管长20m) | ~1.5(管长50m) |
| 7 | 亮度均匀性(双端进光时)$L_{始}/L_{中}$ | 2~3 | 1 | 1~2 | 1~1.5 |
| 8 | 艺术性 | 亮度分布不够均匀,艺术性不如棱镜型,但方形和棱形管比圆形好 | 亮度均匀,较美观,但每节之间有一暗线,对外观有影响 | 美观,装饰效果好 | 亮度均匀,艺术性好 |
| 9 | 经济性 | 较贵 | 昂贵 | 价廉 | 昂贵 |
| 10 | 应用场所 | 车间(功能照明)与公共场所(地铁、地道与过街桥等) | 民用公共建筑、道路与夜景装饰照明工程 | 建筑装饰照明工程 | 室内外高档灯饰工程 |

(5)微波硫灯的基本特性

1)硫灯的发光原理

硫灯的发光原理不同于常规电光源,不是靠灯丝或电极间气体放电激励发光物质而发光,而是先把导电能转换为微波能,然后微波能通过微波传输系统输送到灯泡内,激励其中的发光物质(硫元素)发光,如图5-43所示。其光谱近似于太阳光光谱。

2)硫灯的特性

①发光机理新。正如前面所述,它是按微波激励硫元素的机理而发光的光源,完全不同于传统的白炽灯或气体放电光源。

②由于发光物质为单质硫,灯的发光效率高达100lm/W,而光通量的维持率很高,可以说到灯的寿命终止时,发光的数量基本不变。

③灯内既无电极，也没有灯丝，光源的寿命大幅度延长，系统寿命高达6万h，可换的磁控管的寿命也有1.5～2万h，从而大大减少照明系统的维修工作量和维修费用。

④灯的发光物质是硫，发出的光谱接近日光，光色自然，显色性好，显色指数在85以上，色温为5700K。

⑤硫灯内既无汞、又无卤素元素，而且辐射的红外线和紫外线的数量很少，有利于防止柔和有害射线的污染，保护环境。

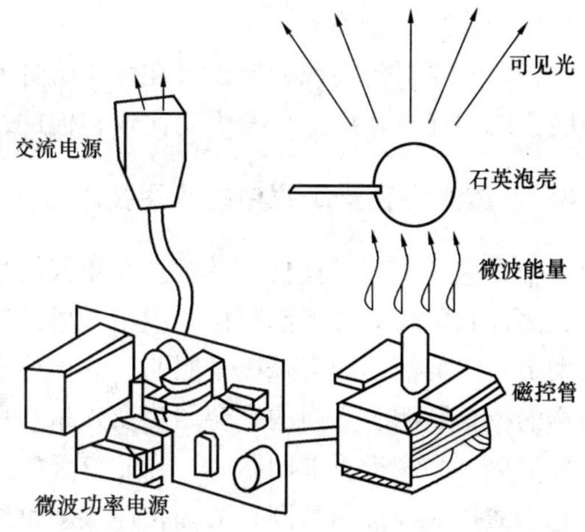

图5-43 硫灯的发光原理示意图

⑥灯的发光体尺寸小，十分有利于导光管照明系统中光源箱的灯具的光学设计，这是硫灯和导光管配套是较理想的光源的重要因素之一。

⑦硫灯点灯的启动时间只需25s，点灯即亮，而金属卤化物灯的点灯启动时间需5～7min。

⑧硫灯可在30％～100％范围内调光，而金属卤化物灯则不能调光。

3）硫灯的问题

①电源箱和微波箱的散热和通风问题，在室外夜景工程使用硫灯还有防雨水问题。常规光源的电源箱可以封闭起来，防水防尘IP等级较易达到，而硫灯的电源箱和微波箱，不仅要散热，还要通风和防水。这三者是有矛盾的。这一问题目前基本解决，但不够理想。

②噪声大。这是由于电源箱需强迫冷却而设置的高速风扇造成的。

③造价比金属卤化物灯昂贵得多。

4. 室外夜景工程应用导光管照明系统的注意事项

推广导光管照明系统时，必须注意以下几点。

（1）不宜大量使用，应坚持画龙点睛，在工程的特征部位使用的原则。这点不仅是因为导光管照明系统的造价昂贵，也是许多夜景工程实践经验的总结。

（2）不能把导光管当作霓虹灯、美耐灯或串灯等普通灯饰材料使用，应充分了解它们之间的不同特征，如前面说的导光管的6大特点和硫灯的8点特征及存在的问题，并对使用导光管的业主进行科学全面的介绍，深入了解业主的意图和要求后，经充分论证，最后确定是否使用导光管照明技术，切勿简单从事。

（3）在建筑夜景工程中使用导光管照明系统时，应和建筑的一般部位使用的传统照明系统结合起来考虑，把两种照明有机地结合起来。在设计导光管照明方案时注意听取建筑师的意见与建议，让导光管照明在夜景工程中真正起到表现特征的画龙点睛的作用。

（4）在导光管照明系统的方案设计时，要特别注意保持导光管使用的光源灯具与导光管的耦合关系。如两者耦合不好，不仅会影响系统的效率，还会使导光管亮度分布的均匀性受到很大影响。另外在系统使用过程中，对系统进行检修时，千万注意不要破坏光源灯具与导光管的耦合关系。

(5) 既要看到棱镜型导光管和微波硫灯及灯具有很多优点，也要看到其他形式导光管照明系统的优点，应综合考虑和比较它们的性能、价格，选取最佳的系统方案。

### 5.4.3　激光在夜景工程中的应用技术

激光这一高新科技自 20 世纪 60 年代问世以来，发展十分迅速，并在工业、农业、通信、医疗和国防等许多部门推广应用，可谓应用范围越来越广。就照明领域而言，激光在重大节日庆典活动的特殊夜景照明、许多旅游景点或公共场所的激光水幕电影的照明、建筑物的夜景照明、室内的平台照明及娱乐场所的特种照明等方面的应用也不少，而且成效十分显著。如庆祝香港回归时，在北京天安门广场、广州天河体育场和香港维多利亚港的激光表演把庆典推向高潮，又如在迎接新世纪的到来时，北京世纪坛的夜空中出现五彩缤纷的激光，特别是用激光组织的"喜迎新世纪"字样，随着欢快的音乐腾空而升时，为整个庆典增色生辉，光彩夺目的激光在世人心目中留下了十分深刻的印象。所以说，尽管激光在夜景工程的应用时间不长，但她的神效和魅力越来越引起人们的重视。

1. 激光和激光器

激光是基于受激发射放大原理而产生的一种相干光辐射。

激光器是利用受激辐射原理使光在某些受激发工作物质中放大或振荡发射的器件。或是能够发射出激光的技术装置。它的工作过程是用光、电及其他方法对工作物质进行激励，使其中一部分粒子激发到能量较高的状态中，当这种状态的粒子数大于能量较低状态的粒子数时，由于受激辐射作用，该工作物质就能对某一定波长的光辐射产生放大作用，也就是当这种波长的光辐射通过工作物质时，就会射出强度被放大而又与入射光波相位一致、频率一致、方向一致的光辐射，这种情况称光放大。若把激发的工作物质置于谐振腔内，则光辐射在谐振腔内沿轴线方向来回反射传播，多次通过工作物质，使光辐射被放大了很多倍，而形成一道强度很大，方向集中的光束——激光。一般激光器由激光工作物质、激励（也称泵浦）系统和光学共振腔三部分组成，详见图 5-44。

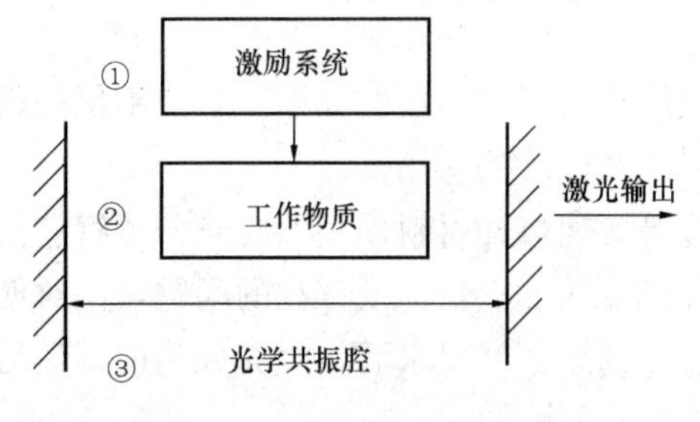


图 5-44　激光器结构示意图

2. 激光的几个突出特点

(1) 亮度特别高。与普通光源比，自然界中最亮的光源莫过于太阳，它的发光亮度大约为 $10^3$W/(cm$^2$·球面度)，可是大功率激光器输出的激光亮度达 $10^{10}$～$10^{17}$W/(cm$^2$·球面度)，比太阳的亮度还要高得多。

(2)定向性或称方向性特强。由激光器发出的激光以定向光束方式向前传输，几乎不发散，光束的立体角极小，约为 $10^{-5}$～$10^{-8}$球面度。

(3)单色性好。由激光器发射出的激光，通常集中在十分狭窄的光谱范围内，具有很高的单色性。若设激光器输出的中心频率为 $\nu$，频谱宽度为 $\Delta\nu$，在较好情况下，其单色性的表征量 $\nu/\Delta\nu$ 可高达 $10^{10}$～$10^{13}$数量级，而较好的单色光源的单色性量值也只有 $10^6$ 数量级左右。

(4)光的相干性好。由于激光具有定向性和单色性好的特点，按经典的电磁场观点，激光比较接近于理想的单色平面波(不聚焦时)或单色球面波(聚焦时)，比较接近理想的完全相干的电磁波场。

(5)光子简并度高。太阳在可见光谱区内的光子简并度为 $10^{-3}$～$10^{-2}$数量级，一般人工光源的光子简并度也小于1，而激光的光子简并度就高达 $10^{14}$～$10^{17}$数量组，可见激光的光子简并度有多么高。激光的这些极为独特的特性，使得由它创造的激光景观神奇、独特，也是常规灯光难以达到的。

3. 激光器的种类

激光器的种类很多，按激光工作物质分类，主要有五大类：

(1)气体激光器。它所采用的工作物质是气体。根据气体中真正产生受激发射作用的工作粒子性质的不同，它分成原子气体激光器、离子气体激光器、分子气体激光器、准分子气体激光器等。

(2)固体(晶体和玻璃)激光器。这类激光器所采用的工作物质是通过把能够产生受激辐射作用的金属离子掺入晶体或玻璃中构成发光中心而制成的。

(3)液体激光器。这类激光器所采用的工作物质主要有两类：一类是有机荧光染料溶液；另一类是含有稀土金属离子的无机化合物溶液，其中金属离子(如 $Na^{3+}$)起工作粒子作用，而无机化合物液体($SeOCl_2$)则起基质作用。

(4)半导体激光器。这类激光器是以一定的半导体材料作工作物质而产生受激发射作用，其原理是通过一定的激励方式(电注入、光泵或高能电子注入)，在半导体物质的能带之间或能带与杂质能级之间，通过激发非平衡载流子而实现粒子数反转，从而产生光的受激发射作用。

(5)自由电子激光器。这是一种特殊类型的新型激光器，工作物质为在空间周期变化的磁场中高速运动的定向自由电子束，只要改变自由电子束的速度就可产生可调谐的相干电磁辐射，原则上其相干辐射谱可从X射线波段过渡到微波区域，因此具有很诱人的前景。

激光器除按工作物质分为五大类外，还有按激励方式、运转方式、输出波段范围和输出功率大小进行分类。如按输出波段范围可分为红外、可见光和紫外三个不同波段的激光器，照明用的激光器集中在可见光波段范围内，其中代表性激光器有：红宝石激光器(694nm)、氦氖激光器(632.8nm)、氩离子激光器(488nm和514.5nm)，氪离子激光器(476.2、520.8、568.2nm和647.1nm)以及一些可调谐染料激光器等。由于波长的不同，激光颜色也不一样。因此，按色彩可分为兰、绿双色、红色和全色(也称全彩)等几种不同色彩的激光器。

此外，按输出功率大小分类，有大、中、小功率激光器，其功率范围：

(1)小功率激光器。输出功率通常规定在1W以内，如50、100、150、200、300mW激光器等。

(2)中等功率激光器。输出功率一般在1～10W范围之内。

(3)大功率激光器。输出功率，一般在10W以上。

4. 激光在夜景工程中的应用

由于激光的特点突出，激光器和配套器材的品种多，特别是激光的控制技术水平越来越先进、高超，所以它在夜景工程中的应用不断增多，概括起来主要有以下四个方面。

（1）激光——城市的地标和夜景闪光点

鉴于激光亮度特高，方向性又强的优点，不少城市把明亮的激光光束作为地标使用。如深圳的地王大厦楼顶的 40W 大功率激光光束，能给 10km 以外观众指向定位，效果不错。又如荷兰埃尔霍温的地标的激光束，成为该城的一景。再如美国拉斯维加斯金字塔娱乐城顶部的激光束，天气好时，在洛杉矶都能看到，地标作用十分显著。激光成为这些城市夜景中让众人注目的闪光点，如图 5-45～图 5-48。

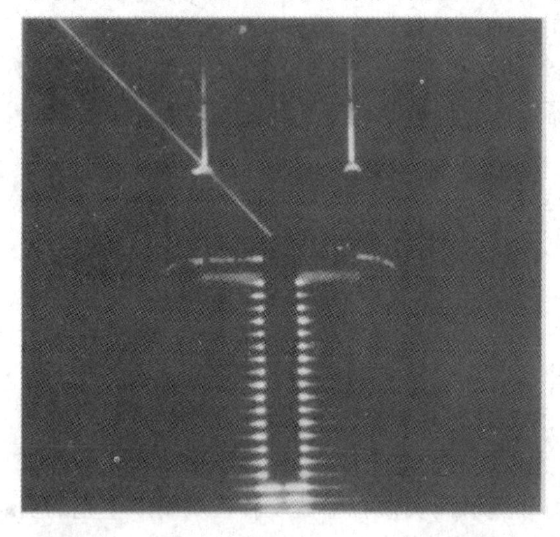

图 5-45　深圳地王大厦楼顶的地标激光(局部)

图 5-47　城市的多彩地标激光束

图 5-46　远眺深圳地王大厦的地标激光

图 5-48　美国拉斯维加斯金字塔娱乐城顶尖的 60W 大功率激光束成为该城夜景中精彩一笔

（2）激光——建筑夜景特效照明较理想的媒质

激光在建筑夜景工程中的应用有点类似于舞台上的激光利用情况。不是用激光照明，而是用这种特殊光源来点缀建筑夜景或表现一种特殊的艺术效果。如图 5-49 所示埃及金字塔的夜景照明，利用明亮的激光勾勒金字塔的轮廓，并在塔尖顶处形成高光点的艺术效

图 5-49 埃及金字塔的激光夜景

果，是其他照明方法不及的；用轮廓灯配合适量泛光灯照明，把金字塔的夜间形象表现得唯妙唯肖，给人以艺术美的享受；同时，还利用激光束无限聚焦的投影技术在金字塔的主立面打出不同的文字或图案。这样既装饰了夜景，又具有很好的宣传作用和很强的知识性与趣味性。

又如图 5-50 所示法国巴黎法方斯中心广场周边的三个建筑的立面照明，不是用泛光灯把墙面照得很亮，而是以墙为幕，用激光投影技术，在上面打出不同图案文字，并连成一个节目，加上音响和文字解说，不仅夜景独具特色，给观众耳目一新之感，且寓教于乐，具有很好的宣传教育作用。这方面的实例还很多，有兴趣的读者可阅读有关文献。

图 5-50 巴黎德方斯中心广场的激光夜景表演的三个不同画面

图 5-51 深圳庆香港回归晚会的激光夜景

（3）激光——重大庆典之夜表现主题、烘托气氛的有力工具，并为城市夜景增光添彩

在庆祝香港回归时，为表现主题、烘托气氛，离香港最近的深圳特区，决定在庆祝晚会上使用激光技术。当时使用了 1 台输出功率为 20W 的大功率激光器，三个激光射头，用 3×50m 光纤将射头布置在晚会会场的左、中、右三点上，当回归钟声敲响时，数十束明亮、色彩斑斓的激光从三点齐射夜空，并在夜空中有韵律的摆动，万众欢腾，把晚会推向最高潮，如图 5-51。

（4）激光＋水幕——公园和旅游景点夜景演示节目的主角

激光在公园和旅游景点等休闲场所的应用，往往和喷泉、水幕连在一起。人们说神奇的激光，而激光和喷泉或水幕连用则更显神奇。神奇的激光束，利用激光投影技术，通过电脑程序控制、投射在水幕或照射在喷泉上，形成千姿百态、内容丰富、形象逼真的画面，即水幕电影，供游人欣赏，成为室外夜景灯光表演节目的主角。

2002 年国庆时，“北京大观园之夜”就是利用这一技术，再加上音乐和解说，在园中的湖面上向游客展现出一个梦幻的园林世界，一道道彩色激光投射在水幕上，伴随悠扬古

图 5-52　北京大观园激光水幕电影夜景之一

典乐曲在高 10m、宽 18m 的扇形水幕上争奇斗艳，形成一幅幅音水合一、灯景交融的画面，演绎出一部红楼诗卷中“女娲补天、宝玉出世、神游仙境、情满人间”的交响曲，把游人带入了梦幻缭渺的艺术境界，为首都节日夜景增色不少，详见图 5-52、图 5-53。又如云南昆明石林公园的阿诗玛湖与莲花湖的大型激光水幕电影，再现阿诗玛和阿黑哥动人的爱情故事，为石林夜景增色不少，给游人以美的享受，如图 5-54～图 5-56。

图 5-53　北京大观园激光水幕电影夜景之二

图 5-55　云南昆明石林公园中莲花湖的激光水幕电影夜景之一

图 5-54　云南昆明石林公园中的阿诗玛湖夜景

图 5-56　云南昆明石林公园中莲花湖的激光水幕电影夜景之二

在国内外许多室外休闲场所，如我国上海的豫园、深圳的荔枝公园、厦门的鼓浪屿、云南昆明世博园和石林公园、香港特区海洋公园，新加坡圣陶沙公园，美国拉斯维加斯不少景点的水面上都利用了激光水幕影视技术丰富人们的夜生活和美化城市夜景，收到了显著的技术、艺术、经济和社会效益，深受市民和游客欢迎。

### 5.4.4　发光二极管照明技术

发光二极管（Lighting Emitting Diode，简称 LED）是 20 世纪后 50 年代发展起来的

一种新光源。这种光源的优点十分突出诱人，很快引起了照明界的高度重视。在城市夜景照明领域，尽管应用LED光源刚刚开始，但已显示出它特有的技术和艺术魅力。本节对LDE的发光原理、特性、优点和问题，目前的产品现状，LED在城市夜景工程中的应用，应用的注意事项及今后的发展趋势进行简介。

1. LED光源的发光原理

(1) 单色LED光源的发光原理

LED光源其实是一个PN结的二极管。它由管芯即发光半导体材料和导线支架组成，管芯周围由环氧树脂封装，以保护管芯，如图5-57 (*a*)。当电流从PN结的阳极流向阴极时，管芯半导体晶体就会发光，光的颜色取决于使用的晶体材料的种类。LED的工作情况与标准的硅二极管相同，在正向电压达到2V以前，正向电流很小；随着电压继续上升，电流迅速增大，大量电子流入P结，使管芯半导体晶体发光，如图5-57 (*b*)、(*c*)。从LED发光过程看出，一是发出的光为单色光；二是不同的管芯半导体材料发出不同的单色光；三是发光的强弱和正向电流有关。

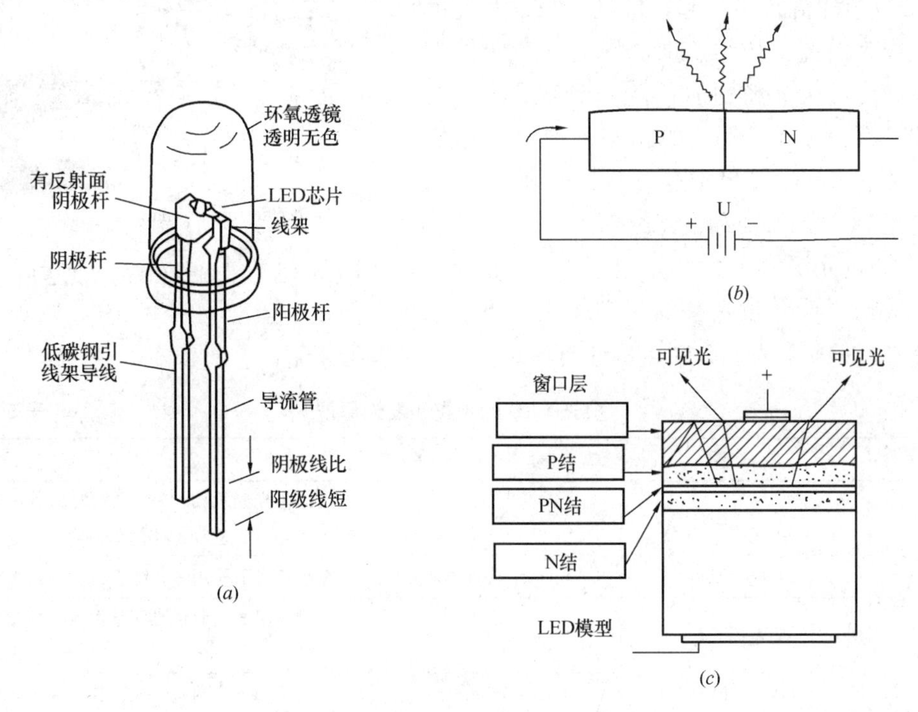


图5-57 单色LED光源的发光原理

(*a*) 单色LED的结构；(*b*) PN结二极管发光示意；(*c*) PN结二极管发光模型示意

(2) 白光LED光源的发光原理

自20世纪60年代出现单色光LED后，直到90年代初，人们试验研究了铟(In)、氮(N)、铝(Al)、磷(P)和铝镓铟磷(AlGaInP)等许多元素的发光情况，但都不是白光。

到1993年日本日亚化学公司将发蓝光的氮化镓(GaN)构成LED芯片，将光致发光的荧光粉(YAG)充其周围，形成白光LED，如图5-58。发光过程是LED芯片发出的紫外线和兰光激发荧光粉发出荧光，黄光又和兰光混合形成图5-59所示的白光。这一发光原理与荧光灯类似。

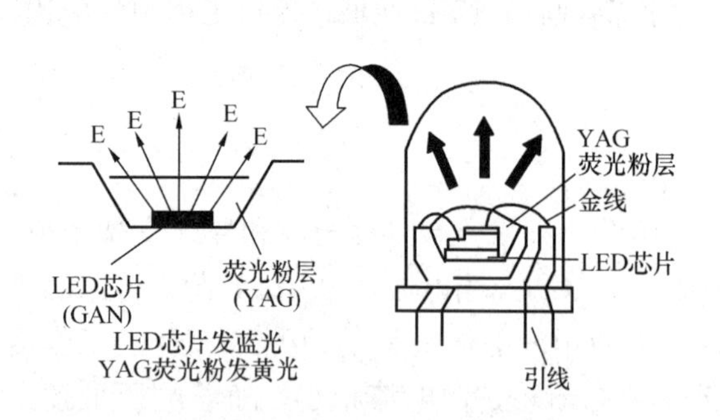


图 5-58　白光 LED 的发光原理

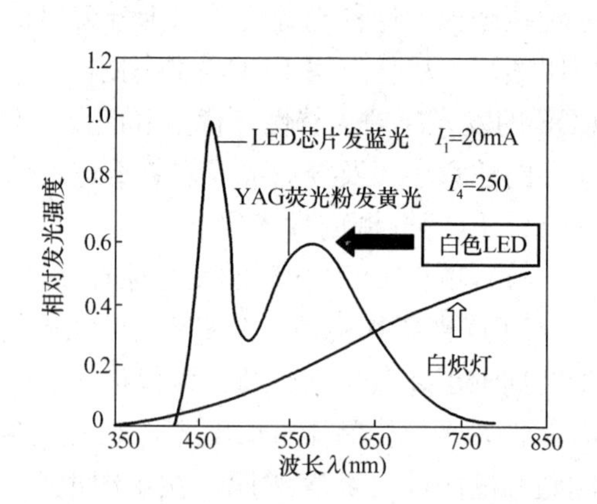


图 5-59　白光 LED 和白炽灯的光谱曲线

白光 LED 的另一种发光原理是将几种单色光的 LED 芯片混装在一起，按红、绿、兰混色原理合成为白光，如图 5-60。同时，产业界不断地改进使用荧光粉的演色性，就连最热门的纳米技术都用上了。因为纳米技术有助于增加光的透过率，使发光更接近自然光。表 5-25 列举了白光 LED 的种类和发光原理。

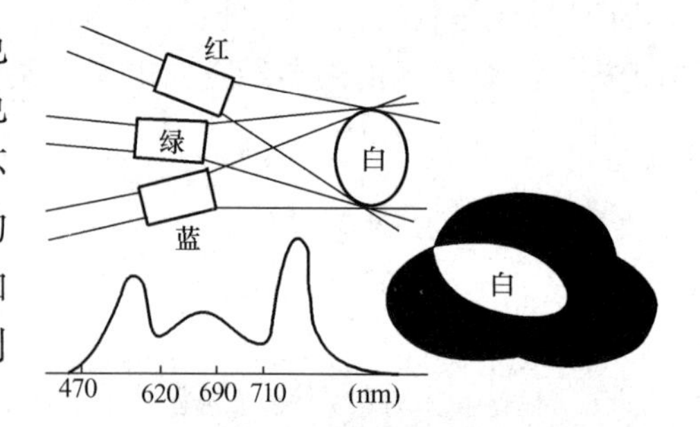


图 5-60　白光 LED 的发光原理

2. LED 光源的基本特性

从景观照明角度，要有效地利用 LED 光源，就必须对它的光、电和热特性及一些基本参数有所了解。

**白光 LED 的种类和发光原理**　　**表 5-25**

| 方　式 | 激励源 | 发光材料 | 发光原理 |
|---|---|---|---|
| 单芯片型 | 蓝色 LED | InGaN/YAG | 用蓝色光激励 YAG 荧光粉发出黄色光，光效 15 lm/W，驱动回路简单，应用广泛 |
| | 蓝色 LED | InGaN/荧光材料 | 在蓝色光下使用蓝、绿、红三种荧光粉 |
| | 蓝色 LED | ZnSe | 从薄膜层发出蓝色光使基板被激励发出黄色光的结构 |
| | 紫外 LED | IncaN/荧光材料 | 在紫外光下使用蓝、绿、红三种荧光粉 |
| 2 芯片型 | 青 LED、黄绿 LED | InGaN，GaP | 利用互补的关系将双色 LED 安装在一个包装内 |
| 3 芯片型 | 蓝 LED、绿 LED、红 LED | InGaN，AlInGaP | 将蓝、绿、红三色 LED 安装在一个包装内，光效 20 lm/W，可发出全彩色的光 |
| 多芯片型 | 多种光色的 LED | InGaN，GaPN，AlInGaP | 将遍布可见光区的多种光色的芯片封装在一起，构成白色 LED |

(1) LED 的光和颜色特性

①LED 的效率和光通量

最早的 LED 的光效很低，只有 4～5lm/W，后来随着芯片晶体的生长和荧光粉的改进，现在白光 LED 的光效可达 15～20lm/W，预测今后 LED 光效若按每年上升 5lm/W，到 2005 年可达 35～40lm/W，到 2010 年可达 60lm/W，如图 5-61。该光效介于白炽灯（14lm/W）与紧凑型荧光灯（87lm/W）之间。

②LED 的光谱特性

LED 的发光原理决定了它的发光的单色性。图 5-61 和图 5-62 所示为不同材料 LED 相应的主波长 $\lambda_D$ 和光谱曲线，各谱线的半宽度 $\Delta\lambda$ 有一定的差异，详见表 5-26。

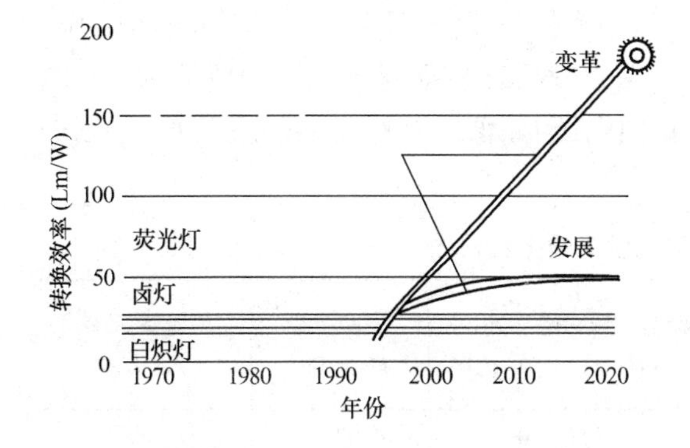


图 5-61 LED 光源的光效预测

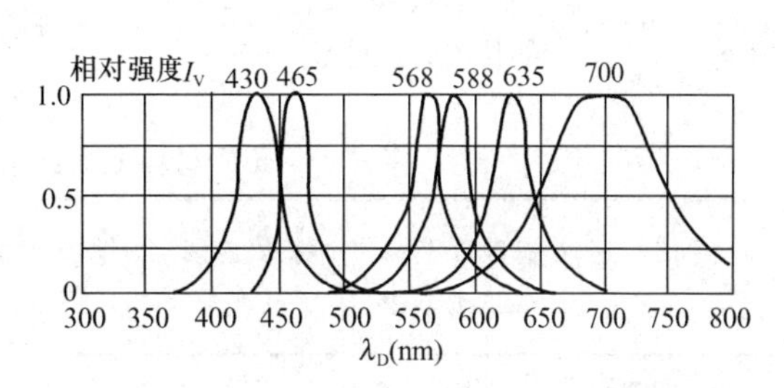


图 5-62 不同材料发光二极管的光谱曲线

**各主波长 $\lambda_D$ 谱线 $\Delta\lambda$** **表 5-26**

| 主波长 $\lambda_D$ | 430 | 470 | 570 | 590 | 625 | 642 | 700 |
|---|---|---|---|---|---|---|---|
| 峰值波长 $\lambda_p$ | 430 | 465 | 568 | 588 | 635 | 660 | — |
| 半宽度 $\Delta\lambda$ | 65 | 28 | 28 | 35 | 38 | 20 | 100 |

③ LED 的光强分布特性

目前 LED 发出光束的角度用 1/2 半宽度角 $\theta_{1/2}$ 表示，即光强降低到峰值光强 1/2 时的光束角，如图 5-63（*a*）。由于目前 LED 光源都是对称的透镜，所以它的扩散角为 $2\theta_{1/2}$。LED 的光强分布曲线，都可用 $I_\theta = I\cos^n\theta$ 表示。因此，在利用多个 LED 集中起来制成“二次光源”时，在计算上是比较方便的。LED 原光强分布曲线如图 5-63（*b*）。

（2）LED 光源的电特性

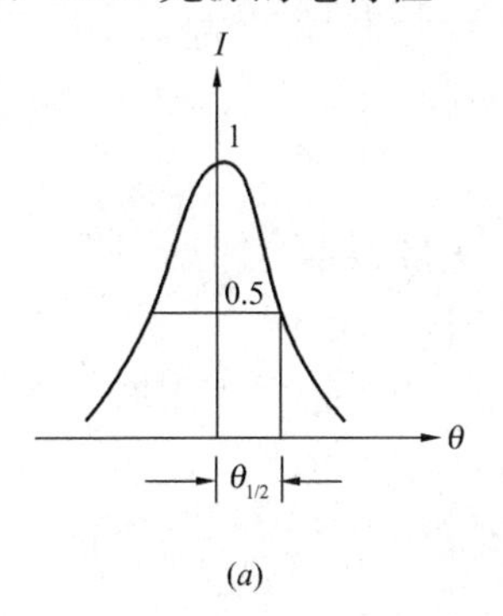


（*a*）

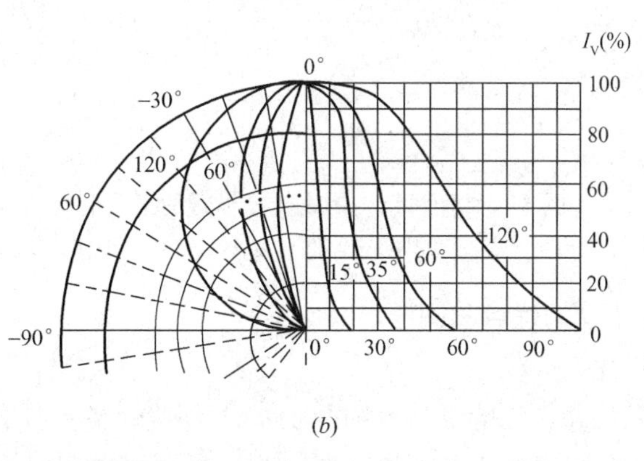


（*b*）

图 5-63 LED 光源的光强分布特性

（*a*）半宽角 $\theta_{1/2}$；（*b*）几种不同光束角发光二极管的极坐标（左）与直角坐标配光曲线，$I_V$ 为相对光强

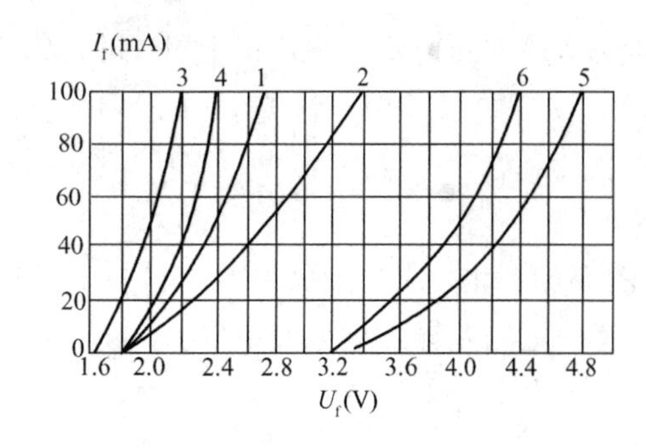


图 5-64　不同材料的发光二极管的伏安特性曲线

①LED 的伏安特性曲线

发光二极管具有通常二极管的伏安特性曲线，只是因使用晶体材料不同有所差异，相同电流时的管压降是不同的。图 5-64 示出了 GaASP/GaP、GaP/GaP，GaAIAs/GaAs，GaAlAs/GaA-IAs，GAN/Sic 和 InGaN/Sic 等数种材料的伏安特性。图 5-64 中 $I_f$ 为正向电流，$U_f$ 为正向电压，许多产品的参数表中都列出在正向电流为 20mA 时的正向电压 $U_f$ 值。这些材料的主波长 $\lambda_D$ 见表 5-27。

**不同材料上生长晶体后发出的主波长**　　**表 5-27**

| 材　料 | 镓砷磷/镓磷 GaAsP/GaP | 镓磷/镓磷 GaP/GaP | 镓铝砷/镓砷 GaAIAs/GaAs | 镓铝砷/镓铝砷 GaAlAs/GaAIAs | 镓氮/硅碳 GaN/SiC | 铟镓氮/硅碳 InGaN/SiC |
|---|---|---|---|---|---|---|
| $\lambda_D$（mm） | 590.625 | 570 | 645 | 642 | 470 | 470 |
| 伏安特性曲线 | 曲线 1 | 曲线 2 | 曲线 3 | 曲线 4 | 曲线 5 | 曲线 6 |

②不同正向电流时的发光特性

加大正向电流，不同的发光二极管的发光强度几乎都是线性增加，并逐渐呈饱和趋势。图 5-65 所示为不同结构的两种不同材料的发光二极管在不同工作电流 $I_f$ 下，它的轴向发光强度 $I_V$ 的变化曲线。作为产品参数表，往往都列出正常工作电流在 $I_f=10\sim20$mA 时的光强值，对超亮的发光二极管，往往是 20mA 为正常工作电流。

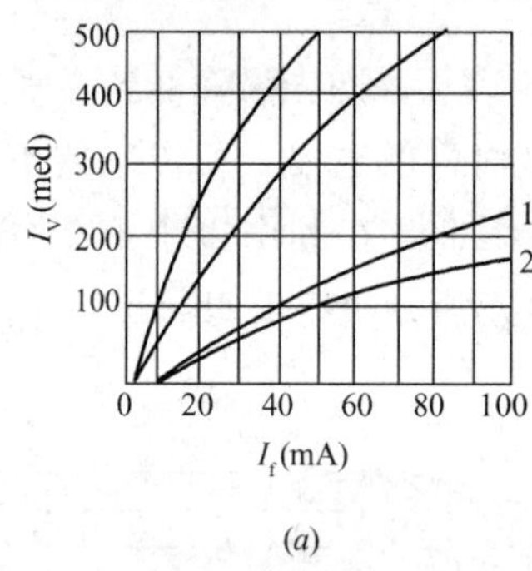


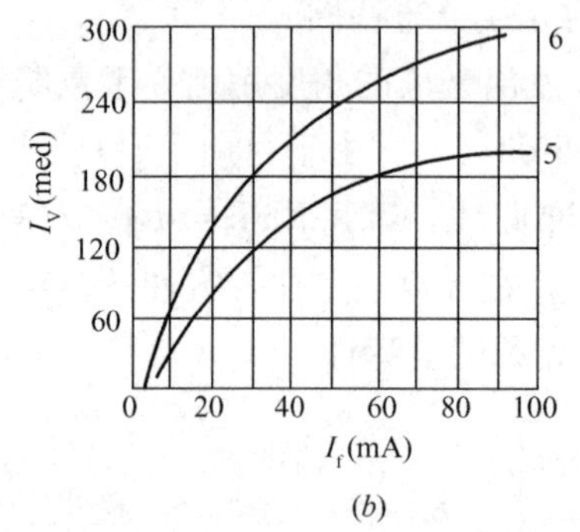


图 5-65　两种结构的发光二极管的正向电流 $I_f$ 与轴向光强 $I_V$ 的关系曲线
（a）$\phi$2.0mm 半圆形 $2\theta_{1/2}=120°$；（b）$\phi$3.0mm 柱体圆顶 $2\theta_{1/2}=35°$

3. LED 的优点和问题

（1）优点

①光效高，耗能量减少约 80%，对环境保护十分有利。

②颜色好，属于黄、橙、红、蓝、绿和白光系列发光。目前白光 LED 的显色指数 $R_a$ 在 70 以上，色温范围为 3600～11000K。

③寿命长，约 10 万 h，光衰为初始时的 50%。

④电压低，LED光源供电电压在6～24V之间，使用安全。

⑤体积小，每个LED小片只有3～5mm正方形大。

⑥无污染、光源内无汞等有害金属物。

⑦无红外线和紫外线辐射。

⑧发热量低。

⑨可靠性强，LED是固体封装，抗冲击和抗震性好，适合于在振动场所（环境）中使用。

⑩照明设施维护管理成本低。

（2）问题

①单个LED光源体积太小，光通输出量太少，很难直接用于照明。如光效为15lm/W的5×5mmLED的光通量为1lm。对照明来说，通常要求光源发出的光通量都在数百、数千流明，甚至上万流明。也就是说需数百、数千LED光源甚至上万个LED光源方能代替常用照明光源。这就引出了“LED二次光源和灯具”的开发问题。

②LED光源的寿命问题。一般说LED寿命为10万h，由于温度、电气、材料和工艺等诸多因素的影响，从产品的系统寿命分析，10万h难以达到。应用表明，LED光源的实际使用寿命为2～3万h。按IEC60598标准设计的灯具，其大部分机械和电气部件的寿命应该是10万h（其供电电压140V，工作环境温度25℃），而目前使用高频电子镇流器和其电子器件的寿命据保证为5万h。那么从这点考虑，灯具或其他部件的密封在LED寿命到达以前就变坏了。由此引出了LED灯具使用电子器件是否应与LED同样寿命的问题。

③LED光源的光束发射角小，光源的方向性太强。

④LED光源价格昂贵，尽管今后LED的价格会不断下降，目前说，LED光源和常规光源的性价也相差实在太大。

总之，尽管LED光源的优点很多，但以上这些问题严重地制约了它在照明工程上的应用。

4. LED光源在夜景照明工程上的应用

尽管目前LED光源存在这样或那样的问题，但人们认为它是21世纪最有发展前途的新光源，并被誉为第四代光源，发展前途无量。因此，近年来LED光源及相应灯具、电源与电控设备发展很快。从高亮度白光LED光源照明实用系统、造型各异的LED埋地灯、应急灯、照明灯、与太阳能电池配套的LED庭院灯、室内照明灯、各种动态或静态的标牌指示灯、标志灯、交通信号灯、作为建筑夜景照明用LED局部投光灯、LED光带，还有LED嵌装在两块大面积平板玻璃之间，通过透光导线连接的装饰面光源等等，真是琳琅满目，品种繁多，为LED在照明工程上的应用创造了十分有利的条件。

LED光源除前面所述的自身优点外，在夜景照明应用中还有以下景观特征：

（1）照明效果的动态或动感化。比如天文馆、富凯大厦和国际俱乐部的夜景照明，不仅构图和建筑立面特征十分和谐协调，光源色彩鲜艳，而且使用电脑程序控制，有规律地变化照明效果，使夜景照明动静结合，实现了夜景照明的动态化。

(2) 夜景照明设备的隐蔽性好。设计人员可巧妙地将LED灯和建筑立面构件组合为一体，由于灯的体积小，不易被观景者发现，白天也不会影响建筑立面景观，是实现见光不见灯、藏灯照景要求较理想的照明光源和技术。

(3) 夜景照明的安全性好。LED光源在低电压下工作，而且光源无汞、无玻璃等易碎物件，在室外地面或离地面不高的部位，如园林绿地、道路护栏、桥梁护栏中使用，以及一些市政设施，如路桥、公共汽车站、电话亭和书报亭等处使用不会引发安全问题（图5-66、图5-67）。

图5-66 北京王府井大街的电话亭用LED照明夜景

图5-67 北京玉泉公园游道用LED灯带勾勒轮廓的夜景

(4) 夜景照明设施的维修与管理工作量很小。这是目前使用其他光源的照明设施难以达到的。原因是这种光源的寿命很长，如果无意外原因损坏光源，可以使用10年、8年也不需要更换。因此，它特别适合安装在维修困难的地方，如屋顶、高塔或十分狭小的空间内。因此，LED灯的问世和使用，使人们对创造一个明亮、舒适、优美、洁净和便捷的夜景光明世界充满信心。

5. 夜景工程应用LED的注意事项

(1) 由于LED光源的光通输出量小，用大面积泛光照明的建筑夜景工程应特别注意不要使用LED光源和相应灯具进行照明，但局部小面积投光照明可用LED光源和灯具照明。

(2) 在使用LED光源做成点光源的灯具或做成带状LED灯具，进行建筑物或构筑物立面或立面轮廓照明时，一定要注意采取措施防止LED发光的方向性对夜景照明的影响。

(3) 在夜景工程中使用LED光源，应从以下三方面注意灯具中多个LED光源亮度的均一性：

① 由于一个产品中要使用许许多多个发光二极管，各发光二极管的发光亮度必须相同或呈一定比例后才能呈现均一的外观，因此控制好各发光二极管的工作电流是十分重要的。

② 控制发光二极管的电流来保证各二极管灯光亮度的一致性，就要使用恒流源，而不使用恒压源。将电流保持为恒定的数值分配给各二极管后就能得到好的效果，其中若干个串联后选择性能相同的串联再并联，采用恒流供电就可获得大面积的发光二极管的发光面。

③ 在发光二极管的使用数据中，都列出了在规定正向电流下的功耗和发光情况，目前常用的发光二极管的功率约在60～150mW之间。

(4) 在考虑LED光源的寿命时，应注意温度和电气配件对光源寿命的影响。

(5) 由于目前LED光源和灯具的价格昂贵，在夜景工程中使用LED光源应持慎重态度，应在充分调研论证后，确有必要时方可使用。

6. LED光源和灯具的发展趋势

自1993年日亚公司推出第一个高亮度LED光源后，10年来LED发展很快。据美国趋势研究所对1999～2009年以氮化镓（GaN）LED市场作的预测，照明光源的数量由1999年3.7万只增加到2002年12亿只，2009年3365亿只，年增长率达97.5%；成本价格年下降率为9.5%，经济效益年增长率则高达78.7%。这表明LED照明光源和灯具在今后几年将有更大更快的发展。尽管如此，LED短期仍不能替代白炽灯和荧光灯，还有大量工作要做。

### 5.4.5 其他照明技术

1. 太空灯球照明技术

太空灯球是1998年法国爱尔斯塔公司推出的一种特殊的照明灯球。所谓太空灯球是用特殊的漫透射材料制成，里面充有氦气（也有充普通气体的）和光源的气球。将它升到天空一定高度后，通电发光进行照明。这种新型照明灯球的使用十分简便灵活，特别适用于大面积照明，为重大节日庆典渲染喜庆气氛。因此，它一推出，在社会上和照明界引起高度重视。

如法国国庆时，两排共16个灯球把凯旋门和香榭丽舍大街照得亮如白昼，为庆典活动创造了一个独特的光照环境。又如我国国庆50周年庆典时，天安门广场靠近金水桥区域，由于平均照度只有10余lx，显得不亮，影响晚上联欢活动的演出效果。经反复研究和现场试验，决定使用太空灯球进行照明。实践表明，仅使用了6个太空灯球，就将该区域的平均照度提高了近30 lx，达到设计的40 lx的要求，为庆典活动增添了浓厚的节日喜庆气氛，如图5-68。又如2000年中秋节在昆玉河的滨角园码头用太空灯球照明，为节日之夜增色不少，如图5-69。后来在世纪坛迎接新世纪到来的庆典活动、大连服装节、深圳的高科技交易会以及不少地方的中秋节庆典活动中，使用太空灯球照明均收到了令人满意的照明功能和艺术装饰的效果。开始应用时，同样因进口太空灯球造价昂贵，使用的单位甚少，随着国产太空灯球的问世，影响技术推广的造价问题将逐步得以解决。

2. 电致发光冷光带的照明技术

电致发光冷光带，又称EL发光带，是利用电激发磷光体而发光的一种光带。它由EL光带、供电装置和电源线三部分组成。

EL冷光带是一种平面薄膜冷光带，具有超薄、耗能低、寿命长、发光均匀柔和等特点，适合于大面积平面、曲面的均匀照明，以及普通照明所不能胜任的特殊规格形式的照

图 5-68　用太空灯球营造的天安门广场

图 5-69　北京昆玉河上滨角园码头中秋之夜的太空灯球照明的夜景

明场合。且独具不会产生紫外线，在有烟和雾的场合能见度极高，具有特优的防水防潮、抗震动及任意弯曲等性能，可以制作出任何尺寸和图形，可弯曲、粘贴和悬挂。且非常省电，节能 75%～80%；寿命长，10h/天可以使用 3～5 年，5h/天可以使用 5～7 年，发光时不会产生任何热能；体积小（厚度仅 0.020 英寸），携带方便（可卷曲）；应用简单（交直流均可）。

EL 冷光带发的光线均匀柔和、不发热、无有害射线；没有可视角的限制；可调暗而保持色调，有蓝、绿、黄、白、橙、红等 10 种颜色。

由于光带不受电源变化周期的影响，震动或碰击不会影响寿命，适用性强，可弯曲、悬挂、粘贴、嵌套等；并能储存于极端的环境下，因此，EL 冷光带在室内外装饰照明、灯箱广告和夜景照明工程中得到了广泛的应用，并收到较好的照明和景观装饰效果。如位于美国夏洛特 NC 市第一联合银行总部大楼的夜景照明，除侧墙用了一点泛光照明外，正面基本上是利用随机内透光，重点是顶部照明。设计师在顶部退层的女儿墙上用 EL 冷光带勾勒出 4 道显目的横向线条，最后在玻璃筒拱屋顶，顺着拱顶结构的框架用 EL 冷光带勾勒出七道光带，使大楼夜景照明简洁明快，较好地表现出建筑的特征。这也是夜景工程中使用EL冷光带一个较成功的实例，详见图5-70。由于EL冷光带的表面亮度较低，应注意被照对象的背景亮度过高时不宜采用

(a) (b)

图5-70 美国夏洛特NC市第一联合银行总部大楼用EL冷光带作夜景照明的景观
(a) 照明前的情况；(b) 照明后的情况

3. 电脑灯照明技术

所谓电脑灯是具有电脑程序控制功能的灯具。随着光源、灯具和电脑控制技术的发展，这类灯具品种繁多，归纳起来主要有三类：一是重大节日夜景照明类，如电脑探照灯和各种空中之花电脑灯；二是建筑夜景照明类，如城市之光电脑灯、变光色动态照明电脑灯和投影图案的电脑灯等；三是广告标志类电脑灯。

城市夜景工程中的电脑灯照明技术就是利用电脑程序控制灯的光束亮度、色彩及方向等的变化，创造出一些独特的灯光或景观效果。如世纪坛在庆贺2008年奥运会北京申办成功的庆典晚会上，使用了10台7kW大功率高亮度的电脑探照灯，10道明亮的光束，创造出世纪坛光芒四射的独特效果。由于同时在坛体北侧使用了6台1800W可变亮度和色彩的电脑投光灯进行照明形成动态照明效果，加上激光、光纤和太空灯球等高新技术的应用，使庆祝活动洋溢出强烈的节日气氛，如图5-71。又如罗马斗兽场和悉尼歌剧院使用电脑灯夜景照明，创造出一种独特的夜景效果，给人们留下十分深刻的印象，如图5-72。再如1999年国庆50周年北京天安门广场20只7000W探照灯的光束图案把节日之夜推向高潮。电脑灯在2002的什刹海旅游文化节、大观园之夜和朝阳公园举办的游园活动中应用后，均收到功效奇特、魅力无穷的独特效果。但平日不要随意使用强光束电脑探照灯，以免浪费能源和产生光污染。

图5-71 北京世纪坛用电脑灯的夜景照明

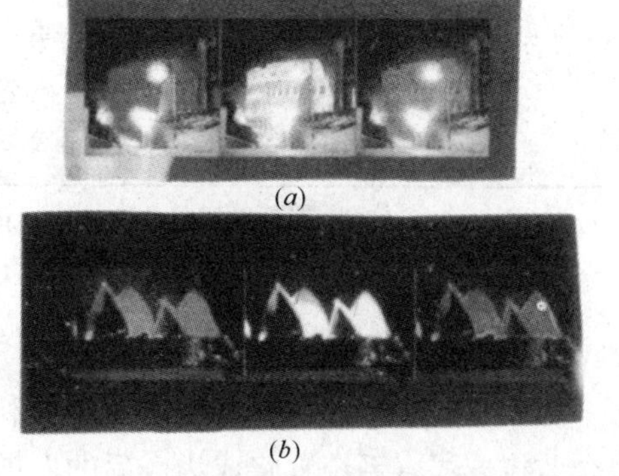

(a)

(b)

图5-72 罗马斗兽场和悉尼歌剧院用变色电脑灯的夜景照明效果
(a) 罗马斗兽场的夜景；(b) 悉尼歌剧院的夜

4. 夜景照明的监控新技术

所谓监控新技术就是将电力电子技术、电脑技术、自控技术、视频技术和现代化的通信网络技术结合于一体形成的一种远程监控与管理技术，用以实现城市夜景照明系统的监控与智能化管理。

（1）监控管理的功能

① 夜景灯光集中遥控开关功能；

② 开关数据查询功能；

③ 亮灯完好率监视功能；

④ 上报事件的处理及显示功能；

⑤ 故障的诊断和预测功能；

⑥ 数据保存和多媒体演示功能。

（2）监控方式（详见表5-28）

**监控方式（系统）的种类与比较**　　**表5-28**

| 性能<br>方式 | PSTN | UHF | CDPD | GSM |
|---|---|---|---|---|
| 名　称 | 程控电话网系统（电话通信系统） | 自立发射塔台系统（无线数传电台） | 无线系统（1）（蜂窝状数字式分组数据交换网） | 无线系统（2）（公用环球网络系统） |
| 优　点 | 可靠，维护量小，设备成本比较低 | 运行费少，不要与方式3协调，群呼实施简单 | 安装简单，专业通信维护，维护成本低 | 网络成熟，专业通信维护，维护成本低。覆盖面与发展空间大 |
| 缺　点 | 不能群呼，报装与协调比较困难 | 易受干扰，维修量较大，设备初装费多 | 有一定运行费用，各城区不同 | 有一定运行费用，业务需逐步开展 |
| 适用范围 | 较少的控制点，群呼要求不高的地区 | 平原和中小城市 | 大中城市 | 大中城市 |
| 开发公司 | 广州科立电气公司 | ①广州科立电气公司<br>②山东泰安地天泰新技术开发公司<br>③上海公用事业自动化工程公司 | ①广州科立电气公司<br>②深圳亚美达通信设备公司<br>③北京康拓公司<br>④北京融商能达公司 | ①广州科立电气公司<br>②深圳亚美达通信设备公司<br>③北京康拓公司<br>④北京融商能达公司 |

注：PSTN——电话通信系统；UHF——无线数传电台系统；CDPD——Cellular Digital Packet Data（无线系统）；GSM——Global System Mobile Communication（无线系统）。此外，还有DDN，ISDN，GPRS等监控方式。

（3）监控技术的发展趋势

从城市或景区的实际情况出发，以利用公共无线通信网为主的多种监控方式相结合的混合监控方式（系统）将成为今后的发展趋势。

图5-73所示为北京建设中的夜景照明控制系统各监控中心通信组网图。该系统（IMAS）采用了目前最新的2.5G的GRPS通信技术，集计算机、通信、机电、自控等多

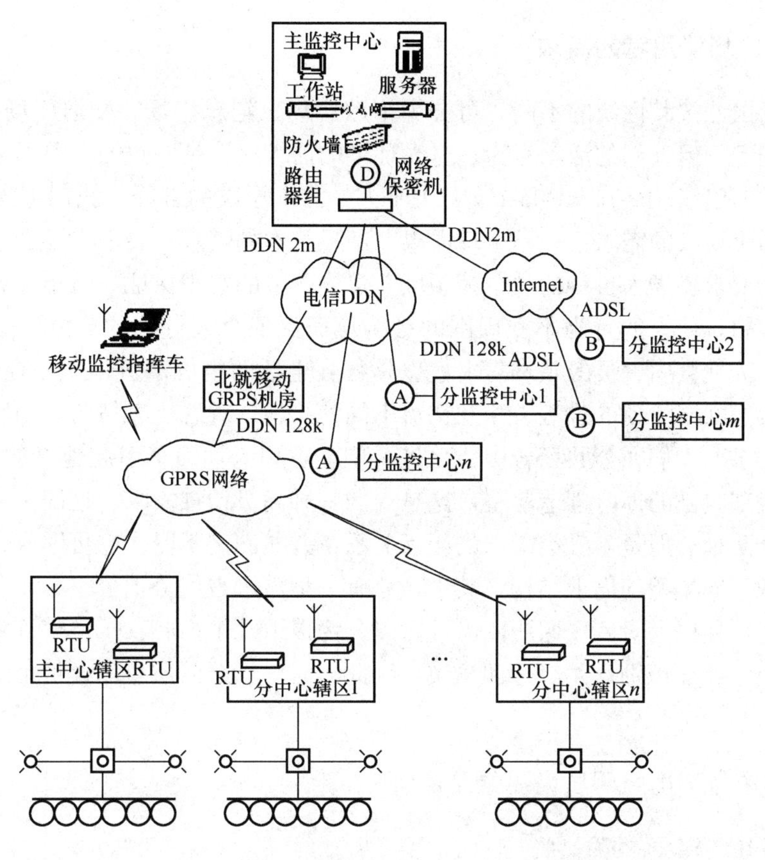


图 5-73 夜景照明各监控中心通信组网图
A、B、D—适用于不同专线方式连入主中心不同型号的加解密孔

种先进技术于一体，不仅具有比较强大的全天候的监控能力，而且还具有相当完善的管理功能。

该监控系统的管理功能主要体现在对设施运行状态数据的统计与管理，对业主、管理人员的管理及对夜景照明日常工作的管理。管理功能的突出特点是监控中心具有与业主实时信息交换的能力，监控中心和业主中的一方有突出事件或工作请求时，都可及时准确地把信息传递给对方，接收方收到信息后，可将处理结果及时反馈给发送方，实现双方的良性互动，大大增强了夜景照明管理工作的灵活应变能力，提高了夜景照明管理工作的效率。因此，它的使用对北京夜景照明管理整体水平的提高，对节约照明用电、保护环境、降低设施管理费用、提高夜景照明水平都将产生重要的推动作用。

## 5.5 城市广场环境照明

城市广场是城市空间环境中最具公共性、最富艺术魅力、也是最能反映现代化都市文明和气氛的开放空间，它在城市中起着“起居室”的作用。故本节以城市广场作为切入口，运用心理学和行为科学的分析方法来讨论城市公共空间的环境照明，也以此将其作为对 CIE 有关室外环境照明技术文件应用的范例。

### 5.5.1　城市广场使用者的需求

城市广场虽然按其性质的不同，可分为市政广场、纪念广场、交通广场、商业广场、休闲娱乐广场等，但人们的活动行为、对光环境的需求应该是一致的。根据著名心理学家亚伯拉罕·马斯洛（Abraham Maslow）关于人的需求层次的解释，我们把人在广场上的行为归纳为四个层次的需求：一是生理需求，即最基本的需求，要求广场舒适、方便。二是安全需求，要求广场为自身的“个体领域”提供防卫的心理保证，防止外界对身体、精神等的潜在威胁，使人的行为不受周围的影响从而保证个人行动的自由。三是交往的需求，这是人作为社会中一员的基本需求，也是社会生活的组成部分；从心理学角度来说，交往是指在人们共同活动的过程中相互交流不同的兴趣、观念、感情与意向等。四是实现自我价值的需求，人们在公共场合中，总是希望能够引人注目，引起他人的重视与尊重，甚至产生想表现自己的即时创造愿望，这是人的一种高级精神需求。这四个需求层次从低到高排成一个阶梯，但是，各类需求的相互关系，并非固定不变。它可因人、因时、因不同情景而出现不同类型的需求结构，其中，总有一种需求占优势地位。

综合上述，使用者对广场照明的需求可以分为以下几个内容：①觉察到障碍物；②视觉定向；③个人特征识别；④舒适和愉快。因此，对广场照明质量的评价也应从这四方面着手。

### 5.5.2　城市广场环境照明质量要素及评价

1. 觉察到广场地面的障碍物

一般还是采用地面上的水平照度 $E_h$ 作为衡量指标。我国国标《民用建筑照明设计标准》（GBJ 133—90）中对站前广场地面水平照度的推荐值为5—10—15 lx。笔者根据所查阅的资料及对上海部分广场的实测、问卷调查，并考虑到节能，推荐表5-29作为广场水平照度的数值。

**建议的广场水平照度值**　　**表5-29**

| 场　所 | 水平照度平均值*（lx） |
|---|---|
| 铺地广场、草地 | 5 |
| 林荫道 | 10 |
| 主要出入口 | 20 |

注：*系维持照度。

2. 视觉定向

广场的照明应能满足那些不太熟悉周围环境的人，使他们一进入广场就能粗略感知整个空间，因此照明不能只照亮地面，还应包括空间的各垂直面的照明。通过问卷调查可知，对广场周边建筑进行适宜的照明能帮助人们确定方向。另外，标识、指示牌的照明也能帮助那些不熟悉周围环境的人确定方向。

3. 个人特征识别

CIE第92号出版物《城市照明指南》中指出：步行者使用支配的区域，夜间照明最重要的作用是使人能识别正在接近的或处在一定距离以外的其他人。为了给人以必要的安全感，必须能分辨他人是否可能是友善的、异常的或是侵犯的，以便有充分的时间做出适当的反应。研究表明，所需要的分辨任何敌对迹象从而采取防范措施的最小识别距离，是观察者前方4m。

市民在广场上的行为活动中，无论是白天还是夜晚，无论是自我独处的个人行为或公共交往的社会行为，都具有私密性与公共性的双重品格。当独处时，只有在社会安定与环境安全的条件下方能心安理得地各自存在，如失去场所的安全感和安定感，则无法潜心静处；反之，当处于公共活动时，也不忘带着自我防卫的心理。因此，夜间广场的照明应能满足人在近距离接触之前相互识别，并提供足够的视觉信息来判别广场上一定距离内的其他人。

Philips公司照明专家W. J. M Van BomnrmInledl等人20年前在居住街区做了个人特征识别（面部识别）实验，实验结果表明：采用半柱面照度Esemicyl作为面部识别距离的研究判据最合适。且提出当人脸识别距离$d_{face}=4m$时，$E_s=0.8$ lx；$d_{face}=10m^*$时，$E_s=2.7$ lx（*10m是理想的面部识别距离）。

CIE第92号技术文件中推荐：根据重要性和使用程度，人行道Esemicy分别为0.8—1.0—2—3—5 lx五个等级，此处半柱面照度是指离地高度1.5m处的照度，相当于成年人脸部的平均高度（儿童在12岁时可达到此高度）。笔者根据有关资料及研究生所做的问卷调查结果建议如表5-30所示。

**建议的广场半柱面照度值** **表5-30**

| 整个广场 | $E_{semicyl}\geqslant 0.8$ lx |
|---|---|
| 林荫道 | $E_{semicyl}\geqslant 3.0$ lx |
| 主要出入口 | $E_{semicyl}\geqslant 5.0$ lx或$E_{vert}\geqslant 10$ lx |

4. 舒适和愉快

广场的照明要使人感到舒适和愉快，还应该考虑下面的照明要素：造型立体感；眩光；灯具的视觉效果；色温和显色性；色彩和动态；亮度比；光污染。

（1）造型立体感

CIE第92号出版物中指出："对于城市广场的照明，人的外貌、街具和建筑物的特征都是应该加以考虑的"；"研究表明垂直照度$E_{vert}$和半柱面照度$E_{semicyl}$的比值是评价个人特征 造型立体感的较好的指标"，并推荐$E_{vert}/E_{semicyl}$在0.8～1.3之间。

广场属于非正式社交场合，个人特征的造型立体感应该是自然柔和的，那么对比不能太强烈，否则效果会过于戏剧化甚至是歪曲的；也不能缺乏对比而过于平淡。当$0.8<E_{vert}/E_{semicyl}<1.3$时，可以获得很好的平衡的造型立体感，既不太平坦，也不太刺目。

（2）眩光

CIE第92号出版物对住宅区不舒适眩光的推荐值为（此时人的主观眩光评价为"打扰的"）：

眩光源的安装高度$h<4.5m$　　　　$LA^{0.25}\leqslant 6000$

眩光源的安装高度$4.5m<h<6m$　　　$LA^{0.25}\leqslant 8000$

眩光源的安装高度 $h>6\mathrm{m}$　　　　　　$LA^{0.25}\leqslant 10000$

其中 $L$——眩光源的亮度（cd/m²）；$A$——眩光源 $\omega$（以视张角表示大小）在视线方向的投影面积（m²）。

(3) 灯具的视觉效果

广场空间设置不同高度的灯具可以产生不同层次的照明效果。灯具的尺寸应与人体高度成适当的比例。高杆灯赋予广场一种开放和公共的性格，降低到人体尺度的庭院灯，高度在 3～5m 左右，能够产生亲切感和私密感。对于树木比较多的广场，灯具的安装高度最好比树木的高度低，但又不能太低以防止人为的破坏，3m 的高度比较适宜，如图 5-74。

(4) 光源的光色和显色性

低色温的光源，给人以“暖”的感觉，接近日暮黄昏的情调，能在广场空间中形成亲切轻松的气氛，适于休闲娱乐广场的照明。高色温的光源，给人以“冷”的感觉，但可以振奋精神，适合于交通广场。一般各种功能都有的广场，可采用中间色温的光源。光源的显色性能取决于光源的光谱能量分布。广场照明中除了对花草树木要选用合适的光源以很好地显现颜色外，也要注意光源对广场上人的颜色外貌（肤色、着装）的影响。在一般情况下，广场的亮度大约在 0.1～5cd/m² 左右，介于人眼的明暗视觉之间，即中间视觉 状态（0.01～10cd/m²），也就是说杆状体和锥状体在视网膜上共同作用，人眼的视觉机能已经开始辨别颜色。

推荐广场照明光源的显色指数 $R_a>60\sim80$。用于广场照明的显色性较好的光源有金卤灯、三基色荧光灯（紧凑型荧光灯）、白炽灯、高显色型钠灯等。

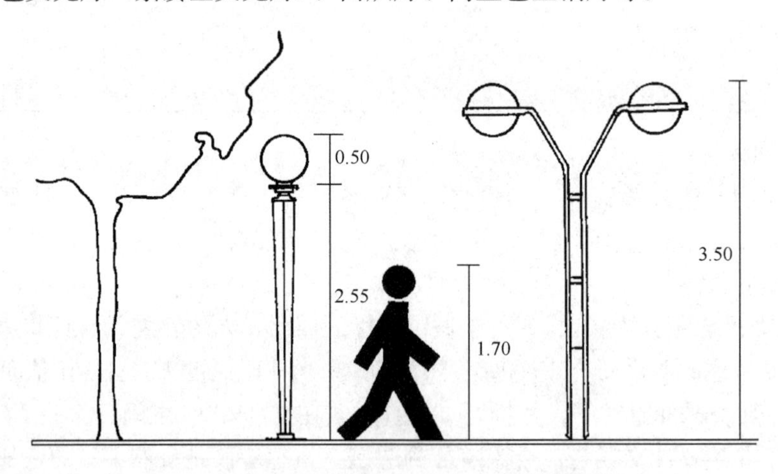


图 5-74　灯具的安装高度与人、树木的比例（m）

(5) 色彩和动态

色彩和动态有助于节日气氛的创造，并且利用光的色彩的对比可以显现出所要强调的物体。动感的灯光引人注目，能增添活泼趣味性。不过，有时虽然耀眼，但由于表现得过于强烈反而破坏了平静祥和的氛围，给人留下不愉快的印象，因此，在表现时，必须懂得分寸，这跟图形与背景的关系有关。

(6) 亮度比

对于建筑、雕塑、绿化、水体等广场的构景元素的照明，还要考虑其亮度与环境背景的亮度比，见表5-31。并且各个构景元素的亮度分布应遵循主从关系的原则，达到整体和谐统一。若亮度比超过1∶10，会对道路上的汽车司机造成干扰。

(7) 控制光污染

广场上的光污染包括射向天空的杂散光线和居民家中的侵入光。对这些光，必须加以控制。

**《北美照明工程协会照明手册》(第8版) 推荐的室外照明效果的亮度比　　表5-31**

| 照明效果 | 最大亮度比 | 照明效果 | 最大亮度比 |
|---|---|---|---|
| 与周围环境相协调的 | 1∶2 | 强调的 | 1∶5 |
| 轻微强调的 | 1∶3 | 非常强调的 | 1∶10 |

### 5.5.3 对广场所用灯具的要求

1. 围合空间用的灯具

人们往往采用绿化带（称为隐性维护体）在空间上将广场与外面的道路相隔离（隔离不仅是围合空间的需要，还可使外部空间的人对内产生期待感），同时还保证了公共广场在视觉上对行人的开放性。所在绿化带的外侧一般都布置有灯具。白天，灯具会产生空间围合的效果。灯具在各占领空间之间形成一种张力，它们共同限制一个空间。夜晚，通过灯具起到了一个隐性维护体的作用。故对灯具的要求是希望造型上美观、大方，并且希望光线能通过白色漫透射体射出，发光部分有一定的体量，可以给人以清晰的导向性。一般采用低柱庭院灯，光源可用荧光灯、紧凑型荧光灯。

2. 绿化照明用的灯具

绿化照明地埋灯用得多，其中不对称配光的方灯用途很广，由于配光的不对称性，可使绝大部分的光线射到要照射的物体上，同时限制了杂散光形成的眩光。

花坛草坪用的灯，除能照亮花坛内花卉以外，希望顶部能发光，因为人需要有一定的空间亮度，感觉上才比较安全、舒适。

3. 各种庭院灯

从前面有关广场照明质量的评价可知：对于广场照明除了水平照度以外，还要考虑垂直面照度、半柱面照度等。因此选择灯具时不能按照“选利用系数高的灯具”的原则，要按具体情况考虑。

所以希望能提供有较多水平方向光通的庭院灯。

4. 作标示、诱导用的灯

出于视觉定向的需要，人们往往在广场照明中采用一些既起诱导、标识作用又起美化作用的灯。

(1) 地灯

嵌在广场硬地里，围合某个空间（物体），如喷水池周围、雕塑周围、建筑的出入口处等。它不需要很亮，但希望寿命长、省电。光可以是彩色的，甚至光色可以变化的，光的出射方向可以直接向上出射，也可以向边上出射。

（2）墙灯

目前提倡“绿化共享”，各处围墙被改造为“通透的”，因此设计一些造型上与通透的围墙格调相适应的、美观大方的、与围墙融为一体的（嵌装或直附型装）户外用的灯具很有必要，它不需要很亮，但要求寿命长、省电、维护方便。

## 5.6　立交和桥梁的装饰照明

随着城市建设的发展，立交桥正在逐渐成为城市景观中的主要组成部分。尽管立交桥对城市风貌的影响有各种各样的评价，尤其是像北京等有着悠久历史风貌的城市，随着一座座凌空飞架的立交桥不断地加入城市空间，使原有的城市空间感觉在逐渐演变。但城市经济的发展及交通量的激增使立交桥的建设呈现出加速发展的态势，所以，立交桥的景观艺术化自然就会成为一项应予重视的工作。

同其他景观元素一样，立交桥也同样存在着夜晚进行灯光装饰的问题。立交桥的建设由于受到空间上的限制，使用功能上的要求以及设计理念上的影响，使得立交桥的造型构造基本上都呈现类似的模式。这就使得大多数立交桥看上去都是一副模样，如果不看桥上的指示标牌，有时真的分辨不出看到的是哪一座立交桥。而立交桥往往又多处于城市中的重要位置，其景观特色和个性化要求是提升城市总体规划的重要组成部分。所以，塑造出有个性且又艺术化的立交桥夜晚景观，对完善城市夜景的整体形象有着重要的意义。

### 5.6.1　观景位置与相应的景观对象

灯光景观的设计首先要考虑景点以及相应的景观对象构成。立交桥是一种特殊的景观对象，其观看点很多，并且在不同的位置上观看桥景时，所观看到的景观构成也有很大差别。另外，对不同位置上的观景人来说，其观景方式也不相同，观景人与相应的景观对象之间的关系见表 5-32 所示。

**观景人与相应景观对象的关系**　　**表 5-32**

| 序号 | 观景位置 | 观景人类型 | 景观类型 | 景观中的桥体部分 | 景观中的配景 |
|---|---|---|---|---|---|
| 1 | 人行桥面 | 有方向的行进 | 景观位于人的两侧，呈相对运动状态 | 桥面，桥栏杆内侧 | 街边建筑，路灯，绿地 |
| 2 | 桥侧辅路 | 有方向的行进 | 景观位于人的一侧，呈相对运动状态 | 栏杆外侧，桥身侧面，桥柱侧面 | 街边建筑，路灯，绿地，街道公共设施 |
| 3 | 穿桥方向的路面 | 有目的的行进 | 尺度逐渐放大，细节逐渐清晰的桥身景观 | 栏杆外侧，桥身，桥柱 | 路边及桥前后边的建筑底层，路灯，树木 |
| 4 | 远处高层建筑上 | 静止 | 俯瞰立交桥全貌的景观画面 | 栏杆内外侧 | 街边建筑，绿地，放射式道路 |
| 5 | 桥附近的开阔区域 | 无方向漫步或静止 | 在低视点位置上看到桥身侧面的整体画面 | 栏杆外侧，桥腹，桥身侧面，桥柱 | 街边建筑，绿地 |
| 6 | 桥下 | 有目的的行进 | 桥体及桥柱的局部画面 | 桥柱，桥腹 | 桥下路面，桥外建筑 |

### 5.6.2 立交桥夜景图案的设计

由于存在各种各样复杂的景观和观赏关系，所以就应该有针对性地考虑相应的照明设计，以便使立交桥这个特殊的景观能在夜晚全方位地展示出它的精彩。

1. 针对不同的静止视点设计桥的夜景

从立交桥周围的高层建筑物顶部或是一些观景平台上观看时，立交桥展示给观赏者的是一条条上下穿行、然后又四散分开的车道。这些车道的形象主要靠车道边缘的栏杆来体现，所以，这些栏杆的照明效果以及由此而形成的灯光图案，就成为相对于该观赏位置的主要画面内容。从稍远一点的高视点上观看栏杆时，所看到的栏杆基本上是一些线条。因此，立交桥的诸多车道的上下穿行和曲折转拐也就演化为这些线条的交织和排布。因而，处理好这些线条之间的相互关系，使之构成具有美感的图案，就是针对这些远处高视点上观看时景观效果的主要设计内容。

由于立交桥主要是为了满足交通功能而进行设计的，与其所在位置的环境密切相关，其目的是保证最便捷地疏导交通，所以桥的平面构图往往无法完全满足美学效果的要求。因此，在进行桥体景观照明设计时，若对所有的车道边廓即扶手栏杆做全方位的照明表现，不一定能获得十分理想的效果，可能是既造成浪费又使构图产生混乱。此时应采取对照明对象进行取舍选择的办法，首先根据夜景设计的图案构思对线条进行分类，将其分成构图中的核心线条、衬托性线条、需弱化处理的线条等，然后，采用恰当的照明手法将这些线条向各自的类别属性进行塑造。景观照明中丰富的设计手法为这些类型化元素的塑造提供了广阔的天地，绝不应仅仅拘泥于用一条亮线勾勒栏杆这种单调而表现力弱的初级方式。即使通过一些点状灯光模式的灯具来进行栏杆的夜景设计，也应该让灯具有一定的细节内容和外形特色，使得当在远距离的高视点上观看时，这些呈点状外观的灯具既有一定的形状体积感，又有朦胧的细节。这种模糊朦胧的细节内容感受是景观具有内在吸引力的一个重要因素，它引发了人们变换角度位置或走近景观去仔细感受景观。

对高处的观景视点而言，除了要构筑一个和谐而又有美感的平面景观灯光图案之外，还要利用适当的照明手法塑造出立交桥的空间立体感。有很多立交桥是多层次的构造，多层车道垂直重叠。由于高角度观看时人的透视关系，多个层面上的车道会被同时看到，所以选择车道进行夜景构图设计时，就不应仅仅考虑一个层面的照明，或者是用单一手法处理多个层面的夜景照明，否则会使立交桥景观的特点及空间美感无法获得应有的体现。所以，在照明设计上，应尽量协调好每个层面构图的完美、多个层面重叠时通过照明来进行区分以及层面纵深感等问题。只有处理好这些问题，才能使立交桥体现出应有的景观魅力。

立交桥的层次区别和辨识不仅仅是高视点观景时遇到的问题。由于立交桥的形式复杂、层次繁多，有时在较低视点上观看时，也可能会遇到需要对不同层次桥体进行分辨的问题。在高视点上观看时，主要的景观对象是栏杆；低视点上观看时，可能会看到桥体更多的部分，包括栏杆、桥身、桥腹、桥柱等，因而通过照明手法上的不同来区分桥体的不同层次，就更为便利一些。

图 5-75 中就是通过在桥身侧面使用不同颜色的灯光来对桥身层次进行区分的例子。

不同的观景视点，看到的是桥体的不同部位。同时，景观画面中所包含的环境元素以及组成关系也发生了变化，环境因素会更密切地参与到桥景的构筑中。因此，就要巧妙地借助于环境因素，把立交桥的装饰照明和它周边的环境夜景结合起来，通过统盘规划，构成一个完整的夜景。

图 5-76 中的立交桥刚好位于一条小河的岸边，并且沿着河岸的走向一直延续下去。在桥体的夜景设计中，对伴随在桥旁的小河水面进行了有效的利用。通过对桥身侧立面的照明，使得河水表面也形成了倒影，桥体夜景与其水面倒影通过巧妙的相互关系，形成了一个新的景观。

图 5-75　利用灯光色彩区分桥梁的桥身层次

图 5-76　利用桥旁边小河水面上的灯光倒影，构成了一个有意思的夜景图案照明

随着桥体向远处延伸，其高度也在不断地降低。如果景观中只是一座单独的桥体，那么这种高度上的持续变化对景观的构建不会产生什么特别的意义。但由于桥旁边的河水的存在，使桥身的灯光倒影随桥景延伸而连续地向岸边靠拢，从而与桥体的距离逐渐拉近。在整体夜景上，形成了两条带状景观相伴而行，并逐渐靠拢到一起的夜景构图，使得原本比较简单的一条亮带，形成了景观与倒影互相呼应的生动画面。在夜景构图上，桥身上的蓝白两色照明形成的彩带，经水面倒影的配合，成为一个带状夜景观的外轮廓，围在中间的桥柱、堤岸等元素在带状景观内形成了很好的调剂和点缀。

通常在立交桥的区域内都会有一些绿地，这些绿地对调剂桥区内的景观环境有重要的作用，同时，它们也是设置独立的灯光景观的理想地点。而且绿地内的灯光景观不会受到空间上的限制，在不影响机动车驾驶员视觉的前提下，可以在设计上充分地张扬景观的艺术个性。这样，既拓展了立交桥夜景创作的空间，又可以通过绿地灯光景观来调剂桥体上不便过多设置灯光景观所造成的单调感。一座个性彰显而又有着优秀创意的绿地灯光景观能有效地提高立交桥整体的艺术氛围，帮助立交桥达到其应有的地标性景观的地位。同时，一座效果醒目且其安置方位恰当的绿地灯光景观还能为立交桥的各个车道提供参照的标志，使驾车人能够方便地辨认自己的位置。这对于复杂的立交桥的使用或者是对道路情况不熟悉的人来说，是一个有益的辅助。

2. 横跨车道的立交桥夜景

在一定距离之外观赏横跨车道的立交桥时，所看到的景观画面是包括了桥体及其附近的建筑物等元素共同组成的景观。由于观看位置上的关系，会感觉到桥体与建筑能形成某种形式的联络。此外，立交桥所在的位置一般都是城市道路上的节点，节点景观的构成应该是与其周围所有元素都有关系。各个元素之间的联系做得越紧密越巧妙，才能更好地给人以节点景观所应有的空间感觉。所以，在进行这类灯光景观的设计时，应该将立交桥和周边建筑统一在一起来考虑，强调一种整体景观的概念，以求构筑一个有凝聚力的节点灯光景观。在进行照明设计时，首先应通过景观元素的分析，寻找景区中各个元素的特点，了解景区环境的功能性质和景观定位，在此基础上，构思一个景观主题，围绕这一主题来进行各个景观元素的照明塑造，主题成为联络各元素的纽带，它使各个独立散落的景观元素都成为整体景观场景中互相依存的角色。

在图5-77中，立交桥和位于其两侧的建筑通过照明整合就形成了紧密的关系。桥两侧的两座高层建筑在高度、体量、造型、立面特点都存在着呼应关系，两者的建筑立面均为玻璃幕墙。建筑的夜景照明重点都放到了对顶部景观的处理上，并且二者的顶部夜景形态具有某种程度的相似性，由于建筑底部的立交桥与建筑的重叠关系，使人自然会产生将建筑和立交桥结合在一个景观中的想法。从整体上看，立交桥对两座建筑构成了连接，形成了一个互有关系的整体景观。再加上建筑顶部的景观形态的呼应，使景观的整体性得以强化。

图5-77 在这样的视点看景观，立交桥和其两端的建筑产生一定的联系。因此，进行夜景设计时可以将它们结合在一起来进行考虑，构筑一个综合性的整体景观的设计

当然，整体景观中的上下呼应方面还有些欠缺。建筑顶部使用黄色光照明，而底部桥身则使用了白光照明。这种在光色方面的协调欠缺削弱了景观元素联系的紧密性，也使整体景观设计的创意做得不那么到位。其实，调整某一部分的照明光色，使之具有相同或相近的色调，会使一体化景观的想法做得更好一些。

进行这种综合性灯光景观设计，要求设计师应该具有把握全局的眼光，能对景观元素进行透彻的分析，又要能自然地融合某种理念，使得作品得以升华。还应具备熟练驾驭灯光手段表达创意构思的能力，这样才能使景观作品既有艺术价值又经得起推敲。

在路面这类视角观赏桥景时，通常都是处于向桥行进的过程中，即观赏过程是个由远及近的动态过程，观赏对象是尺度逐渐放大、细节逐渐清晰的景观。所以，灯光设计要配合这样的观赏方式，单元灯光图案要有足够的细节内容，做到步移景异，使得向桥的行进过程伴随着期待感和释然感。

在一定距离之外观看立交桥，实际上看到的是桥前桥后一段区间内的多个建筑物。通常，环绕桥区的建筑物需要按节点景观的要求进行照明设计，而桥区外建筑物的照明则应按街道路段景观来考虑设计，这两部分灯光景观在效果分量和灯光形式上是不同的，这种差别造就了道路灯光景观的韵律起伏。由于立交桥横跨车道，从低角度观看街道远景时，可能会受到立交桥的阻隔，即立交桥对街道带状景观形成了分割，阻滞了观赏视线的流动，妨碍着观赏者对全景的整体把握，这也是立交桥影响城市景观白天效果的一个主要方面。但在夜晚，通过对立交桥和建筑物等街道元素的灯光照明进行统筹安排，能够有效地调和这一矛盾，获得明显好于白天景观的效果。照明方式的多元化和设计思路的开放性为实现这一目标奠定了基础，比如：对桥身不做整体照明表现，只对靠近街边的局部桥体进行灯光塑造，并强化其与邻近建筑的联络；弱化立交桥上某些实体部分的照明，减少桥体景观对观赏兴趣的过分吸引，同时强化桥区后边街景元素的照明效果；通过照明手法的差异和景观效果上的距离，使重叠的前景后景形成具有互补性的图底关系等，都是值得尝试的办法。相反，如果将本不该强调的桥身做了十分突出的照明设计，则不仅会阻滞街道景观视廊的通透与连续，还会因桥体自身的夜景与其周边建筑夜景的重叠而造成景观的混乱。这样的话，无论桥体夜景设计得多么漂亮，都不可能给人带来视觉美感。

3. 傍依桥侧辅路的桥身夜景

立交桥旁边的辅路是一个由立交桥的侧立面和桥外侧建筑物立面界定的带状空间，一般包括人行道和车道。人行道外侧还有绿地、树木以及街道的公共设施，该区域是一个低速通行的空间，人们一般都是在行进过程中观赏位于其侧面的桥体景观。

由于看到的主要是桥身侧面的夜景，并且，桥身很长，观赏者离桥很近，又大多是在行走的过程中赏景。所以，多把桥身侧面的灯景设计成沿桥走向布置的多单元重复的景观灯光，分别在栏杆、桥身侧面、桥柱上选择合适部位，上下对应形成一个景观图案单元。这一夜景灯光的图案单元沿桥身侧面顺序排列，构成了随桥身延伸的景观灯光。

栏杆上的灯光，可以同时被桥上和桥下两部分人所看到。所以栏杆灯光设计要兼顾这两部分人的观看特点和观景需求。桥上的人多为驾车行进的司机和车上的乘客，他们只能看到栏杆灯光，由于车速的原因，他们不太可能很清楚地辨识灯光的细节，并且灯光景观上也不宜设计过多的细节内容，以免分散注意力，影响驾驶和通行。桥上灯光更主要的目的是提供一种视觉诱导。连续布置在栏杆上的这些灯光划出了车道边界，给了司机一种引导和提示，让他们在这样由两条灯光边廓线构成的通道内顺畅前行。

栏杆外侧，即桥下辅路上行人所观看到的包括栏杆上的灯光、桥身侧面及桥柱上的灯光。这几部分灯光的设计中，既要考虑它们各自的亮度、灯光图案、各单元灯光之间的距离，同时还要协调好几处灯光之间的关系，让它们能够形成配合，构成良好的整体灯光图案。

栏杆上设计的灯光单元都是分立的点状形式，相隔一定距离，距离大小依灯光单元的细节、图案复杂程度、桥的高度、观赏人的行进速度、辅路宽度、观赏人通常的观景位置和距离等因素而定。只有综合考虑了这些因素而设计的栏杆灯景图形及布置间距，才能有效地兼顾观景愉悦和通行效率。

该区间多以引桥结尾，因而在桥身侧面的灯光设计上要反映出这一特点，通过灯光形式或亮度的变化形成提示及引导，并做好桥身景观灯光和道路照明灯光的过渡。

基于该区间的带状特点，应使位于空间另一侧的建筑立面的景观照明和桥身侧面的景观照明形成呼应，这样才能使空间感觉更为均衡。对此有直接影响的是来自建筑底部立面的夜景灯光，空间景观上的均衡与完善要求这部分景观的效果要与桥景灯光元素形成配合，两侧景观在照明亮度、灯光构图、灯光图案的尺度、韵律节奏点的设置等方面尽量形成对应关系。

有些情况下，辅路的外侧没有建筑物，或者是在建筑物上无法设计出具有呼应性的灯光景观。这时就需要通过添置其他类型的灯光元素来寻求这种平衡感。比如，当辅路外侧是一块草坪时，可以对应地设计草坪灯或步道灯。如果路外侧植有一列行道树，还可以考虑通过对树木的点染性照明来呼应桥身上的景观灯光。

4. 桥下夜景

桥下空间是介于露天空间和封闭空间之间的一个半开敞性场所，主要供车辆过往，有时也会有行人通行，因此它又具有近人性。桥下空间大多具有令人比较局促和压抑的特点，由于桥下的桥体结构不做表面装饰，保持混凝土墙面，使环境气氛显得冷漠粗砺。

据此看来，在桥下空间中进行灯光设置是非常必要的，它可以同时满足装饰性和功能性两方面的要求。在夜晚，路灯照明的灯光无法惠顾桥下空间的纵深地带，这就使桥外有路灯照明的地带和桥下没有灯光照明区域在亮度上形成很大差别。使得当人们在出入桥洞时会因亮度反差过大而造成视看功能的下降，从而影响到交通安全。所以桥洞内应保持足够的空间亮度和地面亮度，并且其地面亮度应依桥洞外地面亮度情况来定，可能的话，使二者的亮度相近会更好一些。

让桥洞内的桥体部分保持足够的亮度，对增加整体景观的魅力有好处，明亮的环境气氛有良好的辐射作用，会使桥体的夜景成为吸引人的景观。

此外，桥外道路照明的路灯灯光会使桥身外侧与桥底面的亮度反差增大。如果在桥身外侧设置了装饰照明，那么这种亮度反差将会更大。所以，桥腹的照明能够有效地降低这种亮度反差，使桥身的形体有一个良好的外观形态。否则，仅有桥身外侧的照明，人们感受到的只是桥的一个侧面，无外形成形体的认识，景观的价值就会大打折扣。而且，桥侧面与桥底面的亮度差别过大，也会造成人们观看时的视觉不适。

对桥腹的照明可以增加桥下空间的开阔感，降低局促和压抑。桥腹的照明还能产生大量的空间散射光，为地面和桥柱提供一定的补充照明，同时对显现机动车和行人的形体姿态有一定的帮助，并能在桥下空间形成一种柔和舒适的环境气氛。

由于桥下空间的近人性，所以通过灯光照明来提高该空间的艺术性和亲和力则是景观设计的又一个目标。光线具有覆盖性，适当光色和亮度的灯光洒到水泥表面上，能让冰冷粗糙的墙体表面变得柔和而生动。其中桥柱是构筑艺术化灯光图案的良好载体，在柱身上可以设计出非常丰富的灯光构图，既达到了装饰环境的目的，也还能把一定的文化理念融汇其中，使灯光景观达到升华的效果。此外，合理组织柱身上的照明灯光还有利于提高视觉诱导性，为机动车通行提供辅助性指示。

### 5.6.3 各部分桥体的灯光形式

1. 扶手

护栏上的扶手标示了车道的走向，对它所进行的灯光表现能让人了解到车道的平面形状以及各个车道之间的相互关系，这对于塑造立交桥的构成形态很有意义。最简便的照明方式是用线条状发光体勾勒扶手边廓，但是这种做法的缺点是艺术表现力不足，亮线条显得十分单调，一般也很难和周围的环境景观融合。在扶手上每隔一段距离设计一个点状发光体的办法，是扶手照明的又一种方式，它既能勾勒出扶手的线廓，又可避免线状发光体的单调和生硬感。同时点状发光体的外形也存在着一定的变化余地，为景观的丰富性提供了空间。此外，扶手的照明应与其下边的护栏照明结合起来考虑。扶手的灯光会被车道上的驾驶员看到，所以它的设计要尽量照顾驾车人的视觉需求，起到诱导照明的作用。

2. 护栏

护栏是桥体上最具装饰性的部分，也是观赏者在很多位置上都能看到的桥体部位，其景观意义很大。对护栏进行恰当的照明塑造，是增强立交桥景观艺术性的有效手段。护栏的构图形式通常有较多的变化，因而其照明表现手法也应做到多样化或有针对性。只有结合护栏的特点设计其照明灯光，才能充分地展露桥体的景观个性。

护栏分为内外两侧，外侧面有充分的观景距离，人们可以在远处观其整体面貌，也可在近处品其局部细节。同时人们的观看方式也会有所不同。可能会停下来观赏单元灯光的图案构成，也可能是在行走中感受灯光单元沿桥身侧面排列形成的韵律节奏。而护栏内侧，由于大多是机动车通行，所以，在一般情况，以不在栏板内侧设置灯光为宜。如果栏杆是通透的形式，而且外侧又设计了装饰照明的话，应保证栏板外侧设置的照明不会对栏板内侧的车道及行车驾驶作业产生影响。而对于那些在栏板缝隙中设置的灯具，也要提出相应规限，以满足机动车行车诱导为目的。

3. 桥身侧面

在整个桥体立面中，桥身侧面所占比例最大，而且又是实体构造，所以往往十分引人注目。桥身最大的特点就是它与其上边的护栏和下边的桥洞形成了鲜明的对比。桥身呈现实体性，而护栏和桥洞则具有很强的通透感，这种虚实对比关系对景观设计也有重要的影响，为桥身灯光效果确立了定位。

桥身一般是混凝土实体构造，为照明的设置提供了良好的载体。从城市景观美化的角度也确实需要适当的灯光装饰来提升其艺术性和亲和力。桥身侧面的照明有着多种照明手法的选择，而且各具优势和相对的适用性。用泛光照明手法对桥身侧面进行整体照明，会使桥体夜景产生比较突出的视觉效果，适合于远观。而在桥板上设计一些光影图案的做法可以使景观具有一定的细节内容，便于近距离观赏。

桥身侧面是否设置照明以及如何设置照明，对桥体形态的表现、景观氛围的营造以及环境亲和力的提高都会有很大的影响。

4. 桥柱

桥柱也是人们投以较多关注的构件，无论是沿桥侧辅路行进，还是在桥下穿行，桥柱都是与人最为接近的构件，它是立交桥底部景观的主要载体。

从建筑学角度看，柱子是重要的建筑部件之一，无论是西方建筑还是中国建筑，都曾因柱式变化而导致建筑类型的演变。由此启发我们，建筑上的柱子有如此重要的作用，而在我们的城市空间中，有如此众多的立交桥，每天我们都在这如林般的柱子中往来穿行，它们的形象对城市空间视觉环境的影响真是太大了。所以我们真的没有理由让这些柱子如此的原生粗放、素面朝天，加以改善使环境更具人文色彩，这本来就是城市景观照明的目的。

关于桥柱的照明，比较适合的设置位置是柱子的上部端头，在这一位置上设计的灯光图案，能较好地满足人的视觉欣赏习惯，也能够使灯光形式有较大的变化余地，并对桥板底面照明，桥下地面照明和柱身的照明都能予以兼顾。在柱头上设计灯光景观，能自然地与建筑学上注重柱式设计的理念形成契合，从而提升景观设计的内涵。

### 5.6.4　立交桥景观灯光设计中应注意的几个问题

立交桥是枢纽性交通设施，桥身上设置了很多交通指示灯、标识牌以及功能性诱导照明，景观灯光的设计安装不能干扰这些交通标志，这要求对景观灯光的模式、亮度、色彩、安装位置等都要加以规限。此外，从司机驾车行驶的视觉心理舒适角度以及立交桥作为节点地标性构筑物的定位，也要求对上述几个方面的指标予以控制。

1. 照明亮度

通常，景观照明中被照明景物的亮度取决于环境亮度和景观效果的设计。对立交桥而言，由于它和其周围的建筑物等元素及道路路面有密切的关系，所以桥体亮度应与建筑物和路面亮度形成协调，通过亮度上的呼应建立一种自然的联络关系；相对于街道景观，桥体景观的效果不宜过分突出，而亮度又是衡量景观效果的一个指标，所以，立交桥与作为其背景的街道及两侧建筑物，在照明亮度上保持可感的差别即可。

实际上，桥身立面的亮度不是一个均匀的亮度水平，而是依照设计的要求形成的有明有暗的效果，所以，桥身立面的亮度取决于各点的亮度水平和面积大小。

在桥附近，人们大多是在行进中观赏桥景，如果灯光设计是注重细节图案的构思，那么桥身上亮处和暗处的对比要控制适度，防止对比过强造成明暗之间的模糊现象。当然，过度均匀也不可取，这会在远观时，使桥身模糊成一条亮带，显得效果呆滞而缺乏创意，具体的亮度比例，应综合考虑桥身饰面材料反射比、发光体图案的复杂程度、观赏者与桥的距离及他的行进速度等因素。

立交桥洞是个穿行性空间，桥洞内的照明亮度应与洞外相近为宜，同时要考虑在洞外路边的对应位置适当设置明亮的对景，以形成视觉导引。如果洞内灯光是强调明暗变化的非均匀照明，为了与洞外地面追求均匀亮度的效果形成良好衔接，应在出入口通过亮度变化增设过渡性照明。

2. 灯光模式

此处所说灯光模式分为动态和静态。立交桥是枢纽性的交通设施，又是街道景观序列的节点，要求景观灯光的设置对使用者有指示性，对观赏者有标志性。因此，动态照明或可变化的照明是不适于立交桥的。立交桥由多条车道交叉组成，尤其是一些大型互通式立交桥，层次和车道的划分十分复杂，从人的视觉心理角度来看，视觉记忆往往控制着思维判断，特别是在高速行车的过程中，经常会根据视觉记忆做出习惯性的反应。景观灯光往往成为车道的识别辨认标志，如果这种灯光经常变化，势必会引起人们的视觉记忆混乱，对辨认形成干扰。

节点灯光景观具有地标性特点，同时它也对街道景观具有控制性的影响。就立交桥而言，无论是人们漫步观赏，还是驾车穿行，都希望桥体灯景能够带来标志性的印象，并由此获得位置上的确认，而动态模式的灯光景观显然是无法满足这种角色要求的。

3. 灯光色彩

防止灯光色彩对交通信号的干扰是最基本的要求，已勿需多言。而立交桥灯光景观是否适于使用彩色光还有待商榷。一般来说，彩色光景观的设计是个比较难以把握的事情，而立交桥的彩光形象可能会导致其属性变化，进而异化城市形象，所以，桥体上的彩光除非特别需要，一般以不使用为宜。

桥体照明还是以常用的白光或暖黄色光最为适宜。如果设计师有着色彩的偏好，不妨尝试着在桥边绿地的灯光景观中使用一点彩色光，或许会起到调解光气氛、提高作品品味的效果。

4. 照明器具

立交桥照明是近几年才开展的一项工作，专用灯具设备很少，若是将用于其他类型工程的灯具拿来使用，会带来很多负面影响。比如：光利用率低、照明效果不理想、灯具设备不易隐藏，给本来就缺少亲和性的立交桥又增加了累赘，此外，司机和行人与桥的关系十分复杂，非专用灯具很难保证对所有的方向和位置都不产生眩光，而眩光对立交桥使用者而言可能是致命的。

针对立交桥特点，开发专用灯具设备是解决上述问题的根本办法。专用灯具的设计除了要满足适合桥体照明的光学要求之外，还要考虑耐久性、耐候性、抗震性、紧凑性、高防护等级等要求。

随着立交桥景观照明逐步地引起重视，照明设计的地位也越来越重要，只有深入研究景观对象的特点并掌握灯光手段的规律，才能创作出既符合景观艺术规律又有文化内涵的作品。众多立交桥在形体构造上的趋同性以及它们所在位置的独特性构成了一对矛盾，我们都希望立交桥的景观灯光在带来艺术享受的同时，又能给我们以标志性和位置感的认识，使夜晚的城市空间更耐人欣赏。这就要求照明设计师认真研究城市空间的布局组织特点以及立交桥在城市景观序列中的地位和作用，将历史文脉的人文特征和现实环境的景观元素做有机融合，通过立交桥照明这一载体塑造出标志性的城市节点景观。

## 5.7　城市光污染与控制

提起城市中的光污染，就不能不说到世界著名的“国际黑天空协会”（International Dark-Sky Association）。国际黑天空协会成立于 1988 年，世界上共有 77 个国家正式加入了该组织。他们的口号是：“通过具有良好品质的户外照明，保护夜间环境和我们赖以生存的黑天空。”其目标是加强品质性的夜间户外照明，有效制止光污染对黑天空环境的不利影响。鉴于城市中照明品质是光污染问题的关键所在，因此该组织向世界各国提出了多项行之有效的建议和条例，并为国际间开展这项有意义的研究提供了很好的交流平台。

其实，今天对光污染的抱怨并不仅仅是天文工作者，城市中的居民往往也会深受其害。随着城市人口的增多，城市规模的扩大，城市中随之出现了过度的装饰照明。它不仅污染了原本是自然夜色的天空和消耗了电能，同时也影响居民的夜间休息。如今在高密度居住的城市，人们“仰望星空”则变成了一种奢望。为什么我们看到的星星越来越少？因为强烈的人工照明使得夜空大气形成了有害的视觉污染。我们可以将夜空分为自然的天空光和人工的天空光，那么后者就是我们可以加以控制的部分。叠加在自然夜空中的人工天空光，主要是由于城市照明所引起的。

图5-78是根据气象卫星拍摄的图片合成的地球夜空亮度的分布图。随着近年来世界大都市光污染程度的加剧，昔日美丽的星空变成了高亮度弥漫的“夜间白昼”，这种光污染现象主要是空气分子和悬浮微粒反射人工照明所形成的，图中正是反映了世界各国光污染危害的严重程度。图中可以清楚地看出，美国东岸和西欧是最亮的部分，根据科学分析证实，其夜空中人工照明导致的天空亮度是自然背景值的9倍。意大利和美国的研究人员通过对全球居民区的工业区光污染卫星资料研究后发现，全球有2/3地球的居民看不到星光灿烂的夜空，尤其在西欧和美国，高达99%的居民看不到星空。

图5-78 根据气象卫星拍摄的图片合成的地球夜空亮度的分布图

在我国，这种情况也不同程度地存在着，在大城市中这种情况更加令人担心。夜景灯光在使城市变美的同时，也给都市人的生活带来一些不利影响。在缤纷多彩的灯光环境中呆久了，人们或多或少会在心理和情绪上受到影响。刺目的灯光让人紧张，人工白昼使人难以入睡，扰乱人体正常的生物钟。人体在光污染中最先受害的是直接接触光源的眼睛，光污染会导致视觉疲劳和视力下降。不适当的灯光设置对交通的危害更大，事故发生率会随之增加。为了保护地球的夜空，国际黑天空协会为此特别建议使用产生较少光污染的灯具。

### 5.7.1 城市光污染的类别与危害

什么是光污染？一般来说，凡是人工照明对户外环境和我们生活方式产生负面甚至有害的作用时，就可以被视为光污染。城市光污染是指城市夜间室外照明产生的溢散光、反射光和眩光等干扰光对人、物和环境造成的干扰或不良影响的现象。在城市照明发展的同时，过多或过于强烈的光照成为一种新的污染源。由于大功率高强度气体放电在建筑外观照明中的广泛应用，城市光污染现象越来越严重。另外，商业霓虹灯、投光式和灯箱式广告，由于数量多、亮度高，加剧了城市光污染的危害程度。再者，建筑物大面积的玻璃幕墙，阳光或投光灯在玻璃幕墙上产生的有害反射光和投射光也属于光污染的一种。刺眼的路灯和沿途亮度过高的灯光广告及标识，也会使汽车司机行车时感到紧张。

夜间强烈的灯光还会导致一些短日照植物难以开花结果，扰乱它们的“生物钟”，其正常的生长规律会被打乱。生物学家指出，人工白昼还会伤害鸟类和昆虫，强光可能破坏昆虫在夜间正常繁殖过程，减少昆虫数量，许多依靠昆虫授粉的植物也将受到影响，如图5-79所示。

图5-79　光污染对动物的影响

我们能否将城市人工照明有意识地与星光、月光等自然光相协调呢？过度的城市照明不仅能造成了能源的浪费，也消耗了资源，污染了自然环境。人们总是发出这样的疑问：为什么要把光投向天空？这是极其浪费的做法。我们提倡严格按照照明标准设计，改变认为城市景观照明越亮越好的错误做法。从照明设计入手，提倡低能耗有创意的照明手法。我们必须认真思考我们赖以生存的地球环境，倡导节约能源。

对于光污染，各国关注程度不同，法律约束的差别也非常大。欧美许多国家曾经有过城市亮化的兴盛期，亮化之后察觉到了危害，接受了教训。如今在欧美和日本，光污染的问题早已是国家制定相关管理条例所必须加以考虑的重要方面。美国还将一些光污染防治措施写进地方法律，成立专门机构，抵制光污染。我国由于缺乏专门的光污染控制研究和措施，国内多数城市照明不仅不节能，还十分刺眼，容易让人疲劳，多数技术指标的平均值早已超过国际照明标准。

城市景观照明本身有利有弊，我们期望将弊病降到最低程度。城市照明规划要立足于生态环境的协调统一，对广告牌和霓虹灯应加以控制和科学管理；在建筑物和娱乐场所周围，要增加绿化和水面，以便改善那里的光环境；注意减少大功率强光源的使用等。总之，力求使城市夜间风貌和谐自然，让人们能够生活在一个宁静、舒适、安全、无污染、无公害的优美环境中。

1. 城市光污染类别

城市光污染可以说形形色色，但总体分为以下几种（图5-80）：

（1）上照光（Up Light）

上照光由两部分组成，一是溢出被照物直接投向天空的光；二是反射面反射到天空的反射光。光污染首先引起世界各国广泛注意的就是直接射向天空的照明，过度的人工照明使得人们不能很好地观测宇宙，形成了我们通常所说的城市人工白昼（Urban sky glow），如图5-81。

（2）光入侵（Light Trespass）

光入侵（图5-82）是指使人们感到厌倦的户外灯光，它侵犯了人们正常生活范围，

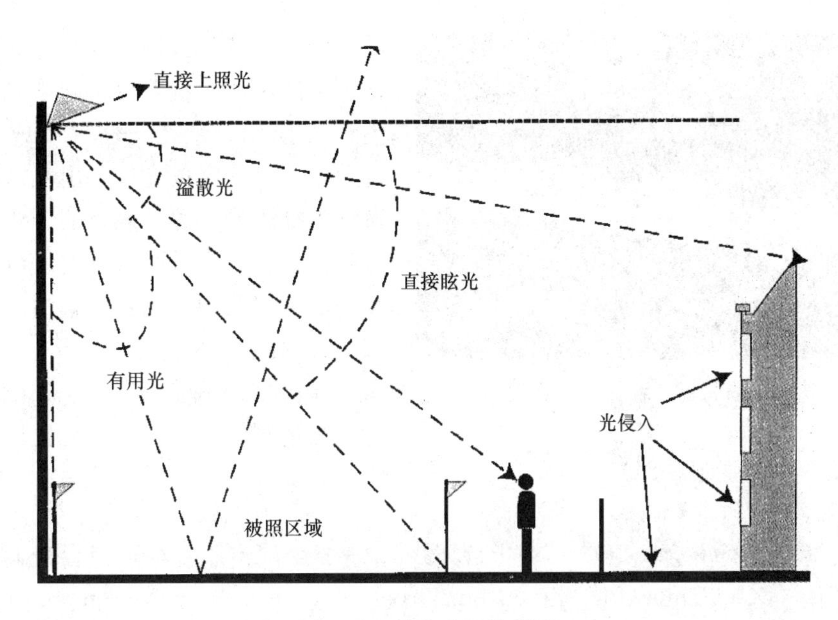


图 5-80 城市光污染类别

如附近的房屋受到了有害或令人讨厌的高度水平的光照。光入侵这个术语带有一些主观性，因为我们不能对其定量，也很难对它进行有效的控制。如我们发现城市景观照明中，在住宅的窗口安装投光灯具或是邻近建筑物过亮照明将引起居民抱怨。解决的方法是根本就不要将投光灯设置在窗口处，而可以在墙面上远离窗口的位置设置光强不大的投光灯或表面亮度适当的自发光灯具。另外，对视野中的投光灯可以增加遮光装置，或加设格栅以减低出光口表面亮度。

图 5-81 人工白昼

图 5-82 光入侵

（3）溢散光（Spill Light）

溢散光是指照射目标之外对人们产生负面影响的光。主要由两方面情况引起，一是灯具配光设计的不合理，如非截光的路灯，有一部分光没有照射到路面，而是射向了居民住宅；二是建筑的外观照明投光灯具或场地照明的灯具，由于投光角度设置得不当，没有将全部的光线投射到被照明区域，而是溢射出被照区域外。溢散光不仅破坏了夜间环境，而且也会引起视觉上的混乱。

（4）眩光（Glare）

图5-83　眩光

城市环境中，过亮的发光面引起人们视觉上的不适，就可以引起眩光效应，如图5-83所示。像在人体尺度或人的正常视野中，高亮度投光灯具出光口；或是步道灯中裸露的光源。刺目的光线让人们不能看清目标，降低了可见度，可以说眩光在功能性照明中永远是有害的。

2. 光污染的危害

光污染已引起了世界各国的广泛关注，其危害的严重程度令人担忧。主要表现在以下几个方面（图5-84）：

（1）对天文观测的影响

国际照明组织委员会（CIE）与国际天文协会曾经共同出版了《近天台最大程度降低天空亮度指南》（Guidelines for Minimizing Urban Sky Glow Near Astronomical Observatories，CIE 01—1980），给出考虑天文观测的照明安装的最大允许值。由于城市户外照明

天文观测　动物　植物　住宅　交通　城市景观

图5-84　光污染的影响方面

的增加而导致天空亮度的增加已严重威胁天文观测，甚至距大城市100km之外的天文台还是面临着这样严峻的问题。

位于上海松江区西佘山的上海天文台，由于周边环境灯光的增加，对其天文观测影响甚大。据1985年国际天文学联合会（IAU）的建议，由人工光而增加的背景亮度，世界级高质量天文台应不大于10%，即人工光的背景亮度增加不得超过0.1星等，国家级的天文台不得超过0.2星等。按照上述国际天文学联合会（IAU）的建议，上海佘山天文观测站天空背景光中光污染的比例只能小于20.2%。据专家测试的结果分析，人工光污染使得天空背景亮度增加为允许值（0.2星等）的23倍。造成这种结果的主要原因是：①道路路面亮度的过高，导致了天空反射光的增加；②灯具选择不合理。

夜空中繁星满布，有明亮的也有暗淡的。为了方便形容它们的光度，天文学家创立了星等（magnitude）用来表示星体光度。星等的数值越大，代表这颗星的亮度越暗。相反，星等数值越小，代表这颗星越亮。有些光亮的星，它的星等甚至是负数，如全天最亮的恒星——天狼星，它的亮度是－1.45星等。人的眼睛在黑暗的地方，可以看到最暗的星是6星等左右。

就天文观测条件来讲，随着天空亮度的增加，望远镜根本无法过滤掉天空中具有某种光谱特征的光线，城市照明的直射光线将直接影响天文观测活动。研究人员建议在天文台观测站设立黑天空保护区，限制设计照度水平，在天文台附近的道路照明应采用低盐纳灯，无疑可以缓解这种情况。对城市中各种户外运动场照度水平的控制也正是基于保护黑天空的目的，这部分内容可参考国际照明委员会（CIE）第42号出版物《网球场照明》（42-1978：Lighting for Tennis）及57号出版物《足球场照明》（57-1983：Lighting for Football）等相关内容。

（2）对自然环境的影响

照明对自然环境的影响很难准确地说出它的危害程度，但可以肯定的是随着季节的变化，照明对植物、昆虫和其他动物会产生不利的影响。

① 动植物

一些昆虫像飞蛾具有趋光的特性，常常在照明器周围聚集。目前解决的办法是使用昆虫不喜好的某种波长的光，以此来减少这种情况的发生。另外，不要将照明器发出的光直接朝向昆虫栖息地。相反，对某些动物如两栖动物和爬行动物，光线对它们在夜间捕食昆虫是有意义的，为此，应该注意到这些动物的这一生活习性。目前已经确认城市化进程促使了鸟类的迁徙，于是人们担心夜间的照明是否也会影响鸟类的生活习性呢？常常发现候鸟因为城市灯光的吸引，导致迷路而客死异乡。对鱼类的观察可以看出照明水平和光源的种类对它们会产生一定的影响。研究人员发现照明对植物的生理和生态系统会产生影响，如光合作用、生长、发芽期、授粉等。已经确认人工照明对城市道路两旁的树木会有不同程度的影响作用，例如榉树和银杏不受照明的影响，而郁金香和梧桐就不同。因此，根据不同的动植物种类，城市中照明所使用的灯具应注意安装地点及其他一些影响因素，如光的波长和光强，照明的季节与时间性。

② 农作物和家畜

人工照明对农作物如水稻的生长产生影响，受光照后会推迟水稻抽穗的日期。水稻是喜光作物，长时间阳光照射不足会导致光合作用差，造成抽穗晚、成熟期滞后；而大豆属短日照作物，虽不存在遮光问题，但晚上长时间的灯光照射，会造成大豆作物的生育期拉长，导致其不结荚的欠收现象。另外，不当的照明也会对家畜或家禽的新陈代谢产生破坏作用，减低生产率。

(3) 对居民的影响

光污染的危害对城市居民的不良影响主要表现在生活的舒适性方面。一部分是溢散光引起的，这部分障害光在夜间休息时进入到居民的卧室，这是目前我国城市照明务必要注意的方面；另外一部分是人们看到户外灯具表面过亮的部分，如未加隔栅造成光源裸露、光源功率过大或灯具反射器光学设计不合理所致。还需强调的是，居住建筑一般来说，不宜进行夜间照明，尤其是大面积的泛光照明。如果是位于城市重要节点处的住宅，照明的部位应选择在屋顶部分。另外，可使用灯具自身发光的形式进行装饰照明。

(4) 对交通的影响

由于街道中过亮的照明导致失能眩光，司机与行人的视看能力都会下降。尤其是当环境本身比较暗时，目标与其环境的对比降低，可见度也就降低，甚至根本看不到。这种负面的影响还会涉及与交通信号灯的关系，特别是在此区域对彩色灯光的使用应严格控制，以免引起视觉混乱。

(5) 对城市夜景观的影响

为促进城市旅游的开发，城市中会有许多装饰照明，以吸引更多的观光客。但是，毫无目的或缺少艺术表现的装饰照明，反倒容易形成障碍光，有损于城市的夜间景观，令人生厌。我们可以尝试国际照明委员会（CIE）出版的《泛光照明指南》（94-1993：Guide for Floodlighting）中建议的一些有益的做法。

### 5.7.2　城市光污染控制的对策

光污染防治的基本原则是在满足照明要求的前提下，有效控制和消除产生光污染的那部分光线。

1. 明确设计目标

控制光污染最有效的方法莫过于在设计阶段就要对溢散光等障害光进行控制。综合数量和质量意义上的研究，可以将其分为功能性设计目标和环境性设计目标。

(1) 功能性设计目标

按照颁布的指南和标准，将设计目标严格控制在一定的照明水平内，同时满足各类视觉活动的基本要求。高于标准的设计，就会存在光污染的潜在诱因。因此，要特别注意这种情况的发生。照明质量并不总是追求高的照度水平，为人们提供良好的视觉条件应该将着眼点放在均匀的照度水平和控制灯具的眩光。

(2) 环境性设计目标

对障害光敏感的区域，应该要审慎处理建筑物外观照明和环境的照明。要在单体设计时分析环境因素，这涉及灯具的位置和投光方向。要分析对自然环境的影响，如是否位于生态保护区；对建筑使用者的影响，如根据户外照明法则，确定灯位布置和开关时间；分析对交通的影响，如对道路、铁路、航空和水运带来哪些不利因素，尤其是对交通标识的可见度的影响。

2. 调整灯具安装

灯具安装的位置和投光方向，是有效防止光污染的重要因素。在光源外设有反光板，制止上方漏光。由于反光板的聚光作用，光线不再四处扩散，路面得到了有效照明而变得更加明亮，同时还能节约能源。在非重大节日期间，应禁止探照灯向空中照射。

(1) 安装高度

灯具的安装高度对控制溢散光起着主要的作用，因为投光灯的光分布可以是不同的。在一些情况下，投光灯总是向下投光，如场地照明中的停车场和运动场，较容易控制被照场地的光照。在国际照明委员会(CIE)的出版物《足球场照明》(57-1783：Lighting for Football)中，依据运动员和观众的视觉需要提出了灯具安装高度和投光角度的建议。灯具安装高度高，溢散光少，易于遮光，灯具本身的眩光较少，但白天灯具明显：安装高度低，则情况相反。但对于完全截光的投光照明，优缺点与此则不同。灯具的安装高度取决于照明设计要求和相应的设计标准，或对垂直照度设计的要求。安装高度低的灯具，可以采用较小的光源，较宽的光束，更大的投射角度。如图5-85所示。

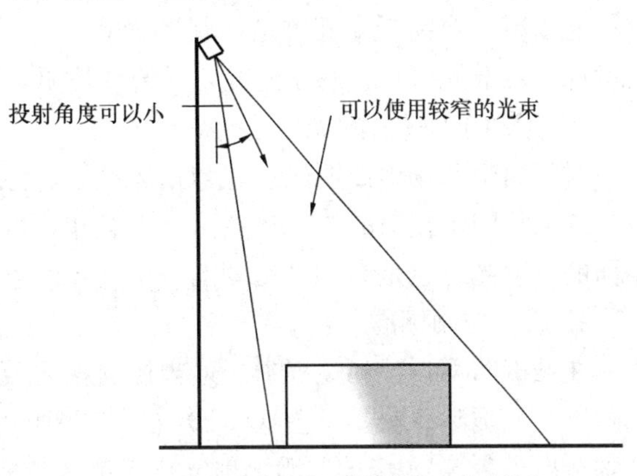


A.安装高度较高，但溢散光和眩光较小

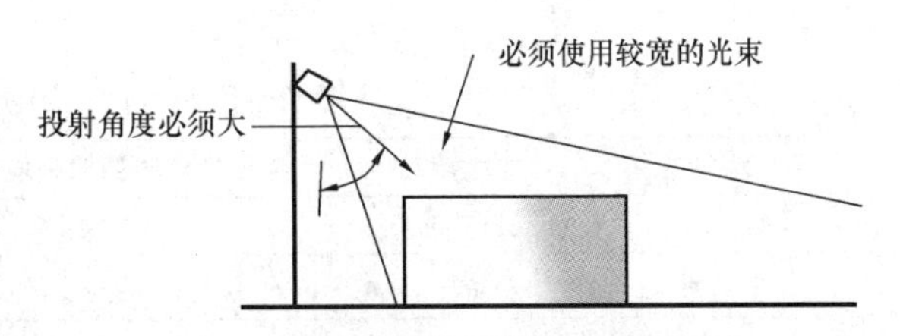


B.安装高度较低，但溢散光和眩光较大

图5-85 灯具安装、投射距离、光束角与光污染控制

(2) 投射距离

投射距离是由灯具的配光特性决定的，另外，需要考虑人的安全和消除障碍物对视线的遮挡。投射距离远，溢散光多，难以遮光，对于被照目标为远和高的建筑物，这时可使用窄光束。投射距离近，溢散光少，易于遮光，使用宽光束对近和低的建筑物投光较为合适。

(3) 光通量

光通量大，效率高，但存在有较大溢散光的可能。调节的办法是提高安装高度和增加投射距离。当然由此可以减少灯具使用的数量，减少控制部分的费用。光通量小，情况则与之相反。

(4) 光束角

如果光束角的宽窄能够严格按照设计要求，就可以有效控制溢散光，减少对遮光装置的需要。光束角窄，均匀照亮同样大小的区域，需要的灯具数量会多；光束角宽，遮光效果则难以达到理想状态。

(5) 与附近房屋的距离

照明装置距房屋的距离越远，房屋受到的溢散光影响就会弱一些。对灯具本身来讲，遮光装置简单，对手光线的控制也会容易些。但是当照明装置距房屋很近时，要顾及光线对居民或房屋使用者的不良干扰。遮光装置要经过仔细的推敲和设计，以取得最佳的控制效果。

（6）垂直投光角

垂直投光角的大小直接关系到是否能够将光线有效投射到被照目标上。一般来讲，垂直投光角高，容易产生溢散光，遮光效果不好，但可以获得较高的垂直照度；反之，投光角度低，溢散光较少，易于遮光，垂直照度低，而水平照度较高。

3. 阻断向上投射的光

对于街道和场地照明，这里包括运动场、停车场等，应该使用截光型灯具，这样可以减少或消除向上投射的光。当然这并不意味着可以全部消除水平面以上的光线，如地面或路面的反射光，也是影响可见度的一个重要因素。

4. 照明控制标准

在城市照明设计和规划中，适当控制各区域以及建筑物外观照度水平，必将有助于控制障害光。国际照明委员会（CIE）根据环境的明暗程度将照明环境分为 4 级（表 5-33），分别给出了表 5-34 场地照明上射光比率最大值等参考标准、表 5-35 房屋垂直照度最大值限制（CIE）、表 5-36 建筑物及广告表面最大亮度值、表 5-37 指定方向灯具光强的最大值。

**环境照明区域**（国际照明委员会 CIE）　　**表 5-33**

| 区　域 | 环境特征 | 照明环境 | 举　　例 |
|---|---|---|---|
| E1 | 自然的 | 黑暗 | 国家公园或自然保护区 |
| E2 | 乡村 | 低亮度区域 | 乡村中的工业或居住区 |
| E3 | 郊区 | 中等亮度区域 | 郊区中的工业或居住区 |
| E4 | 城区 | 高亮度区域 | 城市中心和商业区 |

**场地照明上射光比率最大值**　　**表 5-34**

| 光技术参数 | 应用条件 | 环境区域 | | | |
|---|---|---|---|---|---|
| | | E1 | E2 | E3 | E4 |
| 上射光比率（*ULR*） | 灯具在水平面以上光通流明与总光通流明数之比 | 0 | 0.05 | 0.15 | 0.25 |

**房屋垂直照度最大值限制**（国际照明委员会 CIE）　　**表 5-35**

| 光技术参数 | 应用条件 | 环境区域 | | | |
|---|---|---|---|---|---|
| | | E1 | E2 | E3 | E4 |
| 垂直照度（$E_v$） | 夜休前（Pre-curfew） | 2 lx | 5 lx | 10 lx | 25 lx |
| | 夜休后（Post-curfew） | 0 lx* | 1 lx | 2 lx | 5 lx |

注：* 如果是用于公共照明的灯具如路灯，此值可提高到 1 lx。

需要进一步说明的是，除了直接光照部分，被照物表面的亮度还应包括反射照度值的贡献。反射照度的大小直接取决于被照面表面材料的反射特性。在大多数场地照明情况下，反射照度都较低，如草地和柏油路面。而颜色相对较浅的表面，如素混凝土和浅色墙面，就要考虑反射照度了。作为建筑师，在建筑设计时如果可以采用较高辐射率的浅色墙面，无疑对照明来讲，可以降低照度，达到节能目的。

**建筑物及广告表面最大亮度值** **表 5-36**

| 光技术参数 | 应用条件 | 环境区域（单位：cd/m²） | | | |
|---|---|---|---|---|---|
| | | E1 | E2 | E3 | E4 |
| 建筑物立面亮度（$L_b$） | 即设计平均照度与反射系数的乘积 | 0 | 5 | 10 | 5 |
| 广告牌亮度（$L_s$） | 即设计平均照度与反射系数的乘积，对于自发光的广告，就是指它本身的亮度 | 50 | 400 | 800 | 1000 |

5. 将非照明目标的光照降到最低

在城市照明中，我们对居住区、商业区、行政区和娱乐场所的建筑物或招牌照明，当使用投光灯或聚光灯时，务必将光照瞄准被照物。对建筑物或广告进行投光照明时，会有一部分光线射向了建筑物外或广告牌外，应该将这部分光照降低到最低水平。

6. 正确选择和使用灯具

为了减少溢散光，灯具选择要考虑适当的配光，不要将光通浪费在被照物的投光区域外，因此需要了解灯具各角度的光度参数。对于环境敏感区域，投光照明对灯具的选择更加谨慎，应选择具有良好控光装置的灯具。在户外照明中，应特别注意投光灯具的光束角分类，不同的光束角分别应用于不同的具体情况。为了控制溢散光，灯具需要附加格栅、反射板和遮光装置。参见图 5-86～图 5-88。

图 5-86 照明技术标准文件

图 5-87 投光灯防眩光措施——遮光罩

图 5-88 投光灯具遮光装置与建筑外观相结合

7. 控制照明运行时间

在使用频率较低的时段，关闭部分户外照明。例如，进入午夜后，一些广告牌的照明和不是位于城市重要景观带的建筑及内透光高层办公建筑，应该将其关闭。临近居民区的城市景观照明，进入夜间休息时段，也应及时关闭。不同区域、时间光强限制见表 5-37。

**不同区域、时间光强限制**　　**表 5-37**

| 光技术参数 | 应用条件 | 环境区域 | | | |
|---|---|---|---|---|---|
| | | E1 | E2 | E3 | E4 |
| 灯具光强（$I$） | 夜休前（Pre-curfew） | 2500 | 7500 | 10000 | 25000 |
| | 夜休后（Post-curfew） | 0 | 500 | 1000 | 2500 |

建议做法如图 5-89 所示。其中：

A. 建筑物立面被照亮，但是一些光损失了，直接向上。只要有可能，就应该将光束控制向下照射。

B. 如果不可能做到，我们建议应该使用反射器、遮光板和非对称配光，尽量将光投射到需要桩照的区域，将光损失控制在最小。

C. 注意灯具的投射角度，可以将光线压低到行人视线以下，避免对行人产生眩光。

D. 圈中是经常用于步道照明的灯具，光损失很大，朝向天空。正确的照明要求使用安装有反射器和格栅的灯具。

E. 在道路照明中，特别注意使用截光设计的灯具，减少直接眩光。高光效的反射器有助于节能。

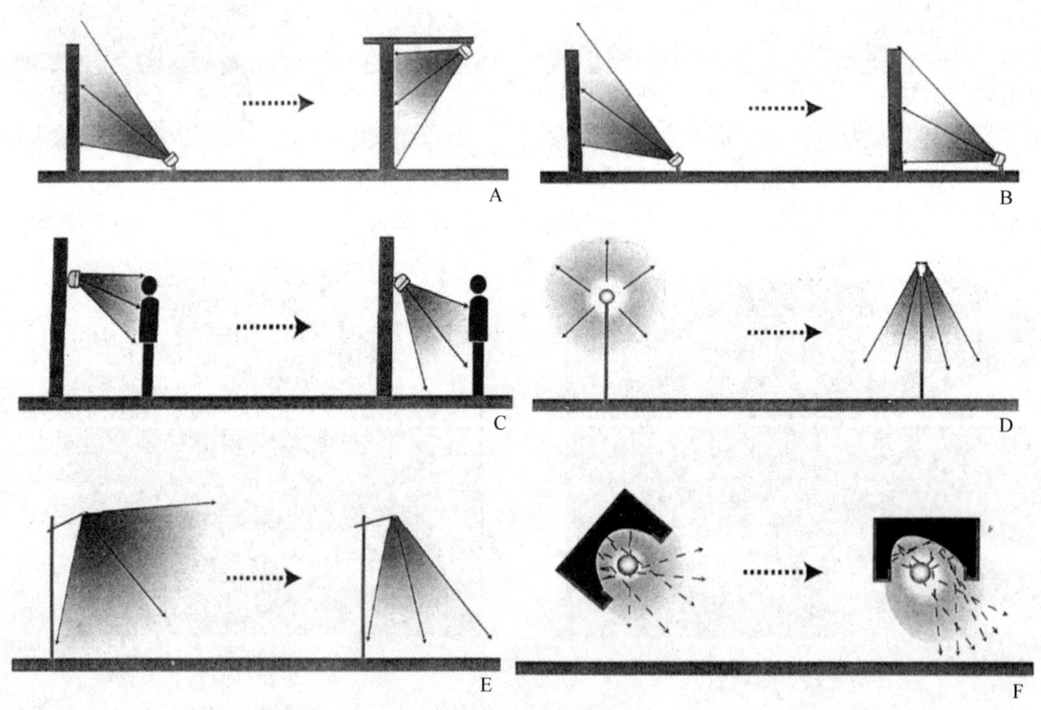


图 5-89　控制光污染的一些具体做法

F. 应该加强反光器的配光设计，有些情况下应该将对称配光改为非对称配光，使光更有效地投射到被照区域。

### 5.7.3　绿色照明与节能

绿色照明与节能是减少光污染行之有效的措施，对全球生态环境的保护具有战略意义。

1. 绿色照明的定义

绿色照明是指通过科学的照明设计，采用效率高、寿命长、安全和性能稳定的照明电器产品（电光源、灯用电器附件、灯具、配线器材以及调光控制和控光器件），改善人民工作、学习、生活的条件和质量，从而创造一个高效、舒适、安全、经济、有益的环境，充分体现现代文明的照明。

2. 开展绿色照明计划的意义

节约能源、保护环境及提高照明质量是世界各国实施绿色照明计划的主要原因。国家经贸委与联合国开发计划署（UNDP）和全球环境基金（GEF）共同组织开发的“SETC&UNDP&GEF中国绿色照明工程促进项目”于2001年9月正式启动。随着建设事业的迅速发展，我国电力发展很快。1996年全国发电总量已达到10813亿kW·h。但电力供应不足和效率低下的状况仍然比较严峻，今后相当长时间内这种状况将继续存在。据估计，我国年照明用电量占总发电量的10%左右，而且以低效照明为主，节能潜力很大。新型电光源的涌现，大大提高了照明光效和节能效果，合理采用新型电光源及其配套技术是提高建筑节能的关键。

3. 照明节能的途径

照明节能主要是指通过采用节能高效照明产品，提高质量，优化照明设计等手段，达到收益的目的。国际照明委员会（CIE）为此专门提出九项节能原则。照明节能是一项系统工程，应从提高整个照明系统的效率来考虑。除了推广使用高光效光源及采用高效率节能灯具之外，合理的照明设计能挖掘巨大的节能潜力。首先，要控制适当的照度标准，根据不同的位置、建筑的功能特点、环境的背景亮度，确定适当的照度值，避免互相攀比，追求高照度。其次，要选用合理的照明方式，避免不恰当的照明方式造成能源浪费，在对效果影响不是很大的情况下，应优先选择节能的方案，如将大面积的泛光照明改为有重点的局部照明。另外，光源和灯具的合理选择，光源要尽量选用光效高的节能灯，不用或少用白炽灯等光效低的光源。最后，灯具的选型要符合功能和效果的要求，将光通充分地有效利用，尽可能提高光能利用率。

4. 还世界一个黑色的天空

关注环保、确保城市夜间生活的安全和舒适，是绿色照明运动的宗旨。但是近年来光污染已逐步成为一个社会问题，主要表现为对动植物和人类活动的影响。据报道，通过对人类观赏天上自然景象不良影响的调查发现，由于人造发光物大肆污染地球，两成人类不能在晚上看见银河，仅两成半人类可享受到满月时光亮的天空。科学家们呼吁各国在这方面要采取措施。据悉，美国有六个州将为此而限制夜间照明。我国一些城市使用大功率的各种动态探照灯进行表演性照明，但是安装地点、开灯时间没有仔细研究和设计，平日将天空渲染成五颜六色。甚至在重要景区设置，破坏了原有的景观。这种节庆照明的做法应考虑在节日或重大节日进行，不能干扰日常的城市生活。

眩光严重，干扰司机驾车安全行驶，是城市光污染的另一类问题。视野中充斥着分散注意力的光斑和亮点，景观照明灯具安装在司机视平线附近，造成眩光。人行天桥的桥体栏杆用彩光及动态闪烁灯光装饰，高架桥或城市快速道上加装用于装饰环境的动态照明，分散司机的注意力，影响司机行车安全。居住建筑的照明方式不当或周围其他公共建筑照明方式不当，引起居民抱怨或投诉。直接向幕墙投光显然不是一种节能的办法，我们已公布了限制玻璃幕墙建筑的光污染标准，但是对幕墙照明还没有专门的研究和采取相应的措施。再者照度水平与亮度分布失衡，盲目攀比、提高照度、违背节电节资的原则，根本上达不到节能之目的。在制定城市与建筑照明法规方面，北美照明学会（IESNA）曾经做了很多工作，依据研究成果发表了若干切实可行的报告，提出了光污染的具体防治技术。

图 5-90　2005 年日本爱知世博会：LED 与太阳能标识照明

20 世纪美国率先实施绿色照明计划，世界上许多国家包括中国在内也相继推行这一计划，照明节能工作取得令世人瞩目的成绩。在照明产品、照明设计和照明管理及维护方面，仍然存在着巨大的节能潜力。节约能源，保护地球有限的资源和环境，仍是 21 世纪城市照明的主要课题。图 5-90 所示为 2005 年日本爱知世博会展出的 LED 与太阳能标识照明。

亘古至今，人们总是与夜空保持着紧密的关系。如果在这之间设置障碍，必定会引发自然界的不平衡，不仅是对人类，对其他动植物也是一样。1792 年，联合国教科文组织在巴黎举行的会议上强调，过度的人工照明将引发天文观测的巨大破坏，并特别宣布星空也是世界遗产的一部分，理应受到保护。目前最大的祸根就是光污染，在城市照明中 30%的光完全是浪费的（国际黑天空协会提供此数据）。是否将城市完全控制在黑暗中呢，当然没有这个必要。为了解决这个问题，只需提出一些法规，加强有效的照明，不再加剧已经形成的高照度的光污染。这样就可以为人类和自然创造和谐的夜环境。

示范题

**1. 单选题**

以下说法哪些是正确的。（　　）

A. 光束角窄，需要的灯具数量会多　　B. 光束角宽，需要的灯具数量会多

C. 光束角宽，遮光效果好　　D. 光束角窄，遮光效果好

答案：A

**2. 多选题**

对于形成溢散光的原因，下列说法正确的是哪些？（　　）

A. 灯具配光设计不合理

B. 灯具将光线全部投射到照明区域内

C. 灯具没有将光线全部投射到照明区域内

D. 灯具的投光角度设置不当

E. 较小投射角

答案：A、C、D

**3. 判断题**

直接向幕墙投光显然也是一种节能的办法。（　　）

答案：错

# 第6章 眩光评价方法

在视野范围内有亮度极高的物体，或亮度对比过大，或空间和时间上存在极端的对比，就可引起视觉不舒适，或造成视功能下降，或同时产生这两种效应的现象，称为眩光。眩光是影响照明质量的最重要因素。

从眩光的作用来看可分为直接眩光和反射眩光，直接眩光是在观察物体的方向或接近这一方向内存在发光体所引起的眩光。反射眩光是发光体的镜面反射，特别是在观察物体方向或接近这一方向出现镜面反射所引起的眩光。

眩光按其效应又可分为失能眩光和不舒适眩光。失能眩光又称为生理眩光，这种眩光会妨碍对物体的视看效果，使视功能下降，但它不一定引起不舒适。不舒适眩光又称为心理眩光，这种眩光使人不舒适，但它不一定妨碍对物体的视觉功能效果。

## ※6.1 失能眩光的评价

晚上，相对行驶的车前照明灯使人难于看见障碍物就是失能眩光具有代表性的例子。失能眩光的发生可以看作在视觉过程中有一光幕亮度的出现，它能够使视觉由刚刚看得见到看不见，也就是使能够察觉的对比增加，亦即背景和视对象间可以识别的最小亮度差 $\Delta L$ 增加，意味着视功能的下降。光幕亮度可由下式确定：

$$L_{\mathrm{v}} = k\frac{E}{\theta^{n}} \tag{6-1}$$

式中，$L_{\mathrm{v}}$ 是光幕亮度（$\mathrm{cd/m^2}$）；$E$ 是眩光光源在眼睛瞳孔平面上所产生的照度（lx）；$\theta$ 是眩光光源与视线间的夹角（°）；$k$ 和 $n$ 是实验常数。若视野内有 $m$ 个眩光光源，则光幕亮度等于各个眩光光源的光幕亮度之和：

$$L_{\mathrm{v}} = \sum_{i=1}^{m} k\frac{E_i}{\theta_i^{n}} \tag{6-2}$$

为了导出光幕亮度与视功能之间的关系，CIE 提出了失能眩光因数评价程序，这是在实际照明的条件下与标准照明条件下相比较所得到的结果，失能眩光因数用下式表示：

$$DGF = C'/C \cdot \frac{RCS'}{RCS} = \frac{RV'}{RV} \tag{6-3}$$

式中 $DGF$——失能眩光因数；

$C'$ 和 $C$——实际和标准照明条件下的对比；

$RCS'$ 和 $RCS$——实际和标准照明条件下的相对对比灵敏度；

$RV'$ 和 $RV$——实际和标准照明条件下的相对可见度。

利用光幕亮度与相对对比灵敏度曲线或相对可见度曲线之间的关系图可以求出失能眩光因数。评价资料可参见 1971 年 CIE 第 19 号文。

阈亮度差的增加量也可以用来评价失能眩光。如果没有眩光光源时的阈亮度差为 $\Delta L$，有眩光光源时的增加量为 $\rho$（%），则这时的阈亮度差 $\Delta L'$为：

$$\Delta L' = \frac{\rho}{100} \cdot \Delta L \tag{6-4}$$

从式（6-1）或式（6-2）求出 $L_v$，再与平均亮度 $L$ 联合起来，从实验曲线 $\rho$（$L_v$，$L$）图上可以求出 $\rho$ 值，再由式（6-4）进行评价。

## ※6.2　不舒适眩光的评价

由于照明设施中不舒适眩光的问题通常要比失能眩光更多些，而且采用不同不舒适眩光的控制措施同时也可解决失能眩光问题，所以近年来更多的是关于不舒适眩光评价方法的研究，产生了很多评价方法，这些方法的共同点是将眩光的物理量转化为主观感觉指标，然后用主观感觉指标来限制超过一定限度的眩光。无论哪种评价方法，对于产生不舒适眩光的条件可归结为环境的因素和人的因素两个方面。环境的因素有光源的亮度、光源的面积、光源在视野中的位置以及视野的亮度等。人的因素，有对光的感受、年龄、性别等。根据以上因素各国对不舒适眩光的评价方法的研究及应用主要归结为以下几种方法。

### 6.2.1　美国的视觉舒适概率（VCP）法

这种方法是根据某给定照明装置认为可以的人数百分比作为视觉舒适度的评价。它考虑了所有影响视觉舒适的关键因素，适用于所有类型的室内照明系统。该方法于 1966 年由 Guth 提出，并得到美国照明学会承认。

1. 由一个照明器产生的眩光 $M_i$：

$$M_i = k \frac{L_s Q}{L_F^{0.44} \cdot P} \tag{6-5}$$

式中，$k$ 是与单位有关的常数，亮度单位用（cd/m$^2$）时取 0.5018，用（$f_L$）时取 1.0；$L_s$ 是从观测方向见到照明发光部分的平均亮度；$Q$ 是由光源尺寸决定的一个量并且有：

$$Q = 20.4\omega + 1.52\omega^{0.2} - 0.075$$

式中，$\omega$ 是单一光源的尺寸（球面镜）；$L_F$ 是视野的平均亮度，是把顶棚、墙面、地面的平均亮度，即 $L_c$、$L_w$、$L_f$ 和照明器的亮度 $L_s$ 用顶棚、墙面、地面分别对观测者所张开的立体角度进行加权平均得出（令全部视野为 5.0）：

$$L_F = (L_i \cdot \omega_W + L_f \cdot \omega_f \sum_{i=1}^{\omega} L_{si} \cdot \omega_i)/5.0$$

2. 由许多照明器产生的眩光，用不舒适眩光比 $DGR$ 来表示：

$$DRG = (\sum_{i=1}^{n} M_i)^d$$

$$d = n^{-0.0014} \tag{6-6}$$

式中 $n$ 是视野中光源的个数。

3. 变换为视觉舒适概率 $VCP$：

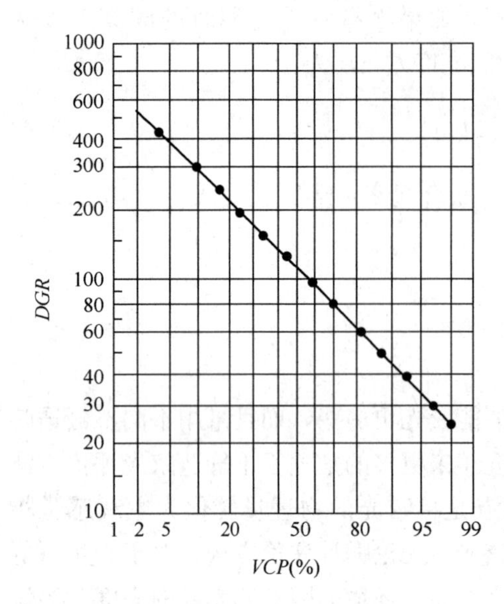


图 6-1　DGR 与 VCP 换算图

将以上计算所得的不舒适眩光比 *DGR*，在标准条件下，由观察者进行主观评价，可求得视觉舒适概率 *VCP*。*VCP* 是表示“没有感到不舒适眩光”的人所占的比率（%）。评价许多照明设施的 *VCP* 是由 *DGR* 及其关系图（图 6-1）求出。

这种方法能适用于包括各种房间的通用 *VCP* 图表，也能适用于非标准条件，包括某一给定的布局、房间表面反射率或照度等。因此用途广泛，除美国外，加拿大等国也采用 *VCP* 法。

### 6.2.2　英国的眩光指数（*GI*）法

英国 IES 眩光指数系统由英国建筑研究站提出，对灯具或窗户所产生的不舒适眩光都可以用公式确定。IES 眩光指数系统 1961 年就已写入 IES 规范，它能使照明设计者迅速而容易地确定实际照明装置的不舒适眩光的程度。眩光指数系统的基本计算为：

1. 由一个照明器产生的眩光常数 $G_i$

$$G_i = K \cdot \frac{B_S^{1.6} \cdot \omega^{0.8}}{B_b \cdot F} \cdot \frac{1}{P_{1.6}} \qquad (6\text{-}7)$$

式中，$K$ 是与亮度单位有关的常数，亮度单位为（cd/m$^2$）时 $K=0.478$；$B_c$ 是观测者见到的照明器的平均亮度；$\omega$ 是观测者见到的照明器发光部分的立体角（$S_t$），等于正投影面积（m$^2$）除以观测者到照明器的直线距离（m）的平方；$F$ 是背景亮度，可以近似地用入射在墙壁上的平均扩散照度来表示；$P$ 是位置系数，在离开视线（$\theta°$，$\varphi°$）位置上照明器 $P$（$\theta°$，$\varphi°$），采用图 6-2 的位置指数，用式（6-8）计算。

$$P(\theta°,\varphi°) = \left[\frac{P(10°,0°)}{P(\theta°,\varphi°)}\right]^{1.6} \qquad (6\text{-}8)$$

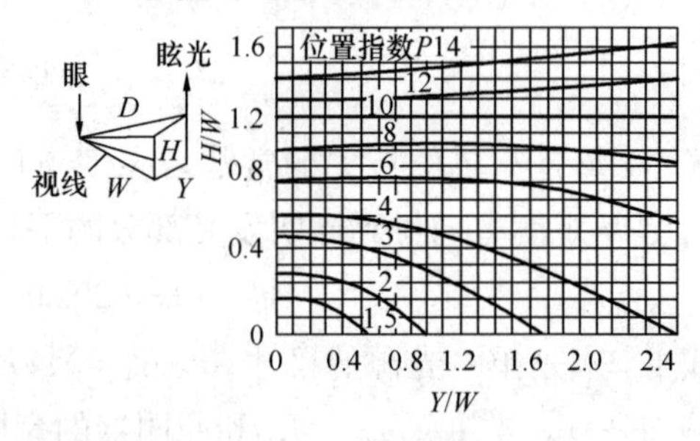


图 6-2　从 $H/W$ 和 $Y/W$ 决定位置指数 $P$ 图

2. 由许多照明器产生的眩光常数 $G$：

$$G = \sum_{i=1}^{n} G_i \qquad (6\text{-}9)$$

眩光指数 $GI$：

$$GI = 10l(0.5 \times G) \qquad (6\text{-}10)$$

系数 0.5 是为了使照光指数表的数一致而在 1972 年引入的。

详细计算见 IES 第 10 号文。根据眩光指数标准划分为 5 级，如表 6-1 所示。

眩光标准分类 表6-1

| 眩光指数 $GI$ | 眩光标准分类 | 眩光指数 $GI$ | 眩光标准分类 |
|---|---|---|---|
| 10 | 勉强感到有眩光 | 22 | 不舒适眩光 |
| 16 | 可以接受的眩光 | 28 | 不能忍受的眩光 |
| 19 | 眩光临界值 | | |

### 6.2.3 德国亮度曲线（LC）法

Fischer（1972）在 Sallner（1965）的横型实验和实际照明评价结果的基础上加以发展而成，已被编入奥地利、法国、意大利、荷兰的照明规范及推荐方法中；并已作为制定我国室内直接眩光限制的基本方法。

眩光限制的对象是照明器在 $45°<r\leqslant r_{max}$ 范围内的亮度。$r_{max}$ 是房间最深处的照明器在观测者眼睛方向的角度，由下式求出：

$$l_g r_{max} = a_{max}/h_s$$

式中，$a_{max}$ 是从观测者到照明器的最大水平距离；$h_s$ 是从眼睛位置（通常离地面1.2m）到照明器的高度，在眩光角 $45°\sim r_{max}$ 范围内，每隔5°算出照明器的亮度。照明器的亮度 $L_{(r)}$ 用下式计算：

$$L_{(r)} = I_{(r)}/S_{(r)} \quad (cd/m^2) \qquad (6\text{-}11)$$

式中，$S_{(r)}$ 是从 $r$ 方向见到的照明器的正投影面积；在平行于照明器的较长方向观测时，使用B—B断面的配光确定 $I_{(r)}$，在垂直与照明器的较短方向观测时，使用A—A断面的配光确定 $I_{(r)}$。

根据设计照度和限制等级（A、B、C、D、E五级），从8条亮度界限曲线选择，以此与要进行评价的照明器的 $L_{(r)}$ 相比较，在整个 $45°<r\leqslant r_{max}$ 范围内，$L_{(r)}$ 比界限亮度线低，就不会产生眩光；反之，$L_{(r)}$ 比界限亮度线高，就断定亮度不满足所选定的限制等级。

眩光限制等级，如表6-2所示。各国的照明规范都是从中根据实际情况选出2～3个等级。而体育馆的眩光等级一般限制在1～3之间。若眩光等级大于3，则应按标准的要求进行照明设计修改。

眩光限制等级 表6-2

| 眩光等级 $G$ | 眩光分类 | 眩光等级 $G$ | 眩光分类 |
|---|---|---|---|
| 0 | 没眩光 | 4 | 厉害眩光 |
| 1 | 不存在～轻微眩光 | 5 | 厉害～不能忍受眩光 |
| 2 | 轻微眩光 | 6 | 不能忍受眩光 |
| 3 | 轻微～厉害眩光 | | |

亮度曲线（LC）法，实质上是一种经验的眩光评价法，基本研究是在若干个3∶1的模拟办公室中进行。模拟的室内色彩和反射比在全部的试验中都是不变的；顶棚为白色，反射比为70%，墙为米色，反射比为50%；地板为棕色，反射比为20%；家具为浅棕色，反射比为30%，安装5个普通类型的荧光灯灯具的模型灯具。照度和模型尺寸都是

变化的。试验由一组实验室观察者进行主观评价，评价用6个标识来评价眩光，标度上的主要几个标识：

0—无眩光；

2—轻微眩光；

4—厉害眩光；

6—不能忍受的眩光。

其中还有1、3、5是在上下相隔两个标识的中介状况，例如3是介于2、4中间，标识是轻微和厉害眩光之间。

根据试验，对眩光程度的感觉，仅有4种因素值得考虑：

（1）灯具亮度；

（2）房间长度和灯具安装的高度（即距高比）；

（3）由平均水平照度表示的视适应水平；

（4）灯具种类，如灯具侧面是否发光等。

对固定的照度值和对有规则布置的相同的吸顶安装的灯具来说，所得结果可有一组曲线来表示。曲线中多感受到的一定程度的眩光灯具亮度用发射角 $r$ 的函数来表示。

这个眩光评价方法通过对一系列已有照明设施的观察，表现可在实际生活环境中得到相当准确的眩光评价。

1972年Fischer将这个评价方法用数学方法和标准化的眩光及照度定标分级作了简化（近似化）。该曲线系用“点至点”的直线加以近似化。决定这些点的计算公式如下：

（1）从灯具的纵向观察：

$$l_g L_{75-85} = 3.0 + 0.15\,(G - 0.16 l_g E/1000)^2 \tag{6-12}$$

和

$$l_g L_{45} = 3.176 + 0.40\,(G - 0.16 l_g E/1000)^2 \tag{6-13}$$

（2）从灯具的横向观察

$$l_g L_{75-85} = 2.930 + 0.07\,(G - 0.16 l_g E/1000)^2 \tag{6-14}$$

和

$$l_g L_{45} = 3.105 + 0.25\,(G - 0.16 l_g E/1000)^2 \tag{6-15}$$

用这些公式，可以构成眩光等级和照度值以及任何纵向或横向观察的曲线。

为了使这种眩光评价法便于在实际中应用，可以把眩光等级限定在6级（$G$=0.18、1.15、1.5、1.85、2.2、2.55）。它相当于6个质量等级分别是 $S$、$A$、$B$、$C$、$D$ 和 $E$。并把照度水平限制到4个（250、500、1000、2000 lx），这样由式（6-12）～式（6-15）计算得到的亮度曲线图及在构成眩光限制图时所使用的亮度限制数法分别在图6-3和表6-3中表示。

选择上列数法（眩光等级之间的级差为0.35，照度每级比前一级增加一倍）的理由是为了表达方式得到简化，这也意味着只需用单根曲线就可以代表眩光等级 $G$ 和照度E的几种组合。例如在图6-3($a$)中，对于 $G$ 的亮度限度为 $G$=1.15，$E$=500lx；$G$=1.5，$E$=1000lx；和 $G$=1.85，$E$=2000lx几个组合的亮度限制全部都由一条 $C$ 曲线来规定。

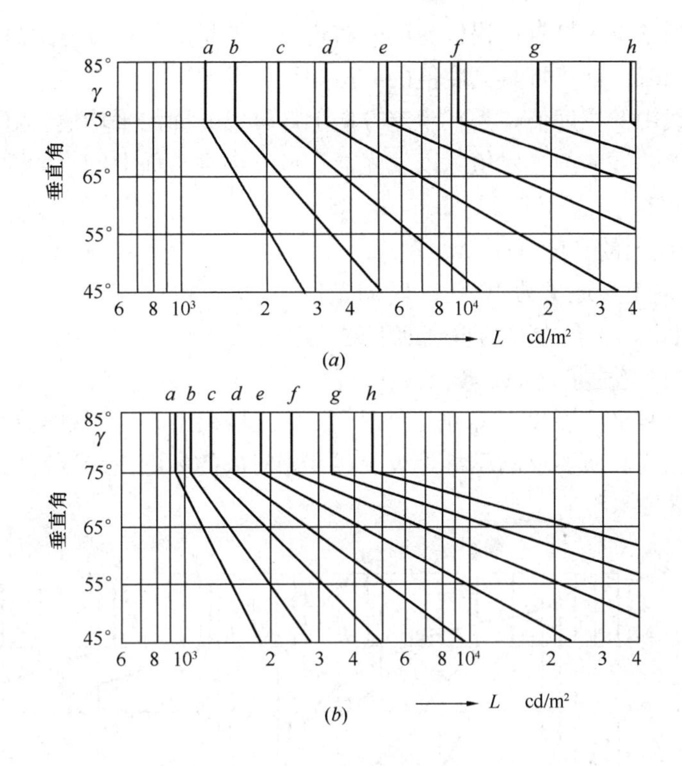


图 6-3　亮度曲线图

（*a*）观察方向平行于灯具的纵轴，对侧面不发光的灯具观察方向任意；

（*b*）观察方向垂直于侧面发光灯具的纵轴

**图 6-3（*a*）和（*b*）曲线的亮度限制数值**　　　　**表 6-3**

| 图　号 | | 图 6-3(*a*) | | 图 6-3(*b*) | |
|---|---|---|---|---|---|
| 角度（γ） | | 45° | 75～90° | 45° | 75～90° |
| 曲线的亮度值（cd/m²） | *a* | $2.71\times10^{9}$ | $1.25\times10^{3}$ | $1.87\times10^{3}$ | $9.40\times10^{2}$ |
| | *b* | $5.08\times10^{3}$ | $1.58\times10^{3}$ | $2.82\times10^{3}$ | $1.05\times10^{2}$ |
| | *c* | $1.19\times10^{4}$ | $2.18\times10^{3}$ | $9.88\times10^{3}$ | $1.47\times10^{3}$ |
| | *d* | $3.49\times10^{4}$ | $3.26\times10^{3}$ | $9.88\times10^{3}$ | $1.47\times10^{3}$ |
| | *e* | $1.29\times10^{5}$ | $5.31\times10^{3}$ | $2.30\times10^{3}$ | $1.85\times10^{3}$ |
| | *f* | $5.96\times10^{5}$ | $9.44\times10^{3}$ | $6.24\times10^{4}$ | $2.42\times10^{3}$ |
| | *g* | $2.71\times10^{9}$ | $2.71\times10^{9}$ | $2.71\times10^{9}$ | $2.71\times10^{9}$ |
| | *h* | $344\times10^{6}$ | $1.82\times10^{4}$ | $1.95\times10^{5}$ | $3.29\times10^{3}$ |

这就是亮度曲线法的眩光评价方法，正在被愈来愈多的欧洲国家所采用，根据这些国家所选择的等级和照度水平而有些变化。这一方法适用于顶棚反射比不低于 50%，墙面反射比不低于 30%的情况。

怎样来使用亮度曲线法呢？

第一步是在一系列观察角度确定所使用灯具的平均亮度。对绝大多数灯具来说，在两个相互垂直面并穿过灯具中心的垂直面内的发光强度是不相等的。因此，这两个面上的亮度都要确定。并通常要由灯具厂提供亮度分布资料，如果灯具厂没有提供，则需要用计算方法把它们计算出来。计算灯具亮度值的方法如下：

灯具亮度曲线中的亮度值，是在规定方向上灯具发光面的平均值。灯具在$\gamma$角方向的平均亮度值可由$\gamma$角方向的光强值除以发光面在该方向垂直面上的投影面积求得：

$$L = IF/S \times 1000 \tag{6-16}$$

式中 $L$——$\gamma$方向上的亮度（$cd/m^2$）；

$I$——$\gamma$方向上光通量为1000 lx时的光强（cd）；

$S$——灯具出口$\gamma$角方向的垂直面上的投影面积（$m^2$）；

$F$——光源的光通量（lm）。

第二步是在灯具平均亮度分布确定出来之后，就在图6-3上根据这些亮度值画出曲线，然后把这条曲线和所要求的质量等级及照度相对应的参考曲线进行比较。一个给定灯具的曲线实例如图6-4所示。

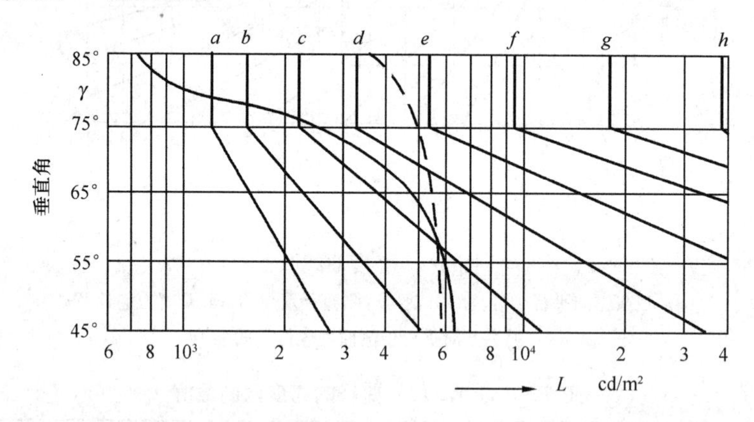


图6-4 对侧面不发光的荧光灯具，用亮度曲线法作不舒适眩光的评价，在图6-3的亮度曲线图上画出灯具的亮度分布（虚线的分布是通过灯具中心平行于灯具轴的垂直平面上的情况；实线分布是垂直灯具轴的垂直平面上的情况）

第三步，在全部或主要的观看角度按相应步骤对两条曲线加以比较，这条亮度曲线都处于选定的参考曲线的左侧时，那么该灯具就满足要求。如果在主要的观察角度上这条曲线处于参考曲线的右侧时，那么就要求使用另一类灯具。

该系统只要根据灯具生产厂家给出的亮度曲线，便可直接决定某一灯具能否用于某一环境。因此，我们便拥有选择灯具的简单方法。

根据我们可选用的照度值，从曲线上可以对应出此种选用的眩光等级。

### 6.2.4 澳大利亚规范体系

澳大利亚体系把截光和非截光两种类型的灯具分开。截光型灯具的眩光评价是在一张记有许多保护角的表格内进行。非截光型灯具和裸露荧光灯等的眩光评价则用许多表格来处理，这些表格记有不同尺寸房间的亮度限制值。若需了解本系统的详情，可参考澳大利亚标准协会制定的标准1980～1975。

### 6.2.5 *UGR*（统一眩光等级）法

上述的 4 种眩光评价体系，其中三种分别用于英国、美国和澳大利亚，第四种体系即所谓“亮度曲线法”也许要比其他三种方法的任何一种更为精确和方便。在欧洲，中国和 CIE 范围内已获得广泛支持和采用。

这四种眩光评价体系是来自不同的途径，因此很难进行定量比较，只能进行简单的定性比较。

虽然对不舒适眩光现象的有关基本机理至今还不太清楚，但在眩光控制或评价方法的建立和完善方面已做了不少工作。自 20 世纪 70 年代以来 CIE 努力发展出一种能够被全世界所接受的不舒适眩光的评价系统，由此导致 CIE 于 1995 年推荐（1993 年由 K Spresen 提出）被称之为 *UGR*（统一眩光等级）的规定，用于室内照明眩光的限制系统。随着 *UGR* 的发展，有人尝试将“亮度曲线法”和 IES 的“眩光指数”法合二为一。因此 *UGR* 法是综合了“亮度曲线法”和英国 IES 的“眩光指数法”中所包含的各种要素。

在给定环境下，*UGR* 系统给出了计算眩光感觉的典型值，即眩光值的公式：

$$UGR = 8\lg\left[\frac{0.25}{L_b}\sum\frac{L^2\omega}{P^2}\right] \tag{6-17}$$

式中 $L_b$——观察者所见的背景亮度（$cd/m^2$）（由对眼睛的间接照明等级决定，依次取决于空间的反射率和空间的大小）；

$L$——观察者方向的每个灯具的亮度（$cd/m^2$）；

$\omega$——以观察者眼睛为圆心，每一灯具明亮部分所对的立体角大小（$S_r$）；

$P$——每一独立灯具的位置指数古斯（Guth）。

实际上，*UGR* 值以 10 变化到 30，高值指眩光多，低值指眩光少。*UGR* 为 10 的照明系统绝对没有眩光；一般办公室的照明系统的 *UGR* 值，应小于 19。

（CIES 008/E—2001）中对不舒适直接眩光，规定采用统一眩光等级（*UGR*）作为照明直接眩光的评价指标，并对每个房间规定了具体数值，*UGR* 值分别为 13、16、19、22、25 和 28。我国新标准也将采用。

欧洲标准委员会（CEN）正在制订照明欧洲标准，以取代欧洲各个国家的照明标准，在 CEN 草案中，准备采用 *UGR* 作为室内照明的眩光限制。

毋庸置疑，实际上要采用计算机软件来计算 *UGR* 值，并且要采用表格法或图形法来决定出 *UGR* 的基准条件。CEN 的草案规定采用表格法决定 *UGR*。这就是说在实际使用中，即使采纳了公式，还必须用表格来确定空间中观测者位置以及灯具的基准位置。

基准观察者位置是选在被看作“最临界位置”，站在空间长边或宽边的中心，眼高 1.2m，并靠着墙以与墙面垂直的水平角观测。图 6-5 中给出了空间中灯具取向尚未定的 4 种标准观察者位置。

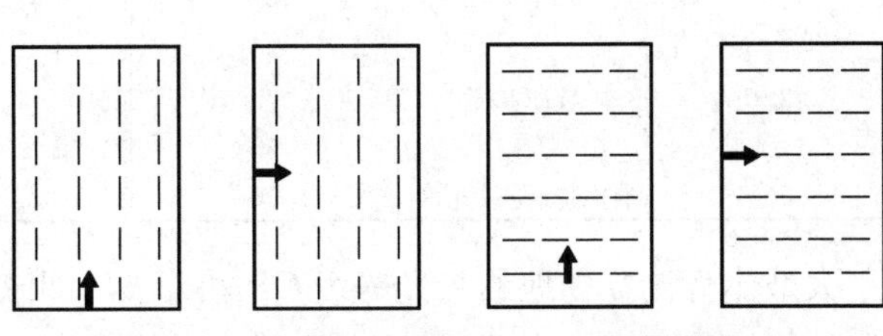

图 6-5 决定 *UGR* 的基准观察者位置

*UGR* 方法给定了一个直接考核照明装置的眩光的数值。为得到灯具的典型数值，我们计算两种标准条件下的 *UGR* 值。一种条件$(2\times H)\times(3\times H)$尺寸的小办公室，另一条件为$(8\times H)\times(12\times H)$尺寸的大办公室。两种情形的反射系数均为 0.70、0.50 和 0.20（顶棚、墙面和工作表面）。对于每种条件均计算灯具垂直及水平方向的 *UGR*。这就是说，对一种灯具，可得 4 个 *UGR* 值，其中最差的数值，也就是眩光最多的情形，被看作是考核灯具的特征。

与“亮度曲线不同”，*UGR* 系统不是灯具选择系统，而是眩光计算系统。最近有人研究把 *UGR* 计算系统所得结果绘制成 *UGR* 曲线，使之与灯具选择系统融为一体。

“亮度曲线法”未被广泛采纳，其中一个原因是它只适用于普通照明，对于小尺寸灯，以及反射灯具等在使用上有一定困难，更不要说对大面积发光顶棚的使用了。*UGR* 检验有所改善，但仍然不适于大面积的发光顶棚。

根据石明行生、村松陆雄和金谷末子等人的试验，*UGR* 系统与主观评价有很好的对应关系，但在数值上要比主观评价低许多，这可能因为 *UGR* 没有考虑到不舒适眩光在感觉上的相加特性，这还有待研究。另外，有必要把 *UGR* 的推荐值设定出来，以便于照明设施的应用。*UGR* 还有待在实际使用中的考验和逐步完善，之后有可能被大多数国家采纳。

## 6.3 室外泛光灯照明的眩光评价方法

室外体育场地、广场、道路、码头等处，主要是使用泛光灯系统。泛光灯照明的眩光与光强分布、安装高度、灯具数量、排列方式、安装投射方向和场地亮度等多种因素有关。

对于室外场地的泛光灯照明，国际照明委员会（CIE）发布了专门的眩光评价方法。根据大量的实验研究证明，泛光灯照明的眩光程度可以用灯具产生的光幕亮度 $L_{vi}$ 和观察点景物产生的光幕亮度 $L_{ve}$ 来决定。其眩光指数 *GR* 为

$$GR = 27 + 24 l_g (L_{vi}^{0.9}/L_{ve}) \quad (6\text{-}18)$$

眩光等级 *GF* 为

$$GF = 10 - GR/10 \quad (6\text{-}19)$$

眩光指数、眩光等级与眩光程度之间的关系，如表 6-4 所示。

**室外体育场地眩光限制等级** **表 6-4**

| *GF*（眩光等级） | 眩光程度 | *GR*（眩光指数） | *GF*（眩光等级） | 眩光程度 | *GR*（眩光指数） |
|---|---|---|---|---|---|
| 1 | 不可忍受 | 90 | 6 | | 40 |
| 2 | | 80 | 7 | 可察觉 | 30 |
| 3 | 有所感觉 | 70 | 8 | | 20 |
| 4 | | 60 | 9 | 不可察觉 | 10 |
| 5 | 刚刚接受或允许 | 50 | | | |

对于大型体育比赛场地的眩光等级 *GF* 小于 5，即眩光指数 *GR* 不大于 50。

计算灯具产生的光幕亮度 $L_{vi}$ 的原理很简单，在泛光灯照明的计算程序中都可能有这

个参数的计算，而观察点景物的光幕亮度$L_{ve}$可近似计算出来：

$$L_{ve} = 0.035L_{fav} \tag{6-20}$$

$$L_{fzv} = E_{hav} \cdot \rho/\pi \tag{6-21}$$

式中，$E_{hav}$为场地平均照度（lx）；$\rho$为场地的反射率。

对于已建成的体育场照明系统进行眩光评价时，可以按图6-6所示的5个标准点，根据不同照明方式，测定不同视看方向灯具产生的光幕亮度$L_{vi}$，然后由式（6-18）、式（6-19）计算眩光指数$GR$和眩光等级$GF$。

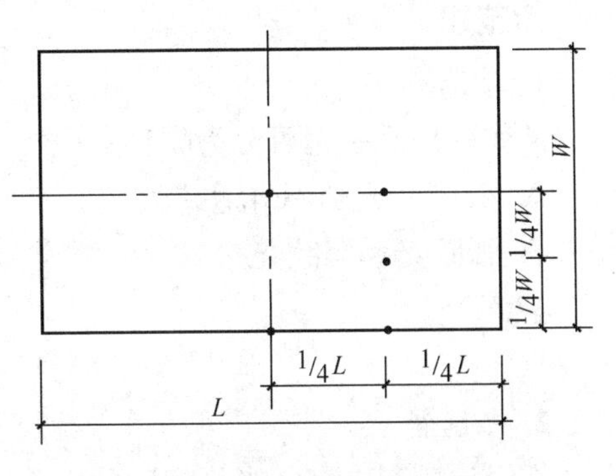


图6-6　眩光评价时的标准观测点

对称安装的情况下，5个标准观测点位置可以选在场地的任意一个四分之一场地上；对于非对称照明的场地，5个标准观测点位置应选在照度较低一边的四分之一场地上朝着光线较强的方向观测。对于塔式和光带混合设置情况，应分别观测塔式和光带方式，再按最不利的情况评价。

在设计泛光灯瞄准方向时，一定要注意人员频繁活动处的眩光限制。

除了照明场所以外的场地，也应该有一定的照度，应是场地平均照度的1/4～1/5以上，此时场地眩光影响将会降低。

## 6.4　国内照明标准中限制灯具最小遮光角的规定

灯具亮度除满足亮度曲线法的限制要求外，还应按表6-5限制灯具的最小遮光角。

**灯具的最小遮光角**　　**表6-5**

| 灯具出光口的平均亮度（$10^3$cd/m²） | 直接眩光限制等级 | | 光源类型 |
|---|---|---|---|
| | A、B、C | D、E | |
| $L \leqslant 20$ | 20° | 10° | 管状荧光灯 |
| $20 < L \leqslant 500$ | 25° | 15° | 涂荧光粉或漫射光玻璃的高强气体放电灯 |
| $L > 500$ | 30° | 20° | 放电灯、透明玻璃壳白炽灯 |

注：CIES 008/E—2001中规定灯具最小遮光角不得小于下列数值：灯具表面亮度（kcd/m²）为1～2、20～50、50～500、≥500时，最小遮光角分别为10°、15°、20°、30°。

由于在亮的灯具照射下可引起视觉作业对象表面发光，当反射到视线方向时，可产生如下视觉现象：一种是在视觉作业对象上产生因对比减弱，使可见度下降的光幕反射，另一种是在视觉作业对象旁产生分散精力的反射眩光。因此在照明设计时，应采取有效措施，以避免高亮度的反射。

为了使眩光减弱，灯具的遮光角应随着光源功率的增大而增大。灯具最低悬挂高度按视线在中等眩光区到微弱眩光区（27°～45°）范围内，以及产生工作活动范围在6～12m之内确定。视线为水平视线的角度；对于100W及以下的白炽灯为27°；150～200W为

30°；300～500W为40°即随光源的功率增大而增大遮光角，从而减弱眩光。

对于荧光灯，因其表面亮度低，对无保护角的灯具是以10°视线角确定的。对于高强气体放电灯及混光光源则根据当前国内的灯光形式、光源亮度和照度均匀要求来确定。

**示范题**

**1. 单选题**

从作用来看眩光可分为哪种？（　　）

A. 失能眩光和不舒适眩光　　B. 直接眩光和反射眩光

C. 强眩光和弱眩光　　D. 生理眩光和心理眩光

答：B

**2. 多选题**

在视觉过程中有一光幕亮度的出现，它能够产生下列三种什么反应？（　　）

A. 视觉由刚刚看得见到看不见　　B. 视觉由刚刚看不见到看得见

C. 背景和视对象间可以识别的最小亮度差 $\Delta L$ 增加

D. 察觉的对比增加　　E. 察觉的对比减小

答：A、C、D

**3. 判断题**

光幕亮度是眩光光源在眼睛瞳孔平面上所产生的亮度。（　　）

答：错

# 第7章　照　明　电　气

## 7.1　照明供电

照明装置的供电决定于电源情况和照明装置本身对电气的要求。

1. 照明对电压质量的要求

照明电光源对电能质量的要求主要体现在对电压质量的要求，它包括电压偏移和电压波动两方面。

（1）电压偏移

电压偏移是指系统在正常运行方式下，各点实际电压 $U$ 对系统标称电压 $U_n$ 的偏差，用相对电压百分数表示：

$$\delta_u = \frac{U - U_n}{U_n} \times 100\% \tag{7-1}$$

有关设计规范规定照明器的端电压其允许电压偏移值应不超过额定电压的 105%，并低于额定电压的下列数值：

① 对视觉要求较高的室内照明为 97.5%。

② 一般工作场所的照明室外工作场所照明为 95%，但远离变电所的小面积工作场所允许降低到 90%。

③ 应急照明道路照明警卫照明以及电压为 12～36V 的照明为 90%。

（2）电压波动与闪变

电压波动是指电压的快速变化。冲击性功率的负荷（炼钢电弧炉、轧机、电弧焊机）引起连续的电压波动、或电压幅值包络线的周期性变动，其变化过程中相继出现的电压有效值的最大值 $U_{max}$ 与最小值 $U_{min}$ 之差称为电压波动。常取相对值（与系统标称电压 $U_n$ 之比值）用百分数表示：

$$\Delta u_f = \frac{U_{max} - U_{min}}{U_n} \times 100\% \tag{7-2}$$

电压变化速度不低于每秒 0.2% 的称为电压波动。

电压波动能引起电光源光通量的波动，光通量的波动使被照物体的照度、亮度都随时间而波动，使人眼有一种闪烁感（不稳定的视觉印象）。轻度的是不舒适感，严重时会使眼睛受损、产品报废增多和劳动生产率降低，所以电压波动必须限制。

人眼对不同频率的电压波动而引起的闪烁的敏感度曲线如图 7-1 所示。从曲线可知，人眼对波动频率为 10Hz 的电压波动最敏感，因此可将不同电压波动频率 $f$ 时的闪变电压在 1min 内的平均值 $\Delta u_{f1}$，折合成等效 10Hz 闪变电压值 $\Delta u_{10}$，以系统标称电压的百分数表示时可利用下式求得：

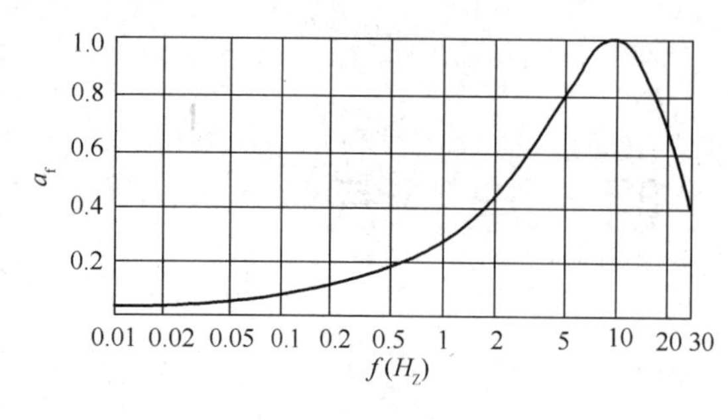


图 7-1　闪变视感度曲线

$$\Delta u_{10}=\sqrt{\Sigma\left(\alpha_f \Delta u_{f1}\right)^2}\times 100\% \quad (7\text{-}3)$$

式中　$\Delta u_{f1}$——不同电压波动频率 $f$ 时的闪变电压在 1min 内的平均值；

$\alpha_f$——闪变适感度系数，见图7-1所示。

电压波动的允许值与闪变电压允许值一般作如下规定：

① 用电设备及配电母线电压波动允许值见表 7-1。三相电弧炉工作短路时，如能满足母线电压波动允许值，则也满足闪变电压允许值；一般认为也能满足公共供电点的波动电压和闪变电压允许值。

② 公共供电点（10kV 及以下）由冲击性功率负荷产生的电压波动允许值为 2.5%，闪变电压允许值见表 7-2。

**用电设备及配电母线电压波动允许值**　　**表 7-1**

| 名　　称 | 电压波动用电设备端子电压水平允许值（%） | 配电母线电压波动允许值（%） |
|---|---|---|
| 三相电弧炉工作短路时电焊机正常尖锋电流下工作时 | 90② | 2.5① |

① 专供电弧炉用的变电所的电压波动值不受 2.5%的限制。

② 电焊机有手工及自动弧焊机（包括弧焊变压器、弧焊整流器、直流焊接变流机组）、电阻焊机（即接触焊机包括点焊、缝焊和对焊机）。焊接时电压水平过低时，会使焊接热量不够而造成虚焊。对于自动弧焊变压器和无稳压装置的电阻焊机，电压水平允许值宜为 92%，对于有些焊接有色金属的电阻焊机要求略高。

**公共供电点冲击性功率负荷产生的闪变电压允许值**　　**表 7-2**

| 应用场合 | 闪变电压允许值 $\Delta u_{f1}$①（%） | | | | |
|---|---|---|---|---|---|
| | $\Delta u_{10}$ | $\Delta u_3$ | $\Delta u_1$ | $\Delta u_{0.5}$ | $\Delta u_{0.1}$ |
| 对照明要求较高的白炽灯负荷 | 0.4（推荐值） | 0.7 | 1.5 | 2.4 | 5.3 |
| 一般照明负荷 | 0.6（推荐值） | 1.1 | 2.3 | 3.6 | 8 |

① 波动频率 $f$ 为 3，1，0.5，0.1Hz 的闪变电压允许值 $\Delta u_3$，$\Delta u_1$，$\Delta u_{0.5}$，$\Delta u_{0.1}$是根据 $\Delta u_{10}$值计算而得。

2. 照明负荷分级

按其重要性可将照明负荷分成三级。

（1）一级负荷

一级负荷为中断供电将造成政治上、经济上的重大损失，甚至于出现人身伤亡等重大事故的场所的照明。

如：重要车间的工作照明及大型企业的照明；国家、省市等各级政府主要办公室照明；特大型火车站、国境站、海港客运站等交通设施的候车室照明；售票处、检票口照明等；大型体育建筑的比赛厅、广场照明；四星级、五星级宾馆的高级客房、宴会厅、餐厅、娱乐厅主要通道照明；省、直辖市重点百货商场营业厅部分照明收款处照明；省、市级影剧院的舞台、观众厅部分照明、化妆室照明等；医院的手术室照明、监狱的警卫照明等。

所有建筑或设施中需要在正常供电中断后使用的备用照明、安全照明以及疏散标志照明等都作为一级负荷。一级负荷应确保两个电源供电，两个电源之间应无联系且不致同时停电。

(2) 二级负荷

中断供电将在政治上、经济上造成较大损失，严重影响重要单位的正常工作以及造成重要的公共场所秩序混乱。

如：省市图书馆的阅览室照明；三星级宾馆饭店的高级客房、宴会厅、餐厅、娱乐厅等照明；大中型火车站及内河供客运站；高层住宅的楼梯照明、疏散标志照明等。

二级负荷应尽量做到：当发生电力变压器故障或电力线路等常见故障时（不包括极少见的自然灾害），不致中断供电或中断后能迅速恢复供电。

(3) 三级负荷

不属于一、二级负荷的均属三级负荷，三级负荷由单电源供电即可。

3. 电压和供电方式的选择

(1) 电压的选择

1) 在正常环境中，我国照明电压采用交流220V（HID灯中镝灯与高压钠灯亦有用380V的）。

2) 容易触及地面而又无妨止触电措施的固定式可移动式灯具，其安装高度距地面为2.2m及以下时，在下列场所的使用电压不应超过24V：

① 特别潮湿，相对湿度经常在90%以上；

② 高温，环境温度经常在40℃以上；

③ 具有导电性灰尘；

④ 具有导电地面：金属或特别潮湿的土、砖、混凝土地面等。

手提行灯的电压一般采用36V，但在不便于工作的狭窄地点，且工作者在接触良好接地的大块金属面上（如在锅炉、金属容器内或金属平台上等）工作时，手提行灯的供电电压不应超过12V（输入电路与输出电路必须实行电路上的隔离）。

3) 由蓄电池供电时，可根据容量大小、电源条件、使用要求等因素分别采用220V、36V、24V、12V。

4) 热力管道隧道和电缆隧道内的照明电压宜采用36V。

(2) 供电方式的选择

我国照明供电一般采用380/220V三相四线中性点直接接地的交流网络供电。

1) 正常照明

① 一般由动力与照明共用（表7-3中A）的电力变压器供电，二次侧电压为380/220V。如果动力负荷会引起对照明不容许的电压偏移或波动，在技术经济合理的情况下对照明可采用有载自动调压电力变压器、调压器，或照明专用变压器供电；在照明负荷较大的情况下，照明也可采用单独的变压器供电（如高照度的多层厂房、大型体育设施等）。

② 当生产厂房的动力采用“变压器—干线”式供电而对外又无低压联络线时，照明电源宜接自变压器低压侧总开关之前（图7-3中D），如对外有低压联络线时，则照明电源宜接自变压器低压侧总开关之后；当车间变电所低压侧采用放射式配电系统时，照明电

源一般接在低压配电屏的照明专用线上（表7-3中E，F）。

③ 动力与照明合用供电线路可用于公共和一般的住宅建筑。在多数情况下可用于电力负荷稳定的生产厂房、辅助生产厂房以及远离变电所的建筑物和构筑物。但应在电源进户处将动力、照明线路分开（表7-2中G）。

④ 对于一级和二级照明负荷，当无第二路电源时，可采用自备快速启动发电机作为备用电源，某些情况下也可采用蓄电池作备用电源（表7-3中B，C）。

**常用照明供电系统** **表7-3**

| 序号 | 供电方式 | 照明供电系统 | 简要说明 |
|---|---|---|---|
| A | 一台变压器 | 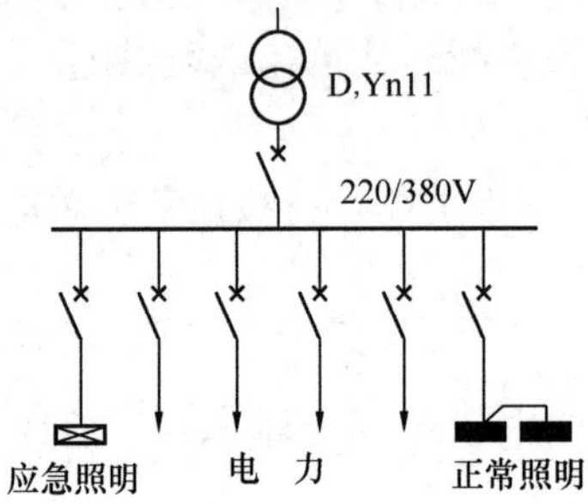 D,Yn11<br>220/380V<br>应急照明 电力 正常照明 | 照明与电力在母线上分开供电 |
| B | 一台变压器及蓄电池组等 | 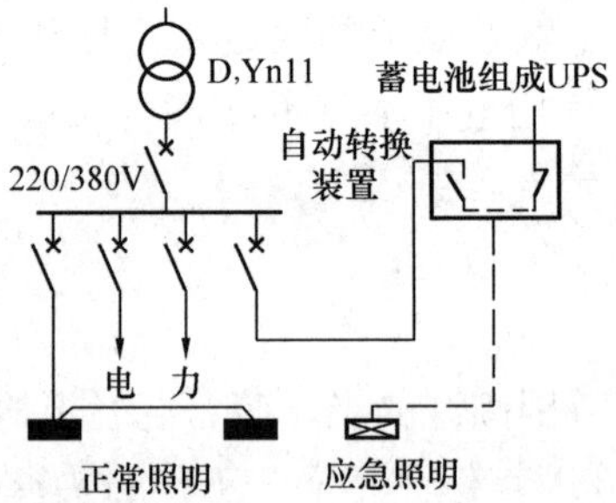 D,Yn11 蓄电池组成UPS<br>自动转换装置<br>220/380V<br>电力<br>正常照明 应急照明 | 照明与电力在母线上分开供电，应急照明由蓄电池组或UPS供电 |
| C | 两路独立电源，自启动发电机作第三电源 | 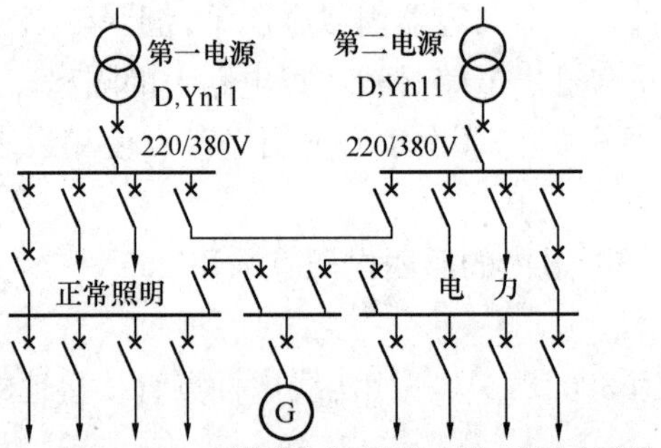 第一电源 D,Yn11 第二电源 D,Yn11<br>220/380V 220/380V<br>正常照明 电力<br>G<br>应急照明 自启动发电机消防电梯、消防水泵等 | 两路独立电源，照明专用变压器，自启动发电机为第三独立电源 |
| D | 一台变压器供电的变压器—干线 | 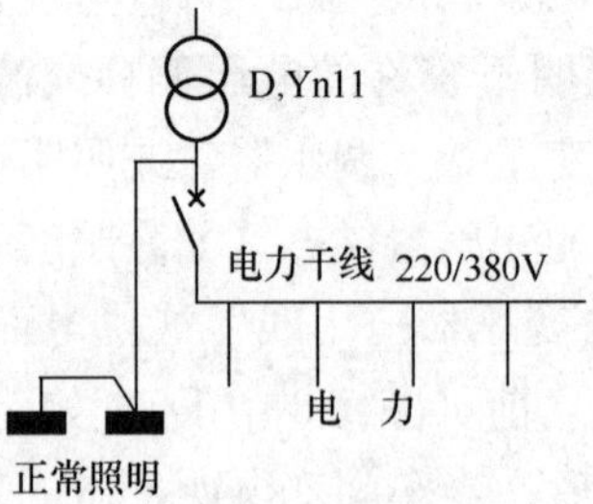 D,Yn11<br>电力干线 220/380V<br>电力<br>正常照明 | 对外无低压联络线时，正常照明电源接自干线总断路器前 |

续表

| 序号 | 供电方式 | 照明供电系统 | 简要说明 |
|---|---|---|---|
| E | 两台变压器供电的变压器—干线 | 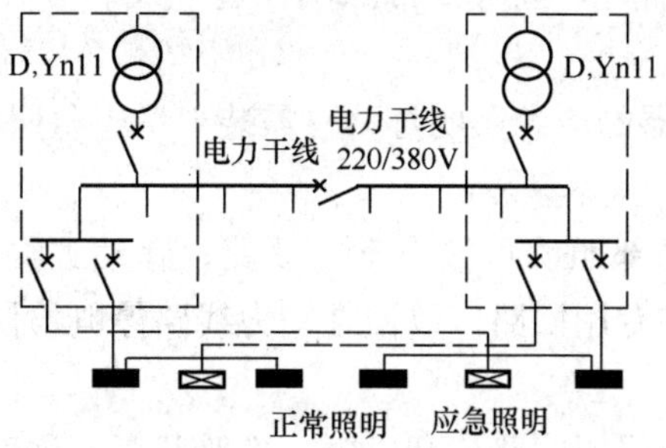 D,Yn11 D,Yn11 电力干线 电力干线 220/380V 正常照明 应急照明 | 照明电源自变压器低压总断路器后当一台变压器停电时，通过联络断路器接到另一段干线上，应急照明由两段干线交叉供电 |
| F | 两台变压器 | 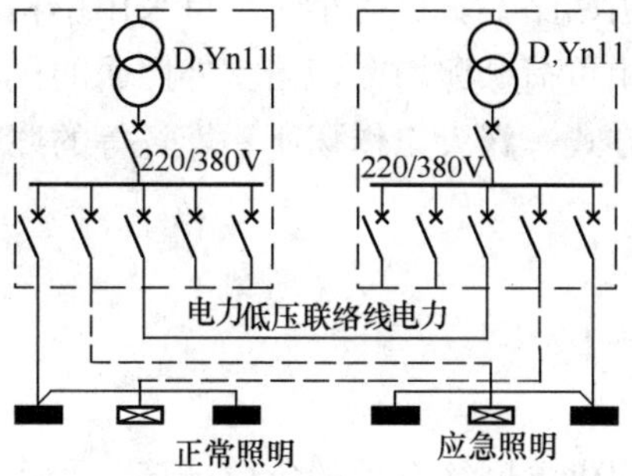 D,Yn11 D,Yn11 220/380V 220/380V 电力低压联络线电力 正常照明 应急照明 | 照明与电力在母线上分开供电，应急照明由两台变压器交叉供电 |
| G | 由外部线路供电 | 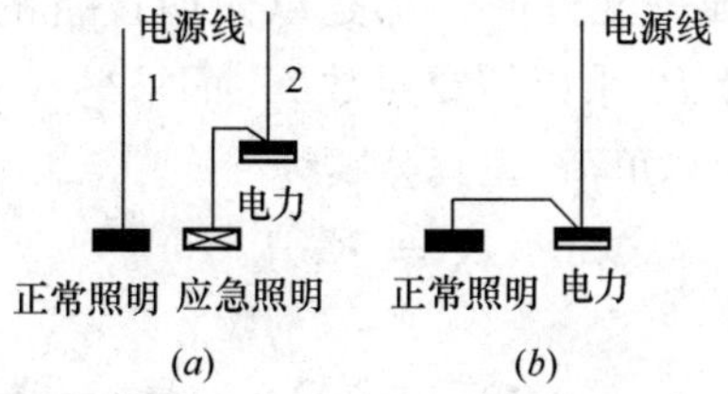 电源线 1 2 电力 正常照明 应急照明 (*a*) 电源线 正常照明 电力 (*b*) | 图（*a*）适用于不设变电所的较大建筑物，图（*b*）适用于较小的建筑物 |
| H | 两台变压器电源为独立的 | 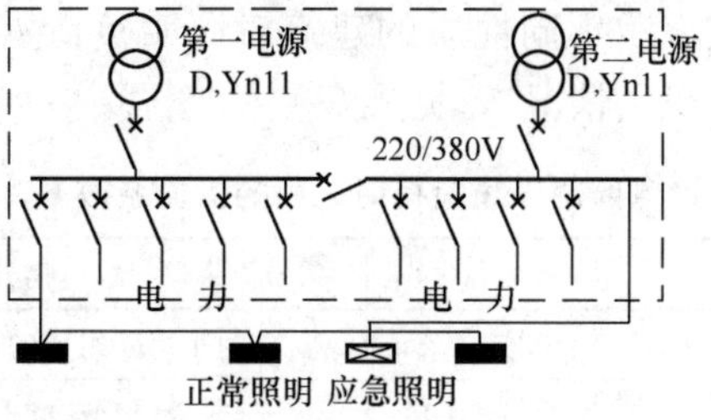 第一电源 D,Yn11 第二电源 D,Yn11 220/380V 电力 电力 正常照明 应急照明 | 变压器的电源相互独立 |

2）应急照明

① 供继续工作用的备用照明应接于与正常照明不同的电源。为了减少和节省照明线路，一般可从整个照明中分出一部分作为备用照明。此时，工作照明和备用照明同时使用，则当正常照明因故障停电时，备用照明电源应自动启动运行。

② 人员疏散用的应急照明可按下列情况之一供电：

A. 仅装设一台变压器时，与正常照明的供电干线自变电所低压配电屏上或母线分开（表7-3中A）。

B. 装设两台及以上变压器时，宜与正常照明的干线分别接自不同的变压器（表 7-3 中 E，F，H）。

C. 建筑物内未设变压器时，应与正常照明在进户线后分开，并不得与正常照明共用一个总开关（表 7-3 中 G）。

D. 采用带有直流逆变器的应急照明灯（只需装少量应急照明灯时）。

3）局部照明

机床和固定工作台的局部照明可接自动力线路；移动式局部照明应接自正常照明线路，最好接自照明配电箱的专用回路，以便在动力线路停电检修时仍能继续使用。

4）室外照明

室外照明线路应与室内照明线路分开供电；道路照明、警卫照明的电源宜接自有人值班的变电所低压配电屏的专用回路上。负荷小时，可采用单相、两相供电；负荷大时，可采用三相供电。并应注意各相负荷分配均衡；当室外照明的供电距离较远时，可采用由不同地区的变电所分区供电的方式。露天工作场所、堆场等的照明电源，视具体情况可由邻近车间或线路供电。

## 7.2 照明线路计算

本节主要讨论与确定照明供电网络有关的负荷计算。

在选择导线截面及各种开关元件时，都是以照明设备的计算负荷（$P_c$）为依据的。它是按照照明设备的安装容量 $P_e$ 乘以需要系数 $K_n$ 而求得（如三相线路有不平衡负荷时，则以最大一相负荷乘以 3 作为总负荷），其公式为

$$P_c = K_n P_e \tag{7-4}$$

式中　$P_c$——计算负荷（W）；

$P_e$——照明设备的安装容量，包括光源和镇流器所消耗的功率（W）；

$K_n$——需要系数，它表示不同性质的建筑对照明负荷需要的程度（主要反映各照明设备同时点燃的情况），见表 7-4。

**计算照明干线负荷时采用的需要系数 $K_n$**　　**表 7-4**

| 建筑物分类 | $K_n$ | 建筑物分类 | $K_n$ |
|---|---|---|---|
| 住宅区、住宅 | 0.6～0.8 | 由小房间组成的车间或厂房 | 0.85 |
| 医院 | 0.5～0.8 | 辅助小型车间、商业场所 | 1.0 |
| 办公楼、实验室 | 0.7～0.9 | 仓库、变电所 | 0.5～0.6 |
| 科研楼、教学楼 | 0.8～0.9 | 应急照明、室外照明 | 1.0 |
| 大型厂房（由几个大跨度组成） | 0.8～1.0 | | |

表 7-4 给出了各种建筑计算照明干线负荷时采用的需要系数供参考。照明支线的需要系数为 1。

各种气体放电灯配用的镇流器，其功率损耗以光源功率的百分数表示。

在实际工作中往往需要计算的是电流（$I_c$）值，当已知 $P_c$ 后就可方便地求得 $I_c$。采

用一种光源时，线路的计算电流可按下述公式计算：

（1）三相线路计算电流

$$I_c = \frac{P_c}{\sqrt{3}U_l \cos\varphi}(\text{A}) \tag{7-5}$$

（2）单相线路计算电流

$$I_c = \frac{P'_c}{U_p \cos\varphi}(\text{A}) \tag{7-6}$$

式中 $U_l$——额定电压（kV）；

$U_p$——额定相电压（kV）；

$\cos\varphi$——光源的功率因数；

$P_c$、$P'_c$——分别为三相及单相计算负荷（kW）。

采用两种光源混合使用时，线路的计算电流按下式计算：

$$I_c = \sqrt{(I_{a1} + I_{a2})^2 + (I_{r1} + I_{r2})^2} \tag{7-7}$$

式中 $I_{a1}$、$I_{a2}$——分别为两种光源的有功电流（A）；

$I_{r1}$、$I_{r2}$——分别为两种光源的无功电流（A）。

气体放电灯的功率因数往往比较低，这使得线路上的功率损失和电压损失都增加。因此，采用并联电容器进行无功功率的补偿，一般可以将并联电容器放在光源处进行个别补偿，也可放在配电箱处进行分组补偿，或放在变电所集中补偿。由于目前较多类型的灯泡尚无与之相配套的单个电容器，为便于维护，较多采用分散补偿或集中补偿。

分散个别补偿时，采用小容量的电容器，其电容 $C$ 可按下式计算：

$$C = \frac{Q_c}{2\pi f U^2 10^{-3}}(\mu\text{F}) \tag{7-8}$$

式中 $U$——电容器端子上电压（kV）；

$f$——交流电频率（Hz）；

$Q_c$——电容器的无功功率（kVar）。

$Q_c$ 的数据可按式（7-9）计算，但此时功率 $P_c$ 应为灯泡功率与镇流器功率损耗之和。当采用三相线路供电时，电容器的补偿容量可按下式计算：

$$Q_c = P_c(\tan\varphi_1 - \tan\varphi_2)\ (\text{kVar}) \tag{7-9}$$

式中 $\tan\varphi_1$——补偿前最大负荷时的功率因数角的正切值；

$\tan\varphi_2$——补偿后最大负荷时的功率因数角的正切值；

$P_c$——三相计算负荷（kW）。

## 7.3 照明线路保护

沿导线流过的电流过大时，由于导线温升过高，会对其绝缘、接头、端子或导体周围的物质造成损害。温升过高时，还可能引起着火，因此照明线路应具有过电流保护装置。过电流的原因主要是短路或过负荷（过载），因此过电流保护又分为短路保护和过载保护两种。照明线路还应装设能防止人身间接电击及电气火灾、线路损坏等事故的接地故障保护装置。间接电击是指电气设备或线路的外壳，在正常情况下它们是不带电的，在故障情况下由于绝缘损坏导致电气设备外壳带电，当人身触及时，会造成伤亡事故。

短路保护、过载保护和接地故障保护均作用于切断供电电源或发出报警信号。

1. 保护装置的选择

(1) 短路保护

线路的短路保护是在短路电流对导体和连接件产生的热作用和机械作用造成危害前切断短路电流。

所有照明配电线路均应设短路保护，通常用熔断器或低压断路器的瞬时脱扣器作短路保护。

对于持续时间不大于5s的短路，绝缘导线或电缆的热稳定应按下式校验：

$$S \geqslant \frac{I}{K}\sqrt{t} \tag{7-10}$$

式中　$S$——绝缘导线或电缆的线芯截面（$mm^2$）；

$I$——短路电流有效值（A）；

$t$——在已达允许最高工作温度的导体内短路电流作用的时间（s）；

$K$——计算系数，不同绝缘材料的$K$值见表7-5。

**不同绝缘材料的计算系数$K$值**　　**表7-5**

| 绝缘材料 | | 聚氯乙烯 | 普通橡胶 | 乙丙橡胶 | 油浸纸 |
|---|---|---|---|---|---|
| 不同线芯材料的$K$值 | 铜芯 | 115 | 131 | 143 | 107 |
| | 铝芯 | 76 | 87 | 94 | 71 |

当短路持续时间小于0.1s时，应考虑短路电流非周期分量的影响。此时按以下条件校验，导线或电缆的$K^2S^2$值应大于保护电器的焦耳积分（$I^2t$）值（由产品标准或制造厂提供）。

(2) 过载保护

照明配电线路除不可能增加负荷或因电源容量限制而不会导致过载者外，均应装过载保护。通常用断路器的长延时过流脱扣器或熔断器作过载保护。

过载保护的保护电器动作特性应满足下列条件：

$$I_B \leqslant I_n \leqslant I_z \tag{7-11}$$

$$I_2 \leqslant 1.45 I_z \tag{7-12}$$

式中　$I_B$——线路计算电流（A）；

$I_n$——熔断器熔体额定电流或断路器的长延时过流脱扣器整定电流（A）；

$I_z$——导线或电缆允许持续载流量（A）；

$I_2$——是保护电器可靠动作的电流（A）。（即保护电器约定时间内的约定熔断电流或约定动作电流）

熔断器熔体额定电流或断路器长延时过电流脱扣器整定电流$I_n$与导体允许持续载流量$I_z$之比值符合表7-6规定时，即满足式（7-11）及式（7-12）要求。

**$I_n/I_z$ 值** 表 7-6

| 保护电器类别 | $I_n$ (A) | $I_n/I_z$ | 保护电器类别 | $I_n$ (A) | $I_n/I_z$ | 保护电器类别 | $I_n$ (A) | $I_n/I_z$ |
|---|---|---|---|---|---|---|---|---|
| 熔断器 | <16 | ≤0.85① | 熔断器 | ≥16 | ≤1.0 | 断路器 | | ≤1.0① |

① 对于 $I_n$≤4A 的刀型触头和圆筒帽形熔断器，要求 $I_n/I_z$≤0.75。

（3）接地故障保护

① 接地故障及保护通用要求

接地故障是指相线对地或与地有联系的导电体之间的短路。它包括相线与大地，及 PE 线、PEN 线、配电设备和照明灯具的金属外壳、敷线管槽、建筑物金属构件、水管、暖气管以及金属屋面等之间的短路。接地故障是短路的一种，仍需要及时切断电路，以保证线路短路时的热稳定。不仅如此，若不切断电路，则会产生更大的危害性，当发生接地短路时在接地故障持续的时间内，与它有联系的配电设备（照明配电箱、插座箱等）和外露可导电部分对地和对装置外导电部分间存在故障电压，此故障电压可使人身遭受电击，也可因对地的电弧或火花引起火灾或爆炸，造成严重的生命财产损失。由于接地故障电流较小，保护方式还因接地形式和故障回路阻抗不同而异，所以接地故障保护比较复杂。

接地保护总的原则是：

A. 切断接地故障的时限，应根据系统接地形式和用电设备使用情况确定，但最长不宜超过 5s。

在正常环境下，人身触电时安全电压限值 $U_L$ 为 50V（电压限值 $U_L$ 的确定系根据国际电工委员会出版物 IEC 479—1 第 2 版《电流通过人体的效应》决定）。当接触电压不超过 50V 时，人体可长期承受此电压而不受伤害。允许切断接地故障电路的时间最大值不得超过 5s，此值亦根据 IEC 364—4—41 决定。

B. 应设置总等电位联结，将电气线路的 PE 干线或 PEN 干线与建筑物金属构件和金属管道等导电体联结。

因保护电器产品的质量、电器参数的选择和其使用过程中性能变化以及施工质量、维护管理水平等原因，单一的切断故障保护措施其动作并非完全可靠。采用接地故障保护时，还应采用等电位联结措施，以降低电气装置或建筑物内人身触电时的接触电压，提高电气安全水平。

② TN 系统的接地故障保护

TN 电力系统有一点直接接地，电气设备的外露可导电部分用保护线与该点联结。根据中性线（N）与保护线（PE）的组合情况，TN 系统有三种类型 TN-S、TN-C-S、TN-C（图 7-2）。但不管哪一种类型，其接地故障保护应满足下式：

$$Z_s \cdot I_a \leqslant U_0 \quad (7\text{-}13)$$

式中 $Z_s$——接地故障回路阻抗（Ω）；

$I_a$——保证保护电器在规定时间内自动切断故障回路的电流值（A）；

$U_0$——相线对地标称电压（V）。

切断故障回路的规定时间：对于配电干线和供给固定式灯具及电器的线路不大于 5s；

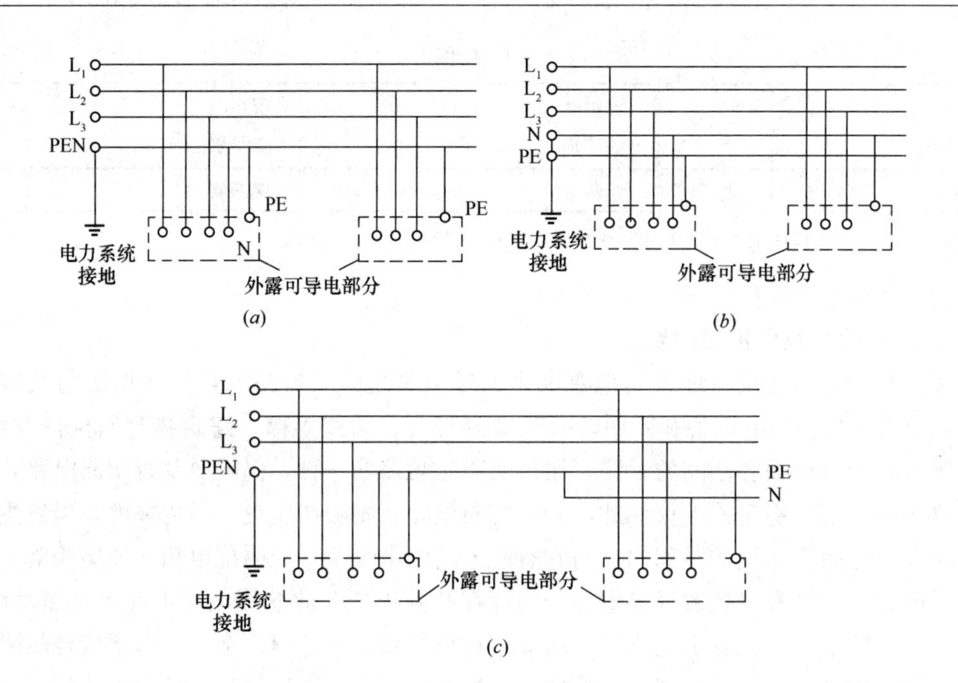


图 7-2　TN 系统图

(*a*) TN-C 系统；(*b*) TN-S 系统；(*c*) TN-C-S 系统

对于供给手提灯、移动式灯具的线路和插座回路不大于 0.4s。

用熔断器保护时，接地故障回路电流 $I_d$ 与熔断器熔体额定电流 $I_n$ 的比值应不小于表 7-7 的数值，即可满足式（7-13）及切断故障回路的时间要求。

**TN 系统用熔断器作线路接地保护的最小 $I_d/I_n$ 值**　　　　**表 7-7**

| 切断时间（s） \ 熔体额定电流（A） | 4～10 | 16～32 | 40～63 | 80～200 | 250～500 |
|---|---|---|---|---|---|
| 5 | 4.5 | 5 | 5 | 6 | 7 |
| 0.4 | 8 | 9 | 10 | 11 | — |

③ TT 系统的接地故障保护

TT 电力系统有一个直接接地点，将电气设备的外露可导电部分接至电气上与电力系统的接地点无关的接地极，如图 7-3 所示。

TT 系统接地故障保护要求应符合下式：

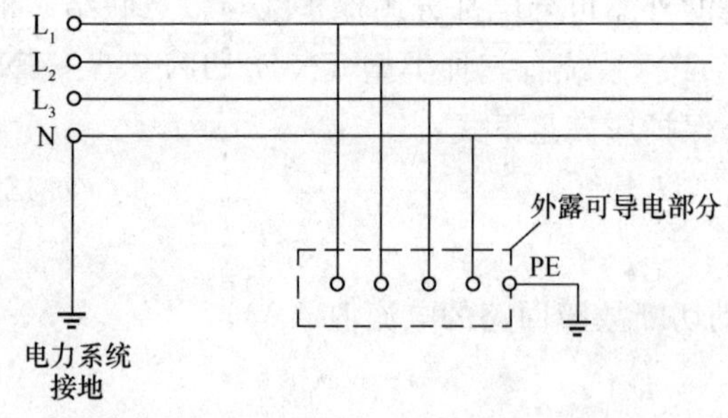


图 7-3　TT 系统图

$$R_A I_a \leqslant 50V \qquad (7\text{-}14)$$

式中　$R_A$——外露导电体的接地电阻和 PE 线电阻（Ω）；

$I_a$——保证保护电路切断故障回路的动作电流（A）。

$I_a$ 值的具体要求如下：

当采用熔断器或断路器长延时过流脱扣器时，$I_a$ 为在 5s 内切断故障回路的动作电流；

当采用断路器瞬时过流脱扣器时，$I_a$ 为保证瞬时动作的最小电流；

当采用漏电保护时，$I_a$ 为漏电保护器的额定动作电流。

④ 当用瞬时（或短延时）动作的断路器保护时，动作电流应取瞬时（或短延时）过流脱扣器整定电流的1.3倍。

2. 保护电器的选择

保护电器包括熔断器和断路器两类，其选择的一般原则如下：

（1）按正常工作条件

① 电器的额定电压不应低于网络的标称电压；额定频率应符合网络要求。

② 电器的额定电流不应小于该回路计算电流，即

$$I_n \geqslant I_B \tag{7-15}$$

（2）按使用场所环境条件

根据使用场所的温度、湿度、灰尘、冲击、振动、海拔高度、腐蚀性介质、火灾与爆炸危险介质等条件选择电器相应的外壳防护等级。

（3）按短路工作条件

① 保护电器是切断短路电流的电器，其分断能力不应小于该电路最大的预期短路电流。

② 保护电器额定电流或整定电流应满足切断故障电路灵敏度要求，即符合本节“保护装置选择”条款。

（4）按启动电流选择

考虑光源启动电流的影响，照明线路，特别是分支回路的保护电器，应按下列各式确定其额定电流或整定电流。

对熔断器
$$I_n \geqslant K_m I_B \tag{7-16}$$

对短路器
$$I_n \geqslant K_{k1} I_B \tag{7-17}$$

$$I_{n3} \geqslant K_{k3} I_B \tag{7-18}$$

式中 $I_{n3}$——断路器瞬时过流脱扣器整定电流（A）；

$K_m$——选择熔体的计算系数；

$K_{k1}$——选择断路器长延时过流脱扣器整定电流的计算系数；

$K_{k3}$——选择断路器瞬时过流脱扣器整定电流的计算系数。

其余符号含义同上。

$K_m$、$K_{k1}$、$K_{k3}$取决于光源启动性能和保护电器特性，其数值见表7-8。

**不同光源的照明线路保护电器选择的计算系数** **表7-8**

| 保护电器类型 | 计算系数 | 白炽灯卤钨灯 | 荧光灯 | 荧光高压汞灯 | 高压钠灯 | 金属卤化物灯 |
|---|---|---|---|---|---|---|
| 螺旋式熔断器 | $K_m$ | 1 | 1 | 1.3～1.7 | 1.5 | 1.5 |
| 插入式熔断器 | $K_m$ | 1 | 1 | 1～1.5 | 1.1 | 1.1 |
| 断路器的长延时过流脱扣器 | $K_{k1}$ | 1 | 1 | 1.1 | 1 | 1 |
| 断路器的瞬时过流脱扣器 | $K_{k3}$ | 6 | 6 | 6 | 6 | 6 |

注：荧光高压汞灯的计算系数：400W及以上的取上限值，175～250W取中间值，125W以下时取下限值。

（5）各级保护的配合

为了使故障限制在一定的范围内，各级保护装置之间必须能够配合，使保护电器动作具有选择性。配合的措施如下：

① 熔断器与熔断器间的配合

为了保证熔断器动作的选择性，一般要求上一级熔断电流比下一级熔断电流大2～3级。

② 自动开关与自动开关之间的配合

要求上一级自动开关脱扣器的额定电流一定要大于下一级自动开关脱扣器的额定电流；上一级自动开关脱扣器瞬时动作的整定电流一定要大于下一级自动开关脱扣器瞬时动作的整定电流。

③ 熔断器与自动开关之间的配合

当上一级自动开关与下一级熔断器配合时，熔断器的熔断时间一定要小于自动开关脱扣器动作所要求的时间；当下一级自动开关与上一级熔断器配合时，自动开关脱扣器动作时间一定要小于熔断器的最小熔断时间。

（6）保护装置与导线允许载流量的配合

为在短路时保护装置能对导线和电缆起保护作用，两者之间要有适当的配合，将在本章第5节中阐述。

3. 保护装置的装设位置

保护电器（熔断器和自动空气断路器）是装在照明配电箱或配电屏内的。箱或屏装设在操作维护方便、不易受机械损伤、不靠近可燃物的地方，并避免保护电器运行时意外损坏对周围人员造成伤害，如大楼各层的配电间内等。

保护电器装设在被保护线路与电源线路的连接处，但为了操作与维护方便可设置在离开连接点的地方，并应符合下列规定：

（1）线路长度不超过3m；

（2）采取将短路危险减至最小的措施；

（3）不靠近可燃物。

当将从高处的干线向下引接分支线路的保护电器装设在连接点的线路长度大于3m的地方时，应满足下列要求：

（1）在分支线装设保护电器前的那一段线路发生短路或接地故障时，离短路点最近的上一级保护电器应能保证符合规定的要求动作；

（2）该段分支线应敷设于不燃或难燃材料的管或槽内。在TT或TN-S系统中，当N线的截面与相线相同，或虽小于相线但已能为相线上的保护电器所保护时，N线上可不装设保护；当N线不能被相线保护电器所保护时，应另在N线上装设保护电器，将相应相线电路断开，但不必断开N线。

在TT或TN-S系统中，N线上不宜装设电器将N线断开，当需要断开N线时，应装设相线和N线一起切断的保护电器。当装设漏电电流动作的保护电器时，应能将其所保护的回路所有带电导线断开。在TN系统中，当能可靠地保持N线为地电位时，N线可不需断开。在TN-C系统中，严禁断开PEN线，不得装设断开PEN线的任何电器。当需要在PEN线装设电器时，只能相应断开相线回路。

## 7.4 导线、电缆选择与敷设

1. 电线、电缆形式的选择

导线形式的选择主要考虑环境条件、运行电压、敷设方法和经济、可靠性方面的要求。经济因素除考虑价格外，应当注意节约较短缺的材料，例如优先采用铝芯导线，以节约用铜；尽量采用塑料绝缘电线，以节省橡胶等。

（1）照明线路用的电线形式

① BLV，BV：塑料绝缘铝芯、铜芯电线。

② BLVV，BVV：塑料绝缘塑料护套铝芯、铜芯电线（单芯及多芯）。

③ BLXF，BXF，BLXY，BXL：橡皮绝缘、氯丁橡胶护套或聚乙烯护套铝芯、铜芯电线。

（2）照明线路用的电缆

① VLV，VV：聚氯乙烯绝缘、聚氯乙烯护套铝芯、铜芯电力电缆，又称全塑电缆。

② YJLV，YJV：交联聚乙烯绝缘、聚乙烯绝缘护套铝芯、铜芯电力电缆。

③ XLV，XV：橡皮绝缘聚氯乙烯护套铝芯、铜芯电缆。

④ ZLQ，ZQ：油浸纸绝缘铅包铝芯、铜芯电力电缆。

⑤ ZLL，ZL：油浸纸绝缘铅包铝芯、铜芯电力电缆。

电缆型号后面还有下标，表示其铠装层的情况，例如$VV_{20}$表示聚氯乙烯绝缘聚氯乙烯护套内钢带铠装电力电缆。当该电缆埋在地下时，能承受机械外力作用，但不能承受大的拉力。

在选择导线、电缆时一般采用铝芯线，但在有爆炸危险的场所、有急剧振动的场所及移动式灯具的供电应采用铜芯导线。

2. 导线截面的选择

导线截面一般根据下列条件选择：

（1）按载流量选择

即按导线的允许温升选择。在最大允许连续负荷电流通过的情况下，导线发热不超过线芯所允许的温度，导线不会因过热而引起绝缘损坏或加速老化。选用时导线的允许载流量必须大于或等于线路中的计算电流值。

导线的允许载流量是通过实验得到的数据。不同规格的电线（绝缘导线及裸导线）、电缆的载流量和不同环境温度、不同敷设方式、不同负荷特性的校正系数等可查阅设计手册。

（2）按电压损失选择

导线上的电压损失应低于最大允许值，以保证供电质量。

按第二节所述的灯具端电压的电压偏移允许值和第三节所述的线路电压损失计算公式进行。

（3）按机械强度要求

在正常工作状态下，导线应有足够的机械强度以防断线，保证安全可靠运行。

导线按机械强度要求的最小截面列于表 7-9。

**按机械强度导线允许的最小截面**　单位：$mm^2$　**表 7-9**

<table>
<tr><th colspan="3" rowspan="2">用　途</th><th colspan="3">导线最小允许截面</th></tr>
<tr><th>铝</th><th>铜</th><th>铜芯软线</th></tr>
<tr><td colspan="3">裸导线敷设于绝缘子上（低压架空线路）</td><td>16</td><td>10</td><td></td></tr>
<tr><td rowspan="5">绝缘导线敷设于绝缘子上，支点距离 $L$（m）</td><td colspan="2">室内 $L\leqslant 2$</td><td>2.5</td><td>1.0</td><td></td></tr>
<tr><td rowspan="4">室外</td><td>$L\leqslant 2$</td><td>2.5</td><td>1.5</td><td></td></tr>
<tr><td>$2<L\leqslant 6$</td><td>4</td><td>2.5</td><td></td></tr>
<tr><td>$6<L\leqslant 15$</td><td>6</td><td>4</td><td></td></tr>
<tr><td>$15<L\leqslant 25$</td><td>10</td><td>6</td><td></td></tr>
<tr><td colspan="3">固定敷设护套线，轧头直敷</td><td>2.5</td><td>1.0</td><td></td></tr>
<tr><td colspan="2">移动式用电设备用导线</td><td>生产用<br>生活用</td><td></td><td></td><td>1.0<br>0.2</td></tr>
<tr><td rowspan="3">照明灯头引下线</td><td rowspan="2">工业建筑</td><td>屋内</td><td>2.5</td><td>0.8</td><td>0.5</td></tr>
<tr><td>屋外</td><td>2.5</td><td>1.0</td><td>1.0</td></tr>
<tr><td colspan="2">民用建筑、室内</td><td>1.5</td><td>0.5</td><td>0.4</td></tr>
<tr><td colspan="3">绝缘导线穿管</td><td>2.5</td><td>1.0</td><td>1.0</td></tr>
<tr><td colspan="3">绝缘导线槽板敷设</td><td>2.5</td><td>1.0</td><td></td></tr>
<tr><td colspan="3">绝缘导线线槽敷设</td><td>2.5</td><td>1.0</td><td></td></tr>
</table>

（4）与线路保护设备相配合选择

为了在线路短路时，保护设备能对导线起保护作用，两者之间要有适当的配合。

（5）热稳定校验

由于电缆结构紧凑、散热条件差，为使其在短路电流通过时不至于由于导线温升超过允许值而损坏，还须校验其热稳定性。

选择的导线、电缆截面必须同时满足上述各项要求，通常可先按允许载流量选择，然后再按其他条件校验，若不能满足要求，则应加大截面。

中性线（N）截面可按下列条件决定：

① 在单相及二相线路中，中性线截面应与相线截面相同。

② 在三相四线制供电系统中，中性线（N 线）的允许载流量不应小于线路中最大不平衡电流，且应计入谐波电流的影响。如果全部或大部分为气体放电灯，中性线截面不应小于相线截面。在选用带中性线的四芯电缆时，应使中性线截面满足载流量要求。

③ 照明分支线及截面为 $4mm^2$ 及以下的干线，中性线应与相线截面相同。

3. 绝缘导线、电缆敷设

通常对导线形式和敷设方式的选择是一起考虑的。导线敷设方式的选择主要考虑安全、经济和适当的美观，并取决于环境条件。

在屋内，导线的敷设方式最常见的方式为明敷、穿管和暗敷三种。

(1) 绝缘导线、电缆明敷

明敷方式是除导线本身的结构外，导线的外表无附加保护。明敷有几种方法：

① 导线架设于绝缘支柱（绝缘子、瓷珠或线夹）上，如图 7-4(*a*)、(*b*)；

② 导线直接沿墙、天棚等建筑物结构敷设（用卡钉固定，仅限于有护套的电线或电缆，如 BLVV 型电线），称为直敷布线或线卡布线，如图 7-4(*c*)。

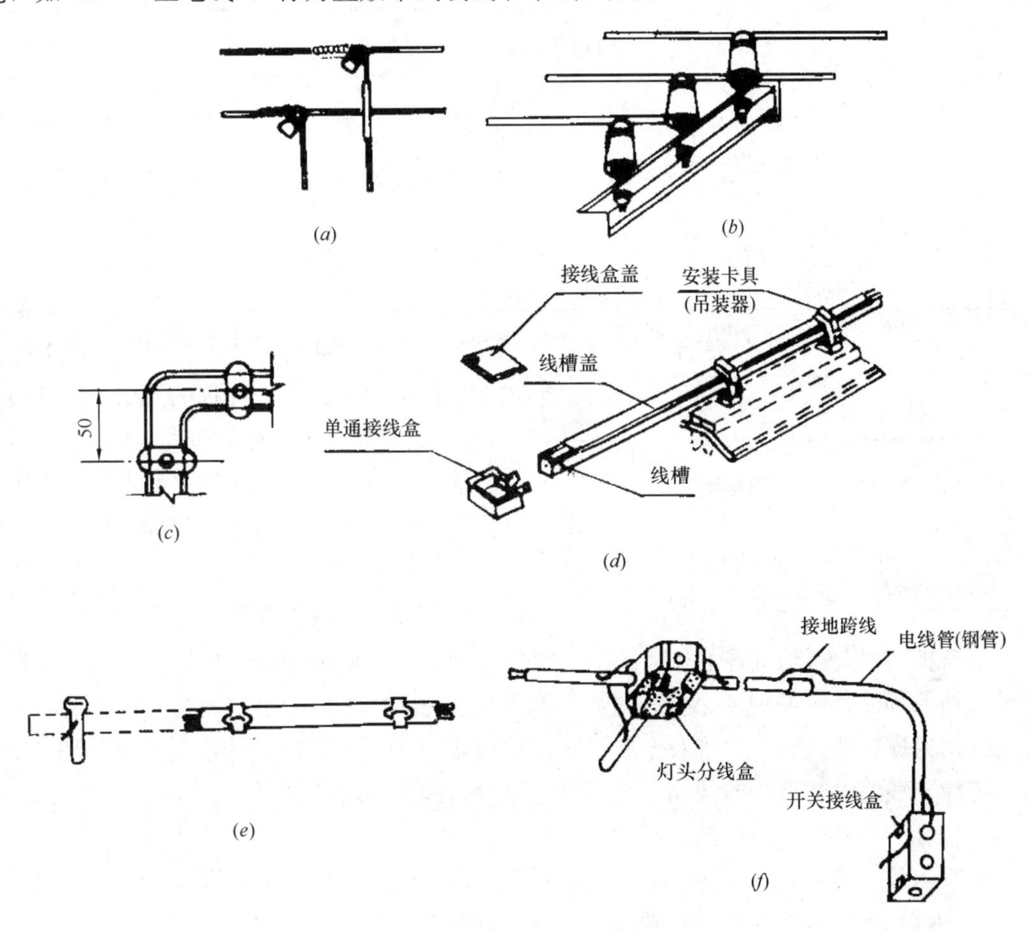


图 7-4 照明线路的各种敷设方式示意图

(*a*) 瓷珠布线；(*b*) 瓷瓶布线；(*c*) 瓷夹布线；(*d*) 线槽布线；(*e*) 铅卡许布线；(*f*) 电线管敷设

绝缘导线支持物的选择如下：

① 单股导线截面在 $4mm^2$ 及以下者，可采用瓷夹、塑料夹固定；

② 导线截面在 $10mm^2$ 及以下者，可采用鼓形绝缘子固定；

③ 多股导线截面在 $16mm^2$ 及以上者，宜采用针式绝缘子或蝶式绝缘子固定。

绝缘导线在户内水平敷设时，离地面高度不小于 2.5m。垂直敷设时为 1.8m。在户外水平及垂直敷设时均不小于 2.7m。户内外布线时，绝缘导线之间的最小距离如表 7-10 所示（不包括户外杆塔及地下电缆线路）。绝缘导线室内固定点之间的最大间距，视导线敷设方式和截面大小而定，一般按表 7-11 决定。绝缘导线至建筑物的最小间距如表 7-12 所示。

**绝缘线间的最小距离** **表 7-10**

| 固定点间距（m） | 导线最小间距（m） | | 固定点间距（m） | 导线最小间距（m） | |
|---|---|---|---|---|---|
| | 屋内布线 | 屋外布线 | | 屋内布线 | 屋外布线 |
| 1.5及以下 | 35 | 100 | 3.1～6 | 70 | 100 |
| 1.6～3 | 50 | 100 | 大于6 | 100 | 150 |

**绝缘导线的最大固定间距** **表 7-11**

| 敷设方式 | 导线截面（$mm^2$） | 最大间距（mm） |
|---|---|---|
| 瓷（塑料）夹布线 | 1～4<br>6～10 | 600<br>800 |
| 鼓形（针式）绝缘子布线 | 1～4<br>6～10<br>10～25 | 1500<br>2000<br>3000 |
| 直敷布线 | ≤6 | 200 |

**绝缘导线至建筑物的最小间距** **表 7-12**

| 布线方式 | 最小间距（mm） |
|---|---|
| 水平敷设的垂直间距 | |
| 在阳台上、平台上和跨越建筑物屋顶 | 2500 |
| 在窗户上 | 300 |
| 在窗户下 | 800 |
| 垂直敷设时至阳台、窗户的水平间距 | 600 |
| 导线至墙壁和构架的间距（挑檐下除外） | 35 |

塑料护套线用线卡布线时，注意其弯曲半径应不小于该导线外径的3倍。线路应紧贴建筑物表面，导线应平直，不应有松弛、扭绞和曲折的现象。在线路终端、转弯中点两侧，以及距电气器件（如接线盒）边缘50～100mm处，均应有线卡固定。塑料护套线的连接处应加接线盒。

塑料护套线与接地导体及不发热的管道紧贴交叉时，应加绝缘管保护。若敷设在易受机械损伤的场所，应加钢管保护。与热力管道交叉时，应采取隔热措施。

采用铅皮护套线时，外皮及金属接线盒均应接地。

绝缘导线经过建筑物的伸缩缝及沉降缝处时，应在跨越处的两侧将导线固定，并应留有适当余量。穿楼板时应用钢管保护。

电缆明敷一般可利用支架、抱箍或塑料带沿墙、沿梁水平和垂直固定敷设，或用钩子沿墙(沿钢索)水平悬挂。室内明敷时，不应有黄麻或其他可延燃的外被层，距地面的距离与绝缘导线明敷的要求相同，否则应有防机械损伤的措施。为不使电缆损坏，电缆敷设时最小弯曲半径如下：塑料、橡皮电缆(单芯及多芯)$10D$(交联聚乙烯电缆为$15D$)；油浸纸绝缘电缆(多芯)$15(D+d)$，$D$为电缆护套外径，$d$为电缆导体外径。

（2）绝缘导线及电缆穿管敷设

绝缘导线或电缆穿管后敷设于墙壁、顶棚的表面及桁架、支架等处，我们统称为穿管明敷。

明敷于潮湿环境或直接埋于素土内的管线，应采用焊接钢管（又称普通黑钢管，简称钢管）。明敷于干燥环境的管线，可采用管壁厚度不小于1.5mm的电线钢管（又称薄黑钢管，简称电线管）。有酸碱盐腐蚀的环境，应采用硬聚氯乙烯管（简称塑料管）。爆炸危险环境应采用镀锌钢管。

管子的弯曲半径应不小于钢管外径的4倍。当管路超过30m时应加装一个接线盒；

当两个接线盒之间有一个弯时，20m 内装一个接线盒；两个弯时，15m 内装一个接线盒；三个弯则为 8m；弯曲的角度一般为 90～105°，每两个 120～150°的弯相当于一个 90～105°的弯，长度超过上述要求时，应加装接线盒或放大一级管径。明敷管线固定点间的最大间距见表 7-13。

**明敷管线固定点最大间距**（m）　　**表 7-13**

| 管类 | 标称管径（mm） | | | | |
|---|---|---|---|---|---|
| | 15～20 | 25～32 | 40 | 50 | 63～100 |
| 水煤气钢管 | 1.5 | 2 | 2 | 2.5 | 3.5 |
| 电线管 | 1 | 1.5 | 2 | 2 | |
| 塑料管 | 1 | 1.5 | 1.5 | 2 | 2 |

不同电压、不同回路、不同电流种类的供电线路，或非同一控制对象的线路，不得穿于同一管子内；互为备用的线路也不得共管。但电压为 50V 及以下的回路、同一设备的电力线路和无抗干扰要求的控制线路、照明花灯的所有回路以及同类照明的几个回路、无防干扰要求的各种用电设备的信号回路、测量回路、控制回路等可穿同一根管。但管内绝缘导线不得多于 8 根。

穿管敷设的绝缘导线绝缘电压等级不应小于交流 500V，穿管导线的总截面积（包括外护套）不应大于管内净面积的 40%。

管线通过建筑物的伸缩沉降缝时，需按不同的伸缩沉降方式装设相适应的伸缩装置。

(3) 绝缘导线及电缆暗敷

绝缘导线及电缆穿管敷设于墙壁、顶棚、地坪及楼板等处的内部，或在混凝土板孔内敷线称为暗敷。暗敷线缆可以保持建筑内表面整齐美观、方便施工、节约线材。当建筑采用现场混凝土捣制方式时，电气安装工应及时配合，将管子及接线盒等预先埋设在有关的构件中。暗管一般敷设在捣制的地坪、楼板、柱子、过梁等表层下或预制楼板以及板缝中和砖墙内，然后抹灰加粉刷层加以遮蔽，或外加装饰性材料予以隐蔽。在管子出现交叉的情况下，还应适当加厚粉刷层，厚度应大于两管外径之和，且要有裕度。暗敷管线可以用电线管、钢管、硬质塑料管或半硬塑料管，塑料管都要采用难燃型材料（氧指数 27 以上）。

绝缘导线或电缆进出建筑物、穿越建筑或设备基础、进出地沟和穿越楼板，也必须通过预埋的钢管。导线敷设于吊平顶或天棚内也必须穿管，防止因绝缘遭到鼠害等破坏而导致火灾等事故。电缆可敷设于地沟中，但要防止电缆沟积水，一般采用有护套的电缆，不需穿管。

暗敷的管子可采用金属管或硬塑料管。穿管暗敷时应沿最近的路径敷设，并应尽量减少弯曲，其弯曲半径应不小于管外径的 10 倍。

槽板（塑料槽板、木槽板）布线，只适用于干燥的户内，目前已很少采用。

易爆、易燃、易遭腐蚀的场所布线还应根据其环境特点处理好管子的连接、接线盒、电缆中间接线盒、分支盒等以防火花引起爆炸，以及故障时导线或电缆护层的延燃或遭受腐蚀等。应符合有关规程（规范）的规定。

## 7.5　照明装置的电气安全

1. 安全电流和电压

触电又称电击，它导致心室纤颤而使人死亡，试验表明：流过人体的电流在30mA及以下时不会产生心室纤颤，不致死亡。大量测试数据又表明：在正常环境下，人体的平均总阻抗在1000Ω以上，在潮湿环境中，则在1000Ω以下。根据这个平均数，IEC（国际电工委员会）规定了长期保持接触的电压最大值（称为通用接触电压极限值$U_L$）：对于15～100Hz交流在正常环境下为50V，在潮湿环境下为25V，对于脉动值不超过10%的直流，则相应为120V及60V。我国规定的安全电压标准为：42V、36V、24V、12V、6V。

2. 电击保护（防触电保护）

防止与正常带电体接触而遭电击的保护称为直接接触保护（正常工作时的电击保护），其主要措施是设置使人体不能与带电部分接触的绝缘、必须的遮拦等或采用安全电压。预防与正常时不带电而异常时带电的金属结构（如灯具外壳）的接触而采取的保护，称为间接接触保护（故障情况下的电击保护），其主要方法是将电源自动切断，或采用双重绝缘的电气产品，或使人不致于触及不同电压的两点，或采用等电位联结等。照明系统正常工作时和故障情况下的电击保护采取下列方式：

（1）采用安全电压

如手提灯及电缆隧道中的照明等都采用36V安全电压。但此时电源变压器（220/36V）的一二次绕组间必须有接地屏蔽层或采用双重绝缘；二次回路中的带电部分必须与其他电压回路的导体、大地等隔离。

（2）保护接地

我国低压网络多采用TN或TT接地形式（见图7-2、图7-3）。系统中性点直接接地，但设备发生故障时（绝缘损坏）能形成较大的短路电流，从而使线路保护装置很快动作，切断电源。

（3）采用残余电流保护装置（RCD）（漏电保护）

通过保护装置主回路各极电流的矢量和称为残余电流。正常工作时，残余电流值为零；但人接触到带电体或所保护的线路及设备绝缘损坏时，呈现残余电流。对于直接接触保护，采用30mA及以下的数值作为残余电流保护装置的动作电流；对于间接接触保护，则采用通用接触电压极限值$U_L$（50V）除以接地电阻所得的商，作为该装置的动作电流。

在TN及TT系统中，当过电流保护不能满足切断电源的要求时（灵敏度不够），可采用残余电流保护。

3. 照明装置及线路应采取的措施

（1）照明装置及线路的外露可导电部分，必须与保护地线（PE线）或保护中性线（PEN线）实行电气联结。

（2）在TN-C系统中，灯具的外壳应以单独的保护线（PE线）与保护中性线（PEN线）相连。不允许将灯具的外壳与支接的工作中性线（N线）相连。

（3）采用硬质塑料管或难燃塑料管的照明线路，要敷专用保护线（PE线）。

（4）爆炸危险场所1区、10区的照明装置，须敷设专用保护接地线（PE线）。

采用单芯导线作保护中性线（PEN线）干线，当选用铜导线时，其截面不应小于$10mm^2$，选用铝导线时，不应小于$16mm^2$，采用多芯电缆的芯线作PEN线干线，其截面不应小于$4mm^2$。

当保护线（PE线）所用材质与相线相同时，PE线最小截面应符合以下要求（按热稳定校验）：相线截面不大于$16mm^2$时，PE线与相线截面相同；当相线截面大于$16mm^2$且不大于$35mm^2$时，PE线为$16mm^2$；相线截面大于$35mm^2$时，PE线为相线截面的一半。

PE线采用单芯绝缘导线时，按机械强度要求，其截面不应小于下列数值：有机械保护时为$2.5mm^2$，无机械保护时为$4mm^2$。

在TN-C系统中，PEN线严禁接入开关设备。

**示范题**

**1. 单选题**

（1）考虑到使用与维修方便，一般每一路单相回路电流不超过多少？（　　）

A. 10A　　B. 15A　　C. 30A　　D. 20A

答案：B

（2）一三相的照明线路设总负荷为10kW，额定电压为220V，功率因数为0.8，计算电流为多少？（　　）

A. 97.3A　　B. 220A　　C. 32.8A　　D. 58A

答案：C

**2. 多选题**

在保证正常压损情况下，某线路允许最大电流25A，下面有哪些灯组接入线路后电流会超过允许值？（　　）

A. 50盏100W白炽灯　　B. 20盏500W和20盏60W白炽灯

C. 60盏100W白炽灯　　D. 功率因数为0.4的5盏400W钠灯

E. 功率因数为0.7的25盏35W荧光灯

答案：B、C

**3. 判断题**

（1）导线敷设方式的选择主要考虑安全、经济和适当美观，并取决环境条件。（　　）

答案：对

（2）在TN-C系统中，灯具的外壳不得以单独的保护线（PE线）与保护中性线（PEN线）相连。（　　）

答案：错

# 第 8 章　城市步行空间照明

城市步行空间的照明主要是指商业街、城市广场、滨江地带、居住区的步行道照明。此外，人行天桥及地下通道的照明、踏步与坡道的照明设计也属此范畴。这类空间的特点是人们总在不停地移动，为了保证夜间人们通行及活动的安全，并给人以亲切和轻松感，至少应该提供基本的照明。此外，在夜间步行空间的结构要易于识别，所以照明应提高环境的可识别性。对于城市步行空间，应该将照明这一元素融合到城市环境的整体设计中，发挥综合景观效应。

## 8.1　步行道的分类与照明要点

光照水平、光源与灯具类型、光照图式与步行空间类型的关系密切，因此将步行道进行分类很有必要。

1. 小径、游路

用于人们散步和景观视看的小路，如城市绿地或公园中的路径。路面很窄，一般采用卵石或其他石材铺装。照明的级别最低，强调符合安全照明的标准，营造幽静的光环境。

2. 步道、通道

路面比小径要宽，主要是指通向建筑物入口或区域内的主要道路如各专用步道和通道。由于是过渡性质的人行步道，照度应控制在适当的水平。灯具的选型，既要考虑建筑，又要考虑与之连接的道路灯具之间的协调。

3. 人行道

与城市干道配合专门设置的中宽人行步道，路面的铺装简洁，在道路交叉口处铺装的形式和材料常常会加以变化，另外还有专门铺设的盲道。这类步行空间的照明设计应该为行人提供足够的照明，保证安全。特别是步车混合型的人行道，路面的光照应与机动车道加以协调，同时宜在道路交叉口处设置安全警示照明（图 8-1）。

图 8-1　人行步道的位置

4. 居住区道路

主要是指城市住宅区内供行人和非机动车通行的道路和步道。照明的目的主要是确保行人安全步行、识别彼此面部、能正确确定方位和防止犯罪活动。

5. 滨水步道

指位于水体旁的步行道路。这类步行道的照明除了考虑以上步行道所涉及的要求之外，应特别考虑水面倒影的设计。

6. 专用步行空间——商业街、城市广场

为了排除机动车及非机动车的干扰，在城市中设置专供行人休闲步行消费的空间，如城市的商业街。步行街的形态可以是没有顶盖的开放型，也可以是有顶盖的封闭型。另外，结合城市地下空间而设置的复合式商业空间，均属此类。城市广场是专门用于城市居民休闲步行的空间，同时又具有集会的功能。这类专用步行空间的照明不仅要提供安全可靠的照明，还要满足视觉舒适的要求。

7. 高架步行空间

高架步行空间主要有以下三种类型：①人与车采取垂直的立体分离的独立式高架步行空间；②跨越通道的高架通行栈桥；③架于两幢建筑物之间的过街楼，即空中走廊。高架步行空间的照明特别强调桥面照度的均匀，避免眩光，保证行人通过时的安全。

8. 人行地下通道

人行地下通道是与城市道路垂直分离而设置的独立的地下街道，专供行人跨越汽车通道的人行地道。照明的设计应该注意视觉适应的问题，如明适应和暗适应。另外，在地下通道的出入口处，应着重加强安全性照明和引导性照明。

照明设计师应将光照水平、光源与灯具选型、光照图式与步行道路的类型相结合。步行道的功能与机动车道相比具有非正式或休闲的功能特质和布置方式，因此照明的风格也应该符合这种特性。除了中杆步道灯之外，易于布置小尺度的低位光照灯具，如小于人体尺度的灯具。在道路照明中，我们特别强调路面照度的均匀性，但是步行空间的道路可以不必太追求这种均匀度。城市中机动车道旁的人行道要求均匀的光照，照明器应该安装在高于人体高度的立杆上，其光照具有很好的均匀度。这种杆式照明可以纯粹是功能性的，也可以是兼顾景观装饰性的。专用步行空间的照明需要较高的照度水平和较均匀的光照，灯具的选型应具有独特性和标志性，成为整个环境中的视觉元素。

## 8.2　步行空间的照明要求与照明方式

不同的步行空间，人们的视觉与行为方式也不相同。分析使用者的特点，选择合适的照明方式，以满足夜间使用的要求。

1. 基本照明要求

（1）安全性照明

不论是步行空间的水平面还是垂直面，都应保持一定的光照。因为在这个环境中，人们的步行是随意的，任何方向和地段都有可能到达。照明设计首先考虑的是如何给行人足够的安全感，特别是不能以设计师个人的偏好或主观臆断布置灯具。

一般来说，凡是人流量大的地段或聚众的场所，必须提供充足的光照，如游路和广场。如果地面照度不够，会引起行人的担心或发生意外。在步行道中的踏步和坡道以及喷泉和小溪的边缘，照明主要是起安全作用。尽管没有必要将所有的区域照亮，但是绝对要避免漆黑的路面。充分的光照使得行人对其周围环境的认知变得较为容易。

上面谈到的是水平面上的照明，其实这类空间的垂直光照也很重要。将光投向树木、建筑物的墙面，行人的三维知觉会加强。人们不仅能看清地面，同时对周围的垂直界面也有很好的视觉认知，空间良好的认知感对安全感的提高极为有利。

庭院灯下照光、台阶下照光、台阶地脚光和植栽垂直照明都是常用的安全性照明方式（图 8-2）。

图 8-2　安全性照明

（2）舒适性照明

步行空间中行人的行为无非两种：穿行浏览和顿足停留。对于后者，我们应该营造宁静的氛围，人们在此静坐、聊天，环境的要素除了路面之外，座椅、绿化、喷泉都是照明表现的对象。不同的照明方式从整体上应带给游人视觉的舒适感。在这里，灯具的位置非常重要。投射在地面上的光，柔和舒适且没有眩光。引导性的光照将人们的视线引向视觉的焦点：如喷泉或远处尽端的其他物体。白天，步行的环境均是可见的；夜晚，人工照明发挥了二次设计的潜力，将光照集中在人们逗留的地方，同时将重点照明集中于一系列视觉中心。低色温的暖色调光线特别适合于营造这类休闲舒适的环境。

低于人们视线高度的光照最易创造出宜人亲和的气氛，人们的交谈变得更加惬意。步行空间中私密的场所也可采用这种照明方式。居住区中的休闲小广场，使用暖色调的光线可以创造出友好的氛围。滨水步道采用低于人体高度的灯具，可以形成祥和的亲水氛围。

2. 照明方式

过去，我们总是将步行空间的照明重点集中在照亮路面，保证安全。然而，现今越来越多的人要求舒适的光照环境。为了满足这种要求，不能总是局限于照明的亮和暗问题，或者是光的物理特性，而是应该依据不同的步行空间性格，营造不同的光照气氛。

（1）下照光（图 8-3）

下照光可以营造一种宁静的氛围。灯具安装在灯杆上，出光口的位置一般高于人体高度，地面可以获得有效的均匀照明。也可以采用草坪灯一类的低位照明，出光口的位置低于人的高度，光照范围减少很多，明暗分界线很清晰，空间中形成一定的光照韵律。再者

图 8-3　下照光

1—高位照明；2—低位照明；3—地脚照明

就是地脚灯的使用，压低的光照完全在地面上。

（2）集中区域照明（图 8-4）

为了强调空间的功能性，特别将局部一个步行区域集中照亮，如广场或某个步行节点。这种光照方式主要是光照面积较大，照度水平较高，对于人流相对集中的场合较为适宜。

（3）漫射光照明（图 8-5）

庭院灯向空中各个方向发射光线，可以在步行空间形成欢愉的气氛。但是，这种光照图式的最大问题是要将灯具的表面亮度保持在一定范围内，否则容易造成不舒适眩光。当设计的光强令人不满时，会产生不良的感觉，没有人会愿意接近这类视觉不舒适的空间。

（4）来自路边树木的照明（图 8-6）

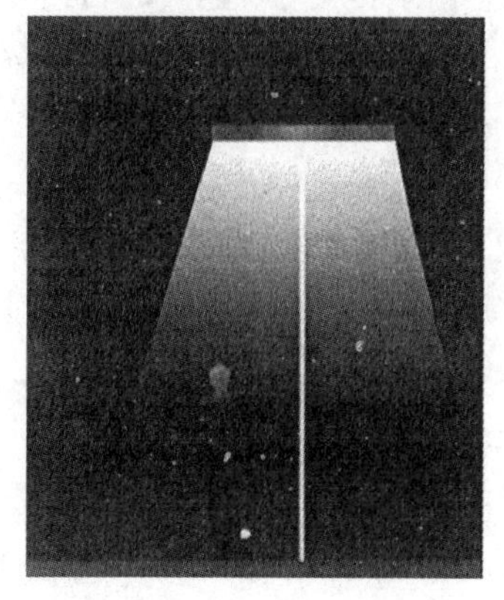

图 8-4　集中区域照明

图 8-5　漫射光照明

图 8-6　路边绿化照明

路边树木的照明在整个步行空间里创造出极为戏剧化的光照环境，可以丰富街道的垂直界面，并增加路面和空间的光照。但要注意整夜的光照对树木的生长是不利的。

（5）来自建筑物外墙面的光照（图 8-7）

靠近建筑物的路面，借助于建筑物上安装的照明灯具可以得到光照的补充。这种情况类似于城市中的商业街，道路两旁的建筑物外立面照明对步行道的照明贡献不小。另外，

图 8-7 来自建造物外墙面的光照

1—天花的反射光线；2—墙面的反射光线；3—地面的反射光线；4—墙面壁灯的直接光照

城市商务中心的大楼外观照明，使得附近整个步道系统的照明水平有所提高。来自于建筑物的光线大多属于间接光照，如经过雨篷檐口反射的光线和投向墙面反射的光线，可以将附近的路面照度提高。同时，嵌入在建筑物下部的低位照明和安装在墙面上的壁灯，也可以直接对附近的步道进行照明。

## 8.3 步行空间照明评价指标

步行空间的照明更为强调人性化设计，因此评价的指标与纯粹功能性空间的评价指标有一些区别。

1. 半柱面照度要求

在以行人为主的步行空间中，夜间能够在一定距离内识别附近的其他人是最主要的照明设计要求。为了提供必要的安全感，要使行人能在足够的时间内充分判断他人的行为动机：友好、冷漠或带有攻击性，并做出适当的反应。据研究，对敌意做出防范的最小距离是4m，在人面部处提供较高的垂直照度可以满足可见度要求。但是不指明方向的垂直照度在这种情况下不是最理想的参数，因此近年来引入了半柱面照度（图 8-8）。研究者指出在4m处用于判断对方动机的最小半柱面照度是距地面1.5m远处为0.8lx，10m远时为2.7lx。

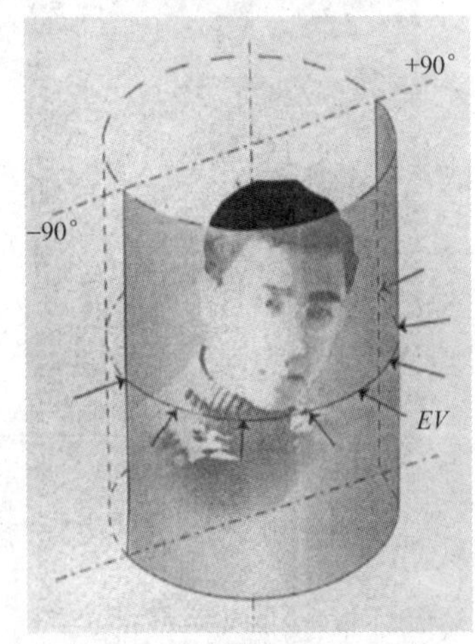


图 8-8 半柱面照度计算简图

半柱面照度通过与照度计相连的特殊元件可以测得。最低的半柱面照度是在灯具的下方，在移动的情况下这段时间非常短暂，因此计算时不应包含此点。半柱面照度的产生主要是克服垂直照度测量的主观性。

照明应提供必要的垂直照度，除了保证对面行人能彼此看清对方的面孔，还应能够易于阅读指示路牌和标识。

垂直照度应考虑其方向性。如在类似广场的开阔地带上，行人的前进方向多种多样，没有规律性，此时的垂直照度应适当提高，以保证各个方向的可见度。而位于狭长空间的步道如步行街，人流方向明确，此时主要考虑垂直于人流方向的垂直照度（图 8-9）。

图 8-9　垂直照度应考虑人流的方向性

2. 视觉功效与眩光控制

眩光控制得好，就可以提高视觉功效。眩光对视觉功效的影响甚至使得人们的知觉和辨认均无法完成。生理眩光可造成视力的损害，减低视敏度；心理眩光引起人们不舒适的感觉，影响视觉的集中，并且容易引起事故发生。当然，眩光不可能完全避免，但是应该尽可能进行控制。这两种眩光目前均有标准的评估方法。

生理眩光的发生是由于视野中过高的亮度或亮度差，造成眼睛不能适应。制造眩光的光源其散射光落在视网膜上，就像光幕一样，减低了所成图像的对比度。观察者离光源越近，眼睛的眩光照度就越高；光幕亮度也就越高。

参看图 8-10，假设适应亮度为 $\overline{L}$，为看清物体，物体的亮度与周围环境的亮度比至少应为 $\Delta L_0$。眩光发生时，光幕亮度使得眼睛必须适应较高的亮度水平为 $\overline{L}+L_s$。当亮度比为 $\Delta L_0$ 时，物体是不可见的。只有当亮度比提高 $\Delta L_{BL}$ 时，物体才能够被看见。阈限增量的百分比从 $\Delta L_0$ 提高到 $\Delta L_{BL}$，属于生理眩光。亮度计算结果表明阈限增量 $TI$ 越大，眩光越强烈。眩光控制阈限增量一般在 7%～10%，安静的路面可以提高到 15%～20%。

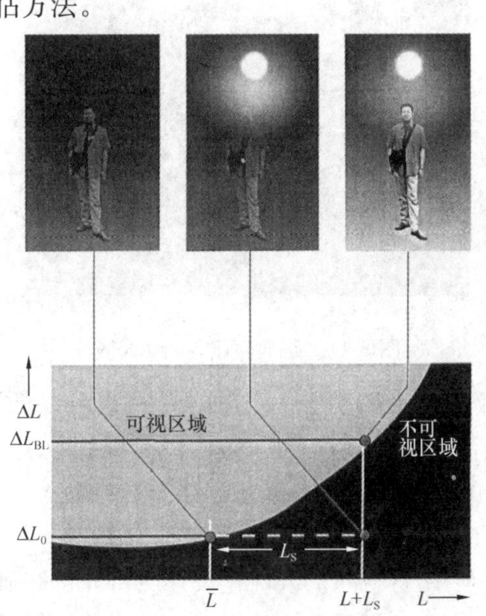


图 8-10　眩光评估和阈限增量

谈起光照品质，其重要性远比灯具中的光源是否隐藏更加重要。整个步行空间的眩光控制技巧关键是掌握整体亮度的平衡。由于灯具的背景是黑天空，在人们的视野内，灯具表面的亮度与黑天空的亮度之比过大，必然引起视觉的不适。因此，对光源部分的适当遮挡，将会减少这种眩光效应。避免使用没有任何反光设计的透明玻璃灯罩（除非光源在灯罩内是不可见的），推荐使用磨砂玻璃或亚克力材料。

3. 路面亮度

步行空间应具有基本的路面亮度，保证行人安全通过并看清前方的路况。位于商业街的步道，其路面的亮度应考虑橱窗或店面光照的补偿。通向建筑物入口的步道，需注意此处的光照水平保持与入口处的自然过渡。在行人通过的斑马线区域，应将照度适当提高。

4. 均匀的光分布

一般较好的步行空间照明应该是提供均匀的路面光照分布，这样可以增加行人的视觉舒适，给路面以清晰的视觉形象。不均匀的光分布，会混淆行人视线通达，遮挡潜在的障碍物。均匀的光照比起明暗相间的光照图式，不太容易将行人的目光吸引到光源上。在步行空间里，人行步道并不是环境中的主要表现景观元素，夜间的照明应该顺应这样的设计原则，设计者做出适当的光照分布。因为人有趋光性一说，我们的眼睛总是下意识地去搜索环境中明暗对比强烈的地方。但是在月光照明技术中，人们行走在步行道时不会有此强烈的感受。

均匀的光照与灯具的光束角有关，反射板可以将光线集中到前方的路面上，也可将一个光束分解成多个光束，灯具的形式对光分布产生很大的作用。

图8-11　路面亮度与行人安全

5. 亮度平衡

人们在步行空间中对安全和舒适的要求体现在他们能够看清周围的环境和边界，人行步道的照明应提供行人清晰的视野。这里不仅仅要有足够的照度水平，同时还必须具备良好的光照分布，其中环境中的景观要素之间的亮度平衡极为重要，如图8-11所示。亮度比主要是从心理出发，各区域之间的亮度比要么增加安全感，要么产生视觉上的不舒适。舒适的亮度比一般在3∶1～5∶1。例如，如果路面的亮度为$3cd/m^2$的话，附近的环境如绿篱可以高于这个亮度水平，为$9\sim15cd/m^2$；也可以低于它，为$0.6\sim1cd/m^2$。亮度的变化可以增加步行空间的情趣。为了将人们的视线吸引到视觉焦点上，可以提高这里的亮度比，一般为10∶1～100∶1。但是，这样的高对比不能缺少中间层次的亮度过渡。

6. 光色与显色性

步行空间的人性化设计应将光色和显色性考虑在内。根据中国城市居民对光色爱好的研究，选用暖黄色的灯光较为合适。但是显色性也应保证在适度的范围内，否则会影响到行人的脸色和服饰的颜色显现。

7. 老年人视觉

通常，老年人由于视觉衰退明显，在较暗的场所难以看清物体。这主要是其明暗度感觉能力下降、适应时间加长、花眼加重、水晶体散光、浑浊变黄、对色差的识别能力下降等因素引起的，因而常规的照明标准不适应于老年人使用的环境。如果是位于居住区的道路，应适当提高照度水平，不要过多设计戏剧化的光照图式，应减少过大的明暗对比。

## 8.4　步行空间照明设计要点分析

步行空间一般都具有自由的功能和布局，灯具尺度接近人体尺度，位于景观区域的步行空间，设计照度保持在适当的水平，不宜过高过亮。行人流量大的空间，照度较高。照度均匀是步行空间的普遍要求。人行道位于交通干道侧面，要求更高和更均匀的照明，灯具采用大于人体高度的立杆式。滨水步道和居住区道路的照明灯具，因其本身也是环境中的装饰元素，为此应特别注意材质、色彩和良好的配光。

不管是哪类步行空间，路面良好的可见度是最基本的要求。但是也要注意路面的照明不应干扰环境的视觉中心。就其亮度水平，路面不应是最高的。环境中的雕塑、树木或入口处的大门才是重点照明的对象。虽然路面的照明不要求高的照度，但是对均匀度有一定的要求（图 8-12）。不均匀的路面照明会隐藏障碍物、模糊路面，行人就会将注意力过多地集中在路面上而无法进行其他视觉活动。人们觉得在朦胧的游路上漫步，周围是亮度高的界面，这样的亮度配置是最舒适的。

图 8-12　路面的均匀光分布

步道照明的基本问题是安全性、安全感和景观美学。从月光照明到简单满足照明标准的一般照明方式等各种照明手法均可使用。

1. 光照水平

如今的步行空间，其照明设计更注重人性化，以利于人们的沟通和交流。正确的灯具选择和布置是这类空间的基本设计要求。灯具应该有适当的遮光设计，易于定向，增加安全感。表 8-1 是德国 BEGA 照明公司根据欧洲照明标准和经验向专业设计人员提供的照度推荐值，表 8-2 是北美照明学会的人行步道照度推荐值。

**BEGA 照明公司照度推荐值**　　**表 8-1**

| 室外区域 | $E_{ave}$ (lx) | $E_{min}$ / $E_{max}$ | $E_{min}$ |
|---|---|---|---|
| 步行区域 | 5 | 0.08 | — |
| 步行桥 | — | 0.10 | — |
| 广场 | 10 | 0.10 | — |
| 地脚光 | — | — | 1lx |
| 带台阶的步道 | — | — | 5lx |
| 室外台阶 | 15 | 0.30 | — |

**北美照明学会的人行步道照度推荐值**（摘自 IESNADG—5—1994）　　**表 8-2**

| | 一般条件 | | 特殊条件① | |
|---|---|---|---|---|
| 步道分级人行道<br>所在区域分类 | 平均水平照度<br>lx② | 平均照度与平均最小<br>照度之比（水平） | 平均垂直照度<br>lx③ | 平均照度与最小<br>照度之比（垂直） |
| 商业性* | 10 | 4∶1 | 20 | 5∶1 |
| 中间段* | 5 | 4∶1 | 10 | 5∶1 |
| 居住区* | 2 | 10∶1 | 5 | 5∶1 |
| 公园步道 | 5 | 10∶1 | 5 | 5∶1 |
| 一级自行车道 | | | | |
| 人行隧道 | 20 | 4∶1 | 55 | 5∶1 |
| 人行天桥 | 2 | 10∶1 | 5 | 5∶1 |
| 人行楼梯 | 5 | 10∶1 | 10 | 5∶1 |

* 商业性：是指市中心的商业区，一般来说夜间行人较多。城市发展中的商务区和市中心地带都包含在内，车流量和人流量均较大。

* 中间段：夜间人行活动相对集中的地方，如街区中的图书馆、社区娱乐中心、大型商业建筑、工业建筑或周围布置有零售商店。

* 居住区：居住区或居住与商业的混合型，夜间行人较少。单纯的住宅、毗连式住房和公寓也属于此类。

① 在考虑到安全和减少犯罪率的情况下，应该将垂直照度提高。

② 以地面照度水平为准。

③ 以步道以上 1.5m 处的照度水平为准。

根据步行道的位置、行人和交通的流量，光照水平并不是一成不变的，周围环境的光照水平也是主要的影响因素。城市中心和郊区的步行空间就存在较大的差异，就是城区中不同的区域也应有所区别。人流量大的商务中心，步道需要较高的照度，均匀度要求也高。工业区和居住区的步道，其光照水平就不应太高。位于城郊的步道，整个交通的照明呈现非均匀的布置，因此会形成较多的光斑。

步道的照明应该在光斑之外的暗区特别加以补充。环境光对步道照明的补充应该考虑在内。居住区环境光能够提供的照度较低，则要适当提高照度水平。在一些公共区域的步道，特别是交通繁忙的地段，步行道的照明可以由机动车的照明得到部分补偿。

确实没有硬性的照度水平规定来套用，步行空间的类别不同，所在的城市区域又不一样，很难用一个统一的标准。但是应该了解最小照度值的意义。人行道的照度值从 2～50lx范围内变化。没有步道灯的照明，在满月的自然光下可以获得不低于2lx的照度水平。人们的亮度知觉完全是来自于材料的反射和环境的亮度比。要提高人们的安全感，仅仅增加路面的照度是无效的，最重要的是将环境照亮。

图 8-13 示意的是如何依据环境中的要素类别进行亮度的平衡设计。在游路周围，有草地、绿篱和叠石。在这样一个步行的空间中，叠石作为主要的视觉中心，应该具有最高的照度水平；将游路旁边的绿篱照亮，提供环境中的视觉边界；草坪中的环境光成为叠石和游路的过渡，降低了叠石和游路的亮度比。我们始终要记住人们的视知觉并不直接与照度发生关系，而视野中的亮度比才是决定明暗感觉的主要影响因素。将照度水平与材料的反射率相乘，才是物体的亮度，是物体反射光线的多寡。在这个例子中，事实上绿篱和草

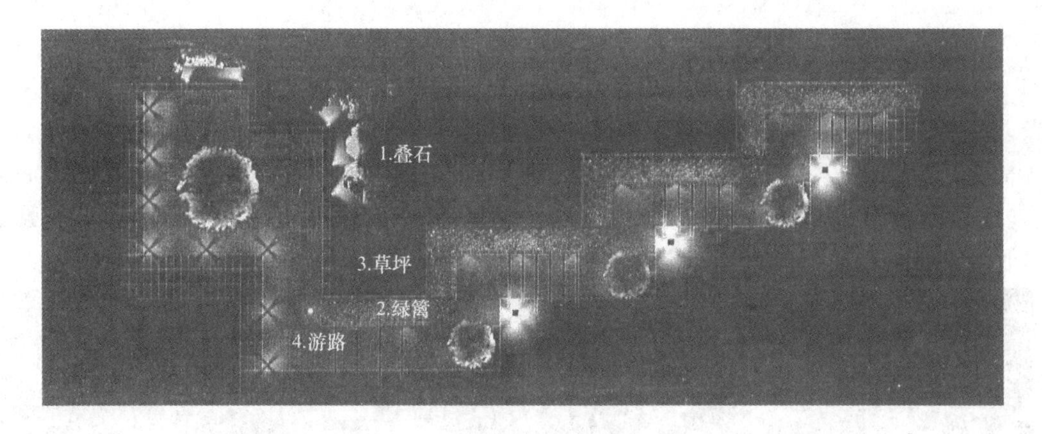


图 8-13　步行空间的亮度平衡设计

坪其对应的照度水平比叠石要高一些。为什么呢？因为它们的反射率很低。草坪比游路的照度要低，或者介于叠石和游路之间，这主要看设计者的光照图式构思。

2. 路面材质

路面的材质和铺装也会影响步行空间的照明设计。最简洁的路面是使用高反射率的材料整体铺装，如混凝土路面，那么光照水平就可以低一些。铺装复杂的路面，其中使用了暗色的材料，如深灰色青砖组合成图案。对于这样的铺装和材料，就要使用高照度水平。使用高照度一部分原因是复杂的铺装图案；另一部分原因是青砖的低反射率。

砾石或预制的混凝土块或更大的石头可以作为休闲步道的铺装材料。这类步道从安全性考虑应该能使人们的注意力放在路面上。行人应该知道他们走在铺装的什么位置上，这种不规则材料的使用增加了步行者跌倒的危险性，从心理上或视觉舒适的要求来看，应该提高这类铺装步道的照度水平。

另外，有些景观步道的路面不是均质的，树根的延伸或白天有趣的设计在夜间都会成为危险的障碍物。为此，照明应该在此有所提示。步道高差的变化如台阶，不一定专设照明，但是整体的照明设计应该保证此段的空间过渡安全顺畅。步道的宽窄对光照水平的要求也不相同。路面宽，行人心理上对边界的清晰度不是太在意；但是较窄的步道，必须提供高的照度水平，否则行人难以判断何处是边界。

3. 光照图式

最易达到良好步道照明的方式是将路面均匀地照亮，均匀分布的光照可以增加行人的舒适感，路面的观感也不错。明暗交替的光照图式会引起行人的困惑，或者会将潜在的危险遮盖。与明暗相间的光照图式相比，均匀的光照不会将人们的注意力集中在照明本身。通常路面都不会被设计成步道空间中的兴趣点，因此，夜间的照明也没有必要将路面设计为吸引人们注意力的视觉中心。有趣的是我们的眼睛总是被明暗对比所吸引，人们无意识或下意识地会将目光停留在光照图式变化的区域上。但是，对于步道上连续的月光照明图式，眼睛不会注意这样的对比。

环境光的亮度水平、步道者的年龄以及步行道的功能都会影响设计师采用何种光照图式。步道周边的环境很亮，步道上的明暗变化会削弱很多。路面上强烈的亮度对比容易引起老年人的视觉疲劳，因此居住区的人行步道，由于老年人使用较多，不要设计成过高的光影对比的光照图式。

灯具在平面布置中的间距与灯具的配光直接相关（图 8-14）。灯具的间距设置应考虑光斑的重叠，不要让中点的亮度过低，一般最大亮度与最小亮度的比值在 4∶1 左右。也就是说，当灯下的亮度是 $2cd/m^2$ 时，两灯之间的中点亮度不应低于 $0.5cd/m^2$。当然，越均匀越好，1∶1 是最佳的光照分布。亮度比仅仅是指南性估算，实际上应该经现场调试才能得出最佳的间距选择。

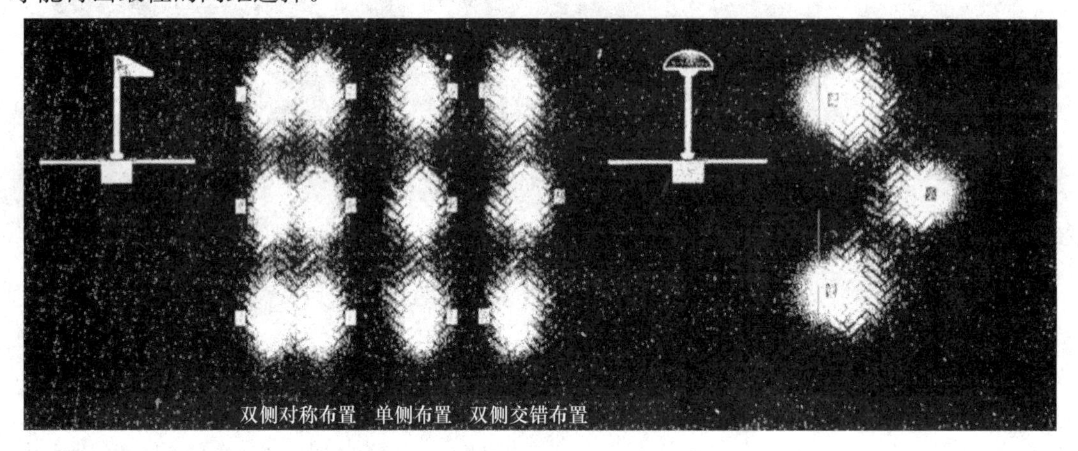


图 8-14　灯具的配光特性与间距关系

沿路径一边设置的灯具比起两边交错设置来说，光照要均匀一些。但是如果交错设置的灯具，其配光能将路面宽度的 3/4 照亮，光斑可以有部分重叠的话，也可以达到同样效果。当路面宽达到 2.5m 以上，人流量较大时（有时还有一些非机动车），应该沿路面两侧布置灯具，提供均匀的光照。灯具的尺度应该与路面的尺度相当，小的灯具如果缺少控光，设置在较宽的路面上，就难以产生预期的效果。具体的照明效果必须通过照明计算加以检验。

成组布置的灯具，即重复使用同一种灯具，集中布置成一簇，白天看起来会有视觉的冲击力，但是应该注意晚上的光照效果，这肯定不会是均匀的照明效果，但可根据具体情况加以利用。

灯具公司的产品目录提供了每类灯具的配光曲线，有些还绘制了地面光强分布，设计者可直接查阅使用。

4. 路径空间照明

路径的定向照明可以由路面的主要照明提供，也可以通过强调这个区域中某些参考点实现。

（1）设计方法

上照光沿路径的两侧设置，分别在行道树的左侧和右侧，一排专门照射路面的灯光与此平行设置。人们看到路面上线性的光照和发光点而获得定向，尽管路面照度不高，但是行道树的照明可以加强定向的视知觉作用（图 8-15、图 8-16）。

（2）照明的韵律感

人行步道应该进行有效的照明，有韵律感的照明对于休闲步道是一种理想的照明方式。明暗区域的交替给行走中的人们一种期待，特别是弯曲的路面，灯光的韵律起到明显的导向作用，出光口的高度和灯具间距决定了空间的气氛，低位的路面韵律照明常常 1～1.2m 高的低杆灯具实现。埋地灯的布置也可以有类似的效果，光线的韵律与原有的地面设计可有机地结合。为了创造戏剧化的照明效果，可以用窄光束的地脚灯投射路面，在地面上形成强烈的光斑。

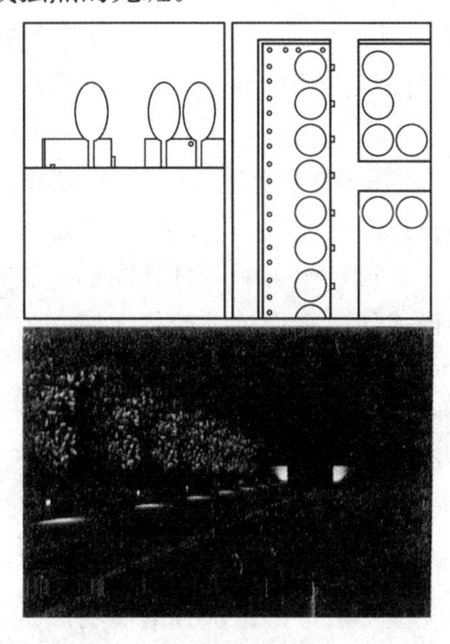

图 8-15 路径空间照明（一）

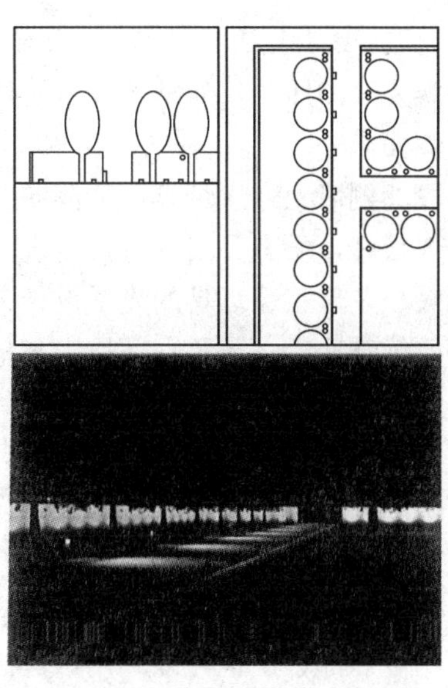

图 8-16 路径空间照明（二）

5. 踏步与台阶照明

踏步与台阶照明应提供充分的光照让行人易于识别高差的存在，包括上行和下行梯段的辨别。根据梯级所使用的贴面材料，注意控制不同的光照水平。深色的材料，要求较高的光照；反之，浅色的材料可以将光照水平控制得低一些。目的是让人们上下行走时，看清脚下的踏步，即提高踏面的可见度。用于说明性的各种标识，在夜间不能忽视对它们的照明。位于公共空间的踏步，根据使用的频率，给予适当的照明。否则不足的照明会诱发潜在的危险，使得人们忽视障碍的存在。当然夜间对踏步的照明不应太亮，以免干扰环境中的视觉中心，如雕塑、喷泉等景观小品的光照效果。是否将整个踏面均匀地照亮或在多大程度上对踏面照明，取决于踏面使用的公共开放性。一般来说，高亮度和非常均匀的照明意味着空间高度的开放；如果是不均匀的光照图式，则空间的私密性程度较高。并不是所有的踏步和台阶都强调均匀的照明，这要根据梯段的宽度和使用的性质。有些是警示和引导作用的，此时可以利用灯具发光面的连续性，引导人们的步行方向；或者提示人们上下高差的转换方向，防止行人摔跤和跌落。

依据踏步与台阶所处的环境、位置和通行的人流以及梯段本身的构造形式和尺寸，可以有下照光、侧面光、踢面嵌入式和低位柱式照明。

（1）下照光

将灯具设置在附近的树干上或嵌在踏步上方的屋顶天花上，这时要注意白天灯具的暴露问题。下照光的设置还要尽量减少踏步的阴影，最好的处理是将灯具设置在梯段中间位

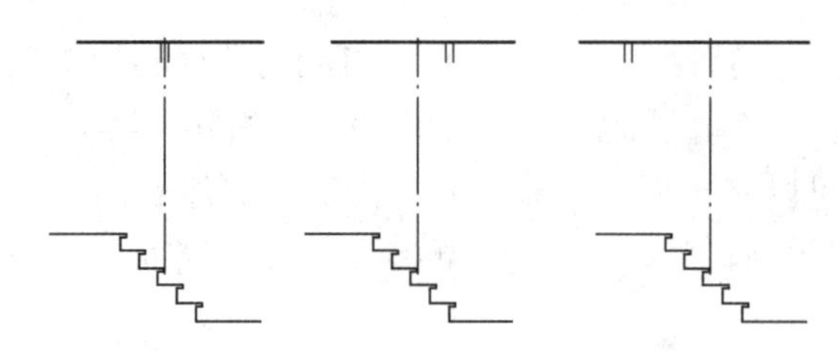

图8-17　踏步上方的下照式灯具分布

置的上方。如果这个位置无法安装灯具，应将其移至下行方向的某个位置，不要在上行的某个位置（图8-17），避免产生过大的阴影。此时，还要注意灯具的投光角度或出光口的遮蔽，以免产生过分的眩光。下照式的照明还要尽可能兼顾到梯段附近的景观要素的照明，如踏步和台阶处的绿化。用最少的灯具发挥最大的效应。

（2）侧面光

在梯段的侧墙上嵌入灯具，从侧向照亮踏步（图8-18）。这种处理方式在白天的时候灯具隐蔽性很好，没有突出的灯具显现。灯位的设计高度根据侧墙的高低决定，光源的类型、灯具大小及形状、灯具的光学设计也会对安装方式产生影响。灯具的形状需要结合墙面、踏步的铺装选定，还需与环境中其他灯具的形式作整合设计，给行人统一的形象。灯具的大小和安装位置应考虑墙面的视觉效果，应有适当的比例。

光源的功率和类型、灯光的光学设计，对光照的数量和质量产生影响。踏面的被照面积、被照踏步的数量都受限于此。如何设定基本的踏步照度与踏步贴面材料的反射率和环境照度直接有关。

不提倡沿侧墙交替设置灯具，这样容易误导行人。经过控光设计的灯具可以将光照延伸至踏面的更多部分；也可以利用灯具出光口的亮度形成导向性极强的照明。是否需要在侧墙两面同时设置灯具，主要依据梯段的宽度、构造形式、灯具配光设计和人流通行频率。超过1.5m宽的踏步可以考虑将踏步照明用的灯具与栏杆结合设计。

（3）踢面（踏面）嵌入式

在踏步踢面或踏面上嵌入专门用于踏步照明的灯具。从正面看来，成组的灯具沿着踏步或台阶，形成导向性很强的光带（图8-19）。这种照明方式并不追求踏面的照度，而是依靠灯具的发光面，形成视觉上的序列。当然，我们可以将灯具布置成图案化设计。

（4）低位柱式照明

立柱式的灯具沿踏步布置，灯具设置的间距根据灯光的配光、梯段的宽度和具体的环境而定，高度一般是低于人体高度的低位照明，这种照明方式应特别注意灯位的选择，太靠近踏步起始端，下行踏面会形成浓重的阴影；如果离踏步过远，行人便不能看清前方的踏步设置，就会造成更大的安全隐患。事实上，这种低位柱式照明还可以在踏步的开始端和结束端各设一套灯具，提醒人们这里会有空间的转换以及高差的变化（图8-20）。

图8-18　梯段侧墙的嵌入式灯具

图8-19　梯段踢面的嵌入式灯具

图8-20　沿踏步布置的立柱式灯具

立柱式的低位照明，一般是设置在无侧墙的踏步和台阶处，最高效的照明应该保证一套灯具照射更多的踏步。

6. 步行空间的定向与引导照明

人们在步行空间中的活动往往需要照明作为定向和引导，其实这些照明并不是功能性的，而是作为空间中的方位辨认和视觉上的引导。

（1）定位照明（图 8-21）

高杆照明、步道灯以及地面上的发光面往往可以起到某种定位作用。无论哪种灯具，其外观的独特造型就可以作为人们辨别所处环境的提示。地面上发光的特殊图案或光照视觉中心，也会成为空间中的定位参考。另外，夜间照明良好的标志性建筑物或构筑物，更是从较大的空间尺度上为人们提供了定位暗示。

（2）引导照明（图 8-22）

图 8-21　定位照明

图 8-22　引导照明

对于路径来说，步道灯、低位柱状灯和埋地灯如果沿路径连续布置，夜晚连续的光点为人们提供了视觉上的引导作用，使得人们在行进时具有更强的方向感觉。连续的侧壁灯可作为空间上下转换的指引。

7. 灯具选型（图 8-23）

步道灯或庭院灯与路灯不同，后者更偏重它的功能性，前者则具有功能性和装饰性双重特性。灯具的造型对于步行空间的视觉愉悦产生很大的影响。富有吸引力的外观和高光效的照明是步道灯这类灯具的设计要求。

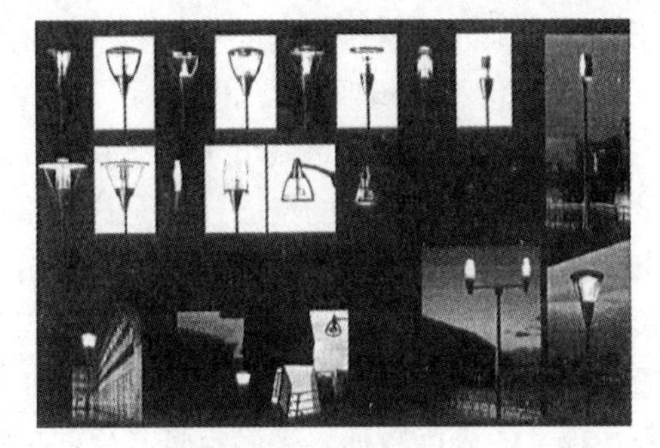

图 8-23　步道灯具选型

步行空间所使用的灯具一般有两种类型：一是灯具本身作为环境中的装饰元素；二是主要提供光照效果，灯位隐蔽，也就是“见光不见灯”。选用何种形式的灯具以及如何设置，这与设计者所确定的照明风格或设计概念有关，通常业主与设计者都会有很强的设计倾向，来决定是否让灯具本身也成为环境中的设计要素。可见灯具使得照明成为空间中的一个显现要素；隐蔽的灯具改变了整个环境的夜间表现，往往可使人们忽视照明设备的存在。

装饰性灯具可以增加环境的魅力，如居住小区中的步道照明；在一些公共空间里，如广场的照明灯具，可以成为那个环境中的标志性元素。步行空间中往往还会设置一些埋地灯，配光360°或180°的方向性照明。埋地灯的出光口要求保持低亮度。现在灯具公司也开发了系列户外灯具，从高杆路灯到中杆步道灯，再到低位的草坪灯或安全岛灯，使整体风格的统一成为可能。另外，灯具和灯杆的色彩、材质、防撞设计都很重要。

8. 照明与街道家具的结合

标识、围栏、座椅、栏杆、树池、路边石可以统称为城市的“街道家具”。他们各自发挥着不同的功能作用，如果照明与之结合可以赋予它们更多的内涵。例如，将照明器与路边石相结合，可以起到两个不同的功能作用，一是作为夜间的地脚光；二是可以起到限定道路边沿的作用。另外，步行空间可以进行多种整合设计，将照明直接渗透到街道家具的设计中，可以提升街道的美学品质，创造不同的步行环境。

图8-24　树池座椅的地脚灯

将照明与步行道的路边栏杆扶手结合，白天照明设备几乎看不见，而夜间发出柔和的间接光。

光与路障设施的结合，既起到照明的功能作用，又可以起到限定空间的作用。

花床和座椅与照明的结合，将灯具隐藏在花床或座椅的下部，柔和的间接光在步行空间里散发着浪漫的情怀（图8-24）。

将护树设施与照明结合，地面可以获得一些局部的照明，同时枝叶可以获得上照光。

## 8.5　步行空间照明设计方法

城市中供行人步行的步道，有多种组合：与城市机动车道组合；与滨水地带组合；位于城市公园内；居住区内的步道；商业街内的步道；城市广场；地下通道；人行天桥。

1. 城市人行道照明

城市人行道照明是城市步行空间的一部分；城市道路的照明是城市交通性照明的一部分。但是，城市道路的组成往往是这两部分的结合，为此，我们常常选用不同高度、不同形式的灯具采用不同形式的照明方式，分别完成不同的功能性照明。高杆的路灯主要用于机动车道的照明；中等高度的步道灯主要用于人行道的照明；低矮的柱灯主要用于人行交通横道的警示照明。步道灯就是专门用于这类步行空间的照明灯具，设计时可以参考灯具公司提供的光度数据，来确定灯具之间的距离。这种灯具的灯杆高度在3.5～6m，其灯具应结合街景综合设计，如果不是特别需要，不应将灯具凸现于街道，过分引起行人注意。防眩光的特殊设计可以避免视线的遮挡和模糊，以免司机不能清晰地判断其他正在行驶的车辆，即要注意步道灯的选型和设置对机动车行驶的严重干扰。

步道灯的光源选择、高度设计、人行道照度水平应与车行道的灯具加以协调，从道路景观的角度综合考虑，人行道的照明实际上是两个层次：一是步行灯的直接照明；二是路灯的溢射照明。人行道的照度水平控制要考虑到这两部分的光照。步道灯的选型既要满足功能照明的要求，本身的形象在白天也是构成街景的一道亮丽的风景线。由于设置的间距较路灯间距更小，视觉上的韵律感和节奏感，构成了街道另一景观元素。在商业街区，这种照明方式可以产生夺目的“光芒”，活跃商业气氛。

现代步道灯的设计可谓是多姿多彩。灯具本身更注重与时尚结合，如加入霓虹环形装饰、LED 以及光纤的使用。但是要注意时尚元素在灯具的表现部分，其发光部分的亮度和造型应与环境照明取得平衡。裸露的光源或发光的白球灯头，由于灯罩部分产生过高的亮度，严重分散了行人对其他视觉中心的兴趣点。

灯具附加的遮光百叶，有两个作用：一是防止眩光；二是对出光进行重新分配和限定，将绝大部分的光照直接投向人行步道。

人行步道还有一种经常使用的灯具，叫安全岛灯。它可以单独设置，也可以结合人行指示标牌，综合设置。在人行交通的转换处或人行斑马线处设置，或是在人行地下通道的出口到城市干道的结合处，提醒人们注意方向的改变。

2. 居住区步道照明

没有比居住区的照明更加专注安全性和安全感了。这里，照明的功能性是第一位的。缺少基本道路照明或照度水平低于标准，居民将会失去安全感，犯罪和交通事故的多发率就会增加。

居住区内的道路除了水平照度之外，垂直照度和半柱面照度也应该达到最低标准要求。否则人的面部识别不清，很难分清行人意图。再者，要防止直接射向住户窗户的光线，减少光侵犯、眩光，有效防治光污染。

照明设计的控制指标为照度水平、均匀度、眩光、光色。

3. 滨水步道照明（图 8-25）

位于滨水地带的步道，其垂直界面与其他类型的步道有很大区别，其中的一侧界面是水系。靠近水面的一侧设置较宽的步行道，行人可以驻足眺望对岸的景观。在这种滨水步道行人的移动速度较慢，人流也相对较为集中。城市的滨水区域一般呈带状结构，地面沿断面方向有高差变化，加之开阔的水面上没有强烈的光照，背景是大片黑色的天空，这种步道的照明设计要求与其他的步道会有许多不同之处。其重点在于：

图 8-25　滨水步行空间的照明灯具本身成为环境中的装饰元素

（1）步道灯选型与对岸观景；

（2）水中倒影和中间层次的光点韵律；

（3）安全照明与景观性照明。

## 示范题

**1. 单选题**

在地下通道的出入口处，应着重加强哪种照明方式？（　　）

A. 高杆步道灯　　B. 安全性照明和引导性照明

C. 低杆步道灯　　D. 高架灯

**答案：**B

**2. 多选题**

将照明器与路边石相结合，会有下列哪三种功能作用？（　　）

A. 作为夜间的地脚光　　B. 限定道路边沿

C. 只要美观即可　　D. 溢散光少

E. 节约材料

**答案：**A、B、E

**3. 判断题**

光照对树木的生长非常有益。（　　）

**答案：**错

# 第9章　道　路　特　征

在进行道路照明设计前，确定道路的类别和路面的反射特性是很重要的，这项工作直接影响着后面照明指标的选择。

## 9.1　道路的类别

一般来说，根据道路的功能及其所服务的区域，主要有以下几种道路（图9-1）。

图9-1　道路的类别

(*a*) 高速公路或主干道；(*b*) 次要道路或住宅区道路；(*c*) 工业区道路；(*d*) 商业区道路；(*e*) 乡村道路

1. 高速公路和交通干道

一般单向有2～4车道，或双向有4～8车道；主要服务于机动车交通；车速快。

2. 次要道路和住宅区道路

一般为四车道；机动车、非机动车和行人混合交通，冲突区域，如交叉口、停车场等处；车速慢。

3. 工业区道路

一般为两车道；机动车、非机动车和行人混合交通，上下班高峰时机动车运输与行人冲突严重；车速慢；非工作时间照明需考虑行人的安全需求。

4. 商业购物区道路

一般为2～4车道，或为步行街；机动车、非机动车或行人混合交通，节假日交通冲突严重；车速慢；照明需考虑创造舒适的购物休闲环境。

5. 乡村道路

一般未划分车道的小路，甚至为未摊铺道路，照明设置主要为辨别方位。

不管是哪种道路，在进行照明设计前，需根据道路的功能、交通密度、交通的复杂程度、交通分隔情况及交通控制设施，如交通信号灯的存在与否，将道路划分为从M1到M5的不同照明等级。

## 9.2　路面的反射性

路面的亮度不仅与路面上投射的光的多少有关系，还与路面的反射特性有关系。不同路面的反射特性不一样；即使同一路面，在干燥和潮湿状态下，反射特性也不一样。

### ※9.2.1　亮度系数

为了说明路面的反射特性，引入了亮度系数的概念，其定义为：路面某一点上亮度$L(\alpha,\beta,\gamma)$与该点上照度的比值，即

$$q(\alpha,\beta,\gamma)=L(\alpha,\beta,\gamma)/E \tag{9-1}$$

亮度系数取决于观察者的位置和路面上所考虑的点相对于光源的位置。如图9-2所示。

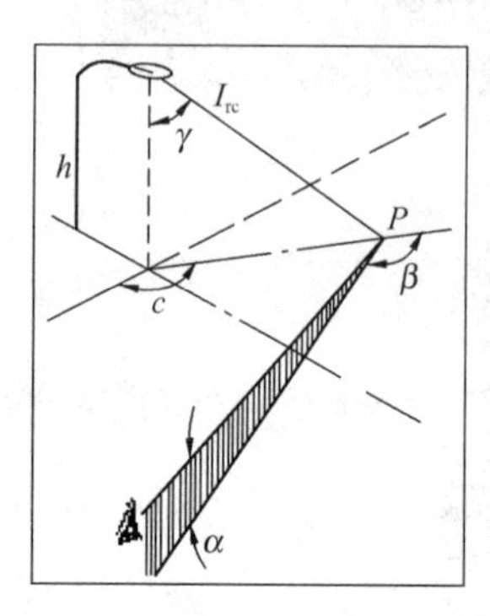


图9-2　亮度系数依赖的角度关系

α—观察者视线与水平线的角度；β—光线入射平面与观察者视线平面的夹角；γ—光射入角度

CIE规定，一般观察者的高度为1.5m，横向在距离路边1/4车道处。由于一般驾驶员注意的区域在前方60～160m处，此时$\alpha$角的范围在0.5°～1.5°之间，因此认为$q$对$\alpha$的依赖可忽略，将$\alpha$取1°作为近似，此时$q$就简化为$\beta$和$\gamma$的函数，即$q=q(\beta,\gamma)$。

### ※9.2.2　简化亮度系数表

任何路面（积水路面除外）的反射特性均可由一个二维的表来给出，即亮度系数值$q$是一系列角度的组合。为方便亮度的计算，这些表一般以“简化亮度系数”$r$来给出，这时

$$r=q.\cos^3\gamma \tag{9-2}$$

那么，某点的亮度就变为

$$L=qE=qI\cos^3\gamma/h^2=(r/\cos^3\gamma)\times I\cos^3\gamma/h^2=rI/h^2 \tag{9-3}$$

式中，$L$为路面上某点的亮度（$cd\cdot m^{-2}$）；$r$为路面上某点的亮度系数（$cd\cdot m^{-2}\cdot lx^{-1}$）；$I$为灯具在路面上某点方向的光强（cd）；$h$为灯具的安装高度（m）。

在有了某一特定路面的简化亮度系数表后，根据以上公式便可计算出路面上每一点的亮度。表9-1为一典型路面的简化亮度系数表（又称反射表或$r$表）。

一典型路面的简化亮度系数表（$r$ 值已被乘以 10000） 表 9-1

| $\tan\gamma$ \ $\beta$ | 1 | 2 | 5 | 10 | 15 | 20 | 25 | 30 | 35 | 40 | 45 | 60 | 75 | 90 | 105 | 120 | 135 | 150 | 165 | 180 |
|---|---|---|---|---|---|---|---|---|---|---|---|---|---|---|---|---|---|---|---|---|
| 0 | 655 | 655 | 655 | 655 | 655 | 655 | 655 | 655 | 655 | 655 | 655 | 655 | 655 | 655 | 655 | 655 | 655 | 655 | 655 | 655 |
| 0.25 | 619 | 619 | 619 | 619 | 610 | 610 | 610 | 610 | 610 | 610 | 610 | 610 | 610 | 601 | 601 | 601 | 601 | 601 | 601 | 601 |
| 0.5 | 539 | 539 | 539 | 539 | 539 | 539 | 521 | 521 | 521 | 521 | 521 | 503 | 503 | 503 | 503 | 503 | 503 | 503 | 503 | 503 |
| 0.75 | 431 | 431 | 431 | 431 | 431 | 431 | 431 | 431 | 431 | 431 | 395 | 386 | 371 | 371 | 371 | 371 | 371 | 386 | 395 | 395 |
| 1 | 341 | 341 | 341 | 341 | 323 | 323 | 305 | 296 | 287 | 287 | 278 | 269 | 269 | 269 | 269 | 269 | 269 | 278 | 278 | 278 |
| 1.25 | 269 | 269 | 269 | 260 | 251 | 242 | 224 | 207 | 198 | 189 | 189 | 180 | 180 | 180 | 180 | 180 | 189 | 198 | 207 | 224 |
| 1.5 | 224 | 224 | 224 | 215 | 198 | 180 | 171 | 162 | 153 | 148 | 144 | 144 | 139 | 139 | 139 | 144 | 148 | 153 | 162 | 180 |
| 1.75 | 189 | 189 | 189 | 171 | 153 | 139 | 130 | 121 | 117 | 112 | 108 | 103 | 99 | 99 | 103 | 108 | 112 | 121 | 130 | 139 |
| 2 | 162 | 162 | 157 | 135 | 117 | 108 | 99 | 94 | 90 | 85 | 85 | 83 | 84 | 84 | 86 | 90 | 94 | 99 | 103 | 111 |
| 2.5 | 121 | 121 | 117 | 95 | 79 | 66 | 60 | 57 | 54 | 52 | 51 | 60 | 61 | 52 | 54 | 58 | 61 | 65 | 69 | 76 |
| 3 | 94 | 94 | 86 | 66 | 49 | 41 | 38 | 36 | 34 | 33 | 32 | 31 | 31 | 33 | 35 | 38 | 40 | 43 | 47 | 51 |
| 3.5 | 81 | 80 | 66 | 46 | 33 | 28 | 25 | 23 | 22 | 22 | 21 | 21 | 22 | 22 | 24 | 27 | 29 | 31 | 34 | 38 |
| 4 | 71 | 69 | 55 | 32 | 23 | 20 | 18 | 16 | 15 | 14 | 14 | 14 | 15 | 17 | 19 | 20 | 22 | 23 | 25 | 27 |
| 4.5 | 63 | 59 | 43 | 24 | 17 | 14 | 13 | 12 | 12 | 11 | 11 | 11 | 12 | 13 | 14 | 14 | 16 | 17 | 19 | 21 |
| 5 | 57 | 52 | 36 | 19 | 14 | 12 | 10 | 9.0 | 9.0 | 8.8 | 8.7 | 8.7 | 9.0 | 10 | 11 | 13 | 14 | 15 | 16 | 16 |
| 5.5 | 51 | 47 | 31 | 15 | 11 | 9.0 | 8.1 | 7.8 | 7.7 | 7.7 |  |  |  |  |  |  |  |  |  |  |
| 6 | 47 | 42 | 25 | 12 | 8.5 | 7.2 | 6.5 | 6.3 | 6.2 |  |  |  |  |  |  |  |  |  |  |  |
| 6.5 | 43 | 38 | 22 | 10 | 6.7 | 5.8 | 5.2 | 5.0 |  |  |  |  |  |  |  |  |  |  |  |  |
| 7 | 40 | 34 | 18 | 8.1 | 5.6 | 4.8 | 4.4 | 4.2 |  |  |  |  |  |  |  |  |  |  |  |  |
| 7.5 | 37 | 31 | 15 | 6.9 | 4.7 | 4.0 | 3.8 |  |  |  |  |  |  |  |  |  |  |  |  |  |
| 8 | 35 | 28 | 14 | 5.7 | 4.0 | 3.6 | 3.2 |  |  |  |  |  |  |  |  |  |  |  |  |  |
| 8.5 | 33 | 25 | 12 | 4.8 | 3.6 | 3.1 | 2.9 |  |  |  |  |  |  |  |  |  |  |  |  |  |
| 9 | 31 | 23 | 10 | 4.1 | 3.2 | 2.8 |  |  |  |  |  |  |  |  |  |  |  |  |  |  |
| 9.5 | 30 | 22 | 9.0 | 3.7 | 2.8 | 2.5 |  |  |  |  |  |  |  |  |  |  |  |  |  |  |
| 10 | 29 | 20 | 8.2 | 3.2 | 2.4 | 2.2 |  |  |  |  |  |  |  |  |  |  |  |  |  |  |
| 10.5 | 28 | 18 | 7.3 | 3.0 | 2.2 | 1.9 |  |  |  |  |  |  |  |  |  |  |  |  |  |  |
| 11 | 27 | 16 | 6.6 | 2.7 | 1.9 | 1.7 |  |  |  |  |  |  |  |  |  |  |  |  |  |  |
| 11.5 | 26 | 15 | 6.1 | 2.4 | 1.7 |  |  |  |  |  |  |  |  |  |  |  |  |  |  |  |
| 12 | 25 | 14 | 5.6 | 2.2 | 1.6 |  |  |  |  |  |  |  |  |  |  |  |  |  |  |  |

### ※9.2.3 亮度系数的简化描述系统

确定路面的反射特性是相当费时的工作，但采用以下易于测量的参数可足够精确地定义路面的反射特性，从而计算亮度。

(1) 用平均亮度系数 $Q_0$ 确定路面亮的程度，即

$$Q_0=\int_0^{\Omega_0} q\mathrm{d}\Omega/\Omega_0 \tag{9-4}$$

式中，$q$ 为亮度系数（依赖于 $\beta$ 和 $\gamma°$）；$\Omega_0$ 为射入路面点的所有光线的立体角。

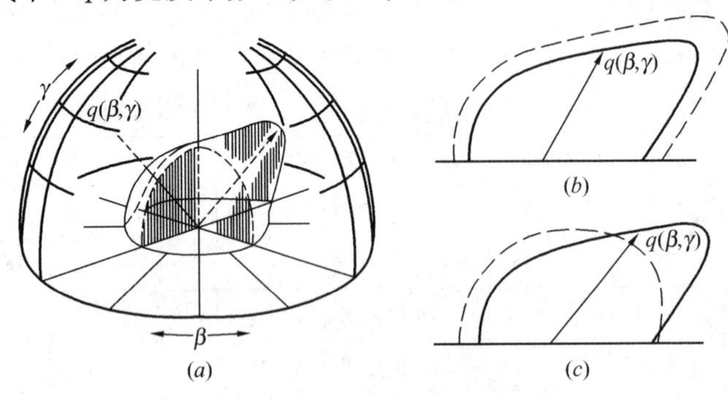


图 9-3　亮度系数空间图

(a) 亮度系数空间图；(b) 固定 $S1$，令 $Q_0$ 变化时，$\beta$ 平面内的亮度系数；(c) 固定 $Q_0$，令 $S1$ 变化时，$\beta$ 平面内的亮度系数

(2) 用镜面系数 S1 确定路面的镜面程度，即

$$S1=r(0,2)/(0,0) \tag{9-5}$$

式中，$r(0,2)$ 为 $\beta=0,\gamma=2$ 时的简化亮度系数；$r(0,0)$ 为 $\beta=0$，$\gamma=0$ 时的简化亮度系数。可用亮度系数空间图来表示亮度系数，如图 9-3 所示。

平均亮度系数 $Q_0$ 表示路面的整体反射率或明亮程度（亮度系数空间图的体积），是在一定立体角内测定的亮度系数的平均值，通常可以由 $r$ 表计算得到。镜面系数 $S1$ 表示路面的镜面程度（空间图的形状）。$S1$ 越大，表示表面的镜面度越高。当只有 $Q_0$ 变化时，空间的体积会变化，但其形状不变[见图 9-3(b)]；然而，当空间图形状改变时，镜面程度也会改变[见图 9-3(c)]。

### 9.2.4　干燥路面的分类

根据路面的平均亮度系数 $Q_0$ 和镜面系数 $S1$，国际上对干燥路面进行了分类，目前用得较多是 CIE 的分类系统，即 $R$ 分类（表 9-2）。$R$ 系列主要根据欧洲一些国家，如荷兰、德国、比利时等的路面样品测试的。

**路面分类表**（$R$ 分类系统）　　**表 9-2**

| 类别 | S1 范围 | S1 标准值 | $Q_0$ 标准值 | 路面描述 | 反射模式 |
|---|---|---|---|---|---|
| $R1$ | $S1<0.42$ | 0.25 | 0.10 | | 非常漫射 |
| $R2$ | $0.42\leqslant S1<0.85$ | 0.58 | 0.07 | | 混合的（漫射和镜面） |
| $R3$ | $0.85\leqslant S1<1.35$ | 1.11 | 0.07 | 含黑色 | 轻微镜面的 |
| $R4$ | $1.35\leqslant S1$ | 1.55 | 0.08 | 具有相当光滑的沥青路面 | 非常镜面的 |

另外，国际上还有其他的路面分类系统，如 C 分类系统（表 9-3）和 N 分类系统（表 9-4）。N 系统是根据丹麦、瑞典等国家的路面测试得到，因为那里的路面通常采用特别加工的发光材料。C 分类系统是 CIE 和国际道路代表大会常设委员会（PIARC）在 1984 年的联合技术报告《道路表面和照明》中共同推出的，而且给出了它们各自的 $r$ 表。

路面分类C系统 表9-3

| 类别 | S1的范围 | 标准S1值 | 常量$Q_0$值 | 反射类型 |
|---|---|---|---|---|
| C1 | S1≤0.40 | 0.24 | 0.10 | 粗糙，近似粗糙 |
| C2 | S1>0.40 | 0.97 | 0.07 | 近似平滑，平滑 |

路面分类N系统 表9-4

| 类别 | S1的范围 | 标准S1值 | 常量$Q_0$值 | 反射类型 |
|---|---|---|---|---|
| N1 | S1<0.40 | 0.18 | 0.10 | 粗糙 |
| N2 | 0.28≤S1<0.60 | 0.41 | 0.07 | 近似粗糙 |
| N3 | 0.60≤S1<1.30 | 0.88 | 0.07 | 近似平滑 |
| N4 | 1.30≤S1 | 1.61 | 0.08 | 平滑 |

由表9-2和表9-3知道，R1近似和C1对应，R2，R3，R4和C2对应。我国一般采用R类和C类。

表9-5是按路面所采用的材料分类及与R类各级的对应关系，可以根据路面采用的材料来对路面进行等级分类。

根据路面采用的材料分类 表9-5

| 类别 | 说明 |
|---|---|
| R1 | （1）沥青类路面，包括含有15%以上的人造发光材料或30%以上的钙长石一类的石料<br>（2）路面的80%覆盖有含碎料的饰面材料，碎料主要由人造发光材料或100%由钙长石一类的石料所成<br>（3）混凝土路面 |
| R2 | （1）路面纹理粗糙<br>（2）沥青路面，含有10%~15%的人工发光材料<br>（3）粗糙、带有砾石的沥青混凝土的路面，砾石的尺寸不小于10mm，且所含砾石大于60%<br>（4）新铺设的沥青砂 |
| R3 | （1）沥青混凝土路面，所含的砾石的尺寸大于10mm，纹理粗糙，如砂纸<br>（2）纹理已磨亮 |
| R4 | （1）使用了几个月后的沥青砂路面<br>（2）路面相当光滑 |

## 示范题

### 1. 单选题

（1）反映路面整体反射率或明亮程度的参数是哪些？（　　）

A. 亮度　　B. 亮度系数　　C. 镜面系数　　D. 粗糙度

**答：** B

（2）距点光源1m处与光线方向垂直的被照面的照度为200lx，则距离为2m处的照

度为多少？(　　)

A. 50lx　　B. 100lx　　C. 20lx　　D. 25lx

**答案：**A

(3) 距点光源1m处与光线方向的亮度为100cd/$m^2$，则距离为3m处的亮度为多少？(　　)

A. 100cd/$m^2$　　B. 50cd/$m^2$　　C. 25cd/$m^2$　　D. 20cd/$m^2$

**答案：**A

(4) 距点光源2m处与光线方向垂直的被照面的照度为100lx，若此刻与被照面法线成60°时的照度为多少？(　　)

A. 50lx　　B. 17.3lx　　C. 86.6lx　　D. 25lx

**答案：**A

(5) 设点光源的光通量为200 lm，向四周均匀发光，则其发光强度为多少？(　　)

A. 100cd　　B. 32cd　　C. 16cd　　D. 8cd

**答案：**C

(6) 已知一单色光的波长及所发出的辐射通量如何求它的光通量？(　　)

A. 直接将波长与辐射通量相乘

B. 找出光谱光视效率与波长相乘

C. 将光谱光视效率与辐射通量相乘

D. 将光谱光视效率与辐射通量相乘再乘一系数$K_m$

**答案：**D

(7) 一只2000lm的白炽灯，安装在球形乳白色玻璃罩内，其透光率为0.8，四周各方向均为多少坎德拉？(　　)

A. 127cd　　B. 200cd　　C. 64cd　　D. 800cd

**答案：**A

(8) 一个面积为100$m^2$的表面，垂直受到1000lm光通量的照射，则其平均照度为多少？(　　)

A. 10000lx　　B. 100lx　　C. 10lx　　D. 800lx

**答案：**C

(9) 当一个点光源距工作面3m远时发出1000cd的光强，此平面上的垂直照度为多少？(　　)

A. 111lx　　B. 200lx　　C. 250lx　　D. 800lx

**答案：**A

(10) 当一个点光源距工作面2m远时发出3000cd的光强，此平面上的垂直照度为多少？(　　)

A. 1000lx　　B. 750lx　　C. 250lx　　D. 318lx

**答案：**B

(11) 一个点光源距工作面上某点3m远，发出的光强为3000cd，光的入射方向与平面的夹角为$60^0$，此刻平面上该点的照度为多少？(　　)

A. 166.7lx　　B. 333lx　　C. 288.7lx　　D. 318lx

**答案**：C

(12) 一个管状的高压钠灯，发光部分的长度为100mm，直径为8mm，垂直于柱面的发光强度为4000cd，均匀地向四周发光，则灯管表面的亮度为多少？(　　)

A. 5000000cd/m$^2$　　B. 6250000cd/m$^2$　　C. 5cd/m$^2$　　D. 6.25cd/m$^2$

**答案**：A

(13) 一张漫反射的稿纸，照度为500lx其表面的反射率为0.7则此纸的亮度为多少？(　　)

A. 700cd/m$^2$　　B. 111cd/m$^2$　　C. 250cd/m$^2$　　D. 223cd/m$^2$

**答案**：B

(14) 当一个点光源距工作面5m远时发出3000cd的光强，此平面上的垂直照度为多少？(　　)

A. 600lx　　B. 120lx　　C. 250lx　　D. 38lx

**答案**：B

(15) 一个管状的高压钠灯，发光部分的长度为100mm，直径为8mm，垂直于柱面的发光强度为10000cd，均匀地向四周发光，则灯管表面的亮度为多少？(　　)

A. 5000000cd/mm$^2$　　B. 6250000cd/mm$^2$　　C. 12.5cd/m$^2$　　D. 12500000cd/mm$^2$

**答案**：D

(16) 一张漫反射的稿纸，照度为1000lx其表面的反射率为0.8则此纸的亮度为多少？(　　)

A. 1000cd/m$^2$　　B. 204cd/m$^2$　　C. 640cd/m$^2$　　D. 255cd/m$^2$

**答案**：D

(17) 镍镉电池作为应急灯的电源，目前日本国家对新的回收、处理方案有哪些规定？(　　)

A. 卖给废品收购站

B. 照明灯具厂家要加盟“小型二次电池再利用促进中心”，推进镍镉电池的回收利用

C. 由照明灯具厂家回收处理

D. 地方政府回收

**答**：B

(18) 在电源电压变化时，以下哪些镇流器和电容串联能够比扼流圈镇流器更好地控制灯的功率？(　　)

A. 峰值超前镇流器　　B. 恒功率稳定器　　C. 电阻镇流器　　D. 电容变压镇流器

**答案**：D

(19) 所有使用扼流圈或漏电抗变压镇流器的电路，都有一个低的滞后功率因数，通常在以下多少之间？(　　)

A. 0.1～0.3　　B. 0.2～0.4　　C. 0.2～0.5　　D. 0.3～0.5

**答案**：D

(20) 最常见汞灯的工作电压均方根值通常在以下多少之间。(　　)

A. 75～105V　　B. 70～110V　　C. 95～145V　　D. 105～145V

**答案：** C

(21) 在以下哪些表面涂以冷光膜，从而能透射红外线与反射可见光？(　　)

A. 聚醚砜　　B. 聚醚胺　　C. 聚酰胺　　D. 聚苯硫醚

**答案：** B

(22) 下列选项中，哪种可以填充玻璃的不透射材料，具有高弹性模量，约为20000MPa？(　　)

A. 聚酰胺　　B. 聚苯硫醚　　C. 聚醚胺　　D. 聚醚砜

**答案：** B

(23) 在道路照明实践中，同时考虑到显示能力和经济性，路面平均亮度应在多少比较合适？(　　)

A. 0.5～1.0cd・$m^{-2}$　　B. 0.5～1.5cd・$m^{-2}$

C. 0.5～2.0cd・$m^{-2}$　　D. 0.5～2.5cd・$m^{-2}$

**答案：** C

(24) 冲突区布灯时，对灯具的配光和布置提出了要求，80°方向的光强不大于多少？(　　)

A. 20cd・$m^{-2}$　　B. 30cd・$m^{-2}$　　C. 40cd・$m^{-2}$　　D. 10cd・$m^{-2}$

**答案：** B

(25) 一般来说，2.5Hz以下和多少Hz以上频率的闪烁可以忽略不计？(　　)

A. 5Hz以上　　B. 6Hz以上　　C. 10Hz以上　　D. 15Hz以上

**答案：** D

(26) 认知人的面部方向，距离为10m时，必要的垂直照度是多少？(　　)

A. 1.5lx　　B. 0.5lx　　C. 1.0lx　　D. 2.1lx

**答案：** D

(27) 可视水平VL多少时，表明物体恰好能被看到。(　　)

A. 小于1　　B. 大于1　　C. 大于0.5　　D. 小于0.5

**答案：** B

(28) 在低亮度水平（0.1cd・$m^{-2}$）下，金属卤化物灯所需的流明系数是多少？(　　)

A. 1.0　　B. 2.9　　C. 4.4　　D. 7.8

**答案：** A

(29) 在低亮度水平（0.1cd・$m^{-2}$）下，白炽灯所需的流明系数是多少？(　　)

A. 1.0　　B. 2.9　　C. 4.4　　D. 7.8

**答案：** B

(30) 在低亮度水平（0.1cd・$m^{-2}$）下，汞灯所需的流明系数是多少？(　　)

A. 1.0　　B. 2.9　　C. 4.4　　D. 7.8

**答案：** C

(31) 下列哪一项不适用景观照明和道路照明设计标准、规范？(　　)

A. GB 50034—1992《民用照明设计标准》

B. GB 7000. 7—1996《投光灯具安全要求》

C. GB 7000. 9—1996《串灯安全要求》

D. GB 50057—1994《建筑物防雷设计规范》

**答案：**A

(32) 下列哪些不属于照明工程设计和建设相关的行业标准规范？(　　)

A. CJJ 45—1991《城市道路照明设计标准》

B. JGJ/T 119—1998《建筑照明术语标准》

C.《北京城市夜景照明管理办法》

D. GB 50034—1992《工业企业照明设计标准》

**答案：**C

(33) EIB系统的电源装置负责将市电转换成总线用的直流电压，每个电源模块的最大负载为多少？(　　)

A. 220mA　　B. 320mA　　C. 330mA　　D. 480mA

**答案：**B

(34) 因为总线电容量通常不能小于以下多少，应验算每一条支线上的总负荷。(　　)

A. 150mA　　B. 200mA　　C. 220mA　　D. 320mA

**答案：**A

(35) 总线上，每个总线元件距离最近的电源装置不得超过多少？(　　)

A. 100m　　B. 200m　　C. 300m　　D. 350m

**答案：**D

(36) 每个场景模块可记忆预设的几种照明场景，供使用需要随时调用。(　　)

A. 2　　B. 3　　C. 4　　D. 5

**答案：**C

(37) 电器设备装设在额定剩余电流动作值为100mA，允许接触电压为50V时，设备最大接地电阻是多少？(　　)

A. 50Ω　　B. 125Ω　　C. 250Ω　　D. 500Ω

**答案：**D

(38) 下列哪些是目前市场上的各种控制总线系统产品在设计时就采用各种措施，来满足各种相关国际标准。(　　)

A. 电功率要求　　B. 电磁兼容性要求　　C. 调光器要求　　D. 照明亮度要求

**答案：**B

(39) 以下哪些不属于EIB系统能提供的输出应用单元？(　　)

A. 电动窗帘　　B. 空调　　C. 电动执行机构　　D. 非电动执行机构

**答案：**D

(40) 线路直接安装在配电箱（柜）地板或支架上，类似于传统塑壳开关的安装，每路输出容量可达到多少？(　　)

A. 3～4kW　　B. 4～5kW　　C. 5～6kW　　D. 6～7kW

**答案：**A

(41) 在控制各防护区域中0区的照明电器设备采用标准电压不超过多少？(　　)

A. 10V　　B. 12V　　C. 15V　　D. 18V

**答案：**B

(42) 电器设备装设在额定剩余电流动作值为30mA，允许接触电压为25V时，设备最大接地电阻是多少？(　　)

A. 50Ω　　B. 125Ω　　C. 250Ω　　D. 500Ω

**答案：**D

(43) 光线导光，当光在玻璃和空气两种介质中传播时，入射角 $\theta_i$ 和临界角 $\theta_{ic}$ 相互关系如何时，光线就不发生折射，而全部被反射，即全反射。(　　)

A. 入射角 $\theta_i$ 只要增大与临界角 $\theta_{ic}$ 无关

B. 入射角 $\theta_i$ >临界角 $\theta_{ic}$

C. 入射角 $\theta_i$ =临界角 $\theta_{ic}$

D. 入射角 $\theta_i$ <临界角 $\theta_{ic}$

**答案：**B

(44) 一般光纤材料的 $n_2/n_1$ 值为0.82左右，临界角 $\theta_{ic}$ 等于多少？(　　)

A. 20°　　B. 30°　　C. 35°　　D. 45°

**答案：**C

(45) 大功率激光器输出的激光亮度可达到多少。(　　)

A. $10^{10}\sim10^{17}$ W/(cm$^2$·球面度)

B. $10^{5}\sim10^{14}$ W/(cm$^2$·球面度)

C. $10^{5}\sim10^{15}$ W/(cm$^2$·球面度)

D. $10^{15}\sim10^{16}$ W/(cm$^2$·球面度)

**答案：**A

(46) 激光器的光束立体角极小，约为多少球面度？(　　)

A. $10^{-1}\sim10^{-10}$　　B. $10^{-1}\sim10^{-8}$　　C. $10^{-5}\sim10^{-8}$　　D. $10^{-5}\sim10^{-10}$

**答案：**C

(47) 目前LED发出的光束的角度用1/2半宽度角 $\theta_{1/2}$ 表示，它的扩散角为多少？(　　)

A. $\theta_{1/2}$　　B. 1/2 $\theta_{1/2}$　　C. 2 $\theta_{1/2}$　　D. 3 $\theta_{1/2}$

**答案：**D

(48) 目前白光LED的显色指数 $R_a$ 在多少以上，色温范围为3600～11000K之间。(　　)

A. 30　　B. 40　　C. 50　　D. 70

**答案：**D

(49) CIE第92号技术文件中推荐：根据重要性和使用程度，人行道Semicyl分为的等级，此处半柱面照度是指离地面高度多少的照度。(　　)

A. 1m　　B. 1.5m　　C. 2m　　D. 2.5m

**答案：** B

(50) 通常建议广场半柱面照度值 $E_c$ 应该是多少。(　　)

A. ≥0.8lx　　B. ≥3.0lx　　C. ≥5.0lx　　D. 3.0～5.0lx

**答案：** B

(51) CIE第92号出版物中推荐 $E_{vent}/E_c$ 是多少为最好。(　　)

A. ≤0.8　　B. 0.8～1.3　　C. ≥1.3　　D. 以上都不是

**答案：** B

(52) 通常建议主要出入口的广场半柱面照度值 $E_{semicyl}$ 应该是多少。(　　)

A. ≥0.8lx　　B. ≥3.0lx　　C. ≥5.0lx　　D. ≥5.0lx或≥10lx

**答案：** C

(53) CIE第92号出版物对住宅不舒适眩光的推荐值，下列哪项是正确的？(　　)

A. $h<4.5\text{m}$ $LA^{0.25}\leqslant 8000$　　B. $h<4.5\text{m}$ $LA^{0.25}\leqslant 6000$

C. $4.5\text{m}<h<6\text{m}$ $LA^{0.25}\leqslant 6000$　　D. $h>6\text{m}$ $LA^{0.25}\leqslant 8000$

**答案：** C

(54) 一般情况下，广场的亮度大约在多少左右。(　　)

A. 2～5cd/m$^2$　　B. 6～9cd/m$^2$　　C. 6～8cd/m$^2$　　D. 6～7cd/m$^2$

**答案：** A

(55) 通常立交桥的区域内都会有一些绿地，这些绿地对调剂桥区内的景观环境作用，以下说法哪些不正确？(　　)

A. 灯光景观的理想地点

B. 灯光景观最应该避免的地点

C. 灯光景观不受空间上的限制

D. 不影响机动车驾驶员视觉，同时张扬景观的艺术性

**答案：** B

(56) 以下说法哪些是正确的？(　　)

A. 环绕桥区的建筑需要按节点景观的要求进行照明

B. 环绕桥区的建筑需要按街道路段景观的要求进行照明

C. 桥区外的建筑需要按节点景观的要求进行照明

D. 桥区内的建筑需要按街道路段景观的要求进行照明

**答案：** A

(57) 失能眩光会引起以下什么反应？(　　)

A. 妨碍对物体的视看效果，使视功能下降，但它不一定引起不舒适

B. 妨碍对物体的视看效果，使视功能下降很大，同时也引起不舒适

C. 使人很不舒适，但它不妨碍对物体的视觉功能效果

D. 使人极度不舒适，同是也严重影响对物体的视看效果

**答：** A

(58) 失能眩光因数的符号是什么？(　　)

A. DEF　　B. DGE　　C. DGF　　D. GDF

**答：** C

(59) CIE提出的失能眩光因数评价程序，这是在什么条件的结果？(　　)

A. 标准照明条件下得到的结果

B. 实际照明条件下得到的结果

C. 实际照明的条件下与标准照明条件下相比较所得到的结果

D. 最不利照明条件下得到的结果

**答：** C

(60) 失能眩光因数评价程序是CIE导出的什么关系？(　　)

A. 光幕亮度与视功能之间的关系　　B. 生理眩光和心理眩光之间的关系

C. 亮度与视觉灵敏度之间的关系　　D. 背景亮度和视对象可识别尺寸的关系

**答：** A

(61) 不舒适眩光比的符号是什么？(　　)

A. DGR　　B. VCP　　C. GI　　D. LC

**答：** A

(62) 美国的视觉舒适概率（VCP）法适用于何类照明？(　　)

A. 道路照明　　B. 景观照明工程

C. 所有类型的室内照明系统　　D. 体育照明

**答：** C

(63) 英国的眩光指数GI，其眩光临界值是多少？(　　)

A. 10　　B. 16　　C. 19　　D. 22

**答：** C

(64) 英国的眩光指数GI，当勉强感到有眩光时其值是多少？(　　)

A. 10　　B. 16　　C. 19　　D. 22

**答：** A

(65) 德国的眩光限制等级，当是厉害眩光时其G值为多少？(　　)

A. 1　　B. 4　　C. 10　　D. 28

**答：** B

(66) CIE推荐的统一眩光等级，当照明系统绝对没有眩光时UGR值为多少？(　　)

A. 0　　B. 1　　C. 10　　D. 19

**答：** C

(67) 灯具出光口的平均亮度 $L \leqslant 20$ （$10^3 cd/m^2$）直接眩光限制等级为C级时，灯具的最小遮光角限制值为多少？(　　)

A. 10°　　B. 20°　　C. 15°　　D. 25°

**答：** B

(68) 灯具出光口的平均亮度 $20 < L \leqslant 500$ （$10^3 cd/m^2$）直接眩光限制等级为C级时，灯具的最小遮光角限制值为多少？(　　)

A. 10°　　B. 20°　　C. 15°　　D. 25°

答：D

(69) 对于 100W 及以下的白炽灯最小遮光角为多少？(　　)

A. 15°　　B. 27°　　C. 30°　　D. 40°

答：B

(70) 对于 300～500W 及以下的白炽灯最小遮光角为多少？(　　)

A. 15°　　B. 27°　　C. 30°　　D. 40°

答：D

(71) 灯具最低悬挂高度，应使视线在中等眩光区，到微弱眩光区范围内，其角度为多少？(　　)

A. 27°～45°　　B. 12°～25°　　C. 10°～35°　　D. 35°～60°

答：A

(72) 灯具出光口的平均亮度 $L>500$ ($10^3 cd/m^2$) 直接眩光限制等级为 D 级时，灯具的最小遮光角限制值为多少？(　　)

A. 10°　　B. 20°　　C. 30°　　D. 25°

答：B

(73) 由 100 根 40W 功率因数为 0.73 的一组日光灯管组成的照明负荷，其总的电流约多少？(　　)

A. 20A　　B. 25A　　C. 30A　　D. 35A

答：B

(74) 一组接在 380V 电源的照明其总功耗 8580W，已知功率因数为 0.9，工作电流约是多少？(　　)

A. 约 35A　　B. 约 30A　　C. 约 25A　　D. 约 20A

答：C

(75) 有一个 1200W 气体放电灯，功率因数是 0.75，接入线路后其总功耗是多少？(　　)

A. 2000W　　B. 1600W　　C. 1200W　　D. 1000W

答：B

(76) 已知变压器空载运行时输出端电压为 225V，最远端照明器允许最低电压为 215V，变压器内损折算到二次端电压为 5V，问线路最大电压损失值是多少？(　　)

A. 15V　　B. 10V　　C. 5V　　D. 20V

答：C

(77) 计算照明设备负荷时，使用的需要系数 $K_n$ 所指的是什么？(　　)

A. 表示不同性质的建筑对照明负荷需要的程度

B. 备用灯具和使用灯具之比

C. 节能灯具和普通灯具使用之比

D. 完好灯具在总灯具数中的比例

答：A

（78）计算标有功率因数灯具在实际电路中的功耗，以下哪种说法是正确的？（　　）

A. 灯具标称功耗×功率因数　　B. 灯具标称功耗/功率因数

C. 灯具标称功耗－功率因数　　D. 灯具标称功耗＋功率因数

**答：** B

（79）指出以下哪组符号所代表的是塑料绝缘铝芯电线。（　　）

A. BVV　　B. BXL　　C. BXF　　D. BLV

**答：** D

（80）VLV 所指的是以下哪种类型的照明线路用电缆。（　　）

A. 油浸纸绝缘铅包铝芯电缆　　B. 橡皮绝缘铜芯电缆

C. 聚氯乙烯护套铝芯电缆　　D. 聚乙烯绝缘护套铜芯电缆

**答：** C

（81）从 $S \geqslant \frac{I}{K}\sqrt{t}$ 式得知不同绝缘材料的 $K$ 值决定了单位时间内短路电流对导线截面的要求，请问聚氯乙烯铜芯导线的 $K$ 值是多少？（　　）

A. 107　　B. 143　　C. 131　　D. 115

**答：** D

（82）下列选项中不属于高架步行空间类型的是哪项？（　　）

A. 人与车并不分离的高架步行空间

B. 人与车采取垂直的立体分离的独立式高架步行空间

C. 跨越通道的高架通行栈桥

D. 架着两幢建筑物之间的过街楼

**答案：** A

（83）在 4m 处用于判断对方动机的最小半柱面照度（距地面 1.5m）为多少？（　　）

A. 0.6lx　　B. 0.7lx　　C. 0.8lx　　D. 0.9lx

**答案：** C

（84）亮度计算结果表明阈限增量越大，眩光越强烈。眩光控制阈限增量一般在多少？（　　）

A. 7%～10%　　B. 8%～11%　　C. 9%～12%　　D. 10%～13%

**答案：** A

（85）亮度计算结果表明阈限增量越大，眩光越强烈。眩光控制阈限增量对安静的路面可以提高到多少？（　　）

A. 14%～19%　　B. 15%～20%　　C. 16%～21%　　D. 17%～22%

**答案：** B

**2. 多选题**

（1）影响亮度系数的因素有哪三种？（　　）

A. 观察者的位置　　B. 地面的延伸长度

C. 地面的宽度　　D. 光的投射角度

E. 路面的干湿状况

**答：** A、D、E

(2) 下述几种对视觉的阐述哪几个是正确的？(　　)

A. 光谱光视效率曲线是反映人眼对不同波长可见光的灵敏度的曲线

B. 人眼对不同波长可见光的灵敏度是不同的

C. 道路照明应该遵循暗视觉的一般规律

D. 在暗视觉的情况下，人眼最高灵敏度的波长向长波方向移动

E. 只要亮度大于 $10cd \cdot m^2$ 人眼的光谱光视效率都一样

**答案：** A、B、E

(3) 以下对人眼光色感觉的阐述哪几个是正确的？(　　)

A. 锥状细胞无色感，在昏暗的环境下人不能分辨颜色

B. 波长长的光色偏红，波长短的光色偏青

C. 在明视觉环境下，人们能清楚分辨出物体的五颜六色

D. 人们在昏暗环境下，对绿色光最敏感

E. 波长为 707nm 的光是蓝紫色

**答案：** B、C、D

(4) 余弦定律 $E=I\cos\gamma/h^2$ 中 $\gamma$ 及 $h$ 的意义是什么？(　　)

A. $\gamma$ 是光线投射方向与受光面的夹角

B. $\gamma$ 是光线投射方向与受光面法线的夹角

C. $h$ 是光源到受光面的距离

D. $h$ 是光源到受光面上受光点的距离

E. $h$ 是灯具到受光面距离

**答案：** B 、D

(5) $L=\rho E/\pi$ 这个关系式中 $L$ 代表什么？(　　)

A. 光源的亮度　　B. 任何物体的亮度

C. 任何漫反射物体表面的亮度　　D. 向四周均匀发光光源的亮度

E. 任何漫反射平面表面的亮度

**答案：** C 、E

(6) $L=I/A$ 关系式中对各参数的说法哪些是正确的？(　　)

A. $I$ 是面积 $A$ 发出的发光强度。　　B. $I$ 是面积 $A$ 接受的发光强度

C. $L$ 是光源的表面亮度　　D. $L$ 是反射光源的表面亮度

E. $I$ 是面积 $A$ 发出的光通量

**答案：** A 、C、D

(7) 照明废弃物实行的 3R 措施是指对废弃物处理的三项目标是什么？(　　)

A. 再利用　　B. 增加　　C. 减少　　D. 再循环　　E. 发散

**答：** A、C、D

(8) 扼流圈在工作时的温度取决于以下什么？(　　)

A. 铁芯的磁通密度　B. 铁芯的尺寸　　C. 铜的电流密度

D. 铁芯的重量　　　　E. 热传导

**答案：**A、C、E

(9) 下列哪些说法正确？(　　)

A. 高压汞灯比金属卤化物灯的启动电压高

B. 用方波驱动高强度气体放电灯可以避免声共振的产生

C. 变压镇流器可以适用于电源电压波动范围较大

D. 对灯功率偏大情况的控制，自动变压器要比恒功率变压器好

E. 常用的高压钠灯工作时，电弧管内的钠蒸气压取决于冷端的温度

**答案：**B、C、E

(10) 高压钠灯正常启动取决于什么？(　　)

A. 提高功率因数　　B. 脉冲的上升时间 C. 脉冲的宽度

D. 电流大小的改变　　E. 脉冲的幅度

**答案：**A、B、E

(11) 高频下高强度气体放电灯工作的关键是避免产生强烈的声共振，目前克服声共振的技术有哪些？(　　)

A．用升降很慢的方法来点灯　　　　B. 用升降很快的的方法来点灯

C. 频率跳断　　　　D. 用频率非常高的正弦波来工作

E. 用频率非常低的正弦波来工作

**答案：**B、C、E

(12) 下列选项中，正确的有哪三项？(　　)

A. 隧道口周围山体的亮度基本决定了趋近段的亮度

B. 对水底隧道，隧道入口上方天空的亮度对隧道趋近段的亮度起决定作用

C. 驾驶员驶向隧道时，在趋近段亮度要求不需取决于眼睛视觉要求

D. 为了方便操作，趋近段亮度参照普通道路照明即可

E. 隧道中的眩光控制也是以阈值增量 $TI$ 来衡量的

**答案：**A、B、E

(13) 下列说法中哪三项是正确？(　　)

A. 立交桥照明形式，只取决于车流控制的需要，无须考虑其他因素

B. 防止眩光是桥梁照明的一个计算重点

C. 对于小型立交桥，建议使用高杆照明

D. 立交桥照明形式取决于车流控制的需要和地理环境的限制

E. 立交桥的照明标准可以在连接道路的基础上提高一个等级

**答案：**B、D、E

(14) CIE对道路照明的推荐值中，以下哪些对 $U_L$ 和SR没有规定道路照明等级？(　　)

A. M1　　B. M2　　C. M3　　D. M4　　E. M5

**答案：**D、E

(15) 下列对于控制总线的说法正确的是哪些？(　　)

A. 操作软件都基于 DOS 系统　　B. 只使用 RS232 接口

C. RS232 接口与其他接口都使用　　D. 系统与中央 PC 机直接相连

E. 所有系统都提供手持式编程器进行现场编程

**答案：** C、D

(16) 下面哪些参数是理想的面部识别距离的参数？(　　)

A. $d_{face}=4m$

B. $E_s=2.7lx(\times 10m)$

C. $E_s=0.8lx$；$d_{face}=10m$ *

D. $E_s=2.7lx(\times 4m)$

E. $E_s=0.8lx$；$d_{face}=4m$ *

**答案：** A、B、C

(17) 失能眩光可用的评价指标有哪些？(　　)

A. 相对对比灵敏度　　B. 失能眩光因数

C. 阈亮度差的增加量　　D. 眩光光源与视线间的夹角

E. 光幕亮度

**答：** B、C

(18) 在视觉过程中有一光幕亮度的出现，它能够产生下列什么反应？(　　)

A. 视觉由刚刚看得见到看不见

B. 视觉由刚刚看不见到看得见

C. 背景和视对象间可以识别的最小亮度差$\triangle L$增加

D. 察觉的对比增加

E. 察觉的对比减小

**答：** A、C、D

(19) 泛光灯照明的眩光程度可以用下列哪两项来判别？(　　)

A. 灯具产生的光幕亮度 $L_{vi}$　　B. 观察点景物产生的光幕亮度 $L_{ve}$

C. 观察点的位置　　D. 灯具的高度

E. 观察方向

**答：** A、B

(20) 观察点景物的光幕亮度取决于下列哪两项？(　　)

A. 场地平均照度　　B. 场地最大照度　　C. 灯具的高度

D. 灯具的位置　　E. 场地的反射率

**答：** A、E

**3. 判断题**

(1) 设 $I_\alpha$ 为与反射面的法线成 $\alpha$ 角方向上反射面的发光强度，$I_{max}$是反射面的法线上的发光强度，$I_\alpha=I_{max}\cos\alpha$ 这个关系式仅符合完全漫反射的材料表面。(　　)

**答案：** 对

(2) 被照平面中任意一点的照度等于这个平面所接受光通量的垂直分量，除以光源至

被照面距离的平方。(　　)

**答案：**错

(3) 被照平面中任意一点的照度等于这个平面所接受光强的垂直分量，除以光源至被照面距离的平方。(　　)

**答案：**对

(4) 平面中任意一点的照度（与光强方向不垂直）与那点方向的光强及被照面上光入射角 $\gamma$ 的余弦成正比，与光源至计算点距离 $d$ 的平方成反比。(　　)

**答案：**对

(5) 对于任何辐射体来讲，其光强等于光通量除以 $4\pi$。(　　)

**答案：**错

(6) 植物叶绿素光合作用，主要吸收的光其波长为 435～490nm 和 620～780nm。(　　)

**答：**对

(7) 对植物光合成有效的光，其波长范围是 300～500nm。(　　)

**答：**错

(8) 车道纵向均匀度的要求比全路面均匀度低。(　　)

**答案：**错

(9) 在低照度水平起作用的是锥状细胞。(　　)

**答案：**错

(10) 在高照度水平起作用的是杆状细胞。(　　)

**答案：**错

(11) CIE 将各种情况的人眼对视觉的反应取平均，得出平均人眼对各种波长的光的相对灵敏度函数，即光谱光视效率。( )

**答案：**对

(12) 一般光纤材料的 $n_2/n_1$ 值为 0.82 左右，也就是说入射光和光纤轴的夹角小于临界角的值，才能形成全反射导光现象。(　　)

**答案：**对

(13) 光幕亮度是眩光光源在眼睛瞳孔平面上所产生的亮度。(　　)

**答：**错

(14) 若视野内有 $m$ 个眩光光源，则光幕亮度等于各个眩光光源的光幕亮度之和。(　　)

**答：**对

(15) 失能眩光因数是实际和标准照明条件下的相对可见度的比值。(　　)

**答：**对

# 第2篇

# 技师应会部分

# 第 10 章　照明设计施工图

## 10.1　设计总则

按我国目前的设计程序，设计多数采用两阶段设计：初步设计和施工图设计。各阶段的设计深度及有关的设计内容、图纸、说明等要求分述如下：

### 10.1.1　初步设计

1. 初步设计的深度要满足的要求

(1) 综合各项原始资料经过比较，确定电源、照度、布灯方案、配电方式等初步设计方案，作为编制施工图设计的依据；

(2) 确定主要设备及材料规格和数量作为订货的依据；

(3) 确定工程造价，据此控制工程投资；

(4) 提出与其他工种的设计及概算有关系的技术要求（简单工程不需要），作为其他有关工种编制施工图设计的依据。

2. 说明书内容

(1) 照明电源、电压、容量、照度标准（应列出主要类型照度要求）及配电系统形式；

(2) 光源及灯具的选择：工作照明、装饰照明、应急照明、障碍灯及特种照明的装设及其控制方式。使用日光灯时若用电子镇流器，应予以说明；

(3) 配电箱等的选择及安装方式；

(4) 导线的选择及线路敷设方式。

3. 图纸应表达的内容、深度

(1) 平面布置图：一般工程只绘内部作业草图（不对外出图）。使用功能要求高的复杂工程应出主要平面图，写出工作照明和应急照明等的灯位、配电箱位置等布置原则；

(2) 复杂工程和大型公用建筑应绘制系统图（只绘至分配电箱）。

4. 计算书

(1) 大、中型公用建筑主要场所照度计算（该计算书作为内部归档）；

(2) 负荷计算及导线截面与管径的选择；

(3) 电缆选择计算。

### 10.1.2　施工图设计

1. 施工图设计深度的要求

（1）据此编制施工图预算；

（2）据此安排设备材料和非标准设备的订货或加工；

（3）据此进行施工和安装。

2. 图纸应表达的内容与深度

（1）照明平面图

①画出建筑门窗、轴线、主要尺寸、比例、各层标高，底层应有指北针，注明房间名称，主要场所照度标准，绘出配电箱、灯具、开关、插座、线路等平面布置，表明配电箱、干线及分支线回路编号；

②标注线路走向、引入线规格、敷设方式和标高、灯具容量及安装标高；

③复杂工程的照明，应画局部平剖面图；多层建筑标准层可用其中一层表示；

④图纸说明：电源电压，引入方式；导线选型和敷设方式；设备安装方式及高度；保护接地措施及阻值；注明所采用的标准图或安装图编号、页次。

（2）照明系统图（简单工程可画在平面图上）

用单线图绘制，标出配电箱、开关、熔断器、导线型号规格、保护管径和敷设方法，标明各回路用电设备名称、设备容量、计算电流等。

（3）照明控制图：对照明有特殊控制要求的应给出控制原理图。

（4）设备材料表：应列出主要设备规格和数量。说明书、图纸的内容、深度等根据各工程的特点和实际情况会有所增减，但一般对上述每个阶段设计深度的要求希望能达到。

## 10.2　电气图绘制要求

图纸的绘制应按国家现行的制图标准执行。现行标准有：《电气简图用图形符号》GB 4728—2000和《电气技术用文件的编制》GB 6988—1997。2001年1月15日中华人民共和国建设部批准了《建筑电气工程设计常用图形和文字符号》（00D×001）为国家建筑标准设计图集。该图集是根据上述两个标准及其他相关的标准编制的。

照明设计中常用的图形符号可参见表10-1。

**常用的电气图形符号**　　**表10-1**

| 图　例 | 名　称 | 图　例 | 名　称 |
|---|---|---|---|
| | 弯灯 | | 防水防尘灯 |
| | 广照型灯（配照型灯） | | 花灯 |
| | 深照型灯 | | 壁灯 |
| | 局部照明灯 | | 防爆灯 |
| | 矿山灯 | | 安全灯 |
| | 乳白玻璃球型灯 | | 天棚灯 |

续表

| 图例 | 名称 |
|---|---|
|  | 单相插座 |
|  | 暗装 |
|  | 密闭（防水）插座 |
|  | 防爆 |
|  | 带接地插孔的单相插座 |
|  | 暗装 |
|  | 密闭（防水） |
|  | 防爆 |
|  | 带接地插孔的三相插座 |
|  | 带熔断器的插座 |
| 10/6 | 自动空气断路器 $\frac{\text{断路器额定电流}}{\text{脱扣器额定电流}}$ |
|  | 接地或接零线路 |
|  | 导线相交或分支 |
|  | 不相交的导线 |
|  | 接地装置 |
| 灯具标注法 $a-b\frac{c\times d\times L}{e}f$ | |
| $a$ | 灯具数量 |
| $b$ | 灯具型号或符号 |
| $c$ | 每盏灯具的光源数 |
| $d$ | 光源的容量（W） |
| $e$ | 悬挂高度（m） |
| $f$ | 安装方式 |
| 线路标注法 $d(e\times f)-g-h$ | |

| 图例 | 名称 |
|---|---|
| $d$ | 导线型号 |
| $e$ | 导线根数 |
| $f$ | 导线截面 $mm^2$ |
| $g$ | 线路敷设方式及管径 |
| $h$ | 线路敷设的部位 |
| 线路敷设方式 | |
| E | 明设 |
| C | 暗设 |
| MR | 金属线槽敷设 |
| CT | 桥架敷设 |
|  | 荧光灯 |
|  | 三管荧光灯 |
|  | 瓷质座式灯头 |
|  | 各种灯具的一般符号 |
|  | 轴流式排风扇 |
|  | 吊式风扇 |
| KWH | 电度表 |
| 30 | 设计照度 30lx |
|  | 单极拉线开关 |
|  | 单极双控拉线开关 |
|  | 单极开关 |
|  | 单极暗装开关<br>单极密闭（防水）开关 |
|  | 单极防爆开关 |

续表

| 图　　例 | 名　　称 | | |
|---|---|---|---|
| | 双极开关 | | |
| | 双极暗装开关 | | |
| | 双极密闭（防水）开关 | | |
| | 双极防爆开关 | | |
| | 单极延时开关 | | |
| | 双控开关（单极三线） | | |
| 15/10 | 熔断器 熔断器额定电流/熔丝额定电流 | | |
| | 双极刀闸开关 | 多线表示 | |
| | | 单线表示 | |
| | 三极刀闸开关 | 多线表示 | |
| | | 单线表示 | |
| | 管线由上引来，管线引上<br>管线由下引来，管线引下 | | |
| | | | |
| | 管线由上引来并引下<br>管线由下引来并引上 | | |
| $P_1$ XRM | 配电盘 编号/型号 | | |
| | 进户线 | | |
| | 交流线路 500V 以下除注明者外，铝线为 $2.5mm^2$ 截面；铜线为 $1.0mm^2$ 截面 | | 2 根 |
| | | | 3 根 |
| | | | 4 根 |
| | | | 5 根 |
| | 36V 以下交流线路 | | |
| | 直流线路应急照明线 | | |
| L | 光源种类 | | |
| | 灯具安装方式 | | |
| C | 吸顶安装或直付安装 | | |
| W | 壁式安装 | | |

| 图　　例 | 名　　称 |
|---|---|
| SW | 吊线式安装 |
| CS | 吊链式安装 |
| DS | 管吊式安装 |
| CL | 柱上安装 |
| S | 支架安装 |
| R | 嵌入式安装 |
| | 室内分线盒 |
| | 室外分线盒 |
| | 自动开关箱 |
| | 刀开关箱 |
| | 组合开关箱 |
| | 电流互感器 |
| FPC | 塑料管（半硬） |
| PR | 塑料线槽敷设 |
| MT | 电线管敷设 |
| SC | 钢管敷设 |
| | 立管 |
| 线路敷设部位 | |
| B | 沿（跨）屋架 |
| CL | 船（跨）柱 |
| W | 沿墙 |
| C | 沿顶棚或屋面 |
| F | 沿地板或埋地 |
| SCE | 吊顶内 |
| 相序标注 | |
| U①<br>$L_1$① | A 相 |
| V①<br>$L_2$② | B 相 |
| W①<br>$L_3$② | C 相 |
| | ①交流设备端<br>②交流电源端 |

## 10.3　怎样看土建图

由于整个照明装置都是装设在建筑物上的，且照明设计中的“照明平面图”是在建筑平面图上绘制配电箱、开关、插座、线路等设备，故必须对土建图能理解，土建图包括建筑施工图和结构施工图。由于篇幅的关系我们只能简单介绍一下建筑图的图形和符号。建筑图例见表 10-2。

**总平面图例**　　**表 10-2**

| 图　例 | 名　称 | 图　例 | 名　称 |
|---|---|---|---|
| | 新设计的建筑物右上角以点数表示层数 | | 围墙<br>表示砖石、混凝土及金属材料围墙 |
| | 原有的建筑物 | | 围墙<br>表示镀锌铁丝网、篱笆等围墙 |
| | 计划扩建的建筑物或预留地 | 154.20 | 室内地坪标高 |
| | 拆除的建筑物 | ▼ 143.00 | 室外整平标高 |
| | 地下建筑物或构筑物 | | 原有的道路 |
| | 散状材料露天堆场 | | 计划的道路 |
| | 其他材料露天堆场或露天作业场 | | 公路桥<br>铁路桥 |
| | 露天桥式吊车 | | 护坡 |
| | 龙门吊车 | 北 | 风向频率玫瑰图 |
| | 烟囱 | 北 | 指北针 |

注：1. 指北针圆圈直径一般以 25mm 为宜，指北针下端的宽度约为直径的 1/3；

2. 风向频率玫瑰图是根据当地多年平均统计的各个方向吹风次数的百分数按一定比例绘制的；风吹方向是指从外面吹向中心；实线——表示全年风向频率；虚线——表示夏季风向频率，按 6、7、8 三个月统计。

## 示范题

**1. 单选题**

照明系统的安装总功率可从哪种图中获取？（　　）

A. 照明系统图　　B. 照明平面图　　C. 夜景照明效果图　　D. 建筑结构图

**答案：**A

**2. 多选题**

在照明设计施工图中，按我国目前的设计程序，设计多数采用哪两个阶段设计？（　　）

A. 总体设计　　B. 初步设计　　C. 局部设计

D. 施工图设计　　E. 功能设计

**答案：**B、D

**3. 判断题**

室内照明设计平面图是在建筑平面图的基础上绘制的。（　　）

**答案：**对

# 第 11 章　光　的　测　量

在照明工程中，需要进行光度测量、辐射测量和色度测量。在一般情况下，以光度测量较为普遍，本章主要介绍光度测量和色度测量的方法，即照度、光强、光通量和颜色的测量方法。

光度测量有两种方法：目测法和物理法。目测法是以人眼为检测器，物理法则是以物理仪器为检测器。目测法涉及人眼对可见光所引起的心理—物理反应。眼睛不能用于测量，仅能判断相等的程度。这种目视光度学目前仍用于视觉研究和国家标准化工作中，而在其他方面已由物理光度学所代替。

目前广泛采用的物理测光法主要是以光电效应为基础的电测法。其优点是测量的精确度较高，并且有可能实现测量的自动化。

## ※11.1　光检测器

光检测器是用光电元件组成。光电元件的理论基础是光电效应。光可被看成由一连串具有一定能量的粒子（光子）所构成，每个光子具有的能量正比于光的频率 $\nu$，h 为普朗克常数，故用光照射某一物体，就可以看作此物体受到一连串光子的轰击，而光电效应就是这些材料吸收到光子能量的结果。通常把光线照射到物体表面后产生的光电效应分三类：

第一类　在光的作用下能使电子逸出物体表面的称外光电效应。基于外光电效应的光电元件有光电管、光电倍增管等。

第二类　在光的作用下能使物体电阻率改变的称内光电效应，又叫光电导效应，基于内光电效应的光电元件有光敏电阻，以及由光敏电阻制成的光导管等。

第三类　在光的作用下能使物体产生一定方向电动势的称阻挡层光电效应。这类光电元件，主要有光电池和光电晶体管等。

在光度测量方面光电池具有重要的意义。这种光电池能容易地制成各种形状，在使用时不需要辅助电源，直接与微安表连接起来便可使用，比较轻便和便于携带，灵敏度和光谱特性比较理想。

光电池种类很多，有硒、氧化亚铜、硫化镉、锗、硅、砷化镓光电池等。其中最受重视的是硅光电池，因它具有性能稳定、光谱范围宽、频率特性好、传递效率高、能耐高温和辐射的优点。此外由于硒光电池的光谱峰值位置在人眼的视觉范围，所以很多分析仪器、测量仪器亦常用到它。

### 11.1.1　工作原理

硅光电池是在一块N型硅片上扩散P型杂质而形成一个大面积的PN结。当光照射P型面时，若电子能量 $h\nu$ 大于半导体材料的禁带宽度，则在P型区每吸收一个光子便产生一个自由电子一空穴对。而使P型区带阳电，N型区带阴电形成光电电动势。

### 11.1.2　光电池的基本特性

1. 光电池的光谱特性

图11-1为硒光电池和硅光电池的光谱特性曲线。不同材料的光电池的光谱峰值位置不同。例如硅光电池可在450～1100nm范围内使用，而硒光电池只能在340～570nm范围内应用。

在实际使用中应根据光源性质来选择光电池，反之也可根据光电池特性选择光源。例如硅光电池对于白炽灯在绝对温度为2850K时有最佳光谱响应。但要注意光电池的光谱峰值不仅与制造光电池的材料有关，同时也随着使用温度而变化。

2. 光电池的光照特性

图11-2为硅光电池的光照特性曲线。光生电动势 $U$ 与照度 $E_e$ 间的特性曲线称为开路电压曲线；光电流密度 $J_e$ 与照度 $E_e$ 间的特性曲线称为短路电流曲线。

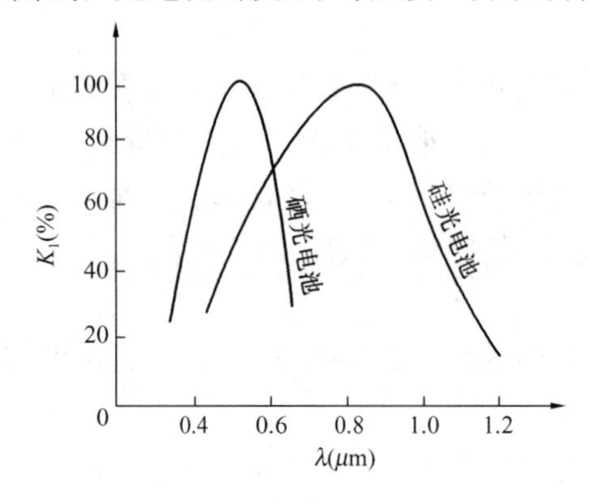


图11-1　光电池的光谱特性曲线

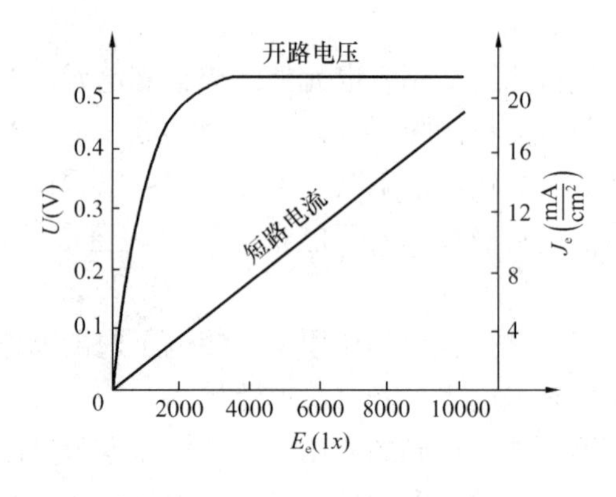


图11-2　硅光电池的光照特性曲线

短路电流在很大范围内与光照呈线性关系，开路电压与光照度的关系是非线性的，且在照度为2000lx时就趋于饱和了。因此把光电池作为检测元件时，应该把它当作电流源的形式使用，即利用短路电流与光照呈线性关系的特点。

所谓短路电流，是指外接负载电阻足够小，近似“短路”条件时的电流。由实验得出结论，负载电阻愈小，光电池与照度之间的线性关系愈好，且线性范围宽。对于不同的负载电阻，可以在不同的照度下，使光电流与光照度保持线性关系。所以，应用光电池作检测元件时，所用负载电阻的大小应根据光照的具体情况来定。一般取1kΩ左右的阻值。

3. 光电池的频率特性

图11-3为光的调制频率 $f$ 和光电池相对输出电流 $I$ 的关系曲线。相对输出电流 $I$ 为高频输出电流与低频最大输出电流之比。

可以看出，硅光电池具有较高的频率响应，而硒光电池较差。因此在高速记忆、有声电影以及其他方面多采用硅光电池。

4. 光电池的温度特性

光电池的温度特性是描述光电池的开路电压 $U$、短路电路 $I$ 随温度变化的曲线。

由于它关系到应用光电池设备的温度漂移，影响到测量精确度或控制精确度等主要指标，因此它是光电池的重要特性之一，如图 11-4 所示。

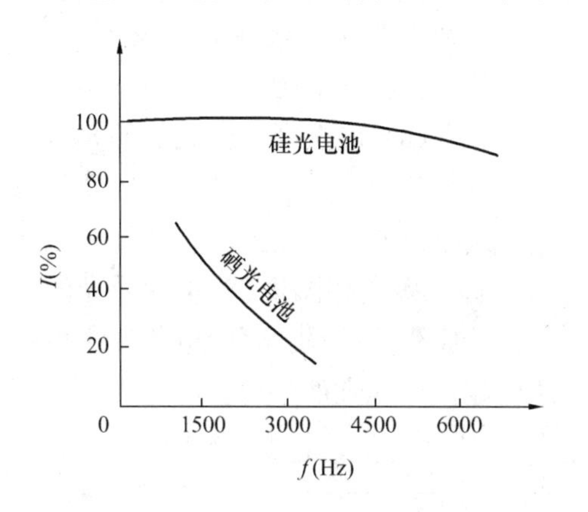


图 11-3　光电池的频率特性曲线

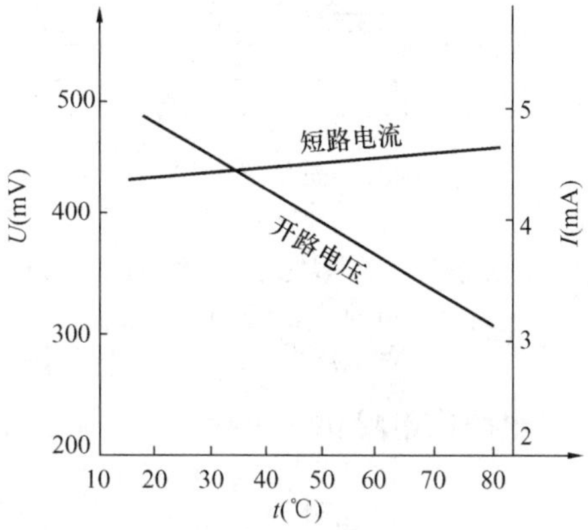

图 11-4　光电池的温度特性曲线

硅光电池的光谱特性曲线与 $V(\lambda)$ 不一致，且输出电流随温度变化较硒光电池大（温度每升高一度，电流下降 0.2%～0.3%）。但硅光电池有很多优点：疲劳效应极小、寿命长（属于永久性元件）、线性范围宽，只要将其相对光谱特性（灵敏度）曲线校正到与人眼的 $V(\lambda)$ 曲线接近（一致），就能很好地利用。由于硅光电池适合在电子放大电路中使用，近年来，已做成内装放大器的数字式照度计。

## 11.2　光度测量

### 11.2.1　照度测量

照度测量一般采用将光检测器和电流表连接起来，并且表头以 lx 为单位进行分度构成的照度计。将光电池放到要测量的地方，当它的全部表面被光照射时，由表头可以直接读出光照度的数值。由于照度计携带方便、使用简单，因而得到广泛的应用。通常一只好的照度计应符合下列要求：

(1) 应附有 $V(\lambda)$ 滤光器。常用的光电池（硒、硅）其光谱灵敏度曲线与 $V(\lambda)$ 曲线都有相当大的偏差，这就造成测量光谱能量分布不同的光源，特别是测量非连续光谱的气体放电灯产生的照度时，出现较大的偏差，所以照度计都要给光电池配一个合适的玻璃的或液体的滤光器，校正光电池的光谱响应，它的光谱灵敏度曲线与 $V(\lambda)$ 曲线相符的程度越好，照度测量的精确度越高。

(2) 应配合适的余弦校正（修正）器。当光源由倾斜方向照射光电池表面时，光电流输出应当符合余弦法则，即这时的照度应等于光线垂直入射时的法线照度与入射角余弦的

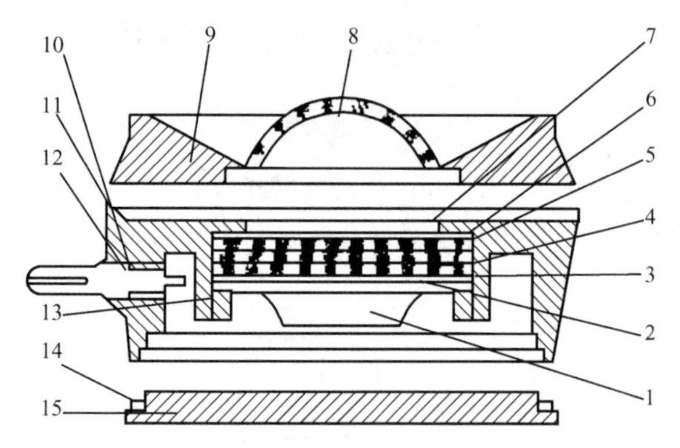


图 11-5　有校正的硒光电池接收器结构

1—弹性压接片（正极）；2—硒光电池；3—导电环（负极）；4—光谱修正滤光器；5—磨砂玻璃；6—橡皮；7—凹槽；8—余弦修正器；9—前盖；10—底座；11、14—密封圈；12—插座；13—垫圈；15—后盖

乘积。但是，由于光电池表面的镜面反射作用，在入射角较大时，会从光电池表面反射掉一部分光线，致使光电流小于上面所说的正确数值。为了修正这一误差，通常在光电池上外加一个均匀漫透射材料制成的余弦校正器（图 11-5）。这种光电池组合称为余弦校正光电池。其余弦特性如图 11-6 所示。

（3）应选择线性度好的光电池。在测量范围内，照度计的读数要与投射到光电池的受光面上的光通量成正比。也就是说，光电流与光电池受光面的照度应成线性关系。硒光电池的线性度主要决定于外电路的电阻和受光量；外电阻越小，照度越低，线性度越好。

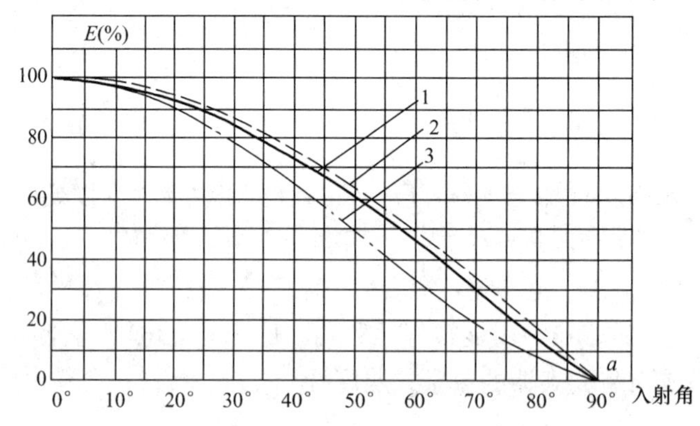


图 11-6　光电池的余弦曲线特性

1—理想的余弦特性曲线；2—光电池修正后的特性曲线；3—光电池未加余弦修正器时的特性曲线

（4）硒光电池受强光（1000lx 以上）照射时会逐渐损坏，为了要测量较大的光强度，硒光电池前应带有几块已知减光倍率的中性减光片。

照度计在使用和保管过程中，由于光电池受环境的影响，其特性会有所改变，必须定期对照度计进行标定，以保证测量的精度。

照度计的标定可以在光具座上进行，如图 11-7 所示。利用标准光强灯，在满足“点光源”（标准灯距光电池的距离是光源尺寸的 10 倍以上）的条件下，逐步改变光电池与标准灯的距离 $d$，记下各个距离时的电流计读数，由距离平方反比定

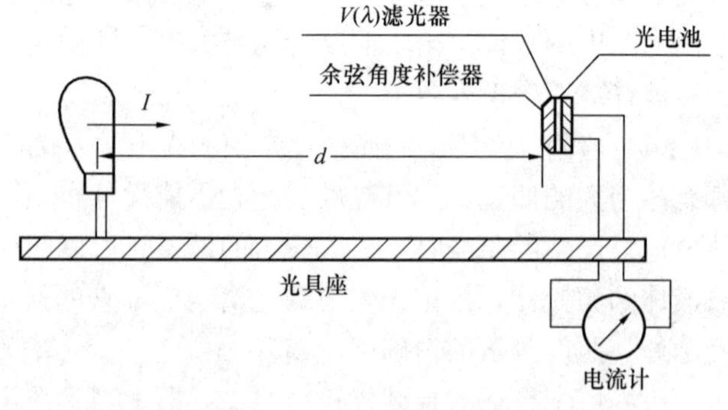


图 11-7　标定照度计的装置

律（$E=I/d^2$）计算光照度，可得到相当于不同光照度的电流计读数。将电流计读数与光照度的关系作图，就是照度计的定标曲线，由此可以对照度计进行分度。定标曲线不仅与光电池有关，而且与电流计有关，换用电流计或光电池时，必须重新定标。

### 11.2.2 光强测量

光强测量主要应用直尺光度计（光轨），如图11-8所示，它由以下几部分组成：能在光具座A上移动的光度头B，已知光强度的标准光源S，放置待测光源C的活动台架和防止杂散光的黑色挡屏D等。用光度镜头，对标准光源的已知光强和被测光强进行比较。光度头可由光电池构成。

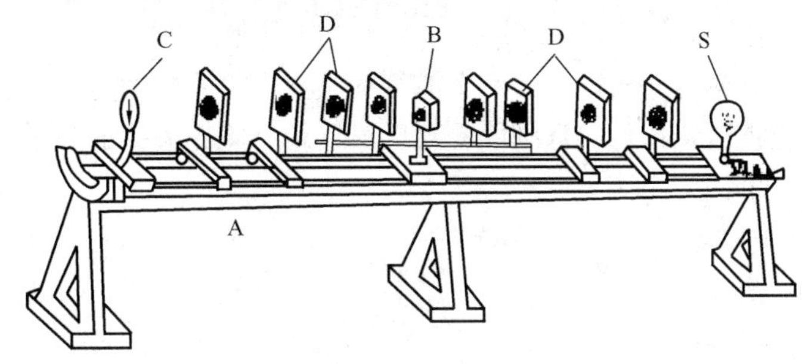


图11-8 测量光强度的装置

使用光电池光度头时，使灯与光电池保持一定的距离，先对标准灯测得一个光电流值 $i_s$，然后以被测灯代替标准灯测得另一个光电流值 $i_t$。假设标准灯的已知光强为 $I_s$，则被测光强 $I_t$ 为：

$$I_t = I_s \frac{i_t}{i_s} \tag{11-1}$$

或者，分别改变标准灯和被测灯与光电池的距离 $l_s$ 和 $l_t$，使其得到相等的光电流。此时，被测灯的光强由下式求出：

$$I_t = I_s \left(\frac{l_t}{l_s}\right)^{\frac{1}{2}} \tag{11-2}$$

在实际测量灯具的光强时，为了使式（11-1）准确地成立，距离 $l$ 必须取得比较大[当 $l$ 为光源最大尺寸的5倍以上时，使用式（11-2）引起的误差小于1%]。

### 11.2.3 光强分布（配光特性）测量

在实际工作中，常常需要测量灯具或光源在空间各个方向上的光强分布。通常采用分布光度计进行测量。

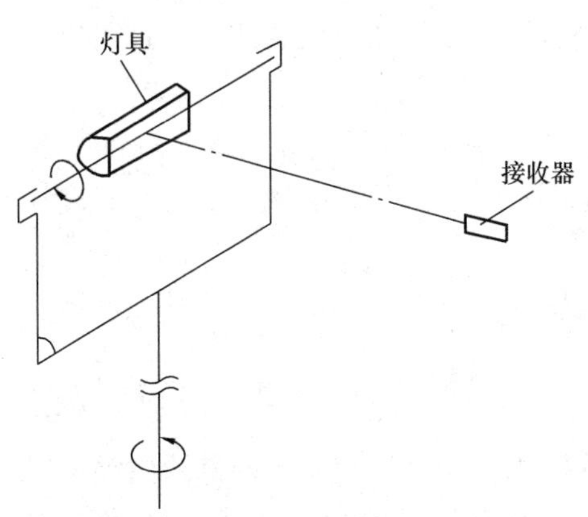


图11-9 卧式分布光度计示意图

分布光度计的接收器（光电检测器）相对于被测体（光源或灯具）运动的轨迹是一个球面，被测体位于球心，这样就可以测量到光度量的空间分布。根据接收器和被测体之间相对运动的方式，分布光度计可分为立式、卧式两大类。

1. 卧式分布光度计（角分布光度计）

这类仪器在测量时被测体能绕垂直轴和绕水平轴作360°旋转，而接收器静止不动，靠被测体自身的运动来得到球面测量轨迹。测量装置示意图如图11-9所示。

这种装置的优点是结构简单、卧式安装，对安装空间的高度要求低，直接测量光程长（接收器放在光轨上，测量光程由光轨长度决定）。

这种装置的缺点是要求被测体能任意转动，这对于有些有工作位置要求的光源测量就有困难了。

泛光灯、投光灯、汽车前灯和其他光束集中的灯具，它们的测试距离要求很长，探测器应该放置在足够远到能看到反射器整个闪光表面的地方。体育场照明用的泛光灯，约需33m的测光距离。

2. 立式分布光度计（极坐标光度计）

这类仪器在测量时被测体只要绕垂直轴旋转就可以了，而接收器相对于被测体绕水平轴做垂直面上的圆周运动，从而得到球面测量轨迹。测量装置示意图如图11-10所示。图11-10（$a$）表示的情况是：测量时被测体静止不动，接收器绕被测体在垂直面内转动，测完一圈之后，被测体自转一个角度，再现第二圈（即第二个面），这样直至测完在整个空间的光强分布。

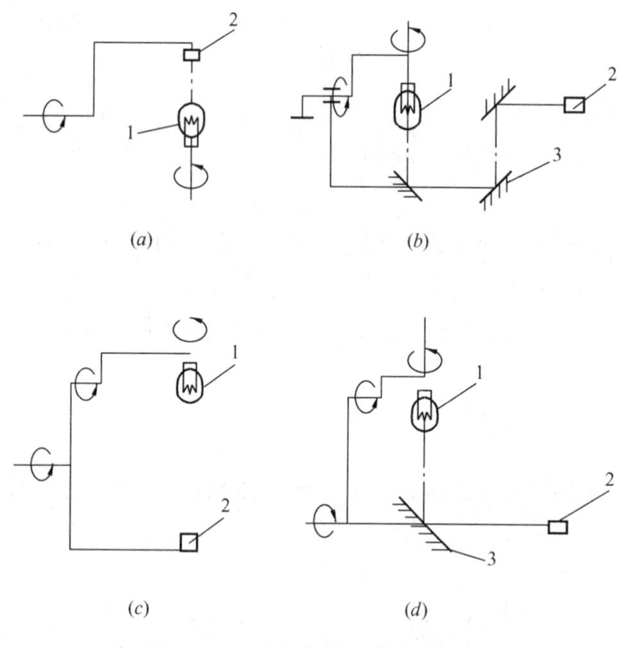


图11-10　立式分布光度计示意图
1—被测光源；2—接受器；3—反射镜

图11-10（$c$）表示的是：测量时接收器和被测体同时绕某一轴线转动，转动时，被测体本身同时有一转动，此转动轴线始终保持垂直（或水平），接收器面始终对着被测体，因此，它们绕公共轴转动一周时，接收器就能测得被测体在一个垂直面的各个方向的光强，然后，被测体自转一定角度再测第二个面。此种运动方式的装置比前一种需要的安装空间高度小。为了增加测量距离，在分布光度计中应用反射镜，用一块、两块或三块都可以，见图11-10（$b$）和图11-10（$d$）。

分布光度计除用来测量光强在空间的分布曲线外，还可以测量灯具或光源的总光通量。分布光度计的转动系统及数据处理系统可以全部自动控制，目前先进的分布光度计已用微型计算机控制。

测定道路照明的灯具和室内照明的灯具都是采用立式分布光度计（极坐标光度计）。

### ※11.2.4　光通量测量

测量光源的光通量通常用球形积分光度计。球形积分光度计是一个内部涂以漫反射白色涂料的中空球形容器。在容器上开一个小孔，用光检测器（如光电池）测量从小孔射出的光通量便可测光源的光能量。容器一般做成两半，可以打开，以便把光源拿到容器内测量。球的直径可达1～5m。球形积分光度计的结构如图11-11所示。

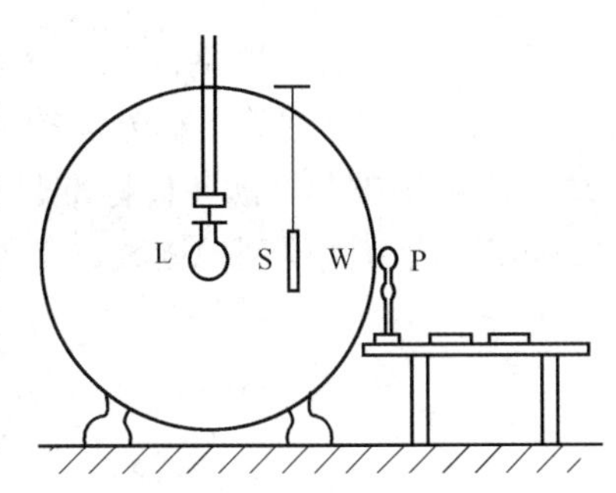


图11-11 光通球结构示意图
L—光源；S—遮光板；W—测光窗；P—光电池

用球形光度计测量光源光通量的原理是：球内壁上反射光通量所形成的附加照度与光源光通量成正比。因此，测量球壁的附加照度值就可得出被测光源所发出的光通量。

将被测光源放在球内。设从光源发射的光通量为$\phi_1$，$\phi_1$投射到球内壁上，球内壁为均匀漫反射表面，其反射比为$\rho$，所以入射光通量$\phi_1$将有一部分$\rho\phi_1$从球壁反射出来。这部分光通量$\rho\phi_1$将再度投射到球壁上并有光通量从球内壁反射出来，光通量$\rho^2\phi_1$，又投射到球壁上产生第三次反射，光通量$\rho^3\phi_1$。这种多次反射过程将进行不止，因光源不断发射光通量，故经过多次反射叠加后，球内壁上实际接收的光通量为

$$\phi=\phi_1+\rho\phi_1+\rho^2\phi_1+\rho^3\phi_1+\cdots+\rho^n\phi_1 \tag{11-3}$$

因$\rho<1$，所以可写成

$$\phi=\frac{\phi_1}{1-\rho}=\phi_1+\frac{\rho\phi_1}{1-\rho} \tag{11-4}$$

式（11-4）中的第一项$\phi_1$为光源发出的光通量，第二项$\rho\phi_1/(1-\rho)$是由于经球内壁多次反射而落到球壁上的附加光通量比，可以认为它是均匀分布的，因此球壁上的附加照度$E_0$为

$$E_0=\frac{\phi_0}{A}=\frac{\rho\phi_1}{4\pi R^2(1-\rho)}=C\phi_1 \tag{11-5}$$

式中 $A=4\pi R^2$——球内壁的面积，$R$为球的半径；

$C=\rho/4\pi R^2(1-\rho)$——系数，当球的特性一定时，$C$是常数。

从式（11-5）可知，只要测量球壁的附加照度$E_0$就可求得被测光源的光通量$\phi_1$：

$$\phi_1=\frac{E_0}{C} \tag{11-6}$$

为了测量$E_0$，可在球壁上开一小孔，在此小孔上安装光电池，在球内设一挡板挡住光源的直射光通量，使之不能照射到小孔上，这样小孔上的照度就是附加照度$E_0$。

球形积分光度计的常数$C$可以用标准光源来确定。对于标准光源，其光通量$\phi_s$是已知的，把它放到球内并测量附加照度$E'_0$，即可从下式求常数$C$：

$$C=\frac{E'_0}{\phi_s} \tag{11-7}$$

由于光源的存在所引起的吸收误差和球表面的涂层还不是理想的，所以在实际测量中采用“取代法”。即，将已知光通量的灯泡放在积分球内，并测量球壁的照度，然后把被测灯泡放在球内取代标准灯泡的位置，再测得照度。如果标准灯泡和被测灯泡除了光通量不同外，物理上完全相同，则从照度读数比可计算出被测灯泡的光通量。这时，认为标准灯泡和被测灯泡吸收同样的辐射量。如果标准灯泡和被测灯泡在物理上不相同，这就需要测量自吸收比。

测量自吸收比的方法是放一只辅助灯泡紧靠球壁（与光电池在一直线上），并用挡板

挡住，以防止光线直接落到光电池和被测灯泡上，如图 11-12。用辅助灯泡得到一个读数，然后把标准灯泡放到积分球的球心上，但不点亮，再得到一个读数，设这两个读数比为 $R_s$。随后用被测灯泡替代标准灯泡重复上述过程，设这个读数比为 $R_t$。$R_s/R_t$ 比值可用来修正一般方法得到的读数。

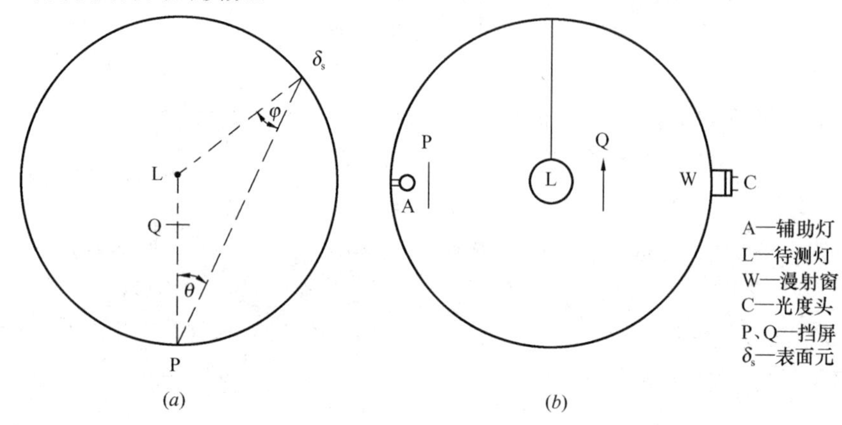


图 11-12　自吸收比的测量

为了保证测量结果的准确性，积分光度计应尽可能地大一点，与合适的灵敏度相称并易于操作，通常要求灯的最大尺寸不超过球直径的 1/6～1/10。球内壁涂料的反射比也不能太高，太高了会在式（11-5）中产生不成比例的很大的影响，所以推荐使用反射比约为 0.8 的涂料。同时要求其反射比与反射光线的波长无关，一般用专门的涂料（如 MgO，ZnO，$BaSO_4$ 等）。

测量光通量的另一种方法是用“分布光度计”测量待测灯在空间各个方向的光强分布，由于光源任意方向的光强和该方向立体角的乘积即为该立体角内的光通量，测出各个角度方向的光强值，得出各个立体角内的光通，其和即为光源的总光通。目前使用微机控制的分布光度计，测量、计算可全部自动化。

### 11.2.5　亮度测量

光度量之间存在着一定的关系，运用这种关系能使某些光度量的测量变得较为容易，并且能用照度计来测量其他光度量。

图 11-13 为测量亮度的原理图，为了测量表面 S 的亮度，在它的前面距离 $d$ 处设置一个光屏 $Q$。光屏上有一透镜（透射比为 $\tau$），它的面积为 $A$，在光屏的右方设置照度计作检测器 m，m 与透镜的距离为 $l$，m 与透镜的法线垂直，在 $l$ 的尺度比 $A$ 大得多的情况下，照度计检测器 m 上的照度等于

$$E=\frac{I}{l^2}=\frac{\tau LA}{l^2}$$

即

$$L=\frac{El^2}{\tau A} \tag{11-8}$$

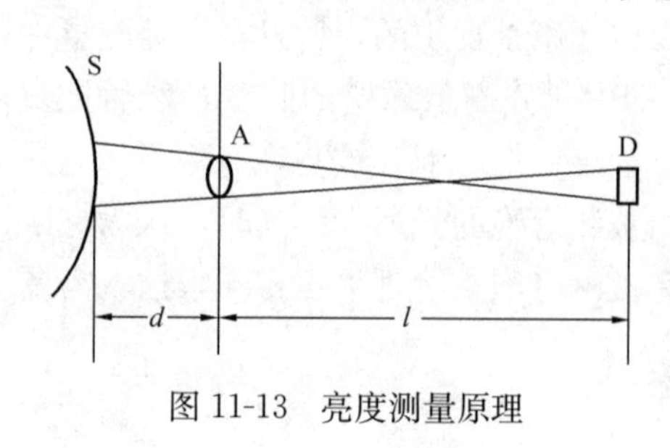


图 11-13　亮度测量原理

根据这一原理制成亮度计。亮度计的刻度已由厂家标定。典型的透镜式亮度计如图 11-14 所示。

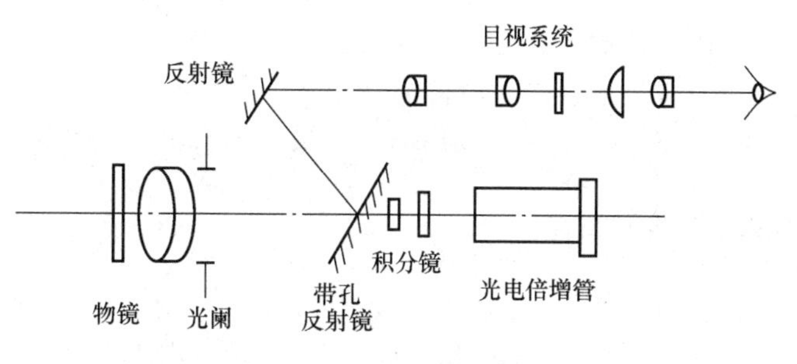

图 11-14 透镜式亮度计简图

被测光源经过物镜后，在带孔反射镜上成像，其中一部分光经过反射镜上的小孔到达光电接收器上，另一部分光经反射镜反射到取景器，在取景器的目镜后可以用人眼观察被测目标的位置以及被测光源的成像情况。如成像不清楚，可以调节物镜的位置。光电接收器的输出信号经过放大后由电表指示（目前已有采用数字显示）。在光电接收器前一般加$V(\lambda)$滤光器以符合人眼的光谱光效率，如果放一些特定的滤色片还可以用来测光源的颜色。

亮度计的视场角$\theta$决定于带孔反射镜上小孔的直径，通常在0.1°～2°之间，测量不同尺寸和不同亮度的目标物时用不同的视场角。

亮度计可事先用标准亮度板进行检验，在不同标准亮度下对亮度计的读数进行分度，标准量度板可以用标准光强灯照射在白色理想漫射屏上获得。

## 11.3 光的现场测量

在现场进行光的测量，是为了检验实际照明效果是否达到预期的设计目标，现有的照明装置是否需要进行改造，或为某些研究积累资料。

现场测量要注意以下几个问题：

（1）选择符合测量精度要求的仪器

一般选用精度为2级以上的仪表。仪表要经过校准，确定其误差范围，且测量时注意仪表量程的使用要合理。

（2）选择标准的测量条件

新建的照明设施要在灯点燃过100h（气体放电灯）和20h（白炽灯）之后再测量，使灯泡光通衰减并达稳定值。开始测量以前，灯也要预点一段时间，使灯的光通输出稳定；通常白炽灯需点5min，荧光灯点15min，HID灯需点30min。灯的光通会随电压的变化而波动，白炽灯尤为显著，所以测量中需要监视并记录照明电源的电压值，必要时根据电压偏移给予光通量变化修正。

（3）实测报告

既要列出翔实的测量数据，也要将测量时的各项实际情况记录下来。这包括：

①灯、镇流器和灯具的类型、功率和数量；

②灯和灯具的使用龄期；

③房间平、剖面图，注明灯具或窗户的位置；

④测量时的电源电压；

⑤室内主要表面的颜色和反射比；

⑥最近一次维修、擦洗照明设备的日期；灯和灯具的损坏与污染情况；

⑦测量仪器的型号和编号；

⑧测定日期、起止时间、测定人。

（4）防止测试者和其他因素对接收器的遮挡（详略）

### 11.3.1　照度测量

在进行工作的房间内，应该在每个工作地点（例如书桌、工作台）测量照度，然后加以平均。对于没有确定工作地点的空房间，或非工作房间如果单用一般照明，通常选 0.8m 高的水平面测量照度。将测量区域划分成大小相等的方格（或接近长方形），测量每格中心的照度 $E_i$，平均照度等于各点照度的算术平均值。即：

$$E_{av} = \frac{\sum E_i}{n} \tag{11-9}$$

式中　$E_{av}$——测量区域的平均照度（lx）；

$E_i$——每个测量网格中心的照度（lx）；

$n$——测量点。

小房间每个方格的边长为 1m，大房间可取 2～4m。走道、楼梯等狭长的交通地段沿长度方向中心线布置测点，间距 1～2m；网格边线一般距房间各边为 0.5～1m。测量平面为地平面或地面以上 1.5m 的水平面。

测点数目越多，得到的平均照度值越精确，不过也要花费更多的时间和精力。如果 $E_{av}$ 的允许测量误差为±10%，可以用根据室形指数选择最少测点的办法减少工作量。两者的关系列于表 11-1。若灯具数与表 11-1 给出的测点数恰好相等，必须增加测点。当以局部照明补充一般照明时，要按人的正常工作位置来测量工作点的照度，将照度计的光电池置于工作面上或进行视觉作业的操作表面上。

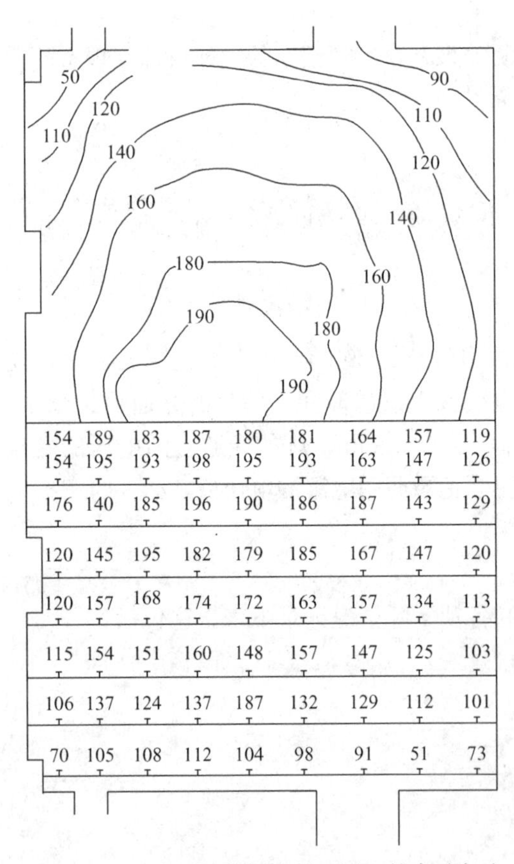


图 11-15　照度测量数据在平面图上的表示方法

**室形指数与测点数的关系　表 11-1**

| 室形指数 $K_r^*$ | 最少测点数 |
|---|---|
| <1 | 4 |
| 1～2 | 9 |
| 2～3 | 16 |
| ≥3 | 25 |

注：$K_r^* = \frac{lw}{h_r(l+w)}$，式中 $l$ 和 $w$ 为房间的长和宽，$h_r$ 为由灯具出光口至测量平面的高度。

测量数据可用表格记录，同时将测点位置正确地标注在平面图上；最好是在平面图的测点位置上直接记下数据。在测点数目足够多的情况下，根据测得数据画出一张等照度曲线分布图则更为理想。图 11-15 是一个示例。

### 11.3.2 亮度测量

环境的亮度测量应在实际工作条件下进行。先选定一个工作地点作为测量位置，从这个位置测量各表面的亮度。将得到的数据直接标注在同一位置、同一角度拍摄的室内照片上，或以测量位置为视点的透视图上，如图 11-16 所示。亮度计的放置高度，以观察者的眼睛高度为准，通常站立时为 1.5m，坐下时为 1.2m。需要测量高度的表面是人眼睛经常注视，并且对室内亮度分布和人的视觉影响大的表面。这主要是：

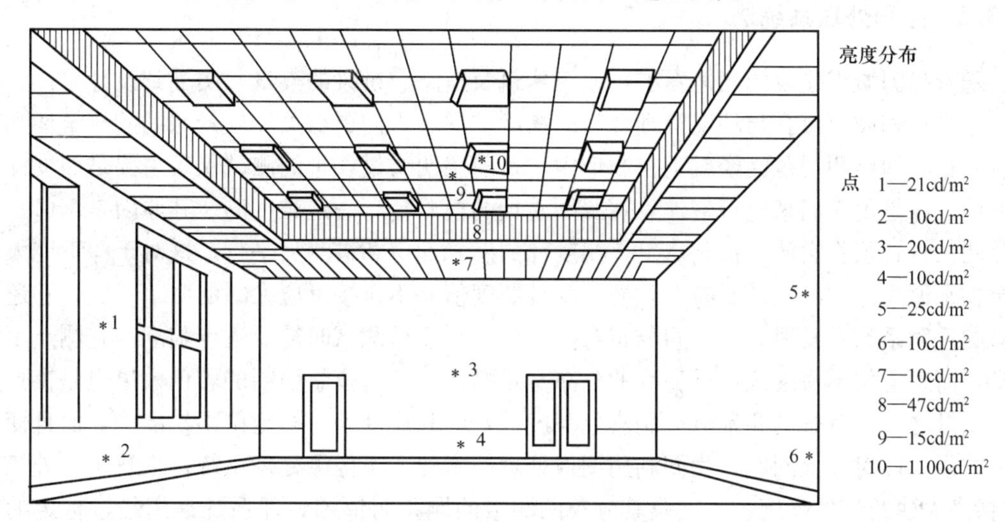


图 11-16 环境亮度测量数据的表示方法

(1) 视觉作业对象；

(2) 贴邻作业的背景，如桌面；

(3) 视野内的环境：从不同角度看顶棚、墙面、地面；

(4) 观察者面对的垂直面，例如在眼睛高度的墙面；

(5) 从不同角度看灯具；

(6) 中午和夜间的窗子。

当没有亮度计时，可用下列方法进行间接测量：

(1) 当被测表面反射比已知时，可通过照度来确定表面的亮度，对于漫反射的表面，其亮度为

$$L=\frac{\rho E}{\pi} \tag{11-10}$$

式中 $E$——表面的照度 (lx)；

$\rho$——表面的反射比。

(2) 当被测表面反射比未知时，可按下述方法测量：选择一块适当的测量表面（不受直射光影响的漫反射面），将光电池紧贴被测表面的一点上，受光面朝外，测下入射照度 $E_i$，然后将光电池翻转 180°，面向被测点，与被测面保持平行地渐渐移开。这时照度计读数逐渐上升。当光电池离开被测面相当距离（约 4m）时，照度趋于稳定（再远则照度开

始下降），记下这时的照度 $E_m$。于是：

$$\rho = \frac{E_m}{E_i} \tag{11-11}$$

此时被测表面的亮度近似为

$$L = \frac{\rho E_i}{\pi} = \frac{\frac{E_m}{E_i}E_i}{\pi} = \frac{E_m}{\pi} \tag{11-12}$$

### 11.3.3　像测处理系统法

随着我国城市建设的飞速发展，城市建筑及道路、桥梁的夜景照明受到设计单位、业主（用户）和城市市容与环境管理部门的高度重视。人们更加关注夜景照明的科学性和艺术性，相应的照明规范已经或正在制订中。目前照明质量评价的测试仪表主要是照度计和亮度计。但是用它们来进行室外景观照明质量的检测是有一定难度的。其原因是：(1) 照度计测试时必须将它放在被测点上，照度计的感光面应和被测面平行。这对于体量庞大的建筑物来说高处的测点是不易做到的。况且照度值并不直接反应人眼的明暗感觉，它还和材料的反射系数及反射光的空间分布有关。(2) 亮度计测试时需要逐点瞄准，它测点不宜太多，而且定位不易准确，对亮度的分布更难描述。(3) 夜景照明的彩色效果也是夜景照明的质量之一，色彩的测量虽可用彩色亮度计，但和亮度计一样定位不易准确，而且使用极不方便。针对以上问题，我们利用图像处理技术建立了像测处理系统，来解决室外景观（包括高大建筑）的亮度、色度及其分布的测量问题。而像测处理系统是用经过标定的相机，在观测点向目标物用拍照的方法，将目标物上所有光信息一次性全部采集并存储下来。采集任务全部完成后，输入计算机按要求进行处理取得结果。由于所用的相机都经过标定，测点的位置又准确可靠，因此该方法具有快捷、方便、准确的特点。同时因为它能精确定位，又能读亮度，因此也能在各种环境中测眩光。

示范题

**1. 单选题**

光电池和光电晶体管产生的光电效应属于什么？(　　)

A. 外光电效应　　B. 内光电效应　　C. 阻挡层光电效应　　D. 变容层光电效应

**答：**C

**2. 多选题**

一只好的照度计应符合下列哪三种要求。(　　)

A. 附有 $V(\lambda)$ 滤光器

B. 附有遮光盖

C. 选择普通的光电池

D. 应带有几块已知减光倍率的中性减光片

E. 应配合适的余弦校正（修正）器

**答：**A、D、E

**3. 判断题**

在实际测量灯具的光强时，为了使式 $I_t = I_s \left(\frac{l_t}{l_s}\right)^{\frac{1}{2}}$ 准确地成立，距离 $l$ 必须取得比较大［当 $l$ 为光源最大尺寸的 3 倍以上时，使用该式引起的误差小于 1%］。（　　）

**答：** 错

# 第 12 章　供配电系统的过电流保护

## 12.1　过电流保护装置的任务和要求

### 12.1.1　过电流保护装置的类型和任务

为了保证供配电系统的安全运行，避免过负荷和短路引起的过电流对系统的影响，在供配电系统中装有不同类型的过电流保护装置。

1. 保护装置的类型

供电系统的过电流保护装置有：熔断器保护、低压断路器保护和继电保护。

（1）熔断器保护，适用于高、低压供电系统。由于其装置简单经济，在供配电系统中应用非常广泛。但是它的断流能力较小，选择性较差，且熔体熔断后更换不便，不能迅速恢复供电，因此在供电可靠性要求较高的场所不宜采用。

（2）低压断路器保护，又称低压自动开关保护，适用于要求供电可靠性较高和操作灵活方便的低压供电系统中。

（3）继电保护，适用于要求供电可靠性较高、操作灵活方便，特别是自动化程度较高的高压供电系统中。

2. 保护装置的任务

（1）熔断器保护和低压断路器保护都能在过负荷和短路时动作，断开电路，以切除过负荷和短路部分，使系统的其他部分恢复正常运行，但通常主要用于短路保护。

（2）继电保护装置在过负荷动作时，一般只发出报警信号，引起值班人员注意，以便及时处理；而在短路出现时，使相应的高压断路器跳闸，将故障部分切除。

### 12.1.2　过电流保护装置的要求

供配电系统对过电流保护装置有下列基本要求：

1. 选择性

当供电系统发生故障时，离故障点最近的保护装置动作，切除故障，而供电系统的其他部分仍然正常运行。满足这一要求的动作，称为选择性动作；如果供电系统发生故障时，靠近故障点的保护装置不动作（拒动作），而离故障点远的前一级保护装置动作（越级动作），称为失去选择性。

2. 速动性

为了防止故障扩大，减轻其危害程度，并提高电力系统运行的稳定性，因此在系统发生故障时，保护装置应尽快地动作，以切除故障。

3. 可靠性

保护装置在应该动作时动作而不拒动作，在不应该动作时，不应误动作。保护装置的可靠程度与保护装置的元件质量、接线方案、安装、整定和运行维护等多种因素有关。

4. 灵敏度

灵敏度是表征保护装置对其保护区内故障和不正常工作状态反应能力的一个参数。如果保护装置对其保护区内极轻微的故障都能及时地反应动作，就说明保护装置的灵敏度高。灵敏度亦称保护装置的灵敏系数，用保护装置的保护区内在电力系统为最小运行方式时的最小短路电流 $I_{k,min}$ 与保护装置一次动作电流（即保护装置动作电流换算到一次电路的值）$I_{op,1}$ 的比值来表示，即

$$S_{p} \overset{def}{=} \frac{I_{k,min}}{I_{op,1}} \tag{12-1}$$

《电力装置的继电保护和自动设计规范》（GB 50062—92）中，对各种过电流保护（继电保护）的灵敏度都有一个最小值的规定，将在后面分别介绍。

以上 4 项要求对一个具体的保护装置来说，不一定都是同等重要的，往往有所侧重。例如对电力变压器，由于它是供电系统中最关键的设备，因此对它的保护装置的灵敏度要求比较高；而对一般电力线路的保护装置，灵敏度要求可低一些，对其选择性则要求较高。又如，在无法兼顾选择性和速动性的情况下，为了快速切除故障以保护某些关键设备，或者为了尽快恢复系统的正常运行，有时甚至牺牲选择性来保证速动性。

# ※12.2　熔断器保护

## 12.2.1　熔断器在供电系统中的配置

熔断器在供电系统中的配置，应符合选择性保护的原则，也就是熔断器要配置得能使故障范围缩小到最低限度。此外应考虑经济性，即供电系统中配置的熔断器数量要尽量少。

图 12-1 是车间低压放射式配电系统中熔断器配置的合理方案，可满足保护选择性的要求，配置的数量又较少。图中熔断器 $FU_5$ 用来保护电动机及其支线。当 k-4 处短路时，$FU_4$ 熔断。熔断器 $FU_3$ 主要用来保护配电干线，$FU_2$ 主要用来保护低压配电屏母线，$FU_1$ 主要用来保护电力变压器。在 k-1～k-3 处短路时，也都是靠近短路点的熔断器熔断。

必须注意：在低压系统中的 PE 线和 PEN 线上，不允许装设熔断器，以免 PE 线或 PEN 线因熔断器动作时，使所接 PE 线或 PEN 线的设备的外露导电部分带电，危及人身安全。

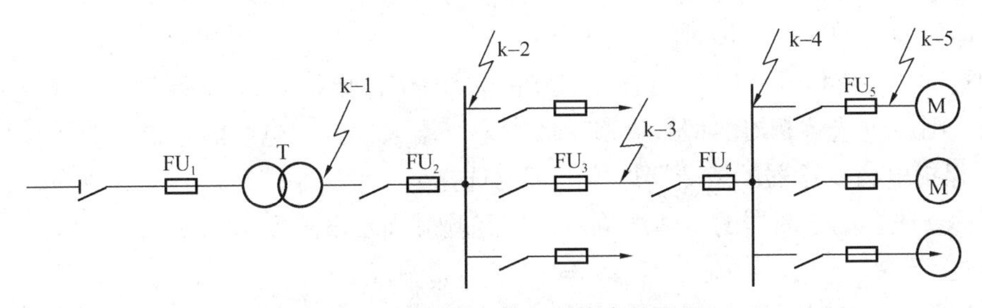


图 12-1　熔断器在供电系统中的配置

### 12.2.2　熔断器熔体电流的选择

1. 保护电力线路的熔断器熔体电流的选择

保护线路的熔体电流，应满足下列条件：

（1）熔体额定电流 $I_{N,FE}$应不小于线路的计算电流 $I_{30}$，使熔体在线路正常运行时不致熔断，即

$$I_{N,FE} \geqslant I_{30} \tag{12-2}$$

（2）熔体额定电流 $I_{N,FE}$还应躲过线路的尖峰电流 $I_{PK}$，使熔体在线路出现正常尖峰电流时不致熔断。由于尖峰电流是短时最大电流，而熔体加热熔断需一定时间，所以满足的条件为：

$$I_{N,FE} \geqslant K I_{PK} \tag{12-3}$$

式中　$K$——小于 1 的计算系数。

对供单台电动机的线路来说，系数 $K$ 应根据熔断器的特性和电动机的启动情况决定：启动时间为 3s 以下（轻载启动），取 $K=0.25 \sim 0.35$；启动时间在 3～8s（重载启动）时，取 $K=0.35 \sim 0.5$；启动时间超过 8s 或频繁启动、反接制动时，取 $K=0.5 \sim 0.6$。对供多台电动机的线路来说，此系数应视线路上最大 1 台电动机的启动情况、线路计算电流与尖峰电流的比值及熔断器的特性而定，取 $K=0.5 \sim 1$；如线路计算电流与尖峰电流的比值接近于 1，则可取 $K=1$。但必须说明，由于熔断器品种繁多、特性各异，因此上述有关计算系数 $K$ 的统一取值方法，不一定都很恰当，《通用用电设备配电设计规范》（GB 50055—93）规定："保护交流电动机的熔断器熔体额定电流应大于电动机的额定电流，且其安秒特性曲线计及偏差后略高于电动机启动电流和启动时间的交点。当电动机频繁启动和制动时，熔体的额定电流应再加大 1～2 级"。

（3）熔断器保护还应与被保护的线路相配合，使之不致发生因过负荷和短路引起绝缘导线或电缆过热起燃而熔断器不熔断的事故，因此还应满足条件：

$$I_{N,FE} \leqslant I_{al} K_{OL} \tag{12-4}$$

式中，$I_{al}$——绝缘导线和电缆的允许载流量；

$K_{OL}$——绝缘导线和电缆的允许短时过负荷系数。

如果熔断器只做短路保护时，对电缆和穿管绝缘导线，$K_{OL}$取 2.5；对明敷绝缘导线，$K_{OL}$取 1.5。如果熔断器不仅只做短路保护，而且要求做过负荷保护时，如居住建筑、重要仓库和公共建筑中的照明线路，有可能长时过负荷的动力线路，以及在可燃建筑构架上明敷的有延燃性外层的绝缘导线，$K_{OL}$则应取为 1（当 $I_{N,FE} \leqslant 25A$ 时，取为 0.85）。对有爆炸气体区域内的线路，$K_{OL}$应取为 0.8。

按式（12-2）和式（12-3）这两个条件选择的熔体电流，如果不满足式（12-4）的配合要求，则应改选熔断器的型号规格，或者适当增大导线或电缆的芯线截面。

2. 保护电力变压器的熔断器熔体电流的选择

保护变压器的熔断器的熔体电流，根据经验应满足下式要求：

$$I_{N,FE} = (1.5 \sim 2.0) I_{1N,T} \tag{12-5}$$

式中，$I_{1N,T}$——变压器的额定一次电流。

式（12-5）考虑了以下 3 个因素：

（1）熔体电流要躲过变压器允许的正常过负荷电流。变压器一般的正常过负荷可达 20%～30%，而在事故情况下运行时允许过负荷更多，但此时熔断器也不应熔断。

（2）熔体电流要躲过来自变压器低压侧的电动机自启动引起的尖峰电流。

（3）熔体电流还要躲过变压器自身的励磁涌流。励磁涌流，又称空载合闸电流，是变压器在空载投入时或者在外部故障切除后突然恢复电压时所产生的励磁电流。

3. 保护电压互感器的熔断器熔体电流的选择

由于电压互感器二次侧的负荷很小，因此保护高压电压互感器的 RN2 型熔断器的熔体额定电流一般为 0.5A。

### 12.2.3　熔断器保护灵敏度的检验

为了保证熔断器在其保护区内发生短路故障时可靠熔断，熔断器保护的灵敏度应满足下列条件：

$$S_{p\underline{\underline{def}}}\frac{I_{k,min}}{I_{N,FE}}\geqslant K \tag{12-6}$$

式中，$I_{N,FE}$——熔断器熔体的额定电流；

$I_{k,min}$——熔断器保护线路末端在系统最小运行方式下的最小短路电流。

对 TN 系统和 TT 系统为单相短路电流或单相接地故障电流；对 IT 系统为两相短路电流；对于保护降压变压器的高压熔断器来说，为低压侧母线的两相短路电流折算到高压侧之值，K 为此值，参见表 12.1。

**检验熔断器保护灵敏度的比值 *K***　　**表 12-1**

| 熔体额定电流（A） | 4～10 | 16～32 | 40～63 | 80～200 | 250～500 |
|---|---|---|---|---|---|
| 熔断时间（s） | 4.5 | 5 | 5 | 6 | 7 |
|  | 8 | 9 | 10 | 11 | — |

注：表中 $K$ 值适用于 IEC 标准的一些新型熔断器，如 RT12，RT14，RT15，NT 等型熔断器。对于老型熔断器，可取 $K=4\sim7$，即近似地按表中熔断时间为 5s 的熔体来取值。

## 12.3　低压断路器保护

### 12.3.1　低压断路器在低压配电系统中的配置

低压断路器（自动开关）在低压配电系统中的配置，通常有下列 3 种方式：

1. 单独接低压断路器或低压断路器—刀开关的方式

对于只装 1 台主变压器的变电所，低压侧主开关采用低压断路器，如图 12-2（*a*）所示。

对装有 2 台主变压器的变电所，低压侧主开关采用低压断路器时，低压断路器容量应考虑到一台主变压器退出工作时，另一台主变压器要供电给变电所 60%以上的负荷及全

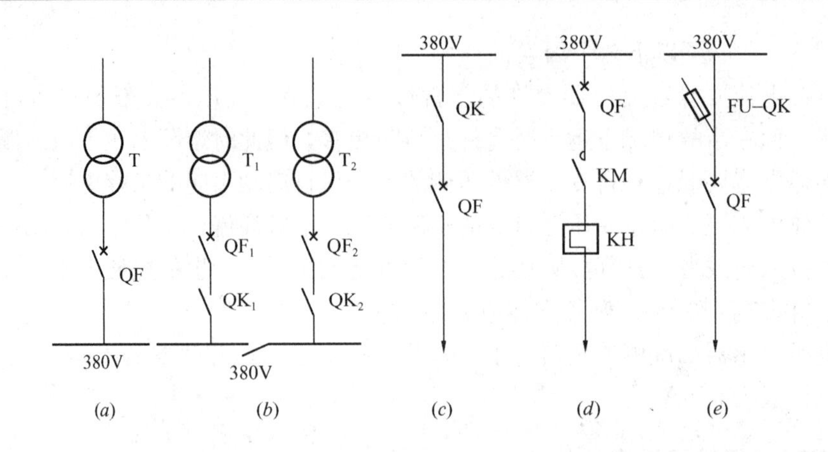


图 12-2　低压断路器常见的配置方式

（*a*）适于 1 台主变压器的变电所；（*b*）适于 2 台主变压器的变电所；（*c*）适于低压配电出线；

（*d*）适于频繁操作的低压线路；（*e*）适于自复式熔断器保护的低压线路

QF—低压熔断器；QK—刀开关；FU-QK—刀熔开关；KM—接触器；KH—热继电器

部一、二级负荷，而且这时 2 段母线带电。为了保证检修主变压器和低压断路器的安全，在此低压断路器的母线侧应装设刀开关或隔离开关，如图 12-2（*b*）所示，用以隔离来自低压母线的反馈电源。

对于低压配电出线上装设的低压断路器，为保证检修配电出线和低压断路器的安全，在低压断路器的母线侧应加装刀开关，如图 12-2（*c*）所示，用以隔离来自低压母线的电源。

2. 低压断路器与磁力启动器或接触器配合的方式

对于频繁操作的低压线路，宜采用如图 12-2（*d*）所示的接线方式。这里的低压断路器主要用于电路的短路保护，磁力启动器或接触器作用电路频繁操作的控制，其上的热继电器用于过负荷保护。

3. 低压断路器与熔断器配合的方式

如果低压断路器的断流能力不足以断开电路的短路电流时，可采用如图 12-2（*e*）所示的接线方式。这里的低压断路器作为电路的通断控制及过负荷和失压保护用，它只装热脱扣器和失压脱扣器，不装过流脱扣器，而是利用熔断器或刀开关来实现短路保护。如果采用自复式熔断器与低压断路器配合使用，则既能有效地切断短路电流而且在短路故障消除后又能自动恢复供电，从而大大提高供电可靠性。我国现在已经生产低压断路器与自复式熔断器相组合的 DZ10-100R 等型号低压断路器。

### ※12.3.2　低压断路器脱扣器的选择和整定

1. 低压断路器过流脱扣器额定电流的选择

过流脱扣器的额定电流 INDR 应不小于线路的计算电流 $I_{30}$，即

$$I_{N,OR} \geqslant I_{30} \tag{12-7}$$

2. 低压断路器过流脱扣器动作电流的整定

（1）瞬时过流脱扣器动作电流的整定

瞬时过流脱扣器的动作电流 $I_{op(o)}$ 应躲过线路的尖峰电流 $I_{pk}$，即

$$I_{op(o)} \geqslant K_{rel} \cdot I_{pk} \tag{12-8}$$

式中　$K_{rel}$——可靠系数。对动作时间在 0.02s 以上的万能式断路器 $I_{pk}$（DW 型），$K_{rel}$可取 1.35；对动作时间在 0.02s 及其以下的塑料外壳式断路器（DZ 型），$K_{rel}$则宜取 2～2.5。

（2）短延时过流脱扣器动作电流和动作时间的整定

短延时过流脱扣器的动作电流 $I_{op(s)}$ 应躲过线路短时间出现的负荷尖峰电流 $I_{pk}$，即

$$I_{op(s)} \geqslant K_{rel} \cdot I_{pk} \tag{12-9}$$

式中　$K_{rel}$——可靠系数，一般取 1.2。

短延时过流脱扣器的动作时间通常分 0.2s，0.4s 和 0.6s 三级，应按前后保护装置保护选择性要求来确定，使前一级保护的动作时间比后一级保护的动作时间长一个时间级差 0.2s。

（3）长延时过流脱扣器动作电流和动作时间的整定

长延时过流脱扣器主要用来保护过负荷，因此其动作电流 $I_{op(l)}$ 只需躲过线路的最大负荷电流，即计算电流 $I_{30}$，即

$$I_{op(l)} \geqslant K_{rel} \cdot I_{30} \tag{12-10}$$

式中　$K_{rel}$——可靠系数，一般取 1.1。长延时过流脱扣器的动作时间，应躲过允许负荷的持续时间。其动作特性通常是反时限的，即过负荷电流越大，其动作时间越短。

（4）过流脱扣器与被保护线路的配合要求

为了不致发生因过负荷或短路引起的绝缘导线或电缆过热起燃，而其低压断路器不跳闸的事故，低压断路器过流脱扣器的动作电流 $I_{op}$还应满足的条件为

$$I_{op} \leqslant K_{OL} I_{al} \tag{12-11}$$

式中　$I_{al}$——绝缘导线和电缆的允许载流量；

$K_{OL}$——绝缘导线和电缆的允许短时过负荷系数，对瞬时和短延时过流脱扣器，一般取 4.5；对长延时过流脱扣器，可取 1；对有爆炸气体区域内的线路，应取为 0.8。如果不满足以上配合要求，则应改选脱扣器动作电流，或者适当加大导线和电缆的线芯截面。

3. 低压断路器热脱扣器的选择和整定

（1）热脱扣器额定电流的选择

热脱扣器的额定电流 $I_{N,TR}$应不小于线路的计算电流 $I_{30}$，即

$$I_{N,TR} \geqslant I_{30} \tag{12-12}$$

（2）热脱扣器动作电流的整定

热脱扣器动作电流为

$$I_{op,TR} \geqslant K_{rel} I_{30} \tag{12-13}$$

式中　$K_{rel}$——可靠系数，可取 1.1；不过一般应通过实际运行试验进行检验。

### ※12.3.3　低压断路器过电流保护灵敏度的检验

为了保证低压断路器的瞬时过流脱扣器在系统最小运行方式下，其保护区内发生最轻微的短路故障时能可靠地动作，低压断路器保护的灵敏度必须满足条件为：

$$S_{p}=\frac{I_{k,min}}{I_{op}}\geqslant K \tag{12-14}$$

式中　$I_{op}$——瞬时或短延时过流脱扣器的动作电流；

$I_{k,min}$——低压器断路器保护的线路末端在系统最小运行方式下的单相短路电流（TN 和 TT 系统）或两相短路电流（IT 系统）；

$K$——比值，取 1.3。

## 12.4　常用的保护继电器

继电器是一种在输入的物理量（电量或非电量）达到规定值时，其电气输出电路被接通（导通）或分断（阻断、关断）的自动电器。

继电器按其用途分控制继电器和保护继电器两大类。前者用于自动控制电路，后者用于继电保护电路中。这里只讲保护继电器。

保护继电器按其在继电保护装置电路中的功能，可分测量继电器（又称量度继电器）和有或无继电器两大类。测量继电器装设在继电保护装置的第 1 级，用来反应被保护元件的特性量变化。当其特性量达到动作值时即动作，它属于主继电器或启动继电器。有或无继电器是一种只按电气量是否在其工作范围内或者为零时而动作的电气继电器，包括时间继电器、中间继电器、信号继电器等。在继电保护装置中用来实现特定的逻辑功能，属辅助继电器，过去亦称逻辑继电器。保护继电器按其组成元件分，有机电型和晶体管型 2 大类。机电型继电器按其结构原理分，有电磁式、感应式等继电器。保护继电器按其反应的物理量分，有电流继电器、电压继电器、功率继电器、气体继电器等。保护继电器按其反应的数量变化分，有过量继电器和欠量继电器，例如过电流继电器、欠电压继电器等。保护继电器按其在保护装置中的功能分，有启动继电器、时间继电器、信号继电器、中间（或出口）继电器等。图 12-3 是过电流保护的框图，当线路上发生短路时，启动用的电流继电器 KA 瞬时间动作，使时间继电器 KT 启动，KT 经整定的一定时限后，接通信号继电器 KS 和中间继电器 KM，KM 接通继路器的跳闸回路，使断路器自动跳闸。

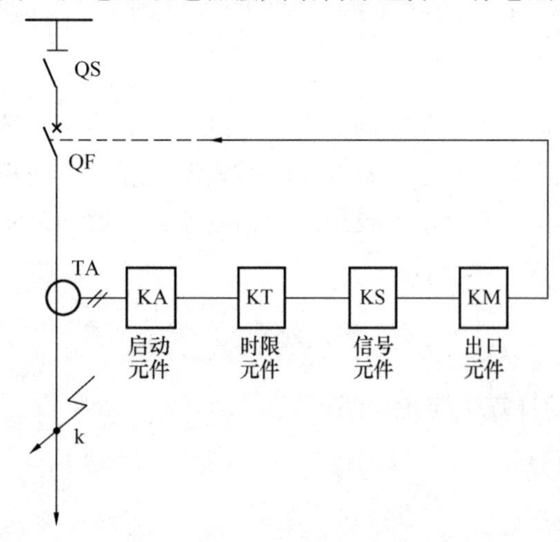


图 12-3　过电流保护框图

KA—电流继电器；KT—时间继电器；KS—信号继电器；KM—中间继电器

保护继电器按其动作于断路器的方式

分，有直接动作式和间接动作式两大类。断路器操作机构中的脱扣器（跳闸线圈）实际上就是一种直动式继电器，而一般的保护继电器均为间接动作式。保护继电器按其与一次电路的联系分，有一次式继电器和二次式继电器。一次式继电器的线圈是与一次电路直接相连的。

下面分别介绍供配电系统中常用的几种机电型保护继电器。

### ※12.4.1　电磁式电流继电器和电压继电器

电磁式电流继电器和电压继电器在继电保护装置中均为启动元件，属于测量继电器。电流继电器的文字符号为 KA，电压继电器为 KV。供电系统中常用的 DL-10 系列电磁式电流继电器的基本结构如图 12-4 所示，其内部接线和图形符号如图 12-5 所示。

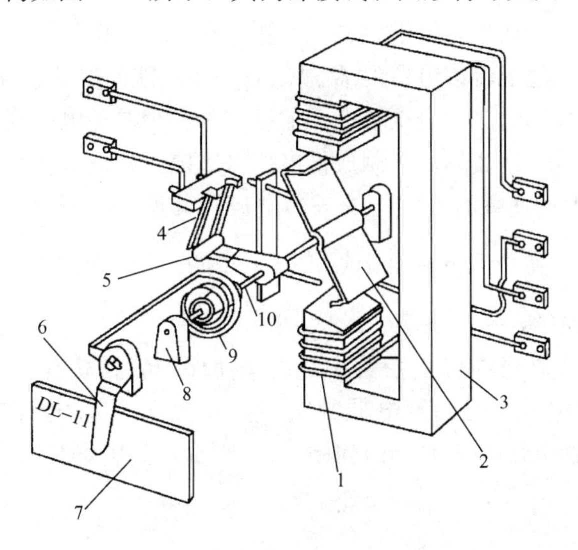


图 12-4　DL-10 系列电磁式电流继电器的内部结构图

1—线圈；2—钢舌片；3—电磁铁；4—静触点；5—动触点；6—启动电流调节螺杆；7—标度盘（铭牌）；8—轴承；9—反作用弹簧；10—轴

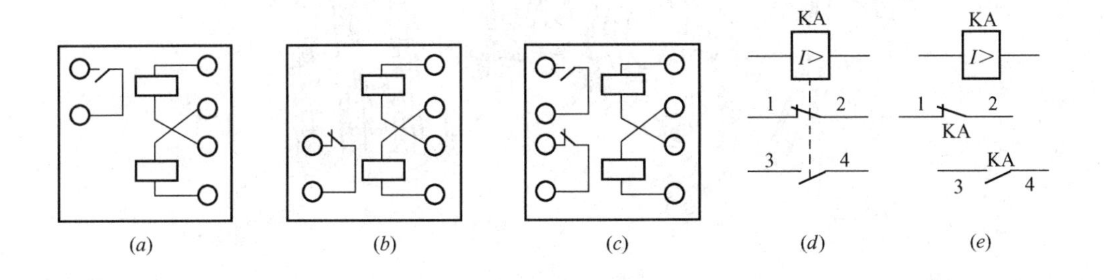


图 12-5　DL-10 系列电磁式电流继电器的内部接线和图形符号

(*a*) DL-11 型；(*b*) DL-12 型；(*c*) DL-13 型；(*d*) 集中表示的图形；(*e*) 分开表示的图形

KA1-2—常闭（动断）触点；KA3-4—常开（动合）触点

### ※12.4.2　电磁式时间继电器

过电流继电器线圈中的使继电器动作的最小电流，称为继电器的动作电流，用 $I_{op}$ 表示。

过电流继电器动作后，减小线圈电流到一定值时，使继电器由动作状态返回到起始位置的最大电流，称为继电器的返回电流，用 $I_{re}$ 表示。

继电器的返回电流与动作电流的比值，称为继电器的返回系数，用 $K_{re}$ 表示，即

$$K_{re} \stackrel{def}{=} \frac{I_{re}}{I_{op}} \tag{12-15}$$

对于过量继电器，例如过电流继电器 $K_{re}$ 总小于 1，一般为 0.8。$K_{re}$ 越接近于 1，说明继电器越灵敏，如果过电流继电器的 $K$ 过低时，还可能使保护装置发生误动作。

供配电系统中常用的电磁式电压继电器的结构和原理，与电磁式电流继电器类似，只是电压继电器的线圈为电压线圈，多制成低电压（欠电压）继电器。低电压继电器的动作电压 $U_{op}$，为其线圈上的使继电器动作的最高电压；其返回电压 $U_{re}$ 为其线圈上的使继电器由动作状态返回到起始位置的最低电压。低电压的返回系数 $K_{re}=\frac{U_{re}}{U_{op}}>1$，其值越接近 1，说明继电器越灵敏，一般 $K_{re}$ 为 1.25。

电磁式时间继电器在继电保护装置中，用来使保护装置获得所需要的延时（时限）。属于机电式有或无继电器。时间继电器的文字符号为 KT。供电系统中常用的 DS-110，120 系列电磁式时间继电器的基本结构如图 12-6 所示，其内部接线和图形符号如图 12-7 所示。

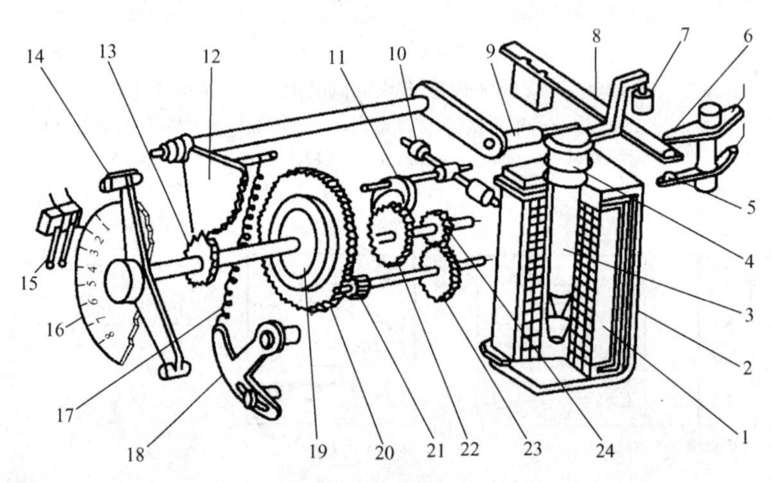


图 12-6　DS-110，120 系列电磁式时间继电器的内部结构

1—线圈；2—电磁铁；3—可动铁心；4—返回弹簧；5，6—瞬时静触点；7—绝缘件；8—瞬时动触点；9—压杆；10—平衡锤；11—摆动卡板；12—扇形齿轮；13—传动齿轮；14—主动触点；15—主静触点；16—标度盘；17—拉引弹簧；18—弹簧拉力调节器；19—摩擦离合器；20—主齿轮；21—小齿轮；22—掣轮；23，24—钟表机构传动齿轮

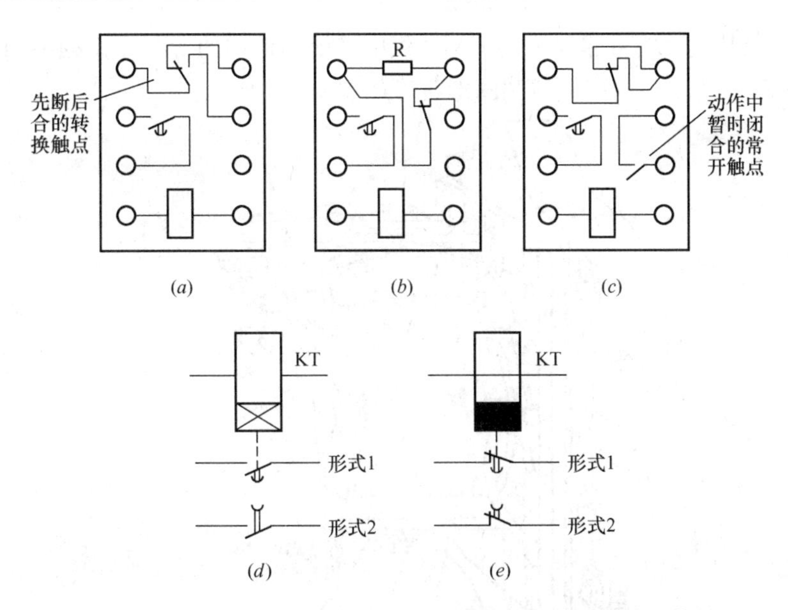


图 12-7　DS-110，120 系列时间继电器的内部接线和图形符号
(a) DS-111，112，113，121，122，123 型；(b) DS-111C，112C，113C 型；(c) DS-115，116，125，126 型；(d) 时间继电器的缓吸线圈及延时闭合触点；(e) 时间继电器的缓放线圈及延时断开触点

### ※12.4.3　电磁式信号继电器

在继电保护装置中，电磁式信号继电器用来发出指示信号，又称指示继电器。它也属于机电式有或无继电器。信号继电器的文字符号为 KS。DX-11 型信号继电器的基本结构如图 12-8 所示，其内部接线和图形符号如图 12-9 所示。

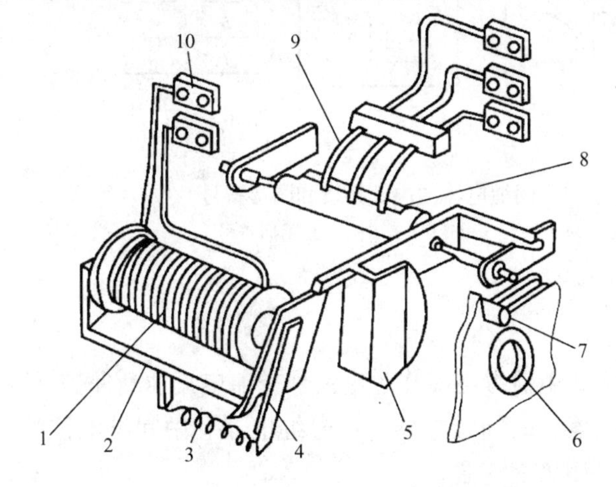


图 12-8　DX-11 型信号继电器的内部结构
1—线圈；2—电磁铁；3—弹簧；4—衔铁；5—信号牌；6—玻璃窗孔；7—复位旋钮；8—动触点；9—静触点；10—接线端子

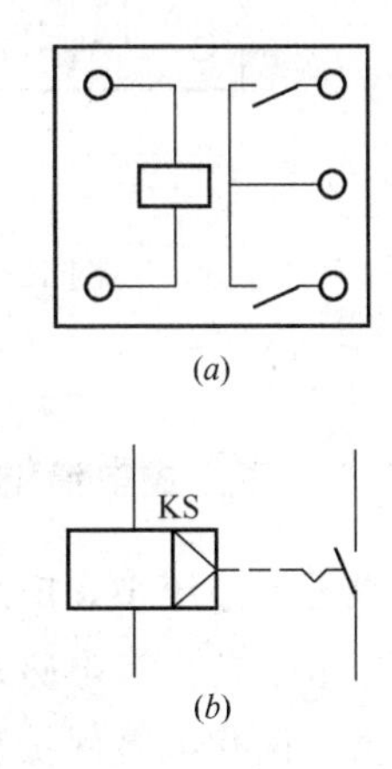


图 12-9　DX-11 型信号继电器的部接线和图形符号
(a) 内部接线；(b) 图形符号

### ※12.4.4　电磁式中间继电器

中间继电器用以弥补主继电器触点数量或触点容量的不足。中间继电器也属于机电式

有或无继电器，其文字符号建议采用 KM。供电系统中常用的 DZ-10 系列中间继电器的基本结构如图 12-10 所示，内部接线和图形符号如图 12-11 所示。

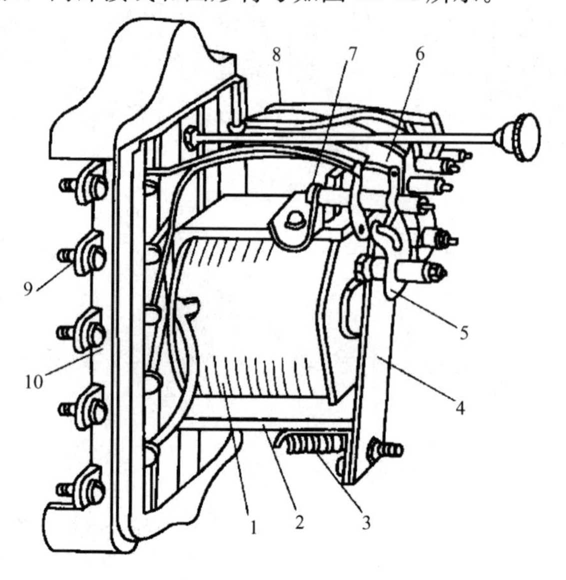


图 12-10　DZ-10 系列中间继电器的内部结构

1—线圈；2—电磁铁；3—弹簧；4—衔铁；5—动触点；6，7—静触点；8—连接线；9—接线端子；10—底座

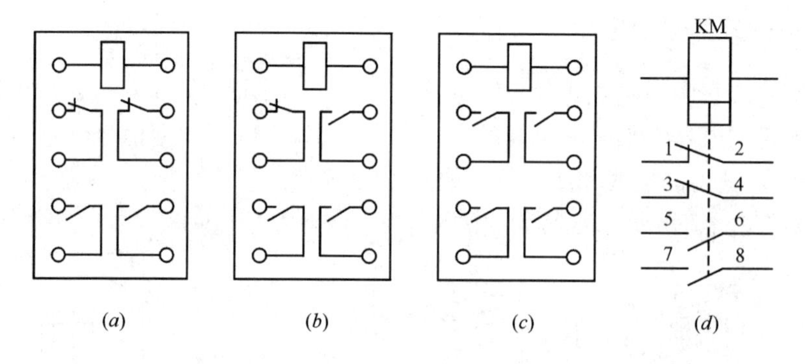


图 12-11　DZ-10 系列中间继电器的内部接线和图形符号

(*a*) DZ-15 型；(*b*) M-16 型；(*c*) DZ-17 型；(*d*) 图形符号

## ※12.4.5　感应式电流继电器

在供配电系统中，广泛采用感应式电流继电器作过电流保护兼电流速断保护。因为感应式电流继电器兼有电磁式电流继电器、时间继电器、信号继电器和中间继电器的功能，从而可大大简化继电保护装置，它属测量继电器。

供电系统中常用的 GL-10，20 系列感应式电流继电器的内部结构如图 12-12 所示，内部接线和图形符号如图 12-13 所示。这种电流继电器由两组元件构成，一组为感应元件，另一组为电磁元件。感应元件主要包括线圈 1，带短路环 3 的电磁铁 2 及装在可偏转的框架 6 上的转动铝盘 4。电磁元件主要包括线圈子、电磁铁 2 和衔铁 15。线圈 1 和电磁铁 2 是两组元件共用的。

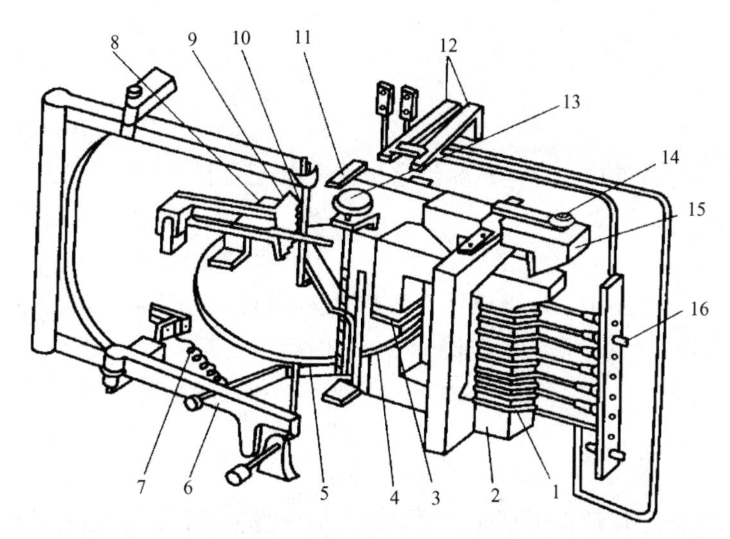


图 12-12　GL-10，20 系列感应式电流继电器的内部结构

1—线圈；2—电磁铁；3—短路环；4—铝盘；5—钢片；6—铝框架；7—调节弹簧；8—制动永久磁铁；9—扇形齿轮；10—蜗杆；11—扇杆；12—继电器触点；13—时限调节螺杆；14—速断电流调节螺钉；15—衔铁；16—动作电流调节插销

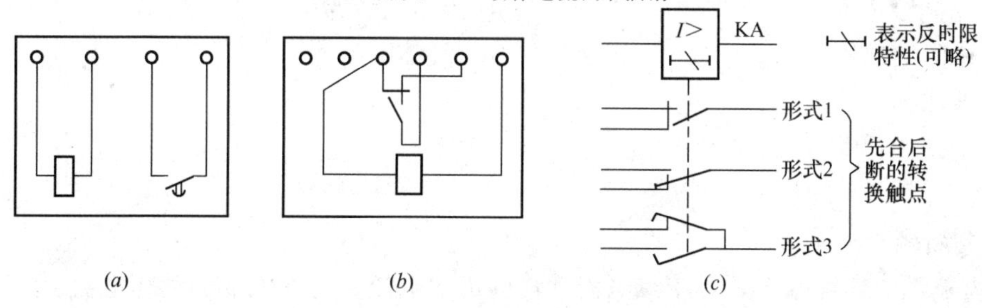


图 12-13　GL-$\frac{11,\ 15}{21,\ 25}$型感应式电流继电器的内部接线和图形符号

(a) GL-$\frac{11}{21}$型；(b) GL-$\frac{15}{25}$型；(c) 图形符号

感应式电流继电器的动作电流具有“反时限（或反比延时）特性”，如图 12-14 所示曲线 abc。其电磁元件的作用又使感式电流继电器兼有“电流速断特征”，如图 12-14 所示曲线 bb′d。这种电磁元件又称为电流速断元件。图 12-14 所示动作特性曲线上对应于开始速断时间的动作电流倍流，称为速断电流倍数，即

$$n_{qb} \stackrel{def}{=} \frac{I_{qb}}{I_{op}} \qquad (12\text{-}16)$$

GL-10，20 系列电流继电器的速断电流倍数 $n_{qb}=2\sim8$。感应式电流继电器的这种有一定限度的反时限动作特性，称为有限反时限特性。

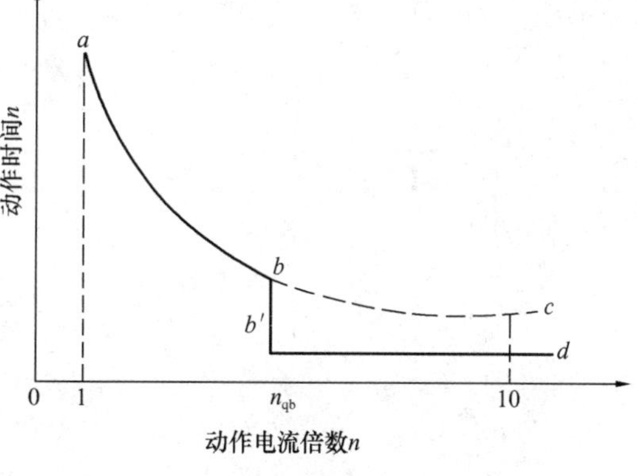


图 12-14　感应式电流继电器的动作特性

曲线 abc—感应元件的反时限特性；

bb′d—电磁元件的速断特性

**示范题**

**1. 单选题**

(1) 在低压供电线路中，规定用哪组字母代表电流继电器？(　　)

A. KA　　B. KM　　C. KS　　D. KT

**答：** A

(2) 在低压供电线路中，标识符号为 KT 的继电器指的是哪种继电器？(　　)

A. 中间继电器　　B. 信号继电器　　C. 时间继电器　　D. 电流继电器

**答：** C

**2. 多选题**

在供配电系统中，广泛采用感应式电流继电器作过电流保护兼电流速断保护。因为感应式电流继电器兼有许多其他继电器的功能，从而可大大简化继电保护装置，请指出以下哪些继电器功能是感应式电流继电器所兼有？(　　)

A. 时间继电器　　B. 电流继电器

C. 中间继电器　　D. 气体继电器

E. 液体继电器

**答：** A、B、C

**3. 判断题**

过电流继电器线圈中，可使继电器动作的最大电流称为继电器的动作电流。(　　)

**答：** 错

# 第 13 章　基本设计图及效果图的绘制

## 13.1　概述

### 13.1.1　AutoCAD 简介

AutoCAD 是美国 Autodesk 公司开发的一种通用 CAD 软件。1982 年首次推出了 AutoCAD R1.0 版本，经过十余次的版本更新，AutoCAD 从简单的绘图软件发展成为包括三维建模在内的功能强大的 CAD 系统，是世界上流行的 CAD 软件之一，现已广泛应用于机械、电子、建筑、化工、汽车、造船、轻工及航空航天等设计领域。

早期的 AutoCAD 版本运行在 DOS 环境下，自 R11 版本开始被引入到 Windows 环境，R11、R12、R13 三个版本同时保持 DOS 和 Windows 环境两个版本。1997 年，Autodesk 公司推出了 AutoCADR14 版本，该版本开始脱离 DOS，主要集中在 Windows 环境下运行，采用了标准的 Windows 界面。继 R14 版本以后，Autodesk 先后推出 AutoCAD2000、AutoCAD2000i、AutoCMY2004 和 AutoCAD2005 等版本。

### 13.1.2　AutoCAD 主要功能

AutoCAD 具有强大的功能，主要分为以下几个方面：

（1）绘图功能：绘制各类几何图形。几何图形由各种图形元素、块和线组成，并对绘制完成的图形进行标注。绘图功能是 AutoCAD 的核心。

（2）编辑功能：对已有的图形进行各种操作，包括形状和位置改变、属性重新设置、拷贝、删除、剪贴、分解等。

（3）设置功能：设置功能用于各类参数设置，如图形属性、绘图界限、图纸单位和比例，以及各种系统变量的设置。

（4）辅助功能：帮助绘图和编辑，包括显示控制、列表查询、坐标系建立和管理、视图操作、图形选择、点的定位控制与求助信息查询等。

（5）文件管理功能：用于图纸文件的管理，包括存储、打开、打印、输入和输出等。

（6）三维功能：建立、观察和显示各种三维模型，包括线框模型、曲面模型和实体模型。

（7）数据库的管理和连接：通过连接对象到外部数据库中实现图形智能化，并且帮助使用者在设计中管理和实时提供更新的信息。

（8）开放式体系结构：为用户或第三厂家提供了二次开发的工具，实现不同软件之间的数据共享与转换，如在 3DSMAX、Lightscape 等软件之间实行数据转换。

## 13.2　图层的使用和管理

图层是绘图的基本区域，是一个重要的绘图工具。在这个工具中可以绘制对象实体，也可以对其特性进行基本设置。使用图层可以使图形要素的管理便捷，当图层较多时，可以对各图层设置不同的颜色加以区别，不同的图层组合到一起就是一幅完整的图形。下面将对图层的建立、设置及管理方法分别进行讨论。

要实现对图形要素的管理，首先要建立图层。当打开 AutoCAD2005 时，系统将自动建立一个图层—0 层，作为当前绘图层，如果所有绘制都建立在层上面将不需设置新的图层。设置新的图层时，可以利用“图层”工具栏中的“图层特性管理器”建立新的图层，“图层”工具栏如图 13-1 所示。

图 13-1　“图层”工具栏

其中，“图层”工具栏上是“图层特性管理器”的命令按钮，是“当前图层”的命令按钮；是“恢复上一个图层”的命令按钮。单击“当前图层”按钮，再选择一个对象，则这个对象所在的图层即置为当前图层；“恢复上一个图层”的作用是单击该按钮，可恢复上一个图层的设置，即撤销最近对图层的更改。

这里，图层在图层管理时不能被删除或者重命名，但可以对其图层中的颜色、线宽、线型或者冻结、显示等特性进行修改。

要打开“图层特性管理器”有以下几种方法：

方法一：单击“图层”工具栏中的“图层特性管理器”命令按钮打开。

方法二：在“格式”菜单中选择“图层”选项打开。

方法三：在命令行窗口中输入打开“图层特性管理器”的命令代码“LAYER”，按{Enter}键确认。

如果要建立新的图层，在“图层特性管理器”对话框中单击“新建”按钮，系统自动建立一个默认名称为“图层 1”的新图层，可以根据需要对其中的特性，如颜色、线型、打印样式等进行设置。连续单击“新建”按钮，可依次建立以“图层 2”、“图层 3”等为名称的图层。

系统默认的名称都是“图层 x”，图层重命名要有实际意义，那样才能简明易记。并且，新建图层的颜色缺省设置为白色，线型为实线，线宽为默认。如果创建新图层时已经选定一个图层，那么新建的图层将继承指定图层的颜色、线型、线宽等特性。

# 13.3　建筑电气 AutoCAD 基本绘制方法

## 13.3.1　概述

任何复杂的图形都是由一些基本的图形如点、线、面等组成。在 AutoCAD2005 中，提供了多种基本图形的绘制方法，只要用户熟练掌握了这些基本的绘图方法，就可以方便、快捷地绘制出各种复杂的图形。

AutoCAD2005 中的基本图形包括点、直线、射线、构造线、多线、修订云线、矩形、正多边形、圆、圆弧、圆环、样条曲线及多段线等。AutoCAD2005 将这些基本图形的绘制命令都放在“绘图”菜单栏中，如图 13-2 所示。

另外，系统还设置了一个“绘图”工具栏，工具栏中的命令按钮和“绘图”菜单选项基本相同，如图 13-3 所示。

对于初学者来说，掌握这些基本图形的绘制方法是必要的，只有熟练掌握这些绘制方法才能熟练运用 AutoCAD2005。

直线(L)
射线(R)
构造线(T)
多线(M)
多段线(P)
三维多段线(3)
正多边形(Y)
矩形(G)
圆弧(A)
圆(C)
圆环(D)
样条曲线(S)
椭圆(E)
块(K)
表格...
点(O)
图案填充(H)...
边界(B)...
面域(N)
擦除(W)
修订云线(V)
文字(X)
曲面(F)
实体(I)

图 13-2　“绘图”菜单栏

## 13.3.2　点的绘制

1. 点的绘制方法

图 13-3　“绘图”工具栏

在电气制图过程中，常常需要绘制点作为关键点或者辅助点。另外，点是绘制圆、圆弧、圆环、椭圆、直线、射线、多线、构造线、样条曲线以及多段线等图形不可或缺的一种元素。用户还可以利用对象捕捉功能捕捉各种节点作为关键点使绘图更加方便、精确。

点的绘制主要有以下三种方法：

方法一：选择“绘图”菜单“点”选项中的“单点”命令，可在绘图区域绘制任意一点。假如选择“点”选项中的“多点”命令，可在绘图区域连续指定多个点。

绘制“单点”和绘制“多点”的主要区别是前者只能绘制一个点，而利用“多点”绘制命令，则可直接在绘图区域指定多个点。

方法二：在命令行窗口中输入点的命令代码“POINT”，按｛Enter｝键确认，然后按要求指定点的位置。

方法三：在“绘图”工具栏中单击“点”按钮，可连续绘制需要的点。

单击右键，选择｛Enter｝键或者｛Esc｝键都可以退出点的绘制。

2. 点样式的选择

在 AutoCAD2005 中，绘制点之前要选择点的样式，因为系统默认的点仅为一个小黑

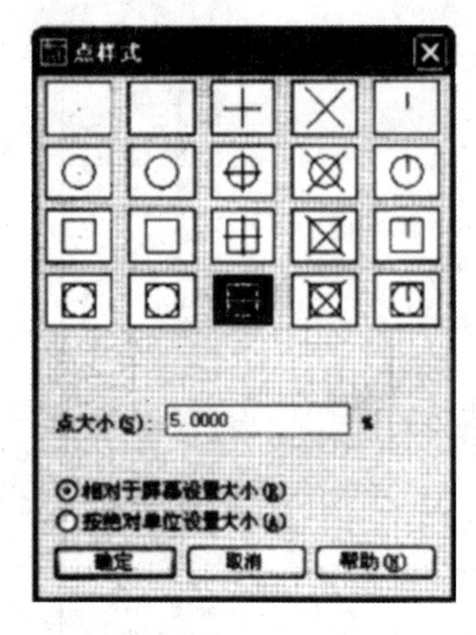


图 13-4　“点样式”对话框

点，一般要对其尺寸大小、类型样式进行设置，以方便用户在绘图过程中的选择和使用。

设置点样式的方法：

方法一：在“格式”菜单中选定“点样式”，弹出“点样式”对话框，如图 13-4 所示。

方法二：在命令行窗口中输入点样式的命令代码“DDPTYPE”，按｛Enter｝键确认，同样可以得到“点样式”对话框。

### 13.3.3　建筑电气 AutoCAD 编辑方法

1. 概述

编辑图形是指在绘图过程中对图形进行修改的操作。在绘制图形后，经常要进行核审，对遗漏或错误之处进行修改。有时利用图形的编辑功能也可使绘图过程简单化。在图形编辑中配合绘图命令的使用，可以进一步完成复杂图形对象的绘制，并合理安排和组织图形，保证绘图的准确性。因此，对编辑命令的熟练掌握和使用有助于提高绘图的效率。

图形的编辑一般包括移动、复制、旋转、偏移、镜像、阵列、延伸、拉长、缩放、打断、修剪、倒角、圆角、分解等。这些命令的菜单操作主要集中在“修改”菜单和“编辑”菜单中，如图 13-5 所示。

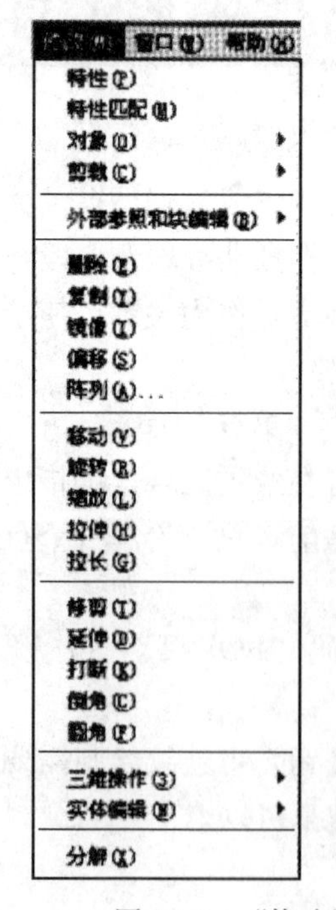


图 13-5　“修改”菜单和“编辑”菜单

工具栏操作主要集中在“修改”工具栏中，如图 13-6 所示。

图 13-6　“修改”工具栏

2. 对象复制

在绘图中，有时需要多次重复绘制相同的对象，操作繁琐。这时利用 AutoCAD 的复制命令就能很轻松地将对象目标复制到指定的位置。

功能：把选择的对象复制到指定的位置。

输入命令：

命令行：COPY

菜单栏：“修改”/“复制”

工具条：“修改”/“复制”

快捷菜单：选择要复制的对象，在绘图区域单击鼠标右键，从打开的快捷菜单上选择“复制选择”，如图 13-7 所示。

重复选项...(R)
剪切(T)
复制(C)
带基点复制(B)
粘贴(P)
粘贴为块(K)
粘贴到原坐标(D)
放弃(U)
重做(R)
平移(A)
缩放(Z)
快速选择(Q)...
查找(F)...
选项(O)...

图 13-7　快捷菜单

操作格式：

(1) 复制单个图形

命令：(COPY)

选择对象：(选择要复制的对象)

选择对象：(按<Enter>键或继续选择对象)

指定基点或位移，或者［重复（M）］：(指定基点 1)

指定位移的第二点或{用第一点作位移}：(指定位移点 2)

(2) 复制多个图形

当在指定基点时输入“M”后，可以重复复 Q 对象，即在指定位移第二点时，多次指定位移即可。

命令：(COPY)

选择对象：(选择要复制的对象)

选择对象：(按{Enter}键或继续选择对象)

指定基点或位移，或者［重复（M）］：(输入 M)

指定基点：(指定基点 1)

指定位移的第二点或{用第一点作位移}：(指定位移点 2)

指定位移的第二点或{用第一点作位移}：(指定位移点 3)

指定位移的第二点或{用第一点作位移}：(指定位移点 4)

指定位移的第二点或{用第一点作位移}：(按<Enter>键)

例如，在一个房间中安装多个标准开关，其操作为选择要复制的电器符号图块为对象指定适当的基点或位移，将其复制到指定的位置。

## 13.4　建筑电气 AutoCAD 图块的使用

### 13.4.1　概述

在建筑电气设计中，有时一个图形将被重复多次使用，既增加了绘图的工作量，又浪费了大量的存储空间。如果采用保存图块和外部参照的方法就可以很好地解决上述问题。

所谓图块，就是由一个或多个实体组成的一个简单图形，这个图形被处理保存后可以任意调用，具有提高绘图效率和节省存储空间的作用，既能使绘图简便快捷，又节省了绘图时间，而且可以任意修改设计中的所有图块。

所谓外部参照是指在一个建筑设计中对另一个图形的引用，它使建筑设计与图形建立一种联系。

本章就如何定义图块、保存图块、插入图块、编辑图块、图块属性、外部参照等进行说明和讲解，并对建筑电气设计中图块的应用进行举例。

1. 图块的特点

图块既可以包括图形也可以包括文本，图块中的文本也是图块的属性。可以对图块按不同的比例系数放大、缩小、旋转角度，并且可以插到图形的任意地方。图块可以有自己的颜色、图层和线型。

2. 图块的用途

图块主要有以下用途和特点：

（1）建立可以重复使用的图块库：将平时经常用到的图块集中存放到磁盘中，即建立了图库。在使用图块时就可以直接调用，从而提高工作效率。

（2）便于图块的修改和补充：在改变图块的定义和属性时，可以对所有插入的图块进行自动更新和修改，从而提高了修改和补充的效率。

（3）节省磁盘的空间：在插入图块时，只是对插入信息进行保存，而不是把整个图块进行保存，这样就节省了磁盘的空间。

（4）添加属性：在设计绘图时，有些图需要文字标注说明，可以在图块中添加属性，从而可以标注图块，并且在每次插入图块时都可以对属性进行修改，方便设计。

### 13.4.2　定义图块

定义图块就是选择一个或一组图形组成图块，并确定图块的基点和图块的名称。定义图块时，有使用对话框设置和在命令行输入图块命令两种方式，可以选择使用。

1. 图块命令调用方法

方法一：下拉菜单：“绘图”/“块”/“创建”，如图 13-8 所示。

方法二：绘图工具栏。

方法三：命令行：Block（可以直接输入 B）。

2. 使用对话框设置

在命令行输入 Block 命令后，AutoCAD 会自动弹出“块定义”对话框。此对话框由名称文本框、基点区、对象区、预览图标区、拖放单位、说明等部分组成，如图 13-9 所示。

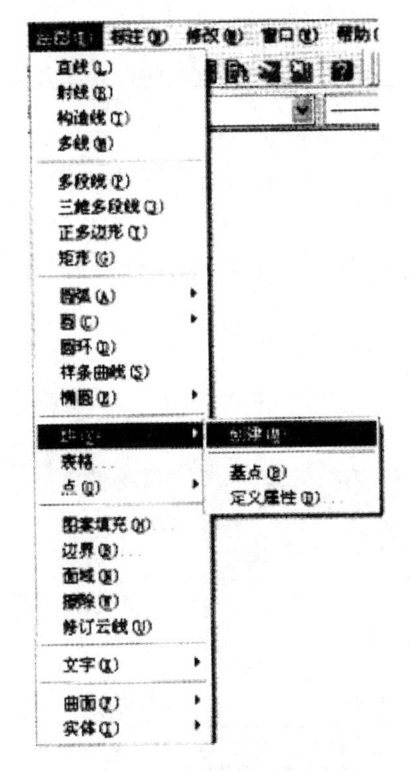


图 13-8　绘制菜单对话框

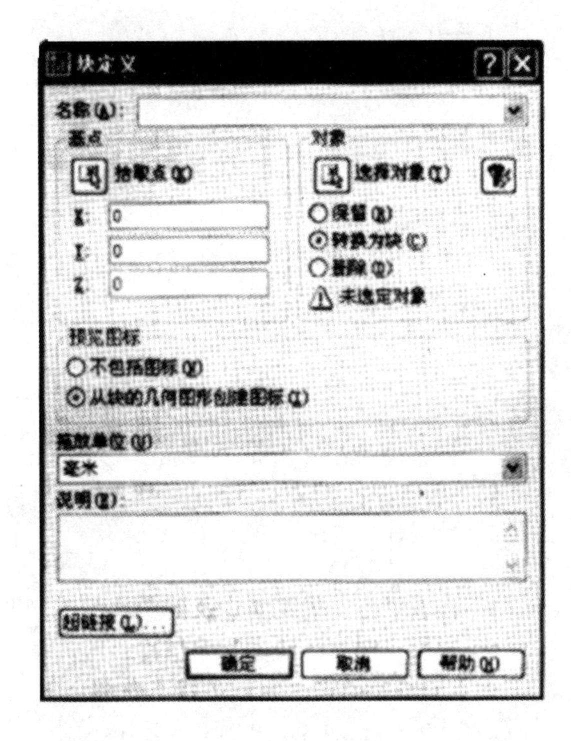


图 13-9　“块定义”对话框

（1）名称文本框：用于给定义的图块命名。

（2）基点区：用于选择要插入图块的基点。当点击“拾取点”按钮后，“块定义”对话框自动消失。这时可以在绘图板上用鼠标选取基点，也可以直接在“块定义”对话框上输入基点的坐标。

（3）对象区：用于选择要定义为图块的实体。当单击“选择对象”按钮后，“块定义”对话框会自动消失，这时可以在绘图板上用鼠标选取图形实体，然后使用｛Enter｝键或鼠标右键返回“块定义”对话框。

（4）保留：其作用是在图块被定义后，其原图形仍然保留在绘图板上。

## 13.5　文字和表格的创建与编辑

### 13.5.1　概述

文字是 AutoCAD 中的一种重要的图形元素，也是建筑电气制图中不可缺少的组成部分；在使用 AutoCAD 绘制图形时，向图中添加文字注释是制图的重要环节。使用文字给图形加以注释，标注图形的各个部分，这样可以更加清楚地表达设计者的思想。

在建筑电气制图中，经常需要输入很多的文字内容，如图 13-10 所示。如在图形中添加材料说明、房间名称、设备线路规格等较少的文字时，可以使用单一行文字的输入。在制作设计说明、施工要求时，需要输入的文字较多而且复杂，这时就需要使用多行文字的输入。

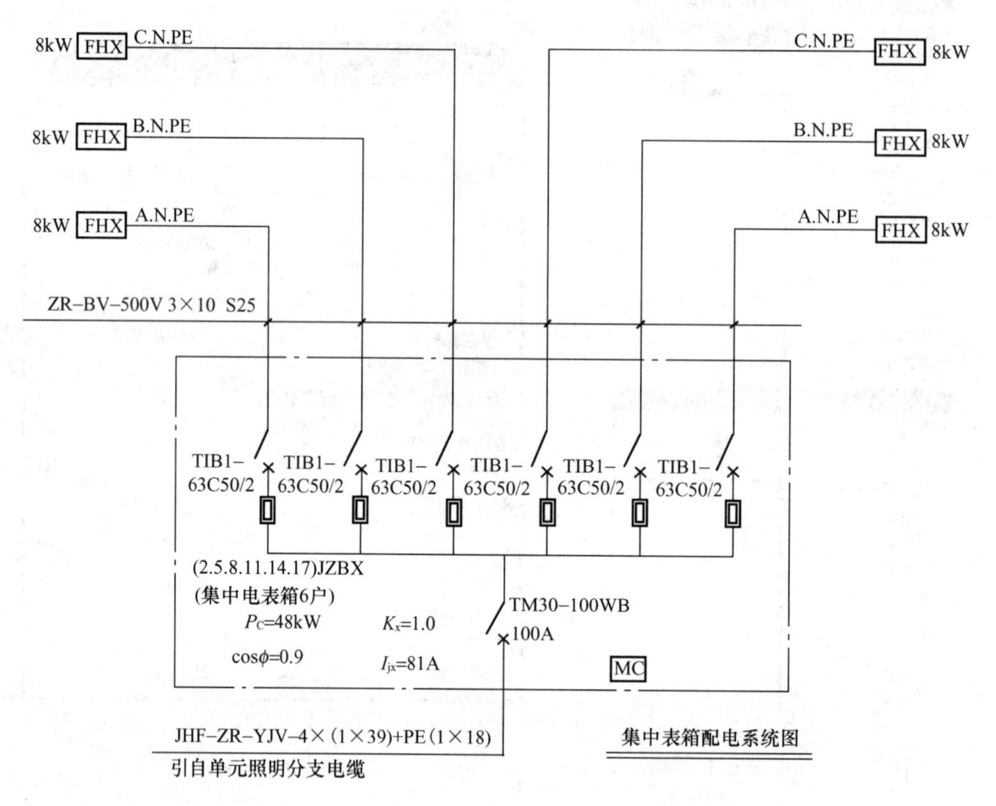


图 13-10　建筑电气系统图

本章主要介绍文字样式的创建、输入单行文字、输入多行文字、输入特殊字符、创建表格等内容。进行文字的输入比较简单，主要是设置文字的样式、旋转角度、高度等，设置完成后就可以直接输入需要的文字内容。多行文字的输入比较复杂。此外可以从其他的文本中复制粘贴文字到 AutoCAD 中：绘制表格是 AutoCAD2005 中新增添的功能，这样可以在 AutoCAD 中创建不同类型的表格，也可以从其他的软件中复制粘贴表格，简化了制图的操作。

### 13.5.2　创建文字样式

在 AutoCAD 中，文字都具有与之相关联的文字样式。当输入文字时，通常使用当前的文字样式，也可以根据需要创建文字样式，还可以把设计中创建好的文字样式复制粘贴到其他图形中去，实现文字样式的重复使用，使操作更快捷。

文字样式包括文字的样式名、字体名、字体样式、高度、颠倒、反向、垂直、宽度比例、倾斜角度等属性。在进行设置时，可通过预览区域实时看到文字的效果。

在“格式”的下拉列表中选择“文字样式”命令，打开“文字样式”对话框，也可以在命令行输入“STYLE”命令打开“文字样式”对话框，如图 13-11 所示。当前的“文字样式”显示在文字样式的对话框中，用户可以使用或修改当前的文字样式，也可以创建新的文字样式。创建新的文字样式就可以修改其属性，或删除不再需要的文字样式。

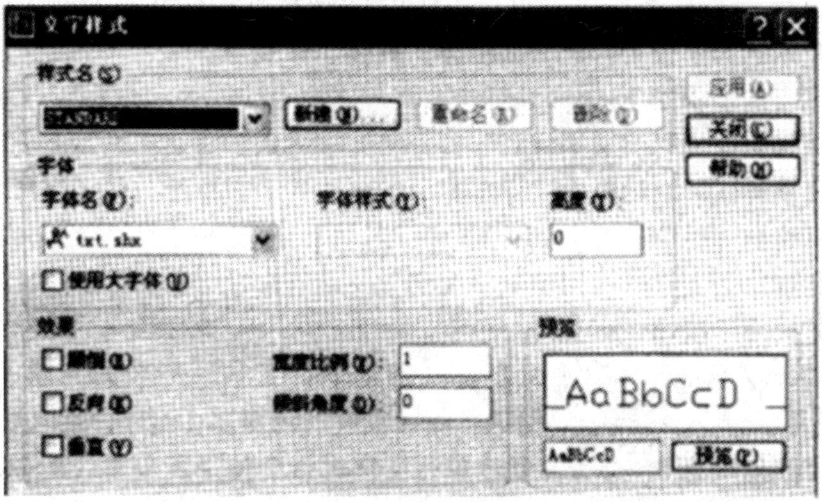

图 13-11　文字样式对话框

样式名的设置：

STANDARD 是默认的文字样式，除此之外，可以创建新的文字样式。在“文字样式”对话框中的“样式名”属性栏中，显示出文字样式的名称、新建文字样式、重新命名文字样式、删除文字样式等选项。

创建新的文字样式的步骤如下：

（1）在“文字样式”对话框中选择“新建”，将出现“新建文字样式”的对话框，如图 13-11 所示。

（2）在“新建文字样式”对话框中输入新的文字样式名。

（3）单击“确定”按钮，创建完毕，关闭“新建文字样式”对话框。

如果修改了文字样式的属性特征，单击“应用”保存，再单击“关闭”则关闭对话框；

在“文字样式”对话框中选择“重命名”打开“重命名文字样式”对话框，输入新的样式名，即可对文字样式重新命名，但是不能对默认的 STANDARD 样式进行重命名。

## 13.6　建筑电气 AutoCAD 尺寸标注

### 13.6.1　概述

1. 尺寸标注的组成

在建筑电气工程制图中，一套完整的尺寸标注由标注文字、尺寸线、尺寸界线、尺寸起止符号组成，标注样例如图 13-12 所示。

（1）标注文字

标注文字用于表明图形的实际测量值，可以只反映基本尺寸，也可以带尺寸公差。标

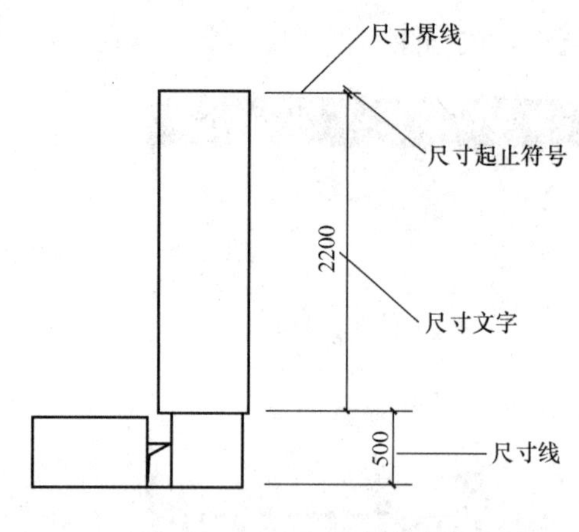


图 13-12　尺寸标注的组成

注文字应按标准字体来书写，在同一张工程图纸上尺寸数字的字体高度应保持一致，当尺寸数字与图形重叠时，须将图线断开，如图线断开影响图形表达时，必须调整尺寸标注的位置。

（2）尺寸线

尺寸线表明标注的范围。尺寸线的末端通常带有箭头，指出标注的起点和终点。标注文字可以设置在尺寸线上方、下方或中间，尺寸线被分割成两条直线，通常情况下，尺寸线和标注文字放置在测量区域之间，如空间不足，尺寸线或文字可以移到测量区域之外，具体情况取决于标注样式的放置规则，对于角度标注而言，尺寸线是一条弧线。

（3）尺寸起止符号

箭头显示在尺寸线的末端，用于指出测量的开始和结束位置。AutoCAD 默认使用闭合的填充箭头符号。AutoCAD 还提供了多种符合可供选择，包括建筑标记、小斜线箭头、点和斜杠等。机械制图中多使用箭头，建筑电气制图中则使用斜线来代替箭头。

（4）尺寸界线

从标注起点引出的标明标注范围的直线，可以从图形的轮廓线、轴线、对称中心线引出。同时，轮廓线、轴线以及对称中心线也可以作为尺寸界线。尺寸界线一般垂直于尺寸线，但是也可以倾斜放置。

2. 尺寸标注的类型

在 AutoCAD 中，尺寸标注类型有多种，如长度型、角度型、半径和直径以及引线型等。长度型标注和角度标注是使用最多的标注形式，在建筑电气制图中以长度型标注为主，角度标注则很少用到。在 AutoCAD 中，提供了许多标注工具用以标注图形对象，分别位于“标注”菜单或“标注”工具栏中。使用“标注”菜单和工具栏可以进行线性、半径、直径、角度、对齐、连续、圆心及基线等标注，这些标注工具的功能如表 13-1 所示。

标注工具的功能　　表 13-1

| 按钮 | 命令 | 功能 | 说　　明 |
| --- | --- | --- | --- |
|  | DIMIJNEAR | 线性标注 | 测量 XY 平面中两个点之间的距离，可以用来创建水平，垂直或旋转性标注 |
|  | DIMALICNED | 对齐标注 | 创建尺寸线平行于被标注对象的线性标注 |
|  | DIMORDINATE | 坐标标注 | 创建坐标点标注，显示从给定原点测量出来的点的 X 或 Y 坐标 |
|  | DIMRADIUS | 半径标注 | 测量圆或圆弧的半径 |
|  | DIMDIAMETER | 直径标注 | 测量圆或圆弧的直径 |

续表

| 按钮 | 命令 | 功能 | 说　　明 |
| --- | --- | --- | --- |
|  | DIMANGULAR | 角度标注 | 测量角度 |
|  | QDIM | 快速标注 | 通过一次选择多个对象，创建标注阵列。例如基线标注，连续标注 |
|  | DIMBASELINE | 基线标注 | 从上一个或选定标注的基线做连续的线性、角度或坐标标注，都同原点测量尺寸 |
|  | DIMCONTINUE | 连续标注 | 从上一个或选定标注的第二条尺寸界线作连续的线性、角度或坐标标注 |
|  | QLEADER | 快速引线 | 创建注释和引线，标识文字和相关的对象 |
|  | TOLERANCE | 公差标注 | 创建形位公差标注 |
|  | DIMCENTER | 圆心标记 | 创建圆和圆弧的圆心标记或中心线 |

### 13.6.2　尺寸标注样式的创建与设置

创建尺寸标注样式的操作步骤如下：

（1）选择“格式”/“标注样式”命令，打开“标注样式管理器”对话框；

（2）单击“新建”按钮，打开“创建新标注样式”对话框；

（3）在“新样式名”编辑框中，输入新样式名。

## 13.7　布局与图形输出

使用 AutoCAD 绘图软件完成图形的制作后，可以将制作完的图形保存为电子图形，或打印到图纸上。如果保存为电子图形的形式，可以作为原始模型导入到其他软件（如 3DSMAX、Photoshop 等）中进行处理。

在打印工作进行之前，应该对输出设备进行配置，再设置打印布局。打印布局给出了打印图形的各种选项设置，如打印尺寸、区域特性、样式和比例等。对于打印机的设置，AutoCAD 系统允许使用传统的 Windows 打印机和专用的绘图仪进行打印，用户可以对打印机的特性进行配置。本章主要介绍创建布局、页面设置和打印图形等内容。

AutoCAD 提供了两种不同的绘图环境，即模型空间和图纸空间。在这两个环境中，均可以完成绘图和设计工作。

1. 模型空间

模型空间是 AutoCAD 建立新图形时所默认的工作环境。在使用 AutoCAD 绘图时，多数设计和绘图工作都是在模型空间中完成二维或三维图形的绘制。在模型空间可以安排或编辑这些视图，然后作为一组对象进行绘制和编辑。

2. 图纸空间

图纸空间是显示二维视图的一个区域，主要用于完成绘图图样的最终布局及打印。在图纸空间中，可以安排、注释和绘制图形对象的各种视图，每幅视图都可展现图形对象的不同部分，或从不同视点观察，甚至可冻结或解冻每幅图形中的特定图层。在图纸空间，也可使用“缩放”命令的“XP”选项观察模型的全部细节，在图纸空间系统可以自动测量如线形、单位、虚线长度以及尺寸标注等。视图中见到的图形就是打印时所见到的图形，也可以在图纸空间中指定打印页面设置，需要打印时可直接打印，节省时间。

3. 布局

布局是一个图纸空间环境，AutoCAD允许在一个图形中创建多个布局。

## 13.8　建筑强电工程图设计

1. 照明插座平面图绘制

电气照明是建筑物的重要组成部分。照明设计的原则是在满足照明质量要求的基础上，正确地选择光源和灯具，充分考虑节约电能、安装方便、使用安全可靠、配合建筑装修和预留照明等因素。

选择光源和灯具，首先应从建筑的功能出发，满足照明质量的要求，在光色、显示方面适宜，力求视觉舒服、造型美观，并应尽量减少安装费用和节约能源。灯具的位置及形式需与建筑装修设备的空调风口等协调一致，组合成一个整体。

电气照明系统由照明设备和配电线路组成，照明设备可分为灯具、开关、插座和配电箱等。可以视绘图的复杂情况考虑是否将照明平面图与插座平面图绘制在同一张图纸上，本节中将分别介绍照明平面图与插座平面图的绘制方法与技巧。

绘制照明平面图与插座平面图主要内容有：

(1) 照明设备：包括灯具、开关、插座和配电箱等。

(2) 配电线路：用配电线路把照明设备连接成电气回路。

(3) 文字标注：用文字标注电气设备和电气回路。

2. 照明供电设计技术要求

(1) 每个照明配电箱内最大最小相的负荷电流差不宜超过30%。

(2) 应急照明应由两个电源供电。

(3) 在照明系统中，每一单相回路负荷电流不宜超过16A，灯具数量不宜超过25个。大型组合灯具每一单相回路负荷电流不宜超过25A，光源数量不宜超过10个。

(4) 插座应为单相网路，数量不宜超过10个（住宅除外）。

(5) 在照明系统中，中性线截面宜与相线相同。

(6) 对于不同回路的线路，不应穿在同一根管内。

(7) 对照明系统进行布线时，管内导线总数不应多于8根。

3. 绘制照明平面图的准备工作

(1) 整理图纸：绘制照明平面图的基础图纸来自建筑平面条件图。首先建立一个新的文件夹，并将其重新命名。然后将建筑平面条件图复制到该文件夹内，作为照明下面图设计的电子图纸。在新建的照明平面条件图内，把建筑条件图的颜色在“图层管理器中”改为同一颜色（建筑电气 CAD 设计中，通常以选用浅颜色为宜）。

（2）分层：将图纸进行分层处理是为了区分电气平面图中不同性质的设备及线型的图层，为完成绘制图纸的拷贝、出图提供方便。

在工具栏中的“图层管理”项中建立几个新的图层，一般常用的图层有：照明平面导线层、照明平面设备层、照明平面文字层、照明平面标注层等。这几个图层需用不同的图层颜色加以区分，图层颜色可以通过“图层特性管理器”中的“颜色”选项来设置。在对图纸进行分层处理后，图中相应对象（如导线的颜色和线型）如果需要改变，只能在所在的图层中进行重新设置。

（3）绘制图块：按照书中前面所介绍的做块方法，做出照明平面设备的图块。

图形中的电气设备都有常用的图块，一些常用的图块及技术说明如图 13-13 所示。绘制图纸时可以直接从建筑模板的图库中调用这些图块，一些少见的图块在图库中没有，设计者可以自行绘制这些图块，具体的绘制图块的方法在前几章已介绍过了，此处不再讨论。在绘制图纸时，一般先插入一个图块，以后可以复制多重使用。

| 图　例 | 名　称 | 规格及型号 | 安装高度 |
|---|---|---|---|
| ■ | 照明配电箱 | 见系统图 | 底边距地1.5m |
| 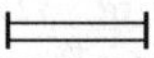  | 双管荧光灯 | 2×36W电子补偿 | 吸顶 |
|  | 防水壁灯 | 2×60W | 距地2.4m |
|  | 壁灯 | 1×60W | 距地2.4m |
| ⊗ | 防水防潮灯 | 1×60W | 吸顶 |
|   | 卫生间换气扇 | 1×60W | 吸顶 |
| ○ | 走廊吸顶灯 | 1×60W | 吸顶 |
|  | 地灯 | 1×15W | 距地0.5m |
|  | 单联跷板开关 | 10A/250V | 底边距地1.3m |
|  | 双联跷板开关 | 10A/250V | 底边距地1.3m |
|  | 三联跷板开关 | 10A/250V | 底边距地1.3m |

图 13-13　照明设备图块

## 13.9　照明与表现

当代照明技术的迅速发展，给设计者提供了愈来愈多的光源和灯具的选择，同时也带来了如何合理、巧妙地使用这些工具做好照明设计工作的问题。要做好这一工作，必须具备下列条件。

### 13.9.1　了解知觉过程

一般而言，人的知觉过程是：属性分类→预测→情感反应。一个环境中的情况与人们的肯定的预测相符合，并能引起情感上的积极反应，那么，这个视觉环境将是亲切或有吸引力的；反之若一个环境与人们肯定的预测相抵触，则必定引起人们情感上的消极反应，这样的视觉环境将是不亲切或感觉难看的。同时，知觉过程是一个完形的过程，人们总是不自觉地将看到的事物抽象成一个整体。此外，物体在人们的脑海里具有常性。比如说，人人都知道树叶是绿的，虽然我们晚上看到的树叶一片漆黑，可我们仍以为并能感觉到它是绿的，这就是视觉常性的作用。视觉常性理论给照明工作者用灯光创造特殊的视觉效果提供了理论依据，违背常性的设计从知觉过程而言，一定会引起人们新奇、刺激或否定、消极的反应。

### 13.9.2　掌握一定的形体分析方法

形体分析的方法很多，在这里介绍一种叫做"图底分析"的方法。如果我们把局部需要照明的景观作为实体覆盖到整个夜间环境之中去加以分析，此时的景观与背景的关系具有类似格式塔心理学中"图形与背景"的关系，这样的分析方法可称之为"图底分析"法。我们认为，引入这一方法进行夜景分析是很有必要的。因为城市夜景照明就是要从一个黑暗的"底"中，勾勒出一幅白天所不能见到的"图"。"图"的样子、"图"与"图"的配合、"图"与"底"的韵律，都可以通过图底分析法获得满意的结果。

### 13.9.3　熟悉各种光源并掌握各种各样的灯光造型艺术手法

在此介绍一种新的表现手法——"借景"。借景的手法在中国古代的园林建筑和建筑装修中屡见不鲜，我们觉得这一手法也可为照明设计师在城市夜景规划和设计当中采用。要形成一个完整的景观，单单依靠被照建筑本身的形体是远远不够的，还需要周围环境和其他建筑与之配合。照明设计师可以利用照明本身所具有的可强调重点的优势，结合环境的共融性，运用照明虚实处理的手法，借周围之景为我所用，创造出与白天风格迥异的城市夜景。在光色的运用上可以多用一些暖色调的光如黄光，除非特殊需要，尽量慎用蓝、紫色光，因为晚间看到蓝、紫色总会引起不安与消极被动的情绪；绿色光源近年来被广泛采用，但主要还是在公园或喷泉等处，可以给人以安详宁静之感，若配上少量白光则效果更佳。

### 13.9.4　夜晚景观与白天景观的关系

白天景观靠天然光照明，光是从上往下照，它构成了城市的第一轮廓线。夜晚景观依靠灯光照明来表现这一景观，同时连续的道路照明构成城市的第二轮廓线。照明工程师在营造夜景时应用灯光尽量展示建筑物、园林等环境要素白天的风韵，不足之处再加以弥补与再创造，决不能破坏白天景观。同时在实施夜景工程时，更要注意保护城市的光环境，不要制造或尽量避免光污染。

### 13.9.5　效果图

效果图是表达建筑设计成果的好方法，照明设计师在进行照明规划设计的第三阶段，即景区群体形象设计与单体设计时，应当画出效果图。一来可以看看总体效果如何，做到心中有数；二来也方便方案的改进。效果图是具体而微缩的实际景观，我们可以直观地在图上看到设计的预想效果，避免了在竣工后不必要的既浪费人力又浪费物力的修改或重作。

需要真实效果应该用 3DStudioMAX 或 Lightscape 等软件来实现。同时这些软件要有灯具库，灯和灯具库内要有所需要的灯型、配光特性、不同功率灯的光通量以及光色等参量，在绘制效果图之前，要先建立被照对象的三维模型，并把所选用的灯按设计的位置布灯，按其配光状况及投光方向投光。这种方法绘制出来的效果逼真，有什么不满意的地方可以及时调整。

另一种效果图是用 Photoshop 来绘制的，它不需要被照对象的三维模型，是在其二维视图上操作，这种效果图的真实性完全靠操作人的经验、想象力、素质和技巧。它的科学性及工作量远低于前者，但目前在商业竞争市场上它是效果图的主要制作方法。

**示范题**

**1. 单选题**

定义图块就是选择一个或一组图形组成图块，并确定图块的基点和以下的什么标称？(　　)

A. 图块的内容　　B. 图块的名称　　C. 图块的组成　　D. 图块的样式

**答：**B

**2. 多选题**

在照明工程图中一般常用的图层有哪些？(　　)

A. 照明平面导线层

B. 照明平面设备层

C. 照明平面文字层

D. 照明配电预算层

E. 照明设计产品说明层

**答：**A、B、C

**3. 判断题**

对于打印机的设置，AutoCAD 系统只允许使用专用的绘图仪进行打印。(　　)

**答：**错

# 第14章 道 路 照 明

## 14.1 道路照明的布置方式

道路照明的布置必须根据道路本身的特点及道路照明灯具的特点，综合考虑实现道路所需达到的照明功能，兼顾美观和投资成本等多方面因素。针对不同情况的道路，可采取不同的照明布置方式。

### 14.1.1 路灯灯具的安装参数

一般道路照明均采用灯杆上安装灯具的照明方式。灯具安装于灯杆的顶部或灯杆向道路挑出的灯臂上（如图14-1所示）。灯杆布置在道路的绿化带或路肩上，沿道路的方向延伸。

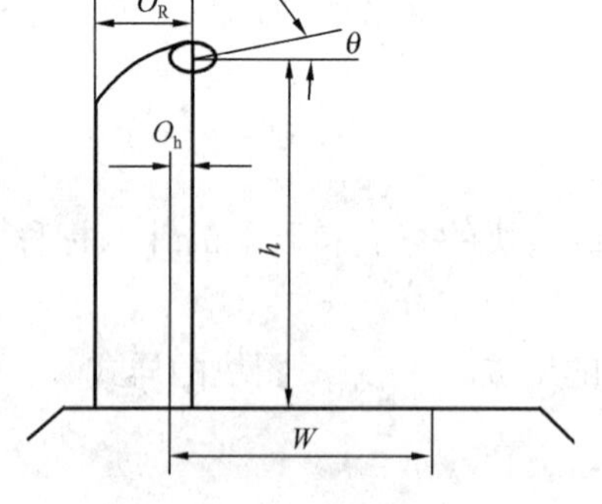


图14-1 道路灯具的安装系数

1. 灯具的安装高度 $h$

指从灯具光源中心到路面的垂直距离。根据路宽的不同，一般路灯的安装高度在6～14m之间。灯具的安装高度越高，眩光越小，亮度均匀度越好，灯杆的间距可更宽。但灯具安装高度升高，会减低光的利用率。

总体而言，在过去的几十年中，灯杆的高度逐渐在增加。这得益于光源效率的提高和大功率光源的应用。增加灯杆高度，不仅得到较好的均匀度，有时也更经济和美观。12m甚至更高的灯杆得到广泛使用，在道路互通区还使用一杆多灯。

但在同样的时期，某些工程中有时会用很矮的灯杆，这一般是出于美观的考虑，如在住宅区采用顶装式庭院灯或路灯。

在照明设计时，灯杆高度与灯杆间距、灯杆定位和采用灯具的品种及其配光综合考虑（图14-2）显示了灯具最小安装高度与配光和等效光幕亮度的关系。

2. 灯具的悬挑长度 $O_h$

指从道路边沿到光源中心的水平距离。加大灯具的悬挑长度可增加路面的亮度，但会降低非机动车道和人行道的亮度。如图14-1所示，$O_R$ 为从灯具光源中心点到灯杆中心的水平距离；$O_h$ 为灯具光源中心点到道路边沿的水平距离。

3. 灯具仰角 $\theta$

指灯具的开口面和水平面的夹角。提高灯具的仰角可使光线投射得更远，但仰角的提高也会增加眩光。一般灯具的仰角都控制在15°以内。

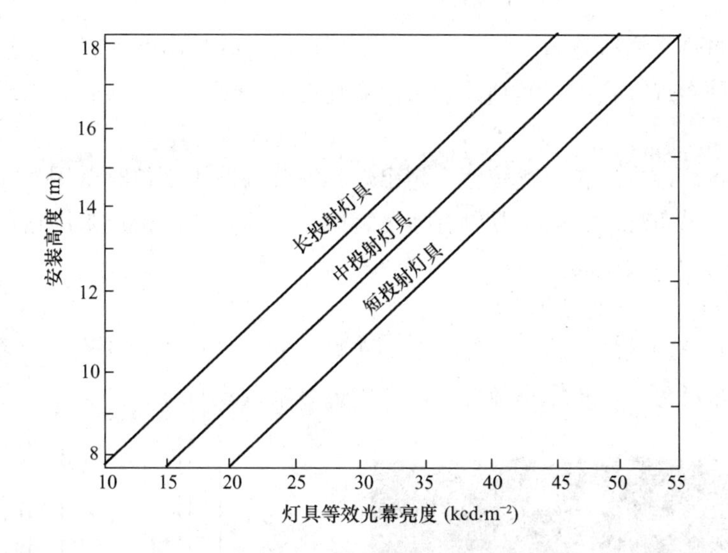


图 14-2 最低安装高度与等效光幕亮度值

4. 灯具的安装间距 $s$

指相邻安装的路灯灯具之间的距离。为了保证合理的亮度均匀度，应当选择合理的安装间距。

安装间距取决于灯杆的定位、路格大小（相邻横马路之间的距离），建筑位置和道路地形。一般而言，采用高光通量光源、高安装高度、宽安装间距比较经济。在灯具配光许可的距高比范围内，较高的安装高度会有更好的照明质量。

除此之外，灯具布置设计还应该考虑如下因素：

（1）是否方便接近维修；

（2）是否容易被车辆碰撞；

（3）能否避免系统的眩光；

（4）（白天和夜晚）是否方便交通标志和交通信号的识别；

（5）是否美观；

（6）是否影响树木生长。

### 14.1.2 不同道路的布灯方式

1. 双向交通道路

针对双向交通道路，有 4 种基本的照明布置方式：单侧布灯，交错布灯，相对布灯和中间悬挂布灯（图 14-3）。

（1）单侧布灯。一般来说，这种布灯方式主要适用于道路宽度 $W$ 小于或等于灯具安装高度 $h$ 的情况。这时，远离路灯一侧道路的亮度不可避免地低于路灯所在一侧道路的亮度。

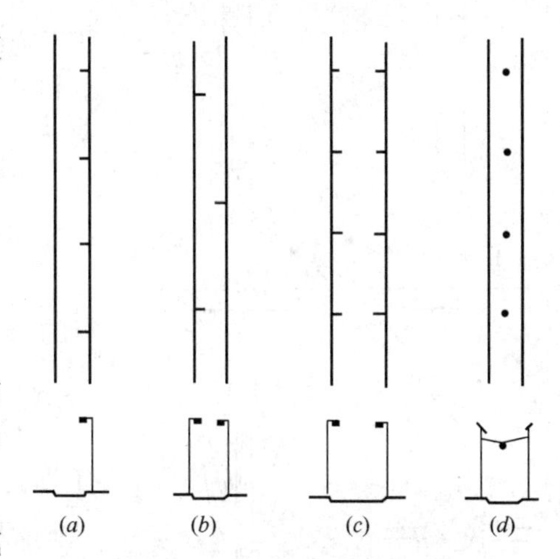


图 14-3 双向交通路灯的布灯方式

（a）单侧布灯；（b）交错布灯；（c）相对布灯；（d）中间悬吊布灯

(2) 交错布灯。当道路的宽度 $W$ 在 1～1.5 倍路灯安装高度 $h$ 时，经常采用交错布灯方式。采用这种布灯方式，需特别注意路面的亮度均匀度，否则很容易出现明、暗交替出现的光斑。

(3) 相对布灯。一般在路宽较宽、超出灯具安装高度 1.5 倍时采用。

(4) 中间悬吊布灯。一般在两侧有建筑物墙面，非常窄的街道采用这种布灯。灯具安装于固定在墙面的钢索中间。

2. 有中间分割带的双向机动车道

针对有中间分割带的道路，一般有 3 种布灯方式，即中央双挑布灯（图 14-4、图 14-5），中央双挑布灯与相对布灯相结合，以及中央悬索链式布灯。

图 14-4　典型的中央双挑布灯图

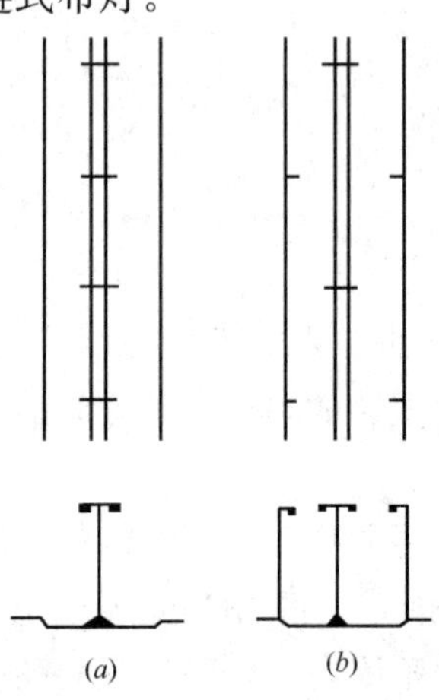


图 14-5　有中间分隔带的双向机动车道路照明布置

(a) 中央双挑布灯；(b) 中央双挑布灯与相对布灯相结合

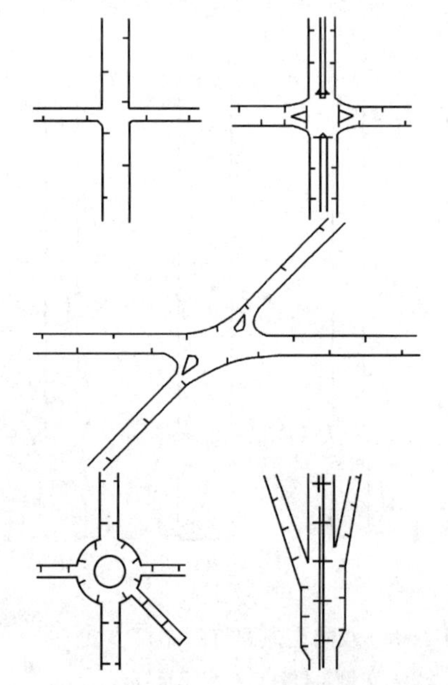

图 14-6　道路交叉口的常见照明布置，采用不同类型灯具提高交通引导性

中央悬链式布灯是指将灯具悬吊于沿道路方向布置在中央隔离带的钢索上，灯具间距约 10～20m，支撑钢索和电缆的柱子间距很宽，间距不等，为 60～90m。中央悬链式布置主要优点是：

(1) 优异的视觉引导性；

(2) 良好的均匀度；

(3) 更低的眩光（因为灯具光源是与驾驶者视线平行的）。

3. 道路交叉口

在交叉路口，环岛或上下匝道处，道路照明布置须有助于防止交通拥阻，并有助于驾驶员辨别正确的出口，一般设计原则是：(1) 让交叉路口有更高的亮度水平；(2) 让交叉道路采用不同颜色的光源作照明；(3) 主要道路与次要道路的布灯方式不一样。具体如图 14-6 所示。

在十字交叉路中，采用 12～18m 的中杆灯来提高路口亮度是一种经常采用的方法。对较复杂的交叉口或一些互通式立体交叉道路，也经常采用高杆灯（20m 以上）来照明。相对于一般路灯照明，高杆照明具有引导性好的优点，不像传统的路灯照明那样有很多灯杆阻挡或误导视线。但采用高杆照明时，需要仔细规划高杆的位置及选择合适的投光灯具，以达到亮度高、均匀性好，而同时眩光又小的目的。

高杆照明是在一根很高的灯杆上安装多个照明器，进行大面积照明。一般高杆照明适用于道路的复杂枢纽点、高速公路的立体交叉处、大型广场。这种照明方式非常简洁、眩光少。而且高杆安装在车道外，进行维护时不会影响交通。缺点是投射到区域外的光线多，导致利用率低，而且初期投资费用和维护费用昂贵。

高杆照明也可用于城市大型广场，如车站广场，它是城市中最繁杂的地方。非常适合简洁的高杆照明。此时要注意保证整个广场有一定的照度，并有一定的均匀度。一般如果被照区域半径为 $R$，则高杆高度 $h$ 原则上由下式决定，为：

$$h \leqslant 0.5R \tag{14-1}$$

飞利浦 SNF111 灯具用于高杆照明的计算结果见表 14-1。

**飞利浦 SNF111 灯具用于高杆照明的计算结果**　　**表 14-1**

| 区域面积（$m^3$） | 灯杆高度（m） | 布灯数（套） | 平均照度（lx） | 均匀度 |
|---|---|---|---|---|
| 3600 | 25 | 12 | 89 | 0.53 |
| 3600 | 25 | 8 | 59 | 0.52 |
| 3600 | 30 | 12 | 67 | 0.64 |
| 3600 | 30 | 8 | 45 | 0.63 |

铁道交叉口有一定的照明原则，必须有充足的照明水平以满足对轨道路面不规则平面的辨别，判断列车的出现和消失，了解交叉口及附近未照明物体或车辆。照明的方向和照明水平必须足以帮助辨别交通标志。图 14-7 是几种细微不同的布灯方式，取决于道口交

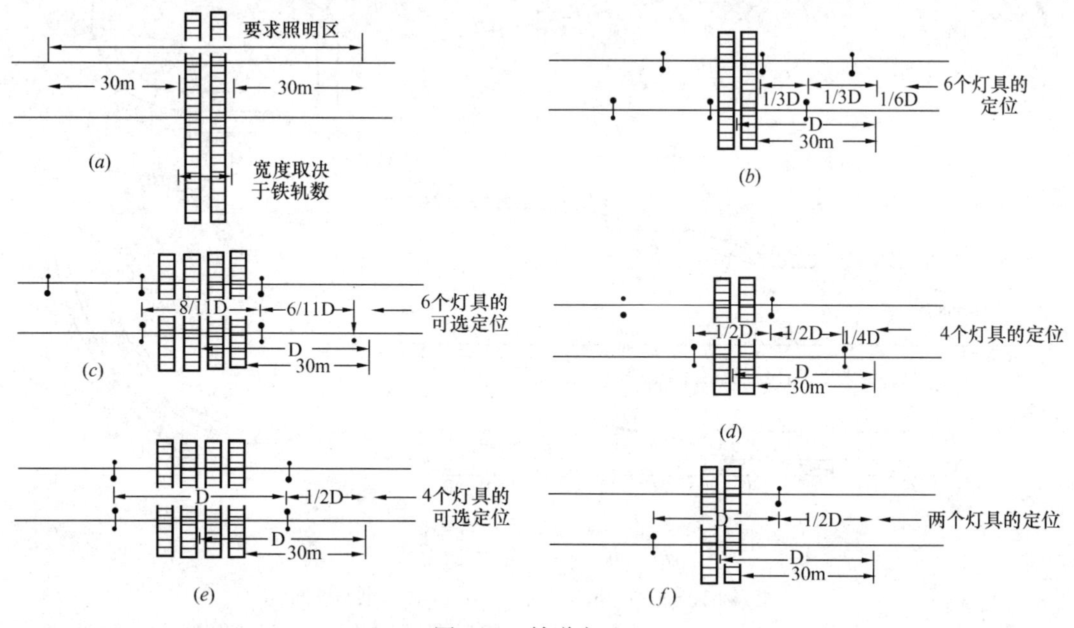


图 14-7　铁道交叉口

(*a*) 要求照明区；(*b*) 方式 1；(*c*) 方式 2；(*d*) 方式 3；(*e*) 方式 4；(*f*) 方式 5

通标志或信号的确切位置。布灯总的原则是：(1) 交叉口铁轨前 30m 至后 30m 的轨道区域内的亮度不能低于 $0.8cd \cdot m^{-2}$；(2) 灯杆定位需保证区域内的照明均匀度；(3) 在交叉口的列车应有合适的垂直照度，同时定位灯具时，也应避免产生对面方向驾驶员的眩光。

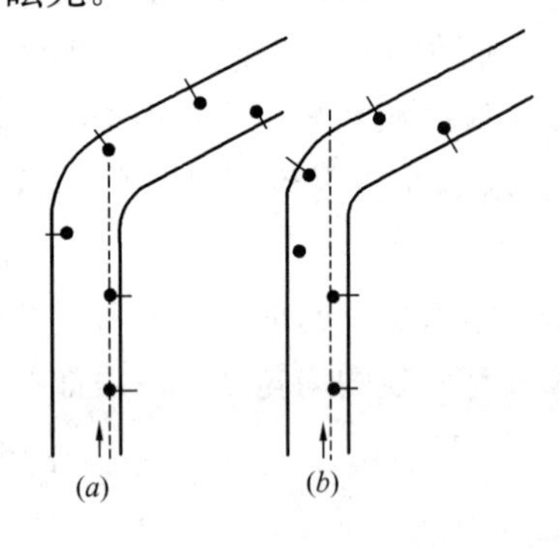


图 14-8　弯道布灯须防止误引导
(a) 错误的布灯产生危险误导；
(b) 正确的布灯避免产生错觉

4. 弯道

对转弯半径大（超过 1000m）的弯道可视为直道，路灯布置无需待别考虑，但对转弯半径小的弯道，布灯时必须既要考虑到合适的路面高度，又要兼顾有效的视觉引导。对路宽小于 1.5 倍灯具高度的情况，在进行单侧布灯时，须在弯道外侧布置灯具。但同时，灯位的布置须防止误引导，如图 14-8 所示。

对所有弯道而言，单侧布灯时将灯具布置在弯道外侧比布置在弯道内侧有更好的引导性。对较宽的弯道，相对布灯比交错布灯能提供更好的视觉引导性。对所有弯道而言，在弯道处降低布灯间距是必须的，一般说来，弯道布灯间距是直通时的 0.5～0.75 倍。转弯半径大小不同，布灯间距也不同，转弯半径越小，布灯间距须越小。

图 14-9 表明了不同类型弯道的布灯方式。需特别说明的是，在上下坡道的照明布置，不仅需缩短灯杆间距，还应该调整灯具角度，使灯具光轴与路面垂直，而不是与水平面垂

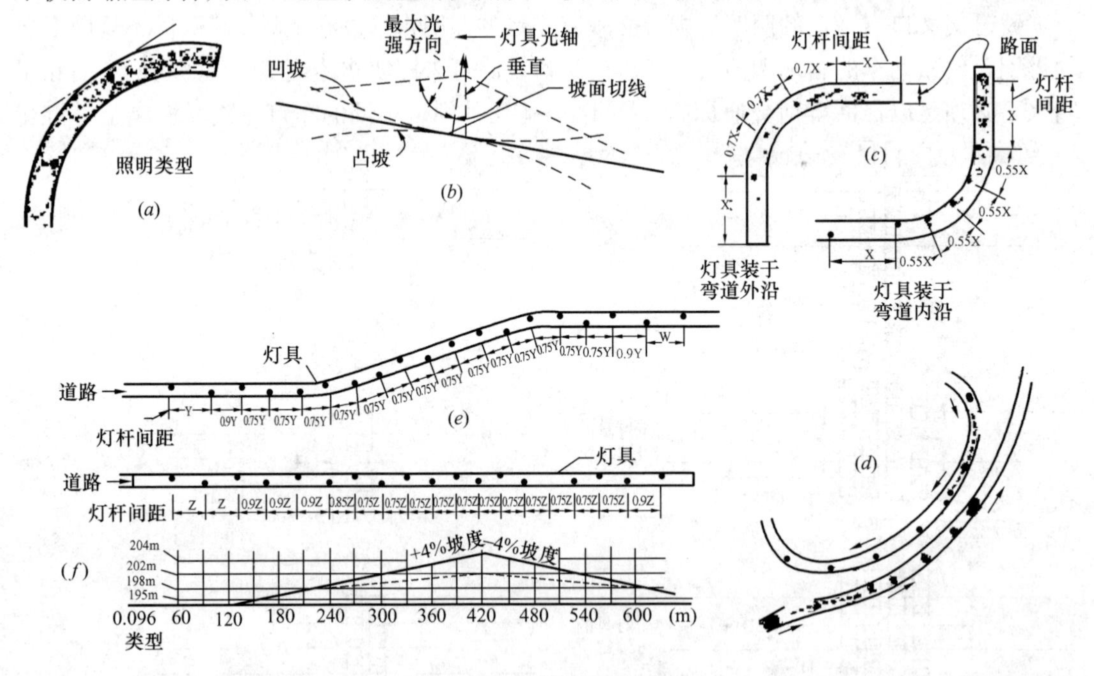


图 14-9　不同类型弯道布灯
(a) 灯具布置方向与弯道切线垂直；(b) 灯具安装与坡道上；
(c) 小半径弯道（水平）；(d) 近弯道时车灯会落到路外，灯具的布置需保证照明的补充；
(e) 半径为 305m 的水平弯道，6%坡度；(f) 半径为 380m 的垂直弯道，4%坡度，230m 视距

直，灯杆布置于弯道外侧，虽然可提高引导性，但更容易被机动车碰撞，所以，有时也会布置在内侧，但需适当降低灯杆间距。布灯的总的原则是，车辆转弯时，车灯灯光会落在道路外，灯杆的布置必须保证对黑暗路面的光照补充。

5. 树木

另外需要特别说明的是，灯杆位置与树木关系的处理。

树木是重要的社会财富，小心处理灯杆的定位不仅能加强交通安全和行人的安全，也能保护和改善“邻里”关系。照明设计师要合理确定灯具的悬挑长度和灯杆高度，就必须对不同树种有一定的了解。大多数树木养护人员或市政园林部门都能提供各树种的有关数据，如形状、高度、生长环境等，这些都有助于确定灯杆和树木的相对定位。高大球冠的树木比椭球冠或瘦长冠的树木要求有更大树木灯杆距离。成功的结果需要照明设计师、土地规划者、开发商和地方园林部门在开发设计早期的充分合作。从长远来看，灯杆和树木的合理定位，不仅对道路相辅道、人行道的照度提高有益，同时也避免或减少对树木的修剪和砍伐；反之，不恰当的布置，就会造成相关部门的扯皮和社会财富的浪费。

如果使用大挑臂灯杆，则可参考如图14-10所示的针对不同树种的布置，同时应该考虑兼顾人行道有充分的照明。

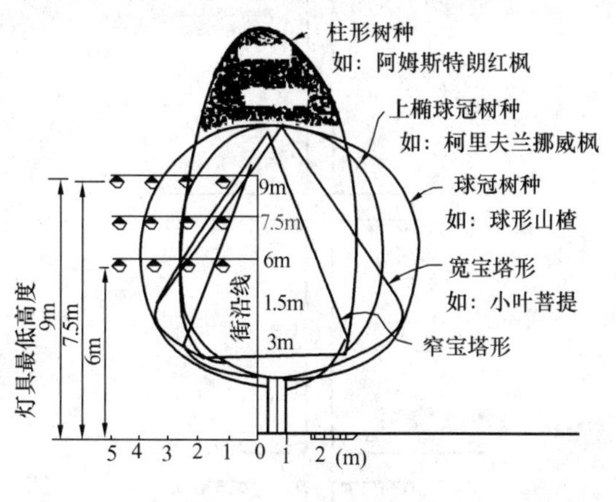


图 14-10　灯杆与树木

考虑到与树木之间的协调，有时必须偏离最佳灯杆间距。总之，要根据不同灯具的配光，纵向10%～20%的间距偏离对照明均匀度的影响不会很严重，但如果相邻两个灯具都需要易位，就必须非常仔细考虑，避免出现不可接受的阴影或暗区。改变挑臂长度是迫不得已的情况下的最后选择，因为，这样做对照明效果影响很大，而且很不美观。

## 14.2　道路连接处的照明方法

平直路段一般采用常规灯杆照明方式，除了灯具的仰角、悬挑长度要满足一定要求外，为了确保照明设施有良好的诱导性，施工时要尽量使灯杆和灯具排列整齐；对亮度（或照度）水平和美观要求高的道路可采用多灯组合照明方式。路面高度基本相同的道路，在交叉口特别复杂；交叉口处于经常有雾地区；有多条道路相交，其中至少有一条道路已有照明的交叉口必须设置交叉口的照明。

### 14.2.1　平面交叉口的照明

1. 基本要求

平面交叉口的照明应使得在停车视距范围以外就可以清晰看见交叉口，以唤起驾驶员的注意。为此交叉口可采用与同向交叉口道路光色不同的光源或主、次干路采用不同形式的灯具或采用不同的布灯方式，必要时可另行安装偏离规则排列的附加灯具。

平面交叉口的亮度（或照度）水平应高于每一条通向路口的道路。交叉口的车辆、行人、导向岛、分车带、路缘石及邻近的道路区域都要有一定的照度和垂直照度。

2. 几种交叉路口的布灯方案

（1）有照明的道路与没有照明的道路的交叉口，灯具的设置如图 14-11 所示。

（2）两条同样重要并且都有照明设施的道路交叉口的布灯方法如图 14-12 所示。

（3）两条有照明的道路或 T 形交叉路口的布灯方法，如图 14-13。道路末端设置的路灯，不仅可以有效地照亮交叉路口，而且也有利于驾驶员识别道路末端。

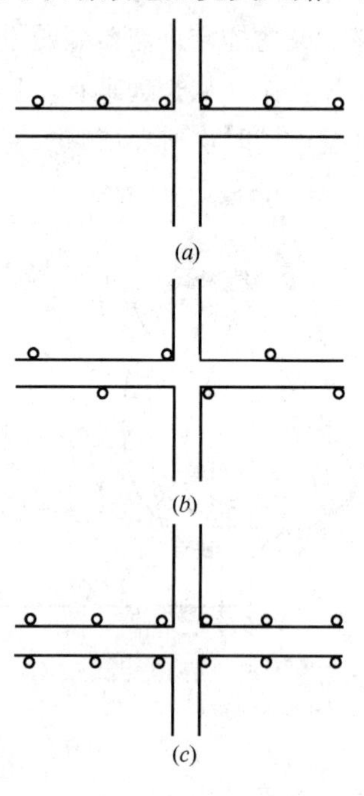


图 14-11　有照明与没有照明的道路交叉口的布灯方法

（a）单侧布置；（b）交错布置；（c）对称布置

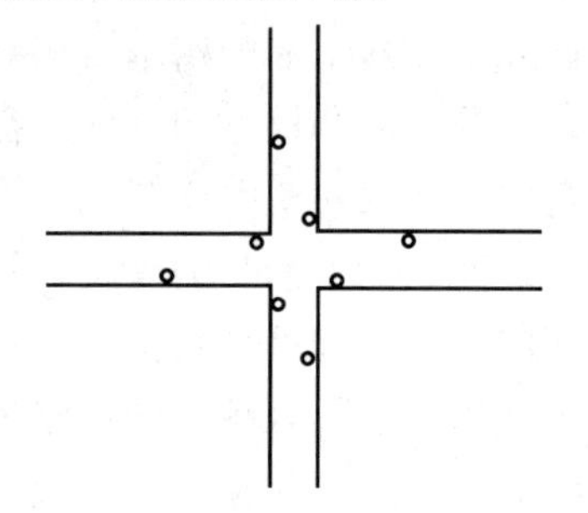

图 14-12　两条同样重要并且都有照明设施的道路交叉口布灯方法

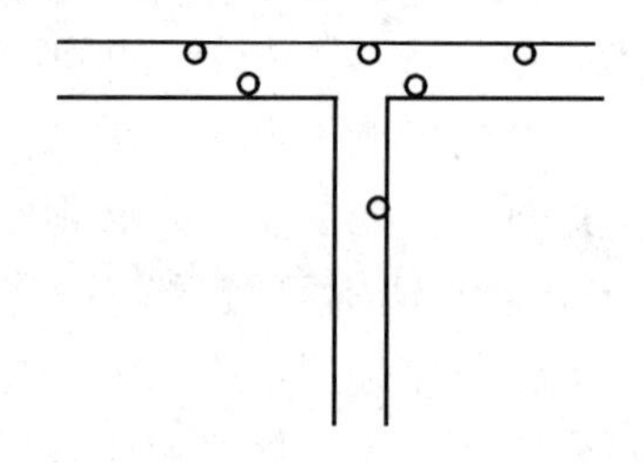

图 14-13　T 形交叉路口布灯方法

（4）一条主要道路和一条次要道路的交叉口（带有导向岛），可按图 14-14 布灯。主要道路宜采用交错布灯，次要道路采用单侧布灯。如导向岛比较大，可在岛上设灯。交叉口的照明水平高于主、次要道路的照明水平。

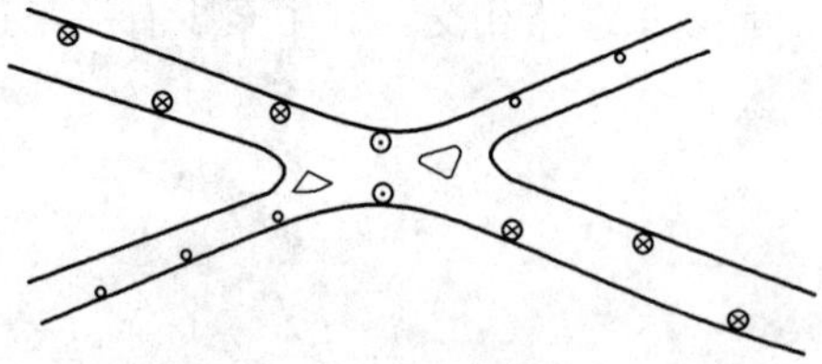

图 14-14　主要道路与次要道路的交叉口布灯方法

⊙—交叉区域灯具；⊗—主要道路灯具；○—次要道路灯具

（5）环形交叉口（转盘），应将灯设置在环岛外侧，如图 14-15。若环岛直径较大，可考虑在环岛上设置高杆灯，但要合理选择灯具，以防止过多的光落在环岛上，避免造成车道的亮度反比环岛内亮度低的情况。

### 14.2.2 曲线路段的照明

半径大于或等于1000m的曲线路段，其照明可按直线路段来考虑。半径小于1000m的曲线路段，灯具应沿曲线外侧布置（图14-16），以便获得良好的诱导性，并为路面提供较高的亮度，应减小灯距和悬挑长度，通常是直线路段的0.5～0.75倍。

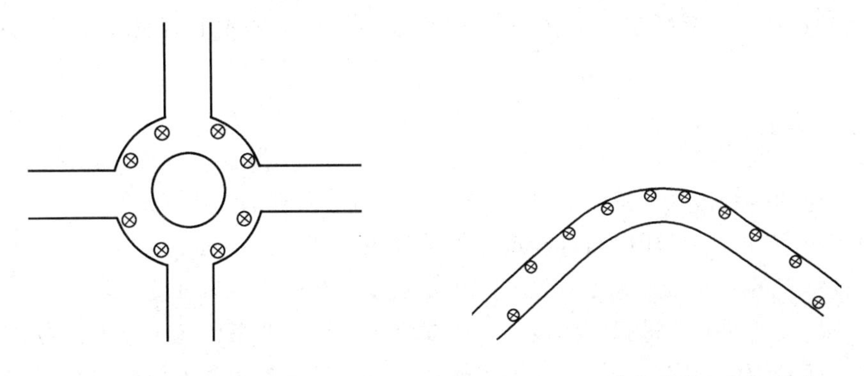

图14-15 环形交叉路口的布灯方法　　图14-16 曲线路段上布灯方法

若曲线路段路面比较宽，需要采用双侧布灯时，宜采用对称布置，不宜采用交错布置，以免失去诱导效果。转弯处的灯具不得安装在直线路段灯具的延长线上，以免误导司机认为是道路向前延伸而导致事故。急转弯处安装的灯具，应能对周围环境提供充足照明。

### 14.2.3 坡道照明

坡道照明，要保证光分布的最大均匀度，并使眩光限制到最小程度。若坡道的倾斜度不变，应使灯具的开口平面平行于路面。若是驼峰坡道，应缩小灯具的安装间距和采用截光型灯具。

### 14.2.4 分离式立体交叉的照明

小型分离式立体交叉，宜采用常规灯杆照明。但要注意灯具在下穿道路上产生的光斑能很好地衔接，同时还要防止下穿道路上的灯具在上跨道路上造成眩光。大型分离式立体交叉，也可采用高杆照明，但应符合高杆照明的设计原则。

### 14.2.5 互通式立体交叉的照明

互通式立体交叉的照明比较复杂，应注意以下几点：

（1）应有充足的环境照明，以显示所有复杂环境特点，使司机随时了解自己所在的位置；

（2）在交叉口，出入口，曲线路段，坡道等交通复杂的路段都应设置照明，而且要增设过渡照明，以利于司机的视觉适应。过度照明的设置办法通常是保持灯具原来的安装高度和间距不变，逐渐减少光源功率，直至0.3cd/m$^2$的亮度水平；

（3）大型互通式立体交叉宜优先采用高杆照明，并应符合高杆照明的设计原则。

### 14.2.6　人行地下通道的照明

对照度水平较低的通道出入口宜设置照明，夜间可照亮上下阶梯，白天可起到指示牌的作用，引导行人走地下通道。

对较窄的行人地下通道，可以在通道的顶棚或一侧布顶灯；比较宽的人行通道要在通道两侧或顶棚上布两排灯。通道内的平均水平照度，夜间以 20lx，白天以 50～100lx 为宜。

### 14.2.7　桥梁的照明

桥，包括跨线桥（天桥）、江桥、湖桥、海桥等。它的结构形式更是多种多样。

对中小型桥梁的照明应与其连接的道路照明一致。若桥面宽度小于与其连接道路的宽度时，则桥梁的栏杆、路缘要有足够的重要照度，在桥梁入口处要设灯。

大型桥梁的照明要进行专门设计，既要满足功能又要考虑艺术造型，做到与桥梁的风格一致，还要用照明突出表现桥梁的个性化特点。像兰州银滩大桥照明工程的设计，既考虑到地域特点，又体现出时代艺术照明风范。该工程的具体照明、电气设计方案如图 14-17 和图 14-18 所示，灯具参数列于表 14-2。

桥梁照明限制眩光，要考虑到桥面与其连接路面高差情况，采用装饰照明时更要注意这一点。首先要避免给桥上的驾驶员造成眩光；二要避免给其连接或邻近的道路上的驾驶员造成眩光；三还要避免给通航船上的领航员造成眩光。为此，应采用严格控光灯具。利用桥梁的栏杆，在栏杆上对桥面进行照明。其优点是降低造价，克服灯杆林立现象，对桥下的眩光加以限制，不会破坏桥梁和附近的景观。缺点是桥面的亮度和均匀度难于保证，灯具易脏，还容易造成人为破坏，所以只有桥面不宽和照明要求不高时才能采用。

**灯　具　参　数　　　　表 14-2**

| 灯具型号 | 光源 | 光色 | 数量（套） | 备注 |
|---|---|---|---|---|
| GTY-2000W | MD2000W | 白色 | 28 | 分别安装在 3.5m 和 3m 灯杆上 |
| GTY38-1000W | MD1000W | 白色 | 28 | |
| GTY30-400W | GJD400W | 蓝色 | 24 | 分别安装在两侧钢结构平台内 |
| GTY30-400W | ZJD400W | 白色 | 6 | |
| GTF11－250W | NG250W | 黄色 | 116 | 摇臂支架 |
| 3.8m 灯杆 | | | 8 根 | 热镀锌处理 |
| 3.5m 灯杆 | | | 24 根 | 热镀锌处理 |
| 摇臂支架 | | | 116 根 | 喷塑处理 |

注：1. 两个钢结构平台尺寸为 10m×4m×1m；
2. 主桥至马滩和孔家崖的艺术串灯未考虑。
3. 单位：m。

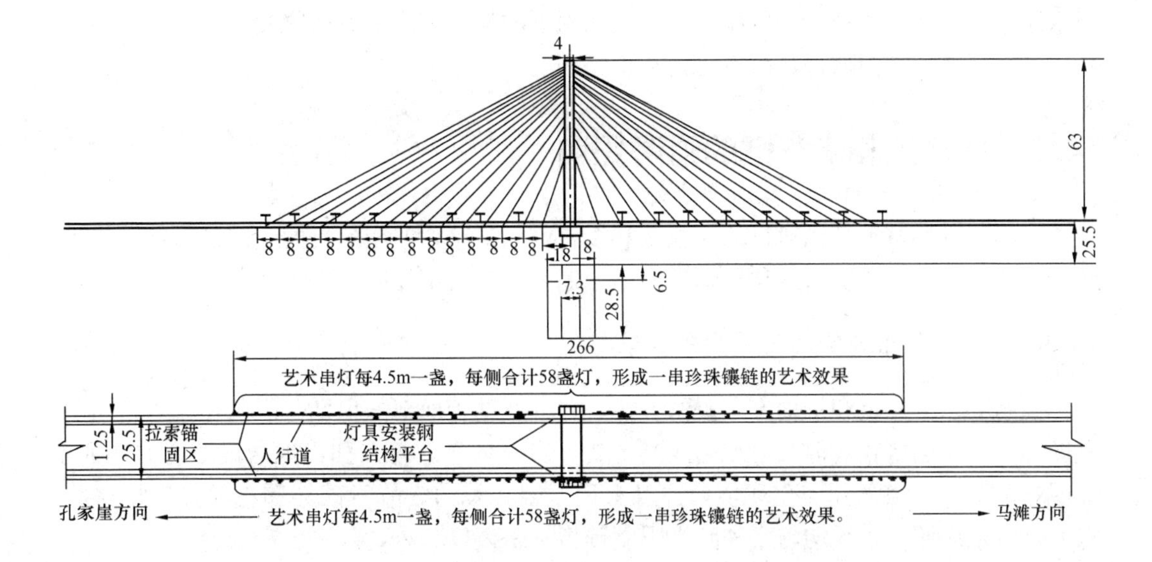


图 14-17 兰州银滩黄河大桥主桥艺术照明设计灯具布置示意图

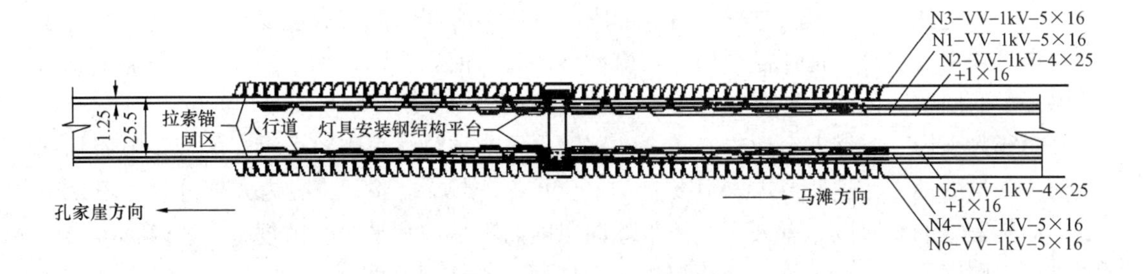


图 14-18 艺术照明灯具布置

说明：

1. 大桥主塔艺术照明电力电缆 VV-1kV—4×25＋1×16，索缆艺术照明电力电缆 VV-1kV-5×16，主桥外侧艺术串灯照明电力电缆 VV-1kV-5×16，电力电缆分别敷设在大桥两侧人行道板下的空间内。
2. 灯杆设置在索缆锚固区域内。灯杆下法兰预埋钢筋必须牢固地与大桥指定接地主钢筋连接，形成可靠的电气通道。灯杆下法兰尺寸 320mm×320mm×20mm，杆体必须与大桥结构牢固连接，满足承受设计风荷载能力。
3. 大桥主塔艺术照明灯杆的杆高 3.5m，主塔两边外侧制作钢结构平台（长 10m，宽 4m，走道宽 1m），索缆艺术照明灯杆的杆高 3.8m。灯杆表面热镀锌处理。大桥外侧艺术串灯采用摇臂支架，表面喷塑处理。
4. 供电回路表示：

   N1、N4——主塔艺术照明；N2、N5——索缆艺术照明；N3、N6——主桥外侧艺术串灯。
5. 主塔艺术照明功率：单侧为 30kW；双侧为 60kW。索缆艺术照明功率：单侧功率为 18kW；双侧功率为 36kW。艺术串灯功率：单侧为 14.5kW；双侧 29kW。大桥艺术照明总功率：125kW。
6. 大桥艺术照明的供电由低压配电室引出，铠装电缆直埋至 15 号桥墩，通过电缆接线箱从大桥伸缩缝至人行道板下穿管敷设至大桥两侧的桥面。

### 14.2.8 机场、铁路和水路附近的道路照明

机场附近、铁路和水路附近的道路照明，不得干扰飞机起飞、降落的信号系统，不得

与铁路、水路航行的信号光色相干扰。机场附近的灯杆高度要有所限制，总之，应该和机场、铁路、航运部门取得联系方可建造道路照明。

## 14.3　居住区和步行区的道路照明

在禁止各种机动车辆通行的居住区和步行区的道路，照明的目的全部是为行人提供有效的安全和舒适的照明，这与机动车道路交通的照明大不相同。

### 14.3.1　行人和当地居民对照明的要求

照明应该为行走和辨别方向提供方便，并且有助于面部的识别。居民在家中，照明应有助于发现不速之客，但又不致构成光干扰，影响休息。行人和当地居民还有共同要求，那就是照明还应增强和美化环境，并且有助于阻止暴力、故意破坏和犯罪。满足这些要求，通常是用照明水平均匀度和眩光限制等指标来评价。

### 14.3.2　照度

行人行走速度比较慢，这意味着人的眼睛有更多时间来适应亮度变化。因此，均匀度的要求可以不像机动车道那样严格。与机动车还有车前灯可以帮助不同，行人只能依靠沿道路提供的照明，因而这种照明的最小值就变得最为重要的了。

对行人来说，能够安全地走来走去，照明水平应该足够显现路上潜在的危险障碍物和任何不规整的地方。这些要求，只要有 1lx 或更高一点就足够了。因为大部分物体不是平面的而是三维的，所以，有人喜欢按半球面照度而不是按水平照度来规定。丹麦标准推荐的半球面照度是 1～5lx。同样，也可以采用柱面、半柱面照度等。

面部识别，对行人来说，非常重要。最新的研究表明，识别距离为 4m，脸上需要有 0.8lx 的半柱面照度。

荷兰的费歇尔教授从既有的水平照度，半球面照度和垂直照度之间的关系综合出各国和国际组织关于灯具参数在居住区水平照度的推荐值，如表 14-3。

**费歇尔新居住区水平照度推荐值**　　　　**表 14-3**

| 照　　度（lx） | 说　　明 |
| --- | --- |
| 1（最低值） | 可纵向发现障碍物可靠的最低值 |
| 5（平均值） | 易于确定方位 |
| 20（平均值） | 富有吸引力的照明，能够认清人的面貌特征 |

注：我国的（城市道路照明设计标准）规定的平均水平照度值为 1～2lx。

### 14.3.3　均匀度

如果最大照度与最小照度之比不超过 20∶1 左右，行人就不会出现视适应问题。在我国标准中，还没有提出具体要求。就目前情况而言，这恰好为社区照明设计提供必要的自由度，过分均匀的照明必然会产生呆板的综合效果，应极力避免。

### 14.3.4 眩光限制

因为行人速度比汽车低得太多了，有更多的时间来适应现场中亮度的变化，不大可能由于眩光而造成和行进中的障碍物发生相撞的事情。事实上，有些耀眼的灯光倒是会受到欢迎，它产生一种诱人的和生机勃勃的气氛。我国标准未作出规定，只要不把裸灯安装在眼睛水平线上，一般在小于 1m 或大于 3m 即可使用。

## 14.4 道路照明设计、计算和测量

进行道路照明的设计是一项非常专业的工作，必须考虑的因素非常多，一般均由专业的电气照明设计师来进行。

在进行道路照明系统设计时，首先必须考虑照明的视觉要求，必须要满足相应等级道路要求的照明质量指标；其次须考虑系统的经济性，在满足照明指标的前提下，怎样来减少整体投资成本，包括初期投资成本和后期运行维护成本；还需要考虑美观性，整个道路照明设施的设计，包括灯具和灯杆的造型及其布置，怎样和周围环境相协调，从而成为道路景观的一个部分；还需充分考虑节约能源和环境保护上的要求，选择的照明器应当是高效节能型的，并需有良好的配光控制，减少光污染，材料的选择应当是绿色环保型的，在生产、应用和回收的整个过程中对环境的影响要小；另外，还要考虑安装和维护的安全及方便性，使得后期的安装和维护工作能高效、安全和容易进行。总之，道路照明的设计是一项科学的工作，在着手前应尽量了解道路的状况和各方面的要求，并需根据设计师本人的经验和智慧做出判断和取舍，做到综合平衡，达到最优化的结果。

### 14.4.1 道路照明的设计步骤和设计提示

高效的道路照明设计一般遵从以下几个主要步骤：

(1) 确定所要设计照明的道路类别以及其相邻区域的类别，并需考虑路面的特性。

(2) 确定所需达到的照明质量指标。包括平均亮度、亮度均匀度、眩光控制水平等，在适合使用照度衡量指标的地方，确定所需达到的照度水平。

(3) 确定可供选择的道路照明灯具和光源。

(4) 在满足要求的照明指标的前提下，初步选择一种或几种照明布置方式，包括灯具的安装高度、灯杆的位置等。

(5) 计算所选择的几种灯具和光源组合下可能的灯杆间距，计算中可通过调整灯具高度和灯具相对路边的位置，以及仰角等来达到照明指标的要求。

(6) 根据综合考虑及设计师经验选择一最优结果，或调整某些参数，重新计算，以达到令人满意的设计方案。

(7) 在遵从达到必要的照明指标以满足交通安全、低初始投资成本、最小的运营和维护费用的前提下，选择灯杆和灯臂的造型，以满足美观的效果。

对于纯粹的机动车交通干道或非机动车和行人较少的城郊、农村公路来说，照明布置较为单纯，只需按照上述步骤可以很方便地得到优化的选择。但城市的道路则复杂得多，

下面对城市道路的照明予以分析。

城市道路的照明不仅仅像机动车交通那么简单，它往往还包括非机动车交通和行人，其照明必须满足各类人群的视觉要求，有时还需要从照明设备外形上配合与环境协调（城市交通分割好的干道可归属于前一类，在此不作详述）。这里以住宅区道路为例进行说明。

住宅区含义很广，可以定义为村庄、城镇和城市中适合居住且主要是私人住宅的区域，包括以下任何一种：

（1）只有一个家庭的单体建筑，通常带院落；

（2）沿街修建的统一格局的房屋建筑，如小城镇的商住两用房；

（3）复合型特别居住区，包括别墅、与街道成某角度建筑，或在一个区域内的大片房屋、向街道只有一个入口的建筑，即新开发商品住宅区形态；

（4）公寓酒店和普通居室；

（5）老式城镇内商店、办公、居住等在一栋建筑内，或直或弯、或宽或窄的街道。

除了复合型特别居住区（住宅小区）外，其他住宅前的道路从性质上说，可以是羊肠小道，也可以是大型交通干道，而且随着城镇的发展，道路性质也在发生变化，如原先的区域性小区道路可能演变成通向其他功能区的主要通道。所以，很难精确定义住宅区道路的分级和照明标准。下面根据道路的作用和使用人群不同区分加以说明。

（1）集散道路

集散型道路是指一个住宅区内连接区内道路至关重要的交通动脉的主要道路，一般说来，它们属于M2或M3级道路。与此同时，它们又穿越住宅区，所以照明设计时还必须考虑居民的视觉要求（图14-19）。

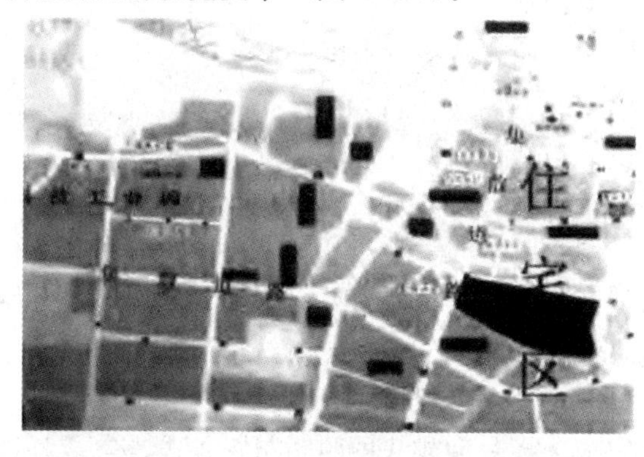


图14-19　住宅区和工业区

（集散道路被标注，其他小马路均可归纳为区内道路）

这些道路可能通向社区中心、停车场、公交或火车、地铁站等，因此有大量的自行车和行人，必须考虑他们的照明要求。

从照明布置来说，由于要兼顾道路上机动车和步道边行人的需要，灯具可视情况对称或交错排列；这些路的照明往往处于交通干道和区内道路之间，灯杆高度也居中，一般在6～10m；距高比决定于在路上和步道上的投射射程长短，一般不会超过4～5。

从环境因素方面来看，白天和晚上的外观形态都要予以考虑。在住宅区，照明如同街道的其他装饰布置等环境因素一样，也是社区生活质量的一部分，必须对灯具安装高度、是否要挑臂、灯具与灯杆的比例及它们与周围环境的协调等详加斟酌，灯杆的表面处理和形状，应该与街道的其他元素（绿化、街道铭牌、交通信号杆等）协调一致。

由于灯具配光的选择必须照顾到灯杆后的人行道，光线难免会射入沿街住户的窗户，为了避免这一问题，应该在设计时考虑采用防眩板或在安装后加补防眩光措施。

光色对环境也是重要的元素，必须结合具体工程环境予以分析和选择。

(2) 区内道路

住宅区内的道路除了机动车外，大量使用者是行人，所以，要考虑的不仅仅是路面亮度（图14-20）。由于区内车速较慢，驾驶员的识别能力和反应时间大大上升，照明设计的目的主要是保证道路使用者的如下能力：在所处环境中的方位感、发现道路上的物体、识别其他人的行动和意图、辨别街道招牌和门牌号码，并对街道及其环境有满意感。

灯具布置取决于两旁建筑物之间街道的宽度，一般来说，单排灯具就能满足。但当灯具与街道对面建筑物之间的水平距离大于2倍杆高时，应在对面加布一排灯具。

灯杆高度取决于灯与街道其他元素（如树的高低）的关系，一般在4～8m。灯杆间距决定于灯具配光和照度水平、均匀度等方面的要求。受区内其他设施（树木、休闲椅、体锻器材等）的影响，灯具的布置有时不是排列式，而是根据其他设施的相对位置布点。

处于外观的考虑，庭园灯被大量使用在这样的道路上，同时也可以提高半柱面照度，但应时刻记住控制进入路边窗户的光线。

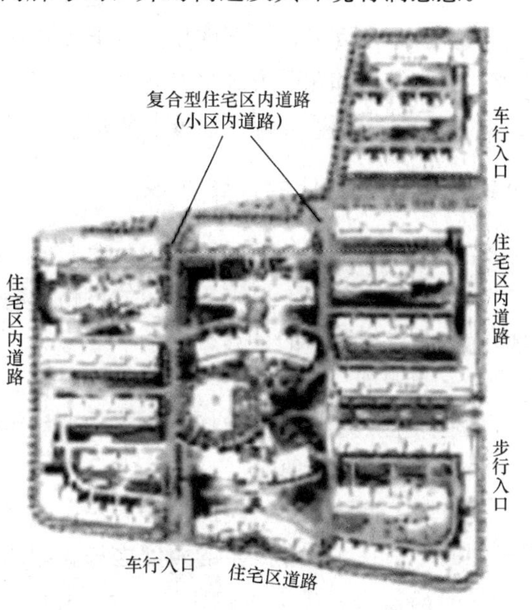


图14-20 住宅区内道路和小区内道路

从美观方面来说，应该确保街道无论在白天还是在晚上具有吸引力，灯杆与灯具的选择和设计必须像一个整体，并与建筑及其他设施相得益彰。灯杆的高度不能超过周围建筑物的一半，但不低于街道宽度的一半，在一些特殊历史意义或特色建筑的区域，照明设计师要非常小心地选择照明设备，使之与环境浑然一体，且没有粗大的照明阴影。

光污染也是考虑的另一个因素。

(3) 复合型特别住宅区（住宅小区）

复合型住宅是一种相对新型的住宅形态，入口被限制。区内道路经常有大量社区生活，人们在此交流，小孩在此玩耍，行人、自行车与机动车共同使用，而且道路很窄，车速严格限制。对这样的小区道路，夜晚的照明要求是：

①在人们经常聚集会友的地方提供友善的气氛；

②允许汽车和自行车在复杂的区域内缓速驶向停车场，所有物体应可见；

③允许孩子们玩耍游戏；

④消灭暗角，阻吓犯罪；

⑤限制射入卧室的逸出光。

照明水平无须均匀，甚至是不均匀的，照度的变化可以增加夜晚环境的视觉吸引力。玩耍区域希望的照度最高，人们的聚集区要求的照度居中且更强调半柱面照度，汽车停泊区和绿化区域照度要求最低。

由于灯杆和灯具的设计必须与小区内建筑风格一致，安装的重点在于照明设备的选择、使用和位置确定。很多地方可以使用HID或荧光灯安装在墙壁上，谨慎选择安装点可以限制射入窗户的光线而满足公共活动区域的垂直照度要求。柱顶式或挂壁式庭园灯具都可以，只是在玩耍区要避免灯具被球打碎。

区内照明光源的颜色应与建筑和花园相配，较好的显色性也很重要。

从美观的角度来说，照明要尽可能使小区具有吸引力，并鼓励人们充分利用小区各种设施，照明设备和照明方式多样化可以创造兴趣点，亮区和阴影的变化与对比可以强调建筑、人和各种设施。如果灯具安装于墙壁上，则挑臂的长不得超过1.5m。

### ※14.4.2 道路照明的计算

在着手一条道路的照明设计时，对照度、亮度值和其均匀度，以及眩光的计算是必不可少的。一般情况下，可采用专门的道路照明设计软件或照明计算表来进行，也可根据灯具的配光曲线作简单的计算。

1. 照度计算

对道路上照度的计算包括点照度和平均照度的计算。

（1）点照度的计算

①点照度计算方法。路面上任何一点的水平照度值为所有道路照明灯具（忽视其他照明光源的影响）在此点产生的照度之和。如图14-21所示。点$P$的照度为

$$E_{\mathrm{P}}=\sum_{i=1}^{n}\frac{I\ (C,\ \gamma)\ \cos^{3}\gamma}{h^{2}} \tag{14-2}$$

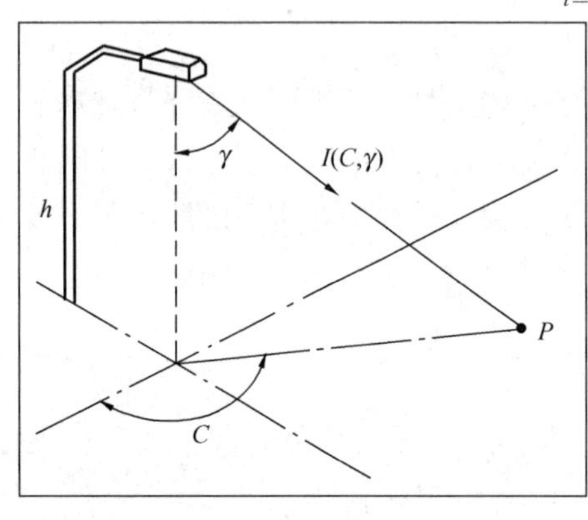


图14-21 路面上点$P$的照度

式中，$I\ (C,\ \gamma)$为一个灯具在平面$C$上与垂直方向成$\gamma$角的点$P$方向的光强；$n$为所考虑的灯具数量。

用以上公式，可以计算出路面上每一点的照度值，将这些值标在道路的平面图上，并将相同照度的点连接成线，可得到等照度曲线图，从等照度图上可读出任何一点的照度值。

②电脑计算的等照度图。逐点计算并画出等照度曲线图是一项费时的工作，而如果用电脑进行计算，则等照度曲线的生成要快得多。

一般说来，在每种路灯灯具的配光数据表中均可找到相对应的等照度曲线，在每一条等照度曲线上给出的值是此灯具所产生的最大照度的百分比。

从等照度曲线图（图14-22）上计算任一点$P$的照度，可用公式为

$$E_{\mathrm{P}}=E_{\mathrm{r}}\cdot\frac{a\Phi_{\mathrm{L}}n}{h^{2}} \tag{14-3}$$

式中，$E_{\mathrm{r}}$是点$P$的相对照度；$a$是此灯具的修正系数，一般在等照度曲线图下给出；

$\Phi_L$ 是光源的光通量；$n$ 是每套灯具中光源的数量；$h$ 是灯具的安装高度。

通过重复对这条道路上布置的每一套灯具计算点 $P$ 的照度，就可以得出点 $P$ 的总照度值，从而得出每一点的照度值。

（2）平均照度计算

①代数平均照度。当某段路面上每点的照度都已计算出来后，可通过下面的公式计算平均照度，即

$$E_{av}=\frac{\sum E_P}{n} \tag{14-4}$$

式中，$E_P$ 是点 $P$ 处的照度值；$n$ 是所考虑用来计算平均值的所有点数。

很清楚，当 $n$ 越大，即所考虑的点数越多时，计算出的照度平均值越准确。

②用利用系数曲线计算出的平均值。最简单和最快速计算一条无限长直道平均照度的方法是，采用灯具配光数据表中的利用系数曲线，计算公式为

$$E_{av}=\frac{CU\cdot\Phi_L\cdot n}{W\cdot S} \tag{14-5}$$

式中，$\Phi_L$ 是光源的光通量；$n$ 是每套灯具中光源的数量；$W$ 是道路的宽度；$S$ 是灯杆的间距；$CU$ 是利用系数。

在道路照明中，利用系数定义为从灯具中出来投射到道路上的光通量与灯具中光源的总光通量的比值，即

$$CU=\frac{\Phi_{利用}}{\Phi_L} \tag{14-6}$$

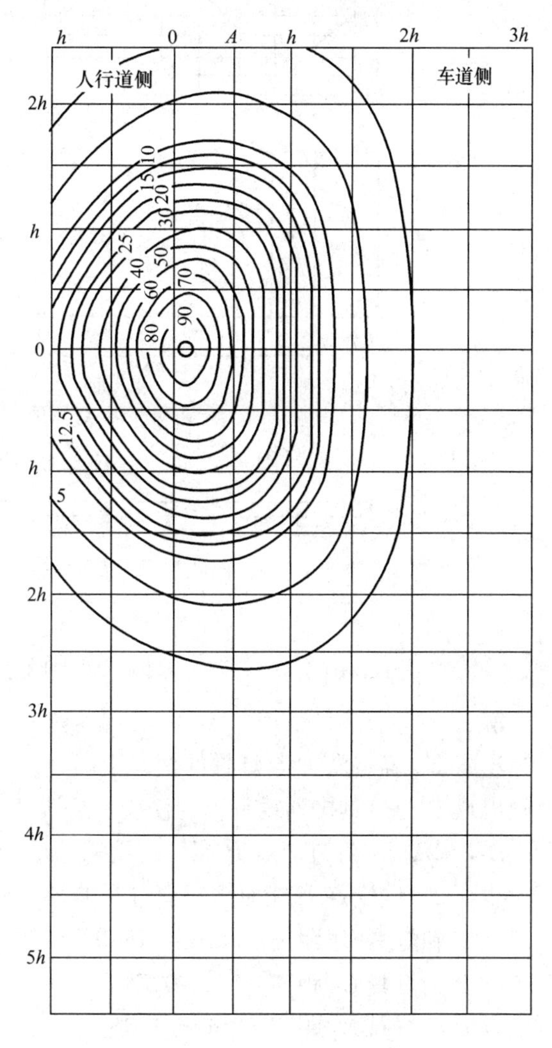

图 14-22　某灯具的相对等照度图

在灯具的光学数据表中，一般灯具的利用系数曲线会以下面两种形式给出（图 14-23）：

A. 作为路面横向距离的函数，以灯具位置为中心向路中心和屋边扩展，为灯具安装高度的倍数；

B. 作为灯具与路的两个边界的夹角 $\gamma_1$ 和 $\gamma_2$ 的函数。

不管采用哪种表达形式，都应当将“屋边”和“路边”的利用系数值相加，以得到对整个路面宽度的利用系数值。

（3）照度计算举例

计算实例中所用灯具参数见图 14-22 和图 14-23。

**【例 14-1】**　在如图 14-24 所示道路的状况下，假设灯具的安装高度是 10m，灯具中光源的光通量 32000lm，试计算路面上点 $P$ 的照度。

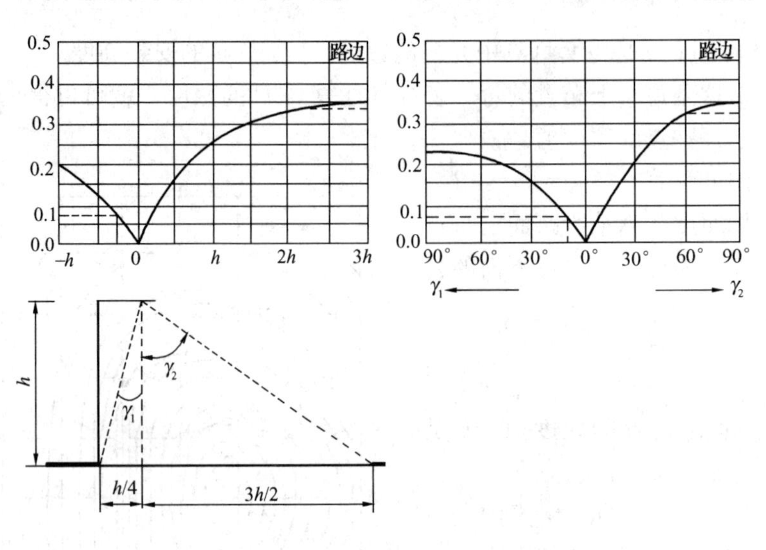


图 14-23　灯具的利用系数曲线图

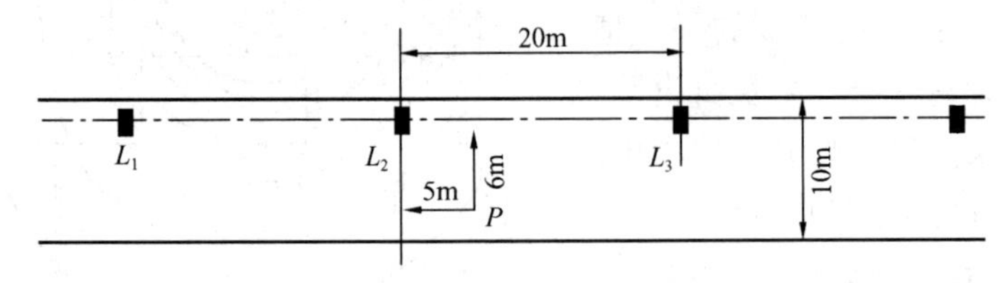


图 14-24　计算点 $P$ 的照度

**解：**

步骤 1　确定点 $P$ 与灯具的横向距离（以灯具高度 $h$ 表示），在灯具的相对等照度图上画出点 $P$ 与灯具排列线平行的横线平行线 $A$-$A$ 线，如图 14-25。

$L_1$，$L_2$，$L_3$ 灯具对点 $P$ 照度的贡献（$E_{max}=0.187\Phi/h^2$）

步骤 2　确定点 $P$ 相对于每套灯具的径向距离，并以灯具高度 $h$ 表示，即

点 $P$ 到灯具 $L_1$ 距离＝25m＝14$h$

点 $P$ 到灯具 $L_2$ 距离＝5m＝0.5$h$

点 $P$ 到灯具 $L_3$ 距离＝15m＝1.5$h$

在灯具的相对等照度曲线图的 $A$-$A$ 线上标出点 $P$ 相对于每套灯具的位置。

步骤 3　在相对等照度曲线图上读出每套灯具对点 $P$ 照度的贡献，并计算点 $P$ 的总照度为

$$E_{L_1}=3\%E_{max}$$

$$E_{L_2}=53\%E_{max}$$

$$E_{L_3}=13\%E_{max}$$

$$E_P=E_{L_1}+E_{L_2}+E_{L_3}=69\%E_{max}$$

从图 14-25 上知道 $E_{max}=0.187\Phi/h^2$，可算出

$$E_{max}=0.187\times32000/100=59.8\ (\mathrm{lx})$$

从而得出 $E_P=69\%\times59.8=41.3$（lx）。

**【例 14-2】** 在如图 14-26 所示左侧布灯的交通道路状况下，假设灯具的安装高度是 10m，灯具中光源的光通量 32000lm，计算路面上的右边车道的平均照度（阴影部分）。

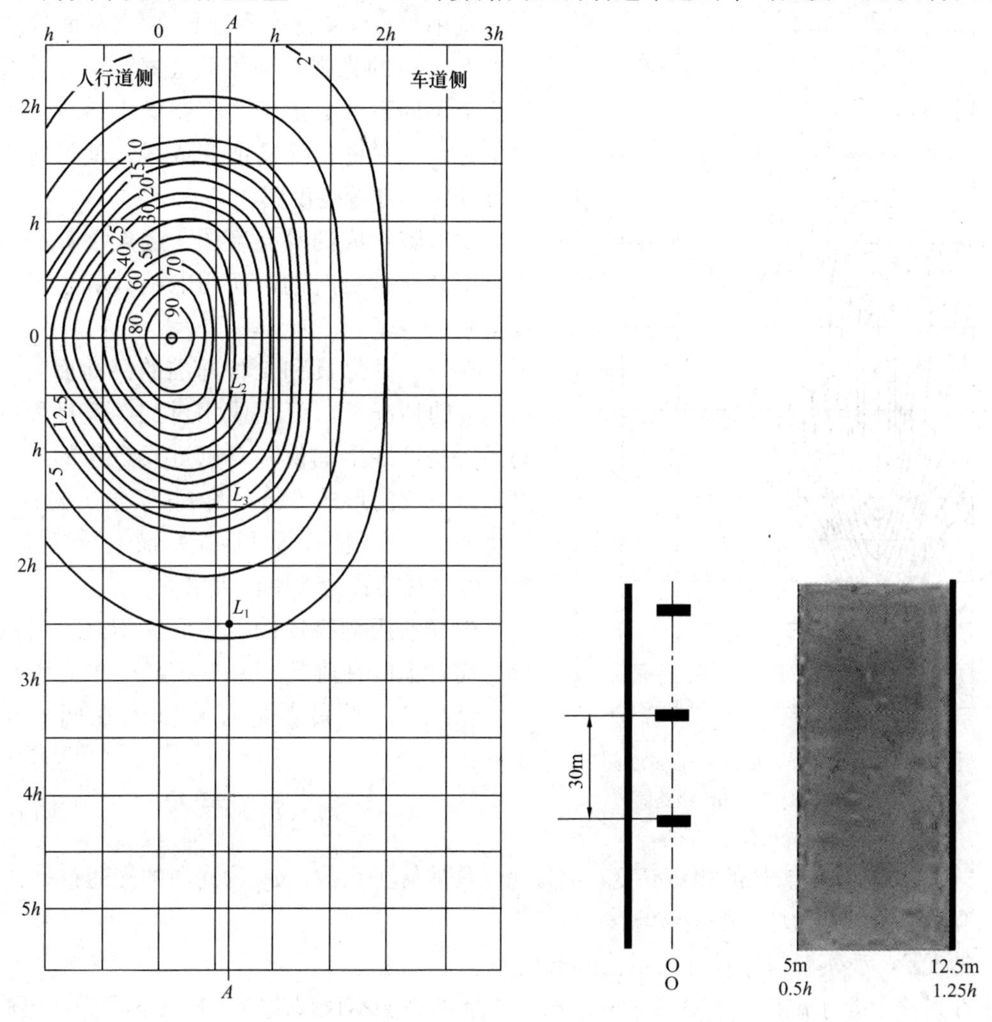


图 14-25　用相对等照度曲线计算　　　图 14-26　计算右侧交通车道的平均照度

**解：**

步骤 1　确定灯具在右侧车道的利用系数。从图 14-21 上可读出

$$CU_{0-1.25h}=0.30$$

$$CU_{0-0.50h}=0.17$$

可得出 $CU_{0.5h-1.25h}=0.30-0.17=0.13$

步骤 2　将利用系数值代入平均照度方程，得

$$E_{av}=CU\Phi_L/(W\cdot S)=0.13\times32000/(7.5\times30)=18.5\ (\text{lx})。$$

2. 亮度计算

(1) 点亮度计算

①点亮度计算方法。计算一个点的亮度的方法与计算一个点的照度方法类似，某个点

的亮度为所有灯具在此点上产生的亮度之和，即

$$L_P=\frac{\sum I(C,\gamma)\cos^3\gamma}{h^2}q(\beta,\gamma)\cos^3\gamma \qquad (14\text{-}7)$$

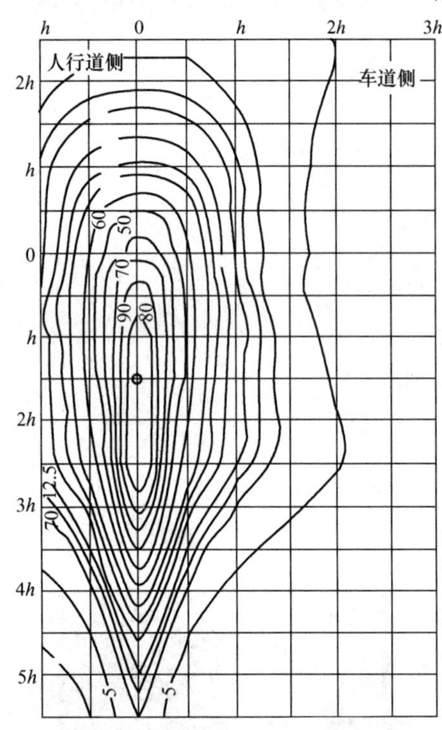


图 14-27　一个灯具得相对等亮度图
（$L_{max}=0.104\Phi_L Q_0/h^2$，$R_2$ 级路面）

式中，$I(C,\gamma)$ 为灯具在 $C$ 平面与点 $P$ 成 $\gamma$ 角方向的光强。利用此公式，可以计算出路面上不同点的亮度值，将路面上每个点的亮度值标出，并将相等的值连成线，就可得出等亮度曲线，即等亮度图。

②电脑生成的等亮度图。逐点手算得出等亮度图是非常费时的，而用电脑计算生成等亮度图则快得多。

对每一种灯具和 4 种标准的路面而言，在 $Q_0=1$ 的情况下，可生成相对的等亮度图。在每条等亮度线上的值都是以灯具产生的最大亮度的百分比的形式给出。图 14-27 给出的一个电脑生成的等亮度图，是以 $C_0$ 平面上与灯具相距 $10h$ 远的观察者为参照计算出的。

怎样使用等亮度图，要取决于观察者的位置，需考虑两种情况：

情况 1，观察者与灯具排列在同一条线上，则

$$L_P=L_r\cdot\frac{a\Phi_L Q_0}{h^2} \qquad (14\text{-}8)$$

式中，$L_r$ 为在点 $P$ 的相对亮度；$a$ 为此灯具的修正系数；$\Phi_L$ 为光源的光通量；$Q_0$ 为平均亮度系数，$h$ 为灯具的安装高度。

情况 2，观察者与灯具排列不在一条线上。

在道路上介于观察者和灯具之间的某一点上的亮度不仅仅决定于灯具的配光，还取决于此点相对于观察者和灯具之间的位置。而反过来，在处于路面上灯具后面的点的亮度则几乎完全取决于灯具的配光，而与观察者的位置关系很小。

假设所考虑的点的位置在灯具后面，则等亮度图虽然是以 $C_0$ 平面上的观察者计算出来的，但仍然能如上面所述那样使用。然而，对在灯具和观察者之间的点，则等亮度图必须旋转以使其径向轴线与观察者位置处于同一直线上，如在道路平面图上所表示的。此点的相对亮度就可以从图上读出，而且亮度计算如情况 1。

如果等亮度图的旋转不超过 5°，则这种方法的准确度在 10%以内。也就是说，观察者必须在规定的 $10h$ 视距处，离灯具的 $C_0$ 平面的距离为 $0.875h$ 以内。此方法如图 14-28 所示，这里，点 $P$ 的亮度由两

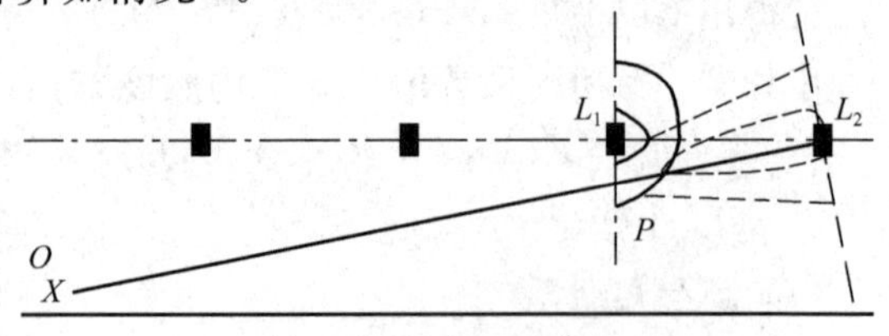


图 14-28　两盏灯之间的点的亮度

套灯具贡献。由于点 $P$ 在灯具 $L_2$ 之前（对 O 点的观察者而言），灯具 $L_2$ 的等亮度图已被旋转，使其径向轴线与观察者在同一直线上。如果路灯是相对布置的，则点 $P$ 的亮度就是其最近的 4 套灯具的贡献、而且不要忘记将等亮度图反转，以保证正确的路边和屋边的亮度值。

（2）平均亮度计算

①代数平均亮度。当一段路面上的点亮度计算出来后，则此区域的平均亮度值就可用代数平均方法得出，即

$$L_{av}=\Sigma L_P/n \tag{14-9}$$

式中，$L_P$ 为在一定区域内某点的亮度，$n$ 为所有考虑的点。当计算的点越多时，平均亮度值就越准确。

②利用亮度曲线计算。对一固定位置的观察者而言，计算一条无限长直道的平均亮度的最简单和最快速的方法是，利用灯具的配光数据表和以下公式进行计算得

$$L_{av}=\frac{CU_L \cdot \Phi_L}{W \cdot S} \cdot Q_0 \tag{14-10}$$

式中，$CU_L$ 为亮度利用系数；$\Phi_L$ 认为光源光通量；$Q_0$ 为平均亮度系数；$W$ 为路面宽度；$S$ 为灯杆间距。考虑到维护系数 $M$ 的影响，以上公式变为

$$L_{av}=CU_L Q \Phi_L M/（W \cdot S） \tag{14-11}$$

在配光数据表中，灯具亮度利用系数是从灯具到路侧和屋侧的距离（以 $h$ 来表示）的函数。每张图对应于 3 个不同的观察者（离灯具 10$h$ 处）有 $A$，$B$，$C$3 条曲线。亮度利用系数图（图 14-29）是以标准路面为参考的。

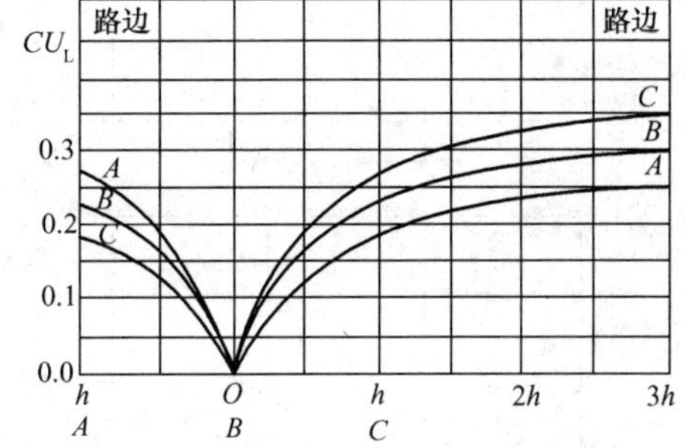

图 14-29 亮度利用系数图

曲线 A：观测者在屋侧离灯具排列横向的距离为 $h$；

曲线 B：观测者与灯具排列在同一条直线上；

曲线 C：观测者在路侧离灯具排列的横向距离为 $h$。

（3）亮度计算举例

计算实例中所用灯具参数见图 14-27 和图 14-29。

**【例 14-3】** 图 14-30 所示的道路状况下，找出在两盏相邻的路灯之间道路面积内最小和最大的亮度。条件如下：

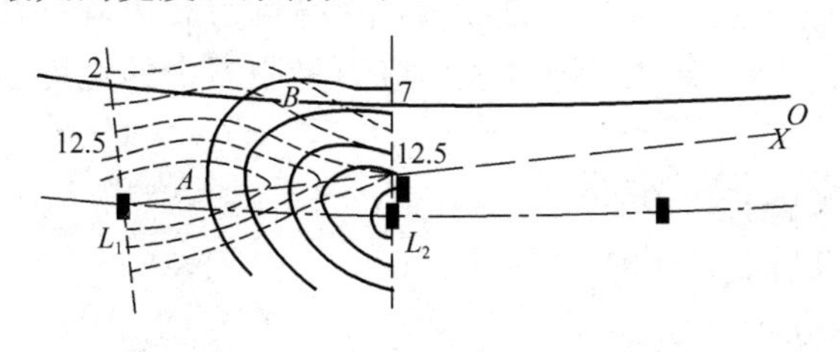

图 14-30 找出灯具 $L_1$ 和 $L_2$ 之间的最小和最大亮度值

光源的光通量＝32000lm；

灯具安装高度＝10m；

灯具间距＝40m；

路面宽度＝15m；

从 $L_1$ 灯具到观测者的距离＝100m；

路面＝$R_1$ 级；

$Q_0=0.10$（cd·m$^{-2}$）·（lx）$^{-1}$。

**解：**

步骤1　灯具的安装高度为单位画出道路的平面图，并标示观察者的位置。

步骤2　将等亮度图的中心点依此放置于灯具位置上，并使得其轴线和道路纵向平行。对灯具$L_1$，将等亮度图转向观察者。

步骤3　检查等亮度图，其旋转角度不超5°。

步骤4　读出灯具对点$A$和点$B$（分别为最大亮度和最小亮度）的亮度贡献。

在点$A$：

$L_{L_1}=1000\%L_{max}$

$L_{L_2}=1\%L_{max}$

合计$=L_{L_1}+L_{L_2}=8\%L_{max}$

而$L_{max}=a\Phi_L Q_0/h^2=0.104\times32000\times0.10/10^2=3.33$（cd·m$^{-2}$）

因此，最大亮度$=101\%\times3.33=3.36$（cd·m$^{-2}$）

最小亮度$=8\%\times3.33=0.27$（cd·m$^{-2}$）

**【例14-4】**　如图14-31所示，计算双向道右侧车道的平均亮度。观察者与右侧路灯布置在同一条线上。在图示路况下，找出在两盏相邻的路灯之间道路面积内最小的亮度和最大的亮度。条件如下：

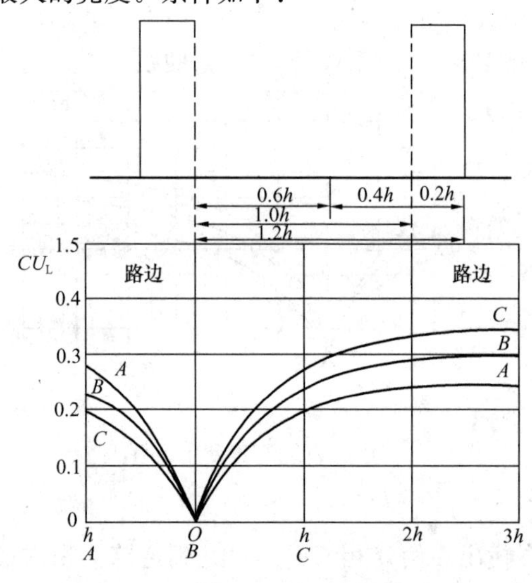


图14-31　计算出右侧车道的平均亮度值

光源的光通量=18000lm；

灯具的安装高度=10m；

灯具间距=50m；

路面$=R_1$级；

$Q_0=0.10$（cd·m$^{-2}$）·（lx）$^{-1}$。

**解：**

步骤1　确定每排灯具的亮度利用系数。

对左边灯具，观察者离左侧灯具距离10m（1$h$）处，这表示应当采用图中的亮度利用系数曲线$B$，这样

$$CU_{L(0-1.2h)}=0.29$$

$$CU_{L(0-0.6h)}=0.19$$

所以，$CU_{L(0.6-1.2h)}=0.10$

对右边灯具，观察者与右边灯具在同一条线上，这表示应当采用图中的亮度系数曲线B。这样：

$$CU_{L(屋边)}=0.09$$

$$CU_{L(路边)}=0.15$$

所以，$CU_{L(屋边)}+CU_{L(路边)}=0.09+0.15=0.24$

步骤2　用平均亮度公式计算每排灯具对平均亮度的贡献，为

$$L_{av}=CU_L Q_0 \Phi_L/（W\cdot S）$$

对左边灯具，有

$$L_{av}=0.10\times0.1\times18000/(50\times6)=0.60\ (cd\cdot m^{-2})$$

对右边灯具，有

$$L_{av}=0.24\times0.1\times18000/(50\times6)=1.44\ (cd\cdot m^{-2})$$

步骤 3　将两边灯具的贡献相加，有

$$L_{av}=0.60+1.44=2.04\ (cd\cdot m^{-2})$$

### ※14.4.3　道路照明的现场测量

现场测量一方面可以验证设计的效果，另一方面也是为了道路照明工程的验收。特别，在采用一种新的灯具，或是对不同的断面道路，都应该有照明效果的测量，以作今后工程设计的参考。

1. 测量仪器

光探测器有主观和客观两大类。主观的光探测器就是人眼。人眼能比较颜色相近的两个光源的相对强度，但对两个强度相差太大或颜色不同的光源进行测量时，就感到困难。而且由于各人主观感觉上的差异，各人测量的结果可能会有不同。客观光探测器有热电效应探测器和光电效应探测器等。前者受到光照，温度发生变化，从而引起电学性质变化，但这一变化只与光量有关，而与光的波长无关。后者受到光照，电学性质直接发生变化，而且这一变化不仅与光量有关，还与光的波长有关。最常用的光电探测器有光电池、光电管和光电倍增管。利用光电探测器，可以制成测量照度的照度计和测量亮度的亮度计。

(1) 照度计

测量照度的仪器称为照度计。按所用的光电接收器，照度计分为光电池式和光电管式。前者不需要电源，使用方便；后者灵敏度高，能测量低照度。无论是光电池还是光电管，它们的相对光谱灵敏度都与人眼不同，因此，必须进行修正，以使其光谱响应与 $V(\lambda)$ 相近。现在照度计中，最常用的光电探测器是硅光电池。

在实际测量照度时，光线可能以不同角度射向照度计。当光线斜向入射时，照度计的读数应该等于光线垂直入射时的读数与入射角余弦的乘积。但当光线以大角度入射时，由于光电池表面的镜面反射作用，会使一部分光被反射掉，因而照度计的读数比实际值为小。也就是说，当入射角较大时，照度读数偏离余弦定律，为此，要在照度计的光接收器前加余弦角度补偿器。这种补偿器是由乳白玻璃或塑料制成的，形状有平面和曲面两种，图 14-32 表示了修正的效果。

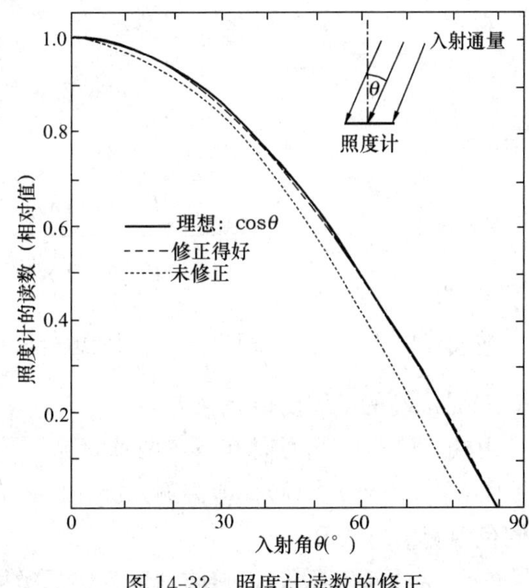

图 14-32　照度计读数的修正

由于硅光电池的光谱灵敏度 $S(\lambda)$ 和 $V(\lambda)$ 不同，所以在测量不同色温的光源时，如果不用 $V(\lambda)$ 滤光器或滤光器的质量不够好，就必须对照度读数进行修正，下面介绍修正的方法。

假定标准光源的相对光谱功率分布是 $P_S(\lambda)$，待测光源的分布是 $P_x(\lambda)$，它们所产生光照度分别为

$$E_S = C_1 \int_{380}^{780} P_S(\lambda)V(\lambda)\mathrm{d}\lambda \tag{14-12}$$

$$E_x = C_1 \int_{380}^{780} P_x(\lambda)V(\lambda)\mathrm{d}\lambda \tag{14-13}$$

式中，$C_1$ 是常数，因此

$$\frac{E_S}{E_x} = \frac{\int_{380}^{780} P_S(\lambda)V(\lambda)\mathrm{d}\lambda}{\int_{380}^{780} P_x(\lambda)V(\lambda)\mathrm{d}\lambda} \tag{14-14}$$

当两光源作用于光电池时，产生的光电流分别为

$$i_s = C_2 \int_{0}^{\infty} P_s(\lambda)S(\lambda)\mathrm{d}\lambda \tag{14-15}$$

$$i_x = C_2 \int_{0}^{\infty} P_x(\lambda)S(\lambda)\mathrm{d}\lambda \tag{14-16}$$

式中，$C_2$ 常数，因此

$$\frac{i_x}{i_s} = \frac{\int_{0}^{\infty} P_x(\lambda)S(\lambda)\mathrm{d}\lambda}{\int_{0}^{\infty} P_S(\lambda)S(\lambda)\mathrm{d}\lambda} \tag{14-17}$$

从式（14-14）和式（14-17）可得

$$\frac{E_x}{E_S} = \frac{i_x \int_{0}^{\infty} P_S(\lambda)S(\lambda)\mathrm{d}\lambda}{i_s \int_{0}^{\infty} P_S(\lambda)S(\lambda)\mathrm{d}\lambda} \cdot \frac{\int_{380}^{780} P_x(\lambda)V(\lambda)\mathrm{d}\lambda}{\int_{380}^{780} P_s(\lambda)V(\lambda)\mathrm{d}\lambda} = C' \frac{i_x}{i_s} \tag{14-18}$$

或

$$E_x = C' \frac{i_x}{i_s} \cdot E_S \tag{14-19}$$

式中

$$C' = \frac{\int_{0}^{\infty} P_S(\lambda)S(\lambda)\mathrm{d}\lambda}{\int_{0}^{\infty} P_x(\lambda)S(\lambda)\mathrm{d}\lambda} \cdot \frac{\int_{380}^{780} P_x(\lambda)S(\lambda)\mathrm{d}\lambda}{\int_{380}^{780} P_s(\lambda)S(\lambda)\mathrm{d}\lambda} \tag{14-20}$$

在式（14-19）中，$\frac{i_x}{i_s}E_S$ 代表在待测光源照射下照度计的读数，这个读数乘上修正系数 $C'$ 就是准确的光照度值。

由式（14-20）可见，在下述两种情况下不需要对读数进行修正：

①$P_S(\lambda) = P_x(\lambda)$，即待测光源和标准光源的相对光谱功率分布相同，实际上这就是同色温测量的情况；

②$S(\lambda) = V(\lambda)$，即接收器的光谱灵敏度已用合适的方法修正得与 $V(\lambda)$ 相同。

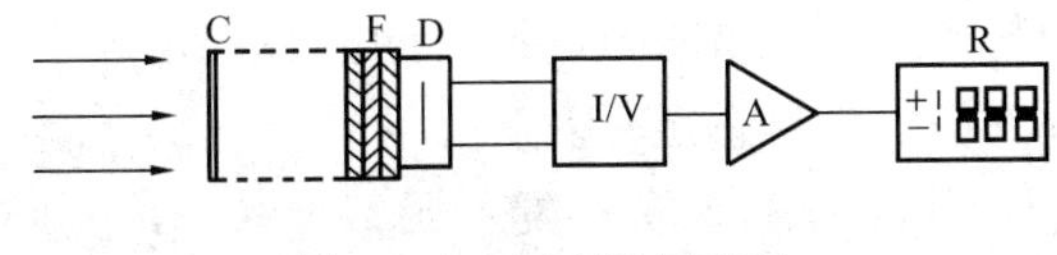


图 14-33　照度计原理图

照度计的原理图见图 14-33，C 为余弦校正器，F 为 $V(\lambda)$ 滤光片，D 为光电探测器。通过 C 和 F 到达 D 的光辐射，产生光电信号。此电信号先经过 I/V 变换，然后经过运算放大器 A 放大，最后在显示器上显示出相应的光照度。

光电池受极强光线照射（如照度大于 10000lx）会很快损坏。通常使用时，直接照度应不超过 1000lx。为了测量较高的照度，在光电池前应带有几块已知其减光倍率的中性减光片。

光电池在一定的温度下产生的光电流极大地依赖于环境温度，如果测量时的实际温度与标定时的环境温度不同，则需要对测量值作温度修正。特别是硅光电池的温度敏感度很高，应该根据制造厂给出的修正系数进行修正，以保证测量精确。

在潮湿的空气中，光电池会吸收潮气，可能引起损坏、变质，甚至完全失去光灵敏度。因此，要求照度计的受光部分（光电池盒）有好的密封性能，以延长其使用寿命，更不能将其储存在潮湿环境下。

另外，光电池使用一段时间后，积分灵敏度会有所降低，其他特性也会有不同程度的变化，因此，照度计在使用一定时间后，应更新进行定标，以保证测量精度，定标可在光具座上借助于光强标准灯进行。

（2）亮度计

图 14-34 是典型的透镜式亮度计的光路图，被测量的目标经物镜 O 成像在带孔反射镜 P 上，透过 P 中心小孔 H 的光束经 $V(\lambda)$ 滤光片 F 到达探测器 D 上，对应于目标亮度的光电信号经 I/V 变换和放大器 A 的放大后，由显示器 R 显示出来。而由反射镜 P′、目镜系统 E 构成的取得器，可以用来观察被测目标的位置及目标成像的情况，如成像不清楚，可以调节目镜的位置。

亮度计的视场角是由带孔反射镜 P 中心的小孔的直径决定的，视场角通常在 0.1°～0.2°之间。测量不同尺寸和不同亮度的目标时，采用不同的视场角。测量高亮度目标用小的视场角，测量低亮度目标用大的视场角。

亮度计可采用图 14-35 的方法进行定标。光强为 $I$ 的标准灯在距离为 $r$ 的白色理想漫射屏上产生的亮度为

$$L=\frac{\rho E}{\pi}=\frac{\rho I}{\pi r^2} \tag{14-21}$$

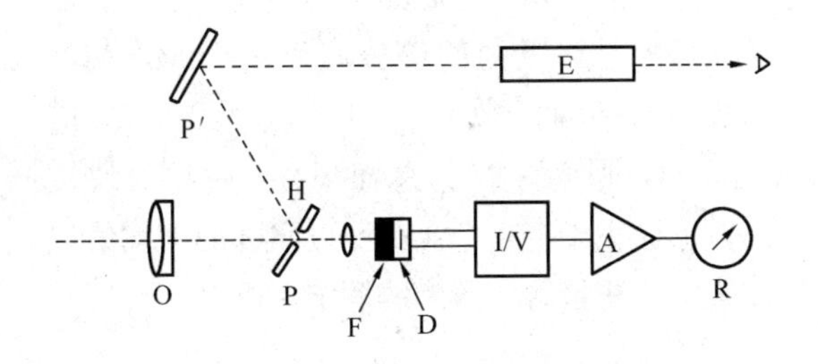


图 14-34　透镜式亮度计的光路

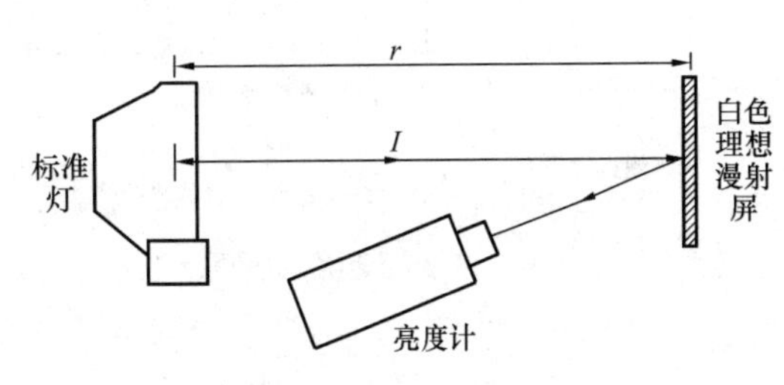


图 14-35　亮度计定标

式中，$\rho$为漫射屏的漫反射率。通过更换标准灯改变光强$I$，或对同一标准灯改变距离$r$，可以在漫射屏上得到不同的亮度，从而对亮度计进行定标。

如果亮度计中不单配有$V$（$\lambda$）滤光片，而且同时配有模拟配色函数$x$（$\lambda$），$y$（$\lambda$）和$z$（$\lambda$）的滤光片，则这种亮度计不仅能测量目标的亮度，还能测量目标的颜色，这种亮度计称为彩色亮度计。

2. 照度测量

测量照度时，光探测器必须经过$V$（$\lambda$）修正和余弦修正，其工作温度在15℃～50℃之间。在测量时，应避免操作者等外界因素对探测器的干扰，如观测者的身体挡住一部分进入探测器的光，或由于衣物等的反射增加的一些光。

对新的照明装置，要对光源进行老炼。H1D灯和荧光灯要老炼100h，自炽灯要老炼20h。每次测量，气体放电灯要在燃点至少30min后才能进行，以保证灯达到正常的输出；白炽灯则至少要先燃点5min。

测量地段的选择应能代表被测道路照明的状况。例如某一条道路，灯具安装的最小间距为30m，最大为35m，大多数为32m，则应选择间距为32m的路段。此外，光源的一致性、灯具安装的规则性也应予以考虑。根据CIE的建议，测量区域在沿道路纵向应包括同一排的两个灯杆之间的路面，而在横向应为整个路宽。在需要考虑环境照明状况时，还要向外扩展1.5个车道（5m）。如果道路和灯具布置那是沿道路中心线对称，则只需取半边道路。

对道路照明进行照度测量时，为保证测量的代表性和准确性，同时又不致工作量过大，应先将被测区域分成若干网格，选取测量点。

在大多数情况下，用相对比较少的测量点就可以反映路面的照明状况，通常在纵向等距布置5个点，在横向则把测点布置在每个车道的中心线上。

如果要更详细地了解照度分布情况，测量点可以密些，原则是测点布置要有规律，把同一排两灯杆间的测量区域划分成面积大小相等的长方形块。以下是推荐的一种取点法：当两灯杆间距小于等于50m时，沿道路纵向等分成10个长方块；当间距大于50m时，则按每边长小于等于5m的原则等分成整数块（大于10块）。在横向，若采用四角布点法（四点法），则把每条车道两等分（即在车道中心线和边线画线）；若采用面积中心布点法（中心法），则把每条车道三等分画线。

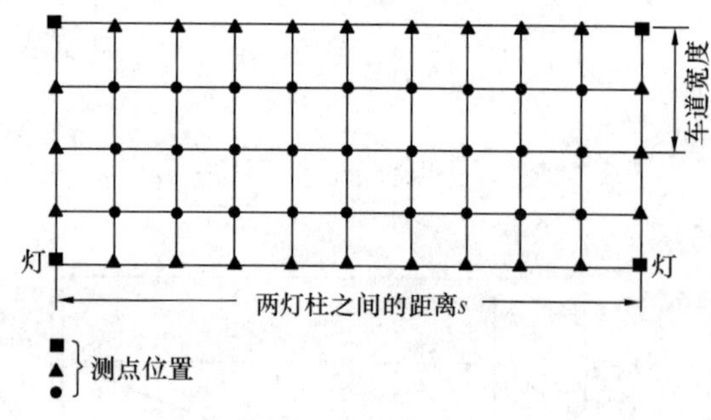


图14-36　照度测量取点

图14-36是具有两条车道的道路采用四点法布点时的测点布置图。

根据图中每个测量点的照度，可以算出全路面的平均照度和照度均匀度。如果测量区域沿道路纵向的等分面积数为$M$（$M\geqslant 10$），横向面积数为$N$（单车道为2，双车道为4），则$M \cdot N$为总面积数。根据每块长方形面积4个角上4个测点照度的平均值代表整个测量区域照度的假定，可得

$$E_{av}=\frac{1}{4MN}\left(\Sigma E_{\blacksquare}+2\Sigma E_{\blacktriangle}+4\Sigma E_{\bullet}\right) \tag{14-22}$$

式中，$E_{■}$为测量区4角处测点的照度；$E_{▲}$为除4角外4边的照度；$E_{●}$为测量区4边以内的测量点的照度。

在上述测量值中找出照度最小的值$E_{min}$，即可由下式算出照度均匀度为

$$U_0 = E_{min}/E_{av} \tag{14-23}$$

在进行照度测量时，要定时对电压进行监视（每隔半小时一次）；还要对电流波形进行测量，看其是否满足对谐波的限制；对功率因数也要进行校核。在测量报告中，除灯具的安装情况详细记录外，对灯具和附件的型号、灯具的清洁条件、灯泡的使用时间、所用的测量仪器的型号和精度等也要详细记录，此外，还应记载室外的气候条件，如环境温度、湿度等。

3. 亮度测量

对道路照明进行亮度测量时，观察点（亮度计放置处）距地面的高度为1.5m，这相当于驾驶员眼睛的平均高度。驾驶员观察路面的角度常为0.5°～1.5°，这就决定了待测区域应为观察点前方60～160m的路面。在道路纵向，当同一侧两灯杆间距$s \leqslant 50$m时，通常等间距布10个测试点；在道路横向，每条车道布5个测试点。中间一点必须位于车道中心线上，两侧最外的两个点分别距车道两侧边线1/10车道宽。

采用视场角很小的亮度计（垂直视场角不大于2′，水平视场角为2′～20′）对待测的点逐个进行测量，将所测各点的亮度值直接进行算术平均，就可求得路面的平均亮度为

$$L_{av} = \frac{1}{n}\sum_{i=1}^{n} L_i \tag{14-24}$$

式中，$n$为测量点的个数，在上面测得得各点亮度值中，找出最小得亮度值$L_{min}$，可由下式求出路面亮度总均匀度为

$$U_0 = L_{min}/L_{av} \tag{14-25}$$

若对同一个道中心线上各点测量后，所得的最小亮度和最大亮度分别为$L_{min}$和$L_{max}$，可由下式求出该车道的亮度纵向均匀度为

$$U_0 = L_{min}/L_{max} \tag{14-26}$$

比较各个车道的$U_0$值，将其中最小的$U_0$值取为整个路面的亮度纵向均匀度$U_0$。在进行路面亮度测量时，为确保亮度计能准确对准测量点，可用一盏小红灯进行帮助：在测量每一点亮度前，将小红灯放在待测点上，亮度计对它瞄准。在亮度计读数前，再将小红灯从待测点上移开。

## 14.5　道路照明的控制与管理

道路照明控制是指按照道路使用者的照明需求和客观环境的变化（不同季节天色的亮暗）来对道路照明进行开关和亮度调节等动作，其目的是最大限度地满足道路使用者的照明需求，并节省能源的消耗。

### 14.5.1　决定道路照明控制设计的要素

决定道路照明控制设计的要素主要有以下三个因素：

1. 时间

时间是指一条道路从开灯到关灯之间的时间。根据地球的不同纬度和不同季节，日落、日出时间不同，天黑和天亮的时间也不同，因此开灯和关灯的时间也随之变化。

2. 天气

天气也是决定照明控制设计所要考虑的因素。虽然在一般情况下，随正常天色的亮暗而确定的开关灯时间可满足大多数情况的照明需求；但当异常天气出现时，如在白天暴风雨来临前，天空异常黑暗，这时即使是正午，也需要开灯。

3. 交通流量

夜晚交通流量的变化也是进行道路照明设计时必须考虑的因素。在很多道路上，过了夜晚23：00后，交通流量开始大幅度下降，道路上行驶的机动车和行人等都开始大幅度减少；而在凌晨5：00到7：00天还未全亮时，早晨上班和活动的车流和人流开始上升，道路变得繁忙起来。对同一条道路，由于交通流量的显著不同，道路使用者对照明水平的要求是不同的。所以，希望道路照明水平在夜晚是可控的。

### 14.5.2　道路照明的调光

由于道路在夜晚的交通流量变化很大，因此要求在夜晚可以控制照度水平，以便节约使用成本。过去经常采用的半夜灯开关方式是，每间隔一盏灯熄灭一盏，或相对布置的路灯熄灭一边。实际上这种控制方式是不科学的，而且是非常危险的，因为这样会极大地降低道路的亮度均匀度，极大地增加在被熄灭地路灯所涵盖的黑暗区域内发生交通事故的可能性。现在很多国家已严格禁止这种道路的设计，合理的办法是采用可调光的照明灯具，使得在车流大幅度降低的深夜，亮度水平能够均匀地降低。图14-37展示了这两种情况下不同的可视度。

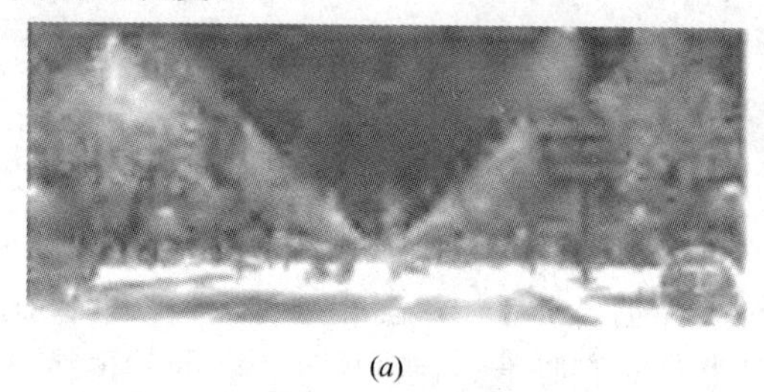

(a)

(b)

图14-37　两种不同情况的不同可视度

(a) 全亮度；(b) 半亮度

可见，对道路照明灯具进行调光以达到均匀的照明水平变化是必须的选择。均匀地调光，可在交通流量低的时间段内极大地减少能源的消耗。

1. HID光源的调光方法

对HID光源进行调光主要有两种方法：一种是二级调光；一种是连续调光。二级调光比较简单，也相对比较便宜，目前在道路照明调光中使用得比较多。该技术采用改变镇流器输出中的阻抗或感抗来降低灯电流，从而减少光源的光输出。图14-38所示是飞利浦公司的Chronosense调光控制器的接线图，这种二级调光器主要用于70W，100W，

150W，250W和400W的高压钠灯。图（$a$）中BSD为调光镇流器（辅助镇流器），BSN为普通电感镇流器。当不需要调光时，BSD为Chronosense的旁路，不起作用，光源满负荷工作，光输出为额定值；当调光启动时，调光镇流器BSD被Chronosense接入电路，开始工作，流过光源的电流变小，光源处于半负载工作状态，光输出为正常工作时的一半。图（$b$）中，$L$为多功率输出镇流器，正常工作时，镇流器工作在高功率输出$P_{高}$；调光时，镇流器工作在低功率输出状态$P_{低}$。

HID光源连续调光的实现基础是HID电子镇流器的发展。利用电子镇流器，可以实现高压钠灯100%～20%的光输出连续调节，从而可能实现对各种道路、天气、交通等状况所需的即时精确照明，彻底消除能源的浪费和照明的不足。

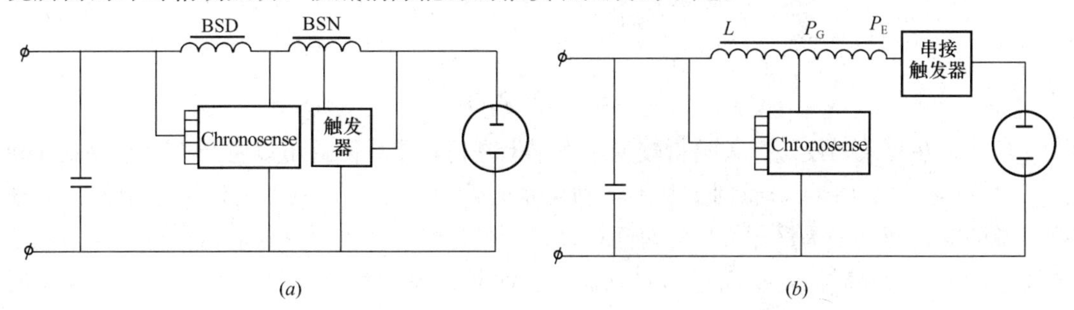


图14-38 Chronosense调光控制器接线器

（$a$）与辅助镇流器和普通镇流器联用；（$b$）与多功率输出镇流器联用

2. 调光对光源性能的影响

一般认为，对HID高强度气体放电灯，调光对光源的寿命影响不大，对高压钠灯而言，如果调光合理（50%以上功率输出），调光可延长光源寿命。但如果光源长时间在过低的功率输出（低于50%功率）下工作，就会降低光源寿命。对高压汞灯而言，会降低寿命50%；对高压钠灯和金属卤化物灯，寿命会降低约10%。

除了对寿命的影响，调光还会显著影响光源的光效、光色和显色性。基于这些方面的要求，实用的HID调光光源目前还只限于部分功率的高压钠灯、高压汞灯和陶瓷金属卤化物灯。对高压钠灯而言，欠功率工作时的光效比额定功率工作时低一些，如400W的光源工作在250W时光输出约为额定值的一半。

### 14.5.3 道路照明控制

对单灯的调光是照明控制的一种，而目前普遍使用的仍是线路控制。

照明控制从最初的开关，发展到现在的智能化控制，不论是在节约能源还是在创造舒适的光环境方面，始终占有非常重要的位置；同时也反映了人们对生活水平的要求越来越高。使用控制系统可以很灵活地改变照明方式。

道路照明控制系统按控制方式的不同，分为手动控制、自动控制和远程智能化控制三种。

1. 手动控制

手动控制是最简单的控制方式，即对相应的道路照明线路实施手动开关控制，其优点是投资少、控制简单、可靠性高；其缺点是在需要开关灯时，必须要控制人员到位。

2. 自动控制

传统的对路灯的自动控制有两种方式：一种是时钟控制，一种是光电池控制。

(1) 时钟控制主要是根据道路所在位置的纬度、所处的季节，确定天黑和天亮的时间，通过时钟控制器来控制路灯的开关，如图 14-39 所示。

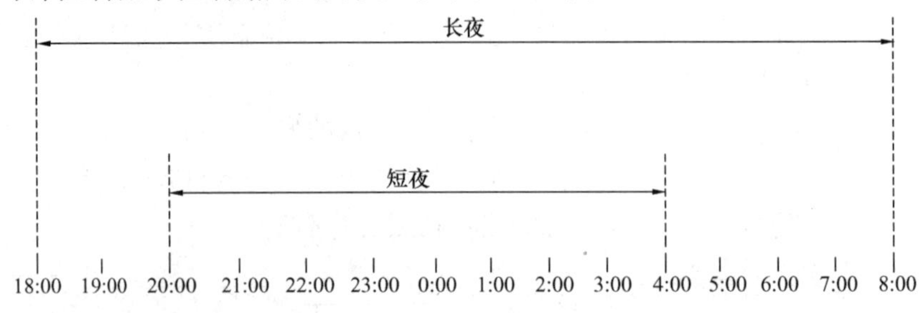


图 14-39　时控

例如，在夏天，夜短、天暗得较晚，而早上亮得较早，因此可以将开灯时间控制在晚上 20：00 至清晨 4：00；而到了冬天，则可将开灯时间加长，一般的时钟控制器，需根据季节的变化而人工调整开关灯的时间；高级的带记忆芯片的时钟控制器，可存储当地不同季节的天黑天亮时间，从而进行自动调节。时钟控制的优点是设有固定的自动开关时间，无需人力控制；其缺点是无法根据气候变化（如天色非常黑的阴雨天）开关灯，而且开关灯的可靠性主要依赖于所采用的时钟控制器。

(2) 光敏控制主要根据所要控制的道路的照度水平来实施开关控制。在实施控制的道路的适当位置设置光敏探头，根据光敏探头接收到的光的多少来发出信号，从而实施开关控制。一般的光敏探头，均可设置开灯的最低照度水平 $E_{min}$ 和关灯的最高照度 $E_{max}$。当光敏探头侦测到的照度低于此最低照度 $E_{min}$ 时，发出信号，路灯开启；而侦测到的照度高于设置的最高照度 $E_{max}$ 时，发出信号，路灯关闭。光敏控制的优点是可以根据实际的环境亮暗变化来实施照明的开关控制；其缺点是光敏探头的设置位置要高，应当尽量避免人造光（如汽车灯，景观照明灯等）的干扰，而且光敏探头自身灵敏度会受灰尘、阳光照射等影响而降低，从而影响控制的可靠性。

## 14.6　道路照明系统经济性分析

照明的经济性是照明技术经济效果的重要指标之一。研究照明系统设备的经济性，是为了在相同的照明效果条件下能尽量减少每单位照度的照明费用。因此，在进行经济性分析时必须注意，并非每年耗电费用低的就是良好的照明系统，因为构成每年照明费用的不单纯为用电费用的多少，还包括设备费、施工费和维护费等。显然，影响照明经济性因素很多。因此，必须寻找一种好的分析、计算方法，在照明设施的计划、设计中加以应用。

### 14.6.1　照明经济计算

照明经济计算主要是计算各个照明方式的初次设备投资费、寿命期内用电费用和维护费用。

1. 光源的经济性

为了计算光源的经济性，必须采用一些适当的比较单位。这里，比较单位取为 $C$（元/流明小时），即光源在额定寿命（经济寿命，以下相同）期内，每单位时间和单位光通量所需的照明费用。$C$ 的计算方式如下，为

$$C_{光源}=\frac{P+C_L}{\Phi\cdot T} \tag{14-27}$$

式中，$C_L$ 为光源单价（元/只）；$\Phi$ 为光源光通量（lm）；$T$ 为光源寿命（h）；$P$ 为光源寿命期内所消耗的电费（人民币：元）。$P$ 的计算公式为

$$P=\frac{(W_L+W_R)\cdot T}{1000}\rho \tag{14-28}$$

式中，$W_L$ 为光源输出功率（W）；$W_R$ 为镇流器或变压器损失功率（W）；$\rho$ 为电费单价（元/kW·h）。

下面举几个例子加以说明。

**【例 14-5】**　求 70W 双端金属卤化物灯的经济指标 $C$。已知该灯的 $W_L=70$W，$W_B=14$W，$T=6000$h，$\Phi=5500$lm，$C_L=100$ 元，$\rho=0.65$ 元/（lm·h）。

**解**：将有关数据代入式（14-28），求得

$$P_{金}=(70+14)\times 6\times 10^3\times 0.65/1000=327.60\ 元$$

求得

$$C_{金}=(327.60+100)/(5500\times 6000)=1.3\times 10^{-5}元/lm\cdot h$$

**【例 14-6】**　250W 高压钠灯的 $W_L=250$W，$W_B=25$W，$T=24000$h，$C_L=70$ 元，$\Phi=28000$lm，单位电价 $\rho=0.65$ 元/lm·h，试求其经济指标 $C$。

**解**：$P_{钠}=(250+25)\times 24\times 10^3\times 0.65/1000=4290$ 元

$$C_{钠}=(4290+70)/(24000\times 28000)=6.49\times 10^{-6}元/lm\cdot h$$

**【例 14-7】**　求 150W 白炽灯的经济指标 $C$。相关参数为 $W_L=150$W，$W_B=0$，$T=1000$h，$C_L=2$ 元，$\Phi=2900$lm，$\rho=0.65$ 元/lm·h。

**解**：$P_{白}=150\times 10^3\times 0.65/1000=97.5$ 元

$C_{白}=(97.5+2)/(2090\times 1000)=4.76\times 10^{-5}$元/lm·h

从上述计算结果可知，三种光源在寿命期内的照明费用之比为：

$C_{白}/C_{金}=4.76\times 10^{-5}/1.3\times 10^{-5}=3.66$

$C_{白}/C_{金}=4.76\times 10^{-5}/6.49\times 10^{-5}=7.33$

从以上比例关系中我们即可发现，上述三种光源中高压钠灯的经济性最好，白炽灯最差。但上述的计算方法仅比较了光源的经济性，还没有考虑灯具的经济性。

2. 灯具的经济性

影响灯具经济性因素很多，它包含使用照明灯具的数量、灯具的单价、灯具装配线的单价、折旧年数、灯具清扫费单价、灯具所耗电费等等。因此，在比较灯具的经济性时，必须将上述因素一起考虑，灯具产生单位光通量每月所需的照明费用 $C$ 为

$$C_{灯具}=\frac{C_a\times l+C_c}{\Phi_0(1-gt/2)\cdot t} \tag{14-29}$$

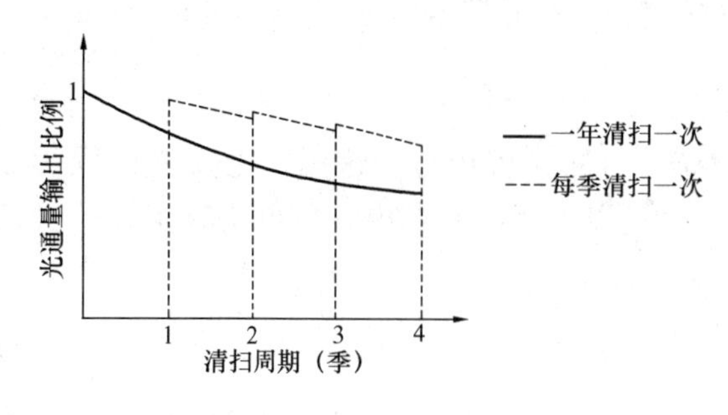


图 14-40　清扫周期与光输出的关系

式中，$C_a$ 为灯具的折旧费、灯具所耗电费、光源价格费（元/月）；$C_c$ 为平均每清扫一次所需费用；$t$ 为清扫周期（月）；$\Phi_0$ 为光源初始光通量（lm）；$g$ 为由于污染灯具输出光通量减光的比例（/月）。由式（14-29）可知，$t$ 和 $g$ 是一对矛盾。在灯具寿命期内，我们要求得到尽量多的光通量而需要花最少的费用。图 14-40 所示为灯具清扫周期与光输出的关系，不难看出增加清扫次数即可增加光通量的输出，但也增加费用。

在求清扫周期时，需将 $C$ 对 $t$ 求导，并令其等于零，得

$$\mathrm{d}C/\mathrm{d}t=0,\quad t^2+2\frac{C_c}{C_a}\times t-2\frac{C_c}{C_a g}=0$$

因其中第二项的值相当小，可省略，从而得

$$t=\sqrt{2C_c/C_a g} \tag{14-30}$$

式中，光通量下降比例 $g$ 可实测得出或查表，它与使用地周围环境条件和灯具形式有关，对一般近似计算，可取：开启式灯具 $g=0.024$，密封式照明 $g=0.020$。

式（14-30）表明，若清扫人工费用 $C_c$ 很低，并且与每月所需的照明费 $C_a$ 相差很多时，则清扫周期 $t$ 可短些；反之，清扫周期则应长些。污染严重时 $g$ 值大些，清扫周期也应短些。可见，低于或高于用式（14-30）求出的 $t$ 值，都是不经济的。

## 14.7　道路照明节能

### 14.7.1　半夜灯

道路照明工程应注重经济效益，所以应根据布灯方式、电源接线方式和交通量等具体情况，合理控制道路照明的能源消耗。

半夜灯是在不影响社会治安和交通安全的前提下，采取适当的技术措施，降低光源的功率或减少燃点光源的数量，以满足最低照明的需要。除夜间交通量极少、几乎无行人的边缘道路的照明以外，不宜采用全部半夜熄灯的办法。

1. 半夜灯几种做法

（1）熄灭部分燃点的光源，如表 14-4 所示。

（2）适当降低电源电压：①采用自耦变压器定时降压法：如在 23∶00 始，电压降低 10％左右，如福州市路灯所采用的控制箱。②在线路上串联电抗器降压法，如无锡市路灯处的做法。

（3）白炽灯替代气体放电灯：如海口市的道路照明，前半夜点气体放电灯，从午夜始在关掉气体放电灯的同时开启白炽灯，保证不间断照明。

（4）采用双光源照明器：前半夜点两盏气体放电灯，从午夜始关掉其中一只功率大的光源，达到节能。

**半夜灯的几种运行方式**　　**表 14-4**

| 序 | 说　　明 | 图　　例 |
|---|---|---|
| 1 | 路面较窄：设一排灯照明，设计时可按二条相线一条零线，灯隔杆接，后半夜可隔杆关灯 | |
| 2 | 路面较宽，设有中间隔离带的上、下行道路。灯杆设在隔离带上双弧杆，后半夜可取邻杆交错关灯 | |
| 3 | 路面较宽又无中间隔离带，在采用双侧对称布灯或交错布灯时，后半夜可关其中一排灯 | |
| 4 | 道路横断面分快、慢车道布置，共设四排灯，双侧对称排列者。后半夜，可停慢车道灯（见图 *a*）；快车道可停其中一排灯（见图 *b*）或邻杆交错关灯（见图 *c*） | (*a*)<br>(*b*)<br>(*c*) |

注：•—灭；∘—亮。

2. 半夜灯的控制

（1）有控制线的半夜灯控制接线原理图，如图 14-41 所示。

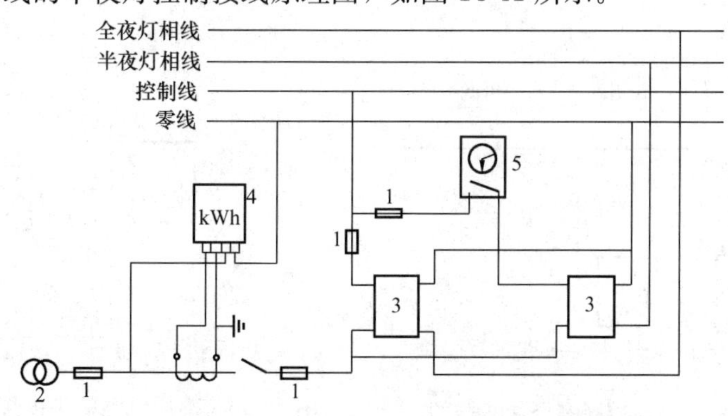


图 14-41　有控制线的半夜灯控制接线原理图

1—熔断器；2—路灯变压器；3—真空接触器；

4—电度表；5—SDK-2 型定时钟

（2）单电源的半夜灯控制接线原理图，如图14-42所示。

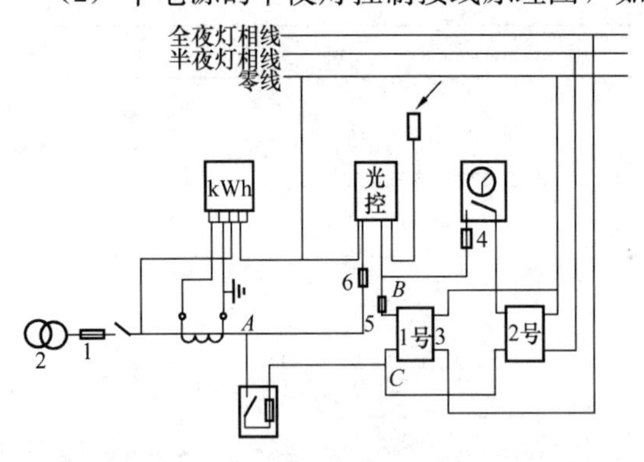


图14-42　单电源的半夜灯控制接线原理图

1、4、5、6—熔断器；2—路灯变压器；3—交流接触器

图14-42中的接线应注意以下几点：

①光电控制器的电源宜接在A点。因有的光电控制器，在接通电源的瞬间立即动作一次，再约经40s左右，断开投入预备状态。正常送电的操作程序是先送变压器一次侧熔断器——合变压器二次侧隔离刀闸——合电表箱内隔离刀闸。其需要的操作时间一船超过40s，在合电表箱内隔离刀闸时光电控制器已进入预备状态，这样可防止将电源送到低压照明线路上。

②半夜灯定时钟的控制用电源，宜接在熔断器5前的B点。这样2号交流接触器的控制电源受光电控制器与定时钟的双重控制。

③宜将1号和2号交流接触器的主触点电源接在C点，预防有一个拒动而影响到另外一个。

④熔断器4应接在B点，不能接在熔断器5的出线侧。

（3）在控制线末端有二台以上变压器的半夜灯接线原理图，如图14-43所示。这个做法的优点是减少定时钟的数量和维护工作量。

在图14-42及图14-43中的交流接触器是扩大控制容量用的。因光电控制器与定时钟的工作电流分别是0.5A与1A，而一般控制电路的工作电流远远超过此值，何况还有发生控制线短路故障的可能，所以为了满足控制电路电流值的需要，加装了这只单极交流接触器，其型号可选用CJ10-20或CJ110-40。

（4）高压供电范围内的半夜灯控制接线原理图，如图14-44所示。

3. 半夜灯的运行时间

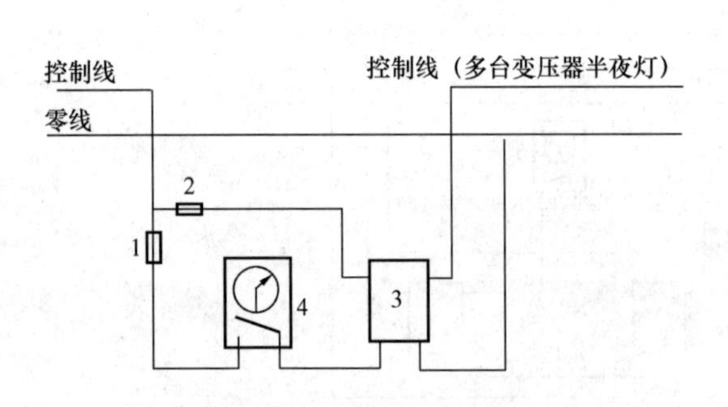


图14-43　一只定时钟控制多台变压器的半夜灯接线原理图

1、2—熔断器；3—交流接触器；4—SDK-2型定时钟

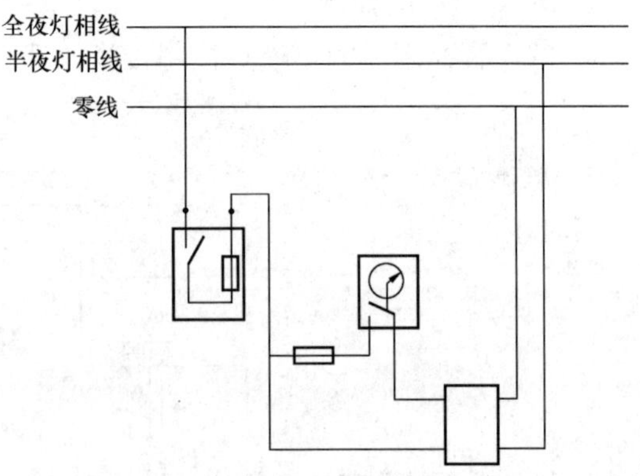


图14-44　高压供电的半夜灯控制接线原理图

半夜灯的运行时间可根据各城市的具体情况安排，其中应考虑到附近工厂下夜班的时间。如北京一般是常年控制在22：30熄灭半夜灯，使用SDK-2型定时钟控制。在路灯控制仪停半夜灯时，一般夏季24点关，冬季23点关。

4. 有关半夜灯的附加说明

一般要设半夜灯，需从道路照明规划设计开始就有计划地安排。若不考虑半夜灯时，每一侧的快、慢车道的道路照明可共用一对相线与零线；若要设半夜灯，而且还考虑后半夜慢行车道不需要点灯时，可设计成每一侧的快车道的灯与慢车道的灯各用一条相线，零线可公用。这样做虽略增加一些投资，但可从减少线损得到补偿，同时社会效益也好。

对于新改造的半夜灯，在投资改造低压照明线路时，需做经济技术比较后再确定。

### 14.7.2 太阳能灯在道路照明的应用

随着世界能源危机的加剧，各国都在寻求解决能源危机的办法，一条道路是寻求新能源和可再生能源的利用；另一条是寻求新的节能技术，降低能源的消耗，提高能源的利用效率。

太阳能是地球上最直接最普遍也是最清洁的能源，太阳能作为一种巨量可再生能源，每天达到地球表面的辐射能大约等于2.5亿万桶石油，可以说是取之不尽、用之不竭。低压钠灯的光谱几乎全部集中于可见光频段，所以发光效率高，一般人都认为，节能灯可节能4/5是伟大的创举，但低压钠灯比节能灯还要节能1/4，这是固体光源更伟大的改革。建议使用低压钠灯作为光源。

1. 系统介绍

(1) 系统基本组成简介

系统由太阳能电池组件部分（包括支架）、太阳能充放电控制器（含路灯光控和时控）、控制箱、低压钠灯整流器、低压钠灯、蓄电池组和灯杆几部分构成；太阳能电池板光效达到127Wp/m$^2$，效率较高，对系统的抗风设计非常有利。

控制箱箱体以不锈钢或者镀锌铁板喷塑为材质，美观耐用；控制箱内放置免维护铅酸蓄电池和充放电控制器。本系统选用阀控密封式铅酸蓄电池，由于其维护很少，故又被称为“免维护电池”，有利于系统维护费用的降低；充放电控制器在设计上兼顾了功能齐备（具备光控、时控、过充保护、过放保护和反接保护等）与成本控制，实现很高的性价比。

(2) 工作原理介绍

系统工作原理简单，利用光生伏特效应原理制成的太阳能电池，白天太阳能电池板接收太阳辐射能并转化为电能输出，经过充放电控制器储存在蓄电池中，夜晚当照度逐渐降低至10lx左右、太阳能电池板开路电压4.5V左右，充放电控制器侦测到这一电压值后动作，蓄电池对灯头放电。蓄电池放电时间可以自行设定，也可以光控，充放电控制器的主要作用是保护蓄电池，并对路灯的开关进行控制。

2. 系统设计思想

太阳能路灯的设计与一般的太阳能照明相比，基本原理相同，但是需要考虑的环节更多。下面将以深圳市磊安讯科技有限公司的这款太阳能专用低压钠灯为例，分几个方面进行分析。

（1）太阳能电池组件选型

设计要求：深圳地区，负载输入电压 24V 功耗 34.5W，每天工作时间为 8 小时，保证连续阴雨天数 6 天。路灯设计为 26W，3600lm。

深圳地区近二十年的年均辐射量为 107.7kcal/$cm^2$，经简单计算深圳地区峰值日照时数约为 3.424h；

选用峰值输出功率 110Wp、单块 55Wp 的标准电池组件 2 块，应该可以保证路灯系统在一年大多数情况下的正常运行。

（2）蓄电池选型

选用 2 颗 12V100AH 的蓄电池就可以满足要求了。

（3）太阳能电池组件支架

①倾角设计

为了让太阳能电池组件在一年中接收到的太阳辐射能尽可能多，我们要为太阳能电池组件选择一个最佳倾角。本次路灯使用地区为深圳地区，依据本次设计参考相关文献中的资料[1]，选定太阳能电池组件支架倾角为 16°。

②抗风设计

在太阳能路灯系统中，结构上一个需要非常重视的问题就是抗风设计。抗风设计主要分为两大块，一为电池组件支架的抗风设计，二为灯杆的抗风设计。下面分别进行分析。

A. 太阳能电池组件支架的抗风设计

依据电池组件厂家的技术参数资料，太阳能电池组件可以承受的迎风压强为 2700Pa。若抗风系数选定为 27m/s（相当于十级台风），根据非粘性流体力学，电池组件承受的风压只有 365Pa。所以，组件本身是完全可以承受 27m/s 的风速而不至于损坏的。所以，设计中关键要考虑的是电池组件支架与灯杆的连接。

在本套路灯系统的设计中电池组件支架与灯杆的连接设计使用螺栓杆固定连接。

B. 路灯灯杆的抗风设计

路灯的参数如下：

电池板倾角 $A=16°$，灯杆高度＝6m

设计选取灯杆底部焊缝宽度 $\delta=4$mm，灯杆底部外径＝168mm

焊缝所在面即灯杆破坏面。灯杆破坏面抵抗矩 $W$ 的计算点 P 到灯杆受到的电池板作用荷载 $F$ 作用线的距离为 $PQ=[5000+(168+6)/\tan16°]\times\sin16°=1545\text{mm}=1.545\text{m}$。所以，风荷载在灯杆破坏面上的作用矩 $M=F\times1.545$。

根据 27m/s 的设计最大允许风速，2×30W 的双灯头太阳能路灯电池板的基本荷载为 730N。考虑 1.3 的安全系数，$F=1.3\times730=949\text{N}$。

所以，$M=F\times1.545=949\times1.545=1466\text{N}\cdot\text{m}$

根据数学推导，圆环形破坏面的抵抗矩 $W=\pi\times(3r^2\delta+3r\delta^2+\delta^3)$

上式中，$r$ 是圆环内径，$\delta$ 是圆环宽度。

破坏面抵抗矩 $W=\pi\times(3\times84^2\times4+3\times84\times4^2+4^3)=88768\text{mm}^3=88.768\times10^{-6}\text{m}^3$

风荷载在破坏面上作用矩引起的应力 $M/W=1466/(88.768\times10^{-6})=16.5\times106\text{Pa}=16.5\text{MPa}\ll215\text{MPa}$

其中，215MPa 是 Q235 钢的抗弯强度。

所以，设计选取的焊缝宽度满足要求，只要焊接质量能保证，灯杆的抗风是没有问题的。

（4）控制器

太阳能充放电控制器的主要作用是保护蓄电池。基本功能必须具备过充保护、过放保护、光控、时控与防反接等。

在选用器件上，目前有采用单片机的，也有采用比较器的，方案较多，各有特点和优点，应该根据客户群的需求特点选定相应的方案，在此不一一详述。

太阳能路专用灯充放电控制器性能如下：

①管理蓄电池：防止蓄电池过度充电及过度放电，延长蓄电池寿命；

②管理太阳能照明灯的自动开启和关闭；可以光控和自行调节灯的照明时间；

③协调太阳能板及蓄电池工作：防止蓄电池夜间向太阳能板放电，节省电能；

④具有温度补偿功能。

整体设计基本上考虑到了各个环节；光伏组件的峰瓦数选型设计与蓄电池容量选型设计采用了目前最通用的设计方法，设计思想比较科学；抗风设计从电池组件支架与灯杆两方面进行了较全面的分析，表面处理采用了目前最先进的技术工艺；路灯整体结构简约而美观；经过实际运行证明各环节之间匹配性较好。

目前，太阳能低压钠灯照明的初投资仍然是困扰我们的一个主要问题。但是，太阳能电池光效在逐渐提高，而价格会逐渐降低，与太阳能的可再生、清洁无污染以及低压钠灯的环保节能相比，常规化石能源日趋紧张，并且使用后对环境造成了日益严重的污染。所以，太阳能低压钠灯照明作为一种方兴未艾的户外照明，展现给我们的将是无穷的生命力和广阔的前景。

### 示范题

**1. 单选题**

一般灯具的仰角都控制在多大角的范围以内。（　　）

A. 15℃　　B. 10℃　　C. 20℃　　D. 25℃

**答案：** A

**2. 多选题**

半夜灯的做法有哪三种？（　　）

A. 熄灭部分路灯

B. 适当降低电源电压

C. 白炽灯替代气体放电灯

D. 采用可变功率灯具

E. 采用大功率照明器

**答案：** A、B、D

**3. 判断题**

并联电容器补偿的联结方式分为单相、三相星形两种。（　　）

**答案：** 错

# 第 15 章　景　观　照　明

## 15.1　特殊构筑物的夜景照明

特殊建筑物或建构物上一些特殊的组成部分往往因造型奇特或位置突出，显得十分醒目，有时，这些目标甚至会成为一个区域或者一个城市的标志。有些构筑物往往是因纪念某些事件而建造，因而还有着浓厚的文化背景和象征意义。所以，对这类构筑物的良好照明具有相当重要的意义。这类构筑物包括塔、碑、旗帜、大型公共雕塑、桥、高架灯饰以及作为建筑面的窗及玻璃幕墙等。由于它们具有构造特殊且形态上有规律的特点，对它们的照明表现和形象塑造应慎重对待。

### 15.1.1　各种塔的夜景照明

塔的特点是比较高大，往往是一个地区的标志性构筑物。塔的造型极为丰富，一般与所在地的民族文化、历史背景有某种程度的呼应。建造塔的材料也十分丰富，如金属（巴黎埃菲尔铁塔），石材（西安大雁塔、埃及金字塔），木材（山西应县木塔），砖石木等混合材料（传统中国古塔），混凝土（北京 CCTV 发射塔）等。

关于塔的照明，应把握如下几点：

1. 照明要塑造塔的整体性

塔体通常由基座、塔身、塔顶等几个基本部分组成，它们构成了一个和谐的整体。建筑师在进行设计时赋予了每个部分相应的含意。它们都有着相应的作用或功能，从美学角度来看，其美学价值在于为一个区域竖立一个地标。所以塔体各部分的完整照明表现十分重要，单单表现某一部分或厚此薄彼往往会异化塔的整体形象。

2. 塔体各部分的照明设置要考虑观赏的需求

塔顶部分通常是供远距离观看，照明亮度宜适当高一些；塔身部分往往是细节丰富、承载建筑风格的部分，应有针对性地选择照明手法，细致刻画塔身构件及雕饰，用强调性的照明手法将塔身上主要的部分做突出表现；塔基座是近人部分，对该部分的照明表面是要完成塔体形象的完整性，对它们设置的照明要顾及到人们近距离观赏时的感受，在照明的亮度、光色调、灯光投射方向等方面的配置，应以人的视觉舒适为目标。就整个塔体而言，自下而上，照明光照度宜逐渐增加，照明光色调宜由暖变冷。这样可以保证塔顶部分以较高的亮度供远距离观看，并且，塔顶偏冷一些的色调可以造成一种高耸感，也符合人们在观看景物时的近暖远冷的视觉规律。

3. 照明手法要结合塔体的构造形式和材料

恰当的照明手法和用光方式是构成良好照明效果的基础，像埃及金字塔这种简单几何体的石材构筑物，从远距离实施泛光照明是最可行的手段；而像层层出檐的中国古塔，虽然泛光照明也是优先的选择，但分层设置灯具进行照明则更有利于对塔体的细致刻画，也能恰当地表现塔的神韵，比如上海龙华塔的照明就采用了这种照明处理手法；巴黎的埃非尔铁塔照明设计者针对其钢结构网架的特点，采用了在其塔身的各网架结点设置照明灯具，利用泛光照明的方式将整个钢结构塔身照射得明亮剔透，再比如，北京的中央电视台发射塔，设计者把塔身中间的球形塔楼通过黄色和红色光源模拟成一个中国传统的红灯笼；上海的东方明珠塔，设计者分别使用局部投光和内透的光点等手法来表现其结构特点等。这些事例都说明了要获得好的照明效果，必须仔细分析对象特点，有针对性地选择照明方式。

塔的照明实例如图 15-1 所示。

(a) 中央电视塔夜景之一：晚霞映高塔

(b) 中央电视塔夜景之二：夜景下的塔影

中央电视塔局部夜景

(c) 中央电视塔夜景之三：灯笼高悬

(d) 中央电视塔夜景之四：夜景远眺

图 15-1　中央电视塔的照明

### 15.1.2　各种碑的夜景照明

碑是一种标记性的构筑物，与某些事件相连。相对于塔而言，碑的尺寸稍小，高度略低，造型也更简洁一些。由于碑所具有的纪念性质，其材质以石材居多。通常需要许多附属元素在碑的四周形成衬托，以形成一个完整的环境，如台阶、栏杆、草坪、树木等。

碑的照明方法强调平实庄重的格调，通常情况下以白色的泛光照明进行表现是比较恰当的。在设有碑体的泛光照明时，要重点突出碑身的整体感、立体感，碑面纹饰图案、文字等；碑周边附属元素的照明也要投入精力去考虑。只有良好的环境氛围，才能使碑的照明效果更恰当。环境元素的照明宜用稍弱一些的灯光。灯光的施用要以碑体为中心形成均衡效果，灯光设置不能妨碍碑体正面的视看。碑的夜景照明实例如北京天安门广场上的人民英雄纪念碑、卢森堡二战纪念碑、巴黎协和广场的方尖碑、美国华盛顿纪念碑等，分别见图 15-2～图 15-5。

图 15-2　北京人民英雄纪念碑的照明

图 15-3　卢森堡二战纪念碑的照明

图 15-4　巴黎协和广场方尖碑的照明

图 15-5　美国华盛顿纪念碑的照明

### 15.1.3　雕塑的夜景照明

此处所涉及的范围仅包括对雕塑进行外部的投光照明方式。

除纪念性雕塑和叙事性雕塑之外，对其他类型雕塑所实施的各种照明的手法，原则上讲都具有其合理性。这是由于雕塑本身具有多意性的特点，因而其灯光形象也可以有多角度的诠释。

对于纪念性雕塑，灯光照明以尽可能忠实原雕塑的形象为基准，入射光尽量覆盖雕塑的高度，或者是从稍远的距离处，以比较柔和的散射光向雕塑投光；灯光的光强和色调宜采用比较平实的手法。即不要过分夸张光影和色调。一般来说，雕塑夜景照明的投光方向应与像的正面保持一定角度，这样能形成适当的立体感，通常是采取在雕塑的左前方和右前方两个方向同时投光的方式。这两个方向的投光中，一个是主光，另一个是辅助光，主光较强，辅光较弱，两个方向之间要保持 45°～90°角，并设置适量的背景照明。

对于抽象雕塑或追求前卫风格的雕塑，照明手法就自由一些，可以从单侧投光，也可以夸张阴影，还可以使用彩色光。

雕塑照明是在忠实原作品基础上所进行的二度艺术创造，所以照明效果需经反复的现场评价，设计时要进行模拟实验或现场实物实验。

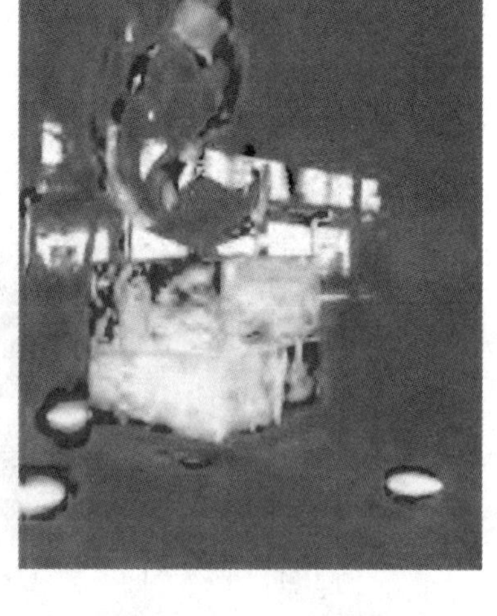

图 15-6　小型雕塑的照明

雕塑的材质对照明效果有很大的影响，常用材料有石材、金属、化学合成材料等。每种材料都有其特定的反射光特性，所以针对特定材料，强制规定使用某种光源是不合适的，是否用某类光源，应依据实验效果判定。根据以往人们所进行的照明实践，认为青铜材质的雕塑用高压汞灯进行照明，再配以合适的环境背景亮度，会有良好的效果。但更多更详细的推荐和选择尚需进一步的工作实践来认定。

由于雕塑体自身有丰富的起伏变化，因此，经光照后形成的阴影，也具有深浅轻重及变形程度等极其丰富的效果。因此，为获得一个理想的效果，应选择功率和光束角合适的系列灯具通过组合来对雕塑进行照明。

雕塑夜景照明实例见图 15-6 至图 15-8。

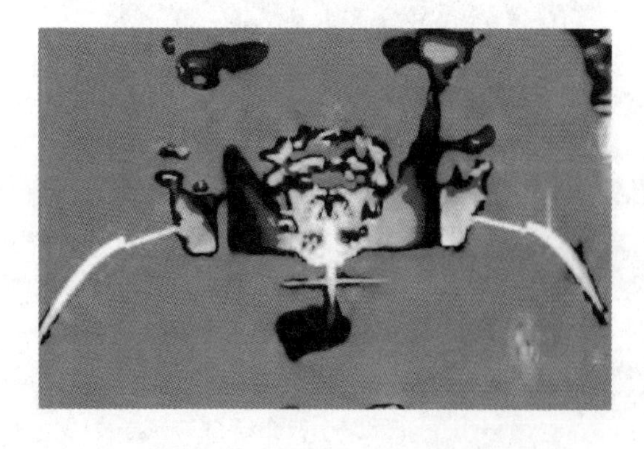

图 15-7　有路高底座的雕塑的照明

图 15-8　与喷泉结合在一起的雕塑的照明

## 15.2 旗帜的夜景照明

旗帜的照明通常采用的手法是泛光照明，所使用的光源以卤钨灯和显色性好的金属卤化物灯为优选。灯具的配光选择依旗帜的尺寸大小，悬挂高低和悬挂数量而异。如果是位于建筑物顶部的一个尺寸不大的旗帜，使用1～2台功率合适的宽光束灯具就可以将展开的旗帜覆盖照亮。如果是位于广场中的一杆独立高旗帜，则应选择窄光束的投光灯若干台，围绕旗杆一周设置，向上投光，光线在旗杆周围形成一个明亮的圆柱，当旗帜随风在任意方向飘动时，都会被这个圆柱形的灯光所覆盖。当被照亮的旗帜是多杆形成的阵列形式时，应在旗杆阵列的间隔处设置灯具，向上投光照亮旗子，若旗杆间距不大，可在两根旗杆间设置一台灯具，若旗杆间的间距过大，则应在旗杆间设置两台灯具，分别照亮各自的旗帜；同时还应在旗杆阵列的两端各设一台灯具。这种旗杆阵列使用的照明灯具的配光特性与光源功率要仔细计算和选择，最好是旗杆边设置的两台灯具就足以把旗帜照亮，因此，灯具的光束宽度要足以覆盖旗帜飘起时的最大长度，光源的功率也要提供足够的流明数。旗帜的表面亮度至少应是背景亮度的2～3倍。

关于灯具位置的设计，应满足以下三点要求：首先是保证照明投光的需要，其次是要尽可能的隐蔽，再者是要防止眩光的产生。如果是对建筑物上的旗帜照明，上述三点都不难满足要求；如果旗帜是竖立地面上，则必须注意低位装设的投光灯所产生的眩光的影响。通常的眩光控制办法是在灯具上加装遮光罩，以挡掉可能对行人或观众产生的眩光。此外，如果照明所用的灯具是造型小巧的窄光束投光灯，那么，可以将灯具安装在旗杆的较低部位，最好要保证高度在人的视线高度之上。当然，很多研究人员也在寻找其他更佳的方法，比如正在进行实验的导光管方法就是一个有益尝试。这种方法是利用圆形旗杆将光线导送至旗杆顶部，再由杆壁上的孔洞将光送出，射到旗面上。如果能很好地解决传导效率、光能量输出等问题，这种方法还是值得考虑的。也可以用条形投光式LED放在旗侧的旗杆内投向旗帜。此外，旗杆的基座也要配置适当的照明。

昆明世博园的旗与旗杆照明见图15-9。

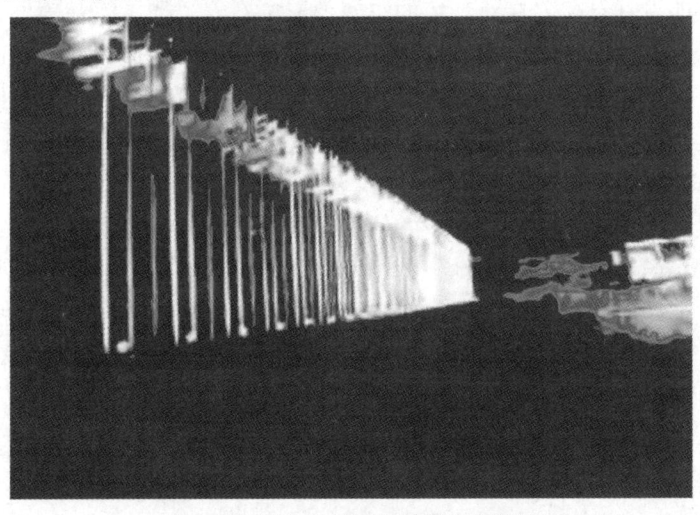

图15-9 昆明世博园门前的旗帜照明

## 15.3　园林绿化照明

园林景观照明与环境是一种既融合又独立的主从关系，是为整个环境增光添彩的重要内容。

环境景观分类如下：

软质景观：乔木、灌木、花卉、绿篱、草坪及植被、其他植物材料（如仿真材料）；

硬质景观：园林建筑、道路、园路、溪流及湖泊、小品雕塑、自然山石、广场、种植池、水景、休闲娱乐设施。

软质景观大部分以自然材料构成；硬质景观主要以人工材料或加工材料组成。园林景观照明范围主要泛指户外区域和户内人文景观区域，包括自然环境和人工营造环境。比如自然草坪、森林、公园及主题园、高尔夫球场、城市广场、居住花园、庭园、街道、街头绿地、办公室、宾馆、饭店以及入口形象等。

园林景观照明通过照明材料、种类、光源、功率、照明技术在不同工程中的需要和业主的期望，满足植物材料和景观对照明设施的需求和外观表现。

就每个项目而言，景观照明能增加艺术美，扩大使用时间，保证安全性。

1. 园林景观照明设计的基本原则

人在夜间的活动，对障碍的识别、对景物的观赏是通过照明设施来实现的。夜间照明在环境中的表现：

有功能上的不同：功能性、饰景性、安全性。

有意境上的不同：明亮、朦胧、色彩缤纷。

有形式上的不同：照明方法的不同选择。

有空间上的不同：城市型环境、商业区环境、居住区环境、人文景观环境、自然型环境、建筑群环境、建筑形式及风格。

园林景观照明设计是建立在对环境的空间及形象有着透彻了解基础上，是对各种园林景观元素组成的庭园构图的塑造和显示。设计师必须对所要创造的环境，进行认真的思考和分析，以综合归纳出最佳的设计方案。园林景观照明的设计目的，是在保证系统可靠性强、节约能源的基础上创造一个安全、幽雅的夜间环境。

设计的基本原则：

（1）功能性，即满足在环境空间中的使用目的和基本照明需要。例如：道路及小路照明、游人活动广场照明、住宅门头灯、大门及出入口照明等；

（2）饰景性，即照明设施与所在环境空间的完美融合和创造夜间景色气氛为目的照明。例如：设计园林景观照明时，照明设施不仅要为夜间环境提供光亮和优美的景色，还要避免破坏白昼间的景观，要融合于所在的环境中。

（3）舒适性，即以人的感受特征为出发点，准确落实照明设施放置的主要和次要视点位置，避免光污染。

（4）隐蔽性，即对部分照明器、电气设备尽可能的隐蔽或伪装。灯具和电气设备隐蔽在园林景观照明设计中尤为重要，设计师必须会对园林景观中的一些灯具刻意隐蔽。例如：利用庭园、栽植树木、植物、墙荫、井状洼处等位置隐蔽灯具，既减少眩光，白天也看不到灯具。

（5）安全防范，即照明必须保证人们在夜间开放环境的安全要求，确保社会环境的安定。

（6）安全保护，设计必须严格执行电气专业规程规范，具备完善的安全措施，严禁危害人身安全的事故发生。例如：采取漏电保护措施，进行正确的接地系统设计。

（7）节能要求，通过照明设计的合理布局，照明技术的合理运用，照明灯具的合理选择，减少能源的浪费。

（8）实用性，提出正确具体的施工措施，便于日常维护管理。

（9）植物的影响。

（10）正确的经济效益和社会效益分析。

## 15.4　夜景照明的测试与评价

城市夜间景观照明效果的测试与评价是城市夜景照明建设的重要组成部分。由于城市景观照明涉及的因素较多，自然会给测试与评价工作带来一定的困难。究其原因较为复杂，如目前我国尚无统一的有关景观照明的规范和标准等指导性和约束性条款作为测试与评价的依据；又如城市景观照明作为一项艺术品，其艺术性和观赏性的评价指标，会因人和不同观察角度，或不同的艺术修养和文化背景，得出的评价结果不一致；再如一些知名度极高、极具保存和欣赏价值的人文景观或自然景观，比如历史遗迹、古建筑群等为景观照明设下种种限制，给评价工作也会带来一定的困难。但城市景观照明不仅给人们生活带来美的享受，使城市充满了欢快气息，也在一定程度上反映了城市的管理水准，文明程度，文化习俗，艺术修养和精神面貌。所以，测试与评价的目的是使景观照明在城市建设中的作用得以继续保持和发扬，也使景观照明在众多国内外旅游者和观众面前成为合格的文化艺术和现代文明的传播者。

### 15.4.1　夜景照明的测试

对夜景照明除了要进行方案阶段和完成阶段的评价打分，还必须对夜景照明及其所用的照明器具进行有关光度参数的测试，用客观的数据为评价与决策提供依据，使对景观照明的评价能站在客观的基础上，作出使人们信服的结论。同时在测量的基础上，可对夜景照明进行调整，使其照明效果与设计方案标书更为接近，以达到最佳的照明效果。夜景照明按其使用功能可分为景观照明和功能照明两大类。对于功能照明可参照有关道路、广场照明设计标准和工程中设计方案标书进行检测；对于景观照明则采用按工程中标方案或本手册的有关章节推荐数值进行检测。

1. 测试项目和目的

夜景照明测试项目主要有：

（1）景观照明

①建、构筑物立面亮度、亮度比；

②各饰面材料的反射比；

③材料表面颜色、现场显色指数、色温；

④柱面照度、照明立体感指数。

（2）功能照明

①路面亮度、亮度均匀度；

②路面照度、照度均匀度；

③眩光；

④材料表面颜色、现场显色指数、色温。

测量的目的：照明工程竣工并投入运行后通常进行亮度、照度（和眩光）的现场测量，其目的是了解工程的实际照明效果与原先的设计要求是否符合，是否需要对照明工程进行调整修改，并为以后进行更经济合理的设计、运行提供依据。有时在照明设施运行了一段时间（如半年、一年）以后，还要进行测量，其目的是研究灯具因积灰、光源的光通量衰减、损坏等而引起的光输出减少情况，并为是否需要对照明设施进行维修和更换提供可靠依据。

2. 测试方法

（1）景观景物照明的测量方法

①景观景物照度测量

景观景物照明的照度直接测量：基本局限在人所能达到的位置，对于高大的景观一般不进行照度测量，仅对小品、绿地、雕塑、围墙等或景观的局部进行照度测量。照度测量布点要求：由于景观照明是艺术照明，因此，测试的评判是以设计标书为依据进行测量，对于面积和体量较大的可采用均匀布点；对于面积、体量较小的则根据设计标书的要求进行测量。测量时照度探头一般是平贴在被测面的表面上。在进行柱面照度测量时应标明探头距景物的距离，同时应与平面照度在同一位置上测量，以便计算立体感指数。

景观景物照明照度的间接测量：对于那些景观饰面为漫反射体的饰面，可以通过测量饰面的反射比和亮度而间接得到照度值。因此，对那些人不能达到又需要知道那里照度数值的景观照明，可采用此类方法。

②景观景物亮度测量

A. 亮度计的安放位置：亮度计一般可分别安放在距建筑景物的近视位置（可观察景物细部，一般距景物20～30m，与景物的最高点的夹角≥45°）、中央位置（可观察景物主体，一般距景物30～100m，与景物的最高点的夹角≥27°）、远视位置（可观察景物总体，一般距景物100～300m，与景物的最高点的夹角≥18°）。在测试时常用前两个位置，远视位置因距景物太远，在实际测试中很少有那么大的空间，同时对亮度计的视角的要求也较高，故很少使用。

B. 亮度测试点的选取：亮度测试点的选取应根据景物的实际情况选取，一般对造型不复杂的景物在高度方向划分为3～5段，每段的亮度测量测试点一般不应少于9个点，测点一般采取均匀布点。

（2）景观广场和桥梁（道路）照明的测量方法

这里是指没有车辆通行和彩电转播要求的景观广场和桥梁（道路）的照明测量，一般仅进行水平照度检测即可，测试点的数量一般不少于 20 点/100m$^2$，测点一般采取均匀布点。若采用四点法测试测点布置则如图 15-10；若采用一点法测试测点布置如图 15-11。

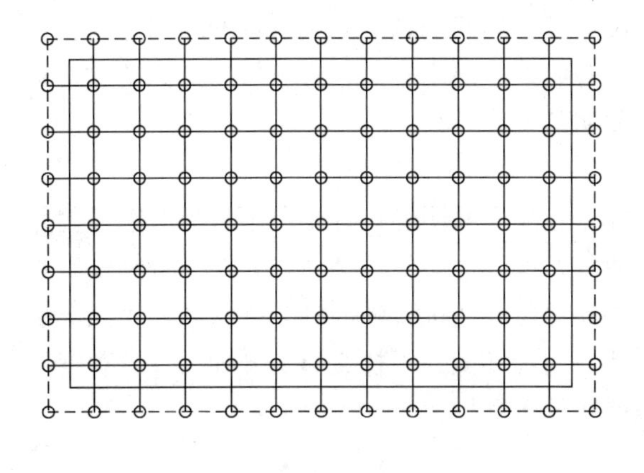

图 15-10　四点法测试

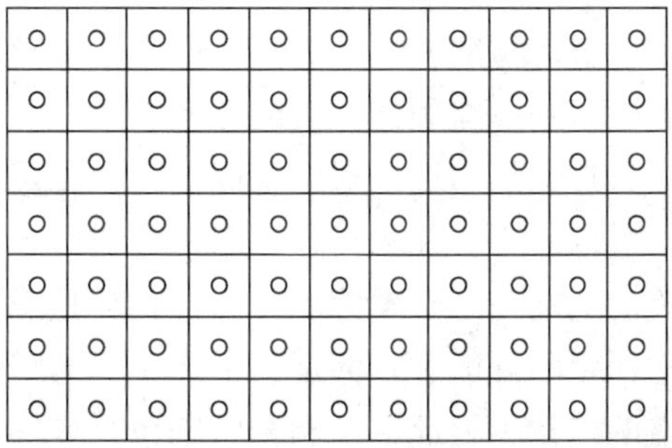

图 15-11　一点法测试

### 15.4.2　夜景照明的评价

1. 夜景照明评价内容

城市景观照明涉及的领域和技术层面较广。这些因素包括对景观的历史、背景和在城市中的地位的了解，景观与周围环境关系，景观本身的特点、体量、造型、构造、表面材料与饰物，照明技术的基本要求，照明器件选用原则及其安装位置，节能与控制光污染，景观照明的操作、运行和维护等。由于景观的属性不同，有的属于人文景观，有的属于自然景观，有的属于城市标志性建筑，有的属于著名商城，它们除了具备景观照明中的共性外，更多的是它们的个性和特殊性。所有这些因素均不同程度地影响景观照明的最终效果。因此，这些因素也就自然成为评价景观照明的主要内容。归纳起来，城市景观照明的评价内容可以由以下若干方面组成：

（1）景观照明的宗旨、目的与效果

景观照明有的为了突出观赏性，有的为了增加商业气息，有的为了展示山、水、环境的美，有的为了体现博大精深的文化遗产等。这些目的与最终的照明效果是否吻合，显然成为评价的主要内容之一。

（2）充分显示景观的属性

景观的属性包括它的知名度，在城市中的地位、历史背景、用途、体形、构造、用材、装饰等与景观照明的关系。如现代的办公建筑与中国的古建筑有着绝然不同的建筑风格和造型艺术，通过景观照明能否充分显示出来；又如旅游建筑与办公建筑的特点能否明显地区分开来。凡此种种均属于景观照明效果的评价范围。

（3）景观、环境与景观照明的协调

有的景观融入大自然旷野之中，有的景观则位于城市中心，有的景观周围点缀着鲜花、流水和绿色的草地，有的则在人群和车辆的包围之中，景观不仅影响着环境，环境同样影响景观照明的最终效果。如果景观的照明设施安置不当，可以影响环境的风格和布局；而零乱的环境则使景观照明效果产生负面影响。因此，景观与环境的融合和协调是景观照明不可分割的组成部分。

（4）照明技术与照明器具的选用

这是取得良好的景观照明效果的基础。没有坚实的照明技术和高质量的照明器件很难达到景观照明的目的。在景观照明的全过程中开始选定照明标准，直至最后灯光调试，每个环节均与照明技术有关，并直接影响景观照明的最终效果。

（5）节能和光污染的控制

这也是考核景观照明成败的一项重要指标，在景观照明的设计阶段不考虑节能显然是不可取的。节能的指导思想则应贯穿景观照明的始终。这不仅包括节能光源、灯具及其相关的低能耗电气附件的使用，也包括照明器件的定位和调试；强烈的光刺激和色刺激会引起视觉不舒适感，甚至会干扰市民的正常生活、周围环境，干扰交通信号和天文台观察星空的工作。因此，控制光污染也是良好景观照明的重要指标。

（6）景观照明的管理

这主要包括景观照明的电气控制，照明器件的维护，以及日常运行是否便捷、可靠和安全。经常出现故障的景观照明决不会产生所期望的效果，只会给景观照明带来不必要的经济负担和额外的开支。

（7）社会效益和经济效益

景观照明不一定直接产生可观的社会效益和经济效益，但它又可能提高城市的知名度，提升城市的文化艺术内涵和文明程度，从而吸引众多的观光者带来丰厚的经济回报。因此，景观照明的社会效益和经济效益，其表现不一定是直接的，也不一定是高利的，但是面向长期的和多方面的。为此，在设置景观照明时应该考虑和分析它的社会效益和经济利益。

上述评价内容只是反映城市景观照明的基本方面，随着技术进步、观念的更新，可能对景观照明会提出更新更高的要求。

2. 夜景照明评价方法

由于景观照明的评价涉及心理、生理、艺术修养及文化背景因素较多，采用评价表和问卷方式可以简单明了地对景观照明进行评价，可提高评价的科学性和正确性。

城市景观照明实施从设计方案起，直到最终完成需经历若干阶段，因而评价方法也有所不同。而设计阶段及最终设备就位、亮灯调试阶段，即最初与最后阶段是影响景观照明最为重要的阶段，下面就设计阶段提出相应的评价方法供参考。

该阶段的评价可简称为方案评价（专家评议），主要由专家们对景观照明方案评审表中评价项目逐一评价。由于方案评价主要在专家们组成的评价小组内进行，范围较小，人数不多。但专家数量必须不少于（包括建筑师、城建主管部门工程师、环境治理专家、电气工程师、照明工程师等在内）约10余名左右，以保证评价结果具有充分的代表性。

（1）评价项目与等级

推荐的评审表（表15-1）中的评价项目可列出10项甚至更多项。

**景观照明设计方案评审表** **表15-1**

| 序号 | 评价项目 | 评价项目内容 | 评价等级 | 各等级分数值 |
|---|---|---|---|---|
| 1 | 景观照明的宗旨 | 景观照明的宗旨与目的是否清楚，是否明确 | (1) 非常清楚，明确<br>(2) 较清楚，明确<br>(3) 一般清楚，明确<br>(4) 不清楚，不明确 | 90～100<br>70～89<br>50～69<br>50以下 |
| 2 | 景观的属性 | 对景观本身的历史、知名度、地位、结构、造型等是否了解 | (1) 非常了解<br>(2) 较了解<br>(3) 了解<br>(4) 不了解 | 90～100<br>70～89<br>50～69<br>50以下 |
| 3 | 环境因素 | 设计时是否考虑与环境和谐相容，互为补充 | (1) 考虑全面<br>(2) 考虑较深<br>(3) 有所考虑<br>(4) 没有考虑 | 90～100<br>70～89<br>50～69<br>50以下 |
| 4 | 照明标准 | 照明标准选择，选择是否合理 | (1) 非常合理<br>(2) 较合理<br>(3) 合理<br>(4) 过高、过低 | 90～100<br>70～89<br>50～69<br>50以下 |
| 5 | 光源的选择 | 对光源的光色、显色性、寿命、功率、光效等选择是否合理 | (1) 非常合理<br>(2) 较合理<br>(3) 合理<br>(4) 不合理 | 90～100<br>70～89<br>50～69<br>50以下 |
| 6 | 灯具参数选择及布置 | 灯具的配光和效率是否合适，灯具是否暴露有碍景观，灯具位置是否合理 | (1) 非常合理<br>(2) 较合理<br>(3) 合理<br>(4) 不合理 | 90～100<br>70～89<br>50～69<br>50以下 |
| 7 | 节能与污染处理 | 总的电功率是否过高，是否考虑控制功率指标，是否考虑溢出光的控制 | (1) 认真考虑<br>(2) 考虑较认真<br>(3) 一般考虑<br>(4) 没有考虑 | 90～100<br>70～89<br>50～69<br>50以下 |
| 8 | 照明装置的安全、维护、操作 | 在设计时有否考虑分级控制开头，有否接地保护、防雷保护，易维护，操作容易 | (1) 认真考虑<br>(2) 考虑较认真<br>(3) 一般考虑<br>(4) 没有考虑 | 90～100<br>70～89<br>50～69<br>50以下 |
| 9 | 经济分析 | 有否对景观照明作经济分析，有否从经济角度进行方案比较，有否节省投资、节约能源 | (1) 认真分析<br>(2) 较认真分析<br>(3) 进行分析<br>(4) 未做分析 | 90～100<br>70～89<br>50～69<br>50以下 |
| 10 | 创新精神 | 方案是否有新意，采用新技术，新材料 | (1) 有较多新意<br>(2) 很有新意<br>(3) 略有新意<br>(4) 没有新意 | 90～100<br>70～89<br>50～69<br>50以下 |

表15-1中的评价项目内容及数量因景观照明的特殊性、不同文化背景和设计理念的变化，可随时增减。

（2）评价方法与评分系统

客观评价定量和评价方法应简单、易懂、便于操作，并具有科学性，对评价系统作如下解释：

为使参与评价者打分方便，先不考虑权重，打分后统计出评价者每项打分的平均分数$S(n)$，然后再考虑各评价项目在整个方案中所占权重，计算出每一项的实际得分$S(m)$，最后将每一项的实际得分相加，则可求得某设计方案评价的最后得分，权重的取值通常由专家和决策者共同确定。

评价得分计算方法：

假定项目打分得分为$S(n)$，则有

$$S(n)=\frac{\sum P(n)T(n)}{\sum T(n)} \tag{15-1}$$

式中　$P(n)$——第$n$项目的打分得分；

$T(n)$——得分为$P(n)$时的票数；

$n$——评价项目序号。

令某方案评价得分为$S_m$，则有

$$S_m=\sum S(m)=\sum S(n)W(n) \tag{15-2}$$

式中　$S(m)$——每一项的实际得分；

$S_m$——在百分制评价系统下的方案评价得分。

为更符合日常习惯评分模式，本评分系统采用百分制。各项的统计得分评价等级为：

50分以下者：方案需做重大修改，才能通过；

50～70分者：方案可以通过，但需少量修改；

71～89分者：方案较为满意；

90分以上者：方案为优秀。

3. 设计方案评价评分举例

假定X景观照明设计方案评价时有10人参加，共打分及项目得分列入表15-2中。

**设计方案的评分系统汇总表（举例）**　　　**表15-2**

工程名称：X景观照明设计方案　　　投票总人数：10人

| 项目序号 | 评价项目内容 | 得分分布 P（n） | 得票分布 T（n） | 项目打分 S（n） | 权重W（n） | 项目得分S（m） |
|---|---|---|---|---|---|---|
| 1 | 景观照明的宗旨与目的 | 85<br>87<br>90 | 4<br>2<br>4 | 87.4 | 0.12 | 10.49 |
| 2 | 景观的属性 | 88<br>93<br>81 | 6<br>2<br>2 | 87.6 | 0.1 | 8.76 |

续表

| 工程名称：X景观照明设计方案 | | | | | | 投票总人数：10人 |
|---|---|---|---|---|---|---|
| 项目序号 | 评价项目内容 | 得分分布 $P(n)$ | 得票分布 $T(n)$ | 项目打分 $S(n)$ | 权重 $W(n)$ | 项目得分 $S(m)$ |
| 3 | 环境因素 | 78<br>75 | 8<br>2 | 77.9 | 0.1 | 7.79 |
| 4 | 照明标准选择 | 83<br>80 | 5<br>5 | 81.5 | 0.1 | 8.15 |
| 5 | 光源的选择 | 84<br>78<br>90 | 6<br>3<br>1 | 82.8 | 0.1 | 8.28 |
| 6 | 灯具参数选择及布置 | 63<br>50 | 7<br>3 | 59.1 | 0.1 | 5.91 |
| 7 | 节能与光污染处理 | 84<br>88 | 4<br>6 | 86.4 | 0.08 | 6.91 |
| 8 | 照明装置的安全、维护、操作 | 93<br>97 | 6<br>4 | 94.6 | 0.1 | 9.46 |
| 9 | 经济分析 | 49<br>43 | 5<br>5 | 46.0 | 0.1 | 1.60 |
| 10 | 创新精神 | 50 | 10 | 50.0 | 0.1 | 5.00 |

该设计方案评价结果可以通过，但需要做少量的修改。

## 15.5 夜景照明的节能和经济性分析

### 15.5.1 夜景照明节能的意义和潜力

人口、资源（尤其是能源）和环境是全球关注的三大问题。作为二次能源的电能是一种优质、清洁、方便的能源，是国民经济及日常生活应用最广泛的能源，与环境保护密切相关。电力生产中所排放的二氧化碳造成温室效应和酸雨等问题。节约电能可少建电厂和减少有害物质对环境的污染。特别是在我国能源短缺，供需矛盾较大的情况下，节约夜景照明用电、保护环境和提高照明质量，均具有重大的社会和技术经济意义。

通过对国内部分有代表性的城市的建筑立面夜景照明状况的调查，也发现一些值得特别关注的问题。这些问题归纳起来主要有：夜景照明缺少统一规划或规划滞后的问题；相互攀比，误认为夜景照明越亮越好的问题；夜景照明方法单一，误认为夜景照明就是在大楼前立根杆，装几个大灯把立面照亮的问题；玻璃幕墙建筑立面也用大功率投光灯照射的问题；建筑夜景照明随意使用彩色光，不分情况，误认为夜景照明就要红红绿绿的问题以及夜景照明产生的光污染和光干扰问题等。其中特别是相互攀比，夜景越来越亮和照明产生的光污染问题尤为突出，并大有发展上升之势。有的建筑立面夜景照明的平均照度竟然超过500lx，建筑立面照明耗电高达25W/m$^2$之多，可真如英文Flood lighting，把光似洪水般冲洒在建筑墙面上。这样不仅浪费大量能源，而且还会产生光污染和光干扰，给环境和人们的正常工作与生活造成严重的负面影响。全国这么多的城市都在建设夜景照明，如果不妥善解决这些问题，那么夜景照明所浪费的电能将十分惊人！同时也说明夜景照明蕴藏着巨大的节能潜力。夜景照明节能潜力到底有多大可从以下三方面加以粗略分析。

1. 泛光照明的节能潜力

对北京和上海两市121个建筑立面夜景泛光照明的调查和墙面平均照度的实测结果见表15-3。由表可见这些建筑的墙面的反射比基本上在30%～40%之间，墙面的清洁程度属于较清洁，建筑物的环境明亮程度也较为明亮。

**被测建筑立面照度与照明标准偏离频率（%）**　　　　**表15-3**

| 照度（lx） | 频数 | 频率（%） | 低于标准的频数与频率分布 | | 高于标准的频数与频率分布 | |
|---|---|---|---|---|---|---|
| | | | 频数 | 频率（%） | 频数 | 频率（%） |
| 50～100 | 3 | 2.48 | 3 | 3.94 | 高于标准的建筑总数为46个 | |
| 100～150 | 13 | 10.74 | 13 | 17.10 | | |
| 150～200 | 37 | 30.58 | 37 | 48.68 | | |
| 200～240 | 23 | 19.00 | 23 | 30.26 | | |
| 240～300 | 28 | 23.14 | 总计76 | 100 | 28 | 60.85 |
| 300～350 | 8 | 6.61 | 低于标准的建筑总数为76个 | | 8 | 17.39 |
| 350～400 | 4 | 3.30 | | | 4 | 8.69 |
| 400～500 | 4 | 2.48 | | | 4 | 8.69 |
| 500～700 | 2 | 1.65 | | | 2 | 4.34 |
| 总计 | 122 | 100 | | | 总计46 | 100 |

按国际照明委员会（CIE）的标准规定，对建筑立面反射比为30%～40%的中色饰面材料的墙面比如中色石材、水泥或浅色大理石墙面的泛光照明的平均照度，在暗背景下为40lx，一般背景亮度（8cd/m$^2$）下为60lx，亮背景下为120lx，考虑墙面清洁程度为较清洁时乘修正系数$Z$之后，分别为80、120和240lx。

对照CIE标准，所调查的建筑立面夜景照明的平均照度应等于或低于240lx，而实际上有37%的建筑超过CIE标准，也就是说这部分建筑立面的平均照度都大于240lx，个别建筑立面夜景照明照度高达700lx之多。全国其他城市，特别是近年刚搞夜景照明建设的城市，由于互相攀比和受夜景越亮越好的思潮的影响，估计超过CIE标准的建筑不会低于37%。所以说，如果严格按CIE标准设计建筑立面夜景照明，把37%的超标建筑的照度需降下来，挖掘出这部分建筑立面夜景照明的节能潜力，将会节约相当可观的电能。

2. 建筑物轮廓灯照明的节能潜力

我国城市夜景照明中，建筑物轮廓灯照明是建筑夜景照明中使用比较早和比较多的一种照明方式。不仅多数古建筑或仿古的现代建筑的夜景照明采用这种照明方法，而且在现代化建筑夜景照明中也采用不少。如北京长安街及延长线的建筑夜景照明中就有近百幢采用了各种形式的轮廓灯照明，粗略统计约使用了10万只左右白炽灯，其中天安门地区，如天安门城楼、大会堂、博物馆、纪念堂、正阳门城楼、中国银行和天安门管委会办公楼的轮廓灯照明使用的白炽灯就达2.2万余只。

按北京市市政管委2002年2月25日“北京市重点地区夜景照明工作会议”的要求，天安门与长安街的夜景开灯方案是平日按一般节日的要求开灯，这样绝大多数轮廓灯在平日也要开放。若每天平均按5h计算，全年累计开灯为1825h，白炽灯每只功率按25W计算，那么全年耗电为45.6kW·h，10万只白炽灯全年耗电456万kW·h，2.2万只白炽灯全年耗电为100万kW·h，如把25W白炽灯改为5W节能荧光灯，5W节能荧光灯全年耗电约9.2kW·h，10万只节能荧光灯全年耗电为92万kW·h，2.2万只节能荧光灯全年耗电为20万kW·h。

如果把长安街及延长线上10万只25W白炽灯全部改用5W节能荧光灯，每年将节电456－92＝364万kW·h。2002年天安门地区的2.2万只白炽轮廓灯已全部改用5～9W节能荧光灯，若按5W节能荧光灯计算，一年就可节能100－20＝80万kW·h，节能效果十分显著。在改用节能荧光灯时，应注意使用优质产品和环境温度对灯工作的影响。

3. 照明方法和管理的节能潜力

建筑立面夜景照明设计时，由于照明方法或布灯方案不当，造成能源浪费。如玻璃幕墙建筑立面使用投光照明方法，不仅浪费了能源，而且又没照明效果，反而造成光污染。又如灯具配光和布灯方案不当，造成大量溢散光。据调查统计，建筑立面泛光照明的溢散光约占照明总光通量的1/3。全国建筑立面泛光照明的溢散光加起来是一个十分可观的数字，不仅浪费了能源，而且造成光污染。另外，建筑立面夜景照明管理不当，照明控制技术落后造成照明用电浪费的现象比较严重。

总之，通过以上分析，可见建筑立面夜景照明节能潜力巨大。在我国大规模建设夜景照明的情况下，通过科学设计，严格执行国家和国际照明标准，正确选用照明方法和器材，加强照明设施管理，可实现既建设好夜景，又节约能源的双重要求。

### 15.5.2 夜景照明节能的技术措施

1. 正确确定照明标准

(1) 正确选择按被照构、建筑物功能和场所及其背景的亮暗程度和表面装饰材料等情况所需的照度或亮度的标准值。

(2) 正确选择被照建（构）筑物和相关夜景元素照明的照度均匀度。

(3) 应尽量减少夜景照明中的眩光和光污染。室外照明的光污染（光干扰）不得超过国际照明委员会（CIE）规定的最大光度指标。

(4) 正确选择夜景照明的最大功率密度（LPD）值。

2. 正确选择照明方式

(1) 建筑立面的泛光照明不宜均匀照亮，宜明暗变化，不但节约电能且艺术效果好。

(2) 内透光照明方式可节约投资和节约电能。

3. 正确选择光源

(1) 夜景照明应选用气体放电光源，不应选用普通白炽灯。

(2) 室外泛光照明应选用高强度气体放电灯，如采用金属卤化物灯和高压钠灯。

(3) 室外装饰照明可采用管径26mm的T8型或16mm的T5型荧光灯。

(4) 在室外场所（小于15℃场所）可采用紧凑型荧光灯，作为装饰照明或重点照明。

(5) 室外各种标志牌、交通信号灯、广告装饰牌可采用发光二极管作为光源。

(6) 逐步减少高压汞灯的使用量，特别是不应采用光效低的自镇流高压汞灯。

(7) 有条件的，可采用节能的发光二极管作标志或装饰照明。

(8) 有条件的，也可采用光导纤维或导光管照明。

(9) 采用内透光照明时，宜用荧光灯照明。

(10) 采用轮廓照明时，宜用高亮度的美耐灯或通体发光光导纤维照明。

(11) 局部重点照明时可采用低功率的高强度气体产电灯、卤钨灯或PAR灯。

(12) 在高空部位或维修困难的部位，可采用高光效和长寿命的无极荧光灯。

4. 正确选择灯具

(1) 在满足眩光限制和减少光污染的要求下，应采用高光效率灯具。

(2) 高强度气体放电灯的投光灯具效率不应低于55%（带格栅或透光罩的灯具）。

(3) 荧光灯灯具效率不应低于60%～65%，磨砂罩的效率不应低于50%～55%。

(4) 间接照明灯具（荧光灯或高强度气体放电灯）的效率不宜低于80%。

(5) 应选用光通量维持率高的灯具和灯具反射器表面的反射比高、透光罩的透射比高的灯具。

(6) 道路照明应采用截光型灯具和半截光型灯具。

(7) 采用控光合理的灯具，使灯具出射光线尽量照在照明场地上。

(8) 采用光利用系数高的灯具。

5. 正确选择光源附件

(1) 应选择功耗低、性能好和安全可靠的镇流器。

(2) 气体放电灯应加电容补偿，补偿后的功率因数应不小于0.85。

(3) 有条件时可采用节能型电感镇流器或电子镇流器，以节约电能。

6. 正确选择照明控制方式

(1) 道路照明、广场和庭院照明应采用自动控制，如采用光控、时控、程控或几种控制相结合的控制方式。

(2) 建筑物夜景照明可采用平日、一般节假日和重大节假日的分挡照明控制方式。

(3) 道路照明可采用双光源灯，下半夜关掉一盏灯，也可采用下半夜能自动降低灯泡功率的镇流器，以降低灯泡消耗的功率。

(4) 采用低电压供电时，宜用控制线或单电源控制方式。

7. 加强照明维护与管理

(1) 应定期进行照明维护，换下非燃点光源或光衰较大的光源。

(2) 应定期清洗灯具，以保证有较高的光通量输出。

8. 合理设计照明的供配电系统

(1) 配电箱位置应尽量设在靠近负荷中心，并靠近电源侧。

(2) 三相配电干线的各相负荷应分配平衡，最大相负荷不应超过三相负荷平均值的110%，最小相负荷不应小于平均值的90%。

(3) 照明负荷宜采用三相供电，当负荷很小时，可采用单相供电，线路负荷电流值不宜超过30A。

(4) 照明单相分支回路负荷不宜超过16A，当采用大功率气体放电灯时，不宜超过30A。

(5) 照明配电干线的功率因数不宜低于0.9；气体放电灯宜装设补偿电容，功率因数不宜低于标准值。

(6) 功率在1000W以上的高强度气体放电灯宜采用电压为380V的灯泡。

(7) 应有独立的配电线路供电，中间不宜连接其他用电负荷。

(8) 大中型建筑的配电设计，应预留独立的供夜景照明配电回路。

(9) 照明配电干线和分支线应选用铜芯绝缘导线或电缆。

(10) 照明分支回路用铜芯绝缘导线的截面不宜小于$2.5mm^2$。

(11) 照明配电线路的截面积应满足载流容量和允许电压损失的要求。从配电变压器到灯头的电压损失值不宜大于额定电压的5%。

(12) 照明单相回路及两相回路，其中性线截面应和相线截面相等；主要供电给气体放电灯的三相配电线路，中性线截面不应小于相线截面。

### 15.5.3　夜景照明的经济因素分析

一个照明系统运行的年平均总费用由三部分组成，即资本投资、电费和照明装置的维护费。

1. 资本投资

计算式为

$$F_1 = mNG \tag{15-3}$$

式中　$m$——资本投资的每年偿还部分；

$N$——灯具数量；

$G$——一个灯具、接线及控制设备的费用。

2. 电费

计算式为

$$F_2 = nNWBe \tag{15-4}$$

式中　$n$——每个灯具中的灯数；

$W$——一个灯及镇流器的功率消耗（W）；

$B$——每年照明系统的燃点时间（kh）；

$e$——电价，元/(kW·h)。

3. 维护费

维护费取决于维护方式，有四种维护方式：

(1) 第一种维护方式——成批更换（BR）和成批清洁（BC）的维护方式。其费用为

$$F_3 = N(nL + L_b)/T_r + NC_b/T_c \tag{15-5}$$

成批更换和成批清洁的维护方式最易于管理，耗电少，与第二种维护方式相同，但外观受损坏灯的影响。

(2) 第二种维护方式——成批加点式更换（SR）和成批清洁（BC）的维护方式。其费用为

$$F_3 = N(nL + L_b)/T_r + NC_b/Tc + fnN(L + L_S)/T_c \tag{15-6}$$

成批加点式更换和成批清洁的维护方式较不易于管理，但比第一种维护方式的灯的外观好些。

（3）第三种维护方式——点式更换（SR）和成批清洁（BC）的维护方式。其费用为

$$F_3 = nNB(L + L_S)/T_{s0} + NC_b/T_c \tag{15-7}$$

此方式对管理要求高，耗电多，外观可接受。

（4）第四种维护方式——点式更换（SR）和点式清洁（SC）的维护方式。其费用为

$$F_3 = nNB(L + C_s)/T_{50} \tag{15-8}$$

此方式维护系数最低，通常能耗最高。

究竟哪种维护方式的年平均总费用最低，取决于电、灯、灯具和维护所需的劳力的费用。

式（15-5）、式（15-6）、式（15-7）和式（15-8）为不同情况下计算维护费的公式。

式中　$L$——灯的费用；

$L_b$——成批更换每个灯具的人工费用；

$L_S$——每个点式更换的人工费用；

$C_b$——成批清洁每个灯具的人工费用；

$C_s$——点式清洁每个灯具和同时更换灯的人工费用；

$T_r$——成批更换周期（年）；

$T_c$——成批灯具清洁周期（年）；

$f$——在 $BT_r$（单位：kh）内灯损坏的部分；

$T_{50}$——50%灯完好的燃点时间（kh）。

典型的计算年总费用（ACO）按成批更换和成批清洁方式的公式为

$$ACO_{NN\text{-}BC} = EA/nFU[mG + nWBe + (nL + L_b)/T_r + C_b/T_c]/O_rF_rR_c \tag{15-9}$$

式中　$E$——维持平均照度（lx）；

$A$——被照亮地面的面积（$m^2$）；

$F$——初始光通量（lm）；

$U$——灯具的利用系数；

$m$——维护系数；

$O_r$——灯的流明维持率在 $BT_r$ 的值；

$F_r$——灯的完好率在 $BT_r$ 的值；

$R_c$——灯具的尘埃损耗系数在 $T_c$ 的值。

## 15.6　夜景照明设施的维护与管理

照明设施只有在好的维护条件下才能够保持连续有效地工作。维护不好会加重照明设施的老化和损坏，会使照明设施表面积聚灰尘，从而降低光的利用率，既浪费能源，又不能满足照明的要求。为了大体上恢复到初始使用时的照明水平，就需要更换光源，清扫照明设施，甚至还得重新粉饰墙壁和顶棚等。这个使照明水平不致降低得太低的维护工作称

之为照明维护。图 15-12 所示是某建筑照明设施一年维护一次和不维护两种情况下随时间变化的照度衰减曲线图。对于夜景照明而言，更是如此。因为夜景照明的设施大多暴露在室外，不仅受风吹、日晒、雨淋等的影响，还会受到一些人为因素的破坏，对于人身的安全均会带来潜在的不安全因素，由此看出夜景照明系统的管理方法及措施，保证照明系统高效持续运行。

为此，建设部 1992 年 11 月以第 21 号令发布《城市道路照明设施管理规定》，北京、天津、深圳、南京、沈阳等许多城市以政府令的形式颁布了《城市夜景照明管理办法》，辽宁省制定了《辽宁省城市道路照明设施管理实施细则》。这些制度均为夜景照明设施的维护与管理提供了依据。

### 15.6.1　照明设施维护参数的确定

1. 照度维护系数

夜景照明计算中使用的维护系数为：

$$M=E/E_0$$

式中　$E$——设计照度（lx）；

$E_0$——初始照度（lx）。

照明器和光源由于污染而致实际效率下降，室外环境的污染程度不同，维护系数会有不同的值，即

$$M=M_1M_dM_w$$

式中　$M_1$——对光源老化的维护系数；

$M_d$——对光源和照明器被污染的维护系数；

$M_w$——对室外环境污染程度的维护系数。

夜景照明的照度维护系数不仅涉及光源光通量的衰减情况，还要考虑建筑以外的环境，照明器承受污染的性能以及清扫维护周期等因素。一般污染环境的夜景照明装置，设计时常取维护系数为 0.6～0.7，如果空气污染严重或者不能定期执行维护计划，设计计算时维护系数取 0.5，用以补偿光通量的损失。在夜景照明设计计算时，可以按照照明装置安装环境的空气洁净程度、照明装置的清扫周期和照明装置承受污染的性能来适当选取维护系数。

夜景照明维护系数的选取方法可参照如图 15-13 所示的方法，即将左边竖线上的“环境污染程度”和右边竖线上的“清扫周期”的点连接起来，边线与中间表示“维护系数”的竖线相交，交点的读数就是照明装量安装在该“环境污染程度”的环境下和在该“清扫周期”情况下的维护系数值。中间竖线的两侧均有数值，左侧数值是不易污染的照明装置的维护系数值，右侧数值是易污染的照明装置的维护系数值。例如，将左边竖线“环境污染程度”为“洁净”的点和右边竖线“清扫周期”为“540 天”的点连接起来，连线与表示维护系数数值的中间竖线相交于一点。如果一个照明装置有较好的承受污染的性能．那么维护系数取 0.7；如果承受污染的性能较差，则取 0.6。

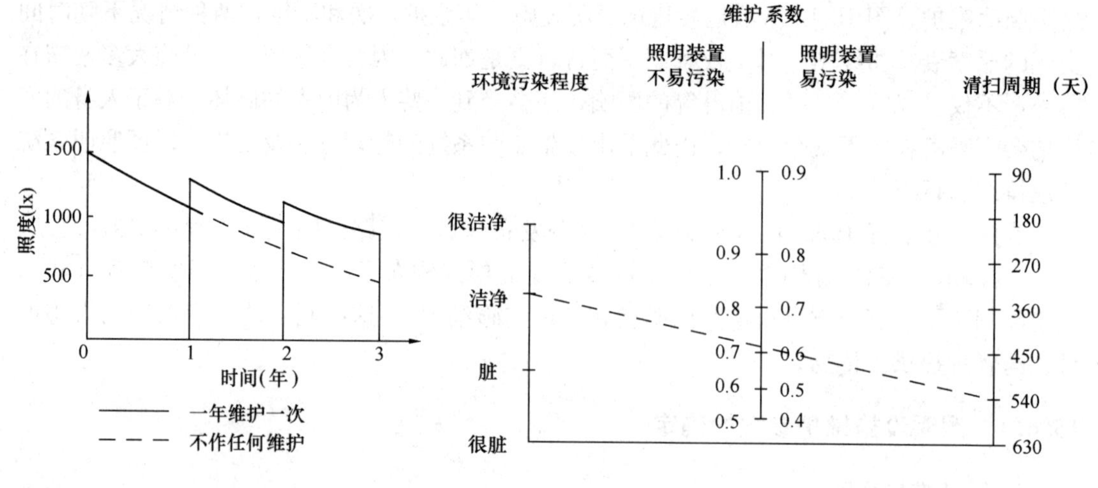


图 15-12　某建筑照明照度曲线　　　　图 15-13　夜景照明维护系数的选取

我国 GB 50034—1992《工业企业照明设计标堆》、GBJ 133—1990《民用建筑照明设计标准》、CJJ 45—1991《城市道路照明设计标准》等照明设计标准均规定室外照明照度维护系数取 0.7，维护周期为 2 次/年。

2. 光通量维持率

光源在使用过程中，随着时间的推移，光通量逐渐缓慢降低，一般以光源点燃 100h 的光通量为基准，与经过一定时间以后的光通量之比，称作这时的光通量维持率 $f(t)$，即

$$f(t)=[F(t)/F(100)]\times 100$$

式中　$F(t)$——光源点燃 $t$ 小时灯的光通量（lm）；

$F(100)$——光源点燃 100h 灯的光通量（lm）。

将光通量维持率与光源点燃时间的关系在坐标图上表示出来，称作光源的运行曲线，如图 15-14 所示。

光通量维持率越高，随时间的推移光通量变化越小，初期设备费和电费就越少。通常当出现下列情况时，则认为气体放电灯已达到了其使用寿命极限：

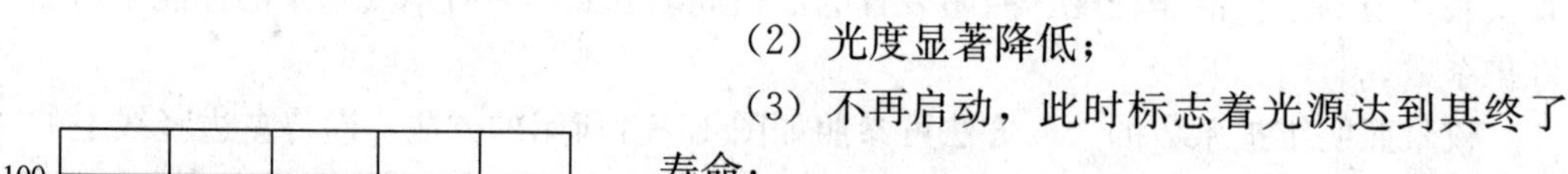

（1）光颜色明显改变；

（2）光度显著降低；

（3）不再启动，此时标志着光源达到其终了寿命；

（4）自行重复启动熄灭过程；

（5）已达到规定的使用寿命，即当光源光通量低于其额定光通量的 80%时所点燃的时间。

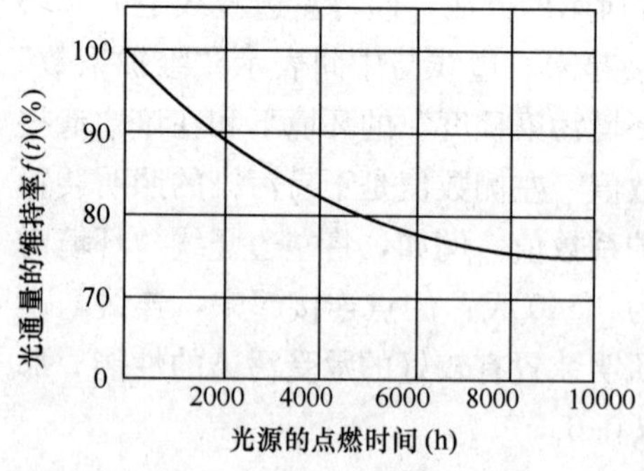


图 15-14　典型光源的运行曲线

3. 亮灯率

光源使用后，随着时间的推移，光源会逐个不亮。以开始时的灯数为基准，与经过一定时间后还保留点亮的灯数之比，称作这时的亮灯率 $n(t)$，即

$$n(t) = N(t)/N(0) \times 100$$

式中 $N(t)$——点燃 $t$ 时间后亮灯灯数；

$N(0)$——初期点灯时的灯数。

将点灯时间与亮灯率之间的关系在坐标上表示出来，称作亮灯率曲线，如图15-15所示，亮灯率曲线对于确定光源的更换时间和维修供应提供了有效信息。

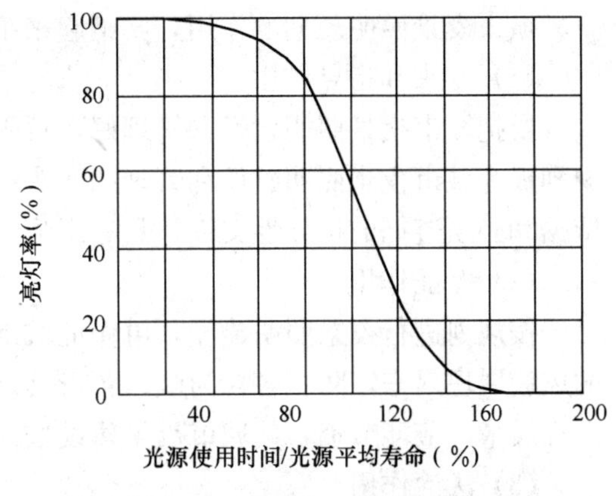


图15-15 典型光源亮灯率曲线

### 15.6.2 照明设施换灯方式的确定

在换灯方式中有个别更换，个别集中更换和集中更换三种。对这些方式作以下说明。

个别更换方式就是光源在使用时如果有灯不亮，即直接进行更换的方式，这是换灯方式中最经济的方式，在特定周期内更换次数多而规模小的照明设施和使用时间短的照明设施中，这种方式适用。

个别集中更换方式就是使用初期不亮的光源随时予以更换（个别更换方式）；在适当时期当不亮的灯数开始显示出增加的倾向时，则将新、旧光源全部更换（个别集中更换方式）。最普通的光源的更换方式是一般场所使用荧光灯，其集中更换期为3年一次。

集中更换方式就是不亮光源数在达到维修期间（时间）或达到预定不亮灯数以前并不进行光源的更换，待达到维修时间时全部进行更换的方式。这种方式适用于难于更换灯的场所和新、旧光源混在一起使美观成为问题的场所，一般费用要增高。

## 15.7 城市景观照明规划设计

### 15.7.1 城市夜景照明规划的内涵、作用和重要性

1. 内涵

城市夜景照明就是利用灯光重塑一个城市的夜间景观形象。城市景观又是由山水、江河、建筑、园林、道路、桥梁、广场、历史文化古迹和遗址等许多具体的景观（景点）所组成的一个规模庞大、影响因素诸多、关系复杂的系统工程。由于城市夜景照明工程的特殊性、复杂性和系统性，要求在建设城市夜景照明时，首先需要作好夜景照明规划。

城市夜景照明规划的含义就是指城市主管部门组织有关单位和工程技术人员，以城市总体规划为依据，在认真调研分析该城市的自然和人文景观的构景元素，如山、水、建筑、路桥和园林等元素的历史和文化状况及景观的艺术特征的基础上，按夜景照明的规律，从宏观上对城市夜景照明建设的定位、目标、特色、风格、品位、照明水平、表现形式、建设的步骤与措施等做出的总体部署和安排，并对标志性的重点景区或景点和一般性的景物，进行点、线、面的组合，提出具有城市特色的夜景照明体系的总体构思。在此基础上，按制定的规划进行建设，使城市夜景照明准确地体现该城市的政治、经济、文化、

历史和艺术的内涵以及城市固有特征。

2. 作用

城市夜景照明规划的作用，归纳起来主要有五个方面：

（1）龙头和指导作用

要把城市夜景照明建设和管理好，首先必须把城市夜景照明规划好。因此，夜景照明规划成为城市夜景照明建设和管理的龙头；同时，夜景照明规划也是建设和管理城市照明依据和必须遵循的指导性文件，具有很强的龙头和指导作用。

（2）保证作用

按规划进行夜景照明建设，可保证城市夜景照明的总体效果，将城市最美、最具特色的风貌展现出来，防止各自为政、各行其是、顾此失彼的现象发生；同时，也是提高夜景工程质量，节能节资，使城市夜景建设按计划和健康有序发展的重要保证。

（3）法治作用

据规划法的精神，经批准的规划具有法律效能，是政府及主管部门依法建设和管理的法律依据，具有法规性、严肃性、强制性的特点，任何人都得遵守。按此精神，城市夜景照明规划，一经政府批准，各单位和个人都得遵照执行，这是城市夜景照明建设健康有序发展的法律保证，具有鲜明的法治作用。

（4）监督作用

城市夜景照明规划的制定和实施牵涉到政府管理部门和社会的方方面面，直到广大市民和观赏者。城市夜景照明规划对城市各相关单位或个人在建设和管理使用夜景照明的过程中，将起到重要的保证和监督作用。

（5）调控作用

鉴于夜景照明建设项目多、分散等特点，建设时进行宏观调控的困难不少，若按规划把住审批关，就可掌握住建设项目宏观调控的主动权克服盲目性防止紊乱失控局面的出现。

3. 重要性

（1）从存在的问题谈起

第一，据介绍，到20世纪末，我国668个设市的城市都编制了城市建设总体规划。可是在这些规划中，几乎都没有考虑城市夜景照明规划，成为建设规划中的一个空白点。

第二、从调查的数十个城市夜景照明建设情况看，除北京、上海、天津、重庆和深圳等少数城市有夜景照明规划外，可以说大多数城市的夜景照明建设缺少统一的总体规划。这些城市夜景照明建设状况是照明的单位自发行事，各自为政，导致这些城市往往出现该亮的不亮，不该亮的反而很亮，没有重点，不分主次，显得十分零乱，夜景照明总体效果甚差。

第三，在国外的城市夜景照明建设中也同样存在上述类似情况。1995年在日本大阪召开的第一届国际城市夜景照明学术会议上，会议发起人、著名的城市夜景照明专家石井干子女士说，会议的目的之一就是解决无计划无秩序的“亮起来（Lightups），即夜景照明”的问题。又如2001年9月12～14日在土耳其伊斯坦布尔召开的以城市夜景照明为中心议题的国际照明学术会议上，许多专家一再呼吁重视夜景照明规划问题。

（2）部分城市的经验

从国内外一些城市夜景照明总体规划比较好的城市，如北京、上海、天津、深圳、重庆和法国里昂、巴黎，英国伦敦，日本大阪，美国拉斯维加斯，澳大利亚的悉尼、坎培拉及新加坡市等城市，由于按规划建设城市夜景，照明效果重点突出、主次分明，夜景的轴线感和城市的轮廓线十分鲜明，较好地表现出各城市的人文与自然景观特色以及城市的历史文化内涵。

（3）结论

从以上正反两个方面的情况和夜景照明规划的作用，可以看出城市夜景照明建设好坏的关键就在于是否有一个好的规划。因此，编制城市夜景照明总体规划工作显得越来越重要，并引起各市领导，特别是规划和夜景照明管理部门及广大照明工作者的高度重视。

### 15.7.2 编制城市夜景照明规划的指导思想和基本原则

1. 指导思想

按城市规划的“面向未来，面对现实，统筹兼顾，综合部署”的十六字方针编制城市夜景照明规划，应树立从实际出发，以人为本，突出特色，远近结合，统筹兼顾，持续发展，服务于社会和促进经济发展的指导思想。

随着社会的进步和经济的发展，人们的物质和文化生活水平不断提高，特别是夜生活日趋丰富，城市夜景照明首先要以人为本，为人们的夜间活动创造一个良好的光照环境；同时照明又要体现城市的特征，远近结合，统筹兼顾，通过标志性工程、商业街、旅游景点和休闲场所等的良好的夜景照明，使之服务于社会，吸引更多的市民和游客光顾，促进商业、旅游业的发展，引导人们夜间消费，达到拉动经济的发展。

2. 基本原则

（1）服从和服务于城市总体规划的原则

城市总体规划是城市夜景照明总体规划的依据和基础，夜景规划首先要服从于城市规划，同时又要服务于城市规划，通过夜景规划，利用灯光塑造城市的夜间形象，在夜间将城市规划的成果展示于众，让人受益，为城市增光添彩。

（2）确保总体效果的原则

城市是一个有机的整体，各组成部分相互依存、相互制约，要求相互配合，协调发展。因此，在进行夜景照明总体规划时，要树立从整个城市出发的全局观点，坚持确保整个城市夜景照明总体效果的原则，使城市各部分的照明，有主有次，有明有暗，各得其所，有机配合，和谐统一，相得益彰，协调发展，防止各自为政，自行其是地盲目建设城市夜景照明，以致破坏城市夜景照明总体效果的现象出现。

（3）突出城市特色的原则

规划和建设城市夜景照明要尊重城市个性，突出城市特色，因地制宜发挥自己的优势，切忌千篇一律，简单模仿其他城市夜景照明规划的现象出现。也就是从本城市的实际情况出发，通过深入调查研究，准确把握城市市容形象特征，深刻理解本城市的政治、经济、文化、历史及艺术内涵，学习借鉴其他城市夜景照明规划的经验和教训，规划师、照明工程师、建筑师和主管城市建设的领导和管理人员真诚合作，共同努力，使夜景照明规划准确反映城市的个性和特征。

（4）远近结合，持续发展的原则

由于社会的进步和照明科技的发展，城市夜景照明也随之不断发展和进步，夜景照明规划应远近结合，既要考虑当前的需要，也要为今后发展留有余地，使规划有一定的前瞻性，确保城市夜景照明建设持续不断地向前发展，同时注意克服部分城市存在的只顾眼前，运动式搞夜景照明规划建设的现象。

（5）节约能源，保护环境，防止光污染的原则

城市夜景照明规划，并非全城都要照亮，也不是越亮越好，应从城市的实际情况出发，抓住重点，突出特色，以创建夜景精品工程为目标，尽量节约夜景照明用电，条件许可时，在夜景照明中提倡使用太阳能和风能等洁净能源，并要求所有夜景照明的亮度水平和溢散光的数量不得超标，以实现保护环境，防止光污染的原则要求。

### 15.7.3　城市夜景照明规划的对象和任务

城市夜景照明主要有城市自然景观照明和人文景观照明两个部分。照明的对象有山、水、建筑、道路、广场、公园、绿地和公用设施等景观元素。这些景观元素的照明要求和被照区域如图15-16所示。由图看出，道路（含一般道路和商业区道路）、桥梁、广场和住宅区的照明强调功能性；而建筑物、公园、水面和商业街等景观元素的照明则强调艺术性。夜景照明规划的任务是全面分析研究被照景观元素的作用和相互关系，制定出一个战略性，并能指导和控制城市夜景照明建设和发展的总体方案。

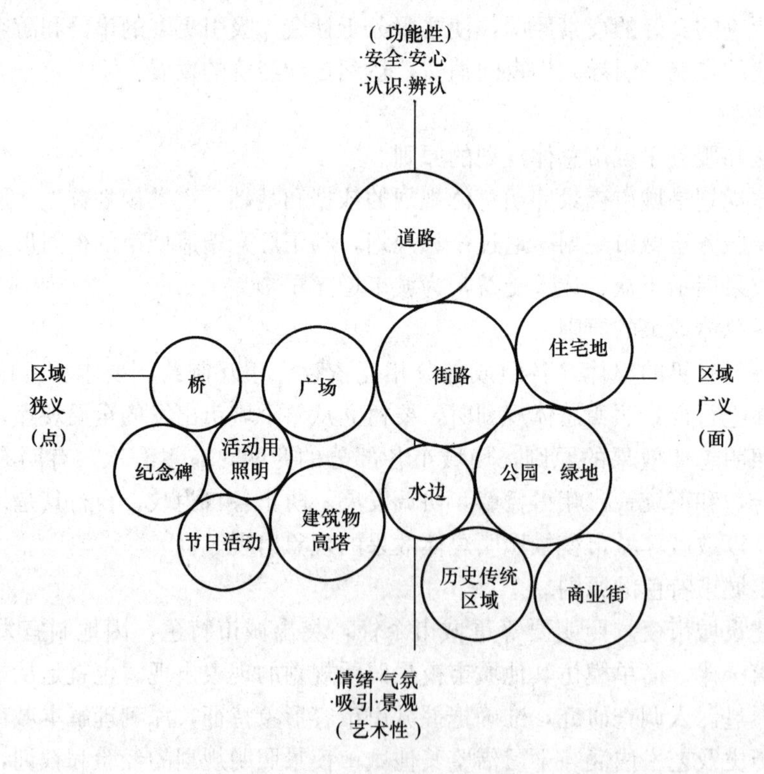


图15-16　城市景观元素的组成、照明要求和被照区域

### 15.7.4 城市夜景照明规划和城市总体规划的关系

如图 15-17 所示，城市夜景照明规划是城市总体规划中的延伸和组成部分，具体一点就是城市专业单项规划中的一项。夜景照明规划和其他单项专业规划，既独立又相互联系。夜景照明内容几乎渗透到其他所有专业单项规划，并成为这些专业单项规划需考虑的一个部分。由于目前在城市总体规划和详细规划中都没有夜景照明专项规划，特建议将夜景照明规划作为专业规划列入城市总体规划，以适应城市夜景建设的需要。

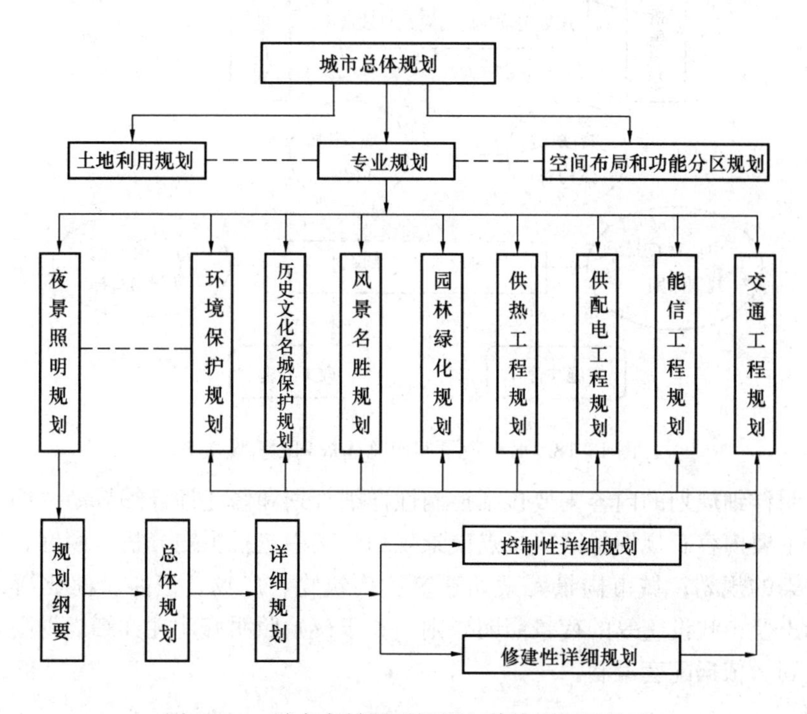


图 15-17 城市夜景照明规划与其他规划的关系

### 15.7.5 城市夜景照明规划的内容与要求

1. 内容

城市夜景照明规划的空间范围一般应考虑为该城市人文及自然景观有关联的区域。规划期限（时间）按国家有关规定，远期规划通常是 20 年，中期规划是 10 年，近期规划是 5 年。

严格地说，一个城市的夜景照明规划一经政府批准，就具有法律效能，成为该城市夜景照明建设与发展的依据，也是防止各自为政，各行其是，无计划、无秩序地建设夜景照明，确保夜景照明工程质量及总体效果的重要措施。

夜景照明规划包括两个层次的规划：一是总体规划；二是详细规划。夜景照明总体规划的主要内容有：①规划的依据；②规划的指导思想和基本原则；③规划的模式与定位；④规划的构思和基本框架，确定城市夜景照明体系（含夜景观景点、轴线、分区、点、线、面的构成和光色及亮度分布等）；⑤确定近期、中期和远期夜景照明建设目标；⑥提出中心景区和标志性工程的夜景规划的原则建议；⑦规划的实施与管理；⑧实施规划的政策与措施。

上述内容以及它们之间的相互关系，详见图15-18所示。

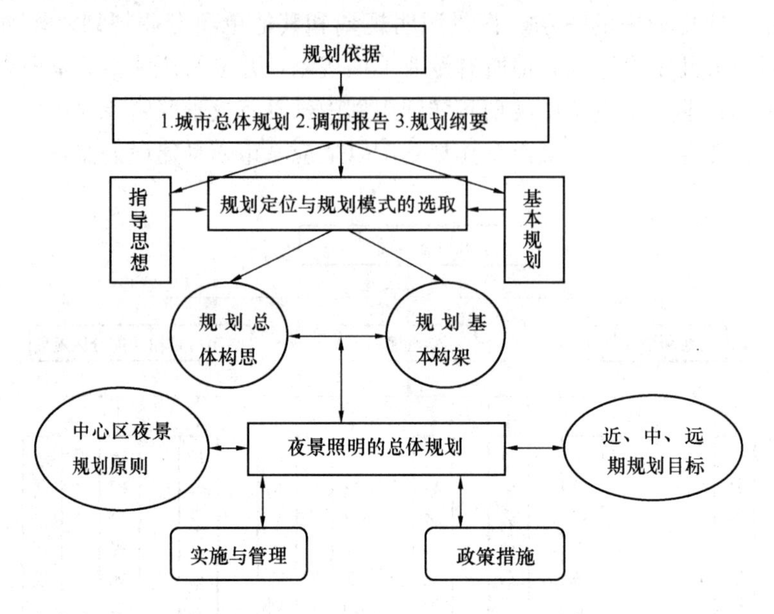


图15-18　城市夜景照明总体规划内容及关系

夜景照明详细规划的内容主要包括控制性详细规划和修建性详细规划两部分。控制性详细规划的主要内容有规划景区或景点夜景规划，其中包括主题分析、照度、亮度、色彩和防止光污染的规划；城市构景元素如建筑和构筑物、广场、道路、商业街、园林、绿地、广告标志及市政设施等的夜景照明导则。关于夜景照明修建性详细规划则是以城市修建性详细规划为依据配套编制。

2. 要求

概括地说，对规划的要求是依据充分，指导思想与原则明确，模式新颖，定位准确，规划的构思和框架清晰，中心景区和标志性景点的规划和分区分类规划的目标明确，层次分明，规划管理和实施的政策措施有力，直至规划的立项、编制、报批等相关文件说明以及图表齐全，力争规划具有鲜明特色和具有较好的系统性、科学艺术性、预见性、政策性和可操作性。

（1）系统性

城市夜景照明是一项综合性很强的系统工程。它包括自然景观和有人文景观，而且涉及城市方方面面的各类设施，并与一个城市的政治、经济、文化、科技水平密切相关。因此，城市夜景照明规划具有很强的系统性，要求多学科相互配合，各个管理与技术部门共同参与，并在共同参与和相互渗透中发展城市夜景照明。

（2）科学艺术性

城市夜景照明既是一门科学，也是一门艺术。夜景规划的方法、内容遵循照明科学和艺术的基本规律和原则，特别是要遵循国内外公认的照明标准与法规的要求，使规划既有科学性，又有艺术性。

(3) 地方性

我国城市众多，每个城市特定的地理位置、发展历史和社会背景所形成的地域文化互不相同，各具特色。城市夜景照明规划要体现城市的地域文化特征，因地制宜、扬长避短、合理布局，山水城市不要搬用平原城市的布局，内地城市不要套用沿海城市的做法，大、中、小城市规模不相同，要尊重、利用和发扬自身的特性。

(4) 预见性

城市夜景规划是城市夜景建设的依据，要有高瞻远瞩的科学预见，既要考虑当前的要求，又要看到发展的需要，做到远期指导近期，从远处着眼，近处着手，使规划具有弹性和发展余地，并能适应不断变化的客观形势。

(5) 政策性

党和国家的路线、方针和政策，特别是城市建设和相关的科技政策，如规划法，节能、环保，绿色照明和推广新技术等方针政策，对城市夜景规划具有重要的指导意义，应充分体现到规划中去。

(6) 实施的可操作性

城市夜景照明规划应做到目标明确、要求具体、措施有力，不能追求形式，求大求全，脱离实际，使规划失去可操作性，难以实施，成为一纸空文。

示范题

**1. 单选题**

测量时照度探头一般与被测面的关系怎样？(　　)

A. 垂直于被测表面　　B. 平行于被测表面　　C. 平贴在被测表面上

D. 垂直贴于被测表面的侧边

**答案：**C

**2. 多选题**

测量路段选择哪三种典型路段？(　　)

A. 灯具重量　B. 灯间距　C. 灯高度　D. 灯悬挑　E. 灯具造型

**答案：**B、C、D

**3. 判断题**

光源在使用过程中，随着时间的推移，光通量逐渐缓慢降低。(　　)

**答案：**对

# 第 16 章　城市照明监控系统

## 16.1　路灯监控系统的发展

### 16.1.1　监控系统简介

从纯技术角度来说，路灯监控系统是监控和数据检测（SCADA）系统中的一种，并由路灯监控延伸到景观监控，监控技术相通，效果一致。SCADA 系统广泛用在油田、铁路、水利、电力、天然气、自来水、供热等多个领域。各个行业的监控和数据检测（SCADA）系统的规模有大有小，一般中等的系统所覆盖的范围是一个城市，大型的系统如中石油的系统是通过租用卫星通信通道组成一个覆盖全国范围的网络。路灯监控系统是一个中等规模的系统，覆盖一个城市。

一个最简单的监控和数据检测系统最少由三部分组成：（1）监控中心（主机），包括监控计算机及相应的软件；（2）数据通信通道；（3）多台远端监控终端（分机）。复杂的（SCADA）系统会有多个监控中心。监控中心运行的监控软件是由多个中心的多台计算机组成的分布式计算机网络。数据通信部分系用卫星、光纤、有线、无线等多种混合的通信方式。远端监控终端在油田、电力、自来水、煤气等领域被称为 RTU。基本的 SCADA 系统的 RTU 都有通信部分。有的 RTU 还有模拟量输入、输出等一些特殊的功能。

### 16.1.2　路灯监控系统的发展

国内的路灯监控系统从 20 世纪 80 年代末至今，已走过了 20 多年，从数据传输方面看，共经历了四个阶段：（1）80 年代末采用 220V 强电有线的控制方式；（2）90 年代初期到中期利用电力线、电话线载波的控制方式；（3）90 年代中期到末期采用 230MHz 专用频道进行无线数传控制方式；（4）21 世纪初期至今采用中国移动、中国联通的短消息 SMS 和 GPRS/CDMA 无线公网进行数据传输的方式。

路灯监控终端主要采用电子元件。随着微电子技术不断的进步发展，从分离元部件、晶体管到现在集成度很高的大规模集成电路，体积越来越小，功能越来越强大，稳定性越来越高。

路灯监控系统使用的监控计算机，从 20 世纪 90 年代的 386、486 计算机，已发展到现在的奔腾 4、双核、四核的计算机。计算机性能呈几何级数提高，操作系统也从 90 年代中期的 DOS、WINDOWS3.1 单任务 16 位操作系统，发展到现在的 Windows2000、WindowsXP、Windows　Vista 多任务 32/64 位操作系统，操作系统的性能得到了大幅度的提高，采用了大量的图形技术，使用户界面直观、容易操作。

路灯监控系统监控软件也在逐渐升级换代。

第一代路灯监控软件。(1) 显示界面：编写简单的类似工业控制的组态软件，以表格、简单的图例方式显示路灯配电箱的状态和运行参数，功能简单，是工业过程控制系统的简化版，技术操作人员要有计算机、工业过程控制方面的知识。(2) 通讯功能：通过简单的串口、RS-232、RS-485连接监控计算机和无线通信设备。监控中心采取polling方式（问答方式）和远端监控终端通信。远端监控终端不能主动发报警信息给监控中心。通信速率低，约600～1200bps，只能用于几十台远端监控终端的小系统。(3) 数据存储。数据存储在简单的文本文件，或微软的Access数据库中，历史数据存储到一定的数量后，效率非常低，只能用于几十台远端监控终端小系统。(4) 第一代路灯监控软件的显示界面、通讯功能、数据存储均在一个程序中实现，只能在一台计算机上运行，适用于几十个远端监控点，就是所谓的单机版。基本上处于开发试验阶段，稳定性，可靠性较差。

第二代路灯监控软件。(1) 显示界面：在第一代的基础上，根据路灯监控的实际需要定制，改进了一些功能，增加了城市地图图片作背景。(2) 通讯功能：和第一代相同，只是增加了一次通信不成功，等几秒钟再重发的功能，一般以重发三次为限。但这样会延长巡检时间，远端监控点较多时，完成一个巡检需要的时间会成倍的增加，其他没有变化。(3) 数据存储：数据存储仍然保留微软的Access数据库，也有少量的换成了MS SQL2000数据库，解决了历史数据存储到一定的数量后，效率非常低的问题。第二代路灯监控软件实际上是第一代路灯监控软件经过一段时间运行后，根据用户实际的需要做出的改进。同时修改了第一代路灯监控软件存在的缺陷，提高了整个监控程序的稳定性，可靠性，同样只能在一台计算机上运行。也是所谓的单机版。

第三代路灯监控软件。随着用户对路灯监控系统认识的深入，监控点数量的增加，为了适应上百个监控点的通信和实时数据处理的需要，第二代路灯监控软件已无法满足路灯监控实时性、稳定性、可靠性、可维护性、可扩展性等方面的要求，因此有必要在总结前两代路灯监控软件的基础上，运用现代最新的计算机软硬件技术，重新从根本上对路灯监控软件进行设计，架构出一个能适应用户不断增加功能需求的，性能稳定可靠的路灯监控系统。第三代路灯监控软件按最新的面向对象的分布式多层结构的技术，结合路灯管理的最新要求分为通讯服务器、数据库服务器、监控计算机、浏览计算机。根据路灯监控系统的规模，监控软件可以在一台计算机上运行，当路灯监控系统的规模随前端监控点的增加，达到一定数量，影响系统的性能时，可将通讯服务器、数据库服务器分布到不同的计算机上运行，多台计算机一起协同工作，保证系统的性能、可靠性和稳定性。并结合了互联网技术，实现了远程访问及管理。将GIS地理信息系统成功地的应用于路灯监控，使界面更加友好、直观。

另外，还有一些厂家在原来“三遥”的基础上提出了“五遥”系统，即在原来遥控、遥测、遥信的基础上加入了“遥调”及“遥视”功能。遥调指的是遥控调整路灯的供电参数，从而到达节能减排的目的。遥视指的是远距离视频监控功能，由于有线通讯存在各种限制，目前使用的绝大多数是自行架设的无线专用系统。

## 16.2　通讯系统介绍

路灯监控系统中最重要的一环就是通讯系统，它是后台监控中心与前端监控终端通讯的桥梁，通讯系统是否稳定、可靠关系着整个系统的成败。下面简要介绍一下各种通讯系统。

### 16.2.1　有线通讯系统

有线的范畴很广，常用的包括电话线、同轴电缆、光纤等，我们这里的有线指的是要有介质连接而且不经过网络协议而直接进行通讯的方式。在有线信道中，除了载波信道，传输的速度要普遍高于无线信道，误码率低于无线信道，时延也小，可靠性高于无线信道。其缺点是建设投资大，周期长，而且在有些特殊场合根本无法建设有线的通讯方式。

有线信道中有的是直接传输的数字信号，比如在双绞线上走 RS485/RS422 信号，在双绞线上通过长线驱动设备进项传输，在光纤上直接传输的都是数字信号。RS485 可以在 100kbps 的速度上传输 1.2km，长线驱动器可以到 19.2kbps 的速度，光纤可以到几百 k 甚至几百兆的速度，传输距离可以在几百米到几十千米。有线信道很多要用到调制解调设备，如电话线。电话线中的调制解调器可以达到 33.6kbps 的速度。

电话线通讯也应用于早期的路灯监控系统中，但由于存在线路铺设困难、费用高（月租费和通话费）、通讯不方便（每次通讯前需要拨号）、不能采用广播的通讯方式、轮巡周期长等缺点，已经被淘汰。

### 16.2.2　无线专网通讯系统

无线专网指的是无线电台通讯方式。无线电台由于收到带宽的限值，其信道一般为 25kHz，无线电管理委员会专门划出几个频段用于无线数据传输，主要包括 150MHz 频段，230MHz 频段和 470MHz 频段。目前的调制解调技术可以达到的速度从 600bps 到 19200bps 不等。一般采用调制解调器和无线电台在一起的数传电台。

采用无线电台中心站要复杂一些，为了系统能够更好地通讯，需要建设一个很高的全向天线，有的是安装在楼顶，有的是建设专门的铁塔。实施前要进行频点干扰测试、遮挡测试、场强测试等。无线电台受到地形和建筑的影响相当严重，有时会出现本来通讯很好，在中间出现一个高层建筑导致无法通讯。无线电台有时不适宜于城市应用，也不适宜于山区、高原、丘陵地带使用。适合于平原农村和水面应用。并且要考虑防止雷击，做好防雷措施。

无线电台是一个典型的半双工轮询系统，系统如果点数很多，轮询一遍所花的时间可能会长达十几分钟甚至更长。

另外必须区分无线电台的接口速率和空中速率，这二者是独立的没有关系的两个概念。空中速率指的是电台在无线信道的实际数据速率，这个速度越快，说明电台的性能越好，而且单位时间传输的数据越多。接口速率是电台与 RTU 设备的速率，这个速率只要不小于空中速率和通讯速度则没有太大关系。

无线电台可能会受到干扰的影响，严重影响通讯性能，甚至完全无法使用。主要干扰有：同频干扰、高压输电线路电晕干扰、其他射频设备等。无线电台通讯如果距离过远就要有一个中继站，对于地形复杂的场合，可能为了视距原因可能很近就要有一个中继站。

### 16.2.3　无线公网通讯系统

无线公网通讯主要指中国移动的 GPRS 通讯及中国电信的 CDMA 通讯方式。二者都属于网络通讯方式，其优点在于借用现有的网络资源，真正打破了地域的限制，甚至可以构架分布全球的 SCADA 系统。

在网络通讯上，由于 GPRS/CDMA 等设备都是构建在 PPP 协议或者 PPPOE 协议之上的，其地址分配可能是动态的，也可能是静态的。而主站的地址可能是静态的也可能是动态的，所以二者可能存在互不知道 IP 地址的可能，如果没有专门的机制是无法通讯的。为了保证 RTU 能和主站通讯就需要做专门的处理。

就 TCP/IP 通讯而言，双方必须知道对方 IP 地址和端口号才能通信，而且一般的通讯模型是客户机/服务器模型，主站作为服务器使用。如果主站地址是静态的，RTU 端设置通讯设备时，把主站的 IP 地址设为主机 IP 地址。这样上电后，RTU 的通讯设备 DTU 就可以根据设定的 IP 地址和端口号及通讯方式（TCP/UDP）找到主站进行通讯。

如果主站是动态地址（比如采用电话拨号上网或者 ADSL 拨号上网），由于主机地址是动态的，RTU 的通讯设备 DTU 的 IP 地址也是动态的，双方不可能直接找到对方。就需要申请一个动态域名解析业务以区别于静态域名解析服务，比如动态域名为 LLL. DDD. COM，在主站端安装动态域名解析软件，主站只要开机就登陆到动态域名服务器，比如花生壳，注册自己的 IP 地址，告知 LLL. DDD. COM 的地址是 XXX. XXX. XXX. XXX。RTU 端的 DTU 设备设置时其通讯的主机不能设为 IP 地址，而应该设为 LLL. DDD. COM，在 DTU 设备上电后，首先向 DNS 服务器请求解析 LLL. DDD. COM 的 IP 地址，DNS 服务器根据动态域名解析软件注册的 IP 地址，告诉 DTU，LLL. DDD. COM 的 IP 地址是 XXX. XXX. XXX. XXX，这样 DTU 知道了主站的 IP 地址。然后使用双方约定的端口号和通讯方式（TCP/UDP）就可以通讯了。主站是动态 IP 地址的方式由于稳定性差的问题已经几乎不再使用了。

GPRS 的应用是无线通讯，几乎没有数传电台的缺点，其构架于无线通讯运营商的网络之上，只要不是 GPRS/CDMA 盲区（注意：不是手机信号盲区）就能工作，通讯按照流量收费，并且目前通讯费用在不断下调过程中。GPRS/CDMA 有一个网络延时问题，从用户发出一个报文到收到响应报文，可能需要 3s 的时间，但对于路灯监控不存在问题。

### 16.2.4　无线电台与无线公网通讯通讯方式比较

详见表 16-1。

**无线电台与无线公网通讯通讯方式比较　　表 16-1**

| 通讯方式 | 无线电台 | GPRS/CDMA |
|---|---|---|
| 网络类型 | 专网 | 公网 |

续表

| 通讯方式 | 无线电台 | GPRS/CDMA |
| --- | --- | --- |
| 使用方式 | 申请频率 | 手机入网 |
| 实时性 | 中等 | 时时在线 |
| 可靠性 | 低（易受干扰） | 高 |
| 巡测周期 | 长（与点的多少有关） | 短（网络方式） |
| 环境要求 | 无大电磁干扰 | 非GPRS盲区 |
| 覆盖范围 | 小于50公里 | 广域/全球 |
| 网络结构 | 点对多点 | 点对多点 |
| 施工难度 | 高 | 低 |
| 设备费用 | 中 | 低 |
| 运营费用 | 无 | 按流量或包月 |
| 维护费用 | 自行培训人员维护 | 无 |
| 其他要求 | 安装时要考虑防雷击 | 不必考虑 |
| 发展前景 | 逐步淘汰 | 主流产品 |

## 16.3　路灯监控系统

### 16.3.1　系统构成

系统由三部分组成：即监控终端、通讯系统、后台监控中心组成。本文主要讲述采用GPRS通讯方式的监控系统。

1. 监控终端

控制终端主要功能为开关灯控制、测量各运行参数、监测各种运行状态、故障及时处理和报告各类故障、危机情况等。控制终端可以接收并执行后台系统命令，无指令时按预约控制决策。

2. 通讯系统

通讯系统是信息传送的通道，具体见16.2节通讯系统介绍部分。

信息可以由监控中心经过无线通讯网络传递到终端，终端再将数据包解码后完成相应的操作。信息也可以由终端反馈到后台监控中心，反馈信息由监控终端经无线通讯网络传送到监控中心，后台服务程序将收到的数据包解码后执行相应的操作。

3. 后台系统

后台系统由通讯服务器、数据服务器、WEB服务器、监控工控机、浏览PC、交换机、路由器、防火墙、显示系统等组成局域网，其中服务器、监控工控机采用1+1备份工作方式。并连接打印机、GPS校时仪、光照度仪等设备。系统采用UPS供电。

后台各计算机配有流行的操作系统及应用软件，监控系统采用SQL server 2005数据库系统，并安装有城市路灯自动化监控管理软件。实现数据的采集、处理，对控制终端实行各种控制和接受远程访问等功能，具有良好的人机交互界面。

### 16.3.2　系统功能描述

系统主要功能见表16-2。

系统主要功能表　　表16-2

| 序号 | 主　要　功　能 |
| --- | --- |
| 1 | 群控和组控：系统可以根据不同类型的路灯控制要求，把城市路灯管辖范围内部分路灯、重要楼宇等分成若干个组实现群控和组控 |
| 2 | 采用时控或光控相结合的控制方案，自动遥控开/关全夜灯、半夜灯和饰灯等 |
| 3 | 手动遥控：可以手动对全夜灯和饰灯进行遥控开/关操作 |
| 4 | 在特殊情况下，可实现实时开、关灯，且系统可以定制预约开关灯执行时间 |
| 5 | 系统还可对路灯全年开关时间进行系统的设计和分析 |
| 6 | 控制时间设置方便灵活：用户可从现场或控制后台自行设定和修改开、关灯时间 |
| 7 | 多路控制输出，相互独立，均为有源输出 |
| 8 | 数据掉电保护功能：在掉电时保持数据不丢失和时钟走时精确 |
| 9 | 遥信功能：将现场的工作状态和信息反馈给控制中心 |
| 10 | 线路监测：全天候24小时监测照明线路是否正常，具有防盗报警功能 |
| 11 | 遥测功能：远程测量路灯的运行参数（电压、电流、有功功率、功率因数等） |
| 12 | 停电报警：当控制装置的供电断电时使用现场的后备电源供电并提供断电报警 |
| 13 | 遥信信息设置灵活：可由客户自行设置遥信信息内容 |
| 14 | 多个开关量输入口状态检测：可连接各种报警设备 |
| 15 | 状态指示：终端的显示屏直接将工作状态显示出来 |
| 16 | 自动计算亮灯率：能根据电压、电流、有功功率和功率因数的变化自动进行亮灯率估算 |
| 17 | 报警输出：终端监测到非正常情况时，接通报警源进行现场声光报警 |
| 18 | 查询打印功能 |
| 19 | 可对历史故障进行查询和打印 |
| 20 | 自动、手动远程抄表功能 |
| 21 | 图文显示系统 |
| 22 | 地理信息系统（GIS） |
| 23 | 后台采用全球卫星定位系统自动校时（GPS） |
| 24 | 自动给所有监控终端校时 |
| 25 | 具有生产管理信息系统功能 |
| 26 | 远程监控和查询；按权限实现异地浏览、控制及查询 |
| 27 | 图形化人机界面 |

### 16.3.3　部分功能介绍

1. 自动和手动遥控

系统可以根据不同类型的路灯控制要求，把城市路灯管辖范围内部分路灯、重要楼宇等分成若干个组实现群控和组控；采用时控或光控相结合的控制方案，自动遥控开/关全夜灯、半夜灯和饰灯等；也可以手动对全夜灯和饰灯进行遥控开/关操作；同时可以设置修改开关灯的光控照度值和光控作用的有效时段；在特殊情况下，可实现实时开、关灯，且系统允许定制预约开关灯执行时间。

系统还可对路灯全年开关时间进行系统的等亮度设计和分析，对路灯开关灯控制可按设计的时间进行合理控制：实现全年365天每天不同时间的等亮度开关灯时间控制，使城市照明更具人性化。

2. 自动巡测、手动巡测和选测

监控中心能按设定的时间周期（可以根据开/关灯前后任意选取不同的周期）自动进行定时巡测。操作者也可随时手动巡测和选测各监控终端的运行情况。

3. 报警功能及处理

当监控终端主动报警或中心遥测发现有报警时，监控中心自动用语音或手机短信的方式报出故障的有关信息，如故障地点、名称、控制箱位置、故障原因等。

报警功能包括：白天亮灯、晚上熄灯、箱门开启、线路缺相、短路、断路、过压、欠压、过流、欠流、亮灯率过低和供电线路停电以及断路器跳闸、接触器故障等。各种报警均可设置为使用或不使用。

系统在报警后将故障数据保存到数据库中，便于日后查询及管理。

系统能够把不同的监控点，不同的报警类型，分别发送给相应的维护、维修人员。

4. 自动计算亮灯率

能根据电压、电流、有功功率和功率因数的变化自动进行亮灯率估算。

5. 查询终端当前各种运行状态

系统可以查询终端当前各种运行状态，包括门开关状态、现场手动开关位置、现场温度、信号强度、各路是否开灯、输入电压、输出电压、输入电流、各路输出电流、各路有功功率、各条输出线路是否正常等。

6. 查询打印功能

可以对各监控终端任意定时数据和年、月、日统计数据进行查询、分析；显示的表格、曲线图、直方图均可打印；

可以对任意一天的实际开关灯时间、当时的照度和日出日落时间等记录进行查询、打印；

可对历史故障进行查询和打印；

可以自动统计故障（线路、光源、电器、事故）出现的概率分布以及选定时间段的亮灯时间和日累计开关灯时间及其相应图表进行查询和打印；

可以记录系统故障处理情况，包括事故发现及解除数据全记录。

7. 远程抄表功能

系统可以将每个控制箱的数字电表数据远程抄回到监控中心并保存备查。

8. 远程访问

通过互联网，实现远程实时查询。查询内容包括：终端的运行情况、历史数据和故障处理等。

9. 地理信息系统（GIS）

嵌入地理信息系统（GIS），实现照明监控、地理信息和生产管理有机结合。采用地理信息系统技术建立城市路灯地理信息系统，实现电子矢量地图或平面地图的缩放与平滑浏览等功能。

10. 全球卫星定位系统（GPS）自动校时

运用全球卫星定位系统对监控中心的各计算机准确校时，保证工控机和局域网内所有微机时钟的准确性与一致性。并定期为各监控终端校时，使终端与监控中心的时间一致。

11. 生产管理信息系统功能

系统集成了部分常用的生产管理功能。可录入路灯数量、灯型、功率、厂家、电缆型号、各种电器型号及参数、配电柜情况等信息，对日常的运行维护提供方便。

12. 大屏幕显示功能

大屏幕可单屏和多屏任意组合显示输入视频信号和监控中心每台电脑的显示内容。

## 16.4　系统的设计原则

1. 实用性和经济性

系统建设始终贯彻面向应用，注重实效的方针，坚持实用、经济的原则，尽可能做到建设、应用、收效和发展顺畅进行。

2. 先进性和成熟性

系统设计既要采用先进的理念、技术和方法，又要注意结构、设备、工具的相对成熟，不但能反映当今的先进技术，而且具有发展潜力，能保证在未来十年内占主导地位，并能顺利地过渡到下一代。

3. 可靠性和稳定性

由于路灯系统的技术特点，系统的可靠性放在首位。应从系统结构、技术措施、设备性能、系统管理、厂商技术支持及维修能力等方面着手，确保系统运行的可靠和稳定，达到最大的平均无故障时间，使每个故障点对整个系统的影响尽可能的小，并提供快速的故障恢复手段以及数据备份手段，保证数据的安全和系统的正常运行。

4. 安全性和保密性

系统的安全对于路灯行业来说是至关重要的，因此在系统设计中，要充分考虑到系统的安全性，防止非授权用户的侵入和机密信息的泄漏。

系统有用户权限管理功能，不同权限的用户只能操作、访问其权限范围的功能和数据；提供完善的事件日志和操作记录的管理。

在系统需要更高安全要求时，可以添加网络安全隔离网闸，实现数据库服务器和WEB服务器的物理断开和逻辑连接，保证系统安全。

5. 可扩展性和易维护性

为了适应系统变化的要求，必须充分考虑以最简便的方法、最低的投资，实现系统的扩展和维护。

(1) 系统可扩展性

①系统设备负载留有适当的裕度，能满足接入 5000 个终端的能力；保证因城市发展而逐渐增加路灯控制点的监控需要。

②系统在终端增加，或者数据存储间隔周期缩短的情况下，不会使系统的性能有明显下降。

(2) 系统可维护性

①系统的结构设计考虑维修方便，以缩短平均修复时间（MTTR）；

②有便于试验和隔离故障的断开点；

③全部硬件在中国市场上能购买或通过供应硬件的外国公司在中国的代理购买；

④配备合适的维修仪器、仪表和专用工具；

⑤系统一般硬件故障的平均维修时间 MTTR<2 小时。

城市照明自动化监控管理系统如图 16-1 所示。

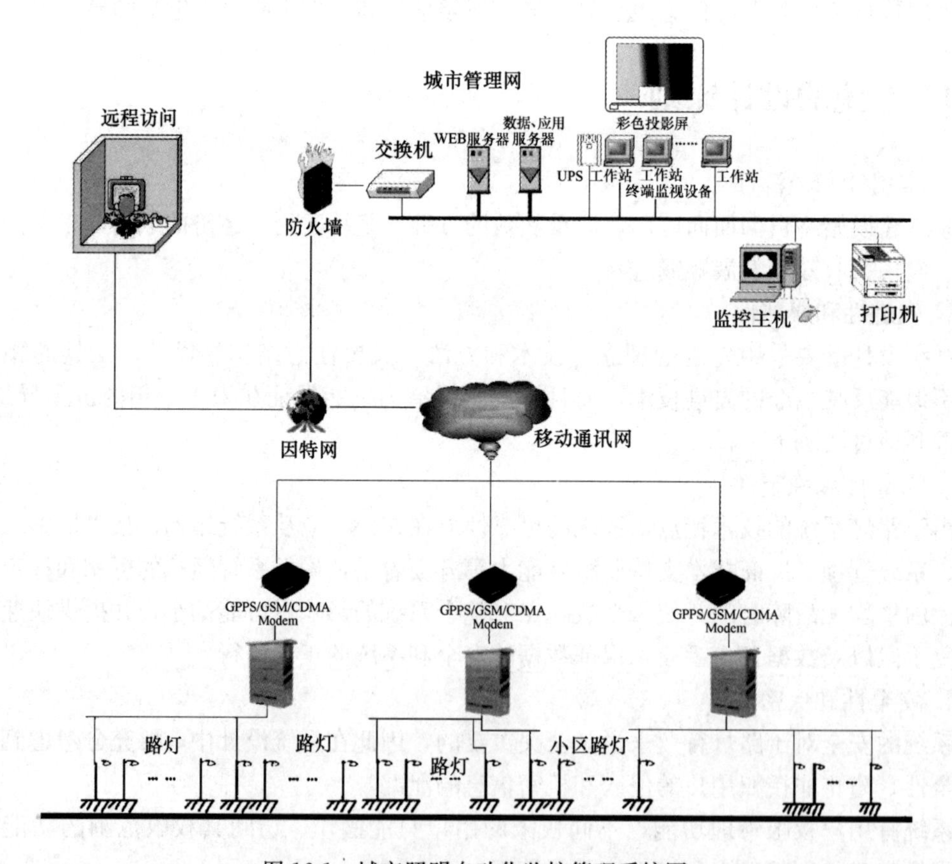


图 16-1　城市照明自动化监控管理系统图

## 16.5　GIS 地理信息系统要求

地理信息系统应采用成熟的最新中文版商用地理信息系统，配以最新版的城市电子地图。

1. 系统概要

根据城市照明监控系统的特殊性，要求地理信息系统在监控系统中能够发挥最大功能，使地理信息在城市照明运行、维护、管理中发挥出实质性作用。

利用地理信息系统能够体现城市照明供电点、运行线路、灯杆、灯具、光源等准确定位、分布、图形标示等（包括 10kV 路径图和低压供电范围，并可方便修改）；以及供电点、线路、灯杆、灯具、光源等各种资产的准确查找、统计和管理。

利用地理信息系统指导城市照明维护维修，实现城市照明维护维修的合理化、及时化和科学化。

地理信息系统由各种不同的地理信息图形和特征组成，而分层数据库是地理信息图形和特征的重要环节，图形组织采用层的概念组织和管理基础数据。层可以任意建立和叠加。

地理信息系统的分层数据至少包含以下信息：地理坐标、水系、交通（道路、桥梁、铁路等）、城区边界、建筑、中心线等。

城市照明信息分层数据应包括：监控终端、路灯供电点、楼宇灯光供电点、10kV 路径图、低压供电范围、线缆、灯杆、灯具、光源以及相应的数据参数等。

2. 系统功能

（1）系统可实现新建图层，编辑图层，能够输入各种数据，包括图形数据和文字数据，实现地图的编辑，同时能够选择、修改图形输入的各种属性参数。

（2）监控系统和地理信息紧密结合，建立相互一一对应关系，数据互相通信，实现监控系统报警信息在地理信息系统上的明确图形描述以及确定报警故障类型和故障位置，系统智能分析出大概故障原因和解决办法，从而指导路灯运行的维护维修。

（3）系统要求能够对监控终端、资产（电缆、灯杆、灯具、光源、变压器等）准确定位、查找以及各种资产报表打印。

（4）系统能够对城市道路、河流、桥梁、标志性建筑等进行查找、定位。检索到的图元在信息地图上有明显标示。

（5）地图可实现无级放大缩小等功能。

（6）地图图例的随意切换，同时控制图例变化后的信息显示。

（7）监控终端、供电点、10kV 路径图、低压供电范围、线路、灯杆、灯具、光源等设备可由用户根据实际情况进行增加、修改与删除，并可进行统计与计算。

（8）预留生产管理系统接口，在地理信息系统上能够查找、显示操作者所需要的资产信息，能够体现各类城市照明设备资源的分布和管理情况。

（9）提供不同图形格式的转换和数据兼容接口。

（10）查询和打印

系统能够对各种城市照明设备以及地图的各种数据进行多种组合查询，实现地理信息系统在城市照明控制系统中的重要作用。同时系统要求对各个查询结果能够输出打印。

## 16.6　路灯控制终端

### 16.6.1　路灯监控终端一般要求

（1）终端模块化设计，便于维护、升级。

（2）总回路和分回路的三相交流电压、电流　、有功功率、无功功率、功率因数测量。不少于48回路测量能力。

（3）全夜灯、半夜灯、景观灯开/关等开关量输出。

（4）门开、红外、水浸等12路开关量输入。

（5）带协议输出的数字电表接入接口（RS485），全部监控终端能接入数字电表，具有远程抄表功能。

（6）全天24小时电缆被盗监测报警功能。

（7）具备停电报警功能。

### 16.6.2　GPRS DTU技术参数要求

（1）采用高性能芯片

（2）支持双频GSM/GPRS

（3）温度－30℃～＋70℃

（4）湿度95％（无凝结）

（5）符合ETSI　GSM　Phase　2＋标准

（6）支持GPRS　CLASS2～CLASS12标准

（7）透明数据传输与协议转换

（8）支持TCP/UDP/TELNET等传输协议

（9）支持虚拟数据专用网

（10）短消息数据备用通道

（11）支持动态数据中心域名和IP地址

（12）支持同时与多个中心通讯

（13）支持SMS协议通讯

（14）支持串口AT通道

（15）支持SERVER工作模式

（16）EMC抗干扰设计，适合电磁环境恶劣的应用需求

（17）选配防潮外壳，适合室外应用

（18）掉线率小于1％

（19）支持SIM卡接口（3V）

（20）天线接口为：50/SMA/阴头

### 16.6.3　路灯监控采集项目

总回路和分回路的交流电压、电流、有功功率、无功功率、功率因数，开关输出状态，各种开关量输入状态，电缆通断，总亮灯率和每个回路亮灯率计算等内容。

### 16.6.4　主动报警功能

当采集的交流电流过流、欠流、电压过压、欠压时能主动报警。

当白天亮灯或晚上熄灯时主动报警。

当发生外人开门或配电房内有人活动时能主动报警。

当供电线路停电时通过自备电源运行，并具有停电报警功能。

当线路被盗主动报警。

还具备断路器跳闸、线路缺相、短路、断路报警、接触器故障报警。

### 16.6.5　线路防盗要求

为了加强电缆保护和线路安全，监控终端具有线路防盗报警功能，一旦线路被盗，终端同时通知监控中心和指定移动电话（短讯方式）。

电缆防盗设备在有电和无电情况、各种供电方式（专变和公变）下，电缆被盗都能正常告警。

可靠性高，误报警低于 0.1%。

检测处理速度快，电缆断开到防盗监测主机发出被盗告警信号过程时间小于 5s。

白天线路采用安全电压，电压在 36V 以下。

### 16.6.6　数据存储功能

监控终端能自动存储一个月的所有采集和告警数据。

监控终端存储每路开关量一年 365 天的开关灯时间表，时间表根据需要可设定为年表和周表，并可远程更改、下载。

### 16.6.7　终端保护

监控终端具有防止雷击、强脉冲干扰等自我保护功能，同时具有较高的内部参数保护，保证终端运行的可靠性和稳定性。

### 16.6.8　监控中心或现场参数设置功能

监控终端具有在监控中心或现场显示和参数设置功能，通过系统软件或键盘显示器显示设置下列参数：

当前工作时间；

开关量一年的开/关灯时限；

采集的各种数据和状态；

通信参数的设置参数；

监控终端的工作参数设置。

### 16.6.9　独立运行能力

当监控中心微机或通信线路发生故障时，终端会根据预先设定的程序定时自行开/关灯，以确保路灯的正常运行。

**示范题**

**1. 单选题**

对于路灯监控不存在网络延时问题的通讯系统是下面哪种？（　　）

A. 有线通讯系统　　B. 无线专网通讯系统　　C. 无线公网通讯系统

D. 其他无线通讯系统

**答**：C

**2. 多选题**

与无线电台通讯方式比较，无线公网通讯系统具有以下哪三种特点？（　　）

A. 巡测周期长　　B. 覆盖范围广　　C. 设备费用低

D. 施工难度高　　E. 可靠性高

**答**：B、C、E

**3. 判断题**

路灯监控系统的监控终端的功能是实现数据的采集、处理。（　　）

**答**：错

# 第 17 章　照明节电项目的社会经济及环境效益分析

## 17.1　照明节电项目的社会经济效益分析

### 17.1.1　主要成本效益分析指标释义

（1）项目纯收益：指实施项目的全部收益和全部成本之差，是衡量节电项目投资个体能否获利的指标。

（2）单位节电成本：是指项目寿命期内节约单位电能所付出的成本，是衡量国家节电投资项目是否可行的指标，如不计节电带来的环境效益，国家推行的节电项目的单位节电成本应低于单位供电成本。

（3）避免峰荷装机成本：由于节电项目涉及节约电力系统的峰荷，从而可使电力系统节省装机容量。项目成本的净现值与发电系统避免的峰荷容量之比为避免峰荷装机成本。计算年限以电力系统调峰机组的寿命期为准。避免峰荷装机成本小于电力系统调峰机组的单位千瓦投资，说明为社会提供同样容量的电力前提下，节电项目要优于新增电厂发电能力的投资项目。

（4）生命周期成本：是产品购买价格和寿命期内逐年使用的运行费用的总和。

（5）边际发电成本：每增加一单位发电量所付出的全部成本。

### 17.1.2　分析方法的概述

照明节电项目是否使国家和投资个体也即电力用户和电力供应单位多方受益，则需要分别对以上各个部门进行详细的经济分析和成本效益分析。

1. 节电能力的计算

每安装一个节能灯具在用户的供应端节省的电量及供应端避免的峰荷容量为：

用户端年节电量＝(传统照明灯具的功率－节能灯具的功率)×每年运行的小时数

供应端年节电量＝用户端年节电量＋减少的自用传输、分配损失电量

＝用户端年节电量×电量综合损失系数

供应端避免安装峰荷容量＝(传统照明灯具的功率－节能灯具的功率)×功率损失系数×照明用电的峰荷同时系数×备用容量系数，功率损失系数按式（17-1）计算：

$$\text{功能损失系数}=\frac{1}{(1-m_1)(1-m_2)(1-m_3)}-1 \tag{17-1}$$

式中　$m_1$——厂用电率，$m_1=0.08$；

$m_2$——电网输配电损失系数，$m_2=0.07$；

$m_3$——终端配电损失系数，$m_3=0.04$。

2. 国民经济的成本效益分析

从国民经济分析的角度来看，电费的节省及对用户的补贴属于社会内部的转移费用，不对整个资源的评价产生影响。国民经济成本效益分析的目的是选择成本最小的方法来满足社会对电力的需求。一般来讲，提供电量和电力的方法有新建电厂，外购电量以及新建燃机电厂和抽水蓄能电站以及利用需求端资源的方法等，应对各种方案的单位节电成本和可避免峰荷容量成本进行比较。

单位节电成本=(项目的直接费用+项目的管理费用-项目的避免费用)/供电端的节电量

避免峰荷节电成本=(项目的直接费用净现值+项目的管理费用净现值-项目的避免费用净现值)/供电端可避免的峰荷容量

3. 用户的成本效益分析

消费者的成本效益取决于电价以及在实施项目时对消费者的政策（如购买节能灯具的补贴率，节电收益分成等）。消费者的年收益与成本之差为年纯收益。

年纯收益=用户端年节电量×电价+安装传统照明灯具的费用-安装节能照明灯具的费用×（1-补贴率）

4. 电力部门的成本效益分析

这里所指的电力部门是国家发电和供电部门。电力部门在实施照明项目时要保证能够从中得到收益，其收益是发电避免成本与由于实施照明节电而减少的售电收入之差。

纯收益=避免的发电支出费用-减少的电力销售收入

=发电端节电量×平均边际发电成本-消费者节电量×电价

以上仅是对各部分成本效益计算方法的原则性的静态分析，实际计算时还要考虑新建电厂的建设周期和照明节电产品的寿命期，另外还需考虑社会折现率、政府性补贴因素及资金的时间性等。

5. 生命周期成本分析

关于电力用户成本效益分析，还有一种生命周期成本分析和投资回收期分析方法，可用来分析电力用户使用某种产品的经济性。如果某种节电产品的生命周期成本比传统产品的较低，说明该产品既节能环保，又更具成本效益。生命周期成本（$LCC$）是购买价格（$P$）和产品使用寿命（$N$）内逐年使用运行费用的总和。

投资回收期分析主要用来分析消费者需要多长时间才能收回购买节电替代产品所付出的额外成本，如果投资回收期大于产品的有效使用寿命，说明购买节能产品所多付出的成本无法弥补。

生命周期成本分析计算式：

$$LCC = P + \sum_{t=1}^{n} \frac{C_t}{(1+r)^t} \tag{17-2}$$

使用替代节电产品投资回收期分析如下式：

$$\Delta P + \sum_{t=1}^{r} \Delta Ct = 0 \tag{17-3}$$

式中 $LCC$——全寿命周期成本；

$P$——购买价格；

$C_t$——第 $t$ 年放入运行使用费用；

$n$——寿命年限；

$r$——社会贴现率；

$t$——回收替代节电产品附加购买成本所需时间。

## 17.2 照明节电项目的社会环境效益分析

照明节电工程项目除了具有一定的经济效益外，重要的是它的社会环境效益，即由于发电量减少，减轻了对大气环境的污染，包括减少各种有害气体的排放量和烟尘的排放量。

### 17.2.1 有害气体排放减少量的计算

我国是世界第三大能源生产大国，约70%的发电量以燃煤为主，燃煤发电向大气排放大量烟尘和CO、$CO_2$、$SO_2$、$SO_3$、$C_nH_m$ 和 $NO_x$ 等有害气体，因而会产生大量温室气体、酸雨、光化学烟雾和粉尘，严重污染大气和环境，造成了对人和动植物的各种危害。

燃煤发电厂燃料燃烧产生有害气体排放量的计算是根据化学反应式和具体燃料成分、分析数据的基础上进行的。根据专家的最新计算，对于电站锅炉每生产1kWh的电能，需燃烧煤0.4kg。则照明节电工程启动后，由于用电量减少而减少的各种有害气体排放量可按下式计算：

$$\Delta I_i = b \cdot g \cdot E \cdot N = 4 \times 10^{-4} b \cdot E \cdot N \tag{17-4}$$

式中 $\Delta I_i$——项目实施期由于节省电能所减小的某种有害气体排放量（kg）；

$i$——有害排放物质的种类；

$b$——电力类别系数，其值取1或0.82。1为只考虑火电时的情况，0.82为同时考虑核电和水电时的情况；

$g$——燃煤系数，其值为0.4kg/kWh；

$E$——开展照明节电项目的总节电量kWh；

$N$——排放系数，单位kg/t，其值为：对于CO，$N=0.23$；对于 $CO_2$，$N=0.829$；对于 $C_nH_m$，$N=0.091$；对于 $NO_x$，$N=9.08$；对于 $SO_2$，$N=16.72$sar。

注：sar为燃料中含硫量的质量百分数。

### 17.2.2 烟尘排放减小量的计算

燃煤产生的烟尘主要为高温熔融和化学反应过程中形成的。绿色照明工程启动后，由于节省电能所减少的烟尘排放量按下式计算：

$$\Delta t = 1000Ad_{fh}gE = 4 \times 10^{-1} Ad_{fh}E \tag{17-5}$$

式中 $\Delta t$——减少烟尘的排放量（kg）；

$A$——煤含灰量的质量百分数（%）；

$d_{fh}$——烟气中烟灰占灰量的百分比（%）；对于电站锅炉，$d_{fh}$为0.4～0.6；

$g$——燃煤系数，其值为$4\times10^{-4}$kg/kWh；

$E$——开展绿色照明工程所节省的总电量（kWh）。

## 17.3 照明工程项目的经济分析

### 17.3.1 经济因素分析

一个照明系统运行的年平均总费用由三部组成，即资本投资、电费和照明装置的维护费，这三部分费用可用以下各式表达：

1. 资本投资，按下式计算：

$$F_1=m\cdot N\cdot G \tag{17-6}$$

式中 $m$——资本投资的每年偿还部分；

$N$——灯具数量；

$G$——一个灯具、接线及控制设备的费用。

2. 电费，按下式计算：

$$F_2=n\times N\times B\times e \tag{17-7}$$

式中 $n$——每个灯具中的灯数；

$N$——一个灯及镇流器的功率消耗（W）；

$B$——每年照明系统的燃点时间（kh）；

$e$——每千瓦小时电费（元/kWh）。

3. 维护费

维护费取决于维护方式，它可有四种维护方式：

（1）成批更换和成批清洁的费用计算：

$$F_3=N(nL+L_b)/T_r+NC_b/T_c \tag{17-8}$$

此方式最易于管理，耗电少，但外观上受损坏灯的影响。

（2）成批加点式更换和成批清洁的费用计算：

$$F_3=N(nL+L_b)/T_r+NC_b/T_c \tag{17-9}$$

此方式较不易于管理，但比（1）外观上好些。

（3）点式更换和成批清洁的费用计算：

$$F_3=nNB(L+L_S)/T_{50}+NC_b/T_c \tag{17-10}$$

此方式对管理要求高，耗电多，但外观上可接受。

（4）点式更换和点式清洁的费用计算：

$$F_3=nNB(L+C_S)/T_{50} \tag{17-11}$$

此方式维护系最低，通常能耗最高。

究竟哪种维护方式的年平均总费用为最低取决于电、灯、灯具和维护所需的劳动力的费用。

式中　$L$——灯的费用；

$L_b$——成批更换每个灯具的人工费用；

$L_S$——每个点式更换的人工费用；

$C_b$——成批清洁每个灯具的人工费用；

$C_S$——点式清洁每个灯具和同时更换灯的人工费用；

$T_r$——成批更换周期；

$T_{50}$——50%灯完好的燃点时间（kh）。

典型的计算年总费用按成批更换和成批清洁方式的计算：

$$ACO = EA/nFU[mG + nNBe + (nL + L_b)/T_r + C_b/T_c]/O_rF_rR_c \qquad (17\text{-}12)$$

式中　$E$——维持平均照度（lx）；

$A$——被照亮地面的面积（$m^2$）；

$F$——初始光通量（lm）；

$U$——灯具的利用系数；

$m$——维护系数；

$O_r$——光源的光通量维持率在 $BT_r$ 千小时的值；

$F_r$——光源的完好率在 $BT_r$ 千小时的值；

$R_c$——灯具的光通量维持率在 $T_c$ 年的值。

### 17.3.2　照明工程项目经济的比较

主要利用计算机算出各个照明方案的一次投资费、电费和维护费。计算程序框图见图17-1。

1. 照明计算输入数据

（1）计算年月日

（2）安装照明装置的场所名称

（3）灯具的型号

（4）灯的型号

（5）计算照度

（6）照明场所的长度

（7）照明场所的宽度

（8）一个灯具内的灯数

（9）灯的光通量

（10）灯具的利用系数

（11）维护系数

2. 照明计算

（12）面积=(6)×(7)

（13）每一灯具中灯的平均光通量=(8)×(9)

（14）灯具数$=\dfrac{(5)\times(12)}{(13)\times(10)\times(11)}$

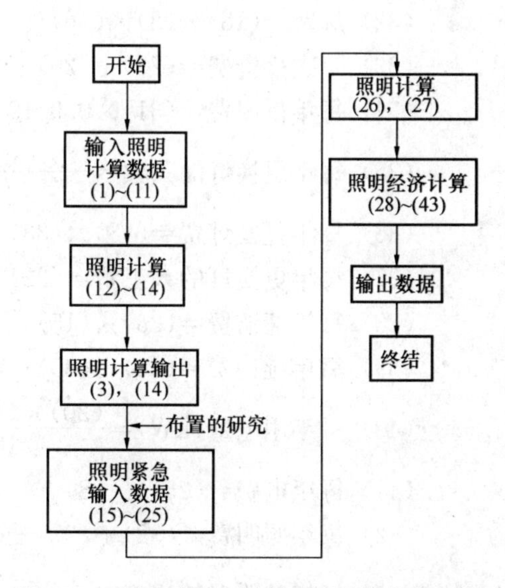


图 17-1　照明计算、照明经济计算的流程图

3. 照明计算输出

(15) 灯具型号

(16) 灯具数量

4. 灯具布置

输出灯具数量后，根据建筑物尺寸大小和最大间距决定灯具的使用量。

5. 照明经济输入数据

(17) 使用灯具数量

(18) 灯具单价

(19) 灯具安装用配线单价

(20) 灯的单价

(21) 折旧年数

(22) 每年开灯时间

(23) 灯的寿命

(24) 更换灯的人工费单价

(25) 清洁费单价

(26) 灯具的输入功率

(27) 电费

6. 照度计算

(28) 初始照度$=\frac{(15)\times(13)\times(10)}{(12)}$

(29) 实际设计照度$=(26)\times(11)$

7. 照明经济计算

(30) 灯具费$=(16)\times(15)$

(31) 灯具安装及配线费$=(17)\times(15)$

(32) 灯费$=(18)\times(8)\times(15)$

(33) 一次投资费$=(28)+(29)+(30)$

(34) 每年折旧费$=(31)\times0.9/19+$利息$+$多种税

(35) 每年更换灯的只数$=\frac{(8)\times(15)\times(20)}{(21)}$

(36) 每年更换灯费$=(18)\times(33)$

(37) 每年更换灯的人工费$=(22)\times(33)$

(38) 每年清洁费$=(23)\times(15)$

(39) 每年维护费$=(34)+(35)+(36)$

(40) 每年用电量(kW)$=\frac{(20)\times(15)\times(24)}{1000}$

(41) 每年电费$=(25)\times(38)$

(42) 每年照明费$=(32)+(37)+(39)$

(43) 每年照明费的比率$=\frac{(40)}{\text{标准灯具的}(40)}$

（44）每平方米每年的照明费＝(40)/(12)

（45）每平方米照度每年的照明费＝(40)/(27)

8. 输出数据（表 17-1）

**经 济 比 较 表**　　　　**表 17-1**

| 区　分 | 符　号 | 项　目 | 方案<br>单位 | 1 | 2 | 3 | 4 |
|---|---|---|---|---|---|---|---|
| 经济计算条件 | (3) | 灯具型号 | | | | | |
| | (4) | 灯的型号 | | | | | |
| | (5) | 设计照度 | lx | | | | |
| | (6) | 立面的宽度 | m | | | | |
| | (7) | 立面的深度 | m | | | | |
| | (8) | 灯具平均灯数 | 只/台 | | | | |
| | (9) | 灯的光通量 | lm | | | | |
| | (10) | 利用系数 | | | | | |
| | (11) | 维护系数 | | | | | |
| | (12) | 照明面积 | $m^2$ | | | | |
| | (13) | 每灯的平均光通量 | lm | | | | |
| | (14) | 灯具内灯数 | 只 | | | | |
| | (15) | 使用灯具台数 | 台 | | | | |
| | (16) | 灯具单价 | 元/台 | | | | |
| | (17) | 灯具安装配线单 | 元/台 | | | | |
| | (18) | 灯的单价 | 元/只 | | | | |
| | (19) | 折旧年数 | 年 | | | | |
| | (20) | 每年开灯时数 | h | | | | |
| | (21) | 灯的寿命 | h | | | | |
| | (22) | 换灯人工费单价 | 元/只 | | | | |
| | (23) | 清扫费单价 | 元/台 | | | | |
| | (24) | 灯具输入功率 | W/台 | | | | |
| | (25) | 电费 | 元/（kWh） | | | | |
| | (26) | 初始照度 | lx | | | | |
| | (27) | 实际设计照度 | lx | | | | |
| 设备费 | (28) | 灯具费 | 元 | | | | |
| | (29) | 安装配线费 | 元 | | | | |
| | (30) | 灯费 | 元 | | | | |
| | (31) | 一次设备投资费 | 元 | | | | |
| | (32) | 每年设备折旧费 | 元 | | | | |

续表

| 区分 | 符号 | 项目 | 方案<br>单位 | 1 | 2 | 3 | 4 |
|---|---|---|---|---|---|---|---|
| 维护费 | (33) | 每年更换灯数 | 只 | | | | |
| | (34) | 每年换灯费 | 元 | | | | |
| | (35) | 每年换灯人工 | 元 | | | | |
| | (36) | 每年清洁费 | 元 | | | | |
| | (37) | 每年维护费 | 元 | | | | |
| 电量合计比较 | (38) | 每年电量 | kWh | | | | |
| | (39) | 每年电费 | 元 | | | | |
| | (40) | 每年照明费 | 元 | | | | |
| | (41) | 同上比率 | % | | | | |
| | (42) | 每年照明费/面积 | 元/$m^2$ | | | | |
| | (43) | 每年照明费/(面积·照度) | 元/$m^2$·lx | | | | |

## 示范题

### 1. 单选题

生命周期成本是指产品购买价格和在使用寿命内逐年使用运行费用的什么?(    )

A. 乘积　　B. 平方和　　C. 之差　　D. 总和

**答案**:D

### 2. 多选题

推行照明节电工程中,普通用户购置节能灯具主要考虑的因素有哪三种?(    )

A. 价格　　B. 工作原理　　C. 使用寿命　　D. 设计单位

E. 节电效果

**答案**:A、C、E

### 3. 判断题

在推广的照明节电项目中,单位供电成本也可以高于单位节电成本。(    )

**答案**:错

# 第18章 预 算

## 18.1 定额说明

### 18.1.1 编制依据及参考资料

(1) 新编《全国统一安装工程预算定额》及《全国统一市政工程预算补充定额》和有关编制资料

(2)《电气装置安装工程 1kV 及以下配线工程施工及验收规范》

(3) 建设部《全国安装工程统一劳动定额(第20册)电气安装工程》

(4)《民用建筑电气设计规范》

(5)《电气装置安装工程施工及验收规范》

(6)《电气工程标准规范综合应用手册》

(7)《建筑电气安装工程质量检验评定标准》

(8)《工业企业照明设计标准》

(9)《全国通用建筑标准设计(电气装置标准图集)》

(10)《断桥工业技术管理法规》

(11)《电气装置安全工程施工及验收规范》

(12)《电气建设安全工程施工及验收规范》

(13)《全国城市道路照明设计标准》

(14) 现行的电气安装工程标准图,有代表性的设计图纸、施工资料

(15) 有关技术手册

### 18.1.2 适用范围

适用于城镇市政道路、广场照明工程的新建、扩建工程、不适用于庭院内、小区内、公园内、体育场内及装饰性照明等工程。

### 18.1.3 主要内容

变配电设备,架空线路,电缆工程,配线配管,照明器具安装,防雷接地装置安装等,共8章552个子目。

### 18.1.4 界线划分

维修定额与安装定额界线划分,是以路灯供电系统与城市供电系统碰头点为界。

### 18.1.5 有关数据的取定

1. 人工

(1) 定额人工不分工种和技术等级均以综合工日计算，包括基本用工、其他用工，综合工日计算式如下：

综合用工＝（基本用工＋其他用工）×（1＋人工幅度差率）

基本用工、其他工日以传统安装预算定额有关的劳动定额确定。超运距用工可以参照有关定额另行计算。

(2) 人工幅度差＝（基本用工＋其他用工）×（人工幅度差率）

人工幅度差率综合为 10%。

2. 材料

(1) 定额的材料消耗量按以下原则取定：

①材料划分为主材、辅材两类。

②材料费分为基本材料费和其他材料费。

③其他材料费占基本材料费的 3%。

(2) 定额部分材料的取定：

①定额中所用的螺栓一律以 1 套为计算单位，每套包括 1 个螺栓、1 个螺母、2 个平垫圈、1 个弹簧垫圈。

②工具性的材料，如砂轮片、合金钢冲击钻头等，列入材料消耗定额内。

③材料损耗率按表 18-1 取定。

**材料损耗率计算标准** **表 18-1**

| 序 号 | 材 料 名 称 | 损耗率（%） | 序 号 | 材 料 名 称 | 损耗率（%） |
|---|---|---|---|---|---|
| 1 | 裸铝导线 | 1.3 | 15 | 一般灯具及附件 | 1.0 |
| 2 | 绝缘导线 | 1.8 | 16 | 中灯号牌 | 1.0 |
| 3 | 电力电缆 | 1.0 | 17 | 白炽灯泡 | 3.0 |
| 4 | 硬母线 | 2.3 | 18 | 玻璃灯罩 | 5.0 |
| 5 | 钢绞线、镀锌钢丝 | 1.5 | 19 | 灯头开关插座 | 2.0 |
| 6 | 金属管件、管件 | 3.0 | 20 | 开关、保险器 | 1.0 |
| 7 | 型钢 | 5.0 | 21 | 塑料制品（槽、板、管） | 1.0 |
| 8 | 金具 | 1.0 | 22 | 金属灯杆及铁横担 | 0.3 |
| 9 | 压接线夹、螺栓类 | 2.0 | 23 | 木杆类 | 1.0 |
| 10 | 木螺钉、圆钉 | 4.0 | 24 | 混凝土电杆及制品类 | 0.5 |
| 11 | 绝缘子类 | 2.0 | 25 | 石棉水泥板及制品类 | 8.0 |
| 12 | 低压瓷横担 | 3.0 | 26 | 砖、水泥 | 4.0 |
| 13 | 金属板材 | 4.0 | 27 | 砂、石 | 8.0 |
| 14 | 瓷夹等小瓷件 | 3.0 | 28 | 油类 | 1.8 |

3. 施工机械台班

（1）定额的机械台班是按正常合理的机械配备和大多数施工企业的机械化程度综合取定的。如实际情况与定额不符时，除另有说明外，均不得调整。

（2）单位价值在2000元以下，适用年限在两年以内的不构成固定资产的工具，未按机械台班进入定额，应在费用定额内。

## 18.2 路灯定额工程量计算规则

### 18.2.1 变配电设备工程

（1）变压器安装，按不同容量以“台”为计量单位套用定额。一般情况下不需要变压器干燥，如确实需要干燥，可套用安装定额相关子目。

（2）变压器油过滤，不管过滤多少次，直到过滤合格为止。以“t”为单位计算工程量，变压器的过滤量，可按制造厂提供的油量计算。

（3）高压成套配电柜和组合箱式变电站安装以“台”为计量单位，均未包括基础槽钢、母线及引下线的安装。

（4）各种配电箱、柜安装均按不同半周长以“套”为计算单位。

（5）铁钩件制作安装施工图以“100kg”为单位计算。

（6）盘柜配线按不同断面、长度按表18-2计算。

（7）各种接线端子按不同导线截面积，以“10个”为单位计算。

**盘柜配线计算标准　　表18-2**

| 序　号 | 项　　目 | 预留长度（m） | 说　　明 |
|---|---|---|---|
| 1 | 各种开关柜、箱、板 | 高＋宽 | 盘面尺寸 |
| 2 | 单独安装（无箱、盘）的铁壳开关、闸刀开关、启动盘、母线槽进出线盒等 | 0.3 | 以安装对象中心计算 |
| 3 | 由地坪管口至接线箱 | 1 | 以管口计算 |

### 18.2.2 架空线路工程

（1）底盘、卡盘、拉线盘按设计用量以“块”为单位计算。

（2）各种电线杆组立，分材质与高度，按设计数量以“根”为单位计算。

（3）拉线制作安装，按施工图设计规定分不同形式，以“组”为单位计算。

（4）横担安装，按施工图设计规定分不同线数，以“组”为单位计算。

（5）导线架设，分导线类型与截面，按1km/单位计算，导线预留长度规定如表18-3所示。导线长度按线路总长加预留长度计算。

导线预留长度规定　　表18-3

| 项　目　名　称 | | 长　度（m） |
|---|---|---|
| 高压 | 转角 | 2.5 |
| | 分支、终端 | 2.0 |
| 低压 | 分支、终端<br>交叉跳线转交 | 0.5<br>1.5 |
| 与设备连接 | | 0.5 |

（6）导线跨越架设，指越线架的搭设、拆除和越线架的运输以及因跨越施工难度而增加的工作量，以“处”为单位计算，每个跨度间距按50m以内考虑，大于50m，小于100m时，按2处计算。

（7）路灯设施编号按“100个”为单位计算，开关箱号不满10只按10只计算；路灯编号不满15只按15只计算；钉粘贴号不满20个按20个计算。

（8）混凝土基础制作以“$m^3$”为单位计算。

（9）绝缘子安装以“10个”为单位计算。

### 18.2.3　电缆工程

（1）直埋电缆的挖、填土（石）方，除特殊要求处，可按表18-4计算土方量。

土方量计算　　表18-4

| 项　目 | 电　缆　根　数 | |
|---|---|---|
| | 1～2 | 每增一根 |
| 每米沟长挖方量（$m^3$/m） | 0.45 | 0.153 |

（2）电缆沟盖板揭、盖定额，按每揭盖一次以延长米计算。如又揭又盖，则按两次计算。电缆保护管长度，除按设计规定长度计算外，遇有下列情况，应按以下规定增加保护管长度。

①横穿道路，按路基宽度两端各加2m。

②垂直敷设时管口离地面加2m。

③穿过建筑物外墙时，按基础外缘以外加2m。

④穿过排水沟，按沟壁外缘以外加1m。

（3）电缆保护管埋地敷设时，其土方量有施工图注明的，按施工图计算；无施工图的一般按沟深0.9m，沟宽按最外边的保护管两侧边缘外各加0.3m工作面计算。

（4）电缆敷设按单根延长米计算。

（5）电缆敷设长度应根据敷设路径的水平和垂直敷设长度，另加表18-5规定的附加长度：

电缆附加及预留长度是电缆敷设长度的组成部分，应计入电缆长度工程量之内。

（6）电缆终端头及中间头均以“个”为计量单位。一根电缆按两个终端头，中间设计有图示的，按图示确定，没有图示的按实际计算。

敷设长度的规定 表18-5

| 序号 | 项目 | 预留长度 | 说明 |
|---|---|---|---|
| 1 | 电缆敷设弛度、波形弯度、交叉 | 2.5% | 按电缆全长计算 |
| 2 | 电缆进入建筑物内 | 2.0m | 规范规定最小值 |
| 3 | 电缆进入沟内或吊架时引上预留 | 1.5m | 规范规定最小值 |
| 4 | 变电所进出线 | 1.5m | 规范规定最小值 |
| 5 | 电缆终端头 | 1.5m | 检修余量 |
| 6 | 电缆中间接头盒 | 两端各2m | 检修余量 |
| 7 | 高压开关柜 | 2.0m | 柜下进出线 |

### 18.2.4 配管配线工程

（1）各种配管的工程量计算，应区别不同敷设方式、敷设位置、管材材质、规格，以延长米为单位计算。不扣除管路中间的接线箱（盒）、灯盒、开关盒所占长度。

（2）定额中未包括钢索架设及拉紧装置、接线箱（盒）、支架的制作安装，其工量另行计算。

（3）管内穿线定额工程量计算，应区别线路性质、导线材质、导线截面积，按单延长米计算。线路的分支接头线的长度已综合考虑在定额中，不再计算接头长度。

（4）塑料护套线明敷设工程量计算，应区别导线截面积、导线芯数、敷设位置，单线路延长米计算。

（5）钢索架设工程量计算，应区分圆钢、钢索直径，按图示墙柱内缘距离，按延长米计算，不扣除拉紧装置所占长度。

（6）母线拉紧装置及钢索拉紧装置制作安装工程量计算，应区别母线截面积、花篮螺栓直径，以“10套”为单位计算。

（7）带行母线安装工程量计算，应区分母线材质、母线截面积、安装位置，按延长米计算。

（8）接线盒安装工程量计算，应区别安装形式，以及接线盒类型，以“10个”为单位计算。

（9）开关、插座、按钮等的预留线，已分别综合在相应定额内，不另计算。

### 18.2.5 照明器具安装工程

（1）各种悬挑灯、广场灯、高杆灯灯架分别以“10套”、“套”为单位计算。

（2）各种灯具、照明器件安装分别以“10套”、“套”为单位计算。

（3）灯杆座安装以“10只”为单位计算。

### 18.2.6 防雷接地装置工程

（1）接地极制作安装以“根”为计量单位，其长度按设计长度计算，设计无规定时，按每根2.5m计算，若设计有管帽时，管帽另按加工件计算。

（2）接地母线敷设，按设计长度以“10m”为计量单位计算。接地母线、避雷线敷设，均按延长米计算，其长度按施工图设计水平和垂直规定长度另加3.9%的附加长度（包括转弯、上下波动、避绕障碍物、搭接头所占长度)。计算主材费时另加规定的损耗率。

(3) 接地跨接线以"10 处"为计量单位计算。按规程规定凡需作接地跨接线的工作内容，每跨接一次按一处计算。

### 18.2.7　路灯灯架制作安装工程

(1) 设备支架制作安装、高杆灯架制作分别按每组重量按灯架直径，以"t"为单位计算。型钢加工胎具，按不同钢材、加工直径以"个"为单位计算。

(2) 焊缝无损探伤按被探件厚度不同，分别以"10 张"、"10m"为单位计算。

### 18.2.8　刷油防腐工程

灯杆除锈刷油按外表面积以"$10m^2$"为单位计算；灯架按实际重量以"100kg"为单位计算。

## 18.3　城市照明市政景观工程结算费用计算办法

**中华人民共和国建设部令**

(第 107 号)

《建筑工程施工发包与承包计价管理办法》已经 2001 年 10 月 25 日建设部第 49 次常务会议审议通过，现予发布，自 2001 年 12 月 1 日起施行。

建设部部长　俞正声

二〇〇一年十一月五日

**第一条**　为了规范建筑工程施工发包与承包计价行为，维护建筑工程发包与承包双方的合法权益，促进建筑市场的健康发展，根据有关法律、法规，制定本办法。

**第二条**　在中华人民共和国境内的建筑工程施工发包与承包计价(以下简称工程发承包计价)管理，适用本办法。

本办法所称建筑工程是指房屋建筑和市政基础设施工程。

本办法所称房屋建筑工程，是指各类房屋建筑及其附属设施和与其配套的线路、管道、设备安装工程及室内外装饰装修工程。

本办法所称市政基础设施工程，是指城市道路、公共交通、供水、排水、燃气、热力、园林、环卫、污水处理、垃圾处理、防洪、地下公共设施及附属设施的土建、管道、设备安装工程。

工程发承包计价包括编制施工图预算、招标标底、投标报价、工程结算和签订合同价等活动。

**第三条**　建筑工程施工发包与承包价在政府宏观调控下，由市场竞争形成。工程发承包计价应当遵循公平、合法和诚实信用的原则。

**第四条**　国务院建设行政主管部门负责全国工程发承包计价工作的管理。县级以上地方人民政府建设行政主管部门负责本行政区域内工程发承包计价工作的管理。其具体工作可以委托工程造价管理机构负责。

**第五条** 施工图预算、招标标底和投标报价由成本（直接费、间接费）、利润和税金构成。其编制可以采用以下计价方法：

（一）工料单价法。分部分项工程量的单价为直接费。直接费以人工、材料、机械的消耗量及其相应价格确定。间接费、利润、税金按照有关规定另行计算。

（二）综合单价法。分部分项工程量的单价为全费用单价。全费用单价综合计算完成分部分项工程所发生的直接费、间接费、利润、税金。

**第六条** 招标标底编制的依据为：

（一）国务院和省、自治区、直辖市人民政府建设行政主管部门制定的工程造价计价办法以及其他有关规定；

（二）市场价格信息。

**第七条** 投标报价应当满足招标文件要求。

投标报价应当依据企业定额和市场价格信息，并按照国务院和省、自治区、直辖市人民政府建设行政主管部门发布的工程造价计价办法进行编制。

**第八条** 招标投标工程可以采用工程量清单方法编制招标标底和投标报价。工程量清单应当依据招标文件、施工设计图纸、施工现场条件和国家制定的统一工程量计算规则、分部分项工程项目划分、计量单位等进行编制。

**第九条** 招标标底和工程量清单由具有编制招标文件能力的招标人或其委托的具有相应资质的工程造价咨询机构、招标代理机构编制。投标报价由投标人或其委托的具有相应资质的工程造价咨询机构编制。

**第十条** 对是否低于成本报价的异议，评标委员会可以参照建设行政主管部门发布的计价办法和有关规定进行评审。

**第十一条** 招标人与中标人应当根据中标价订立合同。不实行招标投标的工程，在承包方编制的施工图预算的基础上，由发承包双方协商订立合同。

**第十二条** 合同价可以采用以下方式：

（一）固定价。合同总价或者单价在合同约定的风险范围内不可调整。

（二）可调价。合同总价或者单价在合同实施期内，根据合同约定的办法调整。

（三）成本加酬金。

**第十三条** 发承包双方在确定合同价时，应当考虑市场环境和生产要素价格变化对合同价的影响。

**第十四条** 建筑工程的发承包双方应当根据建设行政主管部门的规定，结合工程款、建设工期和包工包料情况在合同中约定预付工程款的具体事宜。

**第十五条** 建筑工程发承包双方应当按照合同约定定期或者按照工程进度分段进行工程款结算。

**第十六条** 工程竣工验收合格，应当按照下列规定进行竣工结算：

（一）承包方应当在工程竣工验收合格后的约定期限内提交竣工结算文件。

（二）发包方应当在收到竣工结算文件后的约定期限内予以答复。逾期未答复的，竣工结算文件视为已被认可。

（三）发包方对竣工结算文件有异议的，应当在答复期内向承包方提出，并可以在提出之日起的约定期限内与承包方协商。

（四）发包方在协商期内未与承包方协商或者经协商未能与承包方达成协议的，应当委托工程造价咨询单位进行竣工结算审核。

（五）发包方应当在协商期满后的约定期限内向承包方提出工程造价咨询单位出具的竣工结算审核意见。发承包双方在合同中对上述事项的期限没有明确约定的，可认为其约定期限均为28日。发承包双方对工程造价咨询单位出具的竣工结算审核意见仍有异议的，在接到该审核意见后一个月内可以向县级以上地方人民政府建设行政主管部门申请调解，调解不成的，可以依法申请仲裁或者向人民法院提起诉讼。工程竣工结算文件经发包方与承包方确认即应当作为工程决算的依据。

**第十七条**　招标标底、投标报价、工程结算审核和工程造价鉴定文件应当由造价工程师签字，并加盖造价工程师执业专用章。

**第十八条**　县级以上地方人民政府建设行政主管部门应当加强对建筑工程发承包计价活动的监督检查。

**第十九条**　造价工程师在招标标底或者投标报价编制、工程结算审核和工程造价鉴定中，有意抬高、压低价格，情节严重的，由造价工程师注册管理机构注销其执业资格。

**第二十条**　工程造价咨询单位在建筑工程计价活动中有意抬高、压低价格或者提供虚假报告的，县级以上地方人民政府建设行政主管部门责令改正，并可处以一万元以上三万元以下的罚款；情节严重的，由发证机关注销工程造价咨询单位资质证书。

**第二十一条**　国家机关工作人员在建筑工程计价监督管理工作中，玩忽职守、徇私舞弊、滥用职权的，由有关机关给予行政处分；构成犯罪的，依法追究刑事责任。

**第二十二条**　建筑工程以外的工程施工发包与承包计价管理可以参照本办法执行。

**第二十三条**　本办法由国务院建设行政主管部门负责解释。

**第二十四条**　本办法自2001年12月1日起施行。

示范题

**1. 单选题**

（1）城市照明与市区景观工程材料费用计算定额界线划分如何。（　　）

A. 广场与道路相交处　　　B. 道路与公园或小区边界处

C. 路灯供电系统与城市电力供电系统碰头点　　D. 道路边红线

**答案：**C

（2）光线照射到物体表面后产生的光电效应，其中外光电效应是指什么？（　　）

A. 能使物体电阻率改变的　　　B. 能使电子逸出物体表面的

C. 能使物体产生一定方向电动势　　D. 能使物体电容改变的

**答：**B

（3）像测处理系统中所用的数码相机拍摄的最大亮度应不小于多少，否则应有相应的减光片。（　　）

A. 200，000cd/m$^2$　B. 300，000cd/m$^2$　C. 250，000cd/m$^2$　D. 350，000cd/m$^2$

**答**：B

(4) 保护电力变压器的熔断器熔断电流应是变压器的额定电流的多少倍？（　　）

A. 1.0∽1.25　　B. 1.25∽1.5　　C. 1.5∽1.75　　D. 1.5∽2.0

**答**：D

(5) 熔体熔断时间与其产品的标准保护特性曲线中查得的熔断时间有一定误差，其值通常是多少？（　　）

A. ±10%∽±20%　B. ±20%∽±30%　C. ±30%∽±40%　D. ±40%∽±50%

**答**：D

(6) 熔断器保护还应与被保护的线路相配合，使之不致发生因过负荷和短路引起绝缘导线或电缆过热起燃而熔断器不熔断的事故，因此还应满足条件：$I_{N,FE} \leqslant I_{al} K_{OL}$ 即熔断器熔断电流应小于绝缘导线和电缆的允许载流量。作短路保护时，对明敷和穿管绝缘导线 $I_{N,FE}$ 应小于 $I_{al}$ 多少？（　　）

A. 1.2倍　　B. 1.5倍　　C. 2.0倍　　D. 2.5倍

**答**：B

(7) 瞬时过流脱扣器的动作电流 $I_{op(o)}$ 应躲过线路的尖峰电流 $I_{pk}$，即 $I_{op(o)} \geqslant K_{rel} \cdot I_{pk}$；对动作时间在0.02s以上的万能式断路器 $I_{pk}$（DW型），式中 $K_{rel}$—可靠系数可取值是多少？（　　）

A. 1.25　　B. 1.35　　C. 1.45　　D. 1.50

**答**：B

(8) 瞬时过流脱扣器的动作电流 $I_{op(o)}$ 应躲过线路的尖峰电流 $I_{pk}$，即 $I_{op(o)} \geqslant K_{rel} \cdot I_{pk}$；对动作时间在0.02s及其以下的塑料外壳式断路器（DZ型），式中 $K_{rel}$—可靠系数可取值是多少？（　　）

A. 1.25∽1.5　　B. 1.5∽1.8　　C. 1.8∽2.0　　D. 2.0∽2.5

**答**：D

(9) 下面哪种带低压断路器的配置电路适合于频繁操作？（　　）

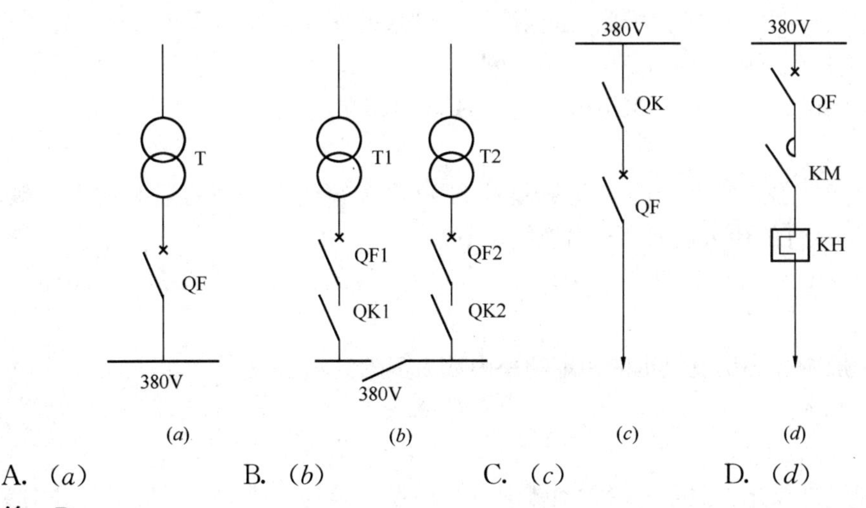


A. (*a*)　　B. (*b*)　　C. (*c*)　　D. (*d*)

**答**：D

(10) 短延时过流脱扣器的动作电流 $I_{op(s)}$ 应躲过线路短时间出现的负荷尖峰电流 $I_{pk}$，即 $I_{op(s)} \geqslant K_{rel} \cdot I_{pk}$；一般 $K_{rel}$—可靠系数取值是多少？(　　)

A. 2.0　　B. 1.5　　C. 1.2　　D. 1.1

答：C

(11) 长延时过流脱扣器主要用来保护过负荷，因此其动作电流 $I_{op(l)}$ 只需躲过线路的最大负荷电流，即计算电流 $I_{30}$，即 $I_{op(l)} \geqslant K_{rel} \cdot I_{30}$；一般 $K_{rel}$—可靠系数取值是多少？(　　)

A. 2.0　　B. 1.5　　C. 1.2　　D. 1.1

答：D

(12) 利用二维视图制作出效果图的软件是什么？(　　)

A. AutoCAD　　B. Photoshop　　C. 3D Studio MAX　　D. Lightscape

答：B

(13) 所制作出效果图的科学性较差、真实性不易保证的绘图软件是什么？(　　)

A. AutoCAD　　B. Photoshop　　C. 3D Studio MAX　　D. Lightscape

答：B

(14) 在 AutoCAD 中绘制表格是在哪个版本中新增添的功能？(　　)

A. AutoCAD2003　　B. AutoCAD2004　　C. AutoCAD2005　　D. AutoCAD2007

答：C

(15) 在 AutoCAD 中默认的文字样式是什么？(　　)

A. STYLE　　B. Times New Roman　　C. 宋体　　D. STANDARD

答：D

(16) 半径小于 1000m 的曲线路段，灯具应沿曲线外侧布置，以便获得良好的诱导性，并为路面提供较高的亮度，应减小灯距长度，通常是直线路段间距的多少？(　　)

A. 0.5～0.75 倍　　B. 0.5～0.70 倍　　C. 0.4～0.75 倍　　D. 0.6～0.75 倍

答：A

(17) 过渡照明的设置办法通常是保持灯具原来的安装高度和间距不变，逐渐减少光源功率，直至达到下列哪些的亮度水平？(　　)

A. $0.2cd/m^2$　　B. $0.3cd/m^2$　　C. $0.4cd/m^2$　　D. $0.5cd/m^2$

答：B

(18) HID 光源连续调光的实现基础是 HID 电子镇流器的发展。利用电子镇流器，可以实现高压钠灯的什么范围光输出连续调节？(　　)

A. 60%～20%　　B. 70%～20%　　C. 80%～20%　　D. 100%～20%

答：D

(19) 一般中、小型发电机的额定功率因数为多少？(　　)

A. 0.3～0.4　　B. 0.4～0.5　　C. 0.8～0.85　　D. 0.8～0.9

答：C

(20) 通过外投光去照亮一些大型雕塑或装饰性构筑物，或用线光源对这些对象进行轮廓勾勒的高架灯饰是哪一种？(　　)

A. 初级的　　　B. 第二种　　　C. 第三种　　　D. 第四种

答：A

(21) 用线光源编织成的模拟性灯饰的高架灯饰是哪一种？(　　)

A. 初级的　　　B. 第二种　　　C. 第三种　　　D. 第四种

答：C

(22) 有装饰性庭院灯进行发展演变而成，将灯具按某种规律在较高的灯杆进行组合排列，形成某种造型的高架灯饰是哪一种？(　　)

A. 初级的　　　B. 第二种　　　C. 第三种　　　D. 第四种

答：B

(23) 对功能性设施进行灯光装饰而形成的高架灯饰是哪一种？(　　)

A. 初级的　　　B. 第二种　　　C. 第三种　　　D. 第四种

答：D

(24) 哪类灯饰较少受限制，可以任由设计人员发挥其想象创意，构造材料也可以千姿百态？(　　)

A. 第五种　　　B. 第四种　　　C. 第三种　　　D. 第二种

答：A

(25) 亮度计一般安放在距建筑景物的近视位置时有一定的要求，下列哪些是正确的？(　　)

A. 距景物 20～30m 与景物的最高点夹角≥45°

B. 距景物 100m 与景物的最高点夹角≥27°

C. 距景物 100～300m 与景物的最高点夹角≥18°

D. 距景物 400m 与景物的最高点夹角≥15°

答：A

(26) 亮度测试点的选取应根据景物的实际情况选取，一般对造型不复杂的景物在高度方案划分几段？(　　)

A. 2　　　B. 3　　　C. 9　　　D. 3～5

答：D

(27) 一般进行水平照度检测的测试点数量一般不小于多少？(　　)

A. 10 点/100$m^2$　　　B. 20 点/100$m^2$　　　C. 6 点/100$m^2$　　　D. 8 点/100$m^2$

答：B

(28) 当需考虑环境照明状况时，横方向测量区应从路缘向外扩展，应考虑几倍车道宽度？(　　)

A. 1　　　B. 1.5　　　C. 2　　　D. 2.5

答：B

(29) 以下说法不正确的是哪些？(　　)

A. 路面照度均匀度比较差时，划分的网格数可多些

B. 路面照度均匀度比较差时，划分的网格数应少些

C. 对测量的准确度要求较高时，划分的网格数可多些

D. 对测量的准确度要求较低时，划分的网格数可少些

**答：** B

(30) 中心点法的布点方法的基础是假定网格哪个部位测得的照度代表了整个网格的照度？(　　)

A. 四个角　　B. 两个对角　　C. 网格中心　　D. 网格的一边中心

**答：** C

(31) 按国际照明委员会CIE的标准规定，建筑立面反射比为30%～40%的中色饰面材料的墙面，在暗背景下的平均照度是多少？(　　)

A. 40lx　　B. 100lx　　C. 110lx　　D. 120lx

**答：** A

(32) 按国际照明委员会CIE的标准规定，建筑立面反射比为30%～40%的中色饰面材料的墙面，考虑墙面清洁程度为较清洁时乘修正系数Z后，在亮背景下的平均照度是多少？(　　)

A. 60lx　　B. 80lx　　C. 120lx　　D. 240lx

**答：** D

(33) 根据调查统计，建筑立面泛光照明的溢散光约占照明总光通量的多少？(　　)

A. 1/3　　B. 2/3　　C. 1/4　　D. 1/5

**答：** A

(34) 室外装饰照明不可采用哪种荧光灯？(　　)

A. 26mm的T8型　　B. 16mm的T8型　　C. 16mm的T5型　　D. 紧凑型

**答：** B

(35) 下列各项中属于路灯监控后台监控中心外接设备的是哪种？(　　)

A. 通讯服务器　　B. 光照度仪　　C. WEB服务器　　D. 数据服务器

**答：** B

(36) 路灯监控系统中监控终端的主要功能是哪种？(　　)

A. 接收并执行后台系统命令　　B. 完成信息传送

C. 实现数据的采集、处理　　D. 对控制终端实行各种控制和接受远程访问

**答：** A

(37) 生命周期成本的公式为：$LCC = P + \sum_{i=1}^{n} \frac{C_t}{(1+r)^t}$ 其中$r$表示的是什么？(　　)

A. 购买价格　　B. 寿命年限　　C. 社会贴现率

D. 回收替代节电产品附加购买成本所需时间

**答：** C

(38) 生命周期成本的公式为：$LCC = P + \sum_{i=1}^{n} \frac{C_t}{(1+r)^t}$ 其中$n$表示的是什么？(　　)

A. 购买价格　　B. 寿命年限　　C. 社会贴现率

D. 回收替代节电产品附加购买成本所需时间

**答：** B

(39) 生命周期成本是指产品购买价格和在使用寿命内逐年使用运行费用的什么?( )

A. 乘积　　B. 平方和　　C. 之差　　D. 总和

**答:** D

(40) 在照明节电项目的社会经济效益分析中,项目纯收益指的是什么?

A. 实施项目的全部收益和全部成本之差

B. 实施项目的全部收益和全部成本之积

C. 实施项目的部分收益和部分成本之差

D. 实施项目的全部收益和全部成本之和

**答:** A

(41) 在照明节电项目的社会经济效益分析中,单位节电成本指的是什么?( )

A. 项目寿命期内节约单位电能所获得的收益

B. 项目1年内节约单位电能所所付出的成本

C. 项目寿命期内节约单位电能所付出的成本

D. 项目5年内节约单位电能所所付出的成本

**答:** C

(42) 在照明节电项目的社会经济效益分析中,边际发电成本指的是什么?( )

A. 每增加一个月发电量所付出的全部成本

B. 每增加一单位发电量所付出的全部成本

C. 每增加一年发电量所付出的全部成本

D. 每增加一天发电量所付出的全部成本

**答:** B

(43) 由于节能用电量减少而减少的各种有害气体排放量可按下式计算:$\Delta i_i = b \cdot g \cdot E \cdot N_i$,其中$g$表示的是什么?( )

A. 排放系数　　B. 照明节电的总节电量　　C. 燃煤系数　　D. 电力类别系数

**答:** C

(44) 由于节能用电量减少而减少的各种有害气体排放量可按下式计算:$\Delta i_i = b \cdot g \cdot E \cdot N_i$,其中$E$表示的是什么?( )

A. 排放系数　　B. 照明节电的总节电量　　C. 燃煤系数　　D. 电力类别系数

**答:** B

(45) 照明系统运行的年平均总费用由资本投资和其他两部分组成,资本投资的计算公式是:$F_1 = m \cdot N \cdot G$,其中$N$所指的是什么?( )

A. 资本投资的每年偿还部分　　B. 灯具维护费

C. 一个灯具接线及控制设备的费用　　D. 灯具数量

**答:** D

(46) 照明系统运行的年平均总费用由资本投资和其他两部分组成,资本投资的计算公式是:$F_1 = m \cdot N \cdot G$,其中$G$所指的是什么?( )

A. 资本投资的每年偿还部分　　B. 灯具维护费

C. 一个灯具接线及控制设备的费用　　D. 灯具数量

**答：** C

**2. 多选题**

（1）城市照明与市区景观工程材料费用计算定额的配管工程适用于以下哪三种工程？（　）

A. 室内照明工程　　B. 立交桥照明工程　　C. 地下通道照明工程

D. 城镇市政道路照明工程　　E. 激光科技景观工程

**答：** B、C、D

（2）2001年1月15日中华人民共和国建设部批准了《建筑电气工程设计常用图形和文字符号》（00D×001）为国家建筑标准设计图集。该图集是根据下面哪两项编制的？（　）

A.《民用建筑电气设计规范》JGJ/T 16—92

B.《地下建筑照明设计标准》CECS 45：92

C.《电气简图用图形符号》GB 4728—2000

D.《民用建筑照明设计标准》GBJ 133—90

E.《电气技术用文件的编制》GB 6988—1997

**答：** C、E

（3）应用光电池作检测元件时，所用负载电阻应如何？（　）

A. 足够小　　B. 足够大　　C. 一般取1kΩ左右

D. 一般取10kΩ左右　　E. 一般取100Ω左右

**答：** A、C

（4）供电系统中常用的GL—10，20系列感应式电流继电器其内部是由“感应”和“电磁”两组元件构成。请指出以下哪些元件是属于两组元件共有的？（　）

A. 短路环　　B. 线圈　　C. 衔铁　　D. 电磁铁　　E. 转动铝盘

**答：** B、D

（5）点的绘制主要有以下哪三种方法？（　）

A. 选择“绘图”菜单“点”选项中的“单点”命令或“多点”命令

B. 选择“绘图”菜单点的命令代码“POINT”

C. 在命令行窗口中输入点的命令代码“POINT”，按｛Enter｝键确认

D. 在“绘图”工具栏中单击“点”按钮 E. 单击右键，选择｛Enter｝键

**答：** A、C、D

（6）下列哪些属于智能化远程管理系统的基础框架？（　）

A. 灯具控制器　　B. 光电池　　C. 时钟　　D. 分控制器　　E. 软件

**答：** A、D、E

（7）智能化远程管理系统中的分控制器具有的功能是哪些？（　）

A. 传输命令　　B. 识别当地的异常操作　　C. 控制通讯连续性和维护质量

D. 照明环境保护　　E. 对灾难具有有限的控制功能

**答：** A、B、C

(8) 规定室外照明照度维护系数和维护周期的照明设计标准有哪些？(　　)

A.《工业企业照明设计标准》　　B.《城市建筑设计标准》

C.《民用建筑照明设计标准》　　D.《城市道路照明设计标准》

E.《城市道路照明设施管理规定》

**答：** A、C、D

(9) 路灯监控系统的控制终端的主要功能是哪三项？(　　)

A. 为开关灯控制、测量各运行参数　　B. 实现数据的采集、处理

C. 监测各种运行状态、故障　　D. 及时处理和报告各类故障、危机情况

E. 将信息反馈给指挥中心

**答：** A、C、D

**3. 判断题**

(1) 城市照明与市区景观工程材料费用计算定额规定的机械台班是按正常合理的机械配备和大多数施工企业的机械化程度综合取定的。(　　)

**答：** 对

(2) 在实际测量灯具的光强时，为了使式 $I_t = I_s\left(\frac{l_t}{l_s}\right)^{1/2}$ 准确地成立，距离 $l$ 必须取得比较大 [当 $l$ 为光源最大尺寸的 3 倍以上时，使用该式引起的误差小于 1%]。(　　)

**答：** 错

(3) 分布光度计的接收器（光电检测器）相对于被测体（光源或灯具）运动的轨迹是一个球面，被测体位于球心，这样就可以测量到光度量的空间分布。(　　)

**答：** 对

(4) 用像测处理系统测试，假使找出的相应曝光量 $H$（$X$、$Y$）落在曲线的宽容量 $L$ 之外，则应改变摄像所用的光圈 $F$ 及曝光时间 $T$ 再重新拍图像处理。(　　)

**答：** 对

(5) 用像测处理系统对不同曝光条件下拍摄的照片进行处理，结果曝光量大的测出结果偏大。(　　)

**答：** 错

(6) 布灯原则中交叉口铁轨前 30m 至后 30m 的轨道区域内的亮度不能低于 0.8cd · $m^{-2}$。(　　)

**答：** 对

(7) 集散型道路是指一个住宅区内连接区内道路至关重要的交通动脉的主要道路，一般说来，它们属于 M1 或 M2 级道路。(　　)

**答：** 错

(8) 双绕组变压器的无功损耗，其无功损耗可分为两部分：激磁无功损耗与漏磁无功损耗。(　　)

**答：** 对

(9) 卤素灯密封部分的温度在160℃以下。(　　)

**答：**错

(10) 对于路灯监控，GPRS/CDMA存在网络延时问题，从用户发出一个报文到收到响应报文，可能需要3s。(　　)

**答：**错

# 附录：城市照明管理师职业资格考核大纲

## 1. 职 业 概 况

**1.1** 职业名称：城市照明管理师

**1.2** 职业定义：从事城市道路照明和城市景观照明的维护、管理、安装、调试等工作人员。

**1.3** 职业等级：高级工、技师。

**1.4** 职业环境：室内，室外。

**1.5** 身体状况：身体健康

**1.6** 职业能力特征：具有一定的学习、理解、观察、分析、判断、推理和计算能力，手指、手臂灵活，动作协调，能高空作业。

**1.7** 基本文化程度：高中毕业（或同等学力）。

**1.8** 申报条件：

**1.8.1** 申报高级工的具备下列条件之一：

(1) 取得本职业或相关中级职业资格证书后，连续从事本职业2年以上（含2年），经本职业高级工正规培训学习达到规定标准学时数，并取得毕（结）业证书。

(2) 取得本职业或相关中级职业资格证后，连续从事本职业工作4年以上（含4年）。

(3) 取得高级技工学习或经劳动保障行政部门审核认定的、以高级技能为培养目标的高等职业学校相关专业毕业证书。

(4) 取得本职业或相关中级职业资格证书的大专以上（含大专）本职业或相关专业毕业生，连续从事本职业工作1年以上（含1年）。

**1.8.2** 申报技师的具备下列条件之一：

(1) 取得本职业或相关高级职业资格证书后，连续从事本职业工作3年以上（含3年），经本职业技师正规培训学习达到规定标准学时数，并取得毕（结）业证书。

(2) 取得本职业或相关高级职业资格证书后，连续从事本职业工作6年以上（含6年）。

(3) 取得本职业或相关高级职业资格证书的高级技工学校本职业或相关专业毕业生和大专以上本专业或相关专业毕业生，连续从事本职业工作2年以上（含2年）。

注：电气、照明、装饰设计等相关工作为申报条件的相关专业（职业）。

**1.9** 培训要求：

高级工应知、应会的培训达到300学时，技师应知、知会的培训达到350学时。

**1.10** 鉴定方式：

高级工、技师应知、应会采用标准试题闭卷考试，考试实行百分制，成绩分别达到

60分以上（含60分）为合格。技师应知、应会考试取得合格成绩后，撰写论文，并通过论文答辩。

**1.11** 鉴定时间：

应知、应会闭卷考试时间分别为120分钟，论文答辩时间为10～15分钟。

**1.12** 鉴定场所：

考试在教室进行。

## 2. 基 本 要 求

**2.1** 职业守则：(1) 爱岗敬业，认真负责，吃苦耐劳。(2) 刻苦学习，钻研业务，努力提高技能水平。(3) 团结同志，主动协作。(4) 奉公守法，诚实公平公正。(5) 维护城市形象，做好节能环保工作。

**2.2** 基础知识：

**2.2.1** 高级工需要掌握基础知识：

(1) 光与照明基础知识；(2) 道路照明计算；(3) 电气安全作业；(4) 电气照明基础知识；(5) 图形符号；(6) 故障分析判断。

**2.2.2** 技师需要掌握基础知识：

(1) 光与照明基础知识；(2) 光源与灯具维护；(3) 照明与环境保护；(4) 照明设计施工图；(5) 光的测量；(6) 供电系统过电流保护；(7) 基本的设计图纸及效果图的绘制。

**2.3** 专业知识

**2.3.1** 高级工需要掌握专业知识：(1) 道路照明光源的选择；(2) 气体放电灯工作电路；(3) 道路照明灯具的选择；(4) 道路照明质量指标；(5) 道路照明标准；(6) 隧道照明；(7) 桥梁与立交桥照明；(8) 道路照明的安装；(9) 电气线路安装、运行、维护；(10) 低压电器及配电装置；(11) 灯台、工井与出线；(12) 道路照明维护与管理；(13) 道路照明节能；(14) 城市夜景照明的基本原则和要求；(15) 建筑物与构筑物的夜景照明；(16) 夜景照明的供电及控制系统；(17) 城市光污染与控制；(18) 夜景照明设施的维护与管理；(19) 夜景照明设施的施工与验收；(20) 夜景照明器材和设备；(21) 夜景照明高新技术的应用；(22) 彩色光的使用。

**2.3.2** 技师需要掌握专业知识：(1) 道路照明光源的选择；(2) 气体放电灯工作电路；(3) 道路照明灯具的选择；(4) 道路照明质量指标；(5) 道路照明标准；(6) 隧道照明；(7) 桥梁与立交桥照明；(8) 道路照明基本视觉特征；(9) 城市道路分类与照明要求；(10) 道路照明维护与管理；(11) 道路照明新理论的应用；(12) 道路照明的布置方式；(13) 道路连接处的照明方法；(14) 居住区和步行区的道路照明；(15) 道路照明设计、计算和测量；(16) 道路照明的控制与管理；(17) 道路照明系统经济性分析；(18) 道路照明节能；(19) 城市夜景照明的基本原则和要求；(20) 建筑物与构筑物的夜景照明；(21) 夜景照明的供电及控制系统；(22) 夜景照明高新技术的应用；(23) 城市广场环境照明；(24) 立交和桥梁的装饰照明；(25) 城市光污染与控制；(26) 特殊构筑物的夜景照明；(27) 特殊景观元素的夜景照明；(28) 园林绿化照明；(29) 夜景照明的测试与评价；(30) 夜景照明的节能与经济分析；(31) 夜景照明设施的维护与管理；(32) 城市夜景规划设计。

**2.4** 专业相关知识

**2.4.1** 高级工需要掌握专业相关知识：(1) 照明电气；(2) 照明施工图；(3) 变压器(4) 防雷与保护接地；(5) 基础结构；(6) 照明预决算知识。

**2.4.2** 技师需要掌握专业相关知识：(1) 眩光评价方法；(2) 照明电气；(3) 城市步行空间照明；(4) 道路特性；(5) 城市照明监控；(6) 照明节电项目的社会经济及环保效益分析方法；(7) 基本的照明预决算知识；(8) 技术指导与培训。

# 3. 鉴 定 内 容

**3.1** 高级工应知部分

| 项目 | 鉴定范围 | 鉴定内容 | 鉴定比例 | 备注 |
|---|---|---|---|---|
| 基础知识 20% | 光与照明基础 | (1) 视觉基础<br>(2) 光的特性<br>(3) 照明基本概念<br>(4) 照明量度之间的关系 | 10% | |
| | 道路照明计算 | (1) 照度计算<br>(2) 平均照度与平均亮度的换算<br>(3) 照明计算举例 | 4% | |
| | 电气安全作业 | (1) 电气安全的基本规定<br>(2) 安全用电装置<br>(3) 安全用具与常用工具<br>(4) 电气安全措施 | 6% | |
| 专业知识 60% | 道路照明 | (1) 道路照明光源的选择<br>(2) 气体放电灯工作电路<br>(3) 道路照明灯具的选择<br>(4) 道路照明质量指标<br>(5) 道路照明标准<br>(6) 隧道照明<br>(7) 桥梁与立交桥照明 | 34% | |
| | 景观照明 | (1) 城市景观照明的基本原则和要求<br>(2) 建筑物与构筑物的夜景照明<br>(3) 夜景照明的供电及控制系统<br>(4) 城市光污染与控制 | 26% | |

续表

| 项目 | 鉴定范围 | 鉴定内容 | 鉴定比例 | 备注 |
|---|---|---|---|---|
| 相关专业知识 20% | 照明电气 | (1) 照明供电<br>(2) 照明线路计算<br>(3) 导线、电缆选择与敷设<br>(4) 照明线路的保护<br>(5) 照明装置的电气安全 | 14% | |
| | 照明施工图 | (1) 电气照明施工图概述<br>(2) 电气照明施工图的读图 | 2% | |
| | 变压器 | (1) 变压器的运行与维护<br>(2) 变压器的故障处理<br>(3) 变压器的保护 | 4% | |

## 3.2 高级工应会部分

| 项目 | 鉴定范围 | 鉴定内容 | 鉴定比例 | 备注 |
|---|---|---|---|---|
| 基础知识 20% | 电气照明基础知识 | (1) 供配电线路<br>(2) 照明配电箱安装<br>(3) 照明灯具安装 | 9% | |
| | 图形符号 | (1) 常用电气图形符号 | 2% | |
| | 故障分析判断 | (1) 白天大片亮灯<br>(2) 晚上大片灭灯<br>(3) 架空线常见故障<br>(4) 电缆线路常见故障<br>(5) 供配电常见故障 | 9% | |
| 专业知识 60% | 道路照明 | (1) 道路照明的安装<br>(2) 电气线路安装、运行、维护<br>(3) 低压电器及配电装置<br>(4) 灯台、工井与出线<br>(5) 道路照明维护与管理<br>(6) 道路照明节能 | 33% | |
| | 景观照明 | (1) 夜景照明设施的维护与管理<br>(2) 夜景照明设施的施工与验收<br>(3) 夜景照明器材和设备<br>(4) 夜景照明高新技术的应用<br>(5) 彩色光的使用 | 27% | |

续表

| 项目 | 鉴定范围 | 鉴定内容 | 鉴定比例 | 备注 |
| --- | --- | --- | --- | --- |
| 专业相关知识20% | 防雷与保护接地 | (1) 高杆灯防雷与接地<br>(2) 低杆灯防雷与接地<br>(3) 变压器防雷与接地<br>(4) 配电柜防雷与接地 | 9% | |
| | 基础结构 | (1) 高杆灯基础结构<br>(2) 低杆灯基础结构<br>(3) 变压器（箱式变）基础结构<br>(4) 配电柜基础结构 | 8% | |
| | 预算 | (1) 定额说明<br>(2) 路灯定额工程量计算原则<br>(3) 城市照明与市政景观工程结算费用计算办法 | 3% | |

## 3.3 技师应知部分

| 项目 | 鉴定范围 | 鉴定内容 | 鉴定比例 | 备注 |
| --- | --- | --- | --- | --- |
| 基础知识20% | 光与照明基础 | (1) 视觉基础<br>(2) 光的特性<br>(3) 照明基本概念<br>(4) 照明量度之间的关系 | 11% | |
| | 光源与灯具维护 | (1) 电光源的维护<br>(2) 照明的改善<br>(3) 灯具的维护 | 6% | |
| | 照明与环境保护 | (1) 光源与环境<br>(2) 废弃光源灯具的处理措施 | 3% | |
| 专业知识60% | 道路照明 | (1) 道路照明光源的选择<br>(2) 气体放电灯工作电路<br>(3) 道路照明灯具的选择<br>(4) 道路照明质量指标<br>(5) 道路照明标准<br>(6) 隧道照明<br>(7) 桥梁与立交桥照明<br>(8) 道路照明基本视觉特征<br>(9) 城市道路分类与照明要求<br>(10) 道路照明维护与管理<br>(11) 道路照明新理论的应用 | 34% | |

续表

| 项目 | 鉴定范围 | 鉴定内容 | 鉴定比例 | 备注 |
| --- | --- | --- | --- | --- |
| 专业知识60% | 景观照明 | (1) 城市景观照明的基本原则和要求<br>(2) 建筑物与构筑物的夜景照明<br>(3) 夜景照明的供电及控制系统<br>(4) 夜景照明高新技术的应用<br>(5) 城市广场环境照明<br>(6) 立交和桥梁的装饰照明<br>(7) 城市光污染与控制 | 26% | |
| 相关专业知识20% | 眩光评价方法 | (1) 失能眩光的评价<br>(2) 不舒适眩光的评价<br>(3) 室外泛光灯照明的眩光评价方法<br>(4) 国内照明标准中限制灯具最小遮光角的规定 | 5% | |
| | 照明电气 | (1) 照明供电<br>(2) 照明线路计算<br>(3) 导线、电缆选择与敷设<br>(4) 照明线路的保护<br>(5) 照明装置的电气安全 | 8% | |
| | 城市步行空间照明 | (1) 步行道的分类与照明要点<br>(2) 步行空间的照明要求与照明方式<br>(3) 步行空间照明评价指标<br>(4) 步行空间设计要点分析<br>(5) 步行空间照明设计方法 | 6% | |
| | 道路特性 | (1) 道路的类别<br>(2) 路面的反射特性 | 1% | |

## 3.4 技师应会部分

| 项目 | 鉴定范围 | 鉴定内容 | 鉴定比例 | 备注 |
| --- | --- | --- | --- | --- |
| 基础知识20% | 照明设计施工图 | (1) 设计总则<br>(2) 电气图绘制要求<br>(3) 怎样看土建图<br>(4) 照明供配电系统图 | 4% | |
| | 光的测量 | (1) 光检测器<br>(2) 光度测量<br>(3) 光的现场测量 | 3% | |

续表

| 项目 | 鉴定范围 | 鉴定内容 | 鉴定比例 | 备注 |
|---|---|---|---|---|
| 基础知识 20% | 供电系统过电流保护 | (1) 过电流保护装置的任务和要求<br>(2) 熔断器保护<br>(3) 低压断路器保护<br>(4) 常用的保护继电器 | 10% | |
| | 绘图 | (1) 基本的设计图纸及效果图的绘制 | 3% | |
| 专业知识 60% | 道路照明 | (1) 道路照明的布置方式<br>(2) 道路连接处的照明方法<br>(3) 居住区和步行区的道路照明<br>(4) 道路照明设计、计算和测量<br>(5) 道路照明的控制与管理<br>(6) 道路照明系统经济性分析<br>(7) 道路照明节能 | 27% | |
| | 景观照明 | (1) 特殊构筑物的夜景照明<br>(2) 特殊景观元素的夜景照明<br>(3) 园林绿化照明<br>(4) 夜景照明的测试与评价<br>(5) 夜景照明的节能与经济分析<br>(6) 夜景照明设施的维护与管理<br>(7) 城市景观规划设计 | 33% | |
| 专业相关知识 20% | 照明监控 | (1) 城市照明监控系统 | 6% | |
| | 照明节电项目的社会经济及环保效益分析方法 | (1) 照明节电项目的社会经济效益分析<br>(2) 照明节电项目的社会环境分析<br>(3) 照明工程项目的经济分析 | 9% | |
| | 预算 | (1) 定额说明<br>(2) 路灯定额工程量计算规划<br>(3) 城市照明与市政景观结算费用计算办法 | 3% | |
| | 技术指导与培训 | (1) 技术指导工作职责<br>(2) 技术培训工作任务 | 2% | |

# 参 考 文 献


[1] 汪建平，邓云塘，钱公权．道路照明．上海：复旦大学出版社，2005

[2] 郝洛西．城市照明设计．沈阳：辽宁科学技术出版社，2005

[3] 安顺合．电工安全操作实用技术手册．北京：机械工业出版社，2005

[4] 北京照明学会，北京市政管理委员会．城市夜景照明技术指南．北京：中国电力出版社，2004

[5] 俞丽华．电气照明．上海：同济大学出版社，2000

[6] 赵德申．建筑电气照明技术．北京：机械工业出版社，2003

[7] 胡培生，高纪昌等．道路照明与供电．北京：原子能出版社，1997

[8] 孙成宝，金哲．现代节能技术与节电工程．北京：中国水利出版社，2005

[9] 李铁楠．景观照明创意和设计．北京：机械工业出版社，2005

[10] 魏明．建筑供配电与照明．重庆大学出版社，2005

[11] 郑发泰．建筑供配电与照明系统施工．北京：中国建筑工业出版社，2005

[12] 刘敬生．夜景艺术照明规划设计与安装维护手册．合肥：安徽文化音像出版社，2004

[13] 编委会．城市照明与景观设计规划建设管理标准与财务经费预算编制手册．中国知识出版社，2005

## 尊敬的读者：

感谢您选购我社图书！建工版图书按图书销售分类在卖场上架，共设22个一级分类及43个二级分类，根据图书销售分类选购建筑类图书会节省您的大量时间。现将建工版图书销售分类及与我社联系方式介绍给您，欢迎随时与我们联系。

★建工版图书销售分类表（详见下表）。

★欢迎登陆中国建筑工业出版社网站www.cabp.com.cn，本网站为您提供建工版图书信息查询，网上留言、购书服务，并邀请您加入网上读者俱乐部。

★中国建筑工业出版社总编室 电 话：010—58934845
传 真：010—68321361

★中国建筑工业出版社发行部 电 话：010—58933865
传 真：010—68325420
E-mail：hbw@cabp.com.cn

# 建工版图书销售分类表

<table>
<tr><th>一级分类名称（代码）</th><th>二级分类名称（代码）</th><th>一级分类名称（代码）</th><th>二级分类名称（代码）</th></tr>
<tr><td rowspan="5">建筑学<br>（A）</td><td>建筑历史与理论（A10）</td><td rowspan="5">园林景观<br>（G）</td><td>园林史与园林景观理论（G10）</td></tr>
<tr><td>建筑设计（A20）</td><td>园林景观规划与设计（G20）</td></tr>
<tr><td>建筑技术（A30）</td><td>环境艺术设计（G30）</td></tr>
<tr><td>建筑表现·建筑制图（A40）</td><td>园林景观施工（G40）</td></tr>
<tr><td>建筑艺术（A50）</td><td>园林植物与应用（G50）</td></tr>
<tr><td rowspan="5">建筑设备·建筑材料<br>（F）</td><td>暖通空调（F10）</td><td rowspan="5">城乡建设·市政工程·环境工程<br>（B）</td><td>城镇与乡（村）建设（B10）</td></tr>
<tr><td>建筑给水排水（F20）</td><td>道路桥梁工程（B20）</td></tr>
<tr><td>建筑电气与建筑智能化技术（F30）</td><td>市政给水排水工程（B30）</td></tr>
<tr><td>建筑节能·建筑防火（F40）</td><td>市政供热、供燃气工程（B40）</td></tr>
<tr><td>建筑材料（F50）</td><td>环境工程（B50）</td></tr>
<tr><td rowspan="2">城市规划·城市设计<br>（P）</td><td>城市史与城市规划理论（P10）</td><td rowspan="2">建筑结构与岩土工程<br>（S）</td><td>建筑结构（S10）</td></tr>
<tr><td>城市规划与城市设计（P20）</td><td>岩土工程（S20）</td></tr>
<tr><td rowspan="3">室内设计·装饰装修<br>（D）</td><td>室内设计与表现（D10）</td><td rowspan="3">建筑施工·设备安装技术（C）</td><td>施工技术（C10）</td></tr>
<tr><td>家具与装饰（D20）</td><td>设备安装技术（C20）</td></tr>
<tr><td>装修材料与施工（D30）</td><td>工程质量与安全（C30）</td></tr>
<tr><td rowspan="4">建筑工程经济与管理<br>（M）</td><td>施工管理（M10）</td><td rowspan="2">房地产开发管理（E）</td><td>房地产开发与经营（E10）</td></tr>
<tr><td>工程管理（M20）</td><td>物业管理（E20）</td></tr>
<tr><td>工程监理（M30）</td><td rowspan="2">辞典·连续出版物<br>（Z）</td><td>辞典（Z10）</td></tr>
<tr><td>工程经济与造价（M40）</td><td>连续出版物（Z20）</td></tr>
<tr><td rowspan="3">艺术·设计<br>（K）</td><td>艺术（K10）</td><td rowspan="2">旅游·其他<br>（Q）</td><td>旅游（Q10）</td></tr>
<tr><td>工业设计（K20）</td><td>其他（Q20）</td></tr>
<tr><td>平面设计（K30）</td><td colspan="2">土木建筑计算机应用系列（J）</td></tr>
<tr><td colspan="2">执业资格考试用书（R）</td><td colspan="2">法律法规与标准规范单行本（T）</td></tr>
<tr><td colspan="2">高校教材（V）</td><td colspan="2">法律法规与标准规范汇编/大全（U）</td></tr>
<tr><td colspan="2">高职高专教材（X）</td><td colspan="2">培训教材（Y）</td></tr>
<tr><td colspan="2">中职中专教材（W）</td><td colspan="2">电子出版物（H）</td></tr>
</table>

注：建工版图书销售分类已标注于图书封底。